普通高等教育"十一五"国家级规划教材
"十二五"江苏省高等学校重点教材(编号 2015-1-030)

中尺度气象学

（第三版）

寿绍文　主编

寿绍文　励申申　寿亦萱　姚秀萍　编著

内 容 简 介

中尺度气象学是气象学的一个重要分支,主要研究中尺度天气系统及其对天气的影响。中尺度天气系统与很多严重灾害性天气(如台风、雷暴、暴雨、冰雹、龙卷等)的发生、发展直接相关,所以关于中尺度天气系统的机制和预报理论及方法的研究,是当代大气科学中最受人们关注的研究领域之一。本书是对这一领域的知识的概要介绍,内容包括中尺度大气运动的特征、地形性中尺度环流、自由大气非对流性中尺度环流、中尺度孤立对流系统、中尺度天气诊断分析和数值模拟以及中尺度天气预报等。本书适合于作为高等学校大气科学或相关专业的本科生及研究生教材或气象及相关学科的科研及业务人员的参考材料。

图书在版编目(CIP)数据

中尺度气象学 / 寿绍文主编. — 3 版. — 北京:气象出版社,2016.5(2020.1重印)

ISBN 978-7-5029-6347-7

Ⅰ. ①中… Ⅱ. ①寿… Ⅲ. ①中尺度-气象学 Ⅳ. ①P432

中国版本图书馆 CIP 数据核字(2016)第 098613 号

ZHONGCHIDU QIXIANGXUE
中尺度气象学

出版发行:气象出版社
地　　址:北京市海淀区中关村南大街 46 号　　邮政编码:100081
电　　话:010-68407112(总编室)　010-68408042(发行部)
网　　址:http://www.qxcbs.com　　E-mail:qxcbs@cma.gov.cn
责任编辑:黄红丽　　　　　　　　　　　　终　　审:邵俊年
责任校对:王丽梅　　　　　　　　　　　　责任技编:赵相宁
封面设计:博雅思企划
印　　刷:三河市百盛印装有限公司
开　　本:720mm×960mm　1/16　　　　　印　　张:25.5
字　　数:514 千字
版　　次:2016 年 6 月第 3 版　　　　　　印　　次:2020 年 1 月第 5 次印刷
定　　价:70.00 元

本书如存在文字不清、漏印以及缺页、倒页、脱页等,请与本社发行部联系调换

第三版前言

中尺度气象学是近代气象学研究中最活跃和最受重视的领域之一。本书是对这一领域的知识的概要介绍。本书自 2003 年出版第一版以来，受到广大读者的普遍欢迎和好评，荣幸地被立项为普通高等教育"十一五"国家级规划教材和"十二五"江苏省高等学校重点教材。我们根据读者的宝贵意见和建议将原书内容做了必要的调整、修改、更新和充实，使其更适应教学、科研及业务工作的需要。

本书在修订过程中得到有关领导和同事们以及很多专家学者和气象出版社的领导和编辑的鼓励、支持与帮助，特别是还得到李泽椿院士、丁一汇院士、陶祖钰教授、高守亭教授、于玉斌教授、王咏青教授等专家的审阅和教正。本教材的编写和出版得到国家级特色专业建设项目、国家级精品课程项目、江苏高校优势学科建设工程资助项目（PAPD）、2015 年江苏省高等教育教改研究立项课题（2015JSJG032）、江苏高校品牌专业建设工程资助项目（TAPP）及南京信息工程大学教材建设基金项目资助。在此谨一并向他们表示诚挚的感谢。

编著者

2016 年 5 月于南京

目 录

第三版前言
第1章 中尺度大气运动的特征 …………………………………………………… (1)
  1.1 大气运动系统的尺度划分 ………………………………………… (1)
  1.2 中尺度大气运动的基本特征 ……………………………………… (5)
  1.3 描述中尺度运动的方程组 ………………………………………… (7)
  本章小结 ……………………………………………………………… (9)
  参考文献 ……………………………………………………………… (10)

第2章 地形性中尺度环流 …………………………………………………… (12)
  2.1 地形波 ……………………………………………………………… (12)
  2.2 大气涡街 …………………………………………………………… (23)
  2.3 热岛环流 …………………………………………………………… (24)
  2.4 海陆风和山谷风 …………………………………………………… (28)
  2.5 多种地形性环流的相互作用 ……………………………………… (35)
  本章小结 ……………………………………………………………… (43)
  参考文献 ……………………………………………………………… (44)

第3章 自由大气非对流性中尺度环流 ……………………………………… (50)
  3.1 自由大气的重力波 ………………………………………………… (50)
  3.2 重力波的发生发展 ………………………………………………… (54)
  3.3 锋和急流系统 ……………………………………………………… (57)
  3.4 锋—急流附近的次级环流 ………………………………………… (61)
  本章小结 ……………………………………………………………… (65)
  参考文献 ……………………………………………………………… (65)

第4章 中尺度孤立对流系统 ………………………………………………… (68)
  4.1 普通单体雷暴 ……………………………………………………… (68)
  4.2 多单体风暴 ………………………………………………………… (71)
  4.3 超级单体风暴 ……………………………………………………… (74)
  4.4 龙卷风暴 …………………………………………………………… (79)
  4.5 下击暴流 …………………………………………………………… (90)

4.6　龙卷及下击暴流的爆发 ·· (103)
本章小结 ··· (110)
参考文献 ··· (111)

第 5 章　中尺度带状对流系统 ·· (114)
5.1　温带飑线系统 ··· (114)
5.2　中纬度飑线的形成方式及机制 ·· (122)
5.3　具有前导线和尾随层状区型的飑线系统 ·································· (125)
5.4　飑线天气过程的个例分析 ·· (130)
本章小结 ··· (147)
参考文献 ··· (147)

第 6 章　锋面气旋及台风附近的中尺度雨带 ·· (153)
6.1　锋面气旋附近天气尺度的降水机制 ··· (153)
6.2　锋面附近的中尺度雨带 ·· (159)
6.3　锋面附近中尺度雨带的成因 ··· (170)
6.4　地形对锋面降水的影响 ·· (174)
6.5　台风附近的中尺度雨带 ·· (179)
本章小结 ··· (184)
参考文献 ··· (185)

第 7 章　中尺度对流复合体 ··· (189)
7.1　中尺度对流复合体的特征和结构 ·· (189)
7.2　MCC 发展各阶段的天气尺度环境 ·· (196)
7.3　中层中尺度涡旋 ·· (200)
7.4　准静止对流系统 ·· (203)
7.5　大尺度环境中 MCS 加热的作用 ··· (210)
7.6　MCS 的全球性分布和影响 ··· (212)
7.7　MCS 在热带气旋发展中的作用 ·· (212)
7.8　关于 MCS 的一些认识 ·· (215)
本章小结 ··· (216)
参考文献 ··· (217)

第 8 章　影响中尺度对流系统发生发展的因子 ······································ (223)
8.1　大气位势不稳定性与对流的关系 ·· (223)
8.2　第二类条件性不稳定与中尺度对流系统的关系 ······················· (226)
8.3　条件性对称不稳定与中尺度对流系统的关系 ·························· (229)
8.4　夹卷等因子对对流系统发生发展的影响 ································· (232)

 8.5 风垂直切变对对流风暴传播的作用 ……………………………………(237)
 8.6 环境热力和动力条件对对流风暴强度和类型的综合影响 ………(239)
 8.7 风垂直切变对雷暴的组织和分裂作用 ……………………………(242)
 8.8 风速垂直切变对龙卷风暴生成的作用 ……………………………(246)
 8.9 边界层中尺度锋及其影响 …………………………………………(251)
 本章小结 ……………………………………………………………………(259)
 参考文献 ……………………………………………………………………(260)

第 9 章 中尺度天气的诊断分析和数值模拟 …………………………(269)
 9.1 中尺度诊断分析基础 ………………………………………………(269)
 9.2 中尺度诊断和预报方程 ……………………………………………(276)
 9.3 Q 矢量分析 …………………………………………………………(284)
 9.4 位涡分析 ……………………………………………………………(292)
 9.5 螺旋度分析 …………………………………………………………(301)
 9.6 大气稳定度分析 ……………………………………………………(308)
 9.7 中尺度数值模拟 ……………………………………………………(317)
 本章小结 ……………………………………………………………………(326)
 参考文献 ……………………………………………………………………(326)

第 10 章 中尺度天气预报 ……………………………………………………(333)
 10.1 中尺度天气预报方法概论 ………………………………………(333)
 10.2 暴雨的分析和预报 ………………………………………………(357)
 10.3 强对流天气的分析和预报 ………………………………………(370)
 10.4 遥感资料在临近预报和甚短期预报中的应用 …………………(382)
 10.5 临近预报和甚短期预报系统 ……………………………………(388)
 本章小结 ……………………………………………………………………(392)
 参考文献 ……………………………………………………………………(395)

第 1 章 中尺度大气运动的特征

大气环流系统具有不同的尺度和不同的特征。著名气象学家里查森曾把大气环流形象地比作一部由大大小小齿轮组成的机器,大齿轮推动着小齿轮转动,小齿轮又会影响大齿轮的运动。正是由于大气中各种不同尺度的环流系统互相影响、互相作用,才造成了复杂的大气运动和天气变化。本章将讨论大气运动系统的尺度划分、中尺度运动的基本特征以及描述中尺度运动的方程组。

1.1 大气运动系统的尺度划分

大气环流包含着从湍流微团到超长波等各种尺度的运动系统,不同尺度的系统具有不同的物理性质,为了便于研究,需将它们进行分类。尺度分类通常有经验、理论和实用三种方法。人们在早期主要按经验分类,并得出了经典的三段分类,即把天气系统划分为大尺度、中尺度和小尺度三类(其空间尺度分别为 10^6 m,10^5 m 和 10^4 m,时间尺度分别为 10^5 s,10^4 s 和 10^3 s)。对于一般所说的小尺度系统(如雷暴、龙卷等)和大尺度系统(如气旋、锋等),人们根据长期的单站观测和常规天气图分析的经验,很早就有了明确的概念。而关于中尺度系统(如飑线、中气旋等)的概念则是在进行了很多比较细致的天气图分析,特别是在有了雷达等探测工具之后才建立起来的。Ligda(1951)最早提出中尺度(mesoscale)这一概念。他根据对降水系统进行雷达探测所积累的经验指出,有些降水系统太大,以致不能由单站观测全,但又太小,以致即使在区域天气图上也不能显现。他建议把具有这种尺度的系统称为中尺度系统。自此以后,中尺度这一介于大尺度和小尺度之间的特殊尺度的名称和概念便逐渐得到公认。目前,中尺度一般被描述性地定义为时间尺度和水平空间尺度比常规探空网的时空密度小,但比积云单体的生命期及空间尺度大得多的一种尺度。也就是说,其水平尺度约为几十千米至几百千米;时间尺度约为几小时至十几小时。

近代很多人试图从物理本质上对天气系统进行分类。这些分类可以有不同的着眼点。例如可以分别着眼于大气振荡频率或大气稳定性等。

由于天气系统可以看作为各种大气波动,它们的性质通常可以用波动参数(如频率、周期、波长、波数等)来描述。因此人们常用频率来划分天气系统的尺度。由于地球大气受到地球重力场和地球自转以及地转参数 f 随纬度变化(β 效应)等的影响,使大气具有三种基本频率。即 Brunt-Väisälä 频率(或称浮力频率)$N^2 = (g/\Theta)(\partial\Theta/\partial z)$,惯性频率 $f = 2\Omega\sin\varphi$ 以及行星频率 $P = (U\beta)^{1/2}$(以上 $g, \Theta, \Omega, \varphi, U$ 分别为重力加速度、位温、地球自转角速度、纬度和风速)。它们所对应的周期分别为分、时、天。给定频率和相速(粗略地以风速 U 近似),则可得到波长。由浮力频率描述的层结大气垂直振荡所产生的重力(浮力)波,与云尺度运动相联系;由地转参数 f 表示的惯性频率是形成地转气流的关键因子;而行星频率源自地转参数随纬度变化,即 β 效应,它们只影响天气尺度以及行星尺度的大气运动。因此便可用频率 F 来划分大气运动尺度,得到下列四折(或段)分类:

$F > N$	$f < F < N$	$P < F < f$	$F < P$
$L < 2\pi U/N$	$2\pi U/N < L < 2\pi U/f$	$2\pi U/f < L < 2\pi(U/\beta)^{1/2}$	$L > 2\pi(U/\beta)^{1/2}$
小尺度	中尺度	天气尺度	行星尺度

以上 L 和 U 分别为波长和水平风速。由上可见,当 $F < P$ 时,$L > 2\pi(U/\beta)^{1/2}$,这是行星尺度;当 $P < F < f$ 时,$2\pi U/f < L < 2\pi(U/\beta)^{1/2}$,这是天气尺度,也就是一般所说的大尺度;当 $F > N$ 时,$L < 2\pi U/N$,是小尺度;而当 $f < F < N$ 时,$2\pi U/N < L < 2\pi U/f$,这就是一般所说的中尺度。

N 和 f 两种频率反映了浮力(或重力)以及地球自转(地转偏向力)是支配大气运动的两种基本恢复力。当浮力或重力较强时,大气产生重力波,而当惯性力起支配作用时,就会引起地转适应。两种作用的相对重要性取决于大气扰动的尺度的大小。如上所说,中尺度是指频率大于 f,但是小于 N 的尺度。可见浮力和地转偏向力是决定中尺度环流的两个基本变量。

此外,我们知道,大气是一个流体动力和热力学系统,它可以由运动方程基本方程来描述。由运动方程可知,当空气质点受力不同时,其运动方式和性质也是不同的。例如,当科氏力项大大超过加速度项和摩擦力项,气压梯度力项与科氏力近于平衡时,就形成地转风;当浮力项大于重力项则产生对流运动等。各种力的相对重要性,常常用各种参数表征,因此可以根据这些参数来进行尺度的划分。例如 Emanuel(1983)应用了两个参数:拉格朗日时间尺度(T)和罗斯贝数(Ro)来划分尺度。其中 Ro 可以用 T 表示,即 $Ro = 2\pi/fT$(f 为地转参数)。各种大气现象均有相应的 T 和 Ro 值,表 1.1 列出了四类基本的运动形式,即斜压波动、倾斜对流、积云对流以及边界层湍流的 T 和 Ro 值。如果将各种现象按其所具有的典型的 Ro 值的大小排列起来(如图 1.1 所示),则可得到一个尺度序列。尺度愈大,Ro 愈小;尺度愈小,Ro 愈大。表 1.1 列出的四类运动的尺度相当于通常所说的大、中、小和微尺度。其中倾斜对

第1章 中尺度大气运动的特征

流的垂直尺度为 D，水平尺度为 U_zD/f，所以状态比 $L/D=U_z/f$，其中 $U_z=\partial U/\partial z$，即风的垂直切变，它反映了大气的斜压性。由于里查森数 $Ri=N^2/(\partial U/\partial Z)^2$ 包含了 N 和 $\partial U/\partial z$ 的共同作用，所以里查森数的大小与尺度大小也具有对应关系。

Emanuel 把具有状态比 $L/D=U_z/f$ 和时间尺度 $T=1/f$ 的运动定义为中尺度运动。水平尺度为 $L=U_zD/f$ 和时间尺度为 $T=1/f$ 的系统，正与对称不稳定所产生的系统的尺度一致，这说明对称不稳定是产生中尺度系统的一种机制。而斜压波动和积云对流则分别和斜压不稳定及重力不稳定相对应。由此可见，这种尺度分类法把运动系统的尺度和大气的不稳定性机制相联系起来了。

表 1.1 四类大气运动的特征参数（Emanuel,1986）

类型	垂直尺度	水平尺度	时间尺度	罗斯贝数	在地球大气中出现的频率
斜压波动	$f^2U_z/(N\beta^2)$	$fU_z/(N\beta)$	$2\pi N/(fU_z)$	$1/\sqrt{Ri}$	从极地到30°纬度几乎普遍存在
倾斜对流	D	U_zD/f	f^{-1}	2π	高度间歇性的
积云对流	D	D	N^{-1}	$2\pi N/f$	在热带海洋上空普遍存在并到处间歇性地发生
边界层湍流	h	h	h/U^*	$2\pi U^*/(hf)$	在边界层普遍存在

注：a—地球半径；U—平均纬向速度尺度；f—地转参数；β—f 的经向梯度；U^*—摩擦速度尺度；h—行星边界层(PBL)深度；N—平均浮力频率尺度；N_w—湿浮力频率尺度；Ri—里查森数$=N^2/U_z^2$；R—最大风尺度半径；V_T—最大切向风尺度；φ—纬度；D—不稳定层深度；U_z—纬向风垂直切变尺度。

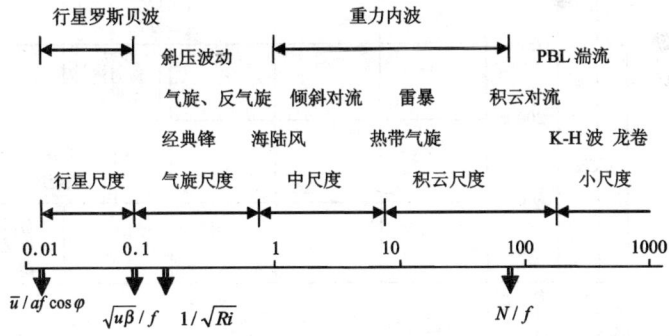

图 1.1 按拉格朗日罗斯贝数 Ro 做出的尺度分类(Emanuel,1986)

以上分析表明中尺度运动的水平尺度为 $L=U_zD/f$，时间尺度为 $T=1/f$，如果把 U,D 和 f 的典型值代入，则可得水平尺度 L 的典型值为几百千米，而时间尺度 T 的典型值为几小时。由此可见，尺度的经验分类和理论分类基本是一致的。

但实际大气中天气系统的尺度谱更复杂，从实用的角度来说需要更细致的分类。Orlanski(1975)根据观测和理论的综合分析结果，提出了一个比较细致的尺度划分方案,被普遍采用。按他的方案,天气系统可粗分为大、中、小尺度三类,其中大尺度系统可再分为 α,β 两类。中尺度和小尺度系统则可分别分为 α,β,γ 三类,相邻两类的空间尺度相差 1 个数量级(见图 1.2)。按这种划分,中尺度成了一个范围很宽的尺度(即 2~2000 km)。小至某些通常称为小尺度的系统(如雷暴单体等),大至某些通常称为大尺度的系统(如锋、飓风或台风等)都可包括在中尺度的范围内。但其"核心"则为 20~200 km 的系统,即 β 中尺度系统。β 中尺度系统具有典型的中尺度特性,而 α 和 γ 中尺度系统则分别兼有大尺度和小尺度的特性。

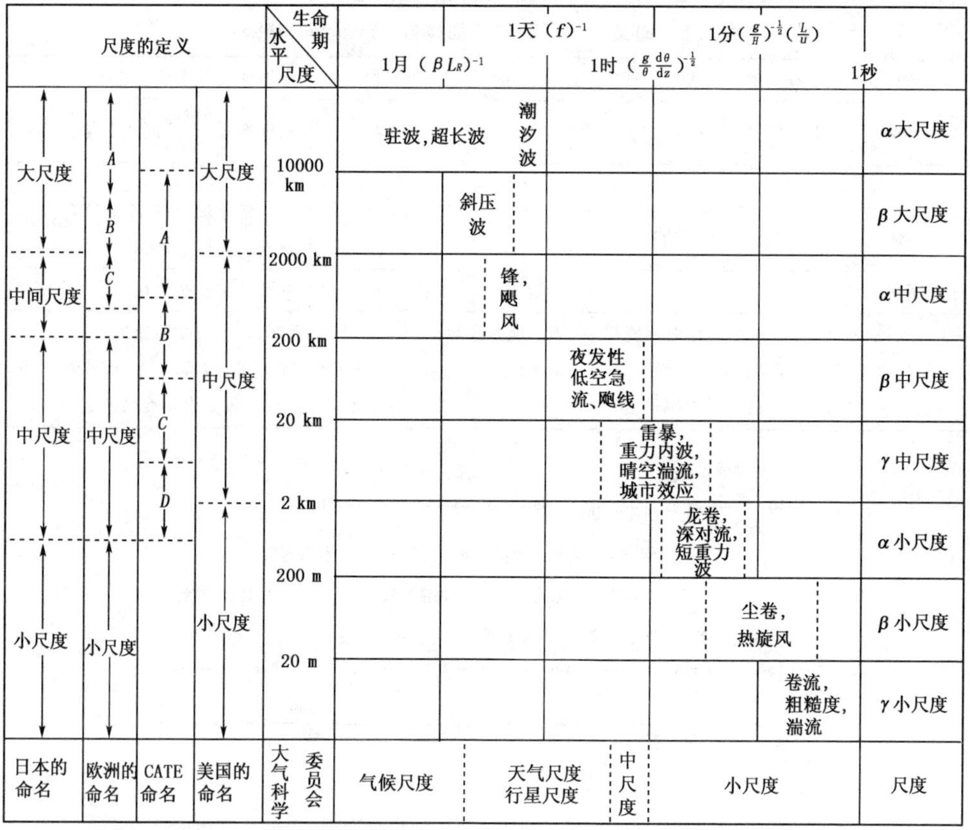

尺度的定义				生命期水平尺度	1月 $(\beta L_R)^{-1}$	1天 $(f)^{-1}$	1时 $(\frac{g}{\theta}\frac{d\theta}{dz})^{\frac{1}{2}}$	1分 $(\frac{g}{H})^{-\frac{1}{2}}(\frac{L}{U})$	1秒	
大尺度	A		大尺度	10000 km	驻波,超长波	潮汐波				α大尺度
	B	A		2000 km		斜压波				β大尺度
中间尺度	C			200 km		锋,飓风				α中尺度
		B	中尺度	20 km			夜发性低空急流、飑线			β中尺度
中尺度	中尺度	C		2 km			雷暴,重力内波,晴空湍流,城市效应			γ中尺度
		D		200 m				龙卷,深对流,短重力波		α小尺度
				20 m				尘卷,热旋风		β小尺度
小尺度	小尺度		小尺度						卷流,粗糙度,湍流	γ小尺度
日本的命名	欧洲的命名	CATE命名	美国的命名	大气科学委员会	气候尺度	天气尺度 行星尺度	中尺度	小尺度		尺度

*注:GATE 是全球大气研究计划大西洋热带试验的缩写。

图 1.2 Orlanski 的尺度划分(右)及几种主要的尺度定义的对照(Orlanski,1975)

Orlanski 的尺度划分是根据时间和空间长度同时做出的,注意图 1.2 中沿着时间尺度这一排的括弧中的物理参数。正是这些参数控制着每一个特定的时间尺度范围。其中 $(\beta L_R)^{-1}$ 即地转参数随纬度的变化(β)与罗斯贝变形半径 $L_R = (H/f)[(g/\theta)(d\theta/dz)]^{1/2}$ 的乘积的倒数(其中 H 为均质大气的厚度),1 个月至 1 天之间的尺度受此参数控制。对于尺度为1天至几小时的运动来说,则受参数 f^{-1} 的控制。而生命史为几小时的运动受浮力频率的倒数 $N^{-1}=[(g/\theta)(\mathrm{d}\theta/\mathrm{d}z)]^{-1/2}$ 所控制。至于时间尺度为分和秒的外重力波和湍流运动的平流时间则分别由参数 $(g/H)^{-1/2}$ 和 L/u 所决定。大气运动系统的尺度划分标准以及各种尺度的名称至今仍是不统一的。图1.2中左部列出了当前世界上的几种有代表性的尺度划分标准与 Orlanski 的尺度划分之间的相互对照关系。在日本的尺度划分中,包含一个中间尺度,它相当于 Orlanski 所定义的 α 中尺度。中间尺度或 α 中尺度也相当于通常所说的次天气尺度,而 β 大尺度则相当于通常所说的天气尺度。对于 α,β 和 γ 三种中尺度,有时也有人分别称它们为大的中尺度、典型中尺度和小的中尺度。

除了图1.2中所列的各种尺度划分外,还有一些别的尺度划分和名称。例如藤田哲也(Fujita,1981)等按英文的五个元音字母 A,E,I,O,U 的次序,把天气系统按大小分别给以 Maso, Meso, Miso, Moso 及 Muso 等前缀,把天气系统划分为5个等级,前四个等级又分别划分为 α,β 两个次尺度。Fujita 除做了上述尺度分类外,为了在研究下击暴流、微下击暴流和龙卷吸管涡旋等特殊的小尺度天气现象时,进行测站布局和观测及研究方法的设计等实用目的,又对小尺度现象做了更进一步的分类,即除了将小尺度划分成 α,β,γ 三类外,还增加了 δ 和 ε 两个次尺度。

1.2 中尺度大气运动的基本特征

通过1.1节的讨论,已经知道中尺度是一个比较特殊的尺度,归纳起来可以从以下几个方面来认识其基本特征。

(1)尺度

按 Orlanski 的划分标准,中尺度系统的水平尺度在 $2\times10^0\sim2\times10^3$ km 之间,时间尺度在几十分钟至几天之间。这是一个很宽的范围,因此中尺度系统不仅区别大、小尺度系统,而且大小不同的中尺度系统之间也具有性质的差别。一般来说,水平尺度为 $20\sim200$ km 的 β 中尺度系统是中尺度系统的核心,具有典型的中尺度系统特性,而 α 和 γ 中尺度系统则分别兼有大、小尺度系统的特性。

(2)散度、涡度、垂直速度

从连续方程可得:$W\leqslant HV/L$(其中 W,V 分别表示空气的垂直和水平速度;H,L 分别表示垂直和水平尺度)。取 $V\sim10$ m/s,$H\sim10$ km,则对 α,β,γ 中尺度系统,W 分别可为 10^{-1} m/s,10^0 m/s 和 10^1 m/s,这都比大尺度垂直运动大1到几个量级。相应地,中尺度的散度、涡度也要比大尺度的散度、涡度大1到几个量级。很多天气现象的强度都是与散度、涡度、垂直速度的强度相联系的,例如在水汽条件相同的情况下,降水强度一般与垂直速度成正比。所以强降水常常与中尺度运动,特别是与

β中尺度系统密切相关,因为它们既有较强的垂直运动,又有较长的生命期,所以降水强度较大,总降水量也较大。

(3) 地转偏向力和浮力的作用

在大尺度运动中,地转偏向力的作用相对重要,浮力可以忽略。在小尺度运动中,浮力的作用相对重要,地转偏向力可以忽略。而在中尺度运动中,地转偏向力和浮力的作用都必须考虑。这种性质可以用罗斯贝数 Ro 和里查森数 Ri 来表示。对三种基本尺度而言,Ro 和 Ri 的典型值分别如表 1.2 所列。

表 1.2　大、中、小尺度系统的 Ro 和 Ri 的典型值

	大尺度	中尺度	小尺度
$Ro=V/fL$	0.1	1.0	>1.0
$Ri=N^2/U_z^2$	100.0	1.0	<1

由此可见,尺度愈大,Ro 愈小,Ri 愈大;反之,尺度愈小,Ro 愈大,Ri 愈小。而 Ro 与地转偏向力成反比,Ri 与浮力成反比。所以尺度愈大,地转偏向力作用愈大,浮力作用愈小;反之,尺度愈小,地转偏向力作用愈小,浮力作用愈大。对较小的中尺度运动,地转偏向力项相对较小,运动具有非地转性,而对较大的中尺度运动,地转偏向力项相对较大。运动具有一定的地转性。Phillips(1963)引入了 Burger 数 $B(B=Ro^2Ri)$,并定义了两类地转运动:当 $B \approx 10^{-2}$ 时,称为第二类地转运动;$B \approx 1$ 时称为第一类地转运动。较大的中尺度运动正好具有 $B \approx 1$ 的关系,因此也说明它具有地转性。不过虽然大、中尺度系统都可能出现 $B \approx 1$ 的情况,但由于两类运动的 Ro 和 Ri 明显不同,因此两类运动仍有明显差别。通过地转偏向力及浮力相对重要性的分析可见,大尺度运动是地转和静力平衡的运动,小尺度运动是非地转、非静力平衡和湍流运动,而中尺度运动则介于两者之间。大的中尺度运动可为准地转和准静力平衡运动,小的中尺度运动则可为非地转和非静力平衡运动;而典型的中尺度运动,则可能是非地转和准静力平衡的。因此典型的中尺度也可以定义为符合以下判据的一种特殊尺度:①其水平尺度足够大,以致可以适用静力平衡关系;②其水平尺度足够小,以致地转偏向力项相对于平流项和气压梯度力项是小项(Pielke,1984)。这时形成的流场,即使在没有摩擦作用的情况下(在行星边界层以上),也与梯度风和地转风关系有本质的不同。所以在中尺度分析中,用地转风和梯度风作为实际风的近似已不合适,而流体静力近似一般仍能有效地表示气压的垂直分布。但是要强调指出,流体静力假设的正确性同时与天气系统的尺度和大气的稳定度以及风速大小有关。当大气比较稳定,风速较小时,流体静力假设对较小尺度的系统也是适用的。但是当风速增大,热力稳定度减小时则流体静力假设的正确性便减小,以致不适用。

(4) 质量场和风场的适应过程

对大尺度运动而言,一般是风场适应质量场,而中尺度运动中则为质量场适应风场。对于这一点可做一些简单的解释。考虑一个初始无界海洋,在水平范围为 $2A$,深度为 H 的水柱。在地转平衡时,每单位长度的地转水流的动能 E_{geo},位能为 P_{geo}。动能与位能之比为

$$E_{geo}/P_{geo} = L_R^2/L^2 \tag{1.1}$$

式中 $L_R = \sqrt{gH}/f$,称为罗斯贝变形半径,它是由重力、地球自转以及流体深度所决定的空间尺度;L 是天气系统的水平尺度。

由式(1.1)可见,当 $L \gg L_R$ 时,有 $E_{geo} \ll P_{geo}$。由此可知当增加动能时,必须发生很大的位能才能使地转平衡恢复。但当增加位能时,则只需发生很小的动能便能适应。显然后一种情况容易成功。因此,对水平尺度大于 L_R 的扰动而言,一般是速度场适应质量场。而当 $L \ll L_R$ 时,情况正好相反。所以对中小尺度扰动而言,一般是质量场适应速度场。

1.3 描述中尺度运动的方程组

在直角坐标系 (x, y, z) 中,忽略湍流扩散的大气动力学和热力学基本方程组为

运动方程:
$$\begin{cases} \dfrac{du}{dt} = -\dfrac{1}{\rho}\dfrac{\partial p}{\partial x} + fv \\ \dfrac{dv}{dt} = -\dfrac{1}{\rho}\dfrac{\partial p}{\partial y} - fu \\ \dfrac{dw}{dt} = -\dfrac{1}{\rho}\dfrac{\partial p}{\partial z} - g \end{cases} \tag{1.2}$$

连续方程: $\dfrac{d\rho}{dt} + \rho(\dfrac{\partial u}{\partial x} + \dfrac{\partial v}{\partial y} + \dfrac{\partial w}{\partial z}) = 0$ (1.3)

状态方程: $p = \rho RT$ (1.4)

位温方程: $\theta = T\left(\dfrac{1000}{p}\right)^{\frac{AR}{c_p}}$ (1.5)

热流量方程: $\dfrac{d\theta}{dt} = \dfrac{\theta}{c_p T}\dfrac{dQ}{dt}$ (1.6)

以上各式中,

$$\dfrac{d}{dt} = \dfrac{\partial}{\partial t} + u\dfrac{\partial}{\partial x} + v\dfrac{\partial}{\partial y} + w\dfrac{\partial}{\partial z}$$

上述方程组一般不直接用来讨论中小尺度天气问题,因为:①在方程中包含了大、中、小尺度运动以及声波等气象噪声;②对不同尺度的运动,方程中各项量级不同,可以简化;③方程中的非线性项表现了气象要素场之间的相互作用,对中小尺度

天气问题来说是重要的。但其中某些项,如气压梯度项,可以通过对密度的适当假设,而将其线性化,从而使问题简化。

为此先来讨论简化方程组的主要依据。首先,把任一大气热力学变量 f 看作是天气尺度参考量 $\bar{f}$ 和偏离 $\bar{f}$ 的中尺度扰动量 f' 之和,即

$$f = \bar{f} + f' \tag{1.7}$$

然后根据观测事实,假设:

(1) 天气尺度状态的变化远慢于中尺度扰动的变化,即

$$\left|\frac{\partial \bar{f}}{\partial t}\right| \ll \left|\frac{\partial f'}{\partial t}\right| \tag{1.8}$$

(2) 天气尺度的水平梯度远小于中尺度水平梯度,即

$$\left|\frac{\partial \bar{f}}{\partial x}\right| \ll \left|\frac{\partial f'}{\partial x}\right|, \quad \left|\frac{\partial \bar{f}}{\partial y}\right| \ll \left|\frac{\partial f'}{\partial y}\right| \tag{1.9}$$

(3) 中尺度扰动量 f' 远小于天气尺度参考量 $\bar{f}$,也就是说,中尺度扰动量与天气尺度参考量之比远小于1,即

$$\left|\frac{f'}{\bar{f}}\right| \ll 1 \quad \text{或} \quad |f'| \ll |\bar{f}| \tag{1.10}$$

设 $p = \bar{p} + p'$, $\rho = \bar{\rho} + \rho'$,$p$, ρ 分别为气压和密度。则根据以上简化,便可得到水平运动方程为:

$$\begin{cases} \dfrac{du}{dt} = -\dfrac{1}{\bar{\rho}}\dfrac{\partial p'}{\partial x} + fv \\ \dfrac{dv}{dt} = -\dfrac{1}{\bar{\rho}}\dfrac{\partial p'}{\partial y} - fu \end{cases} \tag{1.11}$$

垂直运动方程为:

$$\begin{aligned}
\frac{dw}{dt} &= -\frac{1}{\bar{\rho}+\rho'}\left(\frac{\partial \bar{p}}{\partial z} + \frac{\partial p'}{\partial z}\right) - g \\
&= -\frac{1}{\bar{\rho}+\rho'}\frac{\partial p'}{\partial z} + \left(\frac{1}{\bar{\rho}+\rho'} - 1\right)g \\
&= -\frac{1}{\bar{\rho}+\rho'}\frac{\partial p'}{\partial z} - \frac{\rho'}{\bar{\rho}+\rho'}g \\
&\cong -\frac{1}{\bar{\rho}}\frac{\partial p'}{\partial z} - \frac{\rho'}{\bar{\rho}}g
\end{aligned} \tag{1.12}$$

对连续方程进行尺度分析,略去相对小项后可得:

$$\bar{\alpha}\left(\frac{\partial u}{\partial x} + \frac{\partial v}{\partial y} + \frac{\partial w}{\partial z}\right) = 0 \quad \text{或} \quad \frac{\partial u}{\partial x} + \frac{\partial v}{\partial y} + \frac{\partial w}{\partial z} = 0 \tag{1.13}$$

式中 $\alpha = \dfrac{1}{\rho}$ 称为比容,式(1.13)是在 $\dfrac{\partial \bar{\alpha}}{\partial z} \approx 0$ 的条件下成立的。这一条件一般只适用于浅层运动的情况,因此式(1.13)称为浅对流连续方程,这一关系式常称为不可压缩

性假设。这一表达式不仅消除了声波,而且略去了密度的空间变化。

由上可见,在推导运动方程时,做了下述近似处理:①大气密度在水平方向变化很小,所以以 $\dfrac{1}{\bar\rho}$ 代替 $\dfrac{1}{\rho}$,从而使气压梯度力项线性化;②在垂直方向的运动方程中,考虑了由密度扰动引起的浮力;③假定大气运动是准不可压缩的,从而略去了由于空气压缩性而产生的声波。上述近似处理称为 Boussinesq(布西内斯克)近似或对流简化。在推导上述方程组时,假定流体运动只限制在一薄层内。因此这一简化方程组一般适用于研究像积云对流、海陆风环流、边界层急流中的重力波活动等发生在浅层内的中尺度运动。

但是在研究深层运动时,由于深层运动的垂直范围大,因此在这类运动中 $\dfrac{\mathrm{d}\bar\rho}{\mathrm{d}z}$ 必须考虑,不能略去。这样,连续方程必须采取另一种形式。与推导浅对流连续方程一样,同样采用尺度分析方法,结果可得连续方程为:

$$w\frac{\partial\bar\alpha}{\partial z}+\left(\frac{\partial u}{\partial x}+\frac{\partial v}{\partial y}+\frac{\partial w}{\partial z}\right)=0 \quad \text{或} \quad w\frac{\partial\bar\rho}{\partial z}+\bar\rho\left(\frac{\partial u}{\partial x}+\frac{\partial v}{\partial y}+\frac{\partial w}{\partial z}\right)=0 \quad (1.14)$$

式(1.14)称为深对流连续方程。设 $\bar\rho=\bar\rho(z)$,则式(1.14)可以改写成

$$\frac{\partial\bar\rho u}{\partial x}+\frac{\partial\bar\rho v}{\partial y}+\frac{\partial\bar\rho w}{\partial z}=0 \quad (1.15)$$

Ogura 和 Phillips(1962)在处理深对流问题时,把连续方程中的 $\dfrac{\partial\rho}{\partial t}$ 项略去了,但在绝热方程中却仍保留了该项。他们把这种近似处理称为滞弹性(anelastic)近似或隔音假设。

和 Boussinesq 近似方程组相比,滞弹性近似的主要区别之一,就是在连续方程中考虑了 $\dfrac{\partial\bar\rho}{\partial z}$ 项的作用,因此这种近似适用于研究深层运动。滞弹性近似可以看作是广义的 Boussinesq 近似。Boussinesq 近似、滞弹性近似和原始方程组主要区别在于对密度的处理。它们也分别被称为非弹性、滞弹性和全弹性方程组。它们在不同情况下被应用来解决中尺度问题。

本章小结

(1)基本内容

本章讨论了大气运动系统的尺度划分,从经验、理论和实用(几何)三方面对中尺度给出了定义,从尺度、散度、涡度、垂直速度的量级,地转偏向力和浮力作用的相对重要性以及质量场和风场的适应过程等方面讨论了中尺度运动的基本特征,最后讨

论了描述中尺度运动的方程组。

(2)复习思考

1)什么是中尺度？Ligda，Emanuel，Orlanski 和 Pielke 等怎样定义中尺度？

2)α,β,γ 中尺度系统在性质和对强天气形成的作用方面有什么不同？

3)通过对地转偏向力和浮力作用的相对重要性以及质量场和风场的适应过程等方面的讨论可知，对中尺度系统的分析和对大尺度系统的分析方法应有什么不同？

4)为什么一般不直接使用原始方程组讨论中尺度运动？

5)简化方程时应用了哪些规则？

6)什么是 Boussinesq(布西内斯克)近似？

7)Boussinesq 近似与滞弹性近似的连续方程有什么区别，它们各适用于描述什么运动？

参考文献

阿特金森 B W. 1987. 大气中尺度环流. 北京:气象出版社.

巢纪平,周晓平. 1964. 积云动力学. 北京:科学出版社.

丁一汇. 1991. 高等天气学. 北京:气象出版社.

古特曼 Л H. 1976. 中尺度气象过程非线性理论引论. 北京:科学出版社.

陆汉城,等. 2000. 中尺度天气原理和预报. 北京:气象出版社.

寿绍文. 1993. 中尺度天气动力学. 北京:气象出版社.

寿绍文,等. 1993. 中尺度对流系统及其预报. 北京:气象出版社.

寿绍文,等. 2003. 中尺度气象学. 北京:气象出版社.

寿绍文,等. 2009. 中尺度大气动力学. 北京:高等教育出版社.

伍荣生. 1999. 现代天气学原理. 北京:高等教育出版社.

伍荣生,等. 1983. 动力气象学. 上海:上海科技出版社.

杨大升,刘余滨,刘式适. 1983. 动力气象学. 北京:气象出版社.

杨国祥. 1983. 中小尺度天气学. 北京:气象出版社.

杨国祥,何齐强,陆汉城. 1991. 中尺度气象学. 北京:气象出版社.

张玉玲. 1999. 中尺度天气动力学引论. 北京:气象出版社.

朱乾根,林锦瑞,寿绍文. 1981. 天气学原理和方法. 北京:气象出版社.

Cotton W R, Anthes R A. 1993. 风暴和云动力学. 叶家东,等,译. 北京:气象出版社.

Emanuel K. 1983. On the dynamical definition of "Mesoscale Meteorology": Theories, observations and models. Lilly D K and Gal-Chen T Eds. Reidel Publishing Co., Boston Mass. 1-11.

Emanuel K. 1984. Some dynamical aspects of precipitating convection, Dynamics of mesoscale weather Systems. NCAR. 591pp.

Emanuel K A. 1986. Overview and definition of mesoscale meteorology. Chapter 1, in Ray P S (Editor), Mesoscale Meteorology and Forecasting, Amer. Meteor. Soc. ;1-16.

Fujita T T. 1963. Analytical meteorology: A review of meteor. Monography. , No. 27. Amer. Meteor. Soc. ;77-125.

Fujita T T. 1981. Tornadoes and downbursts in the contex of generalized planetary scales. J. Atmos. Sci. , 38(8):1511-1534.

Fujita T T. 1981. 下击暴流. 北京:气象出版社.

Fujita T T. 1986. Mesoscale classification: their history and their application to forecasting. Chapter 2 in Ray P S (Editor) Mesoscale Meteorology and Forecasting, Amer. Meteor. Soc. ;18-35.

Kessler E. 1986. Thunderstorm Morphology and Dynamics. University of Oklahoma Press.

Ligda M G H. 1951. Radar storm observation. Compendium of Meteorology. Malone T F, Ed. , Amer. Meteor. Soc. ;1265-1282.

Ogura Y, Phillips N A. 1962. Scale analysis of deep and shallow convection in the atmosphere. J. Atmos. Sci. ;173-179.

Orgura Y. 1963. A review of numerical modeling research on small-scale convection in the atmosphere. Meter. Monogr. No. 27, Amer. Meteor. Soc. ; 65-76.

Orlanski I. 1975. A rational subdivision of scales for atmospheric processes. Bull. Am. Meteor. Soc. ,56:527-530.

Phillips N A. 1963. The equations of motion for a shallow rotating atmosphere and the "Traditional Approximation". J. Atmos. Sci. ;626-628.

Pielke R A. 1984. Mesoscale Meteorological Modeling. Academic Press.

Ray P S. 1986. Mesoscale Meteorology and Forecasting. Am. Meteor. Soc.

SMHI(瑞典气象水文研究所). 1983. Mesoscale Meteorology. Sweden.

Tepper M. 1959. Mesometeorology, the link between macroscale atmospheric motions and local weather. Bull. Amer. Meteor. Soc. ,40:56-72.

第 2 章　地形性中尺度环流

中尺度大气环流系统包括地形性环流系统和自由大气环流系统两大类。其中地形性环流又包括由于下垫面的起伏不平或冷热不均所引起的机械性强迫运动（如地形波、下坡风、尾流等）和热力性强迫运动（如热岛环流、海陆风、山谷风等）两类。自由大气环流则包括非对流性环流（如移动性重力波、锋—急流次级环流等）和对流性环流。后者又可分为浅层对流和深厚对流两类。在以后各章中将逐步讨论各类中尺度大气环流系统。在本章中，将主要对各种地形性环流分别进行讨论。这些地形性环流本身的强度通常并不大，但在一定条件下常常可以引起各种严重灾害性天气（如暴雨、强对流天气等）。

2.1　地形波

2.1.1　地形波的基本类型

山地对气流有明显影响。有经验的滑翔机和滑翔伞驾驶者都懂得利用山地附近的气流波动来控制升降。早在 1913 年 Von Ficker 就利用自由气球（即气球在施放点的浮力为零，其本身既不上升，又不下降，只是悬浮在空中随风飘动，随气流上升而上升，下降而下降）来观测空气质点的轨迹。图 2.1 所示就是他所观测的一些气流轨迹。从这些气流轨迹图可以清晰地看出有波动气流的存在，它们是与地形密切相关的。

一般把气流过山所引起气流波动称为地形波。地形波可以通过卫星、雷达、飞机和微压计等工具和手段来观测。图 2.2 为 2004 年 3 月 6 日发生在美国落基山脉东侧的一次地形波的卫星红外云图和水汽图像。图中所显示的波纹状亮带就是由地形波所引起的云带。图 2.3 表示在沿与卫星云图波纹走向相正交的方向上的亮温的分布，可以看出它们明显的波状特征。图 2.4 为一次背风波云系的飞机观测照片。

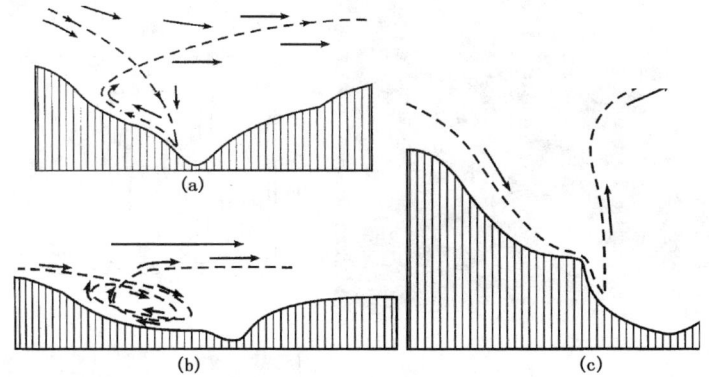

图 2.1　山脉背风侧观测到的一些气球轨迹（虚线）（Von Ficker,1913）

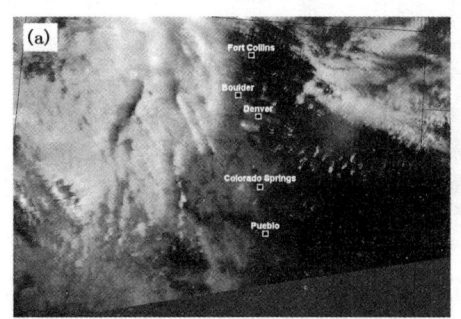
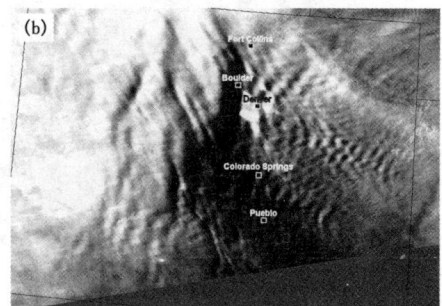

图 2.2　2004 年 3 月 6 日发生在落基山脉东侧的一次地形波的卫星云图（Uhlenbrock 等，2006）
((a)红外云图；(b)水汽图像。小方点表示城市所在的位置)

　　Forchgott(1949)把常见的地形波分成四种基本类型(图 2.5)，即：①层状气流；②驻涡气流；③波动气流；④转子气流。不同类型的出现，主要依赖于不同的风型。在小风的条件下，出现层状气流的情况。这是一种平滑的浅波，波动只发生在山脉上空的浅层内，向上很快消失。这种波动通常称为山脉波(mountain wave)。当山顶高度以上风速较大时则可能在山脉背风坡形成半永久性的涡动，其上则有气流的平滑浅波。这种半永久性的涡动便叫作驻涡(standing eddy)。当风速随高度增大时，则可在背风坡出现波动气流。这种波动称为背风波(lee wave)。背风波可以伸展到对流层上层和平流层。地面观测和卫星云图上常可发现在山脉下风方有波状云存在，这种云通常是由背风波造成的，而当在垂直方向有风速极大值出现时，则会形成转子气流(rotor streaming)。驻涡和转子是背风波的特殊形式。

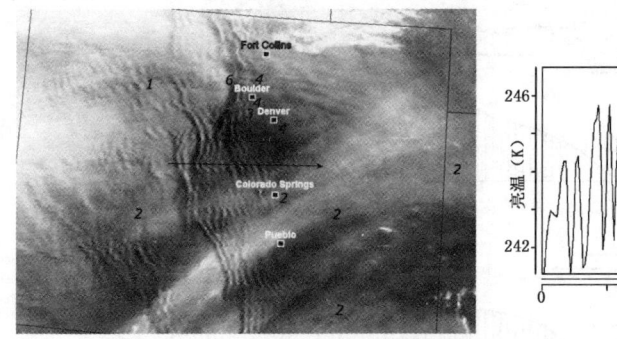
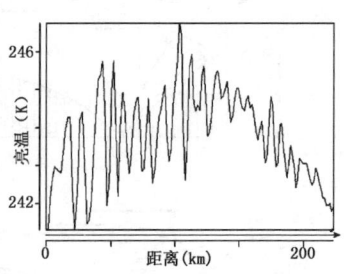

(a)2004年12月28日19:40 UTC

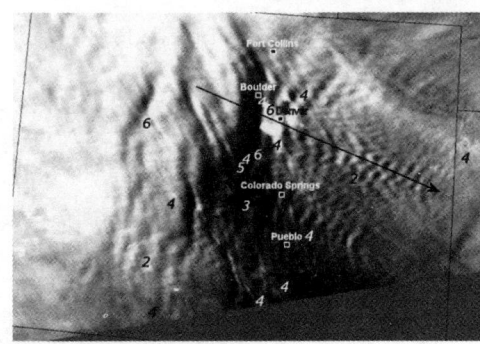
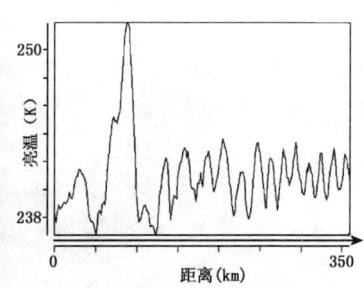

(b)2004年3月6日19:50 UTC

图 2.3　两次发生在落基山脉东侧的地形波的卫星云图(左)和沿云图中的箭头线方向的亮温(K)的分布图(右)(小方点表示城市所在的位置)(Uhlenbrock 等,2006)

图 2.4　1974 年 4 月 16 日 BLUE 山脉上空背风波的飞机观测(Smith,1976)

第 2 章 地形性中尺度环流 15

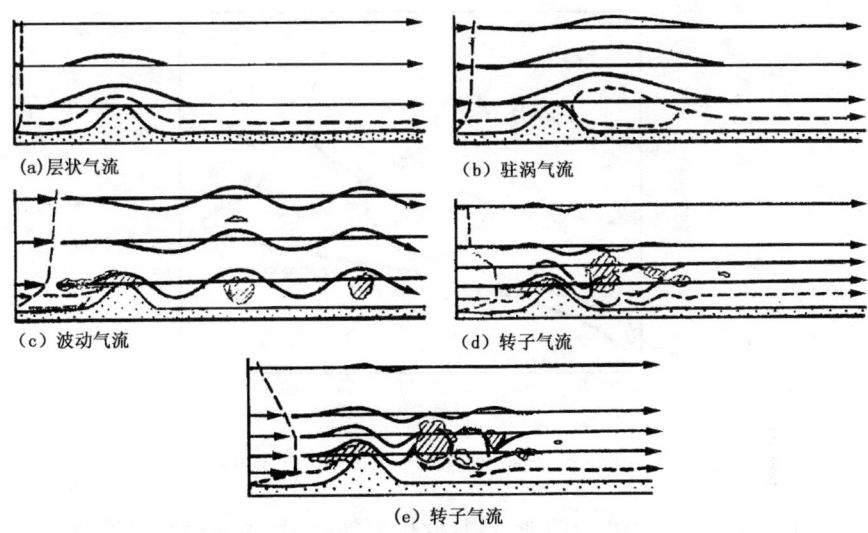

图 2.5 过山气流的四种形式(Forchgott,1949)

2.1.2 背风波的特征及大气条件

背风波是地形波的一种类型,它们是由于障碍物引起空气垂直振荡而造成的。当空气被山脉强迫上升后,在稳定层结中,由于有恢复力——重力,使它回复到初始位置,这样空气便产生垂直振荡,并沿水平气流向下游传播波形。观测表明,背风波一般具有以下一些特征:

(1)波长:背风波的波长可在 1.8~70 km 之间,一般为 5~20 km 左右。波长一般随高度而变,高层较长,低层较短。波长还随风速而变,风速愈大,波长愈长。

(2)波幅:波幅指流线(通常用等熵线代表)的峰、谷之间的距离。背风波的波幅可在几百米至 2 km 之间。一般为 0.3~0.5 km。波幅和波长无一定联系。当波长和山脉形状配合时,振幅最大。有的背风波振幅很大,可达 6 km 以上。大振幅的背风波称为水跃(hydraulic jump)型背风波。

(3)垂直速度:背风波的垂直速度一般为 2~6 m/s,最大可达 15 m/s。一般来说,波长为 13 km 左右的背风波,其垂直速度最大。

背风波往往出现在一定的大气条件下。对给定的障碍物,背风波的出现依靠两个大气特征。即:静力稳定度和风。一般来说,当背风波发生时,最稳定层的高度正好是山顶的高度。由此可见,空气受山脉扰动的层是明显稳定的,至少对强背风波来说是如此。而且,背风波最大的振幅一般出现在静力稳定度最大的层次。图2.6表示波日和非波日的平均垂直风切变,说明较强的风垂直切变有利于形成背风波。至于山脉背风面的驻波一般出现在下列条件下:①气流所越过的山脊是长山脊或山岳地

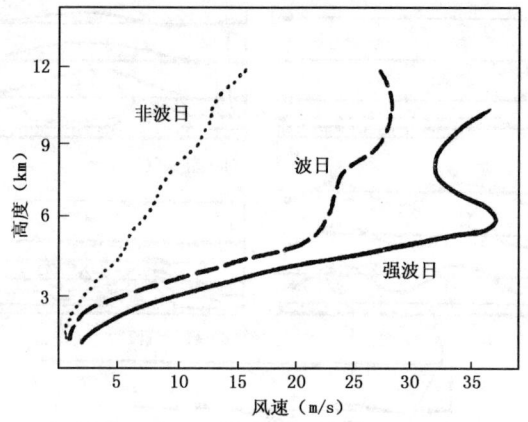

图 2.6 波日和非波日的平均垂直风切变(Calson,1954)

带,而不是孤立的山峰;②在山的迎风侧,低层大气稳定,到高层稳定度减小;③风向在垂直山脊方向 30°内,并且随高度基本无变化;④山脊高度上的风速要超过某一临界值(约为 10 m/s),风速从山脊到对流层顶随高度增大。

从 20 世纪 40 年代以来,很多人进行了背风波的动力学研究,斯科勒(Scorer,1949)的两层模式是有代表性的工作之一。他定义了一个参数

$$l^2 = \frac{\beta g}{U^2} - \frac{1}{U}\frac{\partial^2 U}{\partial z^2} \tag{2.1}$$

式中 l^2 称为 Scorer 参数;β 是稳定度参数,$\beta = \frac{1}{\theta}\frac{\partial \theta}{\partial z}$,$\theta$ 为位温;g 为重力加速度,U 为风速。一般来说,式(2.1)右端第二项远小于第一项,故

$$l^2 \approx \frac{\beta g}{U^2} \tag{2.2}$$

根据 Scorer 的理论分析,背风波出现在一定的大气条件下,即当 $\frac{\partial l^2}{\partial z} < 0$ 时才有背风波的发生(图2.7)。

Scorer 理论是背风波理论的基础。Scorer 参数 l^2 是一个重要的参数。通常可以把 l^2 作为一个判定和预报背风波形成的依据。根据 Scorer 的两层模式,产生背风波需要 l^2 向上足够地减小,而且不连续。因此低层的高值 l^2 有利于背风波形成。图 2.8 是英国西北部上空一次强背风波发展时的探空分析和 l^2 的垂直分布。当时,900~800 hPa 层中,层结明显稳定,风向变化不大,风速随高度增大,l^2 最大值出现在 1~2 km 的高度上。很多实例都有类似结果。这表明,在 600 hPa 以下的逆温层(或至少是稳定层)几乎是背风波产生的必要条件。不过背风波也可能通过其他机制造成。例如,叶笃正(1956)认为,当大气中某种特性的自由振动与由山脉引起的强迫振动的

波长相当时,两种振动的共振也可以造成背风波。

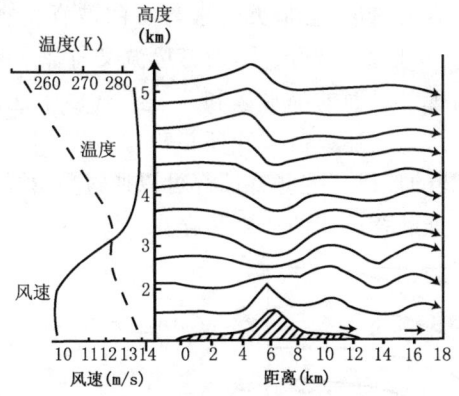

图 2.7 Scorer 两层模式所得的地形波(Scorer,1949)

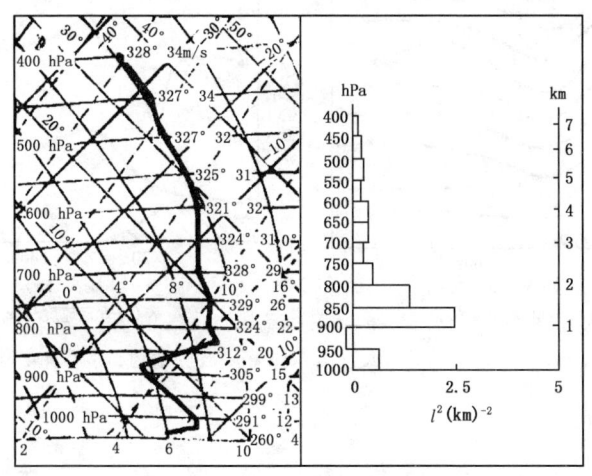

图 2.8 1953 年 3 月 11 日苏格兰的一次背风波活动发生前的温熵图和高空风及 l^2 的垂直廓线图(Corby,1957)

2.1.3 背风波对降水的影响

背风波的形成对降水有明显的影响。对此李冀等(1978)曾对太行山地区的背风波进行过数值试验。图 2.9 给出了他们试验结果的一个例子。图 2.9(a)为流线图,图中左下方的阴影部分为太行山在垂直剖面上的形状,它的东坡较陡,西坡较缓。由图可见,流线的波脊位于山顶,并随高度向西倾斜,而波谷位于山脚上空即背风波。图 2.9(b)把垂直运动 ω 与 24 h 降水量分布做比较。上面的一条曲线表示 2~5 km的平均 ω,可见在背风坡有一强上升气流带,其值可达 2 m/s。下面的一条曲线为观测到的降水量在南北方向（沿山脉方向）的平均值。比较两条曲线可以明显地看出，降水区位于背风波的上升气流区，且最大降水与ω的波脊相吻合。这个例子说明大尺度气流在山脉作用下，可以产生背风波，而背风波又与降水和强对流天气有着密切的关系。很多地方都出现背风面的降水量和冰雹天气多于迎风面的现象，这些都可能与背风波的作用相联系。上述数值试验还指出，当山脉上空有稳定层存在和西风槽东移时，有利于背风波的形成。这些特征都可以通过数值预报结果看出，因此有可能通过数值预报结果去推断背风波的产生和存在。

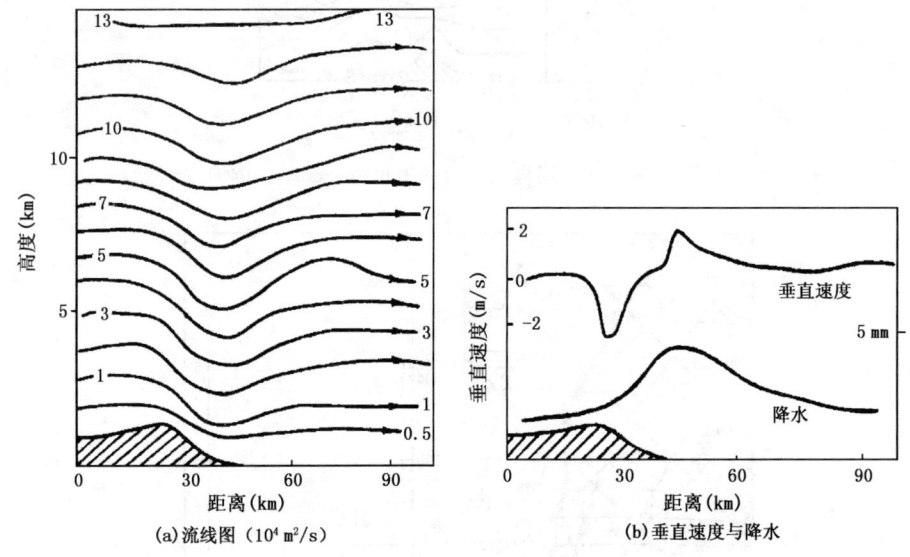

图 2.9　1975 年 10 月 14 日太行山东侧背风波的数值试验（李冀等，1978）

2.1.4　下坡风

在山脉的背风坡，由于山脉的屏障作用，通常风速较小。但在某些情况下，空气越山后可在背风侧的山脚附近造成局地强风，称为下坡风（downslope winds）。这种局地强风具有很大破坏力，可能引起严重灾害。例如我国新疆吐鲁番盆地北缘的"三十里风区"常有局地风灾发生，强风可将火车车厢刮翻，甚至将两百余吨重的火车头吹翻。

下坡风的风速一般为 5～45 m/s，有的可高达 54 m/s，甚至 64 m/s 以上。风速增大往往非常突然，强风速常常可持续 4～8 h，甚至长达 16 h 以上。图 2.10 是美国落基山东边 20 个风暴的平均地面风速的分布情况。图中粗的点划线表示阵风风速的水平分布，点线表示平均风速，实线则表示西风分量。由图可见，在山脉背风侧山脚附近风速最大。

观测表明，下坡风常与水跃型背风波相联系。背风波一般有两种类型。一种是规则型的,从山脊到下风方向 50~100 km 的地方,气流基本上维持波动形状,持久不衰,波动中的风速分布也呈有规则的波动形式;第二种是水跃(hydraulic jump)型的,其特征是沿山脉背风波有强下滑气流,在它的下风方有强上升气流,这时的风速在背风波上最大,并向下风方减弱。下坡风主要是同这种水跃型地形波直接联系的。在这种情况下,可将大气中层(700 hPa 或 500 hPa)具有大动量的空气带到地面,使地面出现强风。因此地面最大瞬时风速大体上与前期 500 hPa 风速相近。但在中层空气冷于周围空气时,在下滑过程中,由于位能转化为动能,地面风速就会超过中层大气风速。例如美国落基山西麓出现的一次下坡风(东北风),风速达到飓风风速,而 500 hPa 风速却不到 27 m/s。

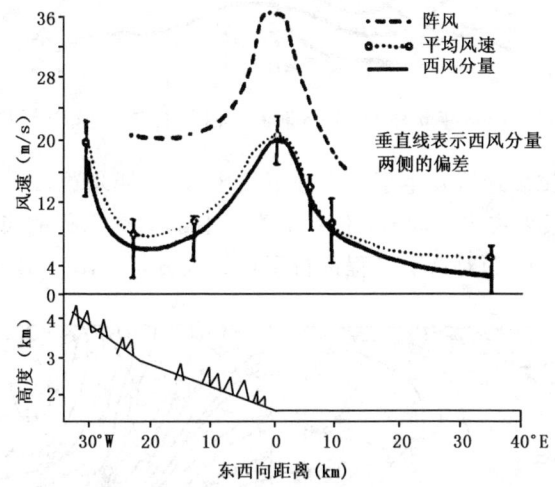

图 2.10　美国落基山东侧的科罗拉多州博尔德地区 20 次下坡风的平均地面风的分布(Brinkmann,1974)

水跃地形波的发展一般要求在对流层中(或低)层有明显的逆温层。出现这种地形波时,对流层中层存在着明显的逆温层。这种逆温层一般是和不连续面相对应的。当有强大而深厚的冷空气越山,在山脉背风波出现下坡风时,山脉的上风侧可以见到明显的冷锋逆温。

一般认为下坡大风的产生要求有稳定的低层大气以及高低层大气的 Scorer 参数具有一定的差值,并须具有相应的斜坡地形条件。下坡风发生的有利天气形势通常是,高空为一深厚的冷槽,槽前有较强的冷平流。地面图上在山脉两侧通常有较大温差和气压差。图 2.11 是 1963 年 6 月 13 日 08 时 700 hPa 形势图,这是在我国新疆地区发生下坡大风的典型形势。

美国落基山东麓地区也常会发生下坡风。例如,1972 年 1 月 11 日在美国西北

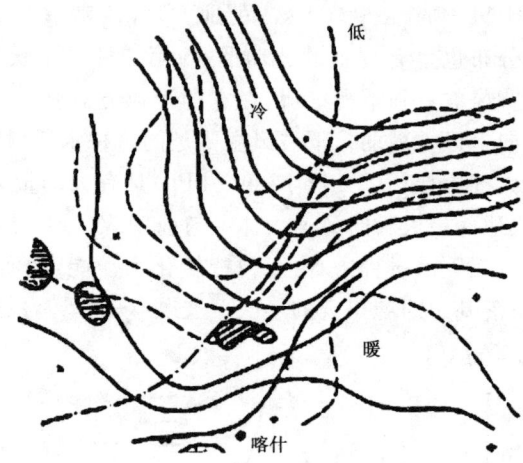

图 2.11 1963 年 6 月 13 日 08 时新疆西部上空 700 hPa 形势图

部落基山东麓科罗拉多地区发生了一次强下坡风过程,博尔德(Boulder)等地的风速超过 50 m/s,造成很大灾害。同时,不少在美国中部上空飞行的飞机遭遇了强烈的湍流和颠簸。Lilly(1978)对这次过程进行了详细的分析。图 2.12 和图 2.13 分别为

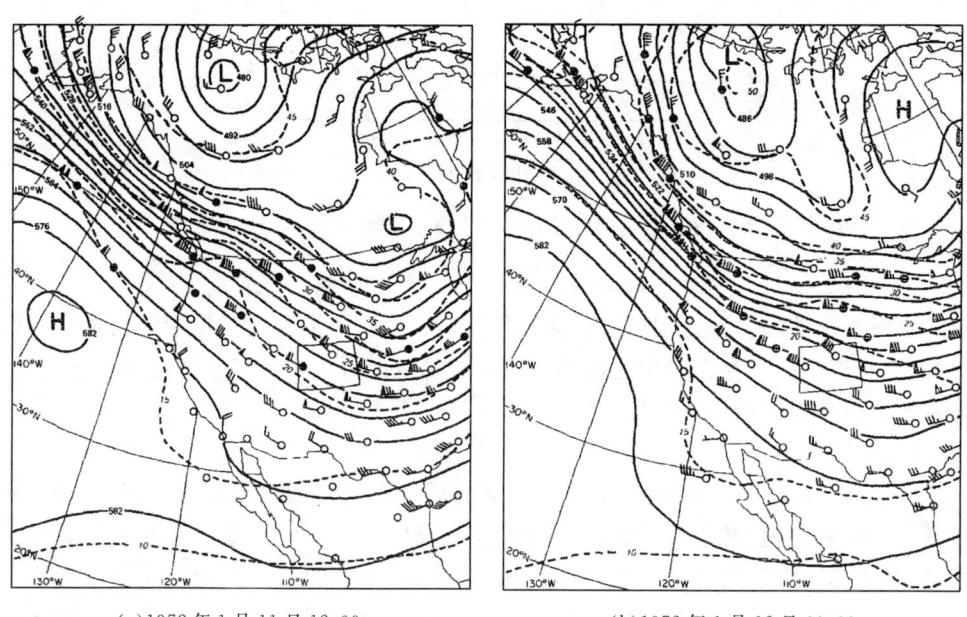

(a)1972 年 1 月 11 日 12:00　　　　　　(b)1972 年 1 月 12 日 00:00

图 2.12　一次下坡风过程的 500 hPa 高空形势图(Lilly,1978)

(实线为等高线;虚线为等温线;框线为科罗拉多地区)

这次过程的 500 hPa 高空形势背景和地面形势图。由图 2.12 和图 2.13 可见,发生强下坡风的科罗拉多地区(图中用矩形框标出)上空处在高空槽后强劲的西北气流之中,地面有气旋发生发展。

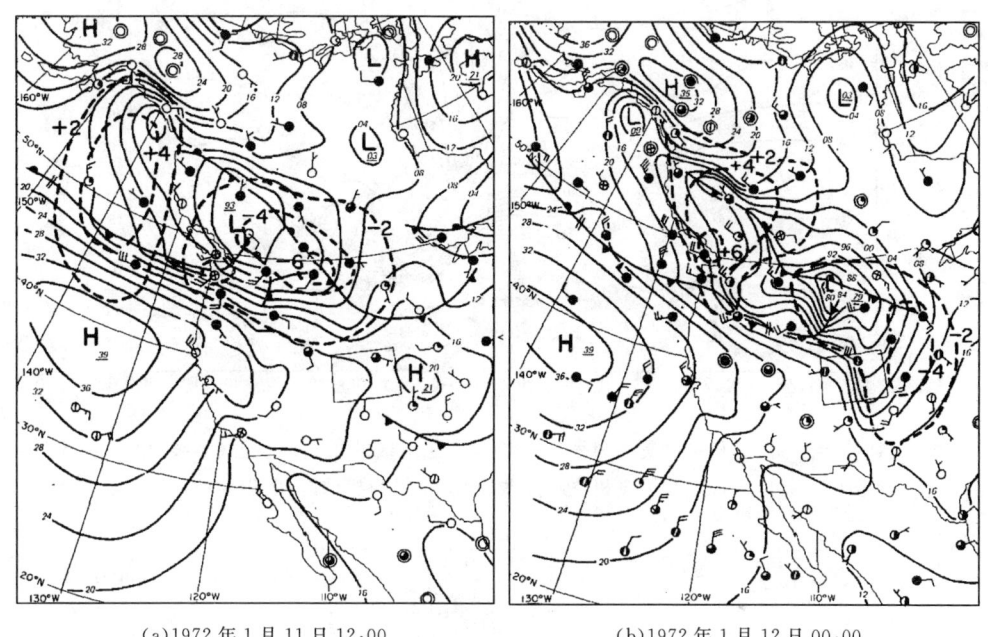

(a) 1972 年 1 月 11 日 12:00　　　　　　(b) 1972 年 1 月 12 日 00:00

图 2.13　一次下坡风过程的地面形势图(Lilly,1978)

(实线为海平面气压;虚线为 3 h 变压;框线为科罗拉多地区)

图 2.14 为 1972 年 1 月 11 日美国落基山东麓发生下坡风发生时穿过科罗拉多州博尔德(Boulder)地区的东西向的垂直剖面图。图中的实线为等位温线(根据探空和飞机观测资料作出)。由图可见,在靠近山顶的背风侧的对流层上层,有振幅为 6 km 的大振幅波存在,这是一种水跃型地形波。在跃变附近有强湍流发展。上风方向 500 hPa 附近密集的等位温线表明,出现这种地形波时,对流层中层存在明显的逆温层。这种逆温层一般是和不连续面相对应的,当有强大而深厚的冷空气越山,在山脉背风坡出现下坡风时,山脉的上风侧可以看到明显的冷锋逆温。

图 2.15 是一次背风波过程中,风速 u 分量的垂直分布图。由图可见,在这次过程中,低空的风速比高空风速还要大。这说明动量下传不是下坡风形成的唯一原因,冷空气下沉时加速也是重要原因之一。

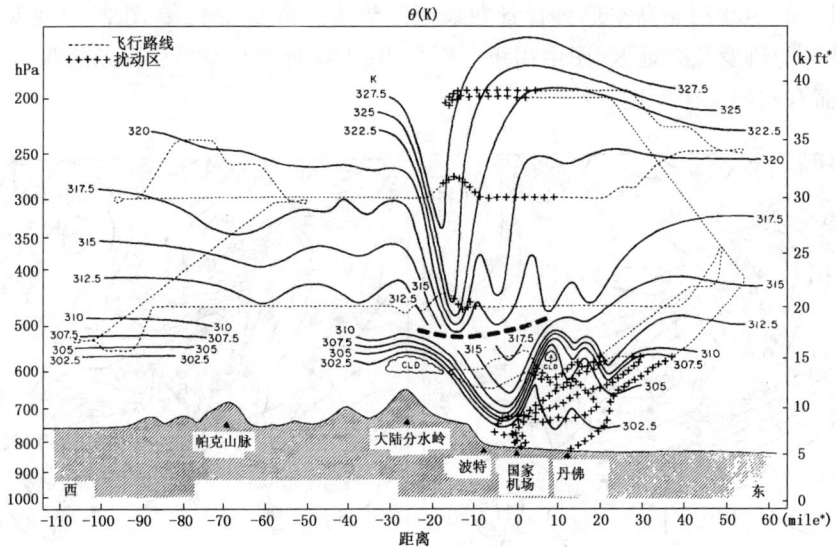

图 2.14 1972年1月11日穿过美国科罗拉多州博尔德地区的东西向位温（实线，以 K 为单位）的垂直截面图（Lilly，1978）（点线为飞机飞行路线；＋＋＋线为扰动区；阴影为地形）

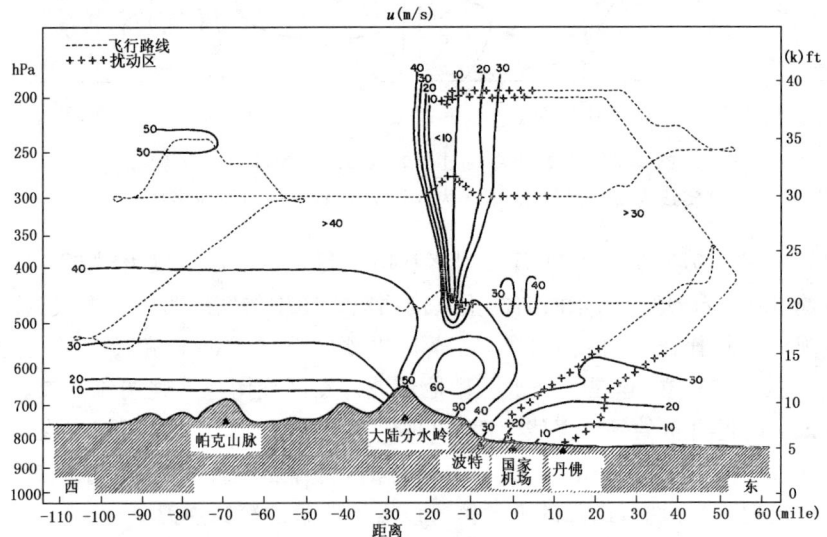

图 2.15 1972年1月11日穿过美国科罗拉多州博尔德地区的东西向东西风分量（实线，以 m/s 为单位）的垂直截面图（Lilly，1978）（点线为飞机飞行路线；＋＋＋线为扰动区；阴影为地形）

---

* 1 ft＝30.48 cm；1 mile＝1609.344 m。

2.2 大气涡街

一般把处在相对于气流运动的实体背后的湍流区叫作尾流(wake)。在海岛、山峰的背风面常常会形成尾流。在尾流中有时会出现背风坡低压(Lee lows)。例如落基山脉、阿尔卑斯山脉以及西藏高原等的背风坡都会产生大尺度的背风坡低压。中尺度地形则可引起中尺度的背风坡低压,关于背风坡低压(或槽)的物理成因,一般可用位涡守恒原理来解释。对深度为 D 的气柱,位涡守恒方程为

$$\frac{\mathrm{d}}{\mathrm{d}t}\left(\frac{f+\zeta}{D}\right)=0 \tag{2.3}$$

式中 ζ 为相对涡度的垂直分量,f 为地转涡度,$(f+\zeta)/D$ 为位涡。当气流上山时,D 减小,引起反气旋涡度加强,到了背风坡,气流下山,D 增大,气旋性涡度增大。这种解释适用于大尺度的背风坡低压和迎风坡高压。但对于中尺度高压和低压的形成还必须考虑质量的辐散和辐合。在背风坡,由于气流加速,导致低层速度和质量辐散,从而引起中尺度低压。除了背风坡低压以外,在一定条件下,尾流中还会产生出一系列的涡旋,它们一个接一个地向下游传播。这种在尾流中发生的涡旋列叫作涡街(vortex street)。这种涡旋有的呈气旋性环流,有的呈反气旋性环流。

Von Karman 通过实验研究了涡街现象,称为 Karman 涡街。这种涡街一般是由两排近于平行的涡旋组成的(图 2.16)。一排中的涡旋位于另一排之上两个相邻涡旋的中点上。在同一排上的涡旋具有类似的环流,而在另一排上的涡旋的环流则正好相反。最初排出的涡旋,其直径与障碍物的尺度相当,随着向下游移动,涡旋的直径不断增大。大气中也存在涡街现象,称为大气涡街。它们是气流与地形(山脉、岛屿等)相互作用的产物。大气涡街与 Karman 涡街是很相似的。例如 Tsuchiya (1969) 和 Young 等(2006) 以及 Chunga 和 Kim(2008)等研究了济州岛附近的大气涡街现象发现,从济州岛排出的涡旋的直径通常为 40 km 左右,大致与岛的直径相当。当这些旋涡顺流移动时,纵向间隔(a)约为 50~100 km,侧向间隔(h)约为 30~50 km。一个直径为 40 km 的岛会形成宽约 100 km,长约 400~600 km 的尾流。一般来说,大约每 8 h 从岛上排出一对涡旋,持续达 30 h 以上。它们的位移速度约为基本气流的 3/4。在涡旋中的切向速度约为未扰动气流速度的 1/3。

大气涡街发生时的典型的天气条件是有一个低层逆温层(位于洋面上空 450~2000 m 的高度上)。岛的顶部正好在逆温层的上方。同时基本气流是稳定的,风速约为 10 m/s。低层的逆温层很重要,因为它意味着空气绕过障碍物的运动要快于越过障碍物的运动。多云的尾流中会出现晴空区,这可能是逆温层上的较干空气朝下进入的缘故。

图 2.17 是发生在 2000 年 12 月 31 日的一次济州岛大气涡街现象的卫星云图;图 2.18 是发生在 2004 年 6 月 13 日的一次济州岛大气涡街现象的卫星云图;图 2.19 是发生在 2005 年 3 月 18 日的一次济州岛大气涡街现象的 850 hPa 形势图。

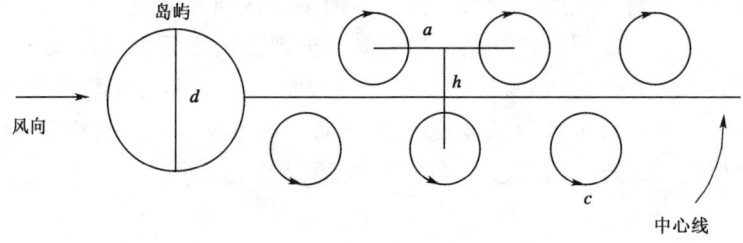

图 2.16　孤立岛屿背风面的大气涡街示意图(Young,2006)
(d 为障碍物(岛)的直径;a 为纵向间隔;h 为侧向间隔)

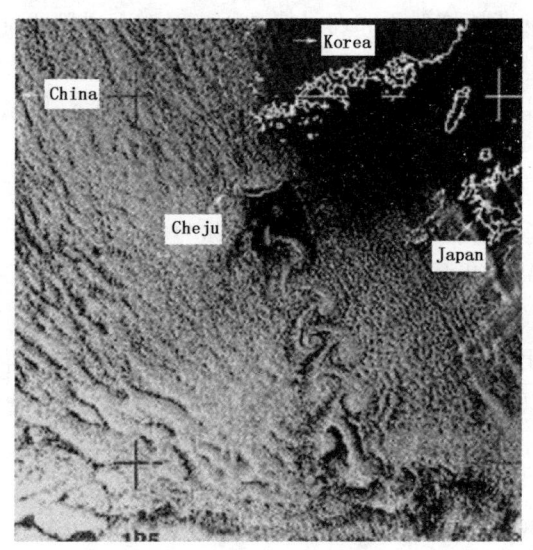

图 2.17　2000 年 12 月 31 日 07:43UTC 济州岛大气涡街现象的 NOAA-14 卫星合成云图
(Chunga 和 Kim,2008)

2.3　热岛环流

在海岛上,由于岛屿陆地与海洋的温差,可以产生局地环流,称为热岛环流。例如,图 2.20 表示的是大西洋波多黎各岛附近的热岛环流现象。白天由于岛上陆地温度升高,产生对流云,而当对流云达到成熟阶段后,产生下沉气流,与岛外气流辐合,

第 2 章 地形性中尺度环流　　25

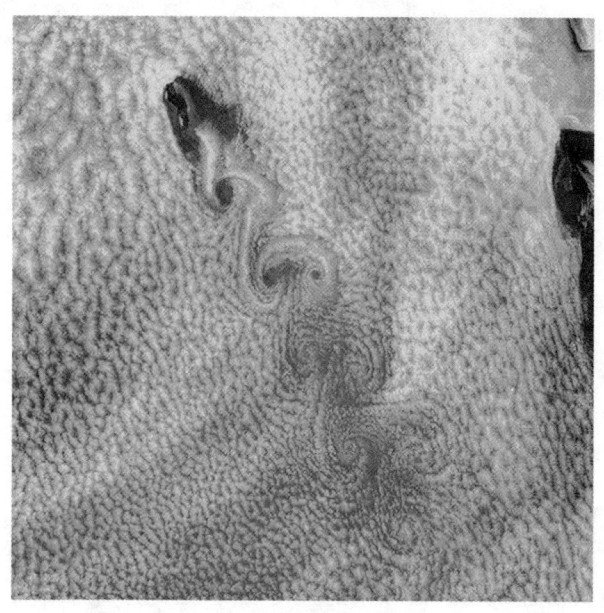

图 2.18　2004 年 6 月 13 日 18:45UTC 济州岛大气涡街现象的 MODIS 卫星云图
（Yound 和 Zawislak,2006）

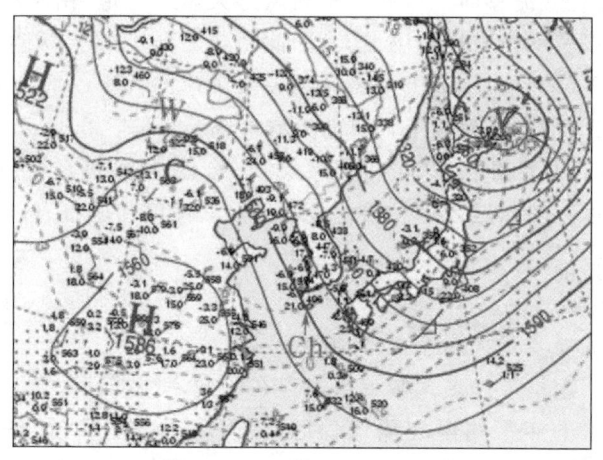

图 2.19　2005 年 3 月 18 日 00:00UTC 济州岛发生大气涡街现象时的 850 hPa 形势图
（Chunga 和 Kim,2008）
(Ch 表示济州岛和汉拿山所在位置；L,H,W 表示低压、高压和暖中心所在位置)

出现环绕岛屿的积云圈。类似地，在陆上早上的浓雾区，到下午雾消后，在原来的雾区温度低于周围地区，成为冷岛，其周围可能出现对流云圈。这些由于局地温差而产生局地环流的效应统称为热(冷)岛效应。

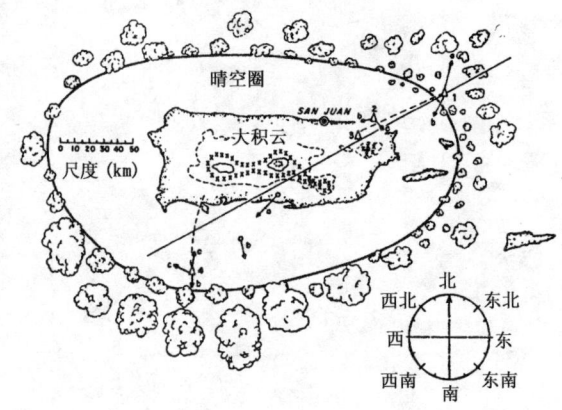

图 2.20　大西洋波多黎各岛附近的热岛环流现象(Fujita,1963)

在城市中,有大量建筑物以及频繁的人类活动,因此热传导率和热容高于郊区和农村,造成城郊之间的温差,这种作用类似于海洋热岛效应,通常称为城市热岛效应。城市热岛的形成与盛行风速和天空状况有密切关系。在出现热岛的时刻,如果风速较小,热岛将随盛行气流移向下风方向。当风速大至一定值,由于在强通风条件下,热量很快被带走以及动力交换作用加大,因此使热岛强度减弱以至消失。这个使热岛现象消失的临界风速值,称为极限风速。极限风速的大小一般与城市规模成正比例。根据国外统计资料,百万以上人口的大城市,极限风速为 10 m/s,数十万人口的中等城市为 8 m/s,十万以下人口的城市为 5 m/s。当超过极限风速时,热岛现象趋于消失。热岛强度一般以城乡最大温差表示。热岛强度和城市人口数的统计关系可以写成下列形式:

$$(\Delta T_{u-r})_{\max} = 3.06 \log P - 6.79 \qquad (2.4)$$

式中 $(\Delta T_{u-r})_{\max}$ 为城乡最大温差; P 为城市人口数。

城市热岛是一个世界许多大城市普遍存在的现象。据河村武(1977)的报道,国外很多大城市市区的年平均温度要比郊区高出 0.6～1.1℃(如华盛顿、芝加哥为 0.6℃;洛杉矶、费城、巴黎、莫斯科 0.7℃;柏林为 1.0℃;纽约为 1.1℃)。据统计,在晴朗无风的条件下,城乡温差往往很大,数百万人口的大城市可达 5℃以上,数十万人口的中等城市可达 3～5℃,十几万人口的小城市也可达 2～3℃。在国内城市热岛现象也是一个十分严重的问题。图 2.21 是 2000 年 9 月 1 日 8:31(北京时)和 2001 年 9 月 1 日 13:32(北京时)风云一号 C 星城市热岛监测图,由图可见,在华北地区北京、天津等大城市和众多中小城市都有程度不同的城市热岛现象,而且一般来说,城市规模愈大,城市热岛现象愈显著。图 2.22(a)和(b)分别表示南京地区 7 月和 2 月一天中的最低温度分布情况。由图可见,城区与郊区温差可达 2~3℃。

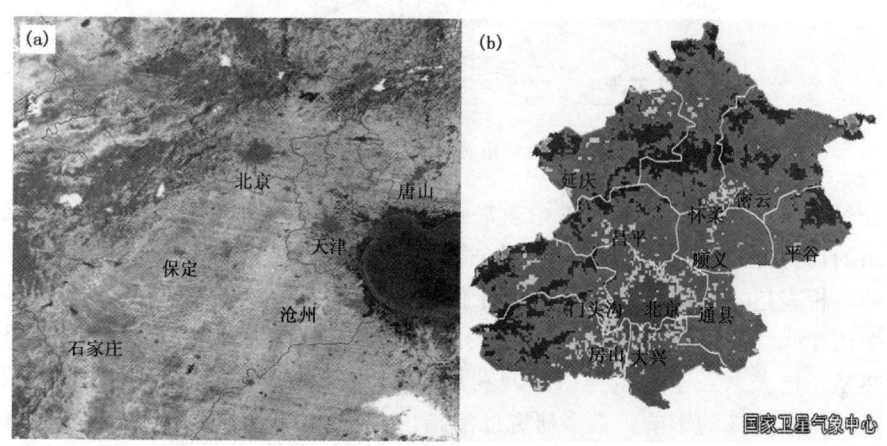

图 2.21　风云一号 C 星监测的京津冀地区城市热岛图(中国气象局网站)
((a)2000 年 9 月 1 日 8:31(北京时);(b)2001 年 9 月 1 日 13:32(北京时))

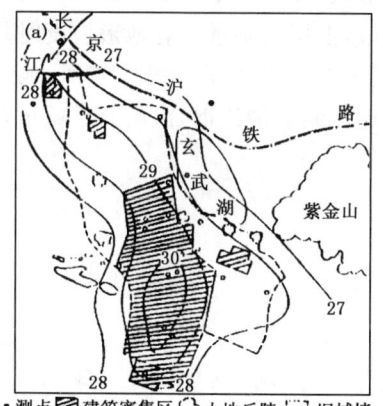
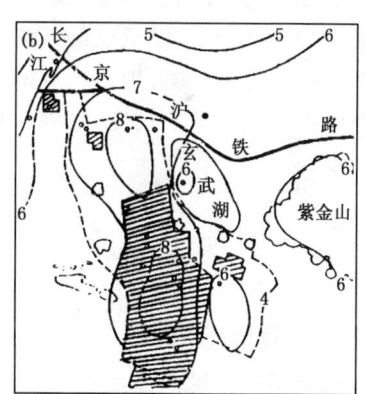

图 2.22　南京地区最低温度分布(南京大学气象系,1974)
((a)1959 年 7 月 30 日;(b)1960 年 2 月 9 日)

城市热岛现象可以引起从郊区吹向城市的乡村风,并在城市上空形成气旋式的辐合上升气流,其强度可达 5~10 m/s,在几百米上空又从市区向郊区流出,形成如图 2.23 所示的城市热岛环流。城市热岛环流可以使污染物在城市上空聚集,形成烟幕。城市热岛环流还可以使城市及郊区的降水量等气象要素的分布受到影响。

关于城市热岛环流过去多为观测和统计分析,近年来不少人又做了动力和数值

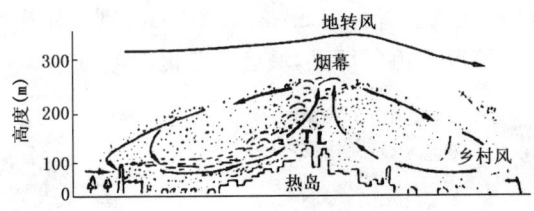

图 2.23　日出后的城市热岛环流模式(河村武,1977)

模拟分析。李小凡(1990)采用考虑热岛造成的局地热力扰动的 Boussinesq 二维垂直剖面的动力方程组,利用高截谱方法,得到一类稳定的中尺度非线性平衡态和极限风速的解析表达。从动力学分析中证明了局地中尺度环流是热岛造成的局地热力扰动和平流非线性共同作用的结果,并且得到临界风速的表达式,说明了极限风速与扰动加热呈正比关系。李兴生等(1990)利用 Boussinesq 近似二维数值模式研究了倾斜地形对城市热岛的影响。很多研究已经指出,即使城市地形倾斜角 $\beta=0.0014$,对边界层风速分布和风向的旋转以及近地层的湍流特征都会产生明显的影响。在平坦地形条件下,由于城市热岛的斜压性,使市中心上游低层的气流辐散,上层辐合;而市中心下游低层的气流辐合,上层辐散。在有地形坡度时,市中心上游低层及上层气流均为辐合;而市中心下游低层的气流有弱的辐散,上层为辐散。有地形坡度时热岛强度比平坦地形时强,随着地形坡度的增加,这种现象尤为显著。另一方面,地形坡度的存在增强了低层风的切变,加强了热岛上下层之间的湍流混合,削弱了城市热岛环流的强度。

2.4　海陆风和山谷风

2.4.1　海陆风的观测

海岸或湖边常见向岸或离岸风,它们分别称为海(湖)风及陆风。海(湖)陆风是由于水、陆加热快慢不均造成的。太阳辐射加热陆面要快于水面,而夜间散热也是陆面快于水面。这样便造成水平温度梯度,从而造成海陆风环流。这种环流深度约为 $100\sim1000$ m,穿透范围约为 $50\sim300$ km。

早在 20 世纪初,人们就逐渐开始使用仪器对海陆风进行观测。近代探测技术包括风廓线仪观测、固定或移动的气象塔观测、探空气球或系留气艇和气象探测飞机等各种航空器的观测、声雷达或多普勒雷达等遥感探测,以及卫星浮标跟踪等多种形式。海陆风的研究主要应用于沿海城市气象预报和边界层大气环境监测,包括城市边界层气象特征、城市天气预报、大气污染时空分布特征、污染源区的分析、污染预警及污染治理等许多方面。一般来说,海陆风研究在天气学方面具有明显意义。在沿海地区的日常的天气预报和气象保障中,海陆风通常是必须考虑的因素。海陆风环流对本地降水的强度及分布、对流云的发展及消散、风向风速的日变化、气温日较差、日最高气温及发生时间、雾的发展及消散以及能见度的日变化等都有直接的影响。特别是在海(陆)风的前沿,会形成海(陆)风锋,它们可能触发强对流天气,造成灾害。同时,在另一方面,海陆风也是一种自然资源,在风能资源利用和近海渔业及养殖业等方面也具有实际意义。海陆风环流对陆地污染物的扩散也有重要影响。近年来由于人们对于环境问题和生态问题的日益重视,使海陆风的研究范围扩展到了污染物的扩散机理方面。这对科学合理地指导大气污染物排放时间、改善大气环境质量具有重要意义。此外,海陆风研究在保障航空和航海安全、城镇规划、森林火险预报和旅游资源开发等方面也具有实际意义。

2.4.2 海陆风的风向旋转率

海陆风发生时间和强度演变通常有明显规律。一般来说,中午 12 时前后,开始吹海风,15 时前后海风最强;夜间 03 时前后,开始吹陆风,凌晨 06 时前后陆风最强。海陆风风向随时间的变化也有明显的规律性。在北半球一般随时间顺时针旋转,南半球则相反,呈逆时针旋转。

图 2.24 是以色列阿什杜德(Ashdod)港 1958—1969 年 7 月份的风玫瑰图。图中每个小图表示不同时间不同风向的频率。风竿指示风(来)向,风竿的长短表示该风向出现频率的大小,风竿愈长表示频率愈大。从图中可以清楚看出每个时刻都有一个最大频率的风向,它们是各不相同的,而且有明显的随时间顺时针旋转的规律。

图 2.25 是 2006 年 10 月 21 日 17 时至月 22 日 11 时浙江省宁波市北仑港地区的示踪物漂移方向随时间的变化图。由于在该时段中没有强的系统风系影响,示踪物漂移方向主要取决于局地的海陆风环流影响,所以示踪物的漂移方向的演变实际上表示了海陆风风向随时间的变化。从图中同样可以清楚看出风向随时间顺时针旋转的规律。

但是海陆风风向的变化可能受多种因子的影响,有时是复杂的。在不同情况下,海陆风风向有时可以随时间顺时针旋转,有时也可以随时间逆时针旋转,有时旋转快,有时旋转慢。

为了探讨海陆风风向随时间变化的规律,Neumann(1977)推出了描写海陆风风向旋转率的方程。他把气压 P 分成两项,$P = P_L + P_M$,其中 P_L 为大尺度扰动引起的气压,P_M 为中尺度超压,令 α 为水平风与在水平面中的任意固定方向(例如 x 轴)之间的夹角 ω,则 $\omega = \dfrac{\partial \alpha}{\partial t}$,$\dfrac{\partial \alpha}{\partial t}$ 即为水平风绕局地垂直方向的旋转率;$\dfrac{\partial \alpha}{\partial t} > 0$ 表示风向随时间逆时针旋转;$\dfrac{\partial \alpha}{\partial t} < 0$ 表示顺时针旋转。最后可得下列公式:

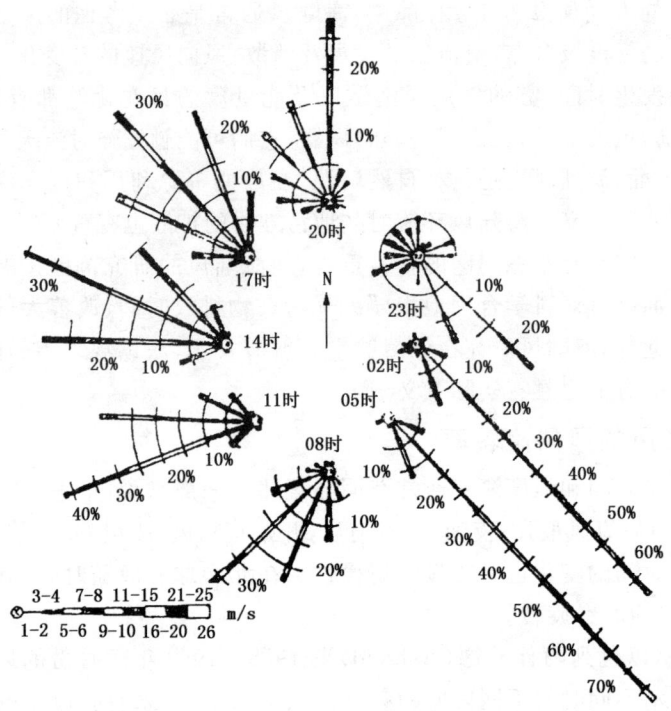

图 2.24　1958—1968 年 7 月 Ashdod 港的风玫瑰图(Neumann,1977)
(风玫瑰线表示风的来向,风速用玫瑰线的宽度和阴影表示)

$$\frac{\partial \alpha}{\partial t} = \underbrace{-f}_{(1)} \underbrace{-\frac{1}{\rho U^2}\left(u\frac{\partial P_m}{\partial y} - v\frac{\partial P_m}{\partial x}\right)}_{} + \underbrace{\frac{f}{U^2}(uu_g + vv_g)}_{(2)} + \underbrace{\frac{1}{U^2}(uF_y - vF_x)}_{(3)} -$$

$$\underbrace{\left(u\frac{\partial \alpha}{\partial x} + v\frac{\partial \alpha}{\partial y} + w\frac{\partial \alpha}{\partial z}\right)}_{(4)} \qquad (2.5)$$

式(2.5)即为海陆风风向旋转率方程。式中 f 为地转参数;u,v 为水平风的 x,y 分量;u_g,v_g 为地转风 x,y 分量;F_x,F_y 为摩擦力的 x,y 分量。右边第 1 项为局地常数项。其余各项为变数项,它们包括:①中尺度气压梯度项;②大尺度项;③摩擦项;④非线性项。局地常数项的贡献在北半球总是负值($\frac{\partial \alpha}{\partial t} = -f < 0$)。说明这项的作用是使北半球海陆风风向随时间顺时针变化。变数项的作用,取决于具体的天气条件,可正可负。当它们为正时,北半球海陆风风向随时间顺时针地变化加快,否则减慢或变成随时间逆时针地变化。由于有不同的因子,可以使北半球海陆风风向的(顺时

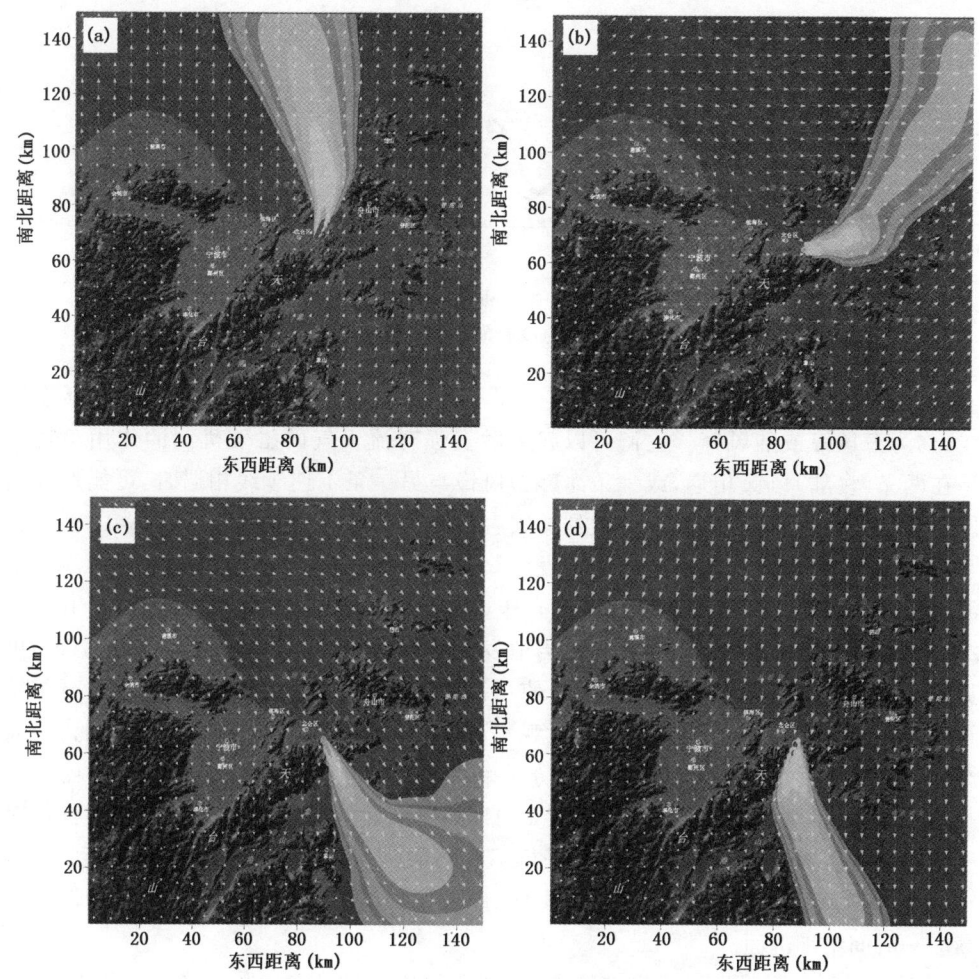

图 2.25　2006 年 10 月 21 日 17 时(a)、21 日 23 时(b)、22 日 05 时(c)以及 22 日 11 时(d)
宁波市北仑港地区的风场(宋洁慧等,2008)

针)旋转率增大或减小,因此在北半球海陆风并不一定严格地按顺时针旋转,有时甚至会相反。

2.4.3　海陆风对天气及环境的影响

海陆风的作用可以造成温度等各种气象要素的明显变化。例如,图 2.26 给出了典型的海陆风温度日变化的实例。虚线表示没有海陆风的日子里大致的温度变化。由图 2.26 可见,由于每日 15 时前后海风一般达到最强,因此便出现气温相对较低的时段。

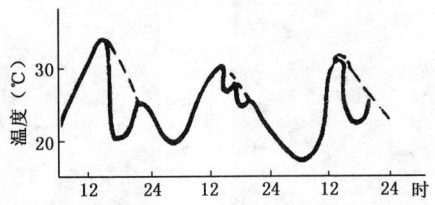

图 2.26 根据观测资料得到的有海陆风时的温度日变化（古特曼，1976）
（虚线表示假想的没有海陆风时的温度变化）

上面已经提到，海陆风发生时，其前沿会形成类似于锋面的气象要素的不连续线，称为海风锋或陆风锋。它们可以起到触发强对流天气的触发机制的作用。特别是在两条海（陆）风锋相遇，或一条海（陆）风锋与另一条不连续线相遇时，可能形成锢囚形势，这时候便可能造成十分猛烈的灾害性天气。

近年来，随着沿海地区经济高速发展，大气环境问题愈来愈受到关注。浙江省宁波地区进行了台塑项目环境评估工作，在镇海—北仑一带的台塑项目区（图2.27(a)），海陆风现象十分明显。由当地发电厂烟囱的烟流照片(图 2.27(b),(c))可见，早晨与下午的烟流方向正好相反。使用系留气艇对一次典型海陆风过程进行系统细致的探测，获得了精细翔实的海陆风观测资料。本文根据这些资料，分析了弱盛行风影响下的海陆风垂直环流，并用 5 km 分辨率的 WRF 模式模拟了此次海陆风过程。

在 2005 年夏季 6 月 11 日 20 时到 13 日 14 时期间，在台塑项目区使用系留气艇对一次系统风为 E—NE 的海陆风过程进行了时间加密探测，其中从 11 日 20 时到 12 日 20 时每小时探测一次，获得了一次较典型海陆风过程中边界层内风向、风速和温度的高度—时间精细剖面。

根据探测点附近海岸线走向特点，将地面风中的北西北、北、北东北、东北、东东北、东等方向的风作为向岸风，南东南、南、南西南、西南、西西南、西等方向的风作为离岸风，东东南、东南和西西北、西北等方向的风作为沿岸风。

6 月 11 日 20 时后，近地面层开始出现自陆地吹向海洋的偏南风（陆风），平均风速约 0.5~1.5 m/s，随后南风层逐渐增厚，至 12 日 03 时发展最强盛，达到地面以上 150 m，平均风速约 1.5 m/s。整夜以陆风为主，其间未观测到返回气流。06—09 时为陆风转海风的过渡时期，700 m 高度以下以东南风为主，风速在 1.5~3 m/s 之间。在陆风期间，边界层上中部(500~1100 m 高度)出现了厚度约 600 m 的逆温层。逆温层在 22 时开始出现，凌晨 04—05 时达到最强，07 时后该逆温层逐渐消失，持续时间达到 9 h。逆温层出现期间 30 m 高度以下风速≤1.5 m/s。

第 2 章 地形性中尺度环流　　33

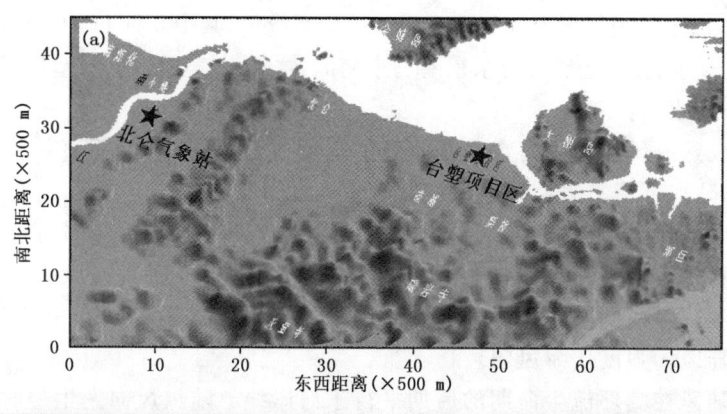

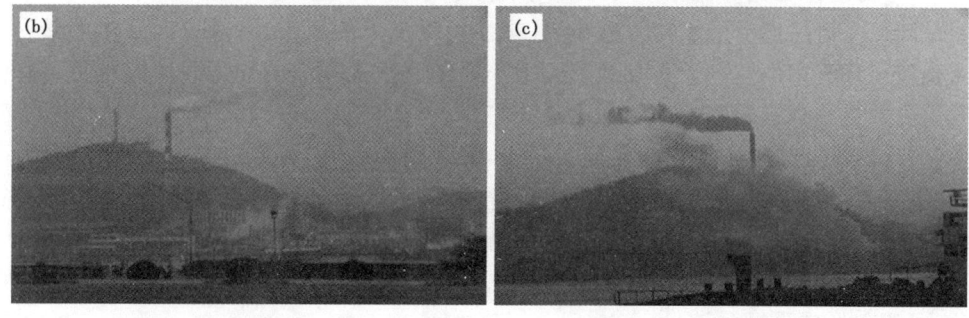

图 2.27　宁波沿海地区(镇海—北仑)的海陆风(宋洁慧等,2008)
((a)镇海—北仑地区鸟瞰图(38 km×23 km);(b)早晨烟流由陆吹向海;(c)下午烟流由海吹向陆)

6月12日09时以后,由于日出后陆地的升温幅度较海洋大,近地面层逐渐出现了自海面吹向陆地的偏北风(海风),随后北风层迅速增厚,北风层在12时发展最强盛,达到地面以上300 m,平均风速约3 m/s。最强海风风层出现时间比近地面最高气温出现时间提前2 h。13—16时30 m高度以下以南风为主,30~200 m高度仍是偏北风为主。海风期间可观测到返回气流,400~700 m高度气层内为偏南风(离岸流),边界层内呈现两层上下配置的垂直环流。返回气流与低层海风同时出现,持续至11时左右,最大厚度约300 m,风速在3~4.5 m/s之间。16时—13日03时海风转为与海岸近于平行的沿岸风(东南—东东南风)。

此外,典型海陆风过程之后还伴有一次较小尺度的陆风过程:6月12日20时—13日05时,近地面层为持续的静风,地面长波辐射降温使近地气层形成逆温层。逆温层在04—05时最强,厚度约150 m,06时后消散。03—05时期间有一尺度较小两层上下配置的陆风环流,平均风速≤1.5 m/s,陆风风层厚约50 m,其上返回气流厚约100 m。陆风环流较最强逆温层出现时间提前约1 h。13日06时以后海陆风未出现,全天边界层内都以系统性的东南—东东南风为主,风速都较大。

1000 m 以上的边界层上部和自由大气层为系统风,其中 6 月 11 日 20 时—12 日 20 时期间是东—东北风,之后转为东东南—东南风,这和天气尺度的系统环流调整有关。

以上分析表明：

(1) 在成熟海风期间的高空存在明显的返回气流,海风环流垂直结构相当完整；较小尺度的陆风环流垂直结构也很完整。

(2) 陆风环流发展的高度和气流的速度都比海风环流弱。原因可能有三点：第一,大尺度背景流场与陆风方向相反,对陆风有减弱作用,而对海风有加速作用；第二,陆风环流不存在低空热源使其能发展到海风环流的高度；第三,由于有效位能比较小,所以陆风的强度比海风弱。

(3) 海陆风在其环流生命期的后期平行于海岸线。陆风风向发生逆时针旋转,可能是陆风入海后所受的摩擦力减小,气旋性涡度增大的原因；海风风向发生顺转,意味着海风环流内的空气质点受到了几个小时的科里奥利力的作用。由此可见,海陆风是少数受地球旋转影响的中尺度系统之一。

(4) 两次陆风过程都伴有逆温层出现,陆风转向后,逆温层也随之消散。典型海陆风期间的逆温层在陆风产生之后出现,冷的陆地上空的空气在下沉过程中产生的绝热压缩可能是这一逆温层产生的原因；辐射逆温层则出现在陆风环流形成之前。

(5) 海风风向和陆风风向之间、海风风向和其上的返回气流方向之间存在较大夹角,可避免形成重复污染。

2.4.4 山谷风

在斜坡上由于其附近空气与同一高度上的自由大气之间存在温差而产生的风叫作斜坡风(slope wind)。白天风由平地向坡上吹,叫上吹风(anabatic wind),夜间则由坡上向下吹,叫作下吹风(katabatic wind)。当斜坡由山和谷组成时,这种斜坡风叫作山谷风(valley and mountain wind)。白天风由谷里向山坡上吹,叫作出谷风(up valley wind)或谷风(valley wind),夜间则由山坡向谷里吹,叫作进谷风(down valley wind)或山风(mountain wind)(图 2.28)。

斜坡风形成的机制和海陆风类似,都是由热力引起的。设斜坡上的空气在初始条件下是平静、无云的。白天,斜坡地面吸收辐射热量加热地面,因此在斜坡附近的空气比同一海拔高度的自由大气温度要高。结果,在较冷的自由大气中的垂直气压梯度大于在山坡附近的较暖的空气中的垂直气压梯度。这意味着在给定的斜坡加热影响高度上,气压变得高于远离斜坡的点上的气压。这种水平气压梯度力使空气离开斜坡流向气压较低处。而低层则相反,平地气压高于坡上,因而导致上坡风。这样就构成上坡风环流。夜间则相反,地面冷却导致高层指向斜坡的气压梯度,并且冷空气从坡上流下来。

斜坡和自由大气之间的温差只要几分之一摄氏度便足以引起坡风。Wenger (1923) 曾计算过,在初始时刻 3 h 后,坡风速度约为 $9\Delta T$ (m/s)(其中 ΔT 是斜坡和自

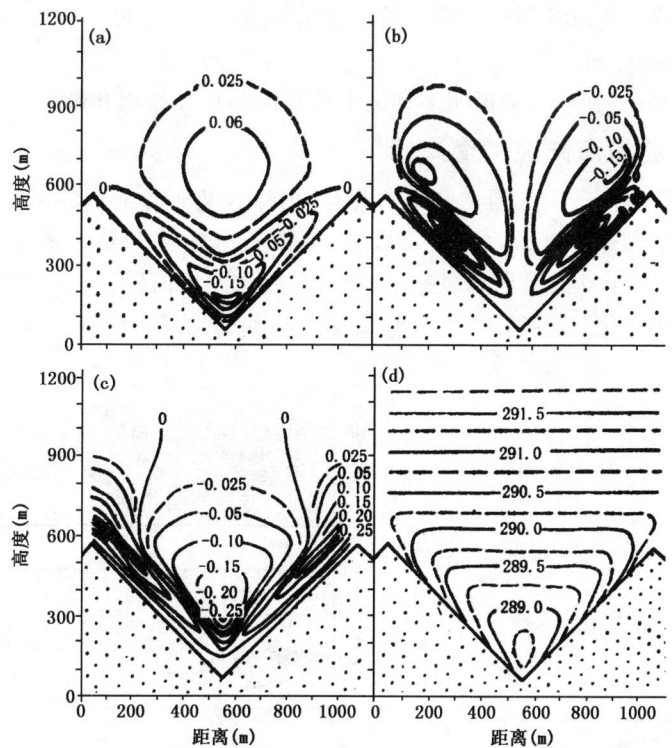

图 2.28 山谷入口处计算的风和温度剖面(Thyer,1966)((a)纵向风分量(m/s),正值为出谷风,负值为进谷风(最大值为 0.15 m/s);(b)跨谷风分量(m/s),图的右侧,正值为从谷床至山脊右侧;左、右两侧轴对称;(c)垂直风速(m/s),正值向上;(d)位温(K))

由大气之间的温差)。

山谷风对天气的影响与海陆风的影响相似,在山谷风进、退过程中可以造成温度等各种气象要素的变化,还可以造成风场的辐合或切变。这种风场的辐合线或切变线往往会成为对流天气的触发机制。

2.5 多种地形性环流的相互作用

在不少情况下,可能会有多种地形性环流同时在一个地区存在。例如靠海的山区、城市、岛屿等地区,可能既有海风,又有山谷风,地形波或城市热岛环流等的影响同时存在,大地形产生的波动上又有小地形产生的波动叠加,它们之间都会产生相互作用。此外,地形还会引起气流绕流、爬升、翻越、下坡、辐合、约束、发散、诱生低压或涡旋等多种作用,还可能引起地形性的云物理效应等,它们对当地天气都可能产生直接或间接的影响。所以地形作用常常是综合的和复杂的,在天气分析和预报中必须进行综合、细致的分析。

下面我们举一些例子,来说明多种地形性环流的相互作用和影响。

2.5.1　台湾岛的海陆风和海岸锋

例如在我国台湾岛上东西两侧常常既有山谷风,又有海陆风的影响,图2.29是数值模拟的结果,右图中(a),(b),(c),(d)分别表示冬季11:00、冬季16:00、夏季09:00以及夏季18:00的风向和风速(实线为合成风速等值线)。说明这种局地环流随季节和时间而变化。

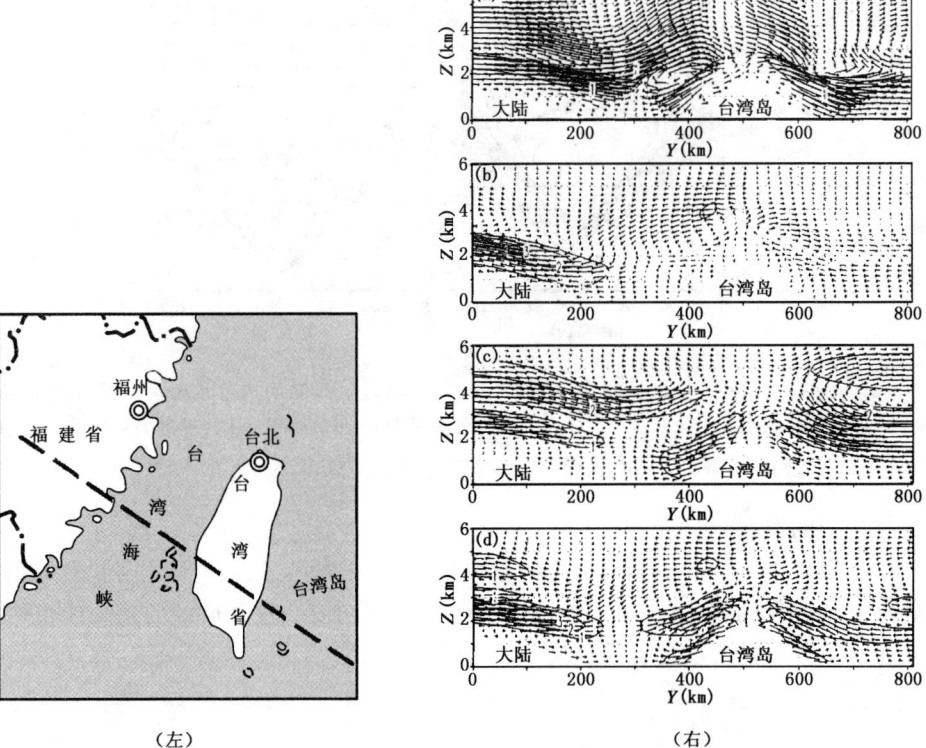

（左）　　　　　　　　　　　　　（右）

图2.29　由数值模式计算的台湾海峡附近的海陆风环流的变化图(蔡榕硕等,2003)(左图表示台湾海峡附近的地形(图中的虚线为右图中垂直剖面的基线);右图表示沿左图中的虚线的垂直剖面。右图中的四幅小图分别为:(a)冬季11:00;(b)冬季16:00;(c)夏季09:00;(d)夏季18:00;实线为合成风速等值线)

台湾东海岸有时会形成海岸锋,这可能是海陆风与山脉相互作用的结果。图2.30是一张气象雷达回波照片,由图可见,在台湾东部沿海地带有一条对流云带,对应一条气流辐合带,即海岸锋。图2.31和图2.32是平行于海岸的大气锋面的气流示意图。图的左右两边的垂直线上的水平箭头线分别表示紧靠海岸线和辐合线东部的风速矢量。图2.31和图2.32分别表示海风强劲和陆风强劲的情况。

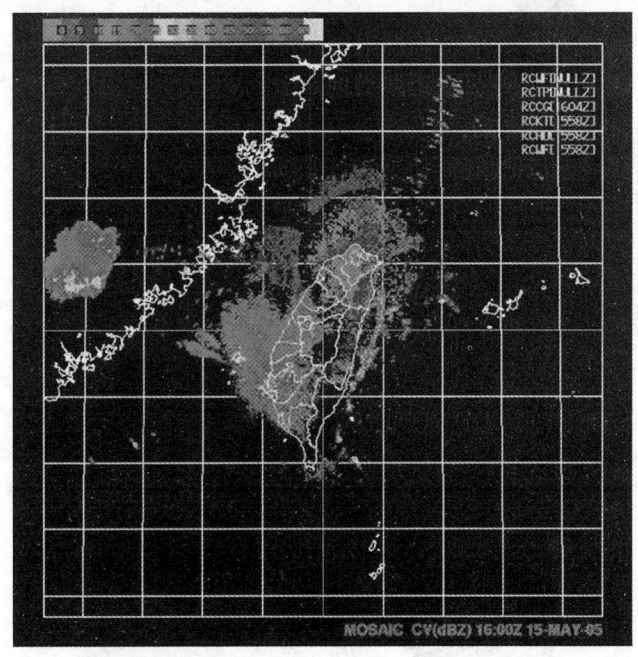

图2.30 2005年5月15日16:00 UTC气象雷达回波照片(Chen等,2006)

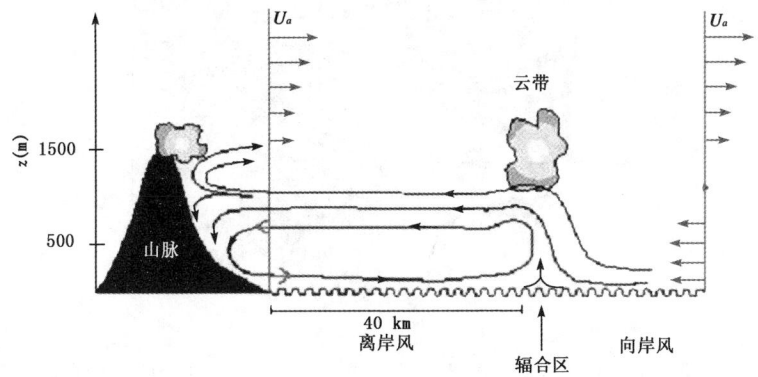

图2.31 在吹海风情况下,造成平行于海岸的大气锋面的气流示意图(Chen等,2006)(图的左右两边的垂直线上的水平箭头线分别表示紧靠海岸线和辐合线东部的风速矢量)

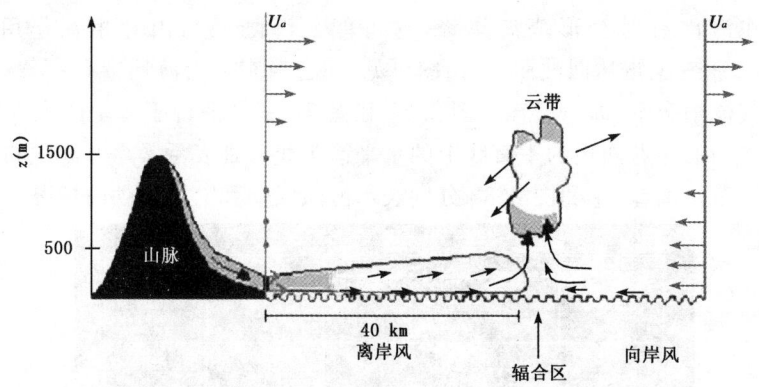

图 2.32 在吹陆风情况下,造成平行于海岸的大气锋面的气流示意图
(图的左右两边的垂直线上的水平箭头线如图 2.31 所示)(Chen 等,2006)

2.5.2 Pudget 海湾地区的地形性辐合线

如上所说,地形可引起气流绕流、辐合等作用。图 2.33 示意的是美国西北部太平洋沿岸华盛顿州 Pudget(皮吉特)海湾地区经常发生的一种地形性中尺度系统——Pudget 海湾辐合区(Pudget Sound Convergence Zone——简称 PSCZ)的形

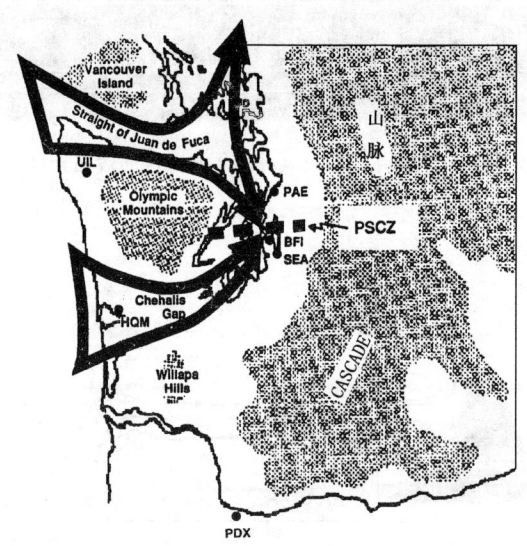

图 2.33 美国华盛顿州的地形图以及与 Pudget 海湾辐合区(PSCZ)相联系的气流概念图(Whitney 等,1993)(阴影区表示一般高于 600 m 的地形,包括喀斯喀特(Cascade)山脉和奥林匹克(Olympic)山脉等,SEA 为西雅图市)

成机制。海风被地形分支绕流后又汇合起来,在下风方向形成了辐合区。这种中尺度系统经常给当地降水和天气变化造成影响,是做当地天气预报必须考虑的因子之一。图 2.34 是预报此类天气的判断树,即制作预报的思考过程。

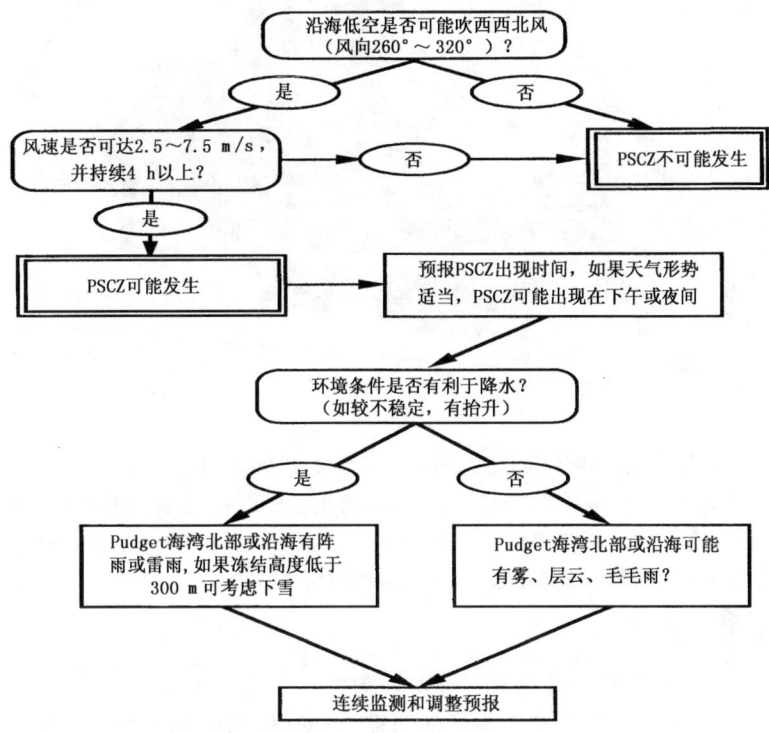

图 2.34　预报皮吉特海湾辐合区(PSCZ)天气的判断树(Whitney 等,1993)

2.5.3　美国俄勒冈州喀斯喀特山脉的地形波

图 2.35 描绘的是美国俄勒岗州喀斯喀特山脉的三维地形和 2001 年 12 月 13—14 日 23:00—01:00UTC 山脉上空的气流概念图(Gravert 等,2007)。

应用中尺度数值模式 MM5 对定量降水量(QPF)进行数值模拟的结果(图 2.36)表明,QPF 明显地受到大地形产生的波动和小地形产生的波动的共同影响。

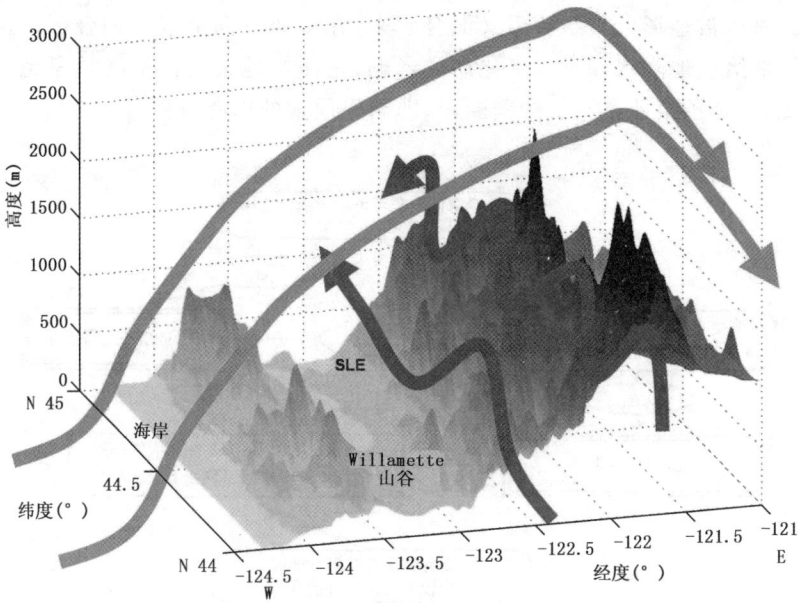

图 2.35 美国俄勒冈州喀斯喀特山脉的三维地形和 2001 年 12 月 13—14 日 23:00—01:00UTC 山脉上空的气流概念图(Gravert 等,2007)(下方小波动箭头表示沿喀斯喀特山脉迎风(朝西)坡的低空强偏南风、低 θ_e 气流;喀斯喀特山脉山麓地区具有众多较小尺度的东西走向的山脊引起气流波动。上方大波动粗箭头表示横截南北向的喀斯喀特山脉,越过低空的低 θ_e 气流,具有高 θ_e 的西风气流)

2.5.4 沿海城市的热岛和海陆风对降水的影响

随着城市地区稠密的自动气象站网的建立,对城市热岛现象的观测和分析也更为细致。分析表明,很多城市市区局地暴雨常常与城市热岛效应相联系,而沿海城市则还受到海陆风的影响。例如 2005 年 6 月 28—29 日天津市普降雷阵雨,局部地区有暴雨,24 h 最大雨量均出现在市区及其周围,像市区北部的北辰区为 85.3 mm,以及其西部的西青区为 75.6 mm,而其他郊区的降水量明显偏少,约在 30 mm,给天津地区造成了暴雨和洪涝灾害。此次过程中降水主要集中在市区及周围,降水时间集中在 28 日 20 时至 29 日 04 时。从降水过程与地面温度场和风场的关系,可以明显看出城市热岛环流对暴雨的形成有明显的作用(图 2.37)。

图 2.38 是关于巴西圣保罗市的城市热岛和海陆风相互作用的数值试验。由图中有城市和无城市的对比试验可见,城市对海陆风的影响还是十分明显的。

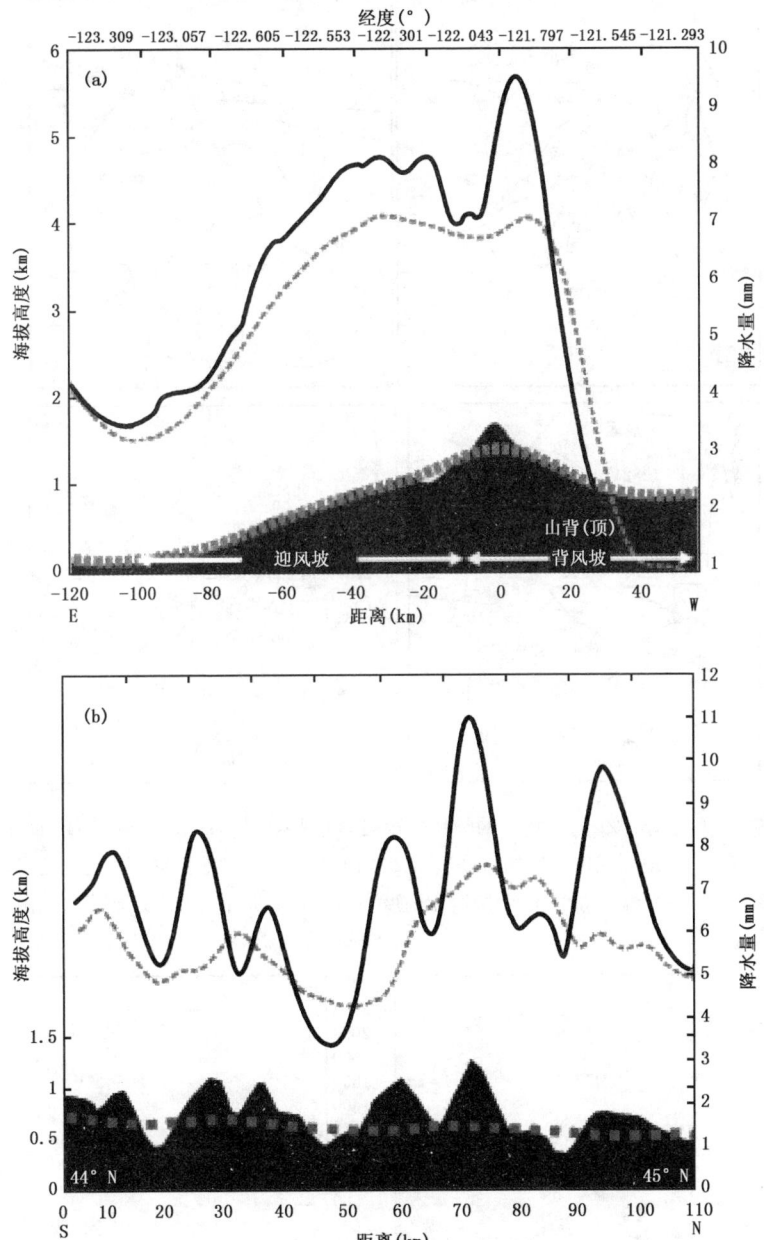

图 2.36 2001年12月13—14日 22:00—01:00UTC 经向平均 QPF 数值模拟的东西向垂直剖面图(Gravert 等,2007)(黑实线为控制试验,虚线为平滑曲线)

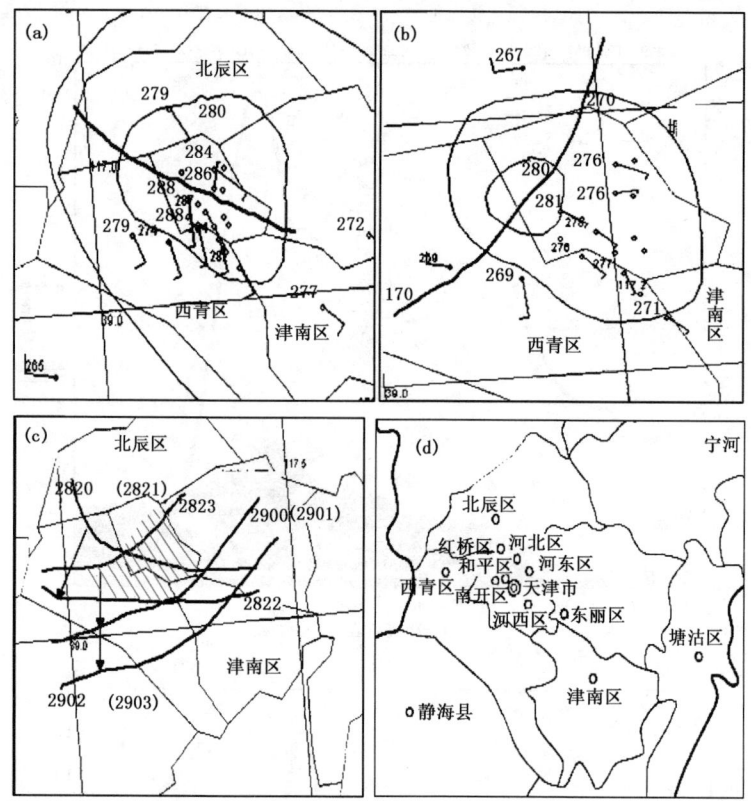

图 2.37 2005年6月28—29日天津市的局地暴雨过程(刘丽丽等,2007)((a)28日18时地面温度和风场;(b)28日19时地面温度和风场;(c)28日20时至29日03时地面辐合线运动情况,其中粗线为地面辐合线,细实线为温度等值线,阴影区为温度高值区;(d)天津市及附近地区的地图)

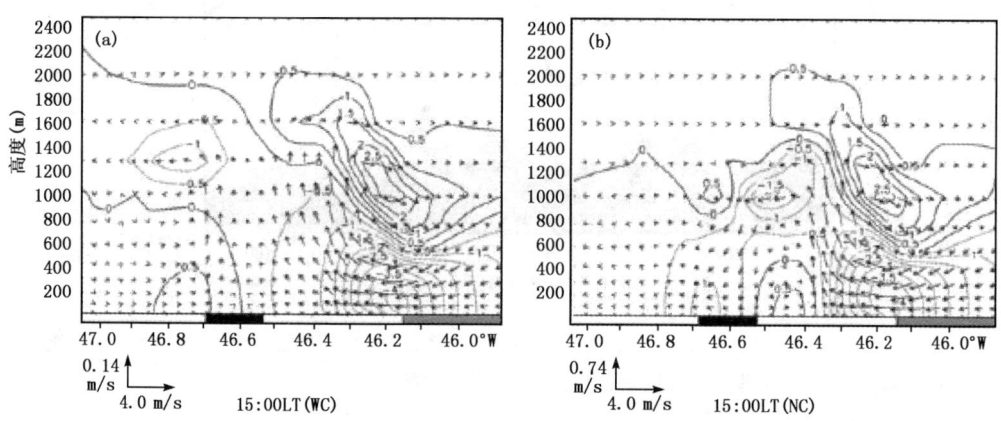

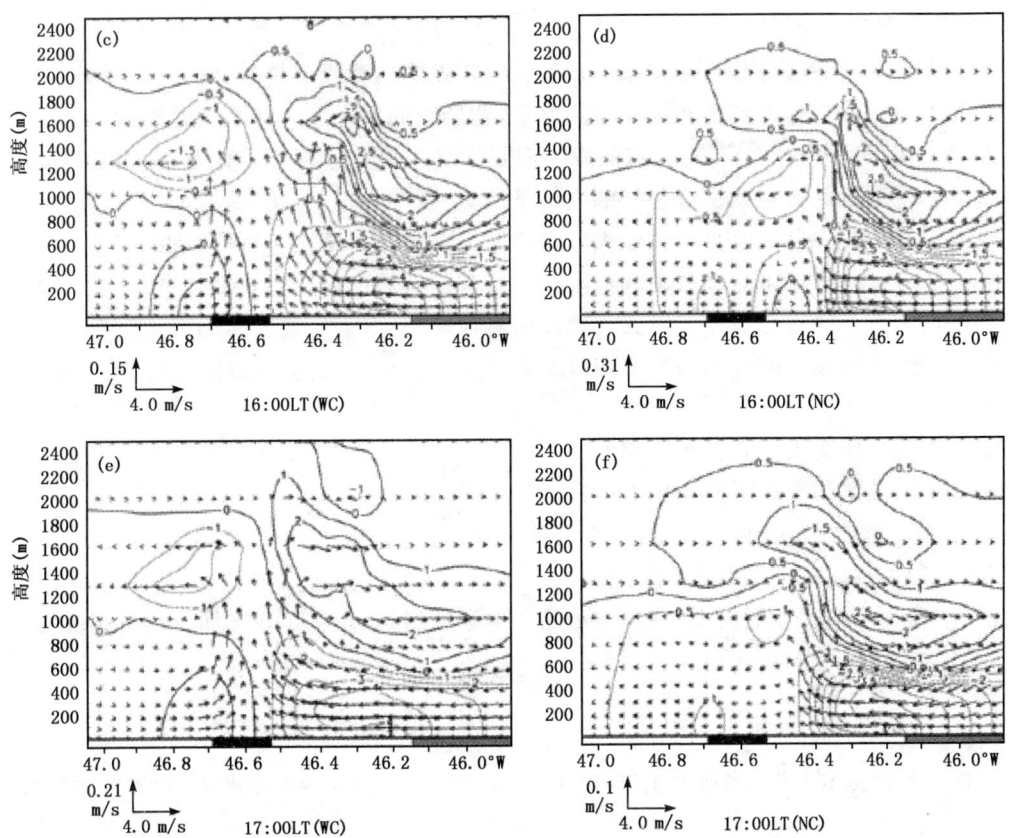

图 2.38 城市对海陆风演变的影响的数值试验(Freltas 等,2007)(WC 表示有城市;NC 表示没有城市;图底的灰色横线表示海洋,黑色横线表示城市,白线表示植被;气流矢量表示垂直速度 w 与海陆风 U_{sb} 的合成,单位:m/s)

本章小结

(1)基本内容

本章讨论了地形机械性强迫运动和热力性强迫运动引起的中尺度环流,包括地形波、下坡风、大气涡街以及城市热岛环流、海陆风、山谷风环流等。地形波有四种基本类型,其中背风波对天气影响最大;从观测和理论两方面讨论了背风波的成因。本章讨论了各种地形性中尺度环流的特征及成因以及它们对天气的影响,指出地形作用是天气分析和预报中必须仔细考虑的重要因子之一。

(2) 复习思考

　　1) 地形波一般可分成哪些基本类型？它们发生的背景条件是什么？

　　2) 背风波有什么特征？按照观测事实，背风波的发生需要什么大气条件？

　　3) 按照 Scorer 理论，背风波的发生需要什么条件？与观测事实是否一致？

　　4) 下坡风的产生要求有怎样的大气条件？

　　5) 什么叫作尾流？什么叫作大气涡街？大气涡街的结构有哪些特点？

　　6) 什么叫作城市热岛强度和极限风速？它们与城市规模有什么关系？城市热岛强度与天气条件有何关系？对天气和环境有何影响？

　　7) 海陆风发生时间和强度演变以及风向变化有什么规律？海陆风风向的变化受哪些因子的影响？

　　8) 海陆风对天气有什么影响？

　　9) 海陆风研究有哪些应用方面？

　　10) 山谷风发生时间和强度演变有什么规律？

　　11) 山谷风对天气有什么影响？

　　12) 你所知的地形对天气的影响，除了本章提到的，还有哪些方面？请举例说明。

参考文献

阿特金森 B W.1987.大气中尺度环流.北京：气象出版社:124-215.

北京大学大气湍流和扩散科研组.1979.锦西沿岸区的海风//北京大学地球物理系论文集,大气物理.31-44.

蔡榕硕,严邦良,黄荣辉.2003.台湾海峡海陆风数值模式与数值模拟试验.大气科学,27:86-96.

常志清,吴增茂,高山红.2002.青岛海陆风三维结构的数值模拟.青岛海洋大学学报,32(6):877-883.

陈江,陈宇能,陈万隆.1993.二维海陆风环流的数值研究.大气科学,17(3):359-368.

陈丕宏.1988.辽东半岛南部海陆风分析.辽宁师范大学学报,(3):64-70.

杜华晖.1990.泉州后渚港的海陆风.台湾海峡,9(1):8-13.

范绍佳,王安宇,樊琦,等.2006.珠江三角洲大气边界层特征及其概念模型.中国环境科学,26:4-6.

付秀华,李兴生,吕乃平,等.1992.复杂地形条件下三维海陆风数值模拟.应用气象学报,2(2):113-123.

古特曼 Л H.1976.中尺度气象过程非线性理论引论.北京：科学出版社:238,245.

郭典招.1991.低纬度沿海边界层特征研究.环境科学研究,4(5):34-39.

胡瑞金,刘秦玉.1992.台湾海峡地区地面风场数值试验和数值模拟.青岛海洋大学学报,22(1):19-28.

黄梅丽,苏志,周绍毅.2005.广西海陆风的地面气候特征分析.广西气象,26(增刊Ⅱ):21,22,66.

黄奇章.1991.湛江海陆风分析与降水关系.广东气象,4:16-18.

金皓,王彦昌.1991.三维海陆风的数值模拟.大气科学,15(5):25-32.

金文其.1988.厦门的海陆风.气象,14(9):31-33.

柯史钊. 1993. 华南海陆风的数值模拟. 热带气象学报, 9(2): 169-176.
孔宁谦, 欧志方. 1998. 北海海陆风环流特征分析. 广西气象, 19(2): 33-35.
李冀, 等. 1978. 背风波形成的非线性数值试验及其对降水的影响. 大气科学, 2(3): 210-218.
李明华, 范绍佳, 王宝民, 等. 2007. 2004年10月珠江口西岸海陆风特征观测研究. 中山大学学报, 46(2): 123-125.
李小凡. 1990. 热岛效应强迫下的中尺度环流的动力特征及极限风速的一种解析表达. 气象学报, 48(3): 327-335.
李兴生, 等. 1990. 坡地对城市热岛影响的数值研究. 气象学报, 48(3): 293-302.
刘丽丽, 吕江津, 等. 2007. 一次天津地区暴雨过程的中小尺度分析: 科技信息(科学教研), (15).
南京大学气象系. 1974. 南京城郊的小气候特征. 南京: 南京大学.
钱冬林, 李照勇. 1991. 海陆风环流情况下的大气扩散模式. 环境科学研究, 4(5): 29-33.
桑建国. 1989. 下坡运动的分析解. 气象学报, 47(2): 191-198.
申绍华. 1992. 沙尘辐射效应对海陆风环流影响的数值试验. 海洋学报, 14(4): 28-41.
申绍华, 周明煜. 1993. 海岸锋生的数值试验. 海洋学报, 15(6): 25-36.
盛裴轩, 等. 2003. 大气物理学. 北京: 北京大学出版社: 279.
宋洁慧, 寿绍文, 李启泰, 等. 2008. 宁波夏季一次典型海陆风过程观测分析和数值模拟. 热带气象学报, 25(3): 336-342.
佟华, 陈仲良, 桑建国. 2004. 城市边界层数值模式研究以及在香港地区复杂地形下的应用. 大气科学, 28(6): 957-978.
王赐震, 宋西龙. 1988. 山东半岛北部沿海的海陆风. 海洋学报, 10(6): 678-685.
王卫国, 蒋维楣, 余兴. 1997. 深圳海岸复杂地形气流与湍流特征的数值模拟. 气象科学, 17(3): 274-279.
王彦, 李胜山, 郭立, 等. 2006. 渤海湾海风锋雷达回波特征分析. 气象, 32(12): 23-28.
王玉国, 吴增茂, 常志清. 2004. 辽东湾西岸海陆风特征分析. 海洋预报, 21(3): 57-63.
吴兑. 1995. 海口地区近地层流场与海陆风结构的研究. 热带气象学报, 11(4): 306-314.
邢秀芹. 1997. 胶东半岛地区海陆风特征. 气象, 23(5): 55-57.
徐金辉. 1992. 广东沿海地区海陆风特征及其分布规律. 气象科学, 12(2): 188-199.
许吟隆, 陈陟. 1999. 冬季黑潮海温场对台湾地区流场及降水影响的数值模拟. 海洋预报, 16(1): 1-10.
薛德强, 郑全岭, 钱喜镇, 等. 1995. 山东半岛的海陆风环流及其影响. 南京气象学院学报, 18(2): 293-299.
叶笃正. 1956. 小地形对气流的影响. 气象学报, 27(3): 241-262.
殷达中, 刘万军, 李佩佐. 1997. 辽东半岛西岸海陆风及热内边界层的观测研究. 气象, 23(9): 8-11.
于恩红, 等. 1997. 海陆风及其应用. 北京: 气象出版社: 1-146.
余文卓, 顾钧. 2000. ARPS气象模式在静风条件下的模拟应用. 苏州大学学报(自然科学), 16(2): 80-83, 106.
翟子航. 1989. 七月份海南岛海陆风的若干统计特征. 空军气象学院学报, 10(4): 21-28.
张雷鸣, 苗曼倩, 洪钟祥, 等. 1994. 城市发展对夜间海陆风环流影响的预测模拟. 大气科学, 18(3):

366-372.

张立凤,张铭,林宏源.1999.珠江口地区海陆风系的研究.大气科学,23:581-589.

张铭,张立凤,颜兆辉,等.1999.海陆风风环流的计算方法.大气科学,23(6):693-702.

仲伟民.1993.烟台地区海陆风特点.海洋通报,12(3):26-29.

周伯生,汪永新,俞健国等.2002.广东阳江沿海地区海陆风观测结果及其特征分析.热带气象学报,18(2):188-192.

周明煜,等.1980.北京地区热岛和热岛环流特征.环境科学,(5):12-18.

周钦华.1987.浙江沿海海陆风环流特征研究.杭州大学学报,14(1):109-119.

朱抱真,等.1955.台湾的海陆风.天气月刊,8(附刊):1-11.

庄子善,郑美琴,王继秀,等.2005.日照沿海海陆风的气候特点及其对天气的影响.气象,31(9):66-70.

Anthes R A, Daniel Keyser, Deardorff J W. 1982. Further considerations on modeling the sea breeze with a mixed-layer model. Mon. Wea. Rev. ,110:757-765.

Arakawa S. 1969. Climatological and dynamical studies on the local strong winds, mainly in Hokkaido. Japan Geophys. Magaz. ,34(4):359-425.

Atkinson B W. 1981. Meso-Scale Atmospheric Circulations. Academic Press:495. (有1987年中译本)

Banta R M. 1982. An observational and numerical study of mountain boundary layer flow. CSU Atmos. Sci. Paper,(35).

Banta R M. 1995. Sea breezes shallow and deep on the California coast. Mon. Wea. Rev. , 123:3614-3622.

Banta R M, Olivier L D, Levinson D H. 1993. Evolution of the Monterey sea-breeze layer as observed by pulsed Doppler lidar. J. Atmos. Sci. , 50:3959-3982.

Brinkmann W A R. 1974. Strong down slope at Boulder, Colorado. Mon. Wea. Rev. ,102:592-602.

Calson de Ver. 1954. Meteorological problems in forecasting mountain waves. Bull. Am. Met. Soc. , 35:363-371.

Case J L, Manobianco J. 2004. An objective technique for verifying sea breezes in high resolution numerical weather prediction models. Wea. Forecasting, 19: 690-705.

Chen J P, Lin I I, Lien C C. 2007. Atmospheric fronts along the east coast of Taiwan studied by ERS synthetic aperture radar images. J. Atmos. Sci,64:922-937.

Chopra K F, Hubert I F. 1964. Karman vortex streets in the earth's atmosphere. Nature, Lond. , 203:1341-1343.

Chopra K P. 1972. Velocity field in vortices leeward of island. J. Atmos. Sci. ,39:396-399.

Chunga Y S, Kim H. 2008. Mountain-generated vortex streets over the Korea South Sea. International Journal of Remote Sensing,29(3):867-877.

Corby G A. 1957. Airflow over mountains, Met. Report, 18, Meteorological Office, London.

Feit D M. 1969. Analysis of the Texas coast land breeze. Tech. Rep. ,U. S. A. ,52.

Finkele K, Hacker J M,Kraus H and Byron-Scott R A D. 1995. A complete sea-breeze circulation cell derived from aircraft observations. Bound.-Layer Meteor., 25:63-88.

Fisher E L. 1960. An observational study of the sea breeze. J. Atmos. Sci. ,17:645-660.

Forchgott J. 1949. Wave currents on the leeward side of mountain crests. Meteorologicke Zprary, 3:49-51.

Freltas E D, et al. 2007. Interactions of an urban heat island and sea-breeze circulations during winter over the metropolitan area of San Paulo,Brazil. Boundary Layer Meteor,122:43-65.

Frizzola J A and Fischer E L. 1963. A series of sea breeze observations in the New York City area. J. Appl. Meteor., 2: 722-739.

Fujita T T, 1963. Analytical meteorology: A review of meteor. Monograph, No 27. Amer. Meteor. Soc. :77-125.

Gravert M F, Smull B, Mass C. 2007. Multiscale mountain waves influencing a major orographic precipitation event. J. Atmos. Sci. ,64:711-737.

Huff F A, Changnon S A. 1972. Climatological assesment of urban effects on precipitation at St. Louis. J. Appl. Meteor. ,11(5):823-842.

Johnson R H, Toth J J. 1982. Topographic effects and weather forecasting in the Colorado PROFS meso -network area. Prior Vol. Am. Meteor. Soc. Conf. on Weather Forecasting and Analysis. Seattle, Washington.

Kingsmill D E. 1995. Convection initiation associated with a sea-breeze front,A gust front and their collision. Mon. Wea. Rev. ,123:2913-2933.

Klemp J B, Lilly D K. 1975. The dynamics of wave-induced down-slope wind. J. Atmos. Sci. ,32: 320-329.

Klemp J B, Lilly D K. 1978. Numerical simulation of hydrostatic mountain waves. J. Atmos. Sci., 35:78-107.

Koo Y S, Reible D D. 1995. Flow and transport modeling in the seabreeze. Part Ⅱ: Flow model application and pollutant transport. Bound. Layer Meteor., 75: 209-234.

Kozo T L. 1982. A mathematical model of sea breeze along the Alaskan Beaufort Sea Coast:Part Ⅱ. J. Appl. Meteor. ,21:906-924.

Kraus H,Hacker J M, Hartmann J. 1990. An observational aircraft-based study of sea-breeze frontogenesis. Bound-Layer Meteor. ,53:223-265.

Laird N F ,Kristovich D A R , Rauber R M, et al. 1995. The Cape Canaveral sea and river breezes: Kinematic structure and convective initiation. Mon. Wea. Rev. ,123: 2942-2956.

Landsberg H E. 1981. The urban climate. International Geophysics Series,28:275.

Lilly D K. 1978. A severe downslope windstorm and aircraft turbulence event induced by a mountain wave. J. Atmos. Sci,. 35:60-77.

Lin Weishi, Wang Anyu, Wu Chisheng, et al. 2001. A case modeling of sea-land breeze in Macao and its neighborhood. Advances in Atmospheric Sciences, 18: 1231-1240.

Mahrer Y, Pielke R A. 1977. The effects of topography on the sea and land breezes in a two-dimensional numerical model. Mon. Wea. Rev. ,105: 1151-1162.

Mass C F, Dempsey D P. 1985. A one level mesoscale model for diagnosing surface winds in mountainous and coastal regions. Mon. Wea. Rev. ,173:1211-1227.

Neumann J. 1977. On the rotation rate of the direction of sea and land breezes. J. Atmos. Sci. ,34: 1913-1917.

Neumann J, Mahrer Y. 1971. A theoretical study of the land and sea breeze circulation. J. Atmos. Sci. ,28:532-542.

Okouchi Y, Segal M, Kessler R C, et al. 1984. Evaluation of soil moisture effects on the generation and modification of mesoscale circulation. Mon. Wea. Rev. , 112:2281-2292.

Pearson R A. 1975. On the symmetry of the land-breeze sea-breeze circulation. Quarterly Journal of the Royal Meteorological Society,101:529-536.

Scorer R S. 1949. Theory of waves in lee of mountains. Q. J. Roy. Met. Soc. ,75:41-56.

Scorer R S. 1954. Theory of airflow over mountains Ⅲ—Air-stream characteristics. Q. J. Roy Met Soc. ,80:417-428.

Scorer R S. 1978. Environmental aerodynamics. Chapter 6. Ellis Horwood publisher.

Shir C C. 1973. A preliminary numerical study of atmospheric turbulent flows in the idealized planetary boundary layer. J. Atmos. Sci. ,30:1327-1339.

Shou S W, Zhang S Y. 1992. A numerical experiment with the effect of a complicated terrain on the mesoscale systems. Acta Meteorologica Sinica,6(4).

Smith R B. 1976. The generation of lee waves by the Blue Ridge. J. Atmos. Sci. ,33:507-519.

Steyn D G. 1998. Scaling the vertical structure of sea breezes. Bound. Layer Meteor. , 86: 505-524.

Steyn D G. 2003. Scaling the vertical structure of sea breezes revisited. Bound. Layer Meteor. , 107: 177-188.

Thompson W T, et al. 2007. Investigation of a sea breeze front in an urban environment. Q. J. R. Met. Soc. ,133:579-594.

Thyer N H. 1966. A theoretical explanation of mountain and valley winds by a numerical method. Arch. Met. Geophys. Bioklim. A,15:318-347.

Tijm A B C, Holtslag A A M, Van Delden A J. 1999. Observations and modeling of the sea breezes with the return current. Mon. Wea. Rev. ,127: 625-640.

Tsuchiya K. 1969. The clouds with the shape of Karman vortex street in the wake of Cheju Island, Korea. J. Met. Soc. Japan. ,47:457-465.

Uhlenbrock N L, et al. 2006. Mountain wave signature in MODIS 6.7μm imagery and their relation to pilot reports of turbulence. Weather and Forecasting, 22:662-670.

Vergeiner I, Lilly D K. 1970. The dynamic structure of lee wave flow as obtained from balloon and airplane observations. Mon. Wea. Rev. , 98:220-232.

Von Ficker H. 1913. Wirbelbildung bei ballonfahrten in Gebirge. Met. Zeit. , 30:243-245.
Wenger R. 1923. Zur Theorie der Berg-und Taiwinde. Met. Z. , 40:193-204.
Whitney W M, Doherty D L, Colman B R. 1993. A methodlology for predicting the Puget sound convergence zone and its associated weather. Weather and Forecasting,8: 214-222.
Xu Q, Xue M, Droegemeier K K. 1996. Numerical simulation of density currents in sheared environments within a vertically confined channel. J. Atmos. Sci. ,53:770-786.
Zhang Fuqing, Steven E Koch. 2000. Numerical simulations of a gravity wave event over CCOPE. Part II: Waves generated by an orographic density current. Mon. Wea. Rev. , 128: 2777-2796.
Zhang Yonxin, Chen Yi-Leng, Schroeder T A. 2005. Numerical simulations of sea-breeze circulations over Northwest Hawaii. Wea. Forecasting,20: 827-7846.
河村武. 1977. 都市気候の分布の宾态. 気象研究,133:26-47.

第3章　自由大气非对流性中尺度环流

自由大气中有很多中尺度环流系统,它们可粗分为非对流性环流和对流性环流两类。非对流性环流有很多种,本章主要介绍自由大气重力波以及大气锋—急流系统的次级环流。这些中尺度环流系统本身虽然是非对流性的,但它们常常会引发强烈的对流性天气,所以是对天气变化有重要影响的中尺度环流系统。

3.1 自由大气的重力波

3.1.1 重力波的基本特征

重力波是大气中的基本波动之一,也是最简单和最基本的中尺度运动之一。它们可能起到触发对流性风暴、传输能量和动量等重要作用,特别是大振幅的重力波会对天气产生很大影响,因此对重力波的研究具有十分重要的意义。一般把由于外部条件作用方能存在的重力波称为重力外波,而把在外部条件被限制(如上下边界固定)时存在于流体内部的重力波称为重力内波。本章将对重力内波的特征、性质、结构及其对天气的影响做一简要的介绍。

重力波是因静力稳定大气受到扰动而产生的振荡的传播。当气块受到扰动离开平衡高度向上移动时绝热冷却,重力使其回复到平衡位置。而当气块继续向下运动时,气块绝热增温,浮力使其回复到平衡位置去。这种振动向外传播便形成波动,由于引起气块上下移动的回复力是重力或浮力,因此把这种波动叫作重力波或浮力波,它是一种重力内波,当考虑地球自转的影响时则称其为惯性重力内波。

重力波是一种垂直横波,质点振动方向与波的传播方向相正交,当这类波动水平传播时,空气质点做上、下移动。与之相对照,纵波或压缩波传播时,质点运动是平行于波的传播方向的。而水平横波做纬向传播时,质点是做经向移动的,质点振动方向和波的传播方向都在水平面上。在第2章中讨论的背风波也是一种重力波,这是一种具有与地形有关的固定发生源的重力波。在本章中主要讨论发生在自由大气中的重力波。

重力波普遍存在于地球大气之中,它们可发生在大气层的各个高度上,低至近地

第3章 自由大气非对流性中尺度环流

面层,高至 75~100 km 的高空都能观测到重力波。它们一般可分为三种类型。第一种是发生在大气很高层(高于 20 km)的重力波;第二种是发生在很低层(低于 500 m)的重力波,这种波通常是开尔文—亥霍兹波(简称 K-H 波),这类波的波长很短,它们通常是中、小尺度系统之间的联系者;第三种重力波是发生在 500 m 至 20 km 之间的大气层,也就是大气层主体中的重力波。

发生在大气层主体中的重力波包括次天气尺度和中尺度两类,其中次天气尺度重力波的波长长达上千千米。中尺度重力波波长范围很宽。阿特金森(1987)根据 15 名研究者的 17 份研究报告的统计结果指出,中尺度重力波的波长为 4.4~300 km,平均约为 34 km;振幅约为 852 m,气压振幅为 0.1~5 hPa,平均为 0.9 hPa;周期为 4~160 min,平均约为 27 min;相速为 5.9~60 m/s,平均约为 26 m/s。Uccellini 和 Koch(1987)对 13 例与强降水相联系的重力波的分析也得到基本相似的结果,指出这些重力波的波长为 50~500 km,周期为 1~4 h,气压振幅为 1.0~7.0 hPa,水平相速为 13~50 m/s,存在时间约为 9~33 h。说明与强降水相联系的重力波一般是振幅较大、存在时间较长的重力波。

对重力波进行观测的主要仪器之一是微压计。现代的微压计灵敏度很高,可测出 1 Pa 以下的气压变化。根据观测,典型的对流层中尺度重力波有两种类型。一种是大振幅的不规则型(图 3.1(a))。另一种是振幅较小的较规则型(图3.1(b))。除了微压计外,现代还用卫星、雷达、气象飞机和声学探测法等方法和工具来探测重力波。在卫星、雷达图片上常常可以清晰地看到重力波。

观测研究告诉我们,重力波经常出现在有逆温层或稳定层存在以及有明显的风速垂直切变的天气背景下。在波层中典型的风切变值为 16~30 m/(s·km)。图 3.2 是 1969 年 3 月 18 日(世界时)发生在美国东部的一次重力波的天气背景。由图

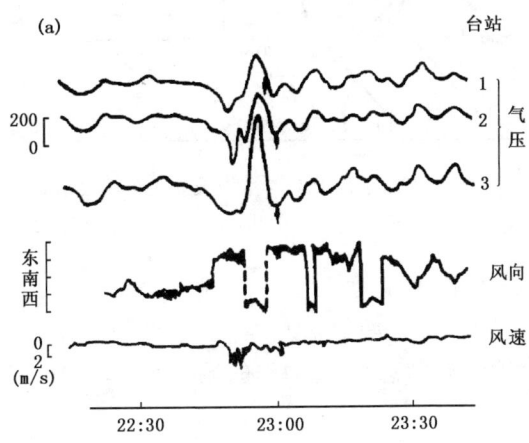

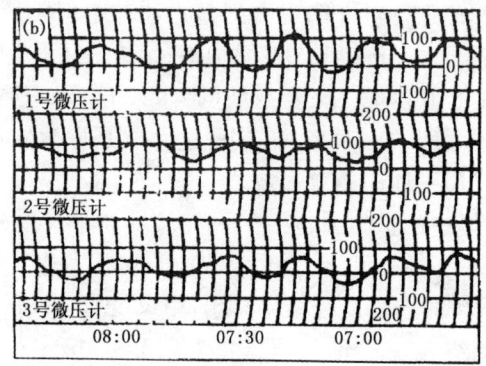

图 3.1 重力波的地面记录(Curry 和 Murty,1974)
(a)大振幅不规则型,箭头右边的振荡是由雷暴引起的重力波;(b)小振幅规则型
(气压单位 0.1Pa;气压分别用三个测站及三个微压计记录表示)

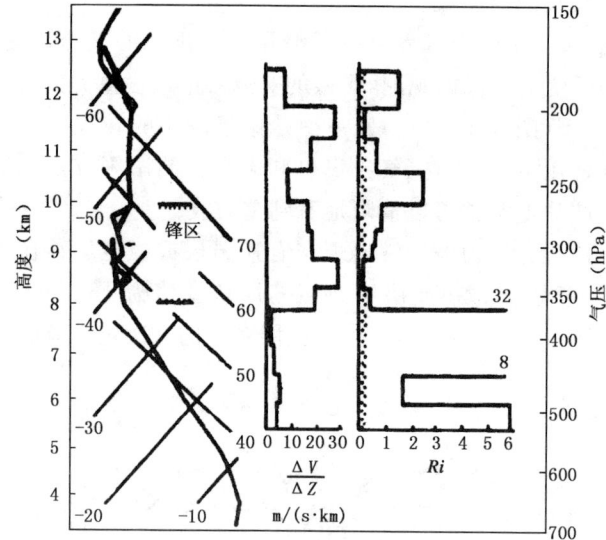

图 3.2 1969 年 3 月 18 日美国东部上空与重力波有关的温度、风切变以及里查森数
(Reed 和 Hardy,1972)(探空曲线上的粗线段表示用于计算 Ri 数的光滑值)

可见,发生在 8~10 km 之间的重力波,很明显地和高空锋区、风垂直切变局地最大值以及里查森数最小值相联系。一般来说,重力波形成在 $Ri<0.5$(有时 $Ri<0.25$)的气层中,而且一般来说,Ri 数愈小,重力波的振幅愈大。

3.1.2 重力波的结构

李麦村(1978)根据理论分析得到重力波结构图(图 3.3)。由图 3.3 可以看到在对流层中,地面气压扰动场和流场最清楚,向上减弱,而位温场则没有扰动,向上才逐渐明显起来。气压场中心与散度场中心位相差为 $\pi/2$,与涡度中心重合,即高压中心与气旋涡度中心重合,反气旋涡度中心与低压重合。在波动下半部,上升气流与辐合同相,比低压中心落后 $\pi/2$,下沉气流与辐散同相,比高压中心落后 $\pi/2$。以上特点也可以更直观地由 Uccellini 和 Koch(1987)给出的重力波结构的示意图(图 3.4)看出。

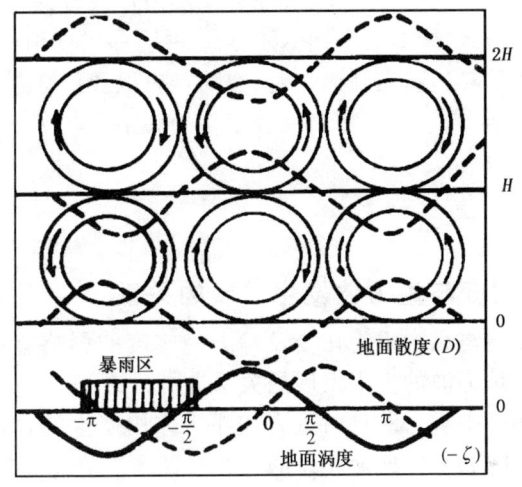

图 3.3　重力波结构图(李麦村,1978)

(实线为流线,虚线为等压面分布,图底部为地面散度和涡度的位相关系,竖线区为暴雨区)

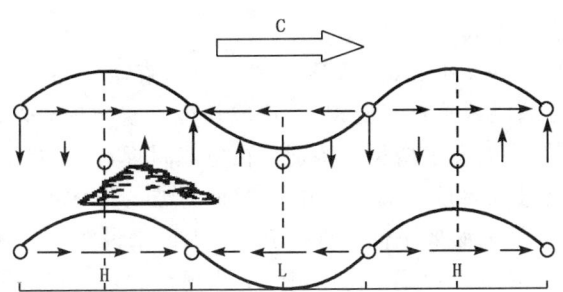

图 3.4　重力波结构的示意图(Uccellini 和 Koch,1987)

(C,H,L 分别表示波移向、高压和低压)

由上分析可见,低压扰动前部为辐散和下沉运动区,后部为辐合和上升运动区,高压扰动前后的情况则相反。于是,高压移向辐合区,低压移向辐散区,扰动沿气流方向传播。如果大气是对流不稳定的,则在重力波波槽通过之后,即在上升运动区,对流应当发展。最强的对流活动发生在气块最大位移处,即与波脊相一致。重力波出现于对流天气发展之前,它起着一种触发机制的作用。当在已经产生的对流天气区有重力波通过时,对流强度会出现周期性变化。在波槽后,对流发展,最强对流活动出现在脊处,当下一个波槽接近时,对流强度减弱,以后当另一个波脊接近时,对流又重新加强。

在梅雨锋上往往有许多传播性的中尺度雨带,用经过过滤大尺度场后的资料,对地面气压场和风场进行中尺度分析,发现和中尺度雨带配合的中尺度辐合区,在低压和高压之间并靠近高压区(图 3.3 和图 3.4)。这说明中尺度雨带是和重力波相联系的。此外,近年来的研究发现,在锋面气旋、登陆台风以及低空急流等许多系统中,都经常有中尺度重力波活动,它们与暴雨有着密切的关系。

3.2 重力波的发生发展

3.2.1 风速垂直切变与重力波发生发展的关系

重力波的发生发展与风的垂直切变及静力稳定度的影响有关,下面对风的垂直切变及静力稳定度与重力波的发生发展的关系进行讨论。

在静止大气的环境中重力波是由重力和浮力作用产生的,即扰动的振荡是通过扰动动能与重力位能的相互转换而实现的。在有基本气流 $\bar{u}$ 而且基本气流 $\bar{u}$ 不随高度变化的环境中,扰动的振荡机制与静止大气的环境中的机制是相同的。但在基本气流 $\bar{u}$ 随高度而变,即 $\frac{\partial \bar{u}}{\partial z} \neq 0$ 的环境中,扰动会受到风速垂直切变的显著影响,风速垂直切变愈强,影响也愈大。

Miles(1961)和 Howard(1961)等研究了风速垂直切变与重力波发生发展的关系,指出当平均气流的风速垂直切变较大,造成切变不稳定时,波动可以从这种动力不稳定气流中获取能量而发生增长。特别是在急流附近,风速有很强的垂直切变,容易引起重力波,所以急流附近成为产生中尺度重力波的能源区。理论分析表明,在这种情况下产生重力波的必要条件是 $Ri < 0.25$,下面来说明这一规律。

设在风速为 $\bar{U}$,位温为 Θ 的背景场中,受到扰动后,空气微团做上升运动,在 z 至 $z + \Delta z$ 气层内发生动量交换,并使气层的风速均匀化;设 U 为 z 高度上的平均风,$U + \Delta U$ 为 $z + \Delta z$ 高度上的平均风,$U + \frac{1}{2} \Delta U$ 为气层 Δz 的平均风。如果扰动能量来自环境基本气流的平均运动动能,则经过扰动后空气微团所获得的动能为

$$\frac{1}{2} \left\{ \frac{1}{2} [U^2 + (U + \Delta U)^2] \right\} - \frac{1}{2} \left(U + \frac{1}{2} \Delta U \right)^2 = \frac{1}{8} \Delta U^2 = \frac{1}{8} \left(\frac{\partial U}{\partial z} \right)^2 \Delta z^2 \quad (3.1)$$

空气微团在上升运动过程中,在稳定层结的条件下,必须克服重力做功。大气层结使微团引起的加速度为

$$\frac{\mathrm{d}w}{\mathrm{d}t} = -\frac{g}{\Theta}\frac{\partial \Theta}{\partial z}\Delta z \tag{3.2}$$

令空气微团的初始平衡位置为 $z=0$,则

$$\frac{\mathrm{d}w}{\mathrm{d}t} = -\frac{g}{\Theta}\frac{\partial \Theta}{\partial z}z \tag{3.3}$$

在 Δz 气层内,重力对空气微团做功的值为

$$\int_0^{\Delta z}\frac{\mathrm{d}w}{\mathrm{d}z}\mathrm{d}z = -\frac{g}{\Theta}\frac{\partial \Theta}{\partial z}\int_0^{\Delta z} z\mathrm{d}z = -\frac{1}{2}\frac{g}{\Theta}\frac{\partial \Theta}{\partial z}\Delta z^2 \tag{3.4}$$

因此上升空气微团克服重力做功的值应为

$$\frac{1}{2}\frac{g}{\Theta}\frac{\partial \Theta}{\partial z}\Delta z^2 \tag{3.5}$$

假如由平均运动转换来的能量大于为克服稳定层结所做的功,即当

$$\frac{1}{8}\left(\frac{\partial U}{\partial z}\right)^2\Delta z^2 > \frac{1}{2}\frac{g}{\Theta}\frac{\partial \Theta}{\partial z}\Delta z^2 \tag{3.6}$$

或

$$Ri = \frac{g}{\Theta}\frac{\frac{\partial \Theta}{\partial z}}{\left(\frac{\partial U}{\partial z}\right)^2} < \frac{1}{4} \tag{3.7}$$

时,垂直扰动就会继续发展,即重力波振幅将增大。

以上分析表明,风速垂直切变对重力波有重要影响。当风速垂直切变较小时,即里查森数较大($Ri>1/4$)时,小扰动不随时间指数增长,即基本气流对小扰动是稳定的,其能量转换过程与基本气流为常数时的情况是一样的。但当风速垂直切变较大时,即里查森数较小($Ri<1/4$)时,小扰动随时间指数增长,即重力波将会从基本气流中获取能量而发生不稳定增长。

3.2.2 高空急流附近的重力波的发生发展

上面说到 Uccellini 和 Koch(1987)对 13 例与强降水相联系的重力波进行了分析,总结出波动发生时的天气尺度形势背景所具有的一些共同特征,并给出了一个中尺度重力波发生的天气学概念模式(图 3.5)。由图 3.5 可见,在地面上的波动活动区上游有一低压系统(有时可为一地面倒槽);从低压中有明显的锋面伸展到波动活动区的南方或东南方;波动一般发生在对流层低层有逆温层存在的区域,而在对流层高层,波动都发生在高空急流的出口区,且主要在急流轴的右侧,即反气旋切变一侧;活动区域位于 300 hPa 槽脊间转折轴与下游的高度脊脊线之间。

由此可见重力波的发生与高空急流有十分密切的关系。在急流区内,如果大气层结稳定,垂直风切变大到足以使 $Ri<1/4$ 时,满足重力波的不稳定条件,重力波便

能从环境风吸取能量而获得发展。除了这种切变不稳定之外,地转调整也是重力波发展的动力条件之一。当大气质量和动量失衡,运动处于非地转状态时,在地转调整过程中,产生重力波或惯性重力波。尤其在高低空急流有大风速中心传播、锋生和气旋强烈发展的一些过程中,出现明显的非地转运动,在地转调整中,就会出现大振幅的中尺度重力波。

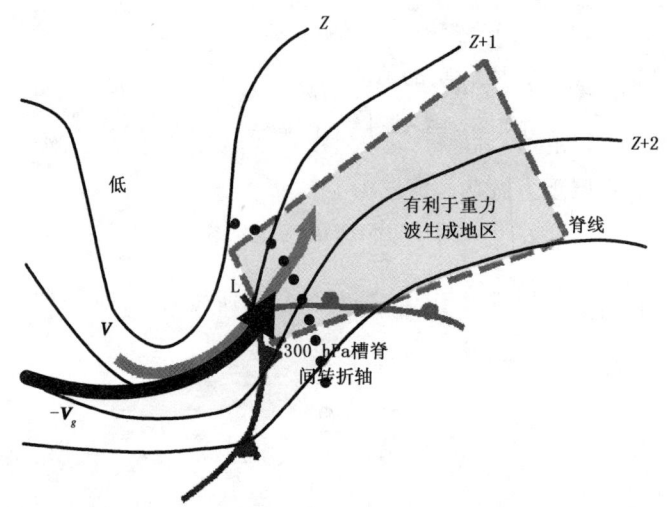

图 3.5 中尺度重力波发生的天气学概念模式(Uccellini 和 Koch,1987)
(V 为实际风大风核,V_g 为位于槽底的大风核,L 为地面低压系统,实线为 500 hPa 等高线)

在高空急流大风速中心(大风核)下游的高空槽前急流出口区,当实际风大风核(V)脱离位于槽底的大风核(V_g)而向槽前等高线转折轴移动时,由于地转调整,中尺度重力波开始产生于 300 hPa 槽前等高线拐点轴(虚线)附近,向前发展,最后消失于脊线(点线)附近。重力波活动区的南界是地面暖锋或准静止锋,北界是高空急流轴线。

在高空急流出口区,运动的非地转平衡特征可用拉格朗日 Rossby 数 R_{OL} 来表示

$$R_{OL} = \frac{\left|\dfrac{\mathrm{d}\boldsymbol{V}}{\mathrm{d}t}\right|}{f|\boldsymbol{V}|} \tag{3.8}$$

它表示气块加速度对于地转偏向力加速度的相对大小。小值 R_{OL} 表示接近准地转运动,大值 R_{OL} 表示非地转运动特征,R_{OL} 越大,气流越不平衡。研究表明,$R_{OL} > 0.5$ 是地转调整可能产生中尺度重力波的动力条件。

根据加速度公式

$$\boldsymbol{k} \times \frac{\mathrm{d}\overline{\boldsymbol{V}}}{\mathrm{d}t} = f\boldsymbol{V}_{ag}$$

可将上式改写为

$$R_{OL} \cong \frac{|\overline{\boldsymbol{V}}_{ag}|}{|\boldsymbol{V}|} \tag{3.9}$$

上式中右边的分子表示穿过等高线的横向非地转风分量，直接反映气流不平衡的程度，它可由实际风和地转风计算得到。Uccellini 和 Johnson(1979)指出，在处于地转平衡的直线急流大风核区，气块在出口区内减速运动，出现指向高压一侧的横向非地转运动。当出现实际大风核离开地转急流核移向下游的情形时，气块在急流出口区加速，大气质量和动量失衡，出现气流由反气旋一侧指向低压的非地转气流。在这种呈强烈疏散的出口区内，如果表示非地转运动特征的 $R_{OL}>0.5$，应当分析可能有大振幅中尺度重力波发生。

3.3 锋和急流系统

3.3.1 锋和锋生

锋通常指具有强水平温度梯度和较大静力稳定性以及较大气旋性涡度的狭长地带。所谓狭长是指它的长度一般要比宽度大 1 个量级。锋的长度一般约为 1000 km，宽度约为 100 km，按照 Orlanski 的中尺度定义，锋的长度属于 α 中尺度，而宽度则属于 β 中尺度。

Reed(1955)通过探空资料的细致分析，发现在对流层中层存在一个热力对比和气旋性切变很大的区域。并在此基础上提出了高空锋生和对流层顶折叠的概念。所谓对流层顶折叠就是平流层空气被挤进对流层中层(有时可达 700~800 hPa)的过程。对流层顶折叠的概念，得到了多种观测事实的证实。其中包括，在地面附近观测到来自平流层的核放射性沉降物，在锋区中臭氧分布有一个由平流层朝下伸展的舌(在锋的生命期内，臭氧可视为一个守恒量)。另外，Shapiro(1978)用飞机对高空锋区进行观测的结果也证实了对流层顶折叠现象的客观存在性。同时还指出，平流层中气旋性切变集中在一个 β 中尺度区中，而不是像 Reed 所指出的在一个 α 中尺度区域中。

一般把锋的形成(加强)叫锋生，锋的消亡(减弱)叫锋消。Petterssen(1956)用锋生函数 F 定量地描述这种过程。二维锋生函数定义为

$$F_p = \frac{\mathrm{D}}{\mathrm{D}t} |\boldsymbol{V}_p \theta| \tag{3.10}$$

式中 $\frac{\mathrm{D}}{\mathrm{D}t} = \frac{\partial}{\partial t} + \boldsymbol{V} \cdot \boldsymbol{\nabla}_p + \omega \frac{\partial}{\partial p}$，下标 p 表示在 p 等压面上。若考虑一条沿 x 轴的狭长锋区，等位温面平行于锋面，并且风场沿 x 轴不变。还假定在等压面上温度向北降低，则

$$F_p = \underbrace{\left(\frac{\partial v}{\partial y}\right)_p \left(\frac{\partial \theta}{\partial y}\right)_p}_{①} + \underbrace{\left(\frac{\partial w}{\partial y}\right)_p \frac{\partial \theta}{\partial p}}_{②} - \underbrace{\frac{1}{C_p}\left(\frac{p_0}{p}\right)^{\kappa} \frac{\partial}{\partial y}\left(\frac{\mathrm{d}Q}{\mathrm{d}t}\right)_p}_{③} - \underbrace{\frac{\partial}{\partial y}\left(K \frac{\partial^2 \theta}{\partial y^2}\right)}_{④} \tag{3.11}$$

式中 K 是湍流扩散系数，Q 为加热，并有

$$C_p \frac{\mathrm{d}\ln\theta}{\mathrm{d}t} = \frac{1}{T}\frac{\mathrm{d}Q}{\mathrm{d}t} \tag{3.12}$$

在式(3.11)中，右边第①，②，③，④项分别为辐合项、倾斜项、非绝热加热的水平梯度项以及湍流扩散项。

Hoskins 等(1978)引进了一个矢量 $\boldsymbol{Q}$（称为准地转 $\boldsymbol{Q}$ 矢量）

$$\boldsymbol{Q} = -\frac{R}{\sigma p}\left(\frac{p}{p_0}\right)^\kappa \begin{bmatrix} \frac{\partial \boldsymbol{V}_g}{\partial x} \cdot \nabla_p \theta \\ \frac{\partial \boldsymbol{V}_g}{\partial y} \cdot \nabla_p \theta \end{bmatrix} \tag{3.13}$$

式中 $\sigma = \frac{RT}{p}\frac{\partial \ln\bar{\theta}(p)}{\partial p}$，$\kappa = \frac{AR}{C_p}$，$\nabla_p \theta$ 为等压面上的位温升度，$\boldsymbol{V}_g$ 为地转风矢量。

用 $\boldsymbol{Q}$ 可以方便地表示二维锋生函数，假定忽略非绝热加热和扩散效应，则对地面层($w=0$)来说，二维锋生函数

$$\begin{aligned}
F_p &= \frac{\mathrm{D}}{\mathrm{D}t}|\nabla_p\theta| = \frac{1}{|\nabla_p\theta|}\left[\frac{\partial\theta}{\partial x}\frac{\mathrm{d}}{\mathrm{d}t}\left(\frac{\partial\theta}{\partial x}\right) + \frac{\partial\theta}{\partial y}\frac{\mathrm{d}}{\mathrm{d}t}\left(\frac{\partial\theta}{\partial y}\right)\right] \\
&= \frac{1}{|\nabla_p\theta|}\left[\frac{\partial\theta}{\partial x}\left(-\frac{\partial u}{\partial x}\frac{\partial\theta}{\partial x} - \frac{\partial v}{\partial x}\frac{\partial\theta}{\partial y}\right) + \frac{\partial\theta}{\partial y}\left(-\frac{\partial u}{\partial y}\frac{\partial\theta}{\partial x} - \frac{\partial v}{\partial y}\frac{\partial\theta}{\partial y}\right)\right] \\
&= \frac{1}{|\nabla_p\theta|}\left[\frac{\partial\theta}{\partial x}\left(\frac{\partial\boldsymbol{V}}{\partial x}\cdot\nabla_p\theta\right) + \frac{\partial\theta}{\partial y}\left(\frac{\partial\boldsymbol{V}}{\partial y}\cdot\nabla_p\theta\right)\right] \\
&\cong \frac{1}{|\nabla_p\theta|}\nabla_p\theta\begin{bmatrix}\frac{\partial\boldsymbol{V}_g}{\partial x}\cdot\nabla_p\theta \\ \frac{\partial\boldsymbol{V}_g}{\partial y}\cdot\nabla_p\theta\end{bmatrix}
\end{aligned} \tag{3.14}$$

考虑式(3.13)，则式(3.14)可写成

$$F_p = \frac{\sigma p}{R}\left(\frac{p_0}{p}\right)^\kappa \frac{1}{|\nabla_p\theta|}\nabla_p\theta \cdot \boldsymbol{Q} \tag{3.15}$$

因此由式(3.15)可见，若 $\boldsymbol{Q}$ 和 $\nabla_p\theta$ 在同一方向，即二者之夹角小于 $90°$ 时，$F_p>0$（锋生）。

3.3.2 中尺度高空急流

急流是指一条强而窄的准水平气流带。出现在对流层下部 700 hPa 上下的急流称为低空急流。在对流层上部存在的急流，一般称其为高空急流，其具体强度标准一般是规定急流中心最大风速在对流层的上部必须大于或等于 30 m/s，风速水平切变量级为每 100 km 5 m/s，垂直切变量级为每千米 5~10 m/s。急流带中心的长轴就是急流轴。总体来说，对流层上部的急流是弯弯曲曲地环绕着地球的，某些地区强些，另一些地区弱些，甚至在某些地区中断（即这些地区的风速小于 30 m/s，达不到急流的标准）。大尺度急流的水平长度达上万千米，常环绕地球，水平宽度约几百千

米,厚度约几千米。对流层上部的急流,根据其性质与结构的不同可分为极锋急流、副热带西风急流和热带东风急流。

沿着狭长急流带的轴线上可以有一个或多个风速的极大值中心。镶嵌在大尺度急流上的这些强风速段(即风速极大值中心),通常称为中尺度急流。急流轴在三维空间中呈准水平,多数轴线呈东西走向。若急流与强烈发展的高空扰动相伴随出现,可转成南北向的。如图3.6所示的一支中尺度急流,就是与一个强烈发展的高空扰动相伴的。在这个槽前等高线疏散的高空槽中,风速极大值中心先是出现在槽后,然后移到槽底,再后又移到槽前。

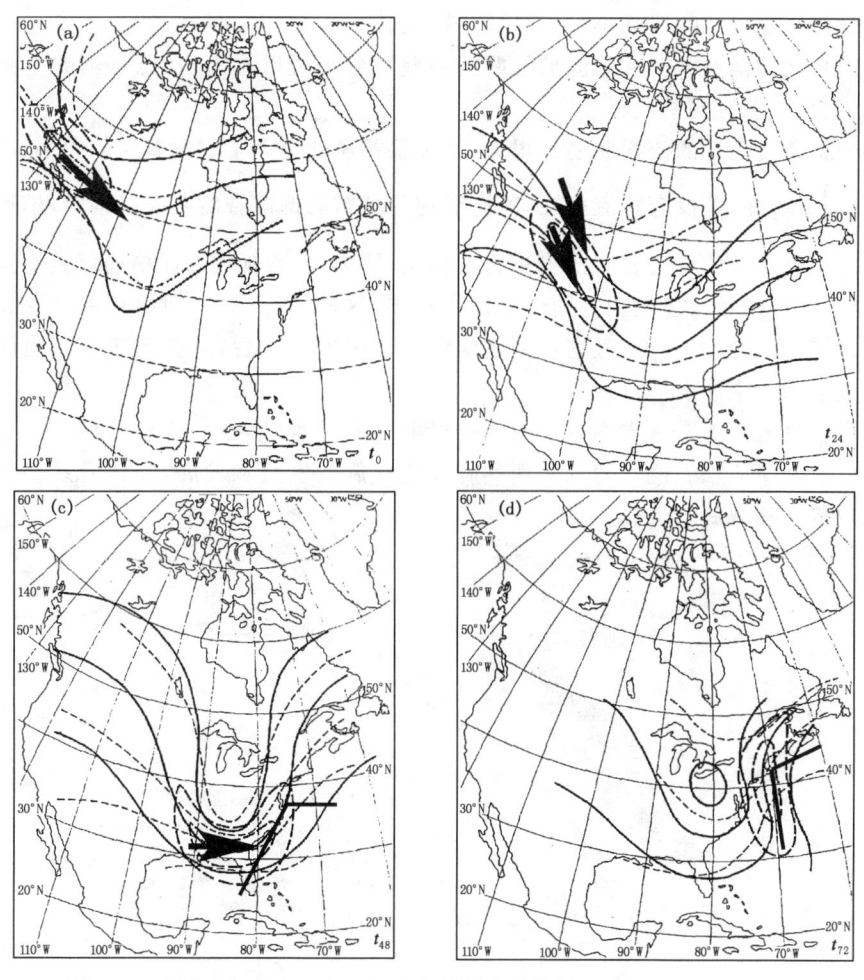

图 3.6 中尺度急流在一个天气尺度的槽中的传播过程(Carlson,1998)
(a)t_0 时刻;(b)t_{24} 时刻;(c)t_{48} 时刻;(d)t_{72} 时刻
(t_0 表示初始时刻;t_{24},t_{48},t_{72} 分别表示初始时刻以后 24 h,48 h,72 h)

急流轴的左侧风速具有气旋性切变,右侧风速具有反气旋性切变,如果流线曲率很小,那么急流轴的左侧相对涡度为正,右侧相对涡度为负。急流的宽度是指以急流中心两侧风速等于最大风速一半的两点间的距离。急流两侧的最大风切变(水平切变)与地转参数 f 同量级,一般情况,反气旋切变稍小,气旋性切变一侧显著大些,急流轴两侧的切变都随与急流轴的距离增大而减小。

在平直西风的急流轴两侧,内摩擦的侧向混合作用使轴两侧的空气获得正的加速度,这两处的实际风速比没有考虑内摩擦作用时的地转风要大,地转偏向力相应加大,在急流轴两侧就产生了与气压梯度方向相反的偏差风。而在急流轴上内摩擦侧向混合作用使得实际风减小,小于地转风,地转偏向力相应减小,就产生了与气压梯度方向相同的偏差风。从急流轴的两侧偏差风分布可以看出,在急流轴的左侧有偏差风辐合,右侧有偏差风辐散。

如果急流附近的流线曲率都很大,那么偏差风就更大了。偏差风的大小,由式 $D=-\dfrac{1}{f}\dfrac{V^2}{R}$ 可知,若没有急流存在,等高线均匀分布的槽前脊后有纵向辐散,槽后脊前有纵向辐合。急流中心若与槽线重合或相交,那么,急流轴的右侧槽前就具有强烈的偏差风辐散,槽后的急流轴左侧辐合也特别强,这样的高空槽,即使开始时并无地面气旋、反气旋与它配合,一旦它移到斜压性比较强的地区后,就会迅速引起地面气旋与反气旋的发生和发展。

在卫星云图上常常看到急流与一个叶状云系相对应(图 3.7)。如图 3.7 所示,叶状云位于急流轴右侧。随着地面气旋与反气旋的发生和发展,叶状云系会逐渐演变成逗点云和涡旋云(图 3.8)。

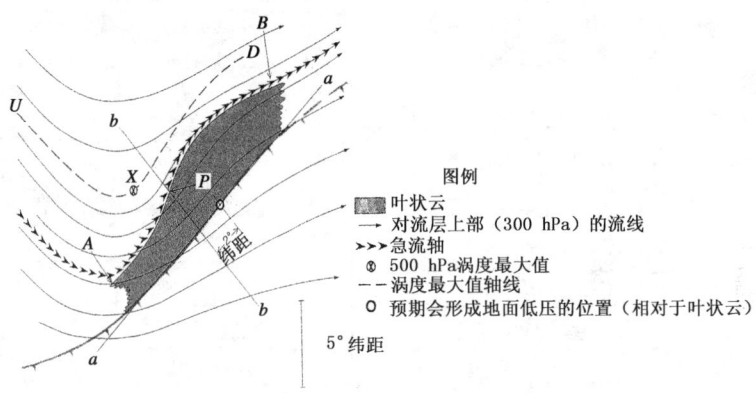

图 3.7　与高空急流相对应的叶状云系(Weldon,1986)

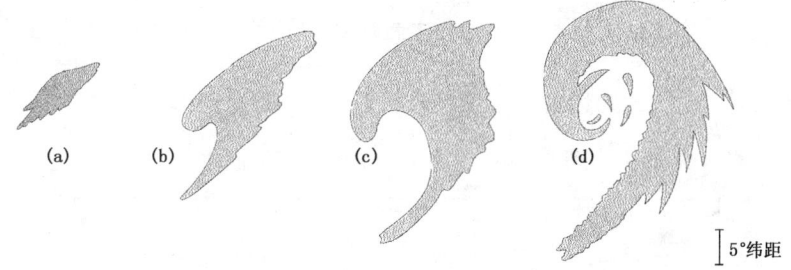

图 3.8 与斜压扰动有关的典型云型的示意图(巴德等,1998)
(a)叶状云;(b)逗点云;(c)逗点云向涡旋云过渡的云;(d)成熟涡旋云

3.4 锋—急流附近的次级环流

3.4.1 急流附近的次级环流

上面说过,沿着高空急流轴分布着一些风速中心,它们长约 1000 km,宽约几百千米,这种强风速核心称为中尺度急流。

在高空急流附近会形成次级环流。在急流的出口处有一个左侧上升、右侧下沉的横向次级环流,而在急流的入口处有一个右侧上升、左侧下沉的横向次级环流。这种次级环流的形成可以用下列无摩擦条件下的动能方程来解释

$$\frac{dK}{dt} = -\boldsymbol{V} \cdot \boldsymbol{\nabla} \varphi \tag{3.16}$$

式中 $K = \frac{1}{2}(u^2 + v^2)$ 为单位质量的空气动能;φ 为位势。$\frac{dK}{dt} = -\boldsymbol{V} \cdot \boldsymbol{\nabla} \varphi > 0$,表示 $\boldsymbol{V}$ 偏向低压,即有指向低压一侧的非地转风分量。在直线西风急流中由于在急流入口区,空气质点沿流线方向加速,因此有偏南风非地转风,同时由于空气质点在急流轴附近动能增量最大,因此偏南向非地转风也最大,所以在高空急流入口区,急流轴右侧辐散,左侧辐合,因此在 y-z 垂直平面上形成正环流。在出口区正相反,空气质点沿流线方向减速,因此产生偏北的非地转风分量,所以急流轴左侧辐散,右侧辐合。在 y-z 垂直平面上形成反环流,即北侧上升,南侧下沉,由于西风急流左侧为冷空气,右侧为暖空气,因而在入口区为横向的直接热力环流,它使大气有效位能转变成动能,因而空气向急流中心加速。而在出口区有间接热力环流,它使动能转化为有效位能,使空气产生减速。

高空急流通常与高空锋区相联系。在急流入口区,由于 $\dfrac{\partial u_g}{\partial x} > 0$,$\dfrac{\partial \theta}{\partial y} < 0$,

$\frac{\partial u_g}{\partial x}\frac{\partial \theta}{\partial y}<0$,所以地转拉伸形变强迫产生直接热力环流(冷侧下沉,暖侧上升),而在出口区相反,$\frac{\partial u_g}{\partial x}\frac{\partial \theta}{\partial y}>0$,因此产生间接热力环流(冷侧上升,暖侧下沉)(图3.9)。因此从锋生次级环流理论也可以解释急流附近的次级环流。

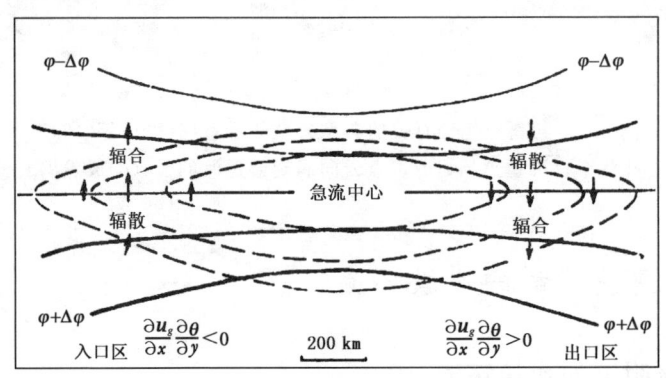

图3.9　急流入口区和出口区的非地转风散度分布(Shapiro,1981)

3.4.2　高低空急流的耦合

低空急流可分为大尺度低空急流、与扰动相联系的低空急流以及边界层急流三类。第一类是与对流层低层的行星尺度系统相联系的基本气流,例如东亚大陆夏季盛行的西南风急流就属此类,它是与季风相联系并随季节而移动的。边界层急流发生在大气边界层内,其特点是垂直切变强,但水平切变弱,而且有明显日变化。与扰动相联系的低空急流就是一般常说的低空急流,其中心高度在850～700 hPa附近,维持时间较长,日变化较小,它的形成与天气系统的发展相联系,Browning等(1983)定义的暖输送带就属于这一类低空急流。

低空急流有很强的非地转性。它的形成有多种原因,近年来发现高低空急流经常是耦合出现的。

Uccellini和Johnson(1979)解释了高低空急流耦合的原因。如前所述,在急流入口处高空急流的高压侧辐散,导致低层降压($\frac{\partial p}{\partial t}<0$),低压侧辐合,导致低层增压($\frac{\partial p}{\partial t}>0$),由此引起低层地转风变化$\frac{\partial \boldsymbol{V}_g}{\partial t}$与$\boldsymbol{V}_g$方向相反。根据准地转假定的非地转风方程

$$\boldsymbol{V}_a = \frac{1}{f}\boldsymbol{k} \times \left(\frac{\partial \boldsymbol{V}_g}{\partial t} + \boldsymbol{V}_g \cdot \boldsymbol{\nabla} \boldsymbol{V}_g\right) \tag{3.17}$$

在高空急流入口区低层,由 $\frac{\partial \boldsymbol{V}_g}{\partial t}$ 产生指向高空急流反气旋(高压)侧的横向风分量 $\boldsymbol{V}_a$。同理,在出口处,低层地转风变化 $\frac{\partial \boldsymbol{V}_g}{\partial t}$ 方向与地转风方向一致,因而由 $\frac{\partial \boldsymbol{V}_g}{\partial t}$ 产生指向高空急流低压侧的横向分量 $\boldsymbol{V}_a$。由于低层的 $\boldsymbol{V}_a$ 主要由变压梯度引起,因此实际上是变压风。在高空急流中心出口区,低层的地转风在由高压指向低压的变压风的作用下,实测风将偏向低压一侧,这是 $\frac{\mathrm{d}K}{\mathrm{d}t} = -\boldsymbol{V} \cdot \boldsymbol{\nabla}\varphi > 0$ 的情况,低层空气动能增大使得低空急流形成。

高空急流中心的入口区和出口区都可以有高、低空急流的耦合,但耦合方式不同。如图 3.10(a)所示,在出口区,低空急流轴与高空急流轴相交;而在入口区,低空急流轴与高空急流轴相平行。入口区和出口区的次级环流与高、低空急流之间的联系如图 3.10(b)和 3.10(c)所示,出口区的低空急流是高空急流中心附近间接热力环流的组成部分,而入口区的低空急流则与高空急流分别在两个独立的次级环流中,但两个次级环流的上升支重合在一起,由图 3.10 可见,与低空急流相联系的次级环流的上升支都位于低空急流左侧,这是有利于强对流和暴雨发生的部位。

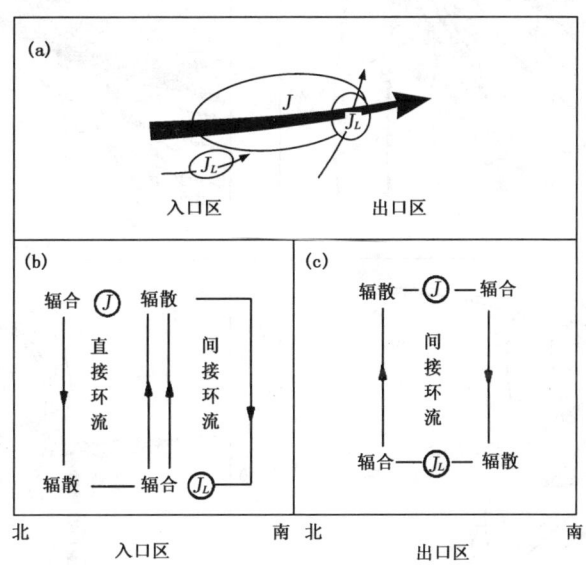

图 3.10 高空急流与低空急流的耦合形式及次级环流(斯公望,1988)
(J 为高空急流中心,J_L 为低空急流中心)

3.4.3 锋生环流及高低空急流耦合对强风暴发展的作用

在有高低空急流耦合的情况下,特别是在高空急流出口区的高低空急流耦合,常常有利于强对流风暴的发生和发展。在这种形势下,低层低空急流造成暖湿空气输送,高空急流则造成干冷空气平流,从而加强了大气潜在不稳定,而且高、低空急流耦合产生的次级环流上升支将触发潜在不稳定能量的释放。图 3.11 是在急流出口区高低空急流耦合触发强对流过程的示意图。在起始时刻(图 3.11(a)),在高空急流中心出口区前方有一条冷锋和低空急流。通过图 3.11(a)上的 AA' 线的垂直剖面(图 3.11(b))表明,低空急流与锋面之间有低层辐合上升,而高空急流中心出口区的间接热力环流控制着低空急流及地面锋上方的高空区域,因而低空的上升受到高空下沉运动的抑制,造成对流层中部辐散,阻止对流向上发展,同时也造成对流层中部干燥的环境条件。这时低层的偏南风使低层水汽增加,从而造成上干下湿的对流不稳定层结,而且一个盖帽逆温(或稳定)层,起了贮存不稳定能量的盖子的作用。这样

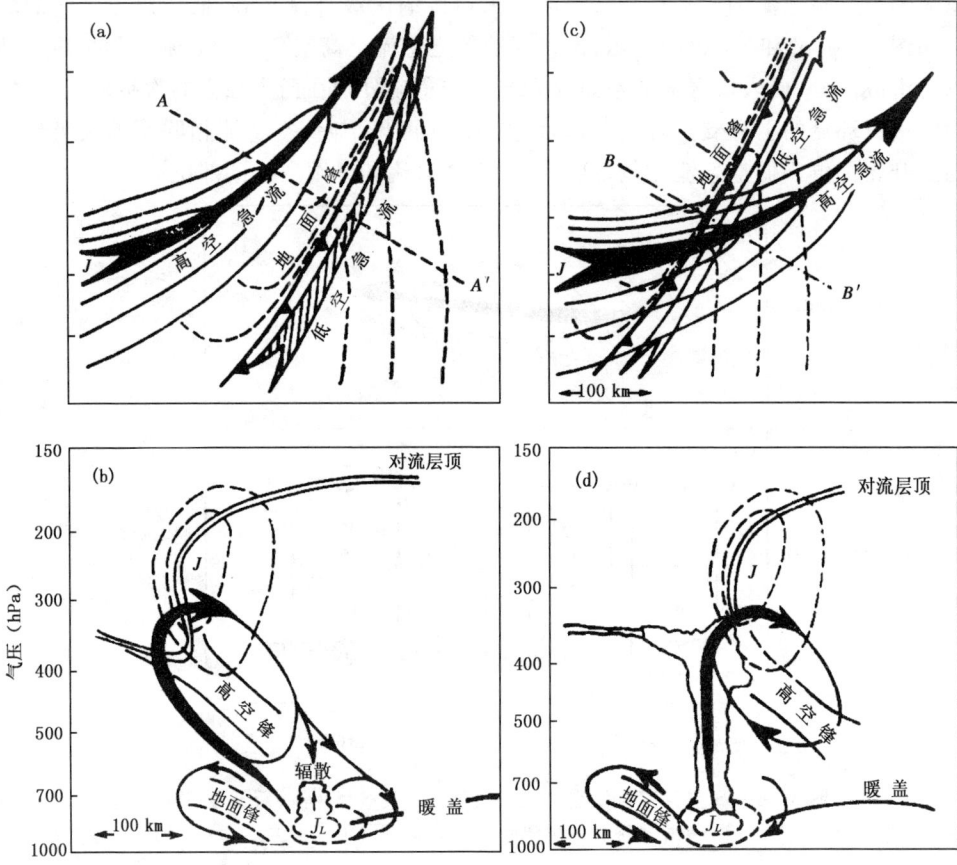

图 3.11　高低空急流相互作用引起强对流爆发的过程示意图(Shapiro,1982)
((b)和(d)分别为沿 AA' 和 BB' 的垂直剖面图)

就为产生强对流天气酝酿了不稳定能量的条件。接着当高空急流向东移到位于地面锋和低空急流上方时(图3.11(c)),在地面锋和低空急流的低层抬升与高空急流中心出口区左侧的高空辐散相重合的区域,便形成了深厚的上升气流(图3.11(d))。它促使低层暖湿空气抬升,从而释放不稳定能量,造成强对流爆发。

本章小结

(1)基本内容

本章介绍了自由大气的重力波以及大气锋—急流系统和它们附近的次级环流。这些中尺度环流系统本身虽然是非对流性的,但它们常常会引发强烈的对流性天气,所以是对天气变化有重要影响的环流系统。

(2)复习思考

1)什么是重力波?

2)按重力波发生的高度,可以把重力波分成哪些类型?

3)根据观测事实的分析,重力波一般发生在什么条件下?

4)重力波的结构有什么特征?

5)重力波对天气有什么影响?

6)风的垂直切变对重力波的发生发展有什么影响?

7)用里查森数来判别重力波的发生发展的判据是什么?

8)高空急流附近什么地方有利于重力波的发生发展?为什么?

9)什么是锋?

10)什么是锋生和锋消?

11)什么是运动学锋生和热力学锋生?

12)什么是急流?

13)什么是中尺度高空急流?

14)在卫星云图上与高空急流相对应的典型云系是怎样的?

15)在卫星云图上与斜压扰动有关的典型云型是怎样的?

16)在高空急流出口区和入口区附近会形成怎样的次级环流?

17)高空急流的入口区和出口区高、低空急流耦合方式有什么不同?

18)锋生环流及高、低空急流耦合对强风暴发展有什么作用?

参考文献

阿特金森 B W.1987.大气中尺度环流.北京:气象出版社.

巴德 M J,等.1998.卫星与雷达图像在天气预报中的应用.北京:科学出版社.
巢纪平.1980.非均匀层结大气中的重力惯性波及其在暴雨预报中的初步应用.大气科学,4(3):230-235.
陈秋士.1987.天气和次天气尺度系统的动力学.北京:科学出版社.
李麦村.1978.重力波对特大暴雨的触发作用.大气科学,2(3):201-209.
覃卫坚,寿绍文,李启泰,等.2007.影响惯性重力波活动规律的动力学因子研究.高原气象,(3).
斯公望.1988.暴雨和强对流环流系统.北京:气象出版社.
吴池胜.1990.层结大气中重力惯性波的发展.大气科学,14(3):379-383.
张可苏,周晓平.1980.非静力平衡条件下大气重力惯性波的频谱、结构和传播特征//第二次全国数值预报会议文集.北京:科学出版社.
张勇,寿绍文,王咏青,等.2008.山东半岛一次强降雪过程的中尺度特征.南京气象学院学报,(1).
Booker J R, Bretherton F P. 1967. The critical layer for internal gravity waves in a shear flow. J. Fluid. Mech. , 27:513-539.
Carlson T N. 1998. Mid-latitude Weather Systems. Boston: American Meteorological Society.
Curry M J, Murty R C. 1974. Thunderstorm gravity waves. J. Atoms. Sci. , 31:1402-1408.
Gossard E E, Hooke W H. 1975. Waves in the Atmosphere: Developments in Atmospheric Sciences. Vol. II. Elsevier Scientific Publishing Co, Amsterdam,456pp.
Hooke W H. 1986. Gravity Wave. AMS Intensive Course on Mesoscale Meteorology and Forecasting.
Hoskins B J, et al. 1978. A new look at the omega-equation. Quart. J. Roy. Meteor. Soc. ,104:31-38.
Howard L N. 1961. Note of a paper of John W Miles. J. Fluid Mech. ,10:509-512.
Keyser D. 1986. Fronts-observations. Mesoscale Meteorology and Forecasting. Am. Meteor. Soc.
Keyser D, Shapiro M A. 1986. A review of the dynamics of upper-level frontal zones. Mon. Wea. Rev. ,114:452-498.
Koch S E, et al. 1985. Observed interactions between strong convection and internal gravity waves. Preprints, 14th Conf. On Severe Local Storms, Indianapolis, Am. Meteor. Soc. ;198-201.
Koch S E, et al. 1993. A mesoscale gravity waves event observed during CCOPE. Part IV: Stability analysis and Doppler-derived vertical structure. Mon. Wea. Rev. ,121:2483-2510.
Koch S E, Dorian P B. 1988. A mesoscale gravity waves event observed during CCOPE. Part III: Wave environment and probable source mechanisms. Mon. Wea. Rev. , 116:2570-2592.
Koch S, Zhang F, Kaplan M L, et al. 2001. Numerical simulation of a gravity wave event observed during CCOPE. Part 3: Mountain-plain solenoids in the generation of the second wave episode. Mon. Wea. Rev. , 129: 909-932.
Lindzen R S, Tung K K. 1976. Banded convective activity and ducted gravity waves. Mon. Wea. Rev. ,104:1602-1617.
Ludlam F H. 1967. Characteristics of billow cloud and their relation to clear-air turbulence. Quar. J. Roy. Meteor. Soc. ,93:419-435.
Miles J W. 1961. On the stability of heterogeneous shear flows. J. Fluid Mech. ,10:496-508.

Petterssen S. 1956. Weather Analysis and Forecasting. Volume 1. Motion and Motion Systems. New York: McGraw-Hill.

Ramamurthy M K, et al. 1993. A comparative study of large amplitude gravity waves events. Mon. Wea. Rev., 121:2951-2974.

Reed R J. 1955. A study of a characteristic type of upper-level frontogenesis. J. Atmos. Sci., 12:226-237.

Reed R J, Sander F. 1953. An investigation of the development of a mid-tropospheric frontal zone and its associated vorticity field. J. Meteor., 10:338-349.

Reed R J, Hardy K R. 1972. A case study of persistent, intense clear air turbulence in upper level frontal zone. J. Appl. Met., 11:541-549.

Shapiro M A. 1978. Further evidence of the mesoscale and turbulent structure of upper level jet stream-frontal zone systems. Mon. Wea. Rev., 106:1100-1111.

Shapiro M A. 1981. Frontogenesis and geostrophically forced secondary circulations in the vicinity of jet stream-frontal zone systems. J. Atmos. Sci., 38:954-973.

Shapiro M A. 1982. Mesoscale Weather Systems of the Central United States. Report, CIRES and NOAA, Boulder, CO, 30309.

Stobie J G, et al. 1983. A case study of gravity waves-convective storms interaction. J. Atmos. Sci., 40:2804-2830.

Uccellini L M, Koch S E. 1987. The synoptic setting and possible energy source for mesoscale wave disturbance. Mon. Wea. Rev., 115:721-729.

Uccellini L W, Johnson D R. 1979. The coupling of upper-and lower-troposphere jet streaks and implications for the development of severe convective storms. Mon. Wea. Rev., 115:721-729.

Weldon R B. 1986. Synoptic scale cloud systems. Satellite Imagery Interpretation for Forecasters. Meteor. Monogr. 2-86, Vol. 1 pp. 2A, 1-35.

Wu D L, Zhang F. 2004. A study of mesoscale gravity waves over North Atlantic with satellite observations and a mesoscale model. Journal of Geophysical Research, 109, D22104, doi, 10, 1029120045D005090.

Zhang F. 2004. Generation of mesoscale gravity waves in the upper-tropospheric jet-front systems. Journal of the Atmospheric Sciences, 61:440-457.

Zhang F, Koch S E, Kaplan M L. 2003. Numerical simulations of a large-amplitude gravity wave event. Meteorology and Atmospheric Physics, 84:199-216.

Zhang F, Koch S E, Davis C A, et al. 2001. Wavelet analysis and the governing dynamics of a large-amplitude gravity wave event along the East Coast of the United States. Quar. J. Roy. Meteor. Soc., 127:2209-2245.

Zhang F, Wang S, Plougonven R. 2004. Potential uncertainties in using the hodograph method to retrieve gravity wave characteristics from individual soundings. Geophysical Research Letters, 31(11).

第4章 中尺度孤立对流系统

中尺度对流系统(MCS)泛指水平尺度为 10~2000 km 左右的具有旺盛对流运动的天气系统。在中纬度,常见的中尺度对流系统按其组织形式可粗分为三类:孤立对流系统(包括普通单体雷暴、多单体风暴、超级单体风暴和龙卷风暴及小飑线等)、带状对流系统(包括飑线、锋面中尺度雨带等)以及中尺度对流复合体(MCC)。按运动状态则可分为移动性和准静止对流系统两类。我们将在以后各章中分别讨论各类中尺度对流系统,在本章中主要讨论中尺度孤立对流系统。

所谓孤立对流系统是指以个别单体雷暴、小的雷暴单体群以及某些简单的飑线等形式存在的范围相对较小的对流系统。较大、较复杂的对流系统,如飑线、中尺度对流复合体等都是由个别孤立对流系统组成的。因此,了解孤立对流系统的特性是了解更复杂的对流系统的基础。本章将讨论孤立对流系统的基本模型、观测特征等。

根据 Chisholm 和 Renick(1972)的分类,孤立对流系统有三种基本类型,即普通单体雷暴、多单体风暴以及超级单体风暴。超级单体风暴又可分为非龙卷风暴和龙卷风暴两类。下面分别讨论它们的观测特征。

4.1 普通单体雷暴

通常把一个强上升区(其垂直速度$\geqslant$10 m/s,水平范围十至数十千米,垂直伸展几乎达整个对流层)称为一个对流单体。伴有强烈放电现象的对流系统称为雷暴(thunderstorm)。只由一个对流单体构成的雷暴系统叫作单体雷暴。不同的雷暴,其所伴随的天气现象的激烈程度差别很大。以一般常见的闪电、雷鸣、阵风、阵雨为基本天气特征的雷暴称为普通雷暴,而伴以强风、大雹、龙卷等激烈灾害性天气现象的雷暴则称为强雷暴。普通雷暴又有单体雷暴和雷暴群之分。其中的单体雷暴即称为普通单体雷暴。

雷暴是自然界中非常引人瞩目的壮观现象(图 4.1),所以早就有人感兴趣,想要了解其结构,于是出现了很多描绘其结构的模型图,但因无法探测其内部结构,所以早期的模型多数只是推测性的(图 4.2)。直到 1946 年及 1947 年夏季,Byers 和 Braham(1949)等在美国组织了雷暴的野外观测研究。他们利用雷达和站距为 1 英里(约 1609.3 m)的测站网以及 1~5 min 间隔的连续的观测记录,对雷暴的内部结构和发展过程做了细致的研究,建立了普通单体雷暴生命史模式(图 4.3),经过 Doswell(1984)修改后的 Byers-Braham 雷暴生命史模式如图 4.4 所示。这些模式使我们有了对雷暴内部的真正具有观测依据的基本认识和了解。

图 4.1 雷暴的外观

(a)成熟阶段(Kaylin R L);(b)消散阶段(Lemon 和 Doswell,1979)

由图 4.3、图 4.4 可见,单体雷暴的发展经历塔状积云、成熟和消散三个阶段。每个阶段的主要特征的差异主要表现在云内的垂直气流、温度和物态等几个方面。在塔状积云阶段,云内为一致的上升运动,云内温度高于云外,基本在 0℃以上,物态主要为水滴。到成熟阶段,上升气流变得更强盛,上升气流最强盛处的云顶出现上冲峰突,同时,降水开始发生,并由于降水质点对空气产生拖曳作用,在对流单体的下部产生下沉气流。雨滴蒸发使空气冷却,下沉气流受负浮力作用而被加速。当下沉气

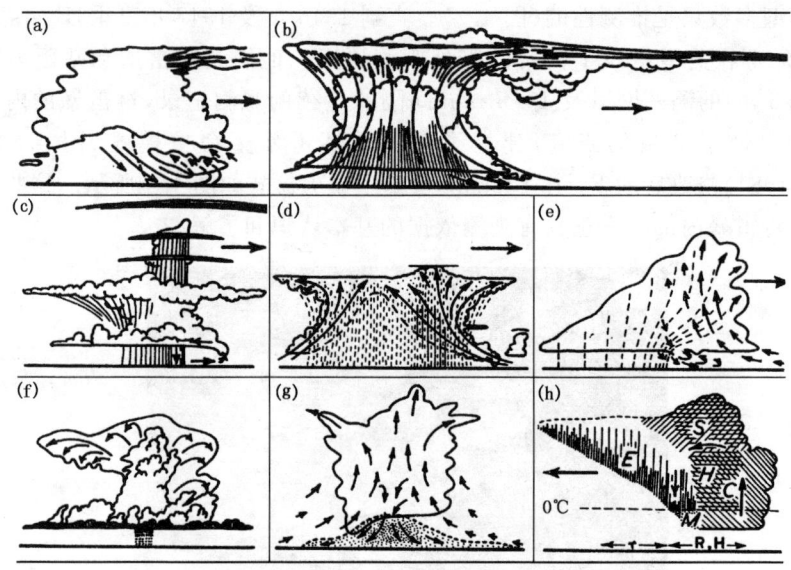

图 4.2 早期的雷暴结构模型图(Ludlam,1963)

(a)引自 Moller,1884；(b)引自 Davis,1894；(c)引自 Wegener,1911；(d)引自 Brooks,1922；(e)引自 Simpson,1924；(f)引自 Letzmann,1930；(g)引自 Suckstorff,1939；(h)引自 Findeisen,1940

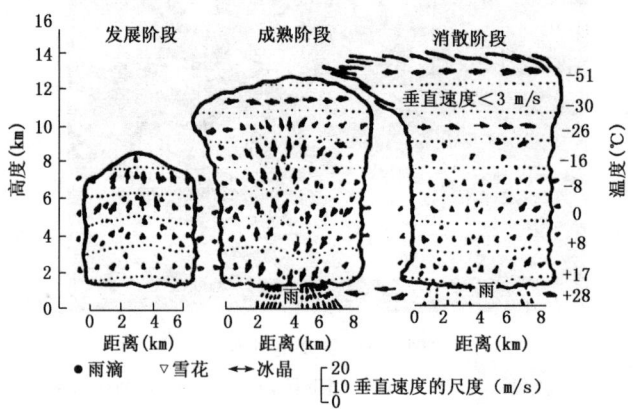

图 4.3 普通单体雷暴生命史模式(Byers 和 Braham,1949)

流到达地面时,形成冷丘和水平外流,其前沿形成阵风锋。云体中上层的温度达到 0℃以下,云中物态有水滴、过冷水、雪花、冰晶以及霰、雹等固态降水物等。到消散阶段,云内下沉气流逐渐占有优势,最后下沉气流完全替换了上升气流,云内温度低于环境,最后云体逐渐消散。完成上述发展序列,通常需经历 30～50 min。在此期间,雷暴系统一般随最低 5～8 km 高度的环境平均风移动。所伴随的强天气有阵风、阵雨、小雹，时间一般十分短暂。

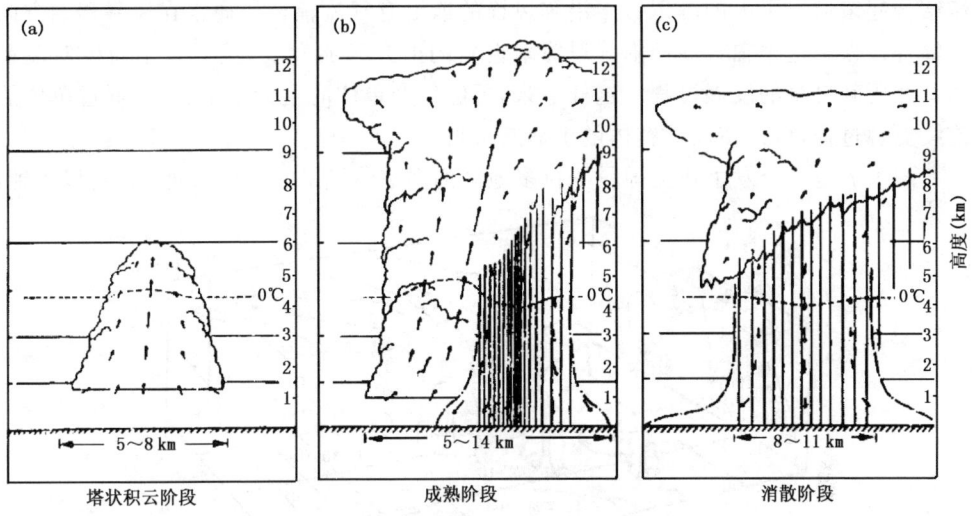

图 4.4　单体雷暴生命史及各发展阶段的结构特征（Doswell，1984）
(a)塔状积云阶段；(b)成熟阶段；(c)消散阶段

4.2　多单体风暴

多单体风暴（multi-cell storm）是由一些处于不同发展阶段的生命期短暂的对流单体组成的，是具有统一环流的雷暴系统（图 4.5）。图 4.6 是一个多单体风暴结构的示意图。图中的多单体风暴由 4 个处于不同发展阶段的单体构成。其中最南面的是最年轻的单体。箭头表示发展单体中的一个气块的轨迹。在多单体风暴中有一对明显的有组织的上升和下沉气流，这和普通的雷暴群不同。后者也是由许多对流单体集合而形成的，但这些对流单体之间相互独立，并不构成统一环流。

图 4.5　一个多单体风暴的外观

在多单体风暴中虽然包含很多对流单体,每个单体可能都有冷的外流,但这些外流结合起来形成了大的阵风锋。沿阵风锋的前沿有气流辐合。通常在风暴移动方向上辐合最强。这种辐合促使沿阵风锋附近新的上升气流发展,然后每个新生对流单体又经历其自身的发展过程。这样一来,虽然每个单体的生命期不长,但通过单体的连续更替过程,可以使风暴整体的生命期很长。

图4.7是一个发生在美国科罗拉多地区的多单体风暴的垂直剖面图。可以看到,

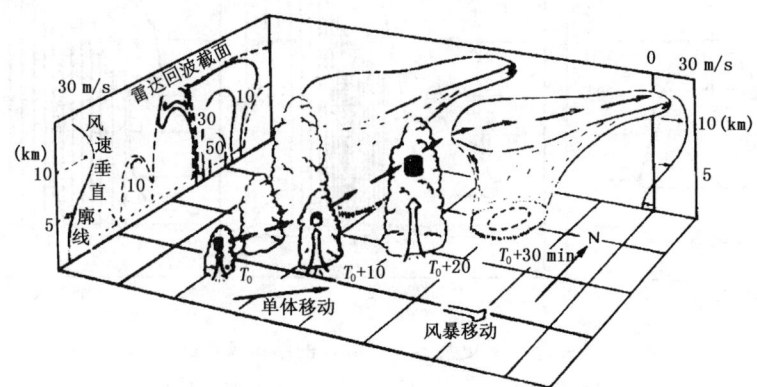

图 4.6 多单体风暴结构的示意图(Chisholm 和 Renick,1972)

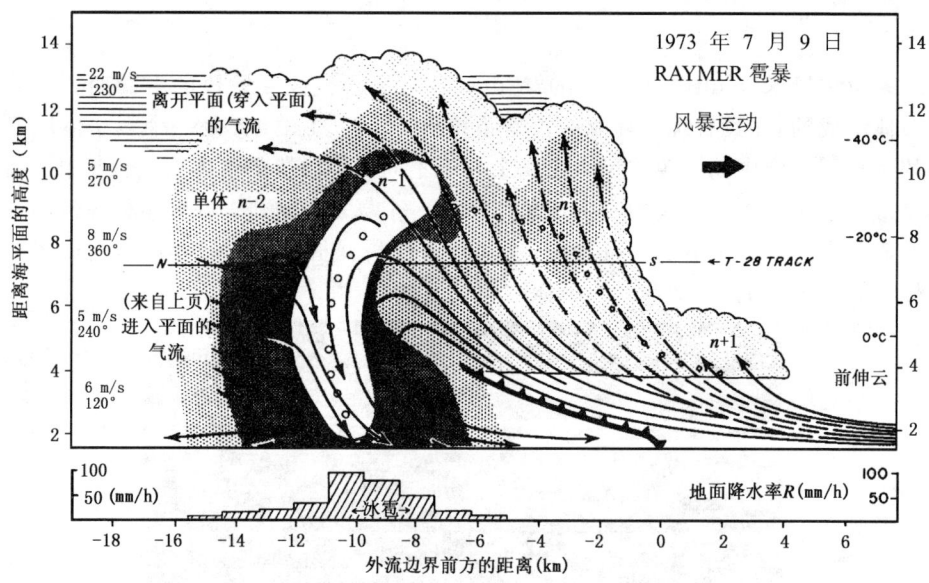

图 4.7 一个多单体风暴的垂直剖面图(Browning 等,1976)

(剖面沿风暴移动方向,依次穿过处于不同发展阶段的单体,实线箭头表示相对于移动系统的气流流线。图左的破折流线表示流进和流出平面的气流)

在风暴中有一对上升、下沉气流,而整个风暴则由 4 个处于不同发展阶段的单体组成。其中单体 $n+1$ 处于初生阶段,n 处于发展阶段,$n-1$ 处于成熟阶段,而 $n-2$ 则处于消散阶段。

图 4.8 描述了一个多单体风暴中四个单体的瞬时演变情况。在初始状态时,单体 2,3,4,5 依次处于初生、积云、发展和成熟阶段,20 min 后,同一单体依次处于发展、成熟和消散阶段,而且又有新单体 1 生成。

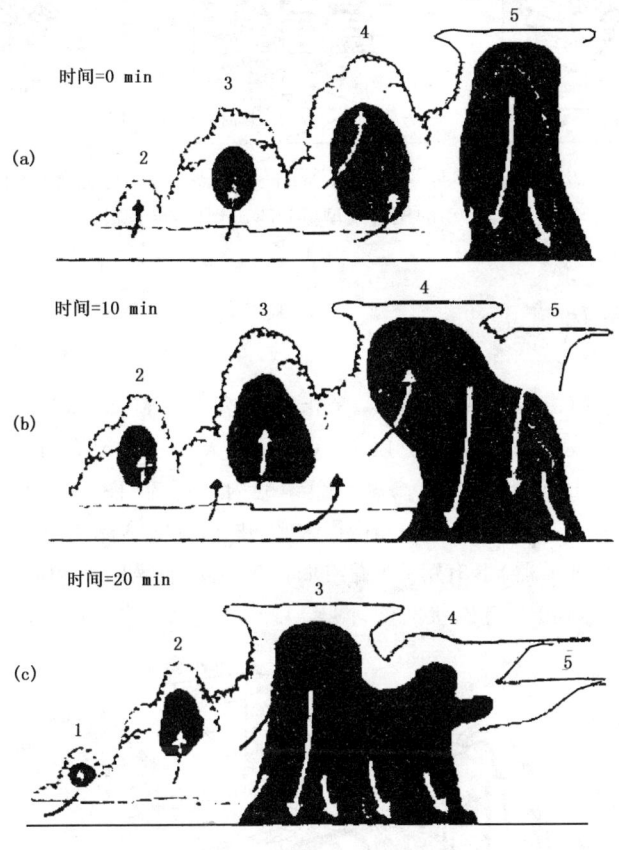

图 4.8　多单体风暴中四个单体的瞬时演变图
(a)初始状态;(b)10 min 后的状态;(c)20 min 后的状态

多单体风暴中的单体呈现有组织的状态,这和新单体仅出现在一定的方向上有关。如果新单体可以出现在各个方向上,便会呈现无组织的形态。

在这种有组织的多单体风暴中,每个个别单体大致沿平均风方向移动,但是由于风暴中的每个单体都有自己的发展过程,因此风暴整体的移动则可能偏离平均风方向。这种风暴移动和传播的特性可由图 4.9 表示。由图 4.9 可见,在多单体风暴中,个别单体的传播可以有三种不同的方式：①个别单体向平均风左侧传播；②个别单体向平均风右侧传播；③个别单体随环境风而移动。

多单体风暴在其阵风锋附近可能产生生命期短暂的龙卷，在其强上升气流中心地区可能产生冰雹。当风暴移动缓慢时，则可能形成局地暴雨和洪水。

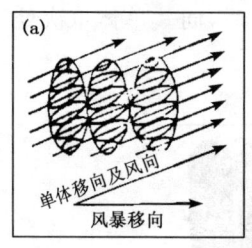 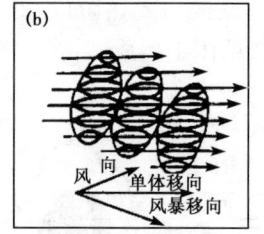 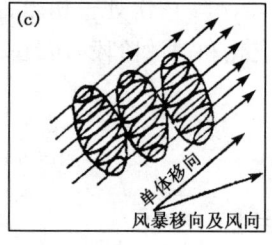

图 4.9　根据多单体风暴实例总结得出的多单体风暴整体运动和单体运动的概念模型(Marwitz,1972a,1972b)

4.3　超级单体风暴

超级单体风暴(super-cell storm)是指直径达 20～40 km 以上，生命期达数小时以上，即比普通的成熟单体雷暴更巨大、更持久、天气更猛烈的单体强雷暴系统(图 4.10)。它具有一个近于稳定的、高度有组织的内部环流(图 4.11)，并且连续地向前传播，其移动路程可达数百千米。在雷达观测上超级单体有下列明显特征：①在 RHI(距离—高度显示器)上有穹窿(无或弱回波区)、前悬回波和回波墙等特征；②在 PPI(平面位置显示器)上有钩状回波(图 4.12)。

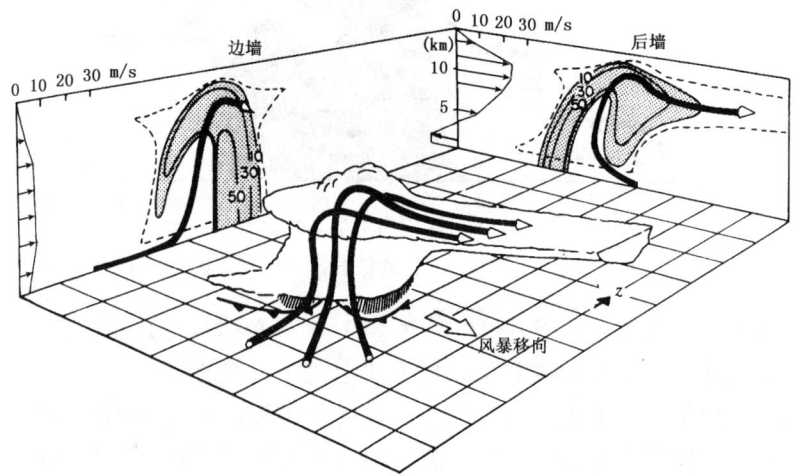

图 4.10　一个超级单体的三维结构示意图(Chisholm 和 Renick,1972)

第 4 章 中尺度孤立对流系统

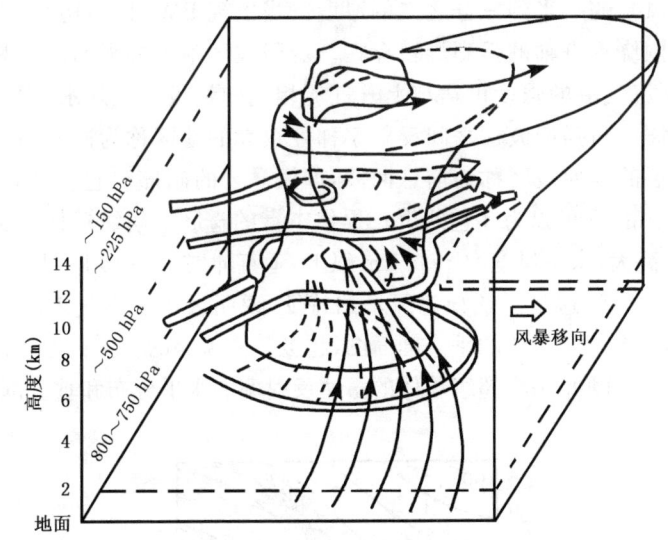

图 4.11 强风暴云内部与环境气流模型图（Chisholm 和 Renick，1972）

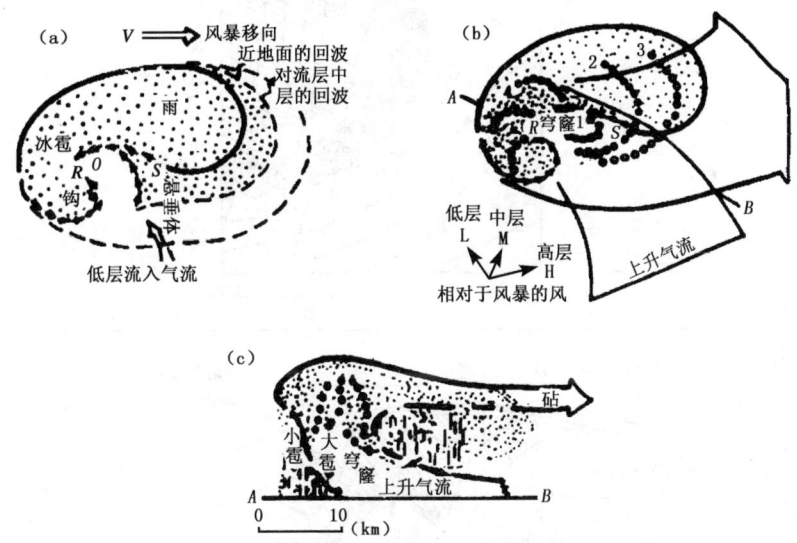

图 4.12 以速度 V 移动的稳定阶段的强风暴的 PPI 雷达回波(a)、平面视图(b)和沿 AB 线的垂直剖面图(c)（Browning 等，1976）（黑圆点为降水质点的轨迹）

穹窿是风暴中强上升气流之所在处。在这里上升气流速度可达 25～40 m/s 以上。由于上升速度强，水滴常常尚未来得及增长便被携出上升气流，因此形成弱（或无）回波区。穹窿有时呈现为圆锥形的弱回波区，称为有界弱回波区（BWER），它可以伸展到整个风暴的一半到三分之二的厚度。当出现 BWER 结构时,一般指示在强上升气流中有围绕垂直轴的强烈旋转存在。弱回波区附近的强回波柱是强下沉气流所在处,这里下沉气流的强度可达与上升气流相同的量级。强降水(雨、雹)都发生在这里。在弱回波区与强回波柱之间反射率梯度很大的地区称为回波墙。在弱回波区上方的向前伸展的强回波区称为前悬回波,即风暴云的砧部。它包含有大量的雹胚,所以也称为胚胎帘,它可以为冰雹的生长提供丰富的雹胚。超级单体风暴的外观呈圆或椭圆形,云体高大,水平尺度 20~40 km 以上,垂直伸展 12~15 km 以上,云顶表现为庞大而平滑的圆顶状,这是活跃稳态风暴的特征,说明云中上升气流随时间变化不明显。图 4.13 是一个超级单体的垂直剖面图,超级单体风暴的主要典型特征在其中都有清楚的表现。图 4.14 是一个超级单体的雷达反射率的水平分布和垂直剖面图。

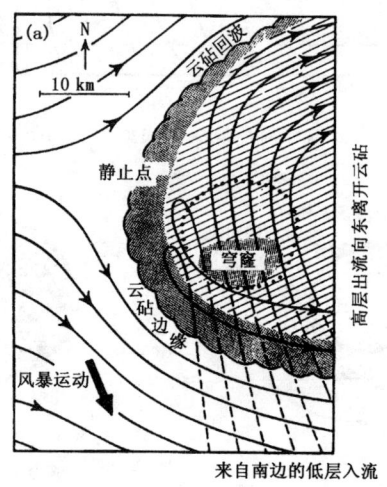

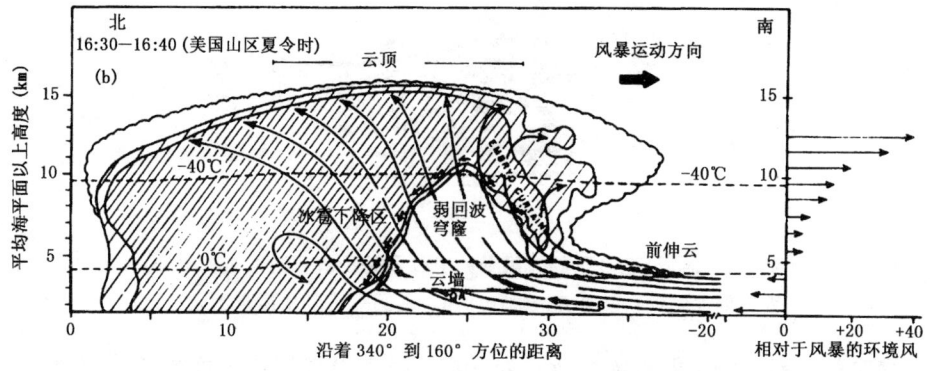

图 4.13　一个超级单体的垂直剖面图(Browning 等,1976)

第 4 章 中尺度孤立对流系统　　　　　　　　　　　77

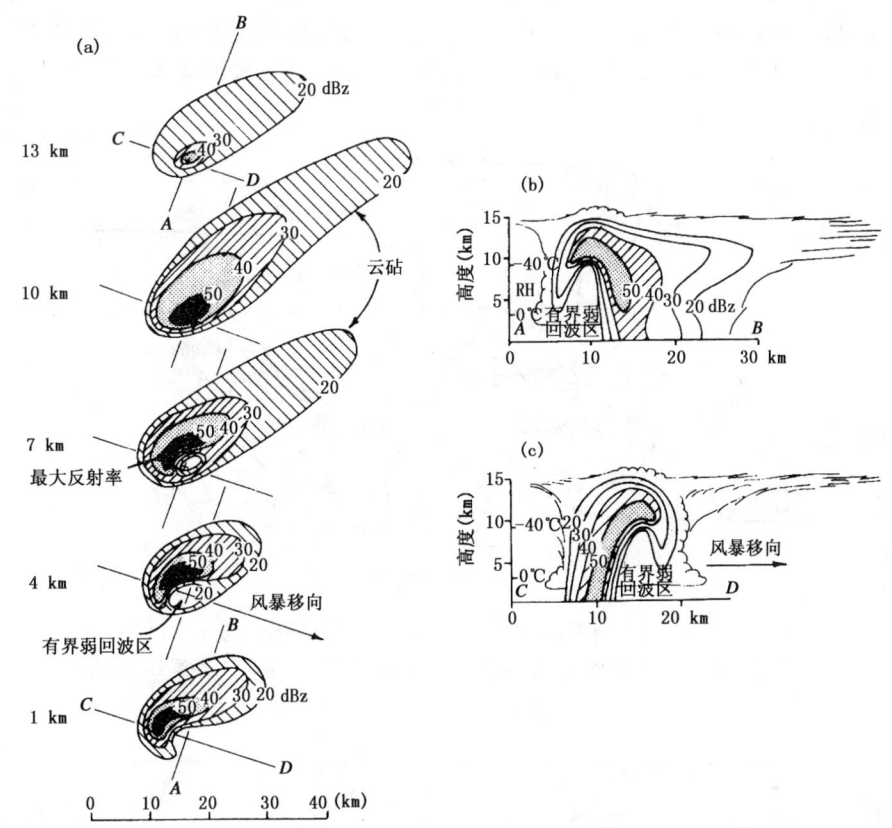

图 4.14　一个超级单体的雷达反射率的水平分布(a)和垂直剖面图(b)(Chisholm 和 Renick,1972)

在我国夏季也常发生超级单体风暴,并引起雹灾。例如,1975 年 6 月 6 日发生在安徽省宿县地区的一个雹暴就是一个超级单体风暴(寿绍文,1982),该日 08 时,500 hPa 等压面上北方为一冷涡,中心位于蒙古。皖北处于高空西北气流控制之下,天气晴朗,气团不稳定,河北、山东为沙氏指数负值区,徐州的沙氏指数为 0℃。由于高层有弱冷平流、低空有暖平流,加上晴空区地面非绝热加热作用明显,又有盖帽逆温层阻挡对流的发展,因此低层层结趋于更不稳定。地面图上,皖北地区当天没有明显锋面影响,处于单一变性气团之中,但在鲁南至皖北一带,地面有一 V 字形低槽,槽中有近于南北向辐合线。14 时,辐合线移至山东菏泽至河南光化一带,宿县北部正处在 V 形槽的气旋性曲率最大部位的前部(图 4.15)。宿县地区北部由于受地面 V 形槽和辐合线的影响,当天 17 时左右开始在宿县与肖县交界的符离集一带出现对流云,并且发展十分迅速。18:15 左右形成一个大的回波,18:43—19:23 这个孤立回波移动缓慢,随后则较快地向东南方向的泗县一带移去(图 4.16)。整个过程经历了约四五个小时,云体移动上百千米。其间,在 19 时前后,云体发展最为旺盛,回波中心强度达 30 dBz 以上,最高回波顶高达 12 km,风暴经过之处,不少地方下了冰雹,最大雹块直径约为 2.5 cm。

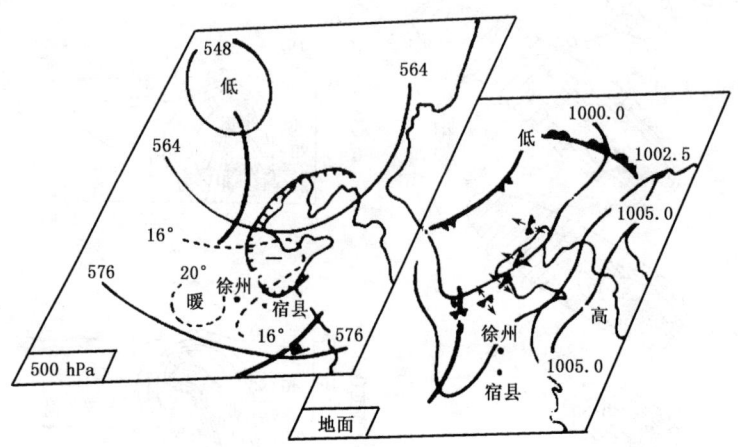

图 4.15 1975 年 6 月 6 日 08 时 500 hPa 及地面形势图(寿绍文,1982)
(在 500 hPa 图上实线为 500 hPa 等高线,单位 dagpm,虚线为 850 hPa 等温线,锯齿线为沙氏指数 $SI=0℃$ 的等值线,线内为 SI 负值区)

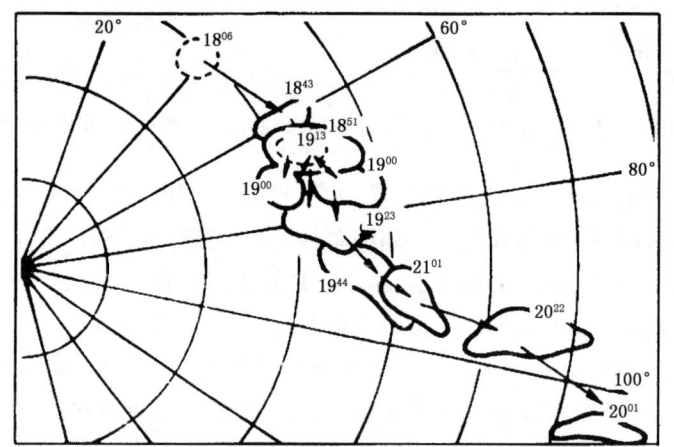

图 4.16 1975 年 6 月 6 日 18—21 时的强回波动态图(寿绍文,1982)
(宿县雷达站观测,距离:每圈 10 km)

19:03—19:08,增益分别衰减 5 dBz,10 dBz,20 dBz 及 30 dBz,摄下 5 张 RHI 回波照片,据此绘成一张回波强度分布图(图 4.17)。由图可见,有三个重要的回波特征：①有一个前伸悬垂体回波；②有一个有界弱回波区；③有一个强回波柱。

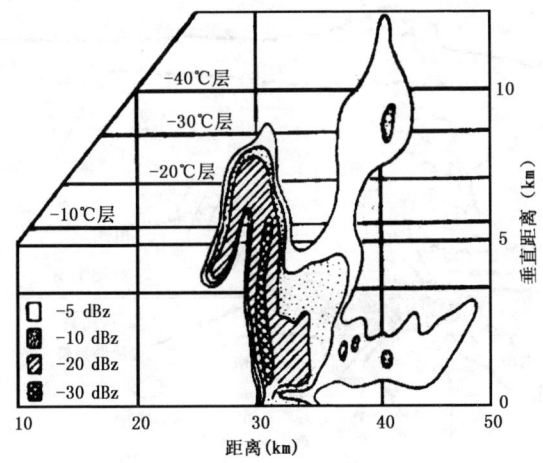

图 4.17　1975 年 6 月 6 日 19：03—19：08 雷达 RHI 回波图（寿绍文，1982）
（宿县雷达站观测，方位：65°）

超级单体风暴是天气最猛烈的一类对流性风暴，地面强风、大雹和龙卷等灾害性天气现象常常由这种风暴产生。下面对产生龙卷的超级单体风暴再做较详细的讨论。

4.4　龙卷风暴

产生龙卷的强风暴系统称为龙卷风暴（tornadic storm）。这种风暴云十分高大并有明显的旋转性，通常是一种超级单体风暴（不过也有非超级单体的龙卷风暴）。图 4.18 和图 4.19 分别描绘了这类超级单体风暴的外观形象和内部气流及环境风。从图 4.18 和图 4.19 可见，在超级单体风暴中心上升气流最强处有一个上冲云顶（或称为穿透性云顶），云砧伸向前方，云底有一个旋转的壁云，龙卷漏斗云由壁云向下伸至地面，风暴云的前侧和后侧都有下沉气流。图 4.20 表示龙卷风暴中的涡旋运动。图 4.21 表示龙卷型超级单体风暴的地面特征。由图 4.21 可见，在钩状回波所在处，地面有一个非常类似于天气尺度锢囚波动的中尺度波动。这是一个与地面中尺度气旋相联系的强烈环流。图中标注 FFD 处为风暴前侧的下沉气流区，标注 RFD 处为后侧的下沉气流区，标注 UD 处为上升气流所在位置。龙卷（tornado）通常形成在锢囚点附近（在钩状回波边缘上），在上升和下沉过渡带上（但在上升气流之中）。图 4.22 表示，上冲云顶在钩、侧翼线、砧边界的位置以及不同性质和强度的降水的分布情况。图 4.23 为雷达钩状回波照片及与其对应的气旋和反气旋环流图。

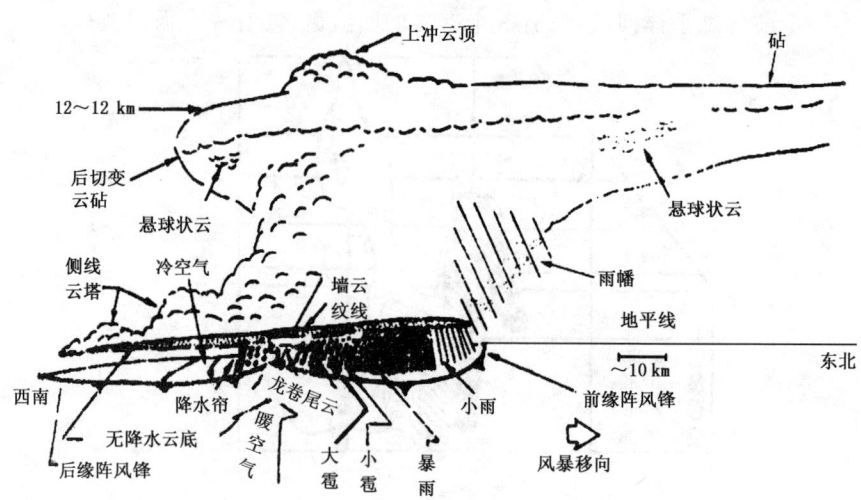

图 4.18 一个伴有龙卷的超级单体风暴的外观形象（Houze 和 Hobbs,1982）

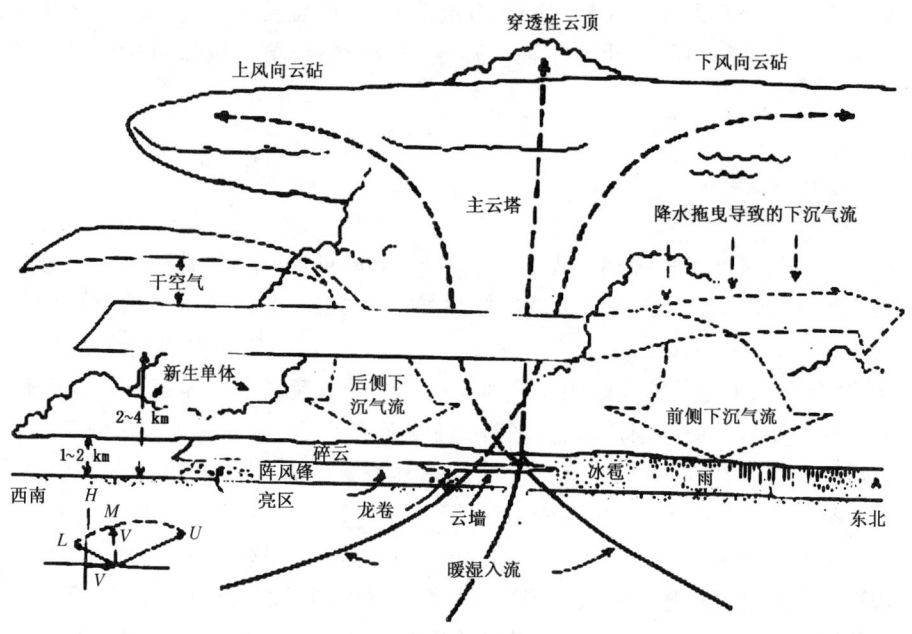

图 4.19 一个伴有龙卷的超级单体风暴的内部气流及环境风示意图（Doviak 和 Zrnic,1993）
（U,M,L 分别表示高、中、低层）

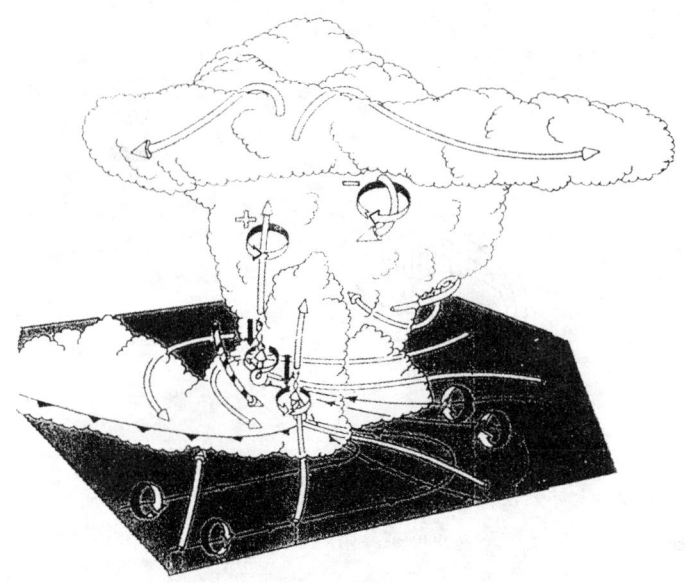

图 4.20　龙卷风暴中的涡旋运动示意图(Klemp,1987)

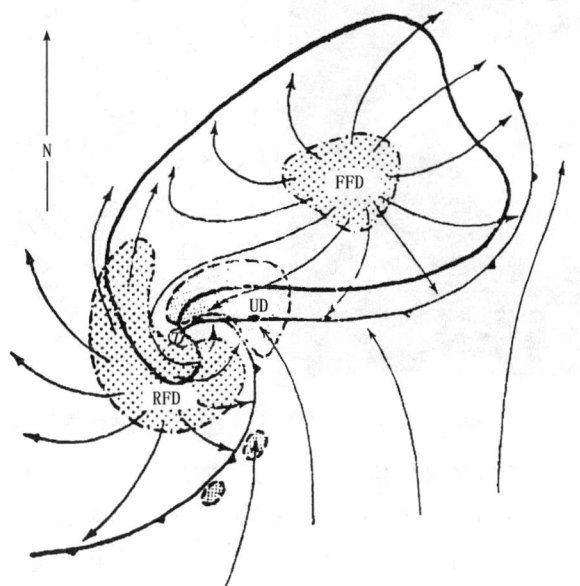

图 4.21　龙卷风暴地面结构的平面示意图(Lemon 和 Doswell,1979)
(图中粗实线为雷达回波范围,箭头线为相对于地面的流线,T 表示龙卷的位置,标注 FFD 处为风暴前侧的下沉气流区,标注 RFD 处为后侧的下沉气流区,标注 UD 处为上升气流所在位置)

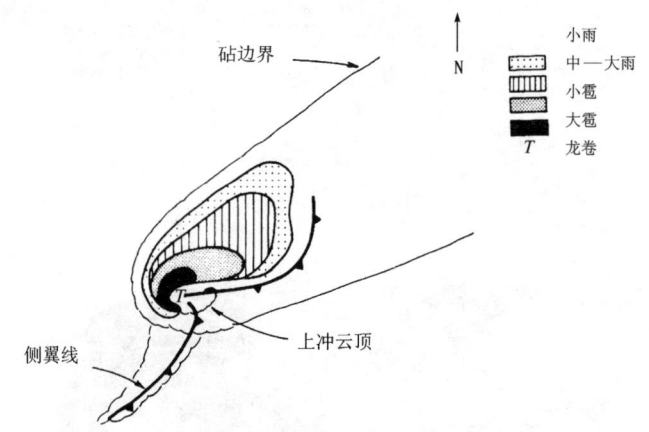

图 4.22　上冲云顶在钩、侧翼线、砧边界的位置以及不同性质和强度的
降水分布的示意图(Houze 等,1982a)

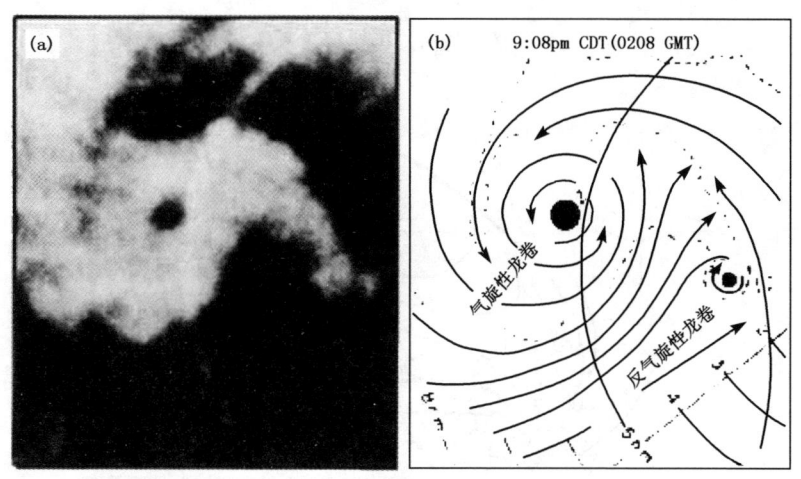

图 4.23　雷达钩状回波照片(a)及与其对应的气旋和反气旋环流图(b)(Fujita,1981)

有时一个超级单体风暴可以依次形成几个龙卷,造成龙卷簇。其原因是超级单体的中尺度气旋在一定的条件下,可能出现多次锢囚和新生过程。图 4.24 可用来解释这种锢囚和新生过程。由图可见,当第一个中气旋的冷锋赶上暖锋而出现锢囚时,老风暴中心的暖湿空气供应便被切断。这时流入雷暴的上升气流位于锢囚中心的右边而形成一个新的中气旋,而老的中气旋则趋于填塞。这种过程重复进行,便形成了龙卷簇。

如上所述,超级单体风暴钩状回波附近的中尺度气旋是容易产生龙卷的地方。

因此这种中气旋也称之为龙卷气旋或龙卷巢。在龙卷气旋中心附近形成的龙卷一般个体较大而且较为持久,并常呈圆锥形。离龙卷气旋中心较远的龙卷一般较小,并常呈绳索状,持续时间也较短。

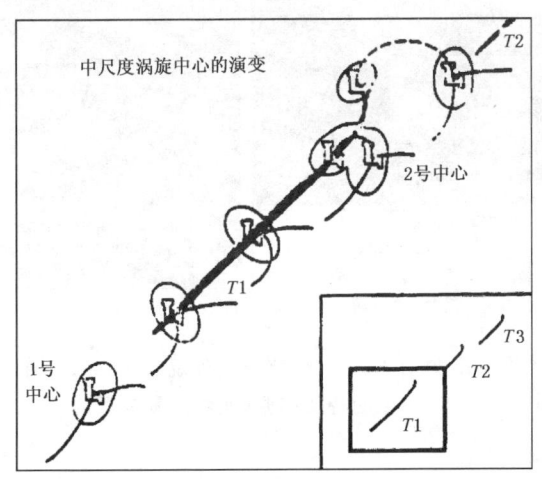

图 4.24　锢囚超级单体内中尺度气旋中心演变的概念模型(Burgess 等,1982)
(粗线表示低层风不连续线及龙卷轨迹,右下角小图表示龙卷簇的轨迹,小框表示主图所在的位置。中气旋的锢囚也可以看作风暴主要上升气流的锢囚)

龙卷本身是指从对流云底向下伸展及地的高速旋转的漏斗状云柱(没有伸展及地的称为漏斗云,如图 4.25 和图 4.26 所示)。它是一种猛烈的小型涡旋和小型低压。其内部结构类似台风,中心为下沉气流,四壁为上升气流,强度可达 $45\sim100$ m/s 以上。图 4.27 是龙卷中的气压场和垂直环流示意图。图 4.28 是龙卷经过时测站的气压自记曲线。

图 4.25　龙卷漏斗云的外观照片(Rauber 等,2001)

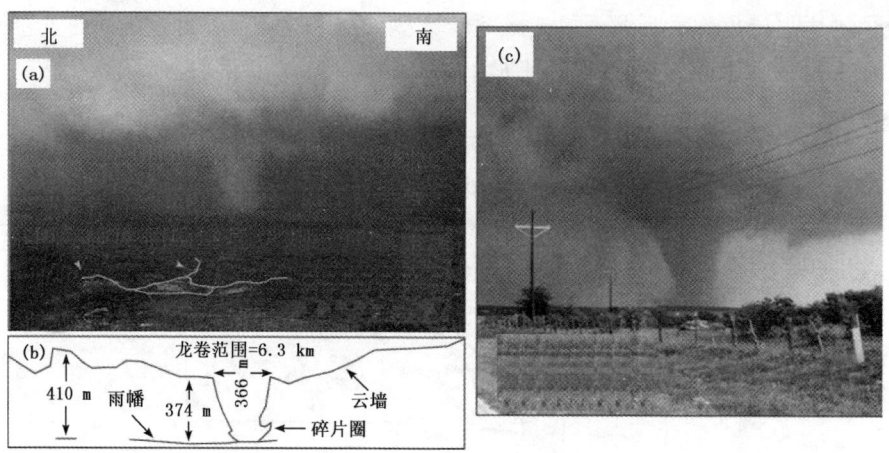

图 4.26　1974 年 5 月 29 日 Newcastle 龙卷的外观照片(Ziegler 和 Conrad,2001)
(a)摄于 23:12:13UTC;(b)照片(a)中的特征摘要(龙卷风暴范围约 6.3 km;龙卷高约 366 m);
(c)摄于 23:14:20UTC

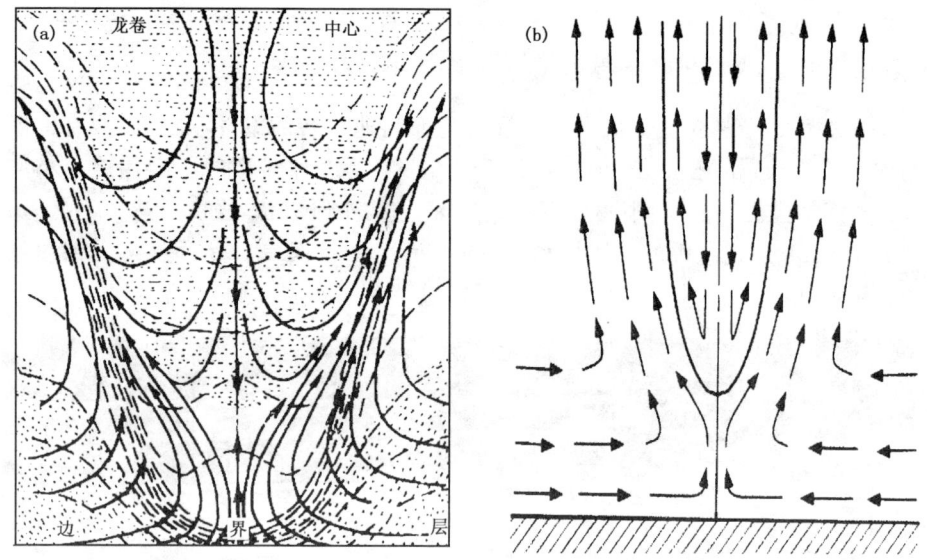

图 4.27　龙卷漏斗中的气压场(a)和垂直环流(b)示意图
(虚线为等压线,箭头线为流线)(Davies-Jones,1986)

第 4 章 中尺度孤立对流系统　　85

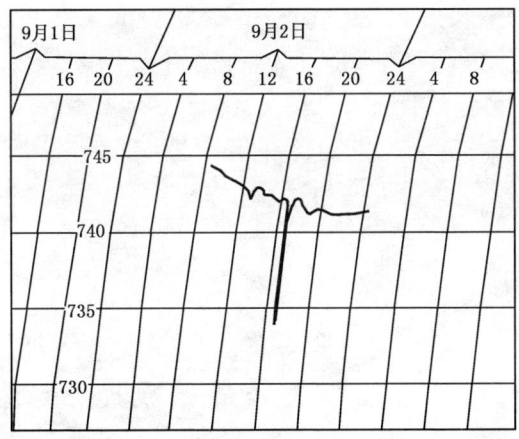

图 4.28　龙卷经过时测站的气压变化曲线（单位：hPa）
（距龙卷中心 50~100 m）

但是龙卷本身并不是最小的涡旋，在有些龙卷中还会产生比它更小的涡旋，叫作吸管涡旋(suction vortex)。它们围绕龙卷中心轴旋转（图4.29，图4.30）。当龙卷中心和吸管涡旋经过时，地面上便会留下痕迹（图4.31），这也就是它们的移动轨迹。

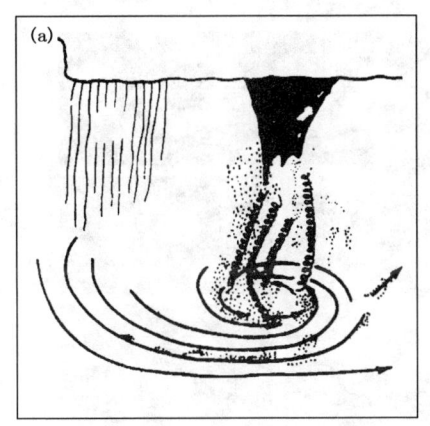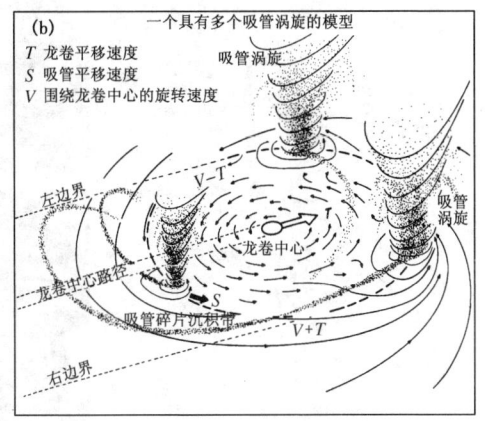

图 4.29　一个带有多个吸管涡旋的龙卷(a)示意图以及吸管涡旋的结构和
运动路径(b)的模型(Fujita,1981)

图 4.30　一个发生在美国得克萨斯州威齐塔附近的具有 6 个吸管涡旋的龙卷的照片(Fujita,1981)

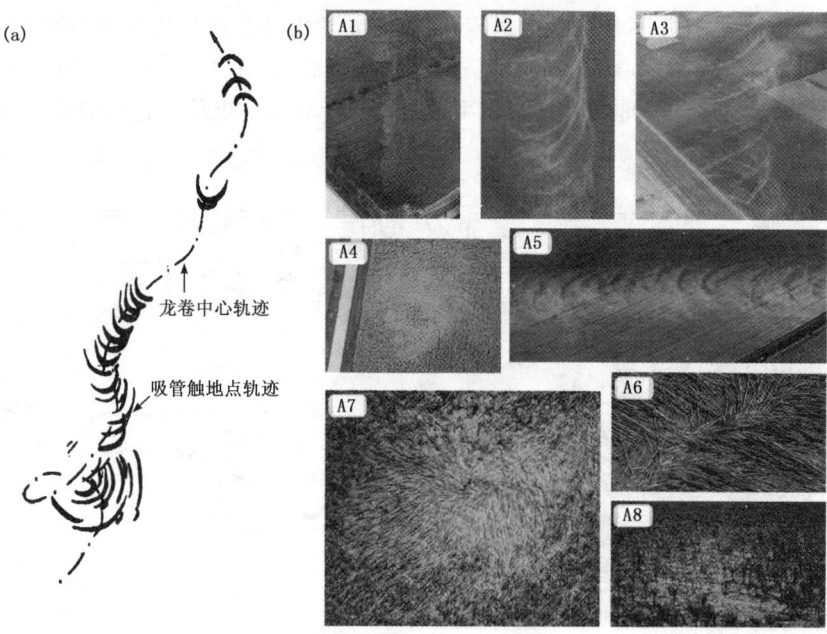

图 4.31　(a)龙卷吸管涡旋触地点的轨迹示意图；(b)龙卷吸管涡旋触地点的轨迹的实例照片(发生时间和地点：A1：1974 年 4 月 3 日,伊利诺伊州,迪凯特(Decatur)；A2：1975 年 5 月 6 日,内布拉斯加州,马格尼特(Magnet)；A3：1974 年 4 月 3 日,印第安纳州,荷马(Homer)；A4：1972 年 9 月 28 日,艾奥瓦州,迪比克(Dubuque)；A5 和 A6：1973 年 4 月 15 日,得克萨斯州,皮索尔(Pearsall)；A7：1977 年 8 月 21 日,伊利诺伊州,马顿湖(Matton Lake)；A8：1980 年 6 月 3 日,内布拉斯加州,格兰德岛(Grand Island)(Fujita,1981)

龙卷中的吸管涡旋的产生一般认为与龙卷中的切向速度与径向速度之比值(即旋转与入流之比值,通常称为弯曲比)有关。弯曲比高时,可能出现多个吸管涡旋。有时在同一次龙卷风暴过程中不同地点、不同时刻,龙卷的形状可以很不相同,有的呈圆锥形,有的呈绳索状或其他形状(图4.32,图4.33)。

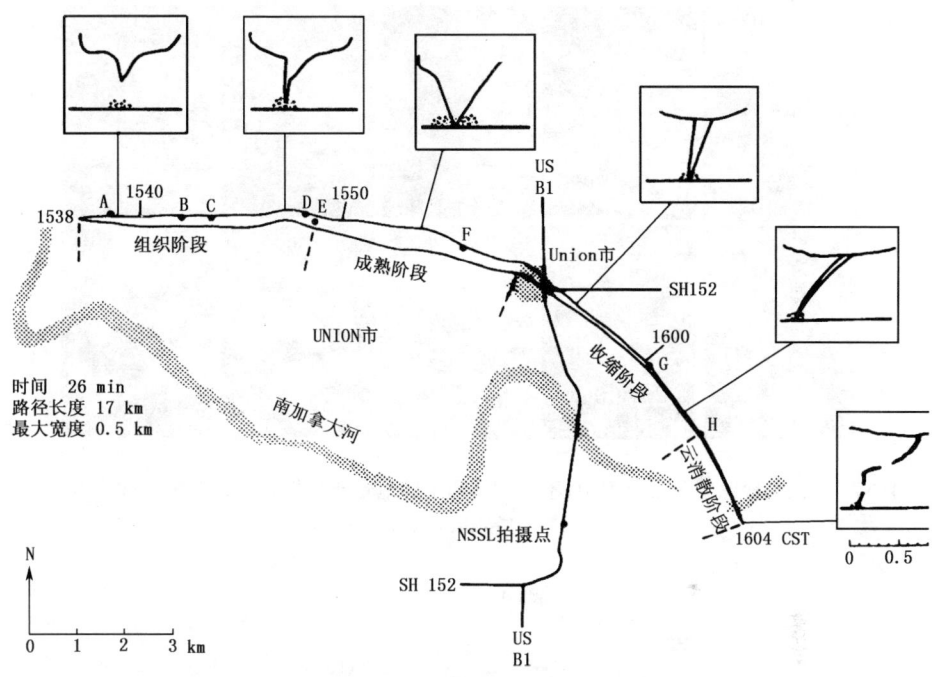

图 4.32　1973年5月24日美国俄克拉何马州尤宁(Union)市地区一次龙卷过程中,龙卷风暴移动的路径(Golden 和 Purcell,1978a,1978b)

综上所述,一个龙卷风暴可能包含几种不同尺度的涡旋。图4.34描绘了这些不同尺度涡旋共存的情景。由图可见,在一个尺度较大的中尺度气旋之中,可能包含几个龙卷气旋,每个龙卷气旋之中又可能有几个龙卷,它们围绕龙卷气旋的中心轴旋转。而每个龙卷周围也可能有几个吸管涡旋,围绕其中心轴旋转。图4.35是描述这些不同尺度涡旋相互关系的平面图。

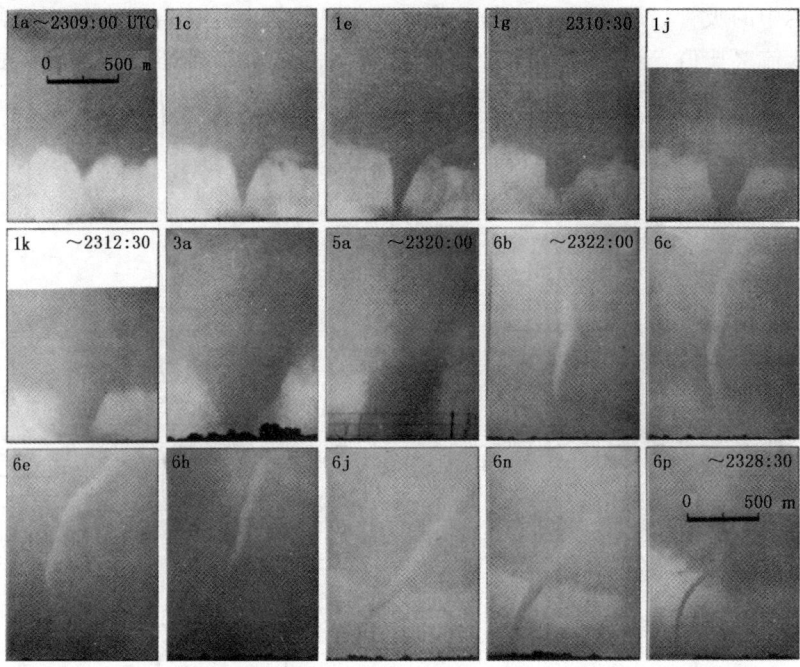

图 4.33 在同一次龙卷风暴过程中,不同时间和不同地点所拍摄到的龙卷所具有的不同形状
(Fujita,1981)

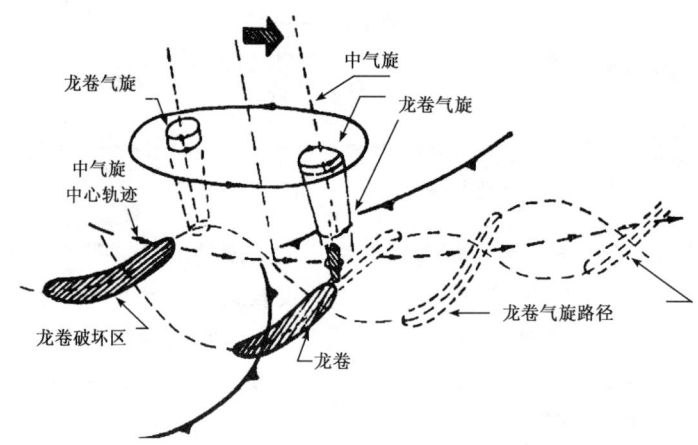

图 4.34 一个包含两个龙卷气旋的中气旋以及由龙卷引起的破坏路径的示意图
(Snow 和 Agee,1975)

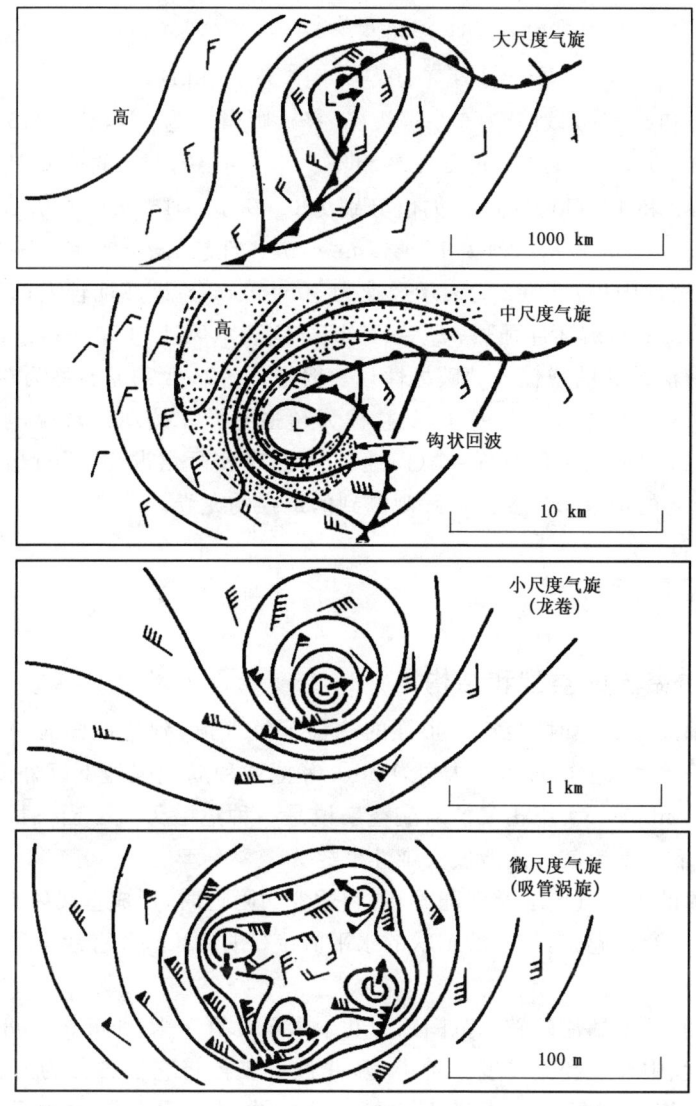

图 4.35 大、中、小和微尺度低压系统的相互关系图(Fujita,1981)

龙卷引起的破坏性大小与龙卷强度有关,而后者则可用龙卷的最大地面风力(v)及其移动路径的长度(l)和宽度(w)等参数来表征。Fujita(1971a)指出用一个 F 等级、P_l 及 P_w 等级来表示龙卷强度。F 由最大地面风力 v 决定,P_l 和 P_w 分别由龙卷路径长度 l 和宽度 w 决定。它们之间有以下三组关系:

$$v = 6.32 \times (F+2)^{3/2} \quad (\text{m/s})$$
$$l = 1.61 \times 10^{(P_l-1)/2} \quad (\text{km})$$
$$w = 161 \times 10^{(P_w-5)/2} \quad (\text{km})$$

将 F，P_l 和 P_w 分别划分为 6 个等级(0~5)，则当 F 为 0,1,2,3,4,5 时 v 的大小分别为 18,33,50,70,93,117 (m/s)；P_l 和 P_w 为 0~5 级时，l 的值分别为 0.5,1.6,5.1,16.1,50.9 和 161(km)，而 w 的值分别为 0.005,0.016,0.051,0.161,0.509 和 1.610(km)。$F=0$ 时表示风速为 18~32 m/s，破坏性较轻；$F=1$ 时表示风速为 33~49 m/s，破坏性中等；$F=2$ 时表示风速为 50~69 m/s，破坏性较大；$F=3$ 时表示风速为 70~92 m/s，破坏性强烈；$F=4,5$ 则分别表示风速为 93~116 m/s 和 117~142 m/s，具有浩劫式的或惊人的破坏性。一般把 $F=0$~1 的龙卷称为弱龙卷；$F=2$~3 的龙卷称为强龙卷；$F=4$~5 的龙卷称为超强龙卷。按理论来说，当 $F=6$~12 时，风速应达到 143 m/s 至 1 马赫*(声速)，不过在实际情况中，没有出现过达到 $F=6$ 强度的龙卷的记录，$F=5$ 是实际观测到的最强的龙卷。

4.5 下击暴流

4.5.1 下击暴流的类型和结构

对流风暴发展成熟时，会产生很强的冷性下沉气流，到达地面时便形成风速达 17.9 m/s(~8 级)以上的灾害性大风，Fujita 等把这种局地强烈下沉外流气流，称为下击暴流(downburst)。下击暴流对航空来说是一种危险天气。当飞机起飞或降落时，如果遭遇下击暴流就可能造成灾难性事故。

下击暴流的下沉气流通常伴随旋转，到达地面附近时，形成直线风水平辐散。触地后，还会向上卷扬起来，产生滚轴状的水平涡旋(图 4.36)，并将沙尘卷起(图 4.37, 图 4.38)。

根据观测，下击暴流的破坏范围约为几十米至几百千米。Fujita(1981)将下击暴流分成微尺度、中尺度和大尺度三种类型，并进一步再将它们细分为五种尺度，即 β 微尺度下击暴流、α 微尺度下击暴流、β 中尺度下击暴流爆发带、β 大尺度下击暴流群，以及 α 中尺度下击暴流族(图 4.39)。

其中，微尺度下击暴流(简称微下击暴流)的水平尺度为 0.4~4 km，包括 β 微尺度和 α 微尺度两类下击暴流，它们在离地 100 m 的高度上的下沉速度可达 10~100 m/s，地面风速可达 22 m/s 以上。中尺度下击暴流的水平尺度为 10~100 km，包括 β 中

---

* 1 马赫即 1 倍声速，约为 340 m/s。

尺度下击暴流和β大尺度下击暴流(又称为下击暴流群)两类,他们在离地 100 m 的高度上的下沉速度可达 1~10 m/s,地面风速可达 18 m/s 以上。当一个强风暴系统移动数百千米时,会形成一个具有一连串下击暴流群(β大尺度下击暴流)的α中尺度下击暴流族。如图 4.39 所示,每个α中尺度下击暴流族,包含若干个β大尺度下击暴流群;每个β大尺度下击暴流群包含若干个β中尺度下击暴流爆发带;每个β中尺度下击暴流爆发带包含α微尺度下击暴流;每个α微尺度下击暴流则包含若干β微尺度下击暴流。

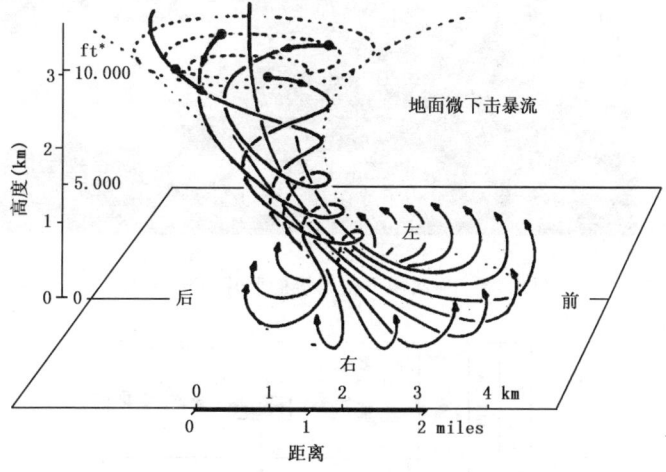

图 4.36　一个微下击暴流的三维结构图(Fujita,1985)

图 4.37　下击暴流产生滚轴状的水平涡旋将沙尘卷起(Lemon 等,1979)

---

* 1ft＝0.3048 m。

图 4.38 一次微下击暴流的照片(Fujita,1981)

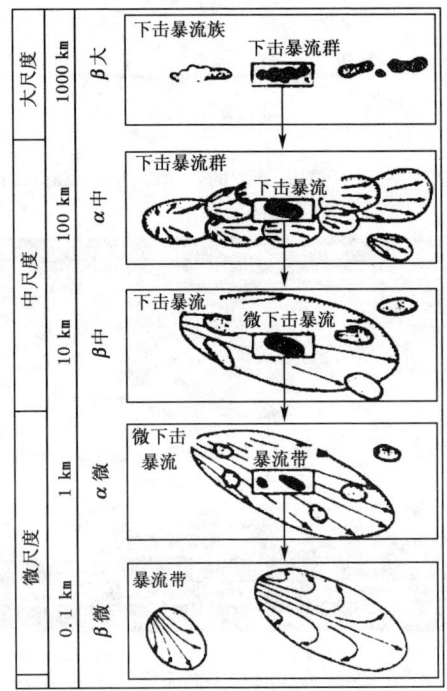

图 4.39 五种尺度的下击暴流模型(Fujita,1981)

在气压场上不同尺度的下击暴流对应不同尺度的高压,直线风与等压线相交。直线风的前沿为不同尺度的不连续线,分别称它们为锋、飑锋、下击暴流锋和暴流带锋(图4.40)。这些不同尺度的锋系推移过境时,可以引起当地突发性地面大风。而且在它们推移过程中,还可以不断在其前方激发出新的对流。

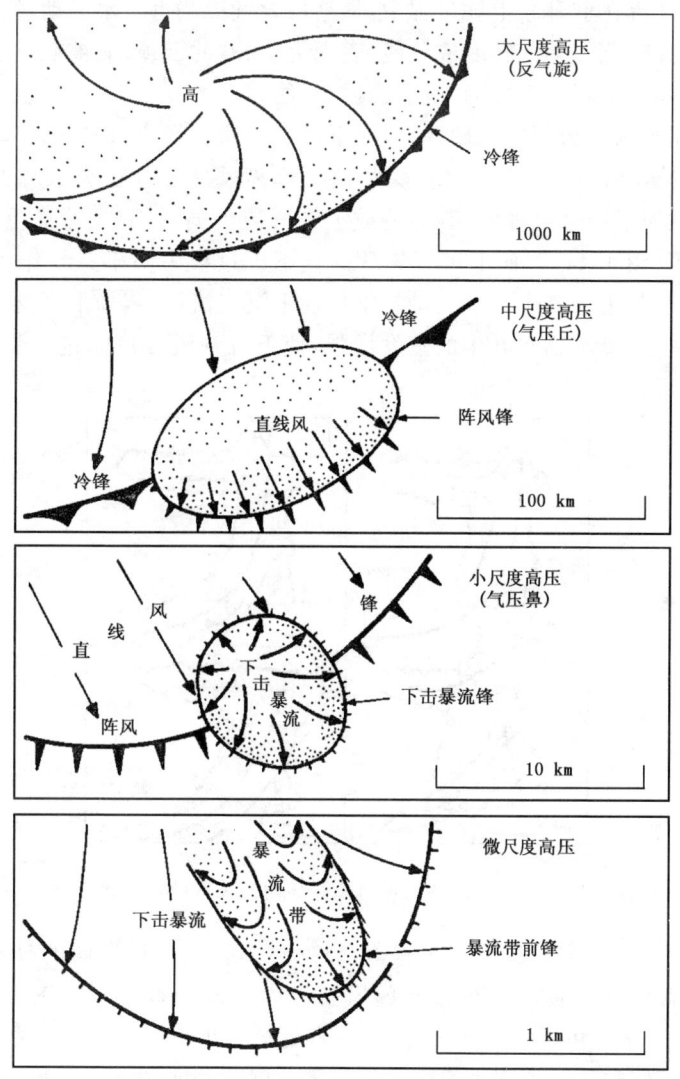

图4.40 与锋、飑锋、下击暴流锋和暴流带锋相联系的大、中、小和微尺度高压及气流型示意图(Fujita,1981)

4.5.2 下击暴流的形成和监测

下击暴流的形成与对流风暴云顶的上冲和崩塌相联系。由卫星云图的分析可知,当对流风暴发展到成熟阶段时,可以见到在云砧上有向上突起的上冲云顶。这是由于风暴云中的强上升气流携带的空气质点进入稳定层结的结果(有时能超过对流层顶)。上升气流在上升和上冲过程中,从高层大气中获得了水平动量。随着上冲高度的增加,上升气流的动能转变成位能(表现为重、冷的云顶)而被贮存起来。而当云顶崩塌时,位能又重新转变成为下沉气流的动能。

云顶崩塌与风暴云下方的飑锋(以及下击暴流锋和暴流带锋)的移动相关。飑锋形成后向风暴云前部的上升区加速移动,逐渐远离风暴云的母体,使维持上升气流的暖湿空气的供应逐渐被飑锋所切断,造成上升气流削弱和消失,冷而重的云顶塌陷,产生下沉气流(图4.41)。而下沉气流从高空下沉过程中由于夹卷作用使高空动量大、湿度小的空气进入其中。高空动量下传使下沉气流增强,加上高空干空气的进入使下沉气流变干,降水物在其中的蒸发增强,使下沉气流变冷而进一步加速,当其到达地面时,就可能造成下击暴流。

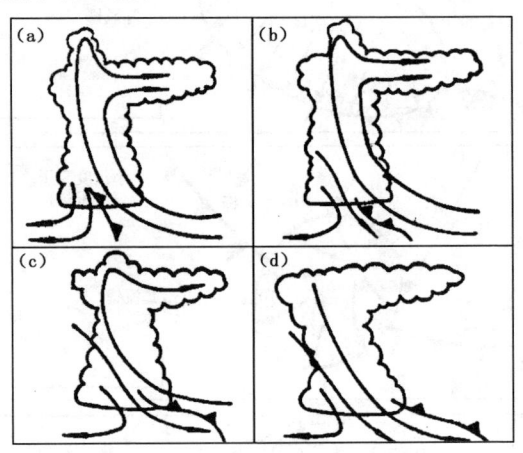

图4.41 上冲云顶的崩塌与飑锋移动的关系(McCann,1979)

上面所说的下击暴流的形成过程,可以通过多普勒雷达资料的分析来证实。图4.42是用多普勒雷达资料分析得到的风暴云内气流的垂直剖面图。由图4.42可见,云顶塌陷部位正好对应下沉气流,它一直延伸至地面,造成了一次下击暴流。图4.43是一个暖区移动性微下击暴流的多普勒速度的分布图。由图可见,最大水平速度位于地面以上约50 m的高度上。飞机穿过外流强风核,会使尾风极大增强。微下击暴流的水平速度会受到近地面冷空气垫的影响,而使强度发生变化(图4.44,图4.45)。

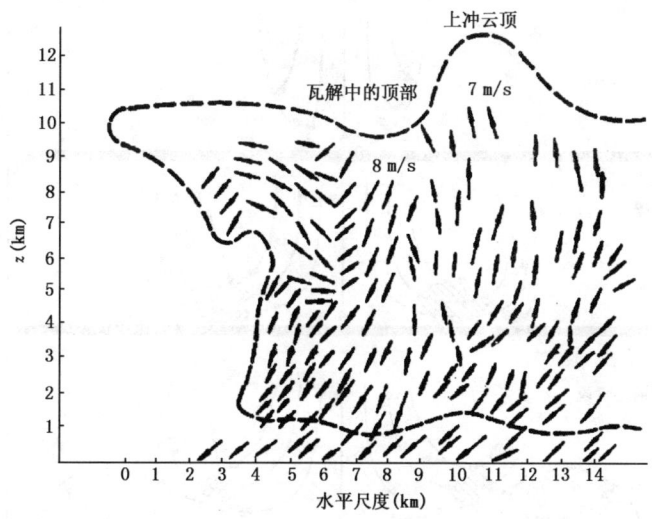

图 4.42　由多普勒雷达测定的风暴云内气流的垂直剖面图

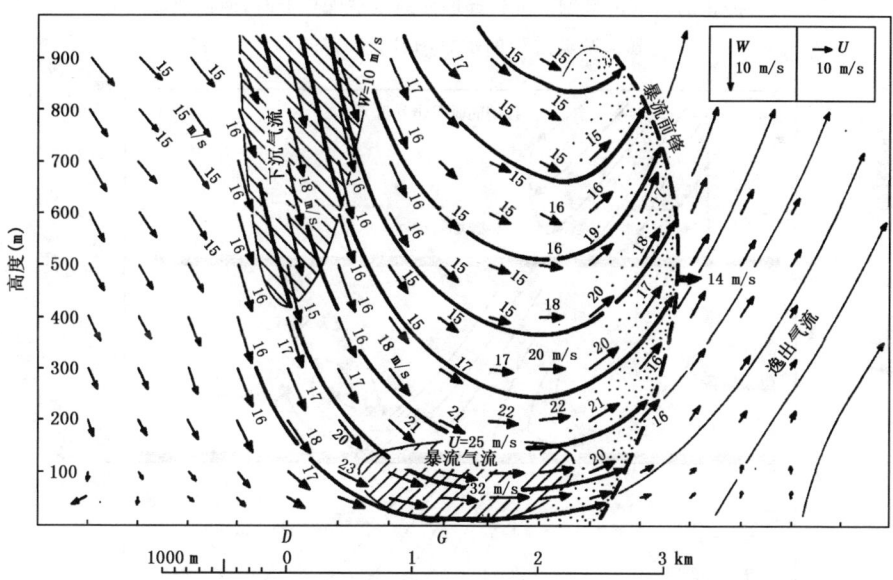

图 4.43　一个暖区移动性微下击暴流的多普勒速度的分布图(Fujita,1981)
(最大水平速度位于地面以上 50 m 高度上)

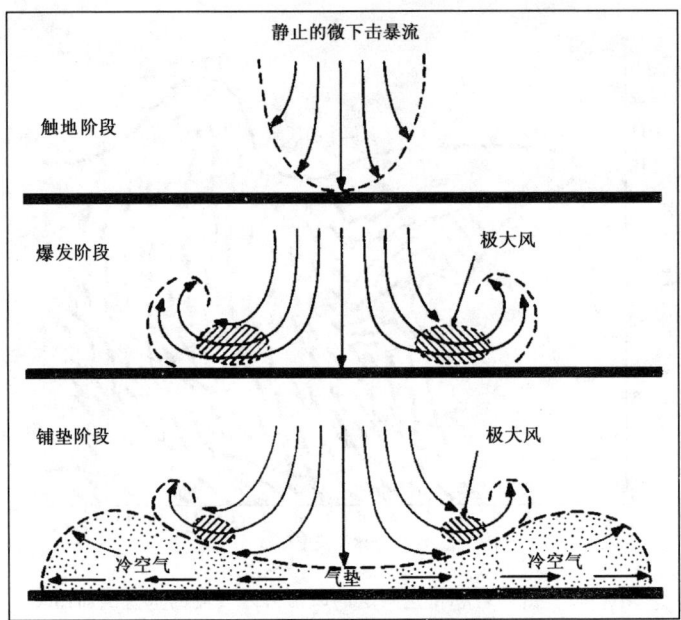

图 4.44　静止的微下击暴流下沉到近地面的冷空气垫上时,使近地面外流的暴流减弱过程的示意图(Fujita,1981)

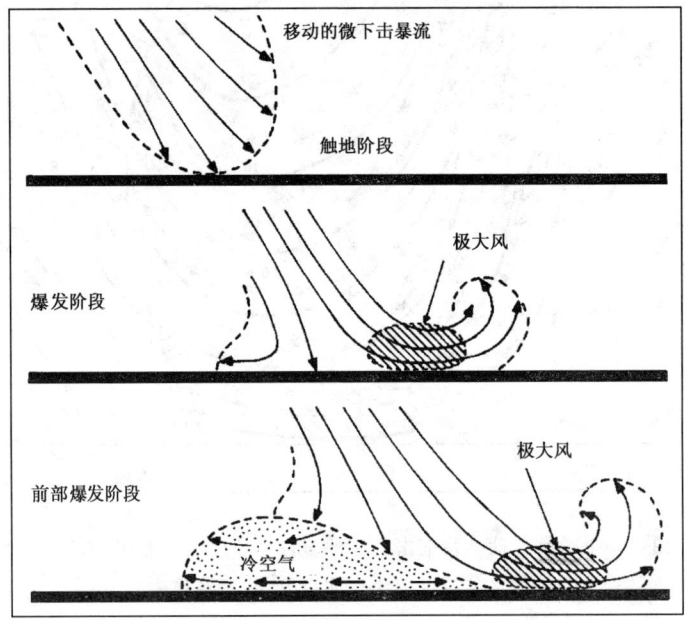

图 4.45　伴有近地面极大风的移动的微下击暴流示意图(Fujita,1981)

下击暴流可以通过雷达监测,有两种雷达回波常常是下击暴流的反映,它们就是钩状回波和弓状回波(图4.46)。下击暴流一般出现在回波钩内部或在其周围。钩状回波通常可通过对3000 m以下低空扫描的平面显示(PPI)上探测到。它反映了风暴云中的强烈旋转上升气流所在部位。强下击暴流一般出现在弓状回波前进中心的附近。这部位的回波要比其附近两侧的回波移动得快,结果造成弧状结构。

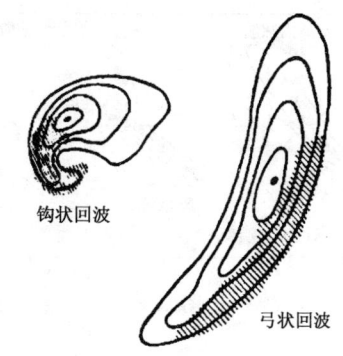

图4.46 钩状回波和弓状回波(Fujita,1978)

Fujita给出了一个关于弓状回波及其与下击暴流关系的概念模型图(图4.47)。由图4.47可见,在弓状回波的两端有一个重要的流场特征,即在弓状回波的北端,气流做气旋式的旋转,而在南端则呈反气旋式的旋转。随着弓状回波的发展,在北端的气旋式旋转不断加强,逐渐演变成为一个旋转的逗点头,而南端的反气旋式的旋转基本保持不变。因此弓状回波由开始时的南北对称结构逐渐转变成南北不对称结构(图4.48)。通过观测,Fujita认为弓状回波的出现可能是地面大风的前奏,但又认为弓状回波更可能是由下击暴流引起的结果,也就是说,当弓状回波出现时,下击暴流的过程已经在进行之中了,而且认为,一旦当弓状回波出现后,其相应的地面中尺度风场和对流结构的特征将使灾害性大风的强度得到加强和持久。

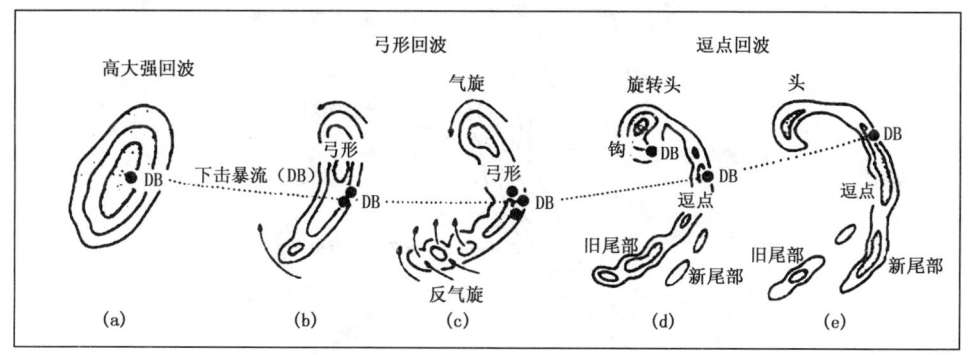

图4.47 弓状回波的演变与下击暴流(DB)关系的示意图(Fujita,1978)

一般来说弓状回波的概念包括的范围通常较广。但是,Fujita认为与灾害性的下击暴流大风相联系的弓状回波一般都应有一个强烈的后侧入流急流,其核心位于弓状回波的中央的顶点。当强下击暴流爆发时,中层气流加速进入对流体,导致在系

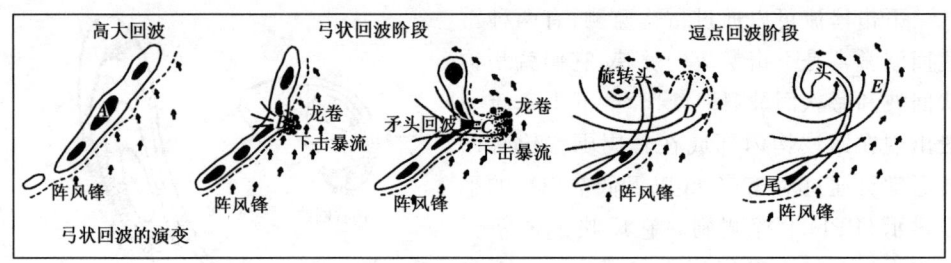

图 4.48　弓状回波的演变过程的示意图 (Fujita, 1981)

统核心部位的对流单体更快速地向前运动,有助于弓状回波的形成。Smull 和 Houze(1985,1987)等认为后侧入流急流可以起到向下沉气流提供干燥的和高动量的空气,通过垂直动量交换和增强雨水蒸发,增大地面附近的出流强度的作用。后侧入流急流在雷达回波上表现为后侧入流缺口(简称 RIN)或弱回波通道。通常把具有明显的雷达反射率因子特征的弓状回波称为显著弓状回波(图 4.49)。这些雷达反射率因子特征包括:①在弓状回波的前沿,(入流一侧)存在高反射率因子梯度区;②在弓状回波的入流一侧,存在弱回波区(WER)(早期阶段);③回波顶位于 WER 或高反射率因子梯度区之上;④在弓状回波的后侧存在弱回波通道或 RIN,表明存在强的后侧入流急流。显著弓状回波意味着比普通弓状回波有产生灾害的更大的潜势。图 4.50 是发生在 1983 年 7 月 19－20 日美国明尼苏达州中部地区的一次弓状回波实例。由图4.50可见,上面所说的显著弓状回波的特征都非常明显。

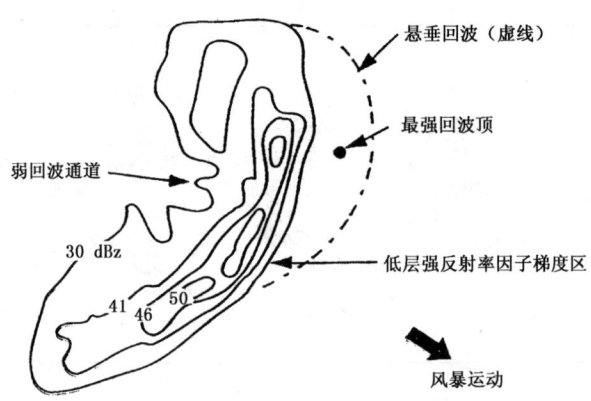

图 4.49　显著弓状回波的雷达反射率因子特征

Doswell 等(1984)的研究指出,下击暴流一般产生在中等到强垂直风切变的环境条件下。产生下击暴流的对流风暴的种类很多,尺度变化也很大。如图 4.51 所示,产生下击暴流的对流风暴的下沉气流,常见的有超级单体风暴前侧和后侧的下沉气流;与较大弓状回波对应的下沉气流;与波状回波相伴的下沉气流;以及含有弓状回波和波状回波的长飑线的下沉气流等。

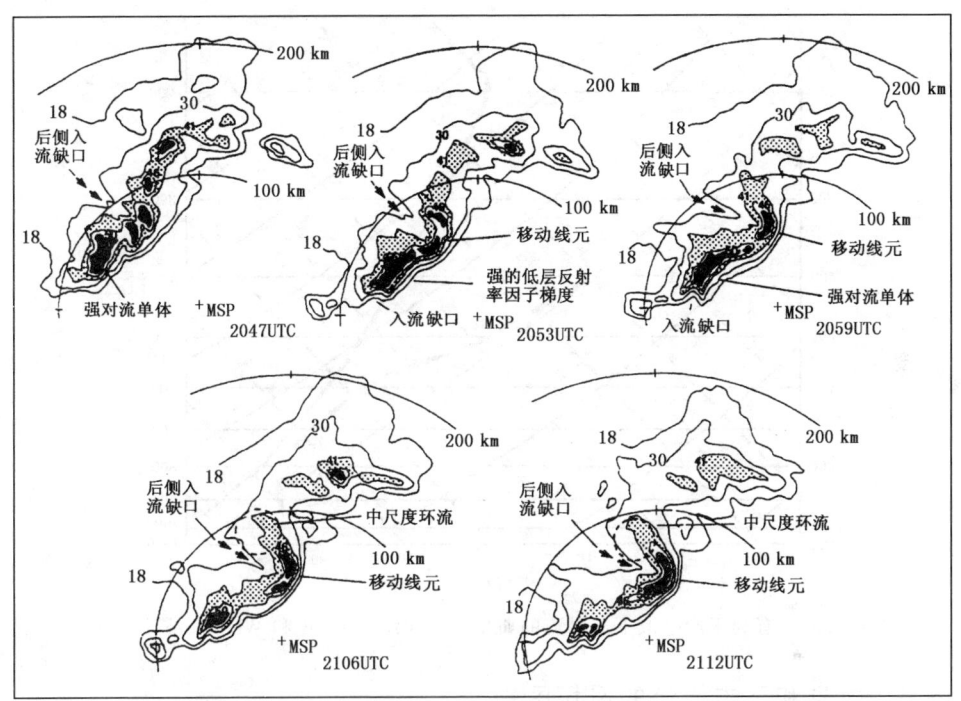

图 4.50 1983 年 7 月 19—20 日美国明尼苏达州中部地区的一次弓状回波的雷达分析(Przybylinski,1995)(反射率因子等值线的值分别为 18 dBz,30 dBz,41 dBz 和 46 dBz,阴影区代表代表 50 dBz 以上)

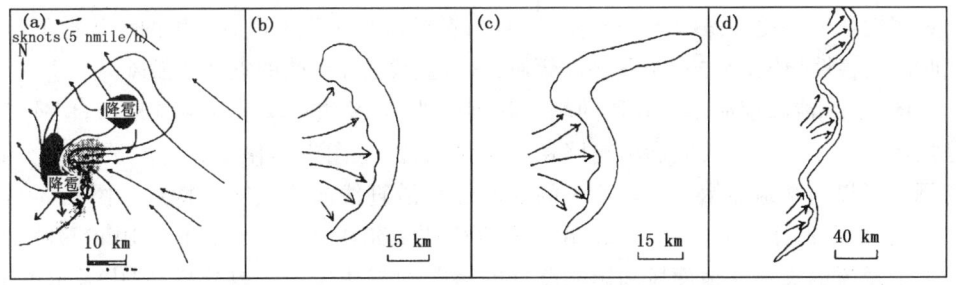

图 4.51 产生下击暴流的对流风暴的下沉气流示意图:(a)超级单体风暴前侧和后侧的下沉气流(Lemon 和 Doswell,1979);(b) 与较大弓状回波对应的下沉气流;(c)与波状回波相伴的下沉气流;(d) 含有弓状回波和波状回波的长飑线的下沉气流(Johns 和 Doswell,1992)

有的下击暴流是伴随大雨出现的,这种下击暴流称为湿下击暴流。产生湿下击暴流的环境特征是具有较强的对流性不稳定(上干下湿)以及有弱的天气尺度强迫。其典型的大气层结如图 4.52 所示。

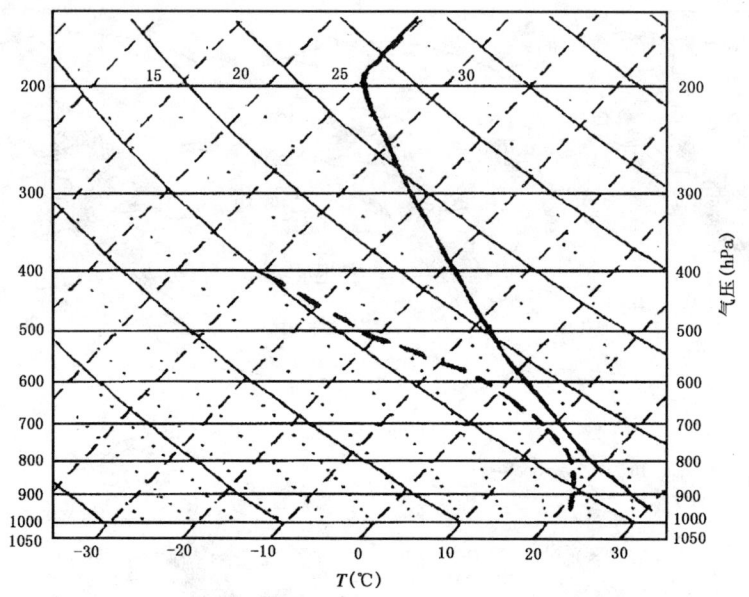

图 4.52　有利于产生湿下击暴流的典型大气层结(Atkins 和 Wakimoto,1984)

4.5.3　龙卷和下击暴流的风场区别

强雷暴引起的灾害性大风,一般可分为龙卷风和直线风两类。然而近年来,根据大量的灾害区调查照片的分析可知,还有第三类灾害性大风,即下击暴流(downburst)。这三类由强雷暴引起的灾害性大风主要特征的差别如下:龙卷风是高度辐合的、旋转性的灾害性强风,一般只影响相对狭窄的地区;直线风是在阵风锋后发生的无辐散的、直线吹的灾害性强风;下击暴流是高度辐散的、沿直线或曲线吹的灾害性强风。

图 4.31 清晰地显示龙卷风的辐合和旋转性,以及相对狭窄的影响地区;图 4.53 是显示下击暴流的风效应和影响路径的实例照片,从图中的作物和树木被强风吹倒的倒向可以清晰地显示下击暴流风的辐散性和沿直线或曲线吹的特点。图 4.54 是 1978 年 6 月 25 日 13:00—13:20 在伊利诺伊州威尔明顿(Wilmington,Illinois)发生的下击暴流的灾害性地面风和影响路径的多普勒雷达风场资料分析,图中显示了下击暴流风场的辐散性和沿直线或曲线吹的特点。图 4.54 还显示这次强对流天气过程,在发生下击暴流的同时,也有龙卷风暴发生。图 4.55 是在下击暴流区中嵌入的龙卷(见图 4.54)的双多普勒雷达风场的分析,图中显示了龙卷风暴的涡旋结构特征。

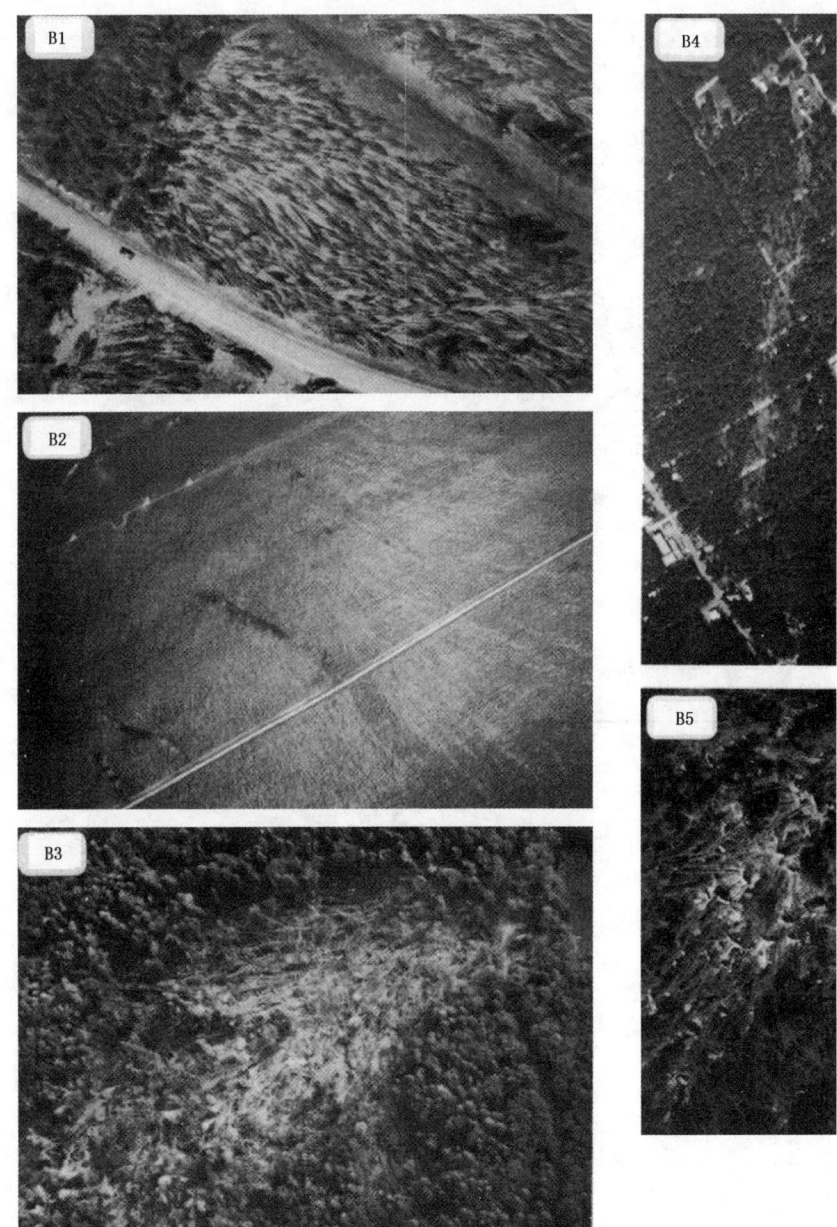

图 4.53 下击暴流的风效应和影响路径的实例照片(Fujita,1981)
(出现日期和地点为,B1:1977 年 7 月 4 日,北威斯康星州;B2:1977 年 9 月 30 日,印第安纳州,盖谢(Gessie);B3:1977 年 7 月 30 日,威斯康星州,科内尔(Cornell);B4 和 B5:1977 年 7 月 4 日,威斯康星州,诺斯伍德滩地(Northwood Beach))

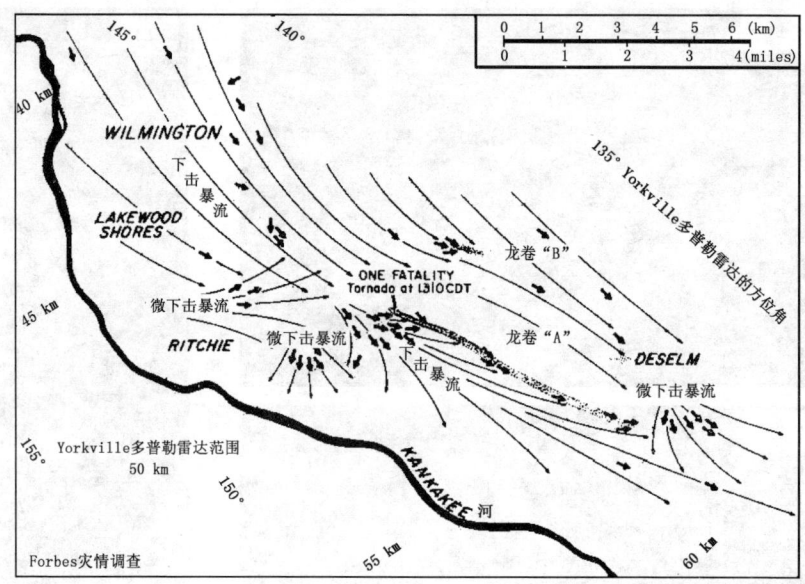

图 4.54 1978 年 6 月 25 日 13:00—13:20 UTC 在伊利诺伊州威尔明顿发生的下击暴流的灾害性地面风和影响路径的多普勒雷达资料分析(Fujita,1981)

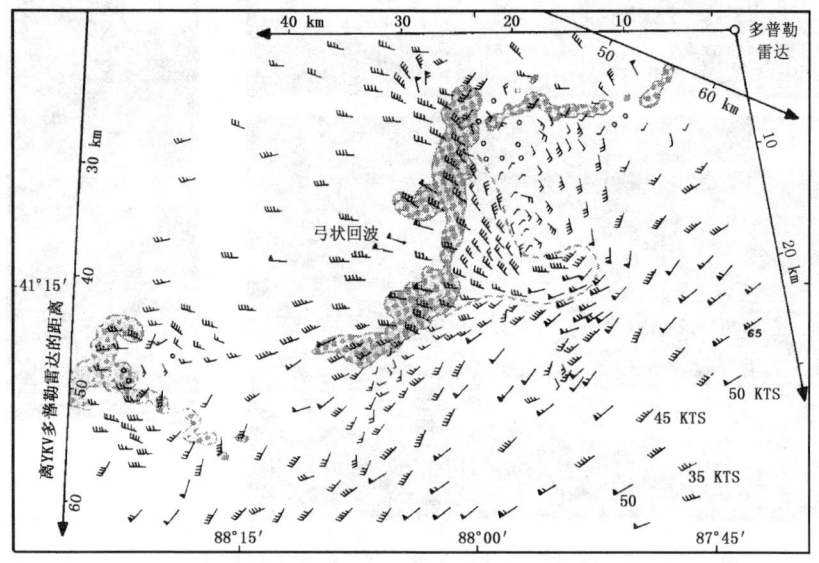

图 4.55 1978 年 6 月 25 日在伊利诺伊州威尔明顿发生的下击暴流区中嵌入的龙卷(见图 4.53)的风场的双多普勒雷达观测分析(Fujita,1981)

4.5.4 不同尺度系统的风场强度

灾害性大风可以由不同尺度的高压或低压系统引起。由不同尺度的高压系统引起的强风包括阵风锋大风和下击暴流大风，一般来说，高压系统从大尺度到中小尺度，随着尺度的逐渐递减，风的强度则逐渐递增。由小尺度的微下击暴流引起的最强的灾害性风的强度可以达到 $F3$（即 $F=3$，下同）级左右。另一方面，由不同尺度的低压系统引起的强风包括台风大风、中尺度气旋大风、龙卷和吸管涡旋引起的大风等。一般来说，低压系统从大尺度到中小尺度，随着尺度的逐渐递减，风的强度可出现几个峰值。由小尺度的吸管涡旋引起的最强的灾害性风的强度可以达到 $F5$ 级（图 4.56）。

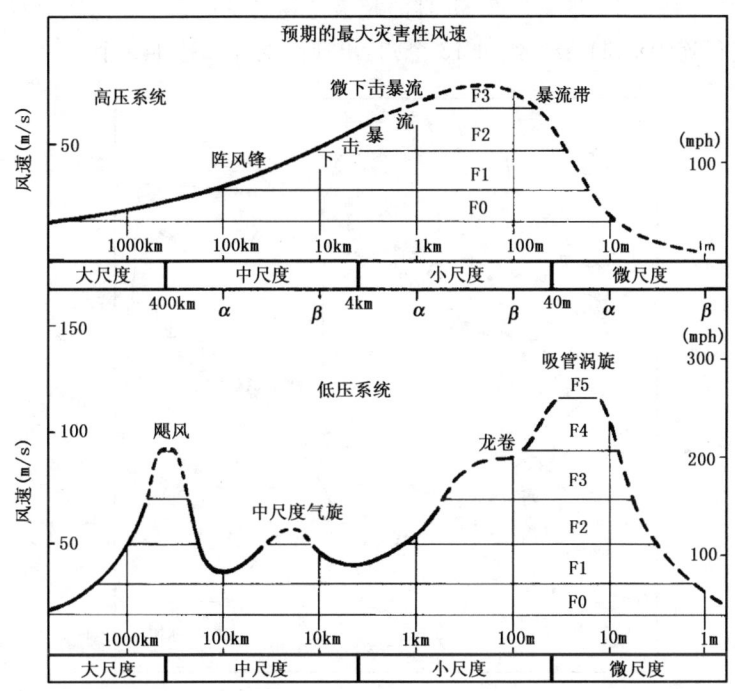

图 4.56 由不同尺度的高压或低压系统引起灾害性大风的强度(Fujita,1981)

4.6 龙卷及下击暴流的爆发

龙卷和下击暴流虽然是孤立对流系统的产物，但在一定的天气形势和天气条件下，有时会在一个较大范围内接连不断地发生孤立对流系统，因而在一个范围较大的地区和一个较长的时间段内形成龙卷、下击暴流和冰雹等现象的广泛和频繁的发生、发展。在美国历史上曾经多次发生过，在一天或几天内出现数十次至几百次龙卷和下击暴流及冰雹等强对流天气现象的情况,一般把这种龙卷等现象的广泛和频繁的发生发展情况称为龙卷和下击暴流的爆发。突出的例子如 1965 年 4 月 11—12 日的龙卷爆发,1974 年 4 月 2—5 日的超级龙卷爆发(super outbreak),以及 1996 年 4 月 19 日和 2003 年 5 月的龙卷爆发过程等。

1965 年 4 月 11—12 日的龙卷爆发过程共有 37 个龙卷发生,影响范围为美国中西部六个州,影响路径的长度达 1372 km;1996 年 4 月 19 日在伊里诺依及邻近几州发生了 59 个龙卷,并有 128 个大风报告和 239 个大雹报告(图 4.57);2003 年 5 月 3—11 日总共发生了 361 个龙卷(其中,F2~F5 级的 65 个,F4~F5 级的 7 个);最强的一次过程要算是 1974 年 4 月 2—5 日的超级龙卷爆发过程了。这次过程历时长达 20 h,影响路径连绵 3241 km,经过 13 个州,出现的龙卷多达 148 个。

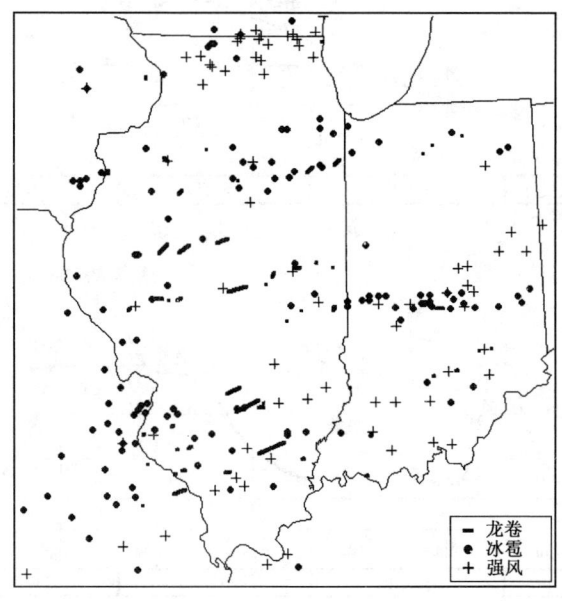

图 4.57　1996 年 4 月 19 日 20:00UTC 至 4 月 20 日 06:00UTC 之间发生在美国伊利诺伊州及附近地区的强天气(龙卷、冰雹、强风)报告的分布图(Lee 等,2006)

上述龙卷爆发过程都有一定的相似性。下面仅以 1996 年 4 月 19 日的龙卷爆发过程为例来说明龙卷爆发的形势背景及特点。

在 1996 年 4 月 19 日的龙卷爆发过程中,龙卷大多是由超级单体造成的。它们一般是在干线、暖锋以及干线与暖锋形成的锢囚锋等三种天气尺度边界上发展起来的。图 4.58 是 1996 年 4 月 19 日 21:00UTC 的地面天气图,以及 21:45UTC 的 GOES-8 可见光云图,图中显示了地面气旋及其冷、暖锋和干线(用带有空心半圆的线表示)以及由干线与暖锋形成的锢囚锋等天气系统。在地面气旋的上空则有高空

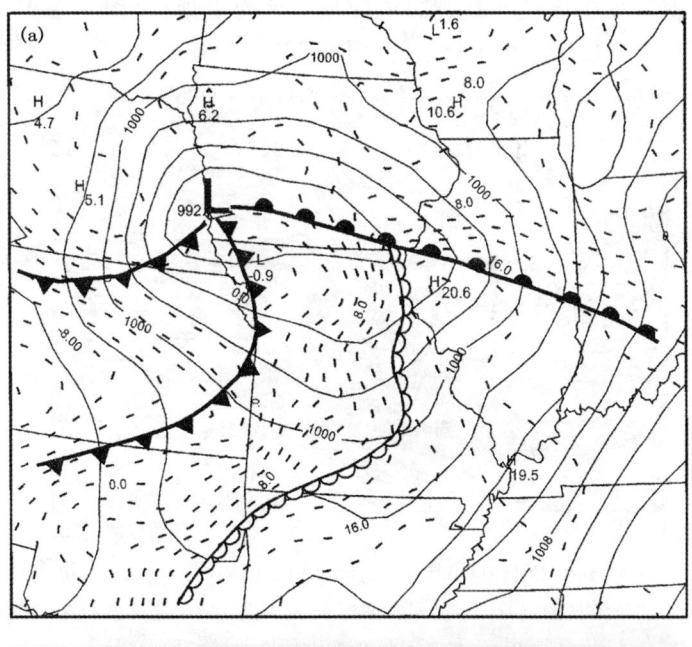

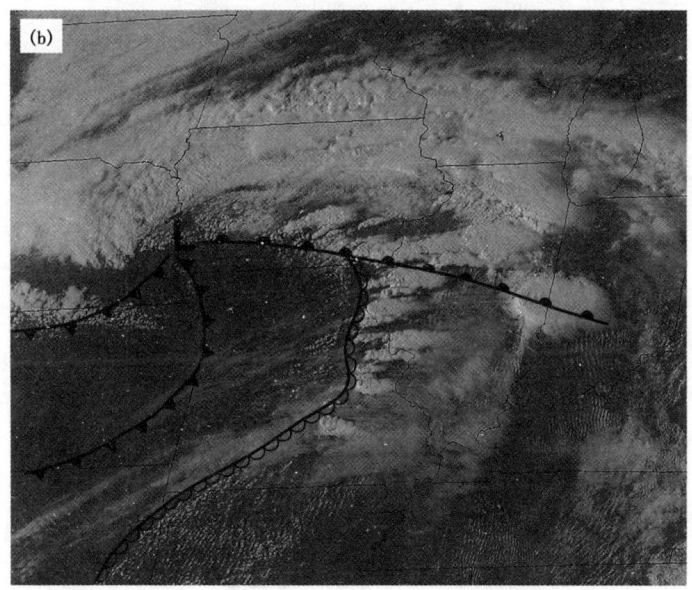

图 4.58 (a)1996 年 4 月 19 日 21:00UTC 的地面天气图,等压线间隔 2 hPa,等温线间隔 2℃; (b) 1996 年 4 月 19 日 21:45UTC 的 GOES-8 可见光云图与 21:00UTC 地面冷、暖锋和干线 (用带有空心半圆的线表示)等天气系统的叠加图(Lee 等,2006)

急流通过,强对流发生区位于高空急流的出口区附近地区(图4.59)。探空分析表明,这个地区的大气层结是很不稳定的(图4.60)。

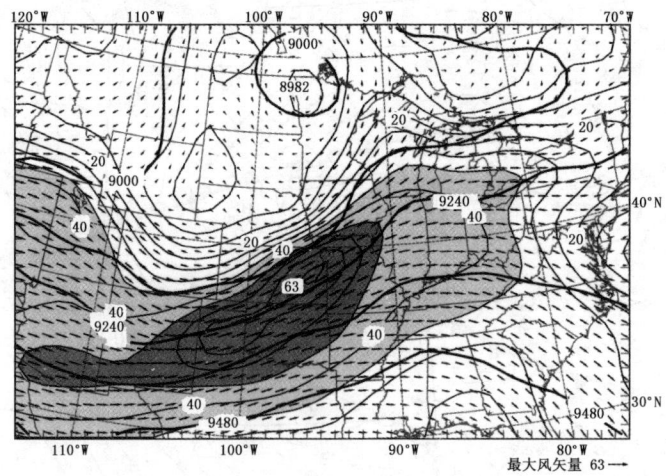

图 4.59　1996 年 4 月 20 日 00:00UTC 的 300 hPa 位势高度场(gpm,粗线)、等风速线(细线,m/s)和风矢量图(Lee 等,2006)(阴影代表风速大小,浅灰色和深灰色分别代表风速大于 35 m/s 及大于 45 m/s,右下角箭头代表最大风矢量)

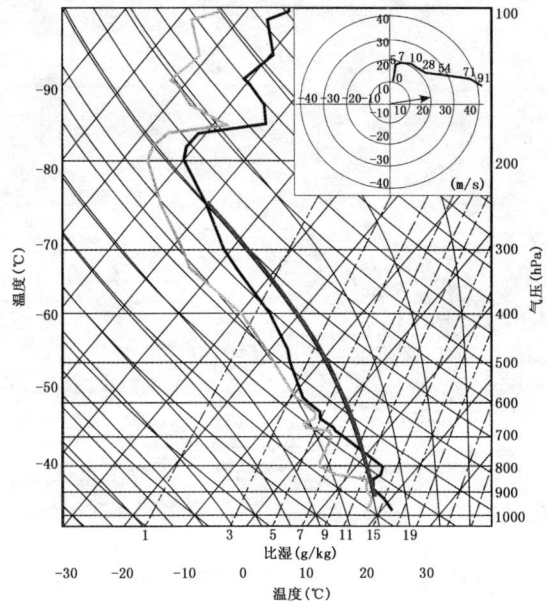

图 4.60　1996 年 4 月 20 日 00:00UTC,KILX 站(伊利诺伊州林肯市)的温度(黑色线)、露点(灰色线)的斜 $T\text{-}\ln p$ 图(Lee 等,2006)(深灰线代表地面气块的饱和后上升路径;上部小图为高空风分析图,箭头表示超级单体的运动)

在雷达回波图上,强对流系统对应强回波(图 4.61)。通过用雷达回波资料对 109 个单体进行追踪,发现有 85 个原来较小的单体,最后逐渐演变成为超级单体。对流系统在干线、暖锋以及干线与暖锋形成的锢囚锋上发展的过程大约经历 1 h 的时间。首先小单体通过合并,形成孤立的超级单体或非超级单体,超级单体有龙卷性的或非龙卷性的。龙卷性超级单体它们可能是气旋性的,也可能是反气旋性的。超级单体可以持续稳定地发展,气旋性超级单体的生命期较长,平均约 214 min,比非超级单体的生命期要长得多,非超级单体的生命期一般只有 35 min 左右。反气旋性超级单体是由于风暴分裂而产生的,其生命期约为 166 min,比气旋性超级单体的生命期要短些。龙卷的生命期都是很短的,只有很少数的稍长些,最长的也只有 20 min 左右,最长的移动路径只有 34 km 左右。

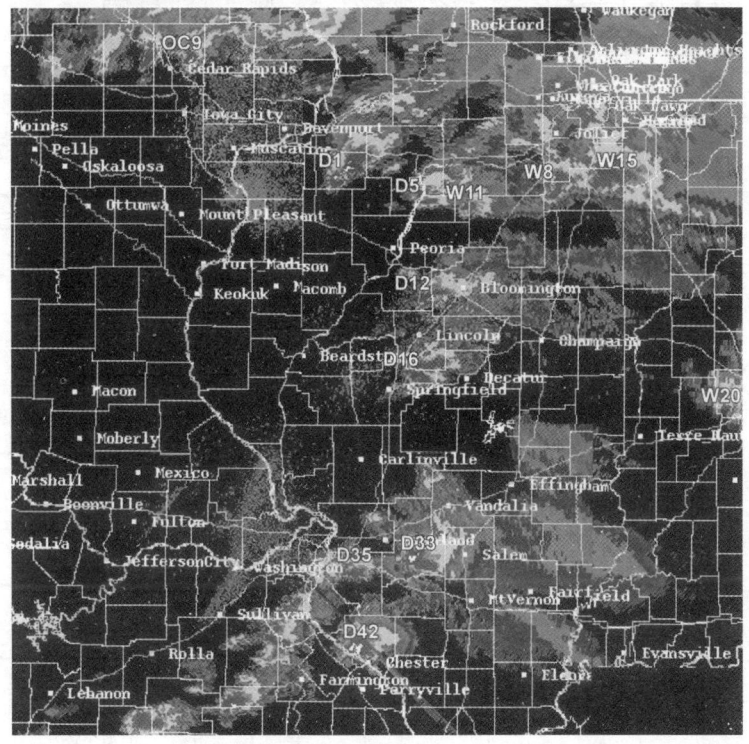

图 4.61　1996 年 4 月 20 日 00:00 UTC 由 KILX(伊利诺伊州林肯市)和 KLSX(密苏里州圣路易斯)等雷达站合成的雷达反射率图(仰角 0.5°)(Lee 等,2006)(字母 D,W,OC 分别表示起源于干线、暖锋和干线-暖锋锢囚边界)

上面已经说明,在 1996 年 4 月 19 日的龙卷爆发过程(图 4.62)中,龙卷风暴一般是在干线、暖锋以及干线与暖锋形成的锢囚锋三种天气尺度边界上发展起来的。这种规律在很多其他例子中也是相同的。Hamill 等(2005)在分析 2003 年 5 月美国

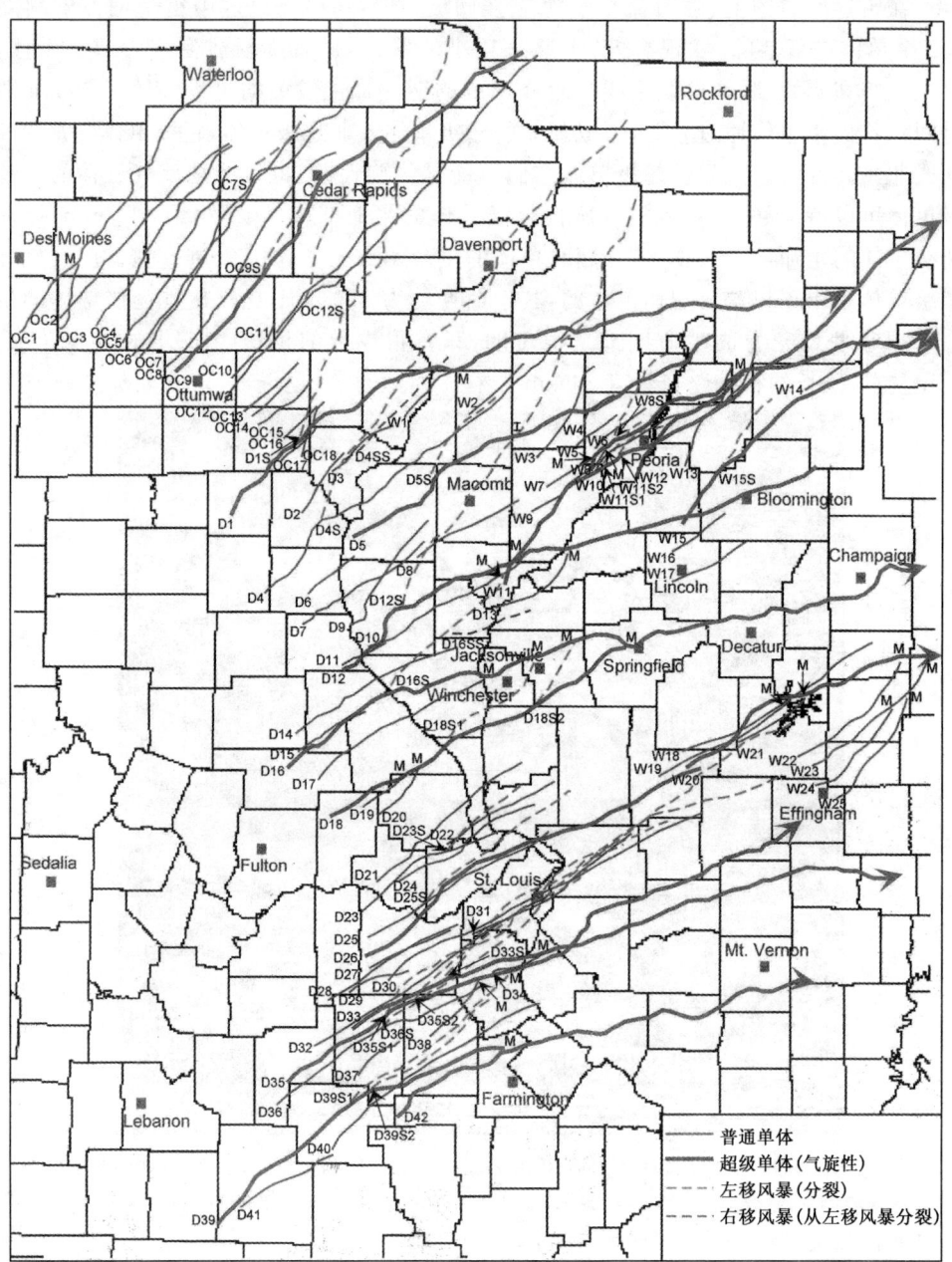

图 4.62 1996 年 4 月 19 日 19:40—20 日 02:00UTC,单体最大反射率中心的轨迹图(仰角 0.5°)(Lee 等,2006)(字母 D,W,OC 分别表示起源于干线、暖锋和干线-暖锋锢囚边界)

中部地区龙卷爆发过程的天气背景时,指出在干线、暖锋以及干线与暖锋形成的锢囚锋三种天气尺度边界上发生对流的频率较高(图 4.63),因此得到了与大龙卷风暴爆发相联系的典型天气条件的概念模型(图 4.64)。

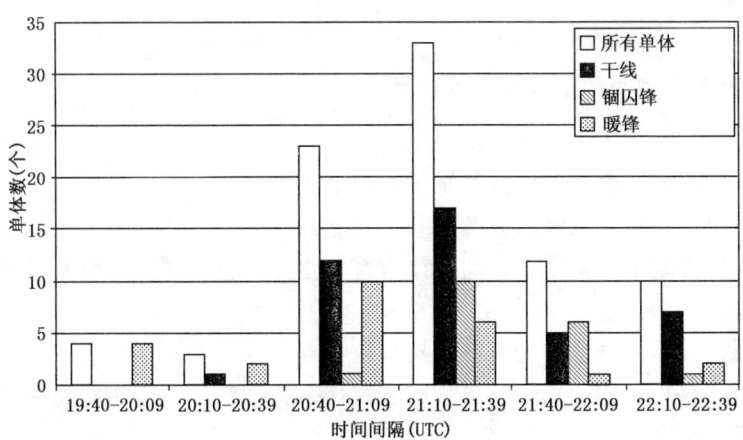

图 4.63　在干线、暖锋及干线－暖式锢囚锋附近发生对流的频率直方图(Hamill 等,2005)

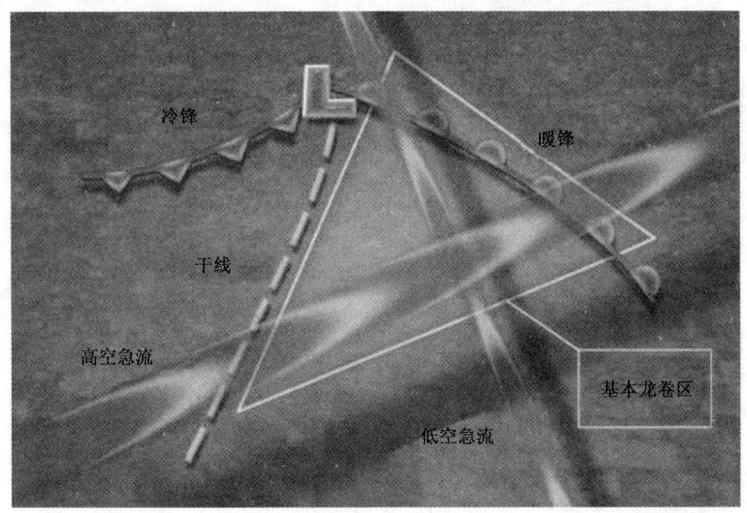

图 4.64　与大龙卷风暴爆发相联系的典型天气条件的概念模型(Hamill 等,2005)
(三角形区表示龙卷可能发生的地区)

本章小结

(1) 基本内容

本章介绍了中尺度孤立对流系统,具体包括普通单体雷暴、多单体风暴、超级单体风暴,以及龙卷风暴和下击暴流等现象。

(2) 复习思考

1) 中纬度常见的中尺度对流系统按组织形式可分为哪些类型?
2) 什么叫孤立对流系统? 有哪些基本类型?
3) 什么是普通单体雷暴? 普通单体雷暴的生命史包括哪些阶段? 每个阶段的主要特征有哪些?
4) 什么是多单体风暴? 其内部结构有何特点?
5) 什么是超级单体风暴? 其雷达回波有什么特征? 这些雷达回波特征分别与什么结构特征相对应?
6) 什么是龙卷风暴? 其内部气流结构有何特点?
7) 什么是龙卷气旋(龙卷巢)? 龙卷一般发生在什么部位?
8) 什么是龙卷族? 龙卷族是怎样形成的?
9) 龙卷内部的结构是怎样的?
10) 什么是吸管涡旋?
11) 吸管涡旋、龙卷、龙卷气旋、气旋等不同尺度的涡旋有什么联系?
12) 什么是龙卷强度 F 等级? F 等级是怎样划分的?
13) 什么是下击暴流? 什么是下击暴流群?
14) 按尺度大小下击暴流可分成哪些类型?
15) 下击暴流的气压场和风场结构有何特点?
16) 下击暴流是怎样形成的?
17) 下击暴流直线风的前沿的不连续线有哪些名称?
18) 下击暴流的雷达回波有什么特征?
19) 什么是显著弓状回波?
20) 什么是湿下击暴流?
21) 产生湿下击暴流的环境具有怎样的特征?
22) 龙卷和下击暴流的风场有什么区别?
23) 与龙卷风暴爆发相联系的典型天气形势是怎样的?

参考文献

寿绍文. 1982. 一个"超级单体"雹云的成因及结构. 南京气象学院学报,(2).

寿绍文. 1992. 中尺度天气动力学. 北京:气象出版社.

寿绍文,等. 2009. 中尺度大气动力学. 北京:高等教育出版社.

俞小鼎,姚秀萍,等. 2006. 多普勒天气雷达原理与业务应用. 北京:气象出版社.

朱乾根,林锦瑞,寿绍文. 1981. 天气学原理和方法. 北京:气象出版社.

Atkins N T, Wakimoto R M. 1984. Wet microburst activity over the Southeastern United States, Implications for forecasting. Wea. Forecasting,6:470-482.

Browning K A, et al. 1974. Structure and mechanism of precipitation and effect of orography in a wintertime warm sector. Q. J. R. Meteor. Soc. ,100:309-330.

Browning K A, et al. 1976. Structure of an evolving hailstorm. Part Ⅴ:Synthesis and implications for hail growth and hail suppression. Mon. Wea. Rev. ,104 :603-610.

Burgess D W, et al. 1982. Mesocyclone evolution statistics. Preprints, 12th Conf. on Severe Local Storms, San Antonio,TX, Amer. Meteor. Soc. :422-424.

Byers H R,Braham Jr. 1949. The thunderstorm. Washington D C:U. S. Government Printing Office:287.

Chappell C F. 1986. Quasistationary convective events. Mesoscale Meteorology and Forecasting. Am Meteor Soc.

Chisholm A J, Renick J H. 1972. The kinematics of multicell and supercell Alberta hailstorms. Alberta Hail Studies, Research Council of Alberta Hail Studies Rep, Canada,72(2):224-31.

Chisholm A J,Marianne English. 1973. Alberta hailstorms. AMS Met. Monographs,14:36.

Cifelli R, Petersen W A, et al. 2002. Radar observations of the kinematic, microphysical, and precipitation characteristics of two MCSs in TRMM LBA. J. Geophys. Res. , 107(D20): 8077.

Cotton W R, Anthes R A. 1989. Storm and Cloud Dynamics. Academic, San Diego, Calif. 881 pp.

Cotton W R, Anthes R A. 1993. 风暴和云动力学. 叶家东,等,译. 北京:气象出版社.

Davies-Jones R P. 1986. Tornado dynamics, Thunderstorm Morphology and Dynamics. University of Oklahoma Press:197-236.

Doswell C A IV. 1984. Mesoscale aspect of a marginal severe weather event, 10th Conf. on Weather Forecasting and Analysis, 131-137.

Doviak R J, Zrnic D S. 1993. Doppler Radar and Weather Observation. Academic Press, Inc:526.

Fankhauser J C,Mohr C G. 1977. Some correlations between various sounding parameters and hailstorm characteristics in northeast Colorado. Preprints, 10th Conference on Severe Local Storms, Oct 18-21,Omaba, Nebraska. 218-225.

Fovell R G,Tan P H. 1998. The temporal behavior of numerically simulated multicell-type storms. Part Ⅱ: The convective cell life cycle and cell regeneration. Mon. Weather Rev. ,126: 551-577.

Fritsch J M, Brown J M. 1982. On the generation of convectively driven mesohighs aloft. Mon.

Weather Rev. , 110:1554-1563.

Fritsch J M, Forbes G S. 2001. Mesoscale convective systems. Meteorol. Monogr. , 28:323-357.

Fritsch J M, Maddox R A. 1981a. Convectively driven mesoscale weather systems aloft. Part I. Observations. J. Appl. Meteorol. ,20: 9-19.

Fritsch J M, Maddox R A. 1981b. Convectively driven mesoscale weather systems aloft. Part II. Numerical simulations. J. Appl. Meteorol. ,20: 20-26.

Fujita T T. 1963. Analytical mesometeorology: A review. Severe Local Storms, Meter. Monogr. No. 27, Amer. Meteor. Soc. :77-125.

Fujita T T. 1971a. Proposed characterization of tornadoes and hurricanes by area and intensity, SMRP Research Paper 91, University of Chicago, 42pp.

Fujita T T. 1971b. Proposed mechanism of suction spots accompanied by tornadoes. Preprints, 7th Conf. on Severe Local Storms, Kansas City, MO, Amer. Meteor. Soc. :208-213.

Fujita T T. 1978. Manual of downburst identification for project NIMROD. SMRP Research Paper,No. 156,Dept of Geophysical Sci. Chicago University.

Fujita T T. 1981. Tornadoes and downbursts in the context of generalized planetary scales. J. Atmos. Sci. ,38(8):1511-1524.

Fujita T T. 1985. The downburst: Microburst and macroburst. SMRP Research Paper 210, University of Chicago, 122pp.

Fujita T T. 1986. Review of the history of mesoscale meteorology and forecasting. Mesoscale Meteorology and Forecasting. Am. Moteor. Soc.

Fujita T T,Bradbury D L, Thullenar C F van. 1970. Palm Sunday tornadoes of April 11, 1965. Mon. Wea. Rev. , 98: 29-69.

Golden J H, Purcell D. 1978a. Airflow characteristics around the Union City tornado. Mon. Wea. Rev. , 106:22-28.

Golden J H, Purcell D. 1978b. Life-cycle of the Union City, OK tornado and comparison with waterspouts. Mon. Wea. Rev. ,106: 22-28.

Haman K E. 1976. On the airflow and motion of quasi steady convective storms. Mon. Wea. Rev. , 104:49-56.

Haman K E. 1978. On the motion of a three dimensional quasi-steady convective storm in shear. Mon. Wea. Rev. ,106:1622-1626.

Hamill T M, et al. 2005. THE May 2003 Extended Tornado Outbreak. BAMS. 542.

Hobbs P V. 1978. Organization and structure of clouds and precipitation on mesoscale and microscale in cyclonic storms. Rev. Geophys. Space Phys. ,16:741-755.

Houze R A Jr. 1993. Cloud Dynamics. Academic, San Diego, Calif. 573 pp.

Houze R A, Hobbs P V. 1982. Organization and structure of precipitation cloud systems. Advances in Geophysics,24.

Houze A R, Smull B F, et al. 1982. Comparison of an Oklahoma squall line to mesoscale convective systems in the tropics. Preprints,12th Conf. Severe Local Storms. Am. Meteor. Soc.

Johns R H, Doswell C A Ⅲ. 1992. Severe Local Storms Forecasting. Wea. Forecasting, 7: 588-612.

Kessler E. 1991. 雷暴形态学和动力学. 北京:气象出版社.

Klemp J B. 1987. Dynamics of tornadic thunderstorms. Annual Review of Fluid Mechanics,19:369-402.

Klemp J B, Weisman M L. 1983. The dependence of convective precipitation patterns on vertical wind shear. Preprints, 21st Conference on Radar Meteorology. Edmonton Alberta, Canada, Sept 19-23. pp44-49.

Lee B D, et al. 2006. The 19 April 1996 Illinois tornado outbreak. Part I: Cell evolution and supercell isolation. Weather And Forecasting,21:433-448.

Lemon L R, Doswell C A. 1979. Severe thunderstorms evolution and mesocyclone structure as related to tornadogenesis. Mon. Wea. Rev. ,107:1184-1197.

Locatelli J D, Stoelinga M T, Hobbs P V. 2002. A new look at the super outbreak of tornadoes on 3-4 April 1974. Mon. Wea. Rev. ,130:1633-1651.

Ludlam F H. 1963. Severe local storms. Meteorological Monographs, Severe Local Storms, Amer. Meteor. Soc. :1-30.

Maddox R A. 1983. Large scale meteorological conditions associated with midlatitude mesoscale convective complexes. Mon. Wea. Rev. ,111:1475-1493.

Marwitz J D. 1972a. The structure and motion of severe hailstorms. Part Ⅰ:Supercell storms. J. Appl. Meteor. ,11:166-179.

Marwitz J D. 1972b. The structure and motion of severe hailstorms. Part Ⅱ:Multicell storms. J. Appl. Meteor. ,11:180-188.

McCann D W. 1979. On overshooting-collapsing thunderstorm tops, 11th Conf. on Severe Local Storms, 427-432.

Moncrieff M W, et al. 1972. The Propagation and transfer properties of steady convective overturning in shear. Quart. J. Roy. Meteor. Soc. ,98:336-353.

Rauber R M, et al. 2001. Central Iilinois cold air funnel outbreak, Notes and correspondence. Am. Meteor. Soc. :2815-2821.

Smull B F, Houze R A. 1985. A midlatitude squall line with a trailing region of stratiform rain: radar and satellite observations. Mon. Wea. Rev. ,113: 117-133.

Smull B F, Houge R A Jr. 1987. Rear inflow in squall lines with trailing-stratiform precipitation. Mon. Weather Rev. ,115:2869-2889.

Snow J T, Agee E M. 1975. Vortex splitting in the mesocyclone and occurrence of tornado families, 9th Conf. on Severe Local Storms.

Wakimoto R M, Cai H Q. 2000. Analysis of a nontornadic storm during VORTEX 95. Mon. Wea. Rev. ,128(3):565-592.

Ziegler C L, et al. 2001. The evolution of low-level rotation in the 29 May 1994 newcastle-Graham, Texas, Storm complex during VORTEX. Monthly Weather Review,129(6):1339-1368.

第 5 章　中尺度带状对流系统

由对流单体侧向排列而成的中尺度对流系统一般称为带状对流系统。常见的带状对流系统有飑线和锋面中尺度雨带及台风附近的中尺度雨带等类型。本章主要讨论飑线。关于锋面中尺度雨带及台风附近的中尺度雨带等将在下一章中讨论。

5.1　温带飑线系统

5.1.1　飑线系统的概念

飑线(squall line)这一名称早在 19 世纪后期就有了。早期把飑线定义为任何发生突发性强风(飑)的线。这种定义经常把锋的现象也包括在其中。为了将飑线和锋区分开来,20 世纪 50 年代后期,飑线就开始被明确地定义为非锋面性狭窄的活跃雷暴带(或不稳定线)。70 年代以前,对飑线的研究一般只注意它的对流云部分,因此根据飑线对流区的形状,它可以定义为一种带(或)状中尺度系统。70 年代后期,Houze(1977),Zipser(1977)等提出,飑线作为一个中尺度系统,应包括对流区和非对流(层状云)区两部分。雷达回波显示,降水区域被显著地分割为对流区域和层状区域(Houze, 1977；McAnelly 和 Cotton, 1989；Houze 等,1990)。对流区域包含强烈的、垂直延伸的强回波核,而层状区域由一些轻微降水构成均匀(不是绝对均匀)纹理(图 5.1)。

5.1.2　飑线的地面要素场的结构

飑线通常发生在中纬度锋面附近,并大致与锋面平行。其长度约几百千米,宽度约 50~100 km。飑线由若干飑段组成。每个飑段包含若干大而孤立的相互分离的风暴。飑线由雷暴单体侧向排列而成(图 5.2),每个单体在成熟期都有其地面冷丘及水平外流和阵风锋。但是这些较小的系统结合起来便形成中尺度雷暴高压和阵风锋。阵风锋处在雷暴高压边缘。那里温度梯度很大、气压梯度很大,风速和风向水平切变很强,类似于锋的结构。所以,这个地带通常称为飑锋。它也叫气压涌升线或跳

第 5 章 中尺度带状对流系统

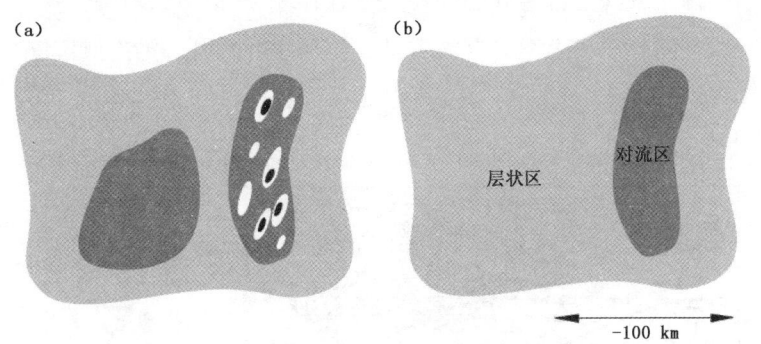

图 5.1 (a) 理想化雷达反射率水平图像；(b) 划分为对流区域和层状区域（Houze，1997）

跃线。由于飑锋附近是各种气象要素水平梯度很大的地带，因此当飑锋过境时，气象要素将发生急剧的变化。通常表现为气压涌升、气温急降、风向突变、风速剧增以及强烈降水等（图 5.25，图 5.28）。飑锋前方一般有中尺度低压，称为飑线前低压。它的形成可能与飑线前方高层的补偿下沉气流引起的绝热增温有关。雷暴高压后方也有中尺度低压，称为尾流低压，它的形成与雷暴高压后部的尾流效应相联系。飑锋（飑线）、飑线前低压、雷暴高压以及尾流低压统称为飑中系统（图 5.3）。

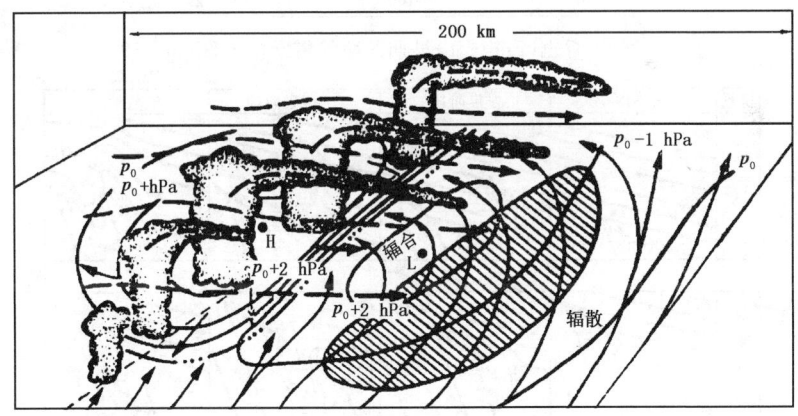

图 5.2 飑线的三维模型（Kessler 等，1987）
（阴影区为气压急降区，虚线表示高层流线，
粗实线是地面气压，粗实流线是地面流线，点划线表示地面飑锋）

飑中系统的全部系统一般只有在成熟阶段才同时出现。不同阶段系统的强度和结构都是不同的。在不同阶段飑系统的气压场空间结构，一般可以在单站气压自记曲线上得到反映。例如，在飑中系统初生阶段，空间气压场上只有雷暴高压，范围较

小,强度较弱。这个系统经过测站时,气压自记曲线上只出现一个雷暴鼻。而在飑中系统成熟阶段,空间气压场上同时存在雷暴高压、飑线前低压、尾流低压等系统,范围较大,强度较强(图 5.4)。不同阶段的系统经过测站时气压自记曲线上便出现相应的气压变化形式(图 5.5)。

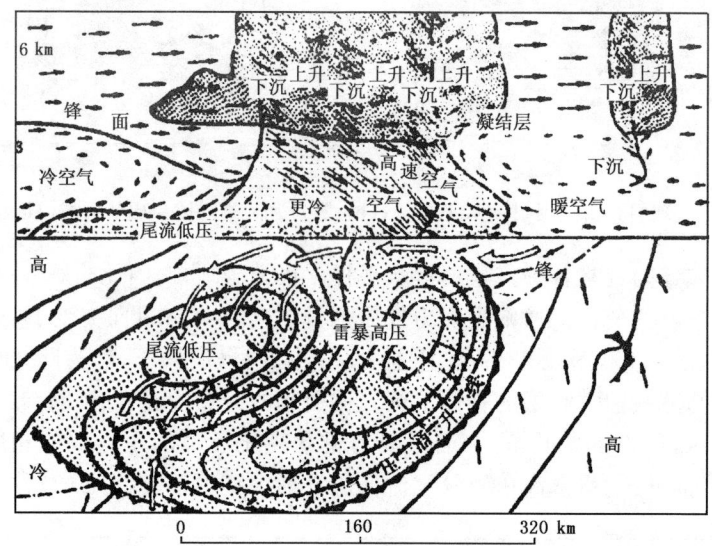

图 5.3　藤田哲也(Fujita T)早期的飑线雷暴模式(Fujita,1963)

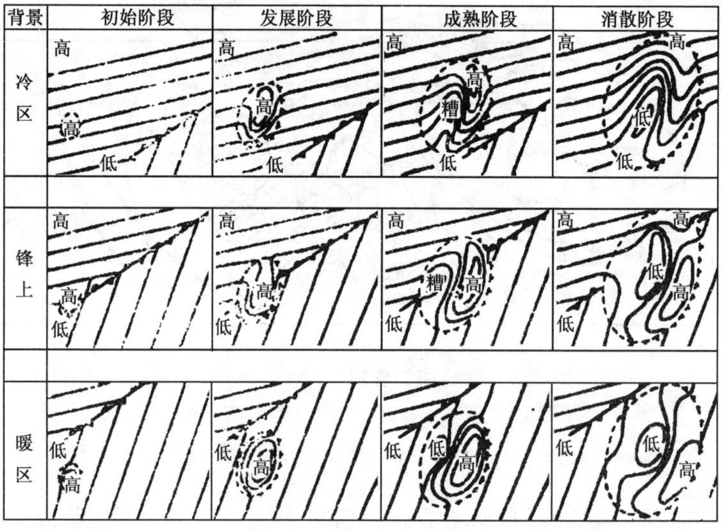

图 5.4　发生在不同的基本气压场上的飑中系统的各个阶段的特征(Fujita,1963)

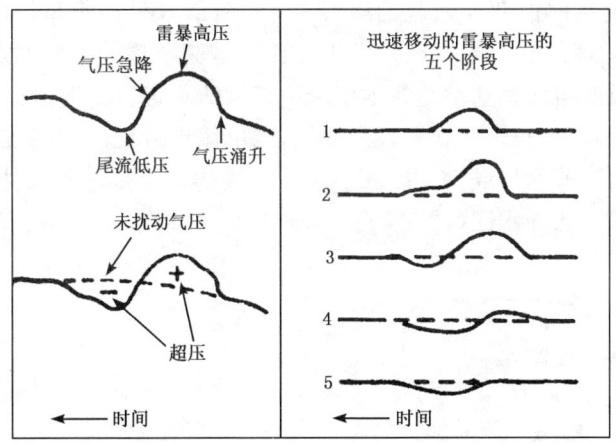

图 5.5　气压波动的各个阶段(Fujita, 1963)

5.1.3　温带飑线的垂直剖面结构

飑线的结构与环境有密切的联系。在中纬度不同的条件下,有不同的飑线结构。其中有两类飑线比较常见(图 5.6)。一类是具有前导对流线和尾随层状云区以及具

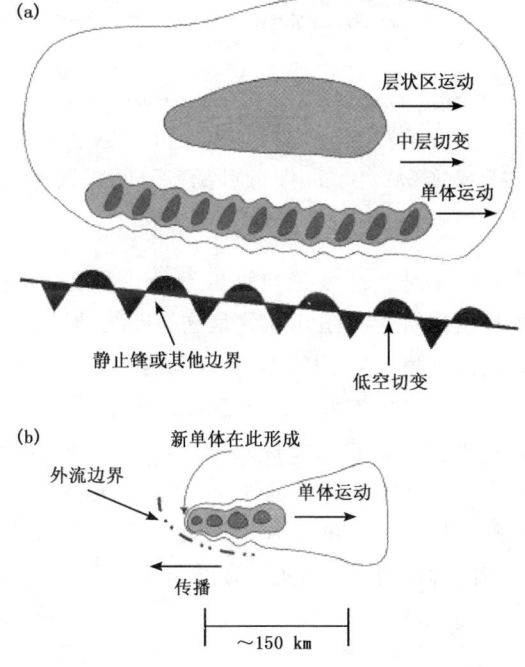

图 5.6　两类较常见的中纬度飑线(Schumacher 和 Johnson, 2005)

有由前向后和由后向前两支入流的飑线(图5.6(a)),另一类是后部建立型的飑线(图5.6(b))。后部建立型飑线经常发生在西风带高空槽前。它们通常由多单体风暴和超级单体风暴组成。这类飑线的南端由于风的垂直切变型式有利于新对流的发展,因而使飑线不断伸长。而在飑线的北端,老单体不断衰亡,衍变成层状云,并沿高空风向东北方向延伸而形成大片砧云。这种飑线的特点是砧状云伸向飑线前方,而在飑线后方没有层状降水区(图5.7)。

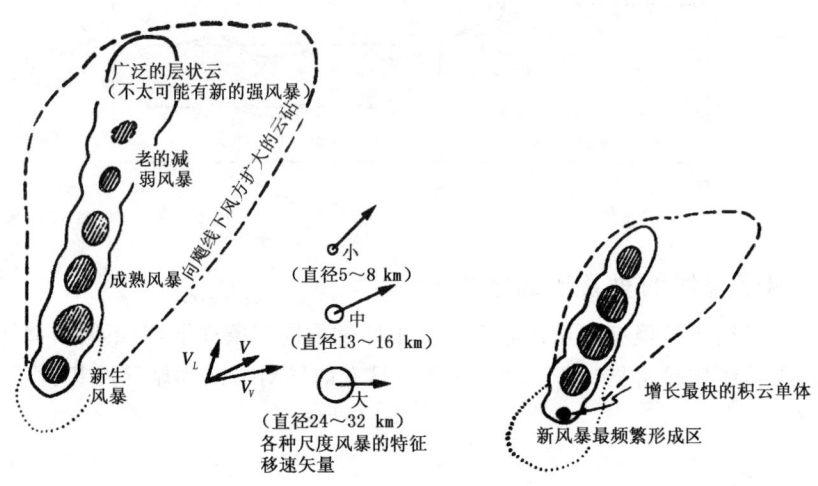

图5.7 中纬度高空槽前的飑线基本特征示意图(Newton和Fankhauser,1964)
(图的上方指向北;实线表示有降水的云;阴影区为大雨中心;虚线表示云砧轮廓线;点线范围为有利于新单体形成的区域。V_v和V_L分别为高层和低层风;V表示平均风。大小不同的圆圈表示大小不同的对流单体,箭头表示它们的移向)

  这一类高空槽前的飑线是中纬度最典型的飑线。早在20世纪50年代末至60年代初就有不少人对其做过研究。图5.8就是这类飑线的垂直剖面结构图。其中可以看到这类飑线的一些常见特征,如中层上升气流的逆切变倾斜,低层暖湿空气入流和中层干冷空气入侵以及飑线后方低湿球位温(θ_w)的下沉气流等。

  Bryan和Fritsch(2000)根据雷达和探空分析,以及数值模拟研究的结果概括成图5.9所示的模式。图5.9显示了一支进入到MCS的对流区域之内深层入流(约几千米厚)。构成分层倾斜上升气流的这层空气是位势不稳定的。Bryan和Fritsch(2000)称这个现象为潮湿的绝对不稳定层(简写为MAUL)。

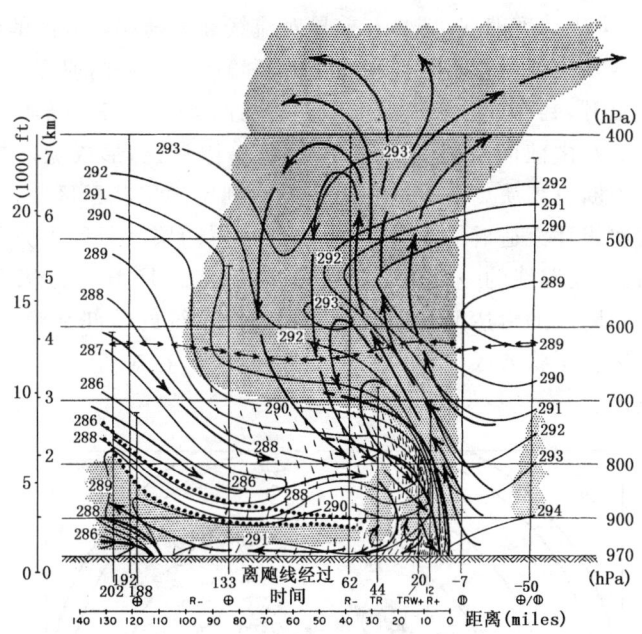

图 5.8 1947 年 5 月 29 日发生在美国俄亥俄州的一条锋前飑线的垂直剖面图（Newton 等，1959）（剖面沿与飑线相正交的方向；矢线表示流线，细实线为 θ_w 等值线，点线表示稳定层的上下界，稳定层上部为相对干区；阴影区表示云区）

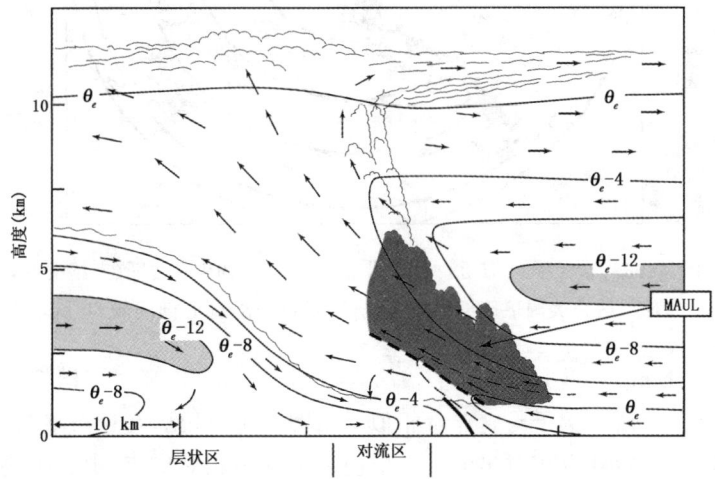

图 5.9 通过对流系统的理想化横截面（Bryan 和 Fritsch，2000）
（气流矢量是相对于系统的，扇形细线指示云的边界，实线是间隔 4 K 的相当位温 θ_e 等值线（细的虚线是中间等值线，而粗的虚线标记最高值的轴线），粗的实线指示出流边界或锋区，淡阴影突出显示中间层低 θ_e 空气，浓阴影描绘了潮湿的绝对不稳定层（MAUL））

近年来,另一类中纬度飑线,即具有前导对流线和尾随层状云区的飑线已引起学界注意。这类飑线发生在风垂直切变相对小的环境中。它们的前方有一支由前向后的入流迎着飑锋上升,到高层分裂成向前和向后的两支气流,其后部中层则另有一支由后向前的入流。在由前向后的气流中,由于老单体衰亡,形成宽广的尾随层状云区。由于在高层不断有冰质点从对流区向后飞落到尾随层状云区中,加上在尾随层状云区中包含着次级环流造成的上升运动,因此在尾随层状云区下方仍有明显的降水。图5.10是这一类飑线的一个例子。这是1985年6月10—11日发生在美国堪萨斯州一带的一条飑线的雷达PPI回波图。在飑线系统的前部是对流云带,对流云带后面是层状云区。层状云区中有一个次级强回波区,在对流云带和次级强回波区之间是一个过渡区。

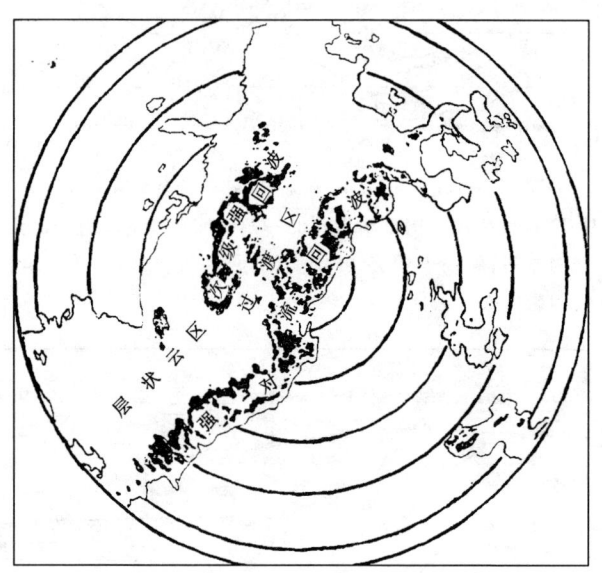

图5.10　1985年6月11日03时01分飑线的雷达PPI回波图(寿绍文等,1988)
(观测站为美国堪萨斯州威奇托(Wichita)站,同心圆间隔50 km)

Ogura和Liou(1980)曾分析过1976年5月22日一次通过美国俄克拉何马州的强飑线的结构,上面的例子与它非常相似。由图5.11可见,在这条飑线的低层,前部有强的相对入流,后部有相对出流。高层前后部均为相对出流,中层飑线后部为相对入流。风暴前部低层为偏南气流,V动量的正值向上、向北输送,形成一条倾斜的正值V动量带。由于低层入流携带大的水平动量向上、向北和由中层后部进入的空气相遇产生辐合。因此在高层(400 hPa附近)形成一个上升气流中心。同时,和低层两支入流的辐合相对应,在700 hPa高度上也形成了上升中心。另外,相对位温和水汽混合比的剖面分析表明,上升气流与相当位温(θ_e)高值区相对应,而飑线后部的下沉气流则和θ_e低值及低值混合比区相对应。湿舌沿上升气流流线向上、向后延伸。这些特征反映了飑线系统中不同属性的空气的来源。

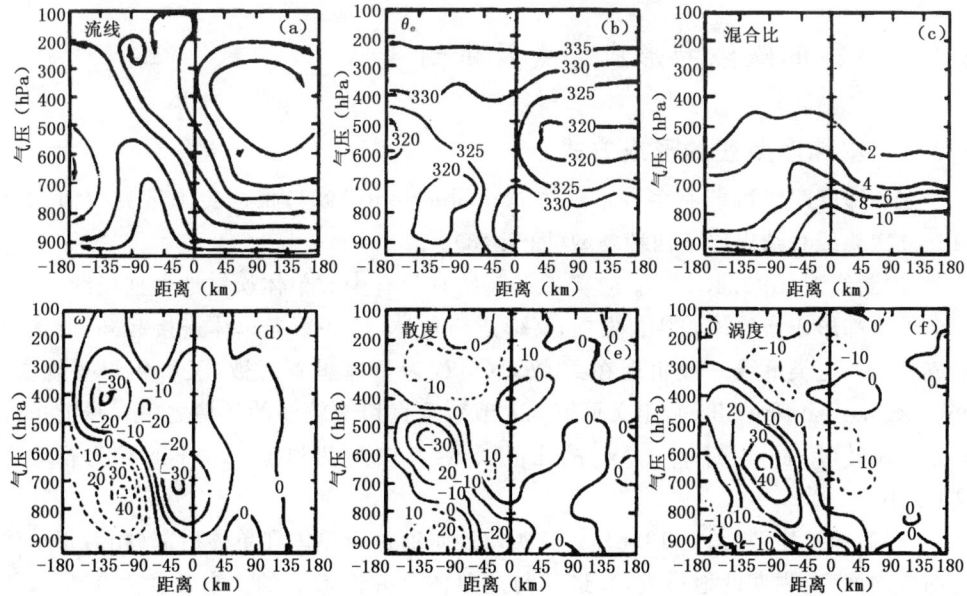

图 5.11 一次中纬度飑线的剖面结构(Ogura 和 Liou,1980)(横坐标表示离开飑线的距离,正值为飑线的前方,负值为后方)((a)流线;(b)相对位温 θ_e(K);(c)混合比(g/kg);(d)p 坐标垂直速度(10^{-3} hPa/s);(e)散度(10^{-5} s^{-1});(f)涡度垂直分量(10^{-5} s^{-1}))

Houze 等(1982)曾对上述由 Ogura 等研究过的同一条飑线进行了多普勒雷达资料的分析,并给出了如图 5.12 所示的飑线垂直剖面图。由图可见,在东部(右边)有一支上升气流向后倾斜。经过大约 30 km 的水平距离,到达约 8 km 的高度上的飑线上的最强单体,然后在单体顶部产生分叉,一支向前,一支向后,强对流单体顶部

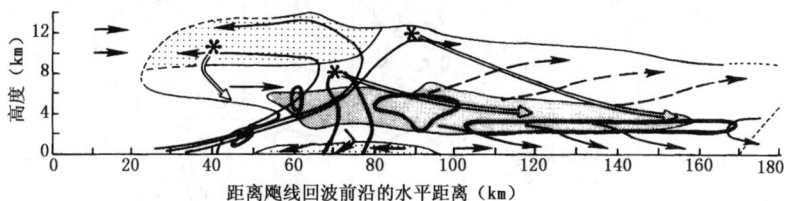

图 5.12 1976 年 5 月 22 日经过美国俄克拉何马州的一个飑线系统的剖面结构的概念模型(Houze 等,1982)(波纹线表示云区轮廓,细实线和虚线表示雷达回波轮廓,图右表示东方,图左为西方。双线箭头表示冰粒轨迹,星号表示冰粒;虚线箭头线表示推测性分析)

产生大量冰质点,下落时受水平气流影响,朝西平流,最后落到 4~5 km 高度上的急流附近发生融化,因此,在飑线后方 55~110 km 的 4 km 高度附近形成一个融化层,在雷达回波上表现为一条亮带。

5.2 中纬度飑线的形成方式及机制

5.2.1 中纬度飑线的形成方式

在中纬度飑线可能有多种形成方式。Bluestein(1984)根据美国俄克拉何马州 11a 40 次飑线总结出以下四种类型(图 5.13)。

(1)断线型(图 5.13(a))。这类飑线起始时只有少数单体松散地排列成线,然后每个单体都形成新单体并各自发展,又形成新单体,这些新老单体连接起来,便最终形成飑线。这类飑线一般出现在 R 数大(R 称为整体里查森数(又称粗里查森数,bulk Richardson number),定义见第 8.6 节),垂直切变较弱的环境之中。线上单体的相对旋转(用 $\boldsymbol{\omega}\cdot\boldsymbol{V}/|\boldsymbol{\omega}|\cdot|\boldsymbol{V}|$ 的比值表示,其中 $\boldsymbol{V}$ 为风速,$\boldsymbol{\omega}=\nabla\times\boldsymbol{V}$ 为相对涡度)较小。

(2)后部扩建型(图 5.13(b))。这类飑线是通过新单体在单体后部(相对于单体运动方向而言)周期性地形成,并最后与老单体合并而形成的。它常发生在 R 数不大、垂直切变很强的环境中。

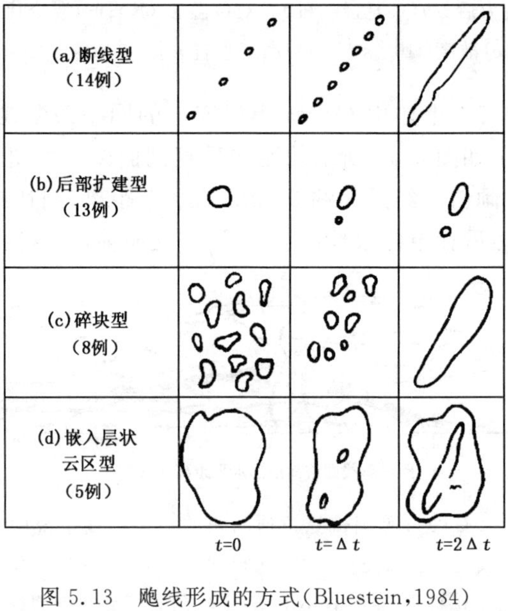

图 5.13 飑线形成的方式(Bluestein,1984)

(3)碎块型(图 5.13(c))。这类飑线开始时是一些分散的单体,由于每个孤立单体各自分裂几次,沿着单体之间的冷的外流边界(飑锋)便会有新对流发展,最后它们联结成一条飑线。图 5.14 是这类飑线的一个例子。在这个例子中,14 时 28 分回波发生一次分裂,形成 L,R 两个回波,各向偏东和东北方向移动,16 时 27 分前后,L 又分裂出 R_A,同时不同雷暴的外流共同作用结果又造成 R_B,这样 L,R_A 和 R_B 便排列成一条飑线。

(4)嵌入层状云区型(图 5.13(d))。这是在广阔的层状云区中形成一条强对流带的过程,这些带类似于暖锋雨带或宽的冷锋雨带(见表 6.2)。

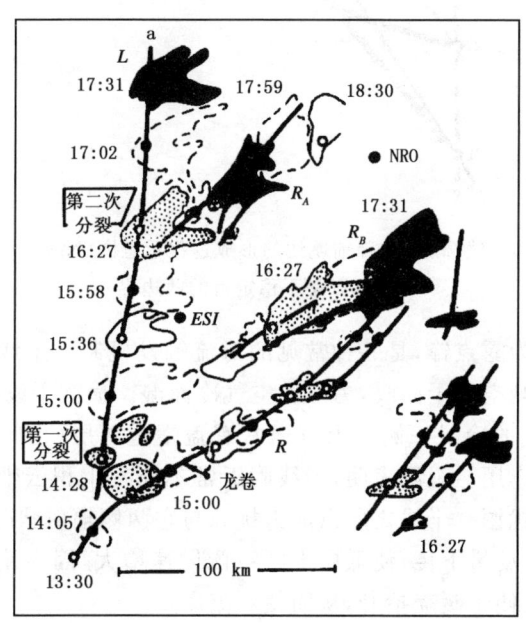

图 5.14　1964 年 4 月 3 日飑线形成过程(Wilhelmson 和 Klemp,1983)
(图中画出了仰角为 0 时大于 12 dBz 的回波区,每隔 30 min 的回波交替用实线和虚线绘出。回波极大值用实线连结,为了醒目起见,有的回波用阴影区表示)

5.2.2　飑线的线状组织机制

飑线是一种线状对流系统,其线形形态的形成可能与先前有线形大气扰动的存在有关。当一条线形扰动(例如锋)接近一个不稳定区,并且移速快于不稳定区时,在它与不稳定区边界(强对流的线发生源)交割处,就可能发生雷暴,当雷暴移速大于冷锋时,就会在锋前形成飑线(图 5.15)。

大气中可以触发飑线的机制除锋以外,还有海风锋、干线、重力波、地形抬升、热力抬升、低空急流、老的雷暴外流(弧状云线)、中小尺度系统以及大气对称不稳定性

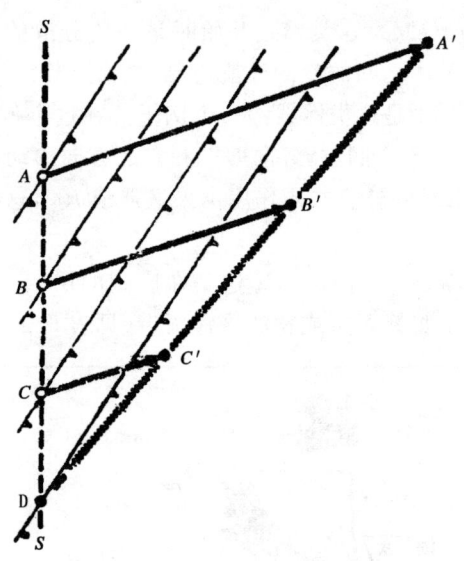

图 5.15　线源 SS 与锋前飑线的形成过程示意图(Newton,1950)
(SS 可以是不稳定舌的西边界)

等。其中干线又称为露点锋,是一种常见的对流触发机制。干线是水平方向上湿度的不连续线。其一侧空气干而暖,另一侧空气冷而湿。横截干线,露点水平梯度可达 5℃/km 以上。干线的冷湿一侧的上方通常有盖帽逆温层(也叫作干暖盖),它起了贮存不稳定能量的作用。观测表明,干线附近常不断发生积云带,并向外传播,这表明它是一种对流的扰源。干线之所以成为扰源与它两侧辐射状况有关。当高空有急流存在时,白天由于动量下传,使低层干区一侧风速增大,因而使干锋附近形成辐合区,这个辐合上升区使干暖盖抬升,从而使对流爆发。

关于重力波对触发飑线的作用,早在 20 世纪 50 年代初,Tepper(1950)便提出过解释。他认为当锋面加速推进时,由于重力场的作用,锋面逆温层上便产生一个致密波,随后当锋面减速时,又会产生一个稀疏波,然后沿逆温层向前传播,这种波动便是重力波。这种情形就好像一个活塞加速推进时,可在液面上产生致密波,减速时产生稀疏波的情形一样。由于受重力波的上升运动影响,逆温层可以被破坏,潮湿不稳定空气被抬升,对流便爆发起来,于是便形成锋对流云带。

近年来很多人都注意到由于大气的对称不稳定性而产生的滚轴状环流也可能是一种飑线的触发机制。所谓对称不稳定,即指重力稳定和惯性稳定的空气在做倾斜上升运动时所表现的不稳定性。这种不稳定可使斜升气流加速,并造成具有水平轴的滚轴状环流,因而可以触发出对流带来。一般说,这种对称不稳定性最易发生在绝对涡度小、风速垂直切变强以及静力稳定度弱的条件下。对称不稳定度可用 S 指数表示。

$$S = \frac{\zeta_a}{f} - \frac{1}{Ri} \tag{5.1}$$

式中 ζ_a 为绝对涡度，f 为地转参数，Ri 为里查森数。当 $S<0$ 时，为对称不稳定。Emanuel(1982)根据实例分析指出，强飑线正好位于对流层大部分都为小值或负值 S 的区域内。这说明对称不稳定确是有利于形成飑线的一种机制。

5.3 具有前导线和尾随层状区型的飑线系统

和温带飑线相似，热带飑线系统也包含对流区和层状区两部分。其中对流区是由排列成带的成熟积雨云组成的。在对流云带前方不断有新对流云生成，而在对流云带后方，老的对流云消亡，形成宽阔的尾随层状云区，展现出具有前导线和尾随层状区的特殊结构。前导飑线的前方低层有高温、高湿空气流入飑线对流云区，云顶可高达 16～17 km。尾随层状云区的范围可达 200 km 以上。层状区中的降水是水平均匀的。其上层的降水物主要是冰质点。这些冰质点来源于飑线前缘线上的对流单体。当飑线向前移动时，这些冰质点便相对地向后运动。一支由前向后的中层急流，把质点带到尾随层状区中。冰质点在尾随层状云区中下降并融化，形成一个融化层，在雷达回波上形成一条亮带。图 5.16 是 Houze(1977)描绘的热带飑线结构的示意图。

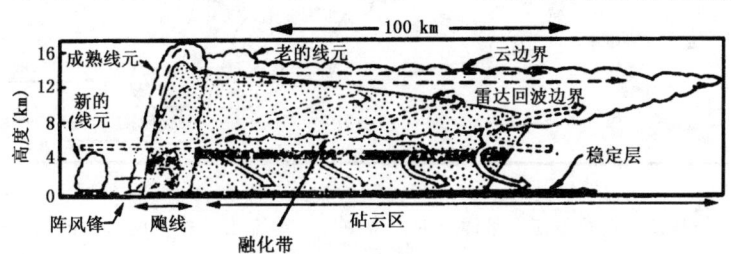

图 5.16　热带飑线垂直剖面示意图(Houze,1977)

(单虚线流线表示对流尺度上升气流，双实线流线表示中尺度下沉气流环流；双虚线流线表示中尺度上升气流环流。浅影区表示弱的雷达回波。黑影区表示在融化带中和在成熟对流云区中的强降水区中的强雷达回波。波纹线表示云的外观边界)

热带飑线和典型的温带飑线的主要区别在于它不存在引导层。在整个对流层都是流入层，所以形成广阔的尾随层状云区。此外，热带飑线的最强回波出现在对流单体的下部。Moncrieff 和 Klinker (1997)通过数值模拟显示出了中尺度对流系统的特性诸如弯曲的对流上升区域和宽阔的云砧下后部的中尺度入流等(图5.17)。模拟结果的特征之一是来自云系前方的深层入流。这与在外场试验期间的观测是相符的(Chen 等,1996)。

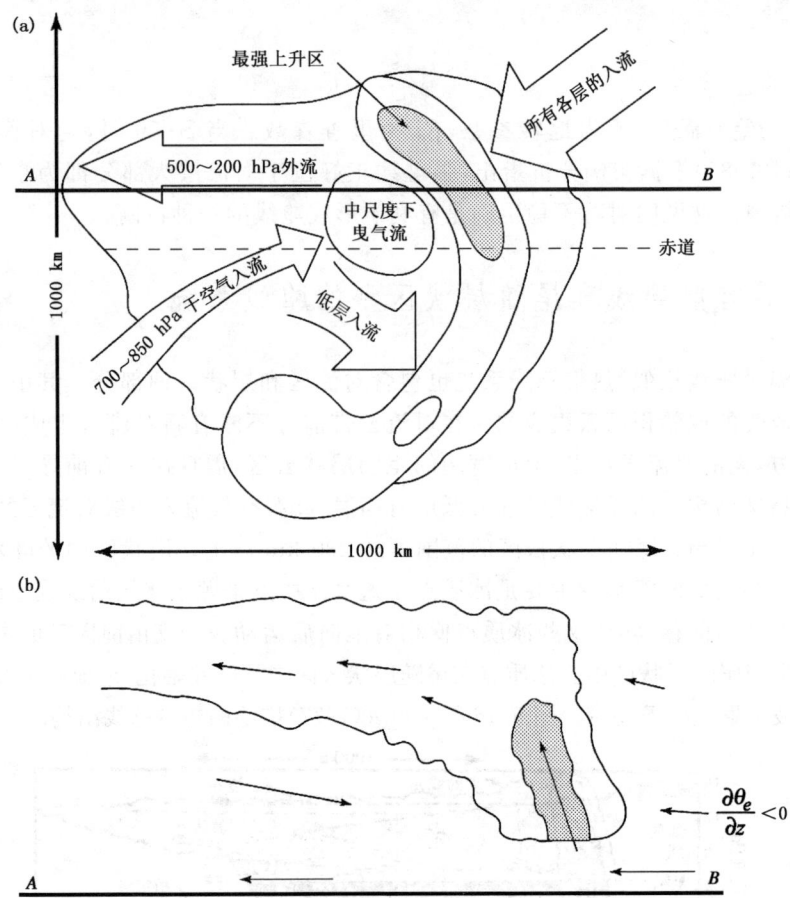

图 5.17 一个与发生在热带西太平洋上的大型中尺度对流系统相似的云团的概念模型(Moncrieff 和 Klinker, 1997)((a)平面图;(b)沿着 AB 线的分区的垂直剖面图。注意在 B 侧的入流层的深度)

Zipser(1977)提出了一个带有前导飑线和尾随层状结构的热带中尺度对流系统的理想化模型(图 5.18)。云下边界层空气块上升并形成基本对流上升气流,周围空气被夹卷进入上升气流。上升气流中的气块不断上升,直到它们失去由夹卷产生的浮力或者遭遇一个环境中的稳定层为止。周围低 θ_e 空气的夹卷削弱了上升气流并形成对流尺度的下曳气流,此气流下沉到对流性降水带内的地面。注意:该系统是三维的,因此上升气流和下降气流的轨迹不是重合的,并且对流区域包含一个对流尺度上升气流和下沉气流共存的交叉带。

Zipser 概念模型的更多的细节是:来自中间层进入中尺度对流系统对流区的空

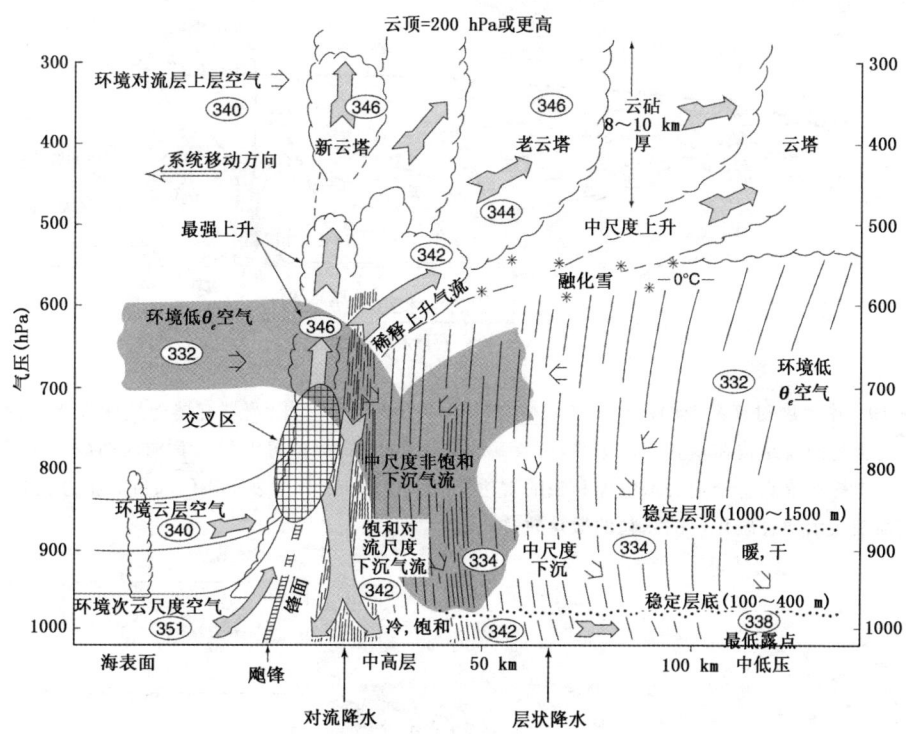

图 5.18　一个带有前导线和尾随层状结构的热带海洋的中尺度对流系统的理想化模型
(Zipser,1977)

气具有很低的 θ_e，以致它必定下沉。由交叉带思想，上升层允许这个具有很低 θ_e 的空气穿过并下沉。

自从 Zipser（1977）的交叉带理论提出以来，又有人提出了不少概念模型，来描述包含在中尺度对流系统中上升气流深层的小尺度蜂窝状结构，以及展现出前导线和尾随层状区的飑线结构（图 5.19）。对流区展现出一种嵌入的蜂窝状结构，被设计成与前导线和尾随层状区的飑线的典型雷达回波结构一致。假定的蜂窝状结构表示由前向后的上升气流包含一系列降水单体（新的，成熟的和老的）的气流扰动，类似于 Browning 等（1976）对多单体雹暴的假定。这些单体被设想为，是在当对流层下部输入对流区的位势不稳定空气变得饱和因而绝对不稳定时被触发出来的。

Yuter 和 Houze（1995）提出，个别雷暴单体的发展是由上升层不稳定引起的，它们在整个中尺度对流系统中充当"颗粒喷泉"的作用（图 5.20）。每个颗粒喷泉都是生长在小尺度的强烈上升气流核心内的降水微粒进行重力分选的体现。较重的雨和霰颗粒直接从上升气流中下落，形成在雷达上被识别为"单体"的反射率核心。同时，

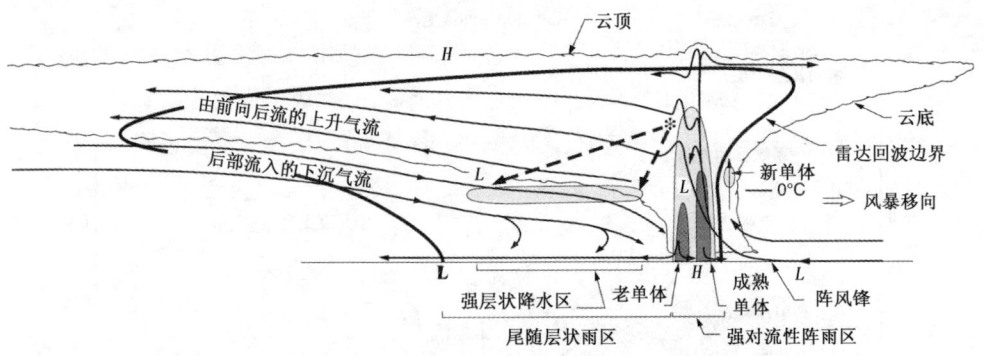

图 5.19 中尺度对流系统的运动学的和微观物理学的概念模型,以及带有尾随层状降水区的对流线的雷达回波结构在垂直于对流线(并且一般与其运动平行)位置上的垂直剖面图(Houze 等,1989)(中等和浓阴影分别表示中等和强的雷达反射率;H 和 L 分别表示正的和负的压力摄动;点划线箭头表示通过融化层的冰粒的散落轨迹)

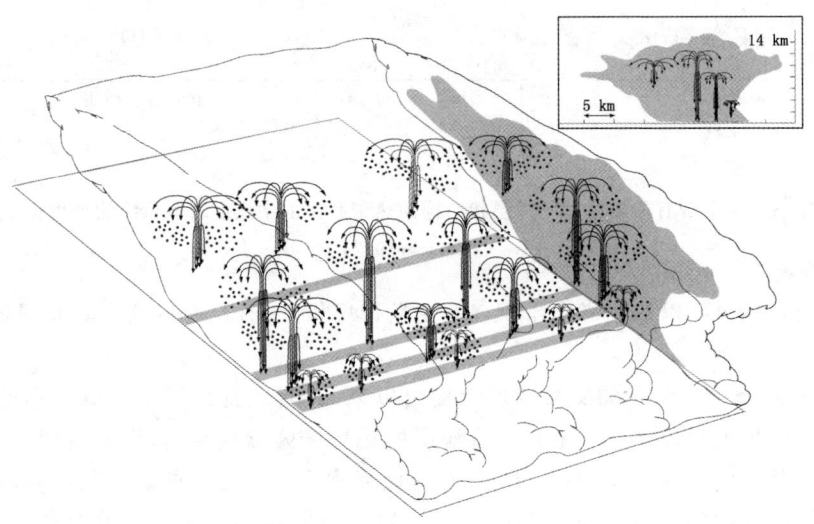

图 5.20 在多单体中尺度对流系统中的喷泉的概念模型(Yuter 和 Houze,1995)(阴影区代表在沿垂直于对流区的垂直剖面上的雷达反射率的分布。云的边界用轮廓线表示。插入的小图表示雷达回波及喷泉的大概尺度)

越来越多的中等大小的冰粒在一个较宽的区域上被有浮力的气块广泛传播,它们将成为形成层状云盖的原材料,在中尺度对流系统中变得浓厚而稳定。当有浮力的气块由于气压随高度下降而横向膨胀时,他们便在一个较宽广的区域上撒播冰粒。此外,向上的由前部向后部的平流输送,使它们进入层状区域内,从而扩展了微粒喷泉的影响。Fritsch 和 Forbes（2001）强调，倾斜的抬升是促使 MCSs 和 MCCs 形成宽阔的高云区域的关键，结果是在嵌入宽阔的上升气层的小尺度上升气块内形成的冰粒促进了向上的层流从而使得一个范围很大的层状云云盖得以发展。

嵌入的蜂窝状结构的动力学机制已经被数值模式验证。Yang 和 Houze(1995a)提出：嵌入上升气层内部的单体在冷堆前端被气压鼻触发，然后作为重力波向后方传播（图 5.21）。这个过程要求深厚的入流气层在它向上越过阵风锋后不久即变得稳定，以使该气层支持重力波运动。

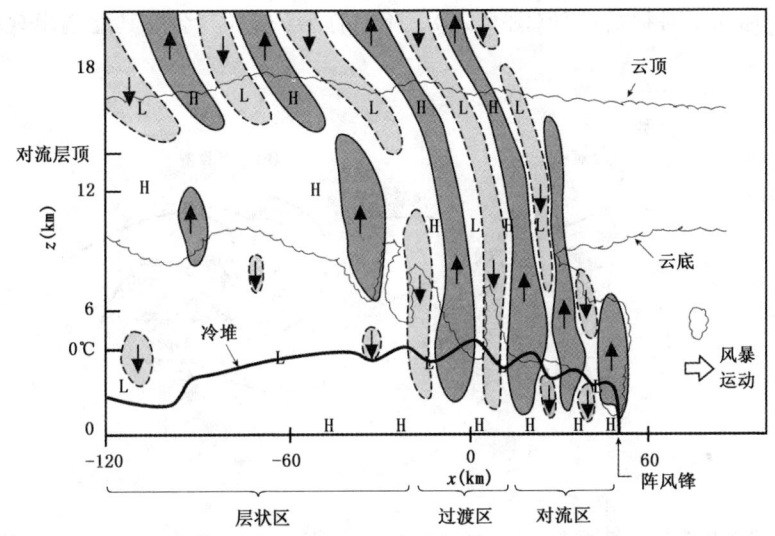

图 5.21　一个模拟的成熟阶段的多单体风暴的重力波结构的模型图（Yang 和 Houze，1995）（上升速度＞1 m/s 的区域用深色阴影表示，下沉速度＜－1 m/s 的区域用浅色阴影表示，粗线是用－1K 位温扰动定义的冷堆的轮廓线。云的轮廓线是用 0.5 g/kg 的非降水水凝物混合率的等值线。L 和 H 分别表示扰动气压的高值和低值中心）

前导线－尾随层状区型的中尺度对流系统一般会呈现后部入流，即一股低 θ_e 的空气，从层状区的尾部砧状云进入 MCS 然后朝前导对流带下降（图 5.19）。下降气流平缓地越过层状区，但是当它接近活跃的雷暴单体区的紧后方时常常突然向下。一种普遍的假定是后部的下降气流是由热力学过程驱动的，即由来自 MCS 飑线的尾部层状云层的降水颗粒的升华、融化和蒸发而冷却的。然而，后方入流的成因主要可能是动力学的。Schmidt 和 Cotton(1990)对一个 MCS 飑线进行了数值模拟并识别了由与在对流线内增温而引起的重力波。他们主张当这些波在一个切变环境中时，在高层向后的重力波传播改变了高层的风结构，以至于产生一个后部入流通道。

这个观点似乎与 Pandya 和 Durran(1996)的更一般的结果一致,他们证明了中层入流是整个重力波对于对流区域加热响应的不可分割的部分。

总之,一个前导线和尾随层状区型 MCS 的中层后部－前部气流,在最基本的水平上,表现为重力波对对流线内部加热的响应。降水颗粒的升华作用,融化和蒸发作用促进了中层入流当来自低于尾随层状云云盖时下降。然而,直接从风暴本身起源的过程看起来不能解释一些观测到的后部入流的强度。至于比较强烈的后部入流,飑线必然有线端涡旋,或者必须发生在一个将中层空气强力馈送到前导－线－尾随－层状系统后部的环境中。前导线和尾随层状区型的中尺度对流系统按其内部气流可分为对称和不对称的两种(图 5.22)。不对称型的 MCS 会在其北端出现中层中尺度涡旋。

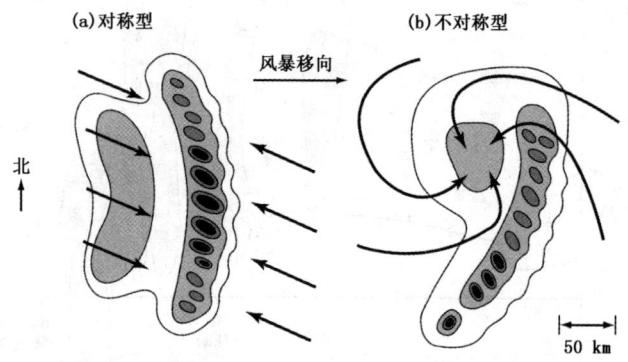

图 5.22 北半球前导线和尾部层状区型飑线 MCS 的结构(Houze 等,1989,1990)(图中等值线阈值表示雷达反射率,由外向内强度增强。对流区有最大反射率核心(浓阴影)。层状区域的中心位于中等强度回波区域(淡阴影),没有最大反射率核心。流线指示低空风向)

5.4 飑线天气过程的个例分析

5.4.1 1962 年 6 月 8 日淮北飑线过程

1962 年 6 月 8 日,鲁南、皖北及苏北发生了一次飑线天气过程,阵风普遍达 8～9 级及以上,淮北有 20 多个县下了冰雹,雹块大的如拳头、鸡蛋,小的如红枣、白果。严重地区积雹四指深(约 6 cm),洼地则达 30 cm 之多。飑线最早出现在微山湖附近,然后有规律地由北向南传播,一直到淮河及洪泽湖一带,其所经全程约 300 km,历时约 9 h(15～23 时)(图 5.23)。

根据 114°—122°E,32°—36°N 范围内 200 余站的资料进行中尺度天气分析,发

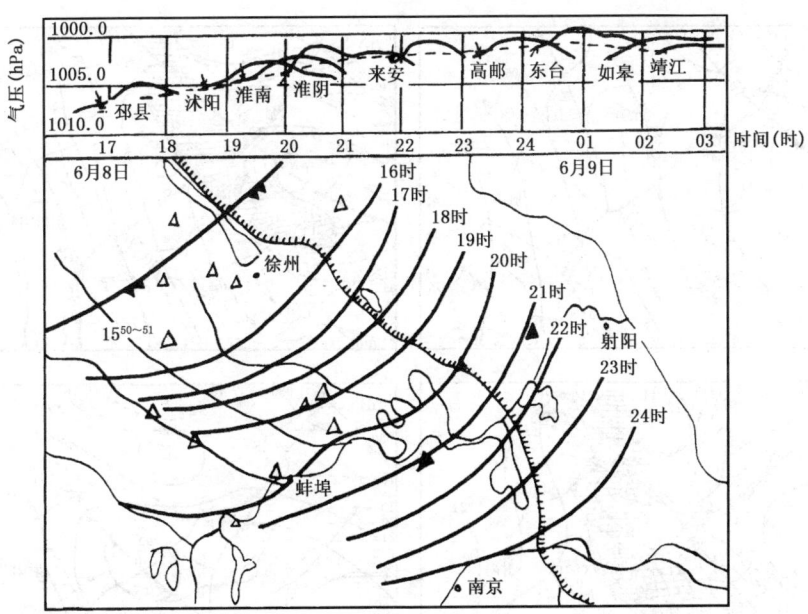

图 5.23 1962 年 6 月 8 日气压涌升线及雷暴高压动态及降雹地区分布图(寿绍文等,2003)

现在 1962 年 6 月 8 日的飑线、冰雹过程中有一些中尺度系统起了作用。6 月 8 日 14 时,在冷锋前温度高、湿度大、辐合强的地带(即鲁南一带),开始出现对流云;16 时锋前出现了雷暴区,对应在气压场上出现了一个中尺度的冷性高压脊;17 时形成闭合的冷性雷暴高压,并开始强烈发展。在雷暴高压前部有一个狭长地带,在这个地带内,水平温度梯度和气压梯度很大,辐合强烈,气旋性涡度也很大(其量级均为 $10^{-4} s^{-1}$),狭长地带内都发生雷暴和飑,有的地方下了冰雹,这个狭长地带就是飑线所在(图 5.24)。

飑线过境时,各站天气非常猛烈,气象要素发生剧变。首先是气压涌升,在自记曲线上逐渐形成一个雷暴鼻,然后风向急转,出现大风,接着相对湿度陡升,气温猛降,同时降水开始(图 5.25)。

这条飑线形成于穿心冷锋前的低压暖区中,当其形成后就逐渐远离冷锋,在同一气团中和雷暴高压一起不断向前传播,一直到 24 时以后在长江附近消亡。这样便构成了它从发生、发展到消亡的近 10 h 的生命史。其间在发展强盛阶段,飑线前部有一个暖性中低压出现,它与雷暴高压组成一对气压偶。而同时在雷暴高压后部则出现了尾流低压,飑线前有强的辐合上升运动,飑线后则有强的辐散下沉运动。穿过雷暴高压、飑线的垂直剖面图表明,飑线具有类似锋面的结构,坡度较大(图5.26)。

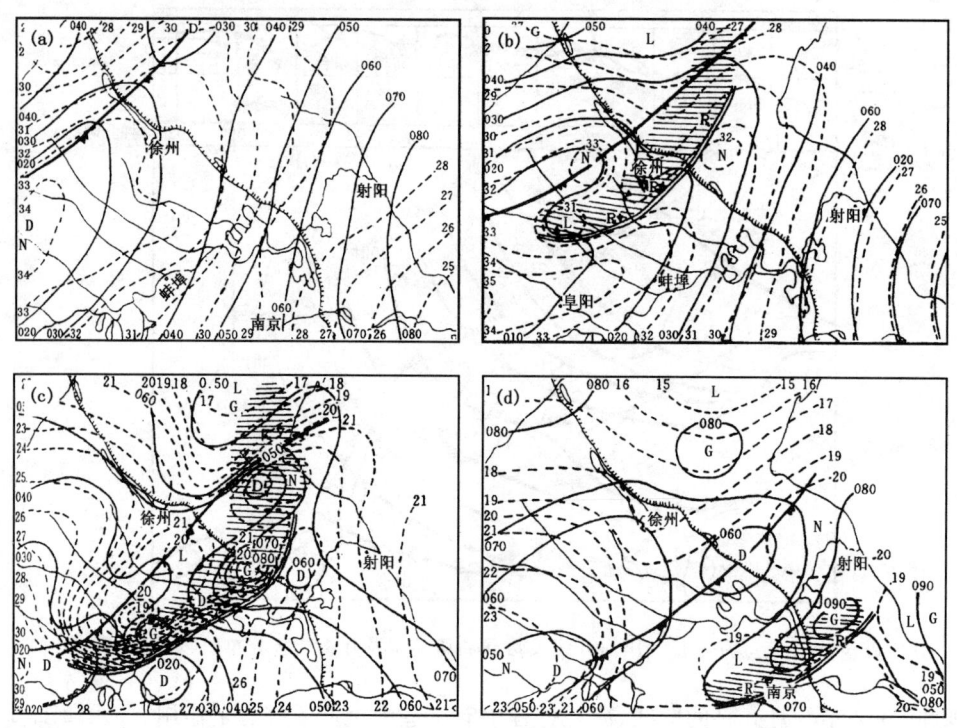

图 5.24　1962 年 6 月 8 日 14 时(a)、16 时(b)、20 时(c)和 24 时(d)的中尺度地面天气图
(寿绍文等,2003)

5.4.2　1974 年 6 月 17 日我国东部强飑线过程

1974 年 6 月 17 日,我国东部地区发生了一次强飑线过程。山东、江苏、安徽等省的大部分以及浙北、赣北、鄂东的部分地区,自北向南先后受到这次强飑线的侵袭。飑线经过各地时,风力一般在 8 级以上,其中有 40 多个县市,风力达到 10 级以上,20 多个县市达到 11 级以上,南京附近 10 多个县市达到 12 级以上。有 20 多个县市还发生了冰雹(图 5.27)。飑线过境时,气压、温度、湿度等气象要素也都有剧烈的变化。例如,飑线经过南京时,南京当地,风速由静风迅速增大至 12 级,阵风风速达 38.8 m/s,同时在 10 min 内气温下降 11℃,相对湿度升高 29%,1 h 内气压涌升 8.7 hPa,降水 34 mm(图 5.28)。

中尺度分析表明,6 月 17 日 08 时前后,雷暴天气最早是从山东北部的中低压东部的切变线上爆发起来的(图 5.29)。中低压在南移过程中逐渐加深,雷暴区(雷暴高压)也逐渐扩大、加强。雷达回波分析表明,在 14 时以前,雷暴区一直局限在中低

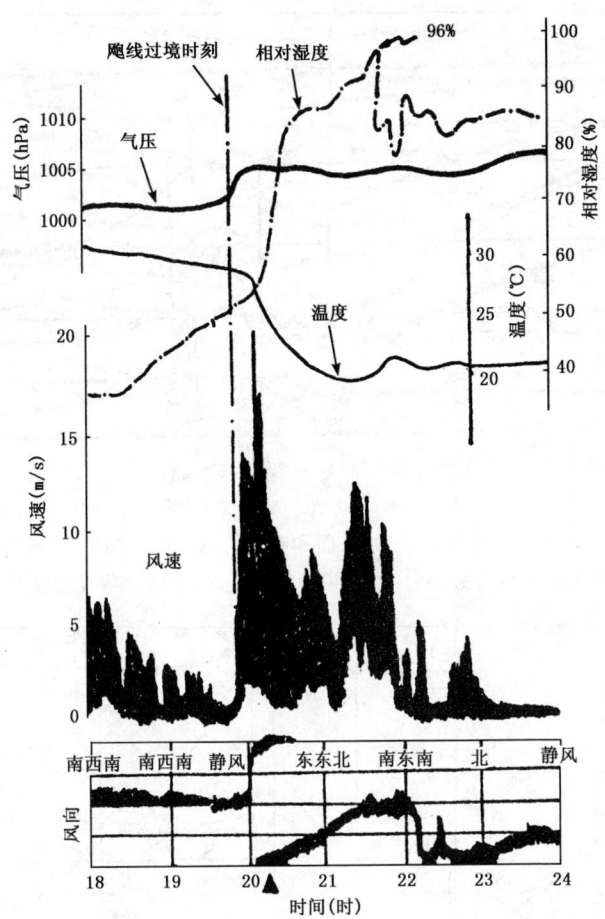

图 5.25　1962 年 6 月 8 日飑线经过蚌埠前后气象要素的变化(寿绍文等,2003)

压东部地区,而在中低压西部却无对流发生。可是 15 时前后,在中低压西部突然也出现了强回波带。6 月 17 日 15 时以后,由于中低压东西两侧都形成飑线,两条飑线相交构成一个人字形回波带。回波带是由许多回波单体侧向排列而成的,在波状回波的波顶外,雷暴的个体最大,高度最高(达 18 km 以上)。由于中气旋波顶上的雷暴最强,其移速也最快,因而回波带经历了人字形到一字形,再到 V 字形的演变。17:40 左右,南京北方的回波带已逐渐呈现明显的 V 字形(图 5.30)。南京的强天气正是受到最强回波影响的结果。

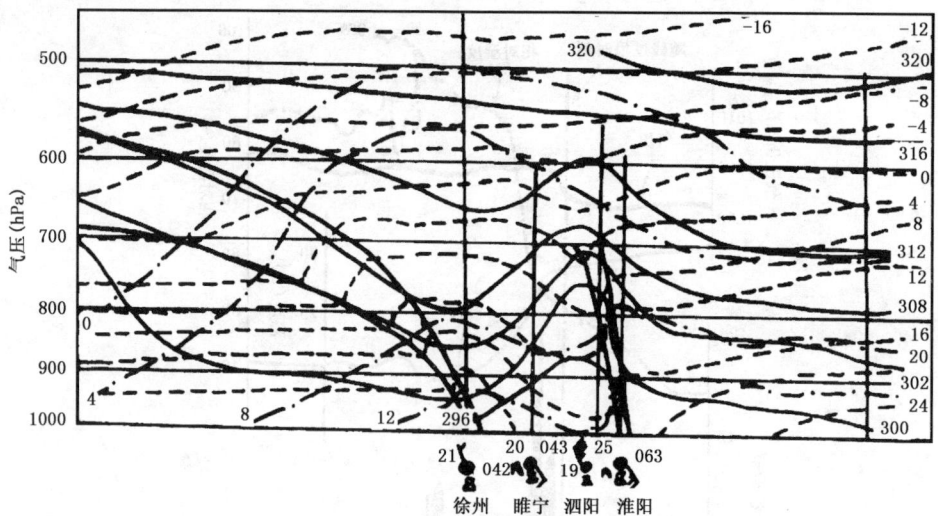

图 5.26　1962 年 6 月 8 日 20 时锋面和飑线的垂直剖面图（寿绍文等，2003）
（图中实线为等位温线，虚线为等温度线，点线为等比湿线）

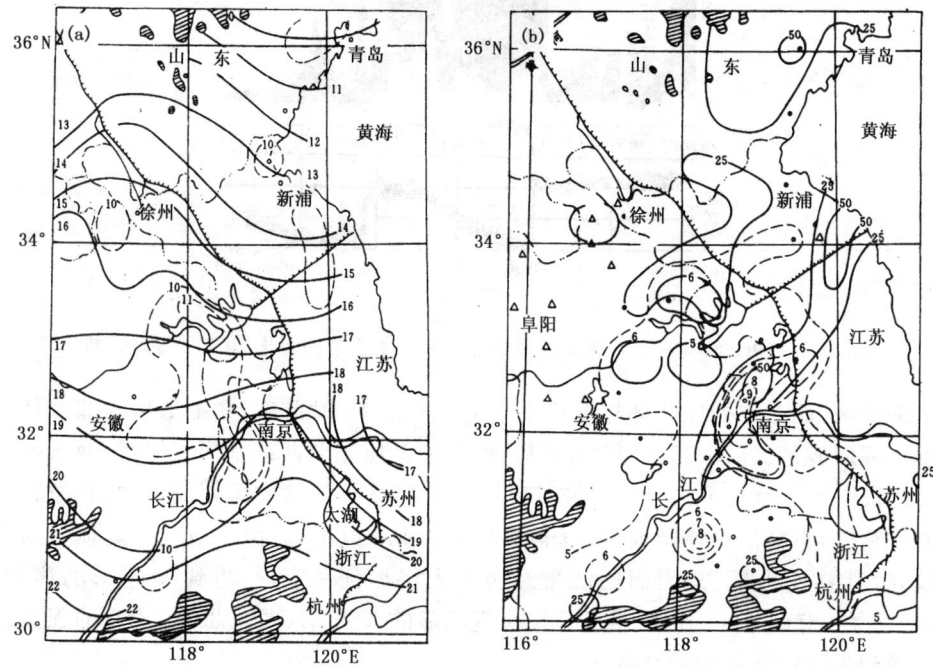

图 5.27　1974 年 6 月 17 日极大风速分布及大风开始时间等时线（实线）和等风速线（虚线）图(a)；等雨量线（实线）和等变压线（虚线）以及灾情分布(b)（小圆点为重灾区，三角形为降雹区）图（阴影区表示山地）（寿绍文等，1978）

第 5 章 中尺度带状对流系统　　　135

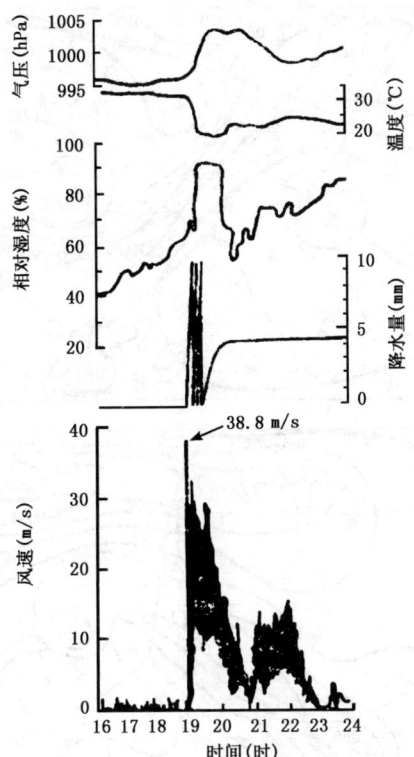

图 5.28　1974 年 6 月 17 日飑线经过南京时的气象要素变化（寿绍文等，1978）

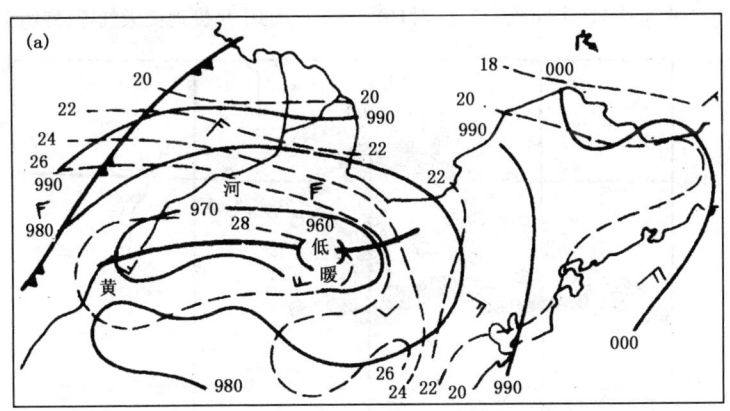

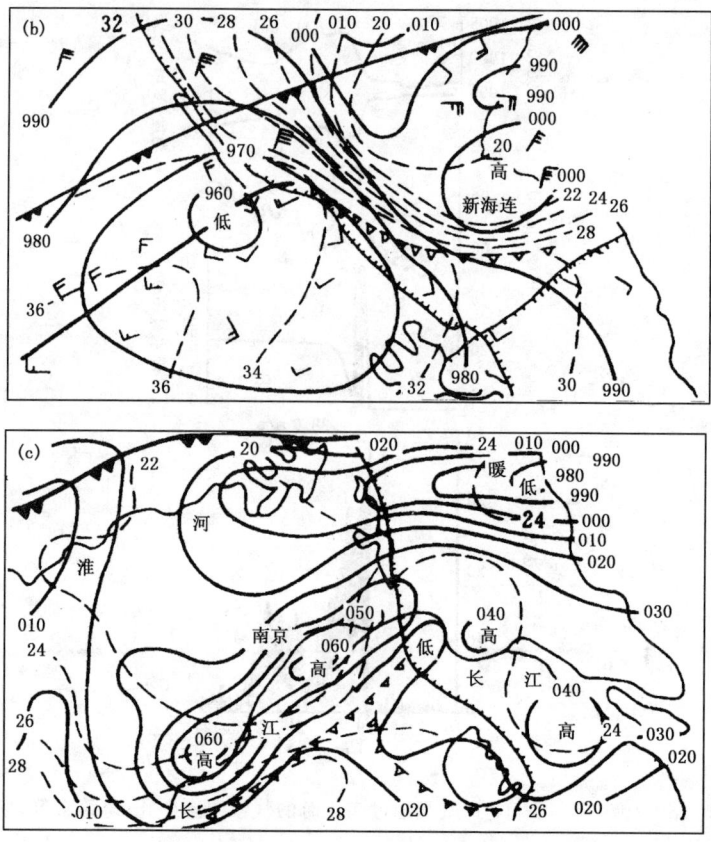

图 5.29 1974年6月17日08时(a)、14时(b)、20时(c)的中尺度地面天气图(寿绍文等,1978)

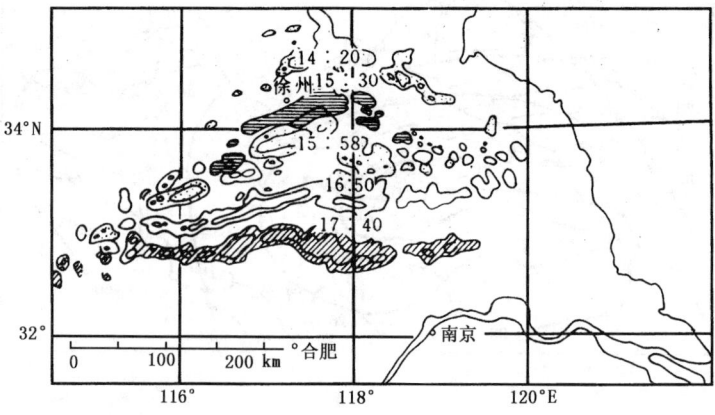

图 5.30 1974年6月17日雷达回波动态图(寿绍文等,1978)

1974年6月17日的强飑线过程的大尺度形势背景具有以下特点：

(1)在300 hPa等压面上，河套地区以北有一支西北风急流，长江以南至朝鲜半岛有一支西南风急流，黄河、长江之间的地区处在两支高空急流之间的弱风带之下(图5.31)。

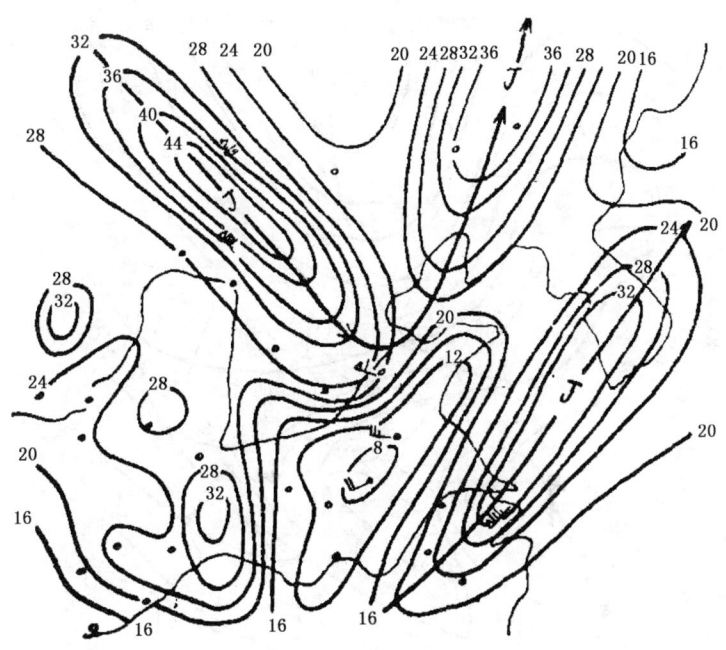

图5.31　1974年6月17日08时300 hPa风速分布图(寿绍文等,1978)

(2)在500 hPa等压面上，北支槽紧随在南支槽之后，在我国东部沿海呈现"阶梯槽"形势。图5.32是1974年6月17日08时的500 hPa位势高度形势图。由图可见，我国东部地区南方有一东北—西南向的低槽从朝鲜半岛经黄海、东海向江西和湖南一带伸展。北方则有一低槽从内蒙古经河北向山西一带伸展。北槽槽前及南槽槽后高空均为西北气流，两槽之间仅有微弱的反气旋曲率相间隔。北方槽槽后有强的冷平流，并有强锋区的配合，槽前气流疏散，并且也有较强的冷平流，形成了高空冷锋(CFA——cold front aloft)的结构。

(3)在高层南、北槽之间，地面为一低压，山东北部有一低压中心低压后部，冷锋位于锦州—济南一线。由于高空冷平流已经到达地面冷锋的前方，因此形成了前倾槽的形势。通过分析地面锋前后各个不同高度上的风的分布可知，在地面冷锋锋前地区，偏南风随高度顺时针方向旋转；在地面冷锋锋后地区，偏北风随高度逆时针方向旋转。当高层西北风造成冷平流时，其风向到低层转为偏东北风，且风速减小,因此高层北风分量大于低层,造成高层冷空气前倾于地面冷锋的形势,同时,当西南风造成暖平流时,高层西南风到低层转为偏南—东南风,从低层输送暖空气。这种风随高度的变化情况说明,在地面冷锋锋前地区低空有暖平流,高空有冷平流。暖空气伸入高层冷空气之下这是一种十分有利于不稳定度增大的机制。

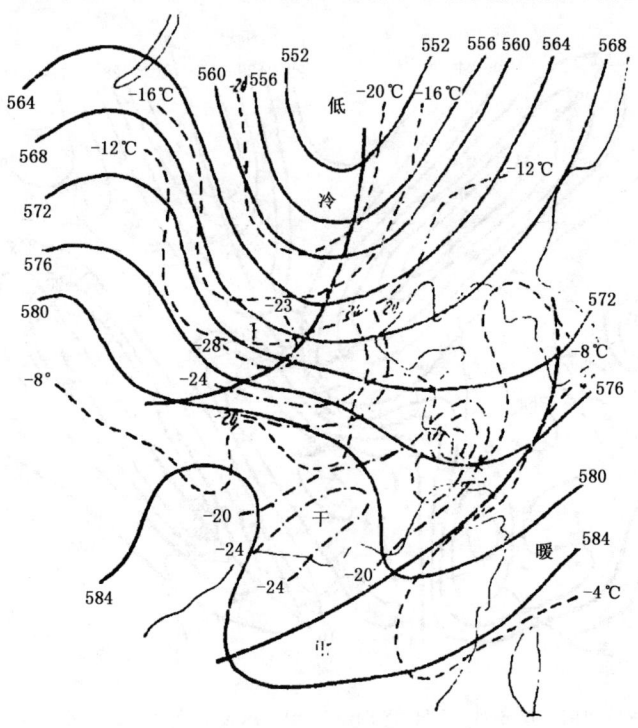

图 5.32 1974 年 6 月 17 日 08 时 500 hPa 形势图(寿绍文等,1978)
(实线为等高线,单位 dagpm;虚线为等温线;点划线为等露点线单位均为摄氏度)

(4)离地 600~1000 m 高度上,低压前部,有一低空西南风强风带。

(5)在 500 hPa 等压面上,北支槽与南支槽之间,在我国东部有一条呈西南—东北向伸展的干舌,而同时,低层 850 hPa 等压面上为一暖湿舌,因而有利于造成对流性不稳定(图 5.32)。

(6)在南支急流左侧,即南支槽槽后、脊前的大片地区,因下沉运动而造成一个广阔的下沉逆温层,其厚度为 30~150 hPa,高度为 800~700 hPa,南面略高,北面略低,高度随时间降低。下沉逆温层的存在起了贮存不稳定能量的作用。上面说过,离地 600~1000 m 有强西南风带,但在 850 hPa 上却成了弱风区。这说明在低层风速垂直切变很大,湍流较强。可以认为,850 hPa 上的湿舌也非 850 hPa 上平流的结果,而主要是其下层的湿平流和下层与 850 hPa 之间水汽的湍流输送的结果。

既然低层有较强的湍流存在,那么要是没有下沉逆温层的阻挡作用,不稳定能量是难以贮存的。一般来说,下沉逆温层范围较广,高度较高,厚度较大,存在较久,不易破坏,这对爆发对流是不利的。但当下沉逆温层下贮存了大量的不稳定能量时,若有强冲击力冲破逆温层,则对流便将激烈爆发。此外,逆温层的存在还有利于重力波的传播。当天,很多地方还存在辐射逆温层,在低层湿度较大处有辐射雾出现。辐射逆温层存在时间短暂,作用不大,但辐射雾的出现,标志着当地湿度较大,因此当天在辐射雾出现地区,一般风力较大,这看来并非偶然的巧合。

(7)北方强冷空气南下无疑是这次强对流的最主要的触发机制。在日前,北方建立横槽使冷空气堆积,也已形成强锋区(水平温度梯度达16℃纬距),随后横槽逐渐转竖、加深,导致冷空气进入南槽槽后,从而沿偏北气流南下。使北槽加深的因子很多,主要的有,北槽为不对称的疏散槽,槽线上有偏北风正的地转涡度平流,温度槽落后于高度槽槽线上有正的热成风涡度平流,北槽正处于从蒙古高原下坡过程中的阶梯槽形势是造成北槽槽线上吹北风以及槽前气流疏散的重要原因,因此阶梯槽起了使北槽加深,使强冷空气南下的作用。

飑线的强度及移速、移向也是一个值得关注的问题。雷暴高压冷丘和飑线的推移方式类似于异重力流的传播方式。系统的移速 C 与风速 V 有以下关系:

$$C \approx V/(1+\sqrt{\frac{\rho_1}{\rho_2}}) \tag{5.2}$$

式中 ρ_1, ρ_2 分别为冷、暖气团的密度,当 $\rho_2 \gg \rho_1$ 时,$C \cong V$。一般来说,雷暴愈强,风速愈大,其移速也将愈快。6月17日15时以后,由于中低压东西两侧都形成飑线,两条飑线相交构成一个人字形回波带。回波带是由许多回波单体侧向排列而成的,在波状回波的波顶处,雷暴的个体最大,高度最高达千米以上,由于中气旋波顶上的雷暴最强,其移速也最快因而回波带经历了由人字形→一字形→V字形的演变。17:40左右,南京北面的回波带已逐渐呈现明显的V字形图。这说明,南京地区受到原在中低压中气旋波顶上的最强的雷暴的正面袭击,这就是为什么南京的天气强烈的原因之一。当然南京天气的强烈,还与南京的不稳定度较大以及处在南支急流附近,风速垂直切变较大有关。此外,中尺度低压造成对流云辐合增强等原因,也是使南京附近天气特别强烈的原因之一。

由图5.33可见,6月17日雷暴高压超压的大值区的移动路径呈现反气旋式曲率。其原因可能有三个:一是由于高空气流的引导作用,由图5.31所示的500 hPa形势图可见,在700~500 hPa上,安徽南部一带为反气旋式流场,吹东北风;二是在苏南、皖南一带均为山地,地形阻挡作用使对流系统主体主要沿长江河谷地带移动;三是强风暴本身的右移作用。

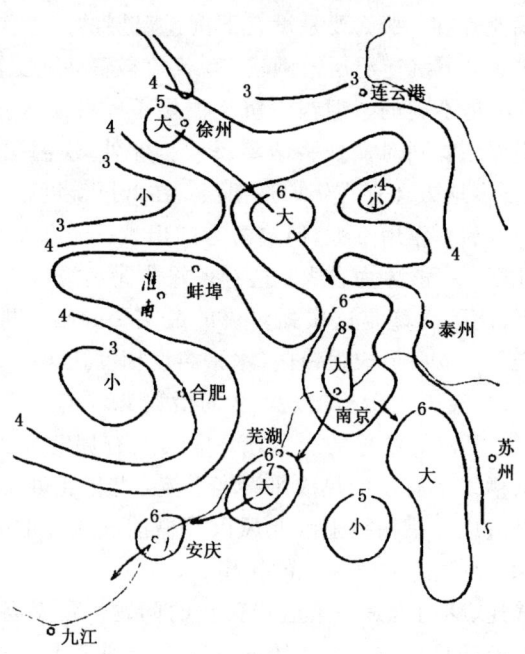

图 5.33 1974 年 6 月 17 日雷暴高压超压分布图（寿绍文等，1978）

5.4.3 1985 年 6 月 10—11 日美国中部地区的飑线分析

1985 年 5—6 月在美国中部堪萨斯州和俄克拉何马州地区进行了一次名叫 PRE-STORM 的对流风暴观测试验。在 6 月 10—11 日期间，一条具有宽阔尾随层状云区的强飑线正好发生在这个地区。6 月 11 日 00 时（UTC）的高空形势是有一个冷槽向东移过美国中部地区，槽前有暖平流，地面有倒槽，冷锋位于堪萨斯西部地区（图 5.34）。6 月 10 日 21 时至 6 月 11 日 01 时对流开始发生发展，6 月 11 日 01—04 时飑线达到成熟阶段，雷达回波显示在飑线对流区后方有宽阔尾随层状回波区，在层状回波区中包含次级强回波区，在次级强回波区与主要的强对流回波区间为一个宽约 20 km 的过渡区（图 5.10）。6 月 11 日 04—08 时，飑线逐渐进入消亡阶段，对流回波明显减弱，最后只留下层状回波。

根据该地区 14 个探空站不同时刻的 54 个观测记录采用合成分析的方法，研究了飑线的三维结构。图 5.35 是 1985 年 6 月 10 日至 11 日的雷达回波及飑线前缘线（细实线）的动态图。取随飑线移动的移动坐标系，其水平轴 X' 和 Y' 分别取为与对流线曲线相正交和相切的方向。按照每个时刻回波在移动坐标系的位置，得到飑线系统的合成雷达回波图。再将相对气流、各种物理量诊断分析等也进行合成分析（图 5.36）。

第 5 章 中尺度带状对流系统　　　　　　　　　　　　　　141

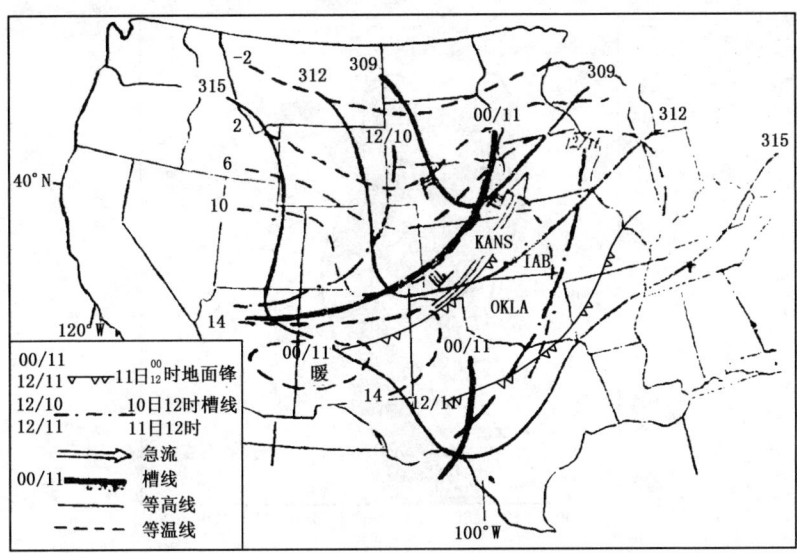

图 5.34　1985 年 6 月 11 日 00 时（UTC）的 700 hPa 等压面形势及 6 月 10 日 12 时至 11 日 12 时的 700 hPa 槽线、地面锋的动态图（寿绍文等，1988）（图中 KANS、OKLA 和 IAB 分别为堪萨斯州、俄克拉何马州和威契塔市）

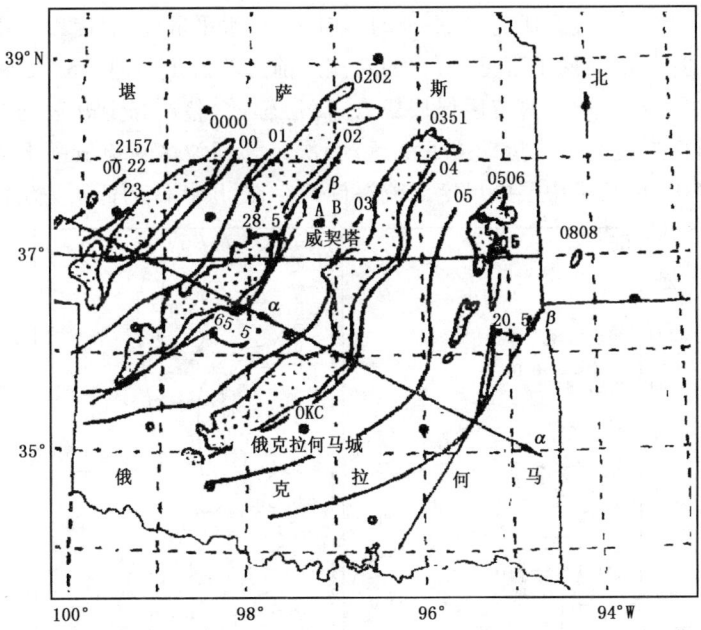

图 5.35　1985 年 6 月 10—11 日的雷达回波（阴影表示对流回波）及飑线前缘线（细实线）的动态图（数字表示时间，前两位为时，后两位为分）（寿绍文等，1989）

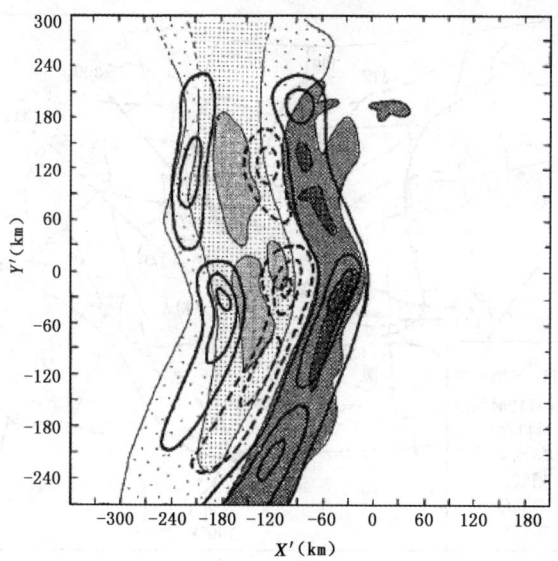

图 5.36　1985 年 6 月 10—11 日飑线中层相对涡度垂直分量的水平分布(Biggerstaff 和 Houze,1991)(深色阴影为对流回波区,灰色为次级强回波区;浅色为层状回波区;实(虚)线为正(负)涡度;对流区等值线间隔比层状区大两倍)

　　图 5.37 是飑线系统合成的沿 X' 轴的相对风速、水平散度、涡度以及垂直速度垂直剖面图。从这些剖面图中可见,飑线的对流区前方气流由前向后流入系统、后方下层气流由后向前流入系统;对流区低层辐合、高层辐散,整层强上升运动。尾随层状云区中的过渡区对应弱上升运动或下沉运动;次级强回波区对应较强上升运动。在中层为正涡度区,反映了中层中尺度对流涡旋的存在,层状区的低层为负涡度区。

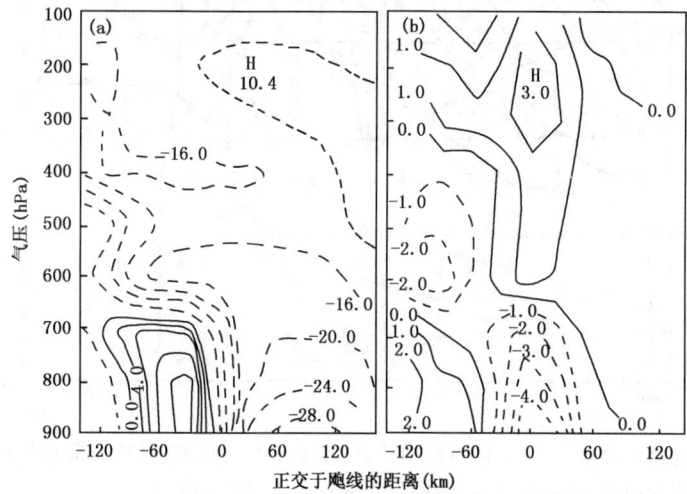

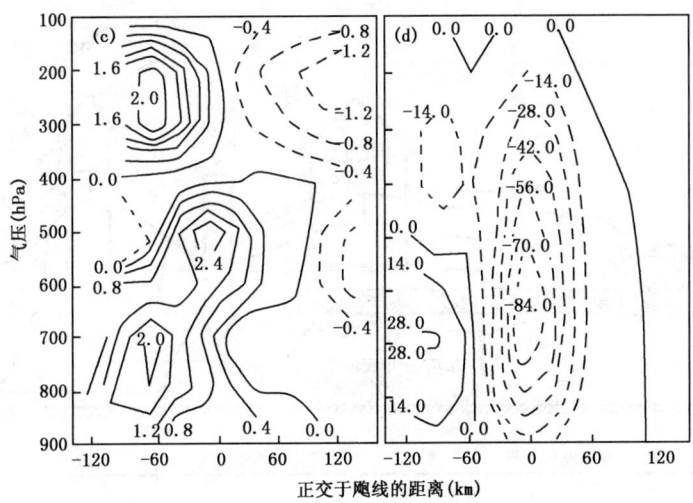

图 5.37 飑线系统沿 X' 轴($Y'=0$)的垂直剖面图(纵坐标为气压)(寿绍文等,1989)((a) 相对风的 X' 分量(m/s,与 X' 同向为正);(b)水平散度($10^{-4}\,s^{-1}$);(c)涡度($10^{-4}\,s^{-1}$);(d)垂直速度(10^{-3} hPa/s,负值为上升))

图 5.38 是飑线系统垂直结构的示意图。由图 5.38 可见,飑线的前部为对流云区,后部为尾随的层状云区。上升和下沉运动区以及正涡度及负涡度区由前向后间隔分布。

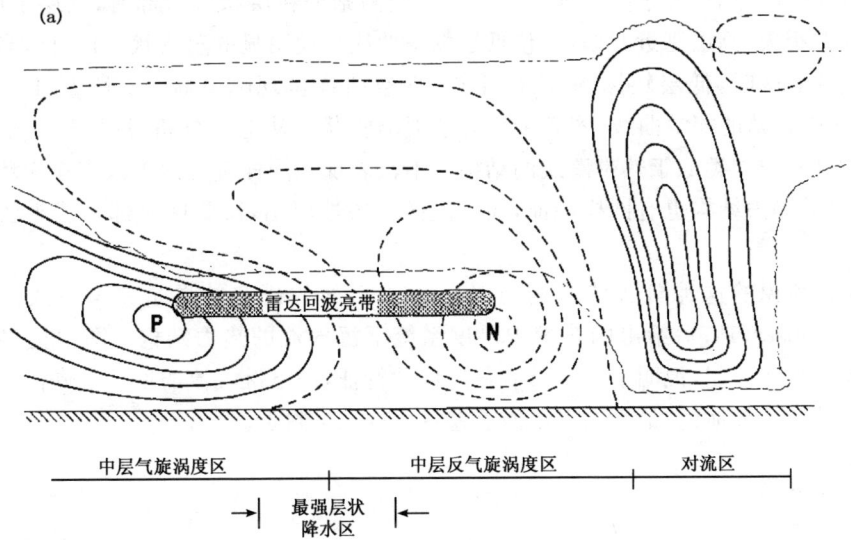

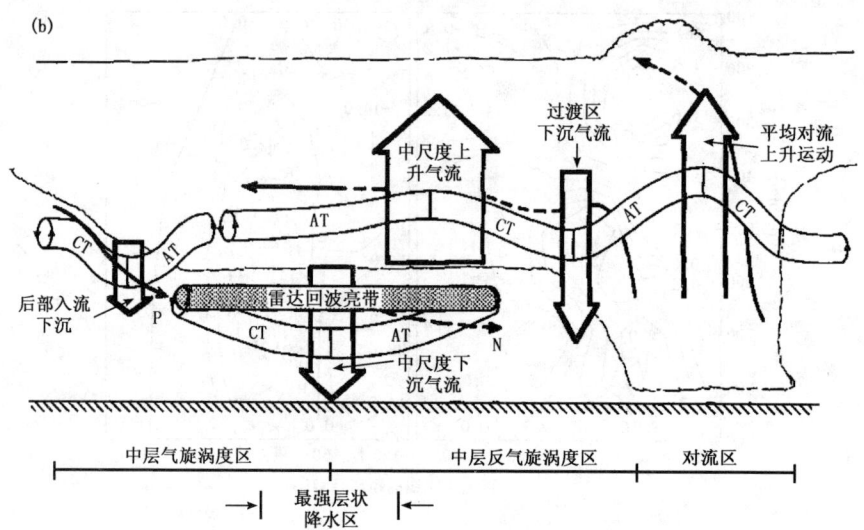

图 5.38　1985 年 6 月 10—11 日飑线系统结构的概念模型图(Biggerstaff 和 Houze,1991)((a)相对涡度垂直分量的垂直剖面,实(虚)线为正涡度(P)和负涡度(N),对流区的等值线间隔是层状区的两倍;(b)系统前部的由前向后的上升入流和后部的由后向前下沉的入流;垂直运动分布以及水平涡管的起伏和垂直涡度的增大(CT)及减小(AT))

　　上述特征也可以从探空曲线看出,由图 5.39 可见,6 月 10 日 23:30,当测站处于飑线前方地区时,低层露点较高,但不饱和,上层明显干燥。6 月 11 日 03 时,当测站位于对流区附近时,几乎整层饱和。06:24,当测站处在层状区后部时,低层干燥,温度露点差很大,高层则近于饱和,使低层探空曲线呈现明显的葱头状。10:15,当测站位于飑线后区时,低层较潮湿,高层干燥,探空曲线呈现喇叭状。6 月 11 日 02:56(UTC)SUL 站的探空曲线(图 5.40)也呈现喇叭状。从上述分析可见,这类中纬度飑线的结构非常类似于热带飑线的结构。不仅表现在同样都有两支入流作为环流骨架,而且其热力结构也有同样特征,如对流区为中性层结,层状区后部呈葱头状结构等。

　　下面所说的这种葱头状结构与 Zipser(1977)的研究结果是完全一致的。图 5.41 是 Zipser(1977)给出的热带中尺度系统下沉气流的热力结构。图中把多次观测资料叠加在一起,说明了一种具有普遍性的特征,即下沉气流的增暖干燥作用表示得很清楚。一般地说,最大的温度露点差在 900 hPa 附近。

第5章 中尺度带状对流系统

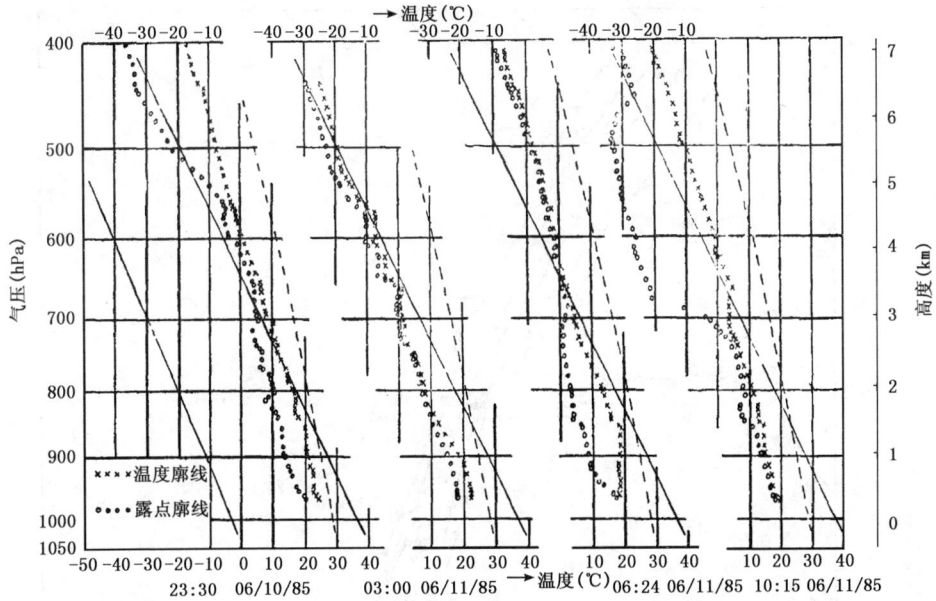

图 5.39 1985 年 6 月 10 日 23:30 至 6 月 11 日 10:15(UTC)威契塔的探空分析（寿绍文等,1988）

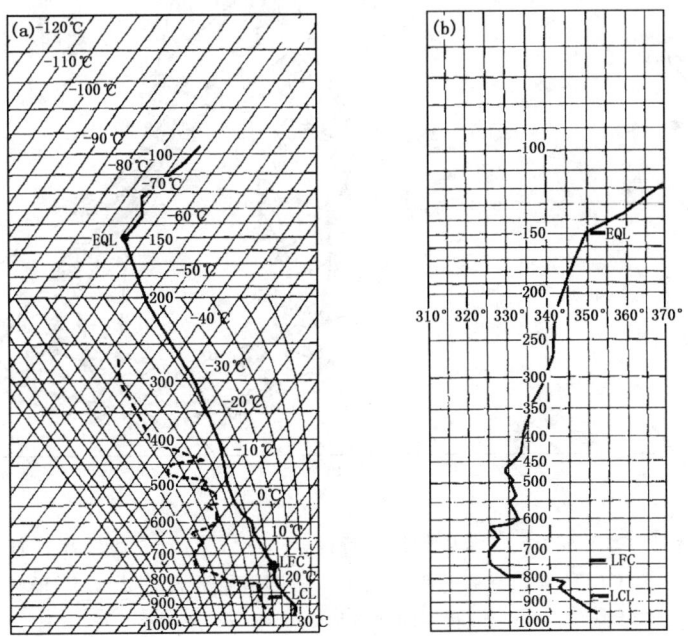

图 5.40 1985 年 6 月 11 日 02:56(UTC)SUL 站的探空分析（Biggerstaff 和 Houze,1991）
(图中 LCL 为抬升凝结高度，LFC 为自由对流高度，EQL 为平衡高度)
((a)温度和露点温度廓线；(b)相当位温廓线)

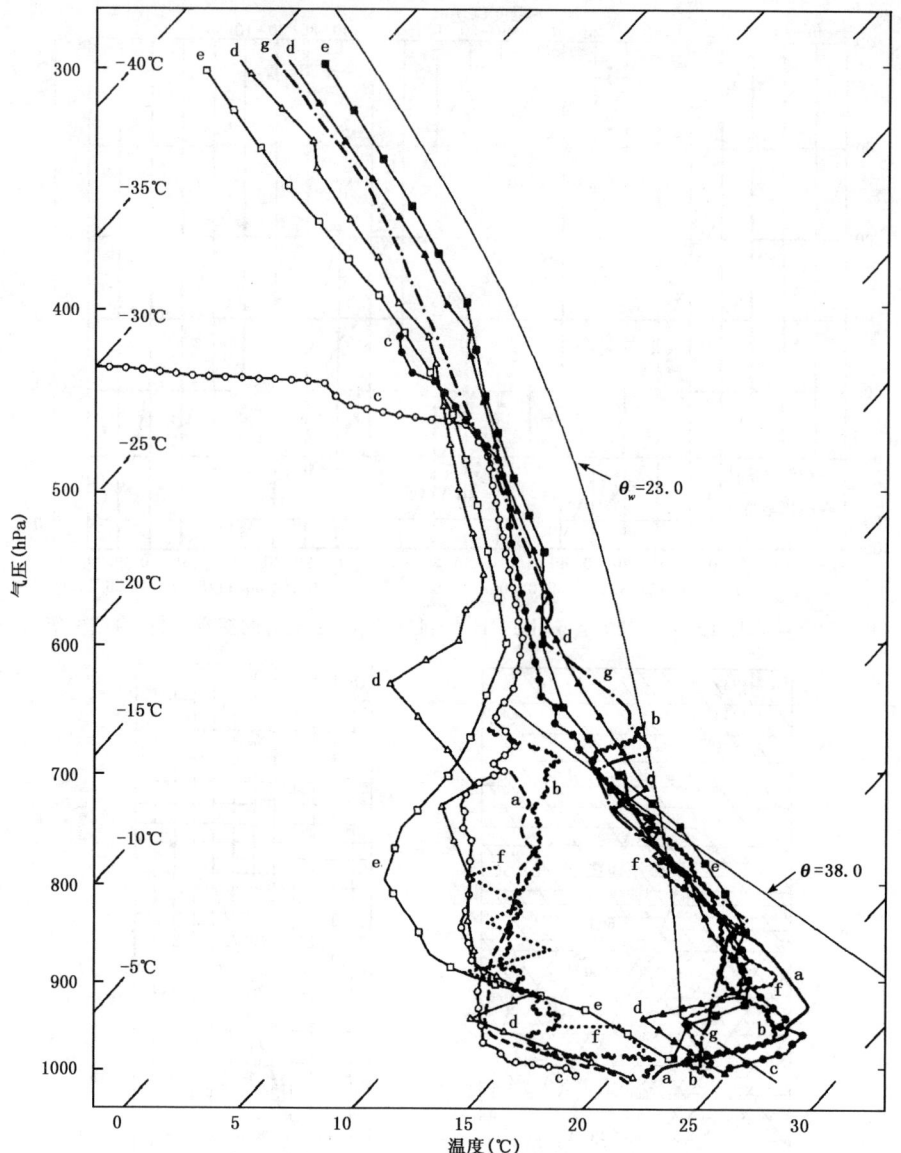

图 5.41 在飑线后方下沉气流区域中的探空特征(Zipser,1977)(a. 1974 年 9 月 5 日;b. 1974 年 9 月 12 日 16:30GMT,在前导线后约 200 km,在尾随雨区后 50 km;c. 1974 年 9 月 12 日 18:04GMT,在前导线后约 250 km,在尾随雨区后 100 km;d. 1974 年 9 月 12 日 11:13 GMT,在前导线后约 350 km,在尾随雨区后 174 km;e. 1969 年 8 月 28 日 20:00GMT,在尾随雨区后 50 km;f. 1968 年 8 月 18 日,在前导线后约 250 km;g. 1974 年 9 月 5 日,在前导线后约 250 km 没有露点曲线)

本章小结

(1) 基本内容

本章讨论了带状对流系统,主要讨论了飑线,包括典型的温带飑线和热带飑线等中尺度对流系统的结构、天气过程等。

(2) 复习思考

1) 什么是飑?其天气表现是怎样的?
2) 什么是飑线?
3) 什么是飑中系统?
4) 不同阶段的飑中系统在空间气压场结构上有何特征?在气压自记曲线上有何特征?
5) 在中纬度有哪两类比较常见的飑线?它们的结构有何特征?
6) Bluestein(1984)根据美国俄克拉何马州11a 40次飑线总结出中纬度飑线有哪些类型?它们各有什么特点?
7) 大气中可以触发飑线的机制常见的有哪些?
8) 热带飑线的结构有何特点?

参考文献

丁一汇.1986.暴雨和强对流天气的发生和反馈作用.天气学的新进展.北京:气象出版社.
励申申,寿绍文,王信.1992.登陆台风与其外围暴雨的相互作用.气象学报,50(1):33-49.
寿绍文.1982a.一个"超级单体"雹云的成因及结构.南京气象学院学报,(2):223-228.
寿绍文.1982b.一条北移飑线的成因及结构.气象,(12):6-7.
寿绍文.1986.锋面中尺度降水区和中尺度对流复合体的研究.天气学新进展.北京:气象出版社.
  247-260.
寿绍文.1988a.中尺度对流复合体的若干特征.南京气象学院学报,11(3):321-327.
寿绍文.1988b.中尺度降水系统的环境条件.南京气象学院学报,11(4):404-411.
寿绍文.1992.中尺度天气动力学.北京:气象出版社.
寿绍文,等.1978.1974年6月17日强飑线过程的成因.南京气象学院学报,(1):16-23.
寿绍文,等.1984.雨暴结构的合成中分析.科学通报,(6):368-370.
寿绍文,等.1988.一次飑线过程的时间剖面分析.气象科学,(2):65-72.
寿绍文,等.1989.一条具有宽阔尾随层状云区的中纬度飑线的中尺度结构.南京气象学院学报,12
  (2):200-208.
寿绍文,等.1990.暴雨低涡结构、成因及移动的初步探讨.南京气象学院学报,13(4):535-539.
寿绍文,等.1994.一次江淮暴雨过程的中$-\beta$尺度分析.应用气象学报,5(3):257-265.

寿绍文,等. 2003. 天气学分析. 北京:气象出版社.
寿绍文,等. 2009. 中尺度大气动力学. 北京:高等教育出版社.
俞小鼎,姚秀萍,等. 2006. 多普勒天气雷达原理与业务应用. 北京:气象出版社.
朱乾根,林锦瑞,寿绍文. 1981. 天气学原理和方法. 北京:气象出版社.
Biggerstaff M I, Houze R A Jr. 1991. Middlevel vorticity structure of the 10—11 June 1985 squall line. Mon. Wea. Rev. 118:3066-3079.
Bluestein H. 1984. Dynamics of mesoscale weather systems. NCAR Summer Colloquium Lecture Notes, 11 June—6 July, 497-516.
Bosart L F, Sanders F. 1981. The Johnstown flood of July 1977: A long-lived convective system. J. Atmos. Sci., 38:1616-1642.
Braun S A, Houze R A Jr. 1997. The evolution of the 10—11 June 1985 PRE-STORM squall line: Initiation, development of rear inflow, and dissipation. Mon. Weather Rev., 125:478-504.
Bretherton C S, Smolarkiewicz P K. 1989. Gravity waves, compensating subsidence, and detrainment around cumulus clouds. J. Atmos. Sci., 46:740-759.
Browning K A, Fankhauser J C, et al. 1976. Structure of an evolving hailstorm. Part V: Synthesis and implications for hail growth and hail suppression. Mon. Weather Rev., 104:603-610.
Bryan G H, Fritsch J M. 2000. Moist absolute instability: The sixth static stability state. Bull. Am. Meteorol. Soc., 81:1207-1230.
Bryan G H, Fritsch J M. 2003. On the existence of convective rolls in the convective region of squall lines, Paper presented at 10th Conference on Mesoscale Processes, A. M. S.
Chen S S, Frank W M. 1993. A numerical study of the genesis of extratropical convective mesovortices. Part I: Evolution and dynamics. J. Atmos. Sci., 50:2401-2426.
Chen S S, Houze R A Jr. 1997. Diurnal variation and lifecycle of deep convective systems over the tropical Pacific warm pool. Q. J. R. Meteorol. Soc., 123: 357-388.
Chen S S, Houze R A Jr, Mapes B E. 1996. Multiscale variability of deep convection in relation to large-scale circulation in TOGA COARE. J. Atmos. Sci., 53:1380-1409.
Chong M, Amayenc P, Scialom G, et al. 1987. A tropical squall line observed during the COPT 81 experiment in West Africa. Part I: Kinematic structure inferred from dual-Doppler radar data. Mon. Weather Rev., 115: 670-694.
Churchill D D, Houze R A Jr. 1984. Development and structure of winter monsoon cloud clusters on 10 December 1978. J. Atmos. Sci., 41: 933-960.
Cifelli R, Petersen W A, et al. 2002. Radar observations of the kinematic, microphysical, and precipitation characteristics of two MCSs in TRMM LBA. J. Geophys. Res., 107(D20):8077.
Corfidi S F, Merritt J H, Fritsch J M. 1996. Predicting the movement of mesoscale convective complexes. Weather Forecasting, 11: 41-46.
Cotton W R. 1983. Upscale development of moist convective systems. Mesoscale Meteorology, SMHI, Sweden.

Cotton W R, Anthes R A. 1989. Storm and Cloud Dynamics. Academic, San Diego, Calif. 881 pp. 有中译本:风暴和云动力学. 叶家东,等,译. 北京:气象出版社. 1993.

Cotton W R, Lin M S, McAnelly R L, et al. 1989. A composite model of mesoscale convective complexes. Mon. Weather Rev. , 117:765-783.

Cram, J M, Pielke R A, Cotton W R. 1992. Numerical simulation and analysis of a prefrontal squall line. Part RG4003 Houze: Mesoscale Convective Systems 40 of 43 RG4003 II: Propagation of the squall line as an internal gravity wave. J. Atmos. Sci. ,49: 209-225.

Crook N A, Moncrieff M W. 1988. The effect of largescale convergence on the generation and maintenance of deep moist convection. J. Atmos. Sci. ,45:3606-3624.

Emanuel K A. 1982. Inertial instability and mesoscale convective systems, Part II: symmetric CISK in a baroclinic flow. J. Atmos. Sci. , 39: 1080-1097.

Fortune M. 1980. Properties of African squall lines inferred from time-lapse satellite imagery. Mon. Weather Rev. ,108:153-168.

Fortune M A, Cotton W R, McAnelly R L. 1992. Frontalwave-like evolution in some mesoscale convective complexes. Mon. Weather Rev. , 120:1279-1300.

Fovell R G. 2002. Upstream influence of numerically simulated squall line storms. Q. J. R. Meteorol. Soc. ,128:893-912.

Fovell R G, Tan P H. 1998. The temporal behavior of numerically simulated multicell-type storms. Part II: The convective cell life cycle and cell regeneration. Mon. Weather Rev. , 126: 551-577.

Fritsch J M, Forbes G S. 2001. Mesoscale convective systems. Meteor. Monogr. , 28:323-357.

Fujita T T. 1963. Analytical mesometeorology : A review. Severe Local Storms, Monogr. Amer. Meteor, Soc. ,27:77-125.

Fujita T T. 1986. Review of the history of mesoscale meteorology and forecasting. Mesoscale Meteorology and Forecasting. Am. Moteor. Soc.

Gamache J F, Houze R A Jr. 1982. Mesoscale air motions associated with a tropical squall line. Mon. Weather Rev. , 110:118-135.

Gill A. 1980. Some simple solutions for heat-induced tropical circulation. Q. J. R. Meteorol. Soc. ,106:447-462.

Houze R A Jr. 1977. Structure and dynamics of a tropical squall-line system. Mon. Weather Rev. , 105:1540-1567.

Houze R A Jr. 1982. Cloud clusters and large-scale vertical motions in the tropics. J. Meteorol. Soc. Japan. ,60:396-410.

Houze R A Jr. 1993. Cloud Dynamics. Academic, San Diego, Calif. 573 pp.

Houze R A Jr. 1997. Stratiform precipitation in regions of convection: A meteorological paradox? Bull. Am. Meteorol. Soc. ,78: 2179-2196.

Houze R A Jr, Betts A K. 1981. Convection in GATE. Rev. Geophys. ,19:541-576.

Houze R A Jr, Hobbs P V. 1982. Organization and structure of precipitation cloud systems. Advances in Geophysics,24.

Houze R A Jr, Rappaport E N. 1984. Air motions and precipitation structure of an early summer squall line over the eastern tropical Atlantic. J. Atmos. Sci. ,41:553-574.

Houze A R, Smull B F, et al. 1982. Comparison of an Oklahoma squall line to mesoscale convective systems in the tropics. Preprints,12th Conf. Severe Local Storms, Am. Meteor. Soc.

Houze R A Jr, Rutledge S A, Biggerstaff M I, et al. 1989. Interpretation of Doppler weather-radar displays in midlatitude mesoscale convective systems. Bull. Am. Meteorol. Soc. ,70: 608-619.

Houze R A Jr, Smull B F, Dodge P. 1990. Mesoscale organization of springtime rainstorms in Oklahoma. Mon. Weather Rev. ,118:613-654.

Jorgensen D, Smull B F. 1993. Mesovortex circulations seen by airborne Doppler radar within a bow echo mesoscale convective system. Bull. Am. Meteorol. Soc. ,74:2146-2157.

Kessler E. Thunderstorm Morphology and Dynamics. 1987.(有中译本.雷暴形态学和动力学.北京:气象出版社.1991.)

Klimowski B A. 1994. Initiation and development of rear inflow within the 28—29 June 1989 North Dakota mesoconvective system. Mon. Weather Rev. ,122:765-779.

Kingsmill D E, Houze R A Jr. 1999a. Kinematic characteristics of air flowing into and out of precipitating convection over the west Pacific warm pool: An airborne Doppler radar survey. Q. J. R. Meteorol. Soc. ,125:1165-1207.

Kingsmill D E, Houze R A Jr. 1999b. Thermodynamic characteristics of air flowing into and out of precipitating convection over the west Pacific warm pool. Q. J. R. Meteorol. Soc. ,125:1209-1229.

Knievel J C, Johnson R H. 2002. The kinematics of a midlatitude, continental mesoscale convective system and its mesoscale vortex. Mon. Weather Rev. ,130:1749-1770.

Leary C A, Houze R A Jr. 1979. Melting and evaporation of hydrometeors in precipitation from anvil clouds of deep tropical convection. J. Atmos. Sci. ,36:669-679.

LeMone M A. 1983. Momentum transport by a line of cumulonimbus. J. Atmos. Sci. ,40:1815-1834.

LeMone M A,Zipser, E J, Trier S B. 1998. The role of environmental shear and thermodynamic conditions in determining the structure and evolution of mesoscale convective systems during TOGA COARE. J. Atmos. Sci. , 55 (23):3493-3518.

Meritt J H, Fritsch J M. 1984. On the movement of the heavy precipitation areas of midlatitude mesoscale convective complexes. preprints, 10th Conf. on Weather Forecasting and Analisis, Tumpa, FL. Amer. Meteor. Soc. :529-536.

McAnelly R L, Cotton W R. 1989. The precipitation life cycle of mesoscale convective complexes. Mon. Weather Rev. , 117:784-808.

Moncrieff M W, Klinker E. 1997. Organized Convective systems in the tropical western Pacific as a process in general circulation models: A TOGA COARE case-stydy. Q. J. R. Meteoral. Soc. ,123:805-827.

Moncrieff M W, Miller M J. 1976. The dynamics and simulation of tropical squall lines. Q. J. R.

Meteorol. Soc. ,102:373-394.

Nakazawa T. 1988. Tropical super clusters within intraseasonal variations over the western Pacific. J. Meteorol. Soc. Jan. ,66:823-839.

Nesbitt S W, Zipser E J, Cecil D J. 2000. A census of precipitation features in the tropics using TRMM: Radar, ice scattering, and ice observations. J. Clim. ,13:4087-4106.

Newton C W. 1950. Structure and mechanism of the prefrontal squall line. J. Meteorol. , 7:210-222.

Newton C W, Fankhauser J C. 1964. On the movements of convective storms , with emphasis on size discrimination in relation to water-budget requirements. Journal of Applied meteorology: 651-668.

Newton C W, Newton H R. 1959. Dynamical interactions between large convection clouds and environment with vertical shear. J. Metorol. 16:483-496.

Ogura Y, Liou M L. 1980. The structure of a midlatitude squall line: A case study. J. Atmos. Sci. , 37:553-567.

Pandya, R, Durran D. 1996. The influence of convectively generated thermal forcing on the mesoscale circulation around squall lines, J. Atmos. Sci. , 53: 2924-2951.

Raymond D J, Jiang H. 1990. A theory for long-lived convective systems. J. Atmos. Sci. ,47: 3067-3077.

Rotunno R, Klemp J B, Weisman M L. 1988. A theory for strong, long-lived squall lines. J. Atmos. Sci. ,45:463-485.

Schmidt J M, Cotton W R. 1990. Interactions between upper and lower tropospheric gravity waves on squall line structure and maintenance. J. Atmos. Sci. ,47:1205-1222.

Schumacher C, Houze R A Jr. 2003. Stratiform rain in the tropics as seen by the TRMM Precipitation Radar. J. Clim. ,16:1739-1756.

Schumacher R S, Johnson R H. 2005. Organization and environmental properties of extreme-rain-producing mesoscale convective systems. Mon . Wea . Rev. , 133:961-976.

Schumacher C, Houze R A Jr, Kraucunas I. 2004. The tropical dynamical response to latent heating estimates derived from the TRMM Precipitation Radar. J. Atmos. Sci. ,61:1341-1358.

Serra Y, Houze R A Jr. 2002. Observations of variability on synoptic timescales in the east Pacific ITCZ. J. Atmos. Sci. ,59,1723-1743.

Shou Shaowen, et al. 1982. Formation and structure of a severe squall line in eastern China. 12th Conference on Severe Local Storms. A. M. S.

Shou Shaowen, et al. 1990. The mesoscale structure of a mid-latitude squall line with a wide trailing stratiform region. Research Report of NIM:1987-1989.

Shou Shaowen, et al. 1994. The relationship between mesoscale systems and amplification of typhoon-caused precipitation. 6th Conference on Mesoscale process, Portland, U. S. A.

Shou Shaowen, et al. 1996. The organization and environment condition of the mesoscale precipitation systems in a synoptic-climatological view. 18th Conference on Severe Local Storms, San

Francisco, U. S. A.

Shou Shaowen, et al. 1997. The mesoscale vortex tube in monsoon precipitation zone. The First WMO International Workshop on Monsoon Studies, Bali, Indonesia.

Shou Shaowen, Li Shenshen. 1991. Diagnoses of Kinetic Energy of a Decaying Onland Typhoon. Adv. Atmos. Sci. ,(8):4.

SkamarockW C, Weisman M L, Klemp J B. 1994. Threedimensional evolution of simulated long-lived squall lines. J. Atmos. Sci. ,51:2563-2584.

Smull B F, Houze R A Jr. 1987. Rear inflow in squall lines with trailing-stratiform precipitation. Mon. Weather Rev. ,115:2869-2889.

Steiner M, Houze R A Jr, Yuter S E. 1995. Climatological characterization of three-dimensional storm structure from operational radar and rain gauge data. J. Appl. Meteorol. ,34:1978-2007.

Tepper M. 1950. A proposed mechanism of squall lines: The pressure jump line. J. Meteorol. ,7: 21-29.

Thorpe A J, Miller M J, Moncrieff M W. 1982. Twodimensional convection in non-constant shear: A model of mid-latitude squall lines. Q. J. R. Meteorol. Soc. , 108:739-762.

Wilhelmson R B, Klemp J B. 1983. Numerical simulation of severe storms within lines. Preprint 13th Conf. on Severe Local storms. A. M. S. ,231-234.

Yang M J, Houze R A Jr. 1995a. Multicell squall-line structure as a manifestation of vertically trapped gravity waves. Mon. Weather Rev. ,123: 641-661.

Yang M J, Houze R A Jr. 1995b. Sensitivity of squall-line rear inflow to ice microphysics and environmental humidity. Mon. Weather Rev. ,123:3175-3193.

Yang M J, Houze R A Jr. 1996. Momentum budget of a squall line with trailing-stratiform precipitation: Calculations from a high-resolution numerical model. J. Atmos. Sci. ,53: 3629-3652.

Yuter S E, Houze R A Jr. 1995. Three-dimensional Kinematic and microphysical evolution of Frorida cumulonimbus. Mon . Wea . Rev. ,123:1941-1963 (Pate II), 1964-1983 (Part III) .

Zhang D L, Fritsch J M. 1988. A numerical investigation of a convectively generated, inertially stable, extratropical warmcore mesovortex over land. Part I: Structure and evolution. Mon. Weather Rev. ,116:2660-2687.

Zhang D L, Gao K. 1989. Numerical simulation of an intense squall line during 10-11 June 1985 PRE-STORM. Part II: Rear inflow, surface pressure perturbations, and stratiform precipitation. Mon. Weather Rev. ,117:2067-2094.

Zhang D L. 1992. The formation of a cooling-induced mesovortex in the trailing-stratiform region of a midlatitude squall line. Mon. Weather Rev. ,120:2763-2785.

Zipser E J. 1969. The role of organized unsaturated convective downdrafts in the structure and rapid decay of an equatorial disturbance. J. Appl. Meteorol. ,8:799-814.

Zipser E J. 1977. Mesoscale and convective-scale downdraughts as distinct components of squall-line circulation. Mon. Weather Rev. , 105:1568-1589.

第6章 锋面气旋及台风附近的中尺度雨带

在第5章中已讨论的飑线系统,它们是中尺度带状对流系统的一种类型。本章将讨论另一种类型的中尺度带状对流系统,即在锋面气旋及台风附近的中尺度雨带。

6.1 锋面气旋附近天气尺度的降水机制

6.1.1 锋面气旋附近的降水区

挪威学派早期的锋面气旋模型描绘了锋面附近降水分布的简单形式。但是近年来的观测和研究表明,在锋面气旋附近的降水和造成降水的垂直运动的分布是十分复杂的。一般来说,在中纬度锋面气旋系统中,常常包含天气尺度的降水区、中尺度降水区(带)及小尺度的对流单体。如表6.1所列,天气尺度降水区面积可达10000 km²以上,持续12 h以上。在天气尺度降水区中往往包含有几个面积达1000～2000 km²的大的中尺度降水区,每个大的中尺度降水区又包含有3～6个面积为250～400 km²的小的中尺度降水区。每个小的中尺度降水区中往往包含有1～7个对流单体。每个单体的面积在5～10 km²。一般来说,降水系统水平尺度愈小,持续时间愈短,垂直速度和水平辐合愈大,降水率愈高。就动力学机制而言,不同尺度的降水系统是由不同的动力学机制造成的。天气尺度的降水主要是由大尺度倾斜上升(简称斜升)运动造成的。中尺度降水区(带)是由中尺度环流造成的。而小尺度降水区则是由小尺度对流单体(简称对流)造成的。锋面附近的对流有时可以贯穿整个对流层,这种对流称为深对流或D型对流。在更为普通的锋面形势下,锋面附近的对流往往只限于浅层。这种浅层对流有时出现在对流层上层或中层(通常在700 hPa与500 hPa之间),称为U型。有时出现在对流层低层以至在行星边界层中,称为L型。线对流是一种特殊的L型对流形式。在线对流中,上升气流只集中在几千米宽,但有几十千米长的狭长的对流元中。下面将分别讨论锋面气旋附近的不同尺度的降水系统。

表 6.1 不同尺度降水区的特征摘要(Browning,1983)

不同尺度	天气尺度的降水区	中尺度降水区		小尺度的对流单体
		大的中尺度降水	小的中尺度降水	
出现位置	出现在冷暖锋前头	在天气尺度的降水区中有几个大的中尺度降水区	在大的中尺度降水区中有3~6个小的中尺度降水区	在小的中尺度降水区中有3~6个对流单体
动力学机制	与暖输送带(见下文)相联系的总的斜升区	中尺度环流		小尺度翻转运动
面积(km^2)	10^4 以上	1300~2600	250~400	5~10
水平尺度(km)	宽~10^2 长~10^3	宽~$10^{3/2}$ 长~10^2	宽~10^1 长~$10^{3/2}$	$10^{1/2}$
持续时间(h)	>12	2~5	1	0.1~0.5
垂直速度(cm/s)	~1	~10	~10	~10^2
水平散度(s^{-1})	~10^{-5}	~10^{-4}	~10^{-4}	~10^{-3}
降水率(mm/h)	1~2	2~4	4~8	8~80

6.1.2 暖输送带和冷输送带

在槽前辐合区的边界上通常可以看到一支狭长的云带。这是由来自低纬度低空对流边界层的暖空气在其逐渐向北、向上运行,升入到对流层中、高层时所形成的(图 6.1)。由于这支狭窄的气流具有朝极地方向和朝上输送大量热量以及水汽和动量的作用,所以称为暖输送带(WCB)。

暖输送带一般具有下述特征:

(1)它的位置一般处在冷锋前头,然后上升到地面暖锋上面。它的西边界清楚,东边界不太清楚。

(2)暖输送带经常与一条低空急流相对应。这是因为在暖输送带西边界通常有很大的气压梯度,因此有很强的偏南风。但是由于暖输送带是由从高压外围到冷锋南端的边界层空气的源源流入而形成的。一般来说,其西边界的空气起源于最南方(图 6.2)。而起源于最南方的空气一般具有较高温度,因此造成从西边界到东边界温度有轻微的下降。由于这种西暖东冷的温度梯度,便形成偏北的热成风,从而使得风速随高度减小。加上地面摩擦的作用使近地面的风速减小,这样便造成风速上、下小,中间(低空)大的垂直分布。因而暖输送带经常以低空急流为特征。根据观测以及数值试验的证实表明,活跃的(湿的)低空急流往往比不活跃的(干的)低空急流要强。

(3)暖输送带通常有几千千米长,因此是一种天气尺度系统。一般来说,这种低空急流日变化不大。在白天或夜间以及静止不发展的锋面或移动性的锋面的情况下，都可能看到这种低空急流。但是在美国中部所观测到的一些低空急流常常有明显的日变化，它们夜间明显，白天减弱或消失。这类低空急流的尺度一般相对较小，只有几百千米的长度。

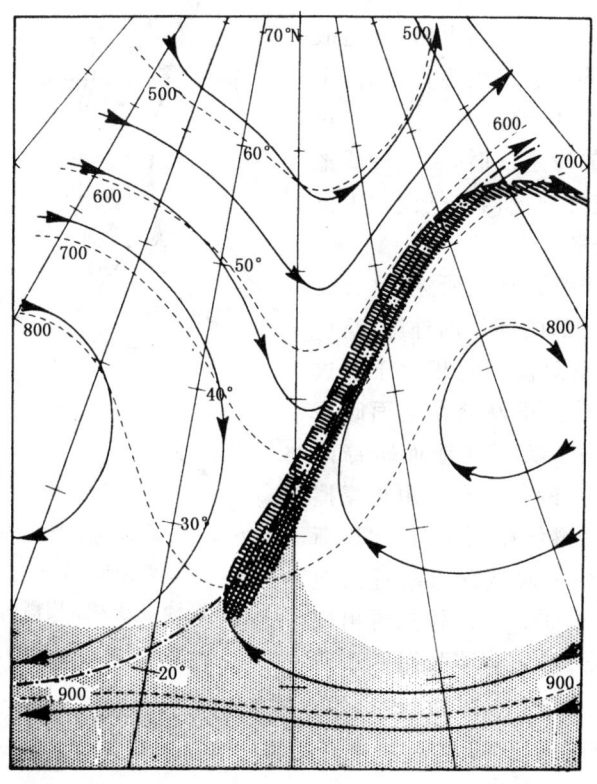

图 6.1　表示在等位温面（$\theta \approx 30℃$）上，在海洋上空大尺度倾斜对流的主槽中的相对气流的示意图（Green 等，1966）（虚线表示等位温面高度（单位：hPa），点划线表示两股基本气流之间的辐合线。在冷锋锋区中两条等压线之间的空间的变窄表示等 θ 面变陡。南部的点影区表示在那里平均气流的轨迹位于对流边界层中。在边界层中，θ 以及 θ_w 沿气流增大。画影线的区域标志一个在等 θ 面上上升的云带，除这个区域外，大部分区域的空气均不饱和。这是强南—西南气流区，这股气流便是所谓的暖输送带）

除了暖输送带以外，还有一支重要的气流叫作冷输送带（CCB）。它起源于气旋东北部的高压的外围，是一支反气旋式的低空气流。由于它起到把北方冷空气向南方输送的作用，故得其名。

6.1.3 锢囚波动气旋中云和降水的

在成熟的暖区气旋中,降水和云的天气尺度分布可以由上面所说的两股起源于边界层的潮湿气流:暖输送带和冷输送带来解释。

首先来看暖输送带。如上所说,这股气流来自暖区边界层。它沿冷锋上升,来到对流层上层产生高云云系。当它越过在地面暖锋前面的冷空气时,反气旋式地转向,当它在高空脊前的西北气流中下沉时明显地蒸发、消散。

再来看冷输送带。如上所述,这支气流起源于气旋东北部的高压的外围,是一支反气旋式的低空急流。它相对于前进中的气旋朝西运动。正好处在地面暖锋前面,暖输送带的下方。在地面暖锋附近,冷输送带边沿上的低层空气由于摩擦辐合而上升。然后继续朝西运行,并逐渐上升到达对流层中层暖区顶点附近的地方,于是形成一个云带。当冷输送带出现在暖输送带的西部时,它可能如图 6.3 所

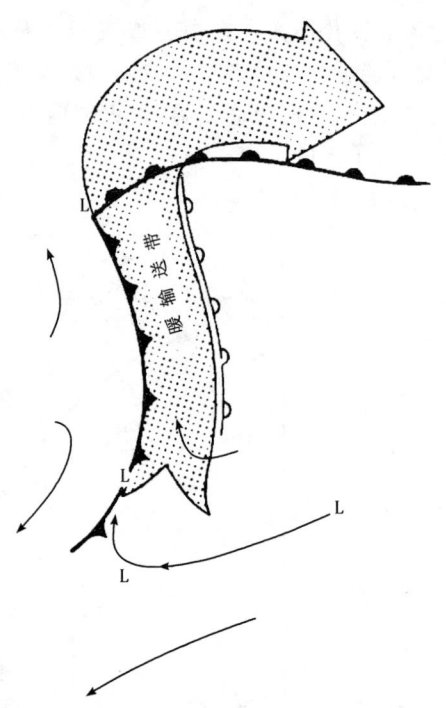

图 6.2 暖输送带示意图(Browning,1983)
(L 连线表示西边界空气的轨迹;空心暖锋符号表示模糊的东边界)

示的那样,围绕低压中心并下沉,或可能反气旋式地转向,在这里云系明显地消散。因此,暖输送带形成的云带和冷输送带形成的云带互相叠置的结果,便形成了一个巨大的入字形的特征云型(图 6.3)。

暖输送带和冷输送带有时可以作为独立的产生云和降水的系统而存在。一些冷空气涡旋可以认为是冷输送带的一种表现形式,其相应的云系通常是一些小逗点云。当主云带(相当于暖输送带)与那些和冷空气涡旋相联系的小逗点云相遇时,主云带的北部边缘越过先前存在的逗点云,并在冷空气涡旋云上卷曲起来,从而出现类似于经典的锢囚气旋的云型。但按照地面冷锋赶上地面暖锋,把暖空气锢囚在空中的经典观念来说,并没有发生锢囚。在这种锢囚过程中,暖输送带提供了暖锋和冷锋的外观,而冷空气涡旋则提供了低压中心和系统的锢囚部分的外观。

6.1.4 锋的模型

槽前地区暖输送带的上升运动是形成锋面降水的主要原因。在暖输送带的边

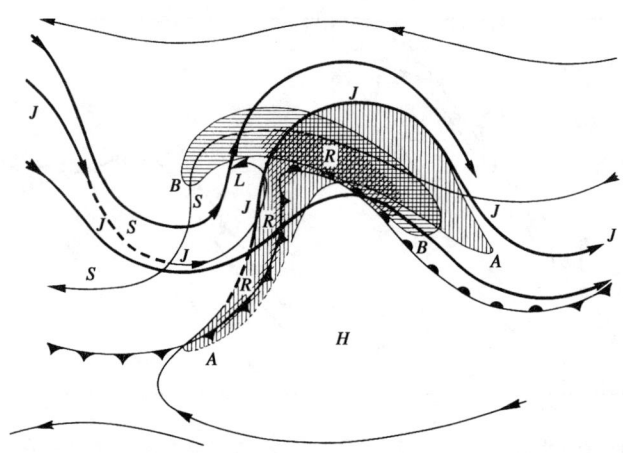

图 6.3 在锢囚波动气旋中的基本的大尺度云系和主要的气流路径的模型（Ludlam，1980）（箭头线是相对于气旋中心的轨迹。气旋中心在地面上的位置用字母 L 表示。相对气流是在对流层低层，主要为自东到西流动的地方，轨迹线画成细箭头线；在相对气流处在对流层高层，而且一般为自西向东流动的地方，轨迹线用粗箭头线表示。高空急流轴的位置用字母 J 标出。最大上升和下沉的地区用虚线表示并分别标以字母 R 和 S。图中画出了两条基本云系：一条是由较暖空气的上升所形成的暖输送带，用竖直影线表示并标以字母 A；另一条是由较冷空气的上升所形成的冷输送带，用水平影线表示并标以字母 B。地面上的宽广降水区用斜纹线表示，地面锋的位置用常规方式标记）

界，锋区发展。这种发展可能很明显，也可能不明显，这要取决于天气形势。暖输送带可能有许多形式，不同的形式导致不同的锋面结构。但是给出一些基本模型有助于使人们从概念上把思想明朗化。可以提出两种模型来说明暖输送带特性最明显的差别。这两种模型，一种叫朝后斜升模式，一种叫朝前斜升模式。

所谓朝后斜升，即指暖输送带抬升时具有一个朝向冷锋锋后的相对气流分量。在这种情况下，当暖输送带抬升时，它做逆时针地转向（图 6.4(a)）。而所谓朝前斜升，即指暖输送带抬升时具有朝向暖锋锋前的相对气流分量。在这种情况下，当暖输送带抬升时，它做顺时针地转向（图 6.4(b)）。简而言之，前者相当于活动范围主要在界限分明的冷锋附近的情况，而后者则相当于活动范围主要在暖锋锋区附近的情况。

图 6.5 和图 6.6 分别是朝后斜升和朝前斜升的两个实例。其中图 6.5 是湿球位温 $\theta_w=4℃$ 的等 θ_w 面的分析。实线表示 θ_w 面的等高线，由等高线的分布可见，在冷锋前 $\theta_w=4℃$ 的等 θ_w 面是平坦的，而在冷锋后则是倾斜的。在地面冷锋前成对风矢表示在 1 km 上的输送带气流（实风矢）以及 300 m 上的输送带气流（虚风矢）。全风羽相当于 5 m/s。图中用空心箭头表示在冷锋后的云层中上升的相对气流。很显然这些气流有向锋后的分量，所以这是一种朝后斜升。

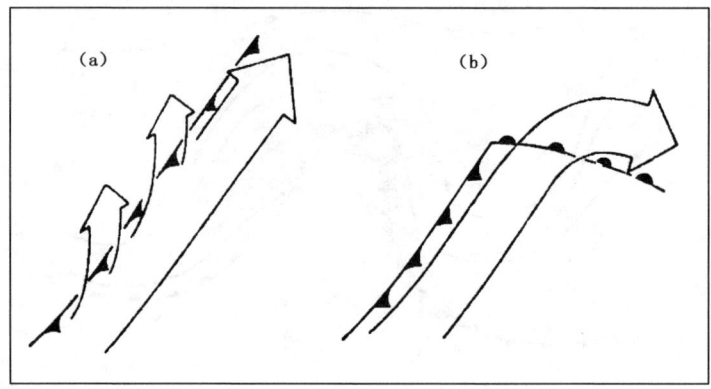

图 6.4 在朝后斜升(a)及朝前斜升(b)的情况下,暖输送带与地面锋之间的关系(Browning,1983)

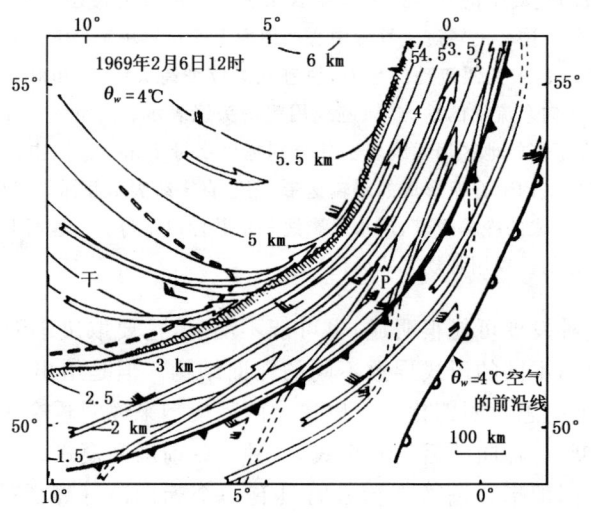

图 6.5 朝后斜升实例(Browning 和 Harrold,1973)

图 6.6 中的粗实线和虚线分别代表在 $\theta_w = 10℃$ 的等 θ_w 面上的两支从西边流来的相对气流,它们在暖锋锋前合并。其中实流线代表低层气流,相对于暖输送带;虚流线代表对流层中层气流。前一支气流的高度由细实线给出,后一支气流的高度由细点线给出。在地面上 $\theta_w = 10.5℃$ 的空气的前边界用空心的暖锋符号表示。大规模的湿空气的上升运动出现在点影区中。圆圈内的数字表示气流的深度(以 hPa 为单位)。流线之间的间隔相对于 $6×6×10^8$ m^3/s 的流量。这个例子显然是朝前斜升的情况。

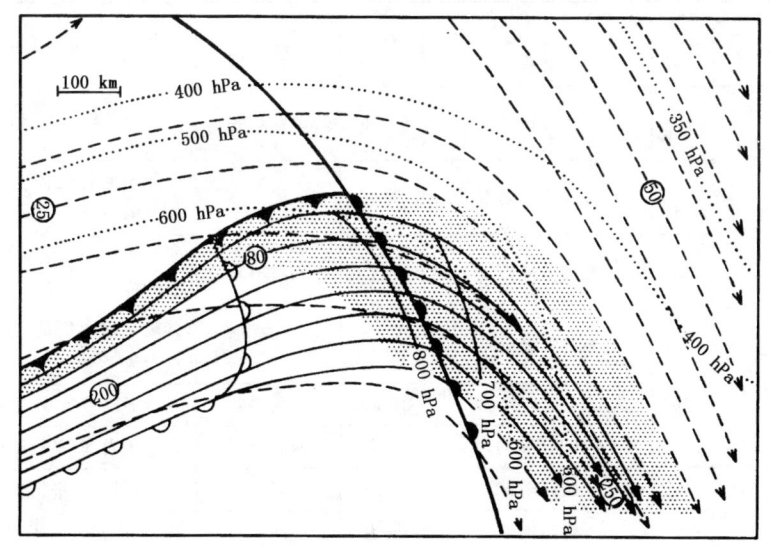

图 6.6　朝前斜升实例(Harrold,1973)

6.2　锋面附近的中尺度雨带

6.2.1　中尺度雨带的分类

　　上面已经讨论了大尺度锋面雨带,现在再来讨论锋面附近的中尺度雨带。按粗的分类,中尺度雨带可以分为三类:U 型、L 型和 D 型。如前所述,出现在对流层中上层的浅层对流称为 U 型,出现在对流层低层的浅层对流称为 L 型;而直展深层的对流则称为 D 型。Hobbs(1978)提出了这三类雨带还可以进一步细分类。其中 U 型可细分为暖锋雨带、锋前冷涌雨带和冷锋雨带。L 型可细分为窄的冷锋雨带和暖区小雨带(横向和纵向)。D 型可细分为暖区雨带和锋后雨带。表 6.2 列出了各类中尺度雨带所具有的特征(如宽度、所伴随的锋模型、位置及走向)。

　　表 6.2 中所列的雨带很少在单个锋系中同时出现。有些只出现在朝前斜升形势下。U 型雨带是和暖输送带顶上的对流层中或上层的对流相联系的。L 型雨带是一种暖区边界层现象。线对流则是一种特殊形式的 L 型雨带。

表 6.2 中尺度雨带的分类(Browning,1983)

粗分类		细分类(根据 Hobbs,1978)		宽度	所伴随的锋原型	位置及走向
		代号	名称			
U 型	对流层上层或中层的对流性雨带	1	暖锋雨带	50 km	朝前斜升	平行于暖锋,在暖锋上或暖锋前
		4a	锋前冷涌雨带	同上	同上	平行于越过的高空冷锋并在其紧前方
		3b	宽的冷锋雨带	同上	朝后斜升	平行于活跃的地面冷锋,在其后方或跨在其上
L 型	对流层低层的对流性雨带	3a	窄的冷锋雨带	<5 km	同上	伴随沿着急剧的地面冷锋的线对流
		4b	小雨带(横向)	10 km	朝前斜升	在冷涌雨带后方,垂直于风向
			小雨带(纵向)*	同上	两者皆可	在暖区内部,平行于风
D 型	深对流雨带	2	暖区雨带	50 km	同上	在地面锋前,平行于地面锋
		5	锋后雨带	同上	同上	在卷云盾后头,平行于主要冷锋

* 这一类不包括在 Hobbs 的分类中。

6.2.2 U 型中尺度雨带

图 6.7 给出了三类 U 型雨带的结构。其中图 6.7(a)表示暖锋雨带,它发生在朝前斜升的形势下,走向平行于暖锋,位于暖锋上或暖锋前,有时伴有 L 型雨带。图 6.7(b)表示锋前冷涌雨带。它也发生在朝前斜升的形势下,雨带平行于高空冷锋并在其紧前方。图 6.7(c)表示冷锋雨带。这种雨带发生在朝后斜升的形势下,雨带平行于冷锋或跨在其上。在地面冷锋附近有窄的冷锋雨带。

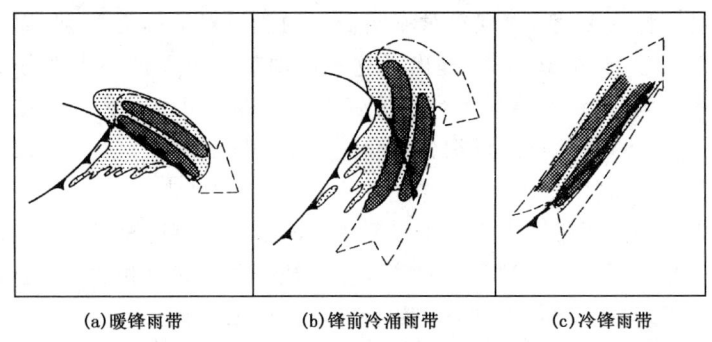

(a)暖锋雨带　　　　(b)锋前冷涌雨带　　　　(c)冷锋雨带

图 6.7 在英国常见的三种 U 型雨带结构的理想表述(Browning,1983)(轻和重的点影区分别代表小雨及中—暴雨,宽的虚箭头表示在对流层中层暖输送带的范围和走向)

然而应当强调指出,在实际情况下雨带通常是不太规则和轮廓不清的。例如在图 6.8(a)和(b)中分别给出了两个宽的暖锋雨带和冷锋雨带的雷达观测实例,反映了这种不规则性。因此从这个意义上来说,雨带只是一个理想化的概念。雨带的这种不规则性部分地是由于观测资料的不充分造成的,但它也是锋面降水型式复杂性的一种反映。

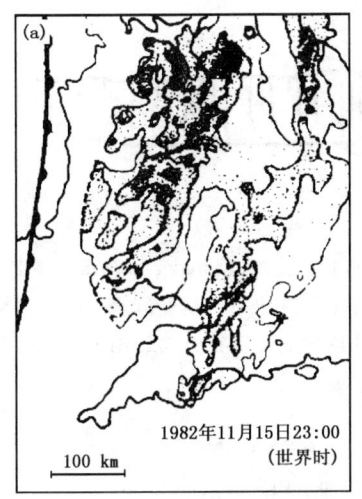 

图 6.8　由英国气象雷达网观测的雨带的实例(Browning,1983)
((a)表示两个很宽的暖锋雨带;(b)表示两个宽的冷锋雨带。用轻、中等和重的点影表示的雷达回波区分别近似地对应于小、中等和强的降水强度)

霍布斯(Hobbs)等对美国西北岸的许多雨带做了飞机穿云观测,他们得出了一些雨带微物理结构的简单模型。图 6.9 是表示横截暖锋雨带(霍布斯 1 型)结构的垂直截面图(基线自左至右,相当于正交暖锋雨带从暖侧指向冷侧)。由图可见,在暖锋上的浅层对流云中冰质点不断生长和落出。它们落进在对流云下面的层状云中,通过聚集而生长,并促进层状云滴冻结,造成较大的冰质点浓度(ipc-4～6 个/L),从而引起该地区较强的降水(图中云下的垂线表示降水,垂线密集表示降水强度大)。这便是暖锋雨带的云物理成因。

图 6.10 是表示在某些冷锋前进方向高空锋前的冷涌在地面锋前产生的雨带(霍布斯 4a 型)结构的垂直截面图。图中断开的冷锋符号表示冷涌的前沿(地面冷锋的位置在左边图外)。类似地,冷涌前的中空对流云中的冰质点沉降下来,根据贝吉龙的冰晶效应学说,可以解释地面雨带(云下垂线密集带)的成因。

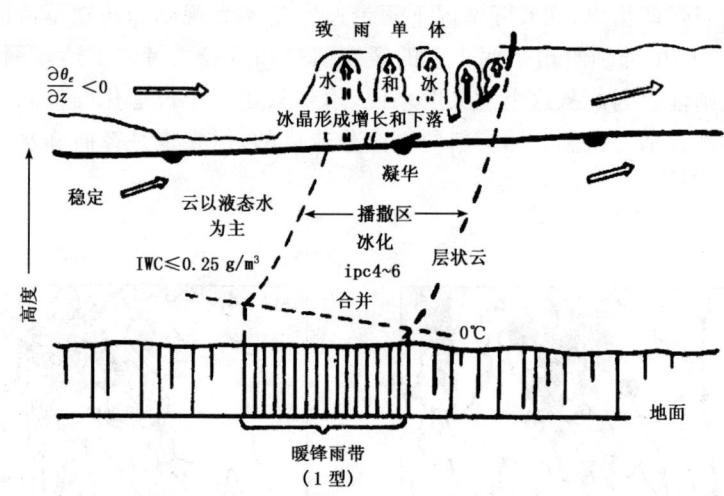

图 6.9 暖锋雨带(霍布斯 1 型)的垂直截面图(Matejka 等,1980)
(图中指出了云的结构和降水生长的主要机制。从锋上分支出来的粗断线表示一个暖锋瓣。空心箭头表示相对于暖锋的气流以及在暖锋锋区上和锋区中的稳定抬升与致雨单体中的对流性上升运动之间的差值。雨带的运动为自左至右)

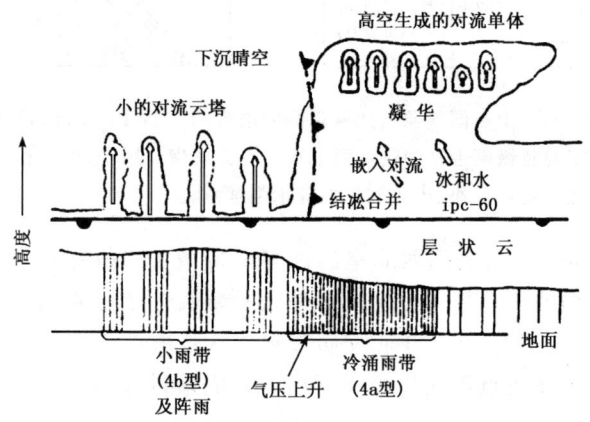

图 6.10 出现在锋前高空冷涌前头的锋前冷涌雨带(霍布斯 4a 型)和冷涌后头的 L 型横向小雨带(4b 型)的垂直截面图(Matejka 等,1980)(空心箭头表示相对于高空冷涌和对流性上升的气流。高空冷涌和雨带的运动为自左向右)

图 6.11 是表示宽的冷锋雨带(霍布斯 3b 型)结构的垂直截面图。在中空对流云中上升气流强达每秒几十厘米。这些云由过冷水和冰质点组成。高浓度的冰质点下沉到冷锋锋区以下,在那里它们通过聚集而生长,从而形成强降水。这类锋面云的主

云底部一般位于冷锋锋区之下。

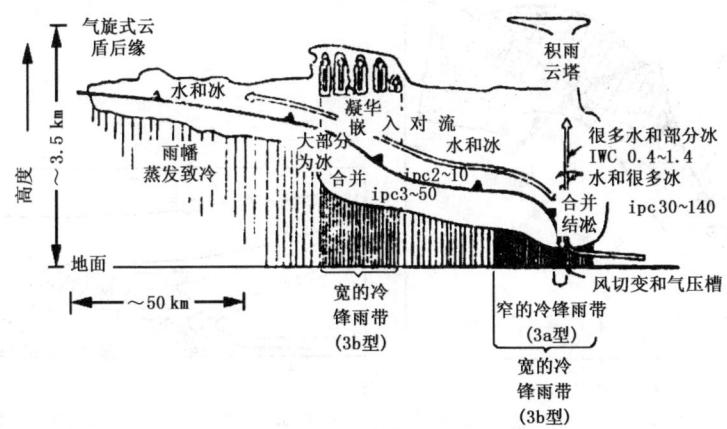

图 6.11　和具有朝后斜升运动的冷锋相联系的云的垂直截面模式图(Matejka,1980)
(图中指出了宽的冷锋雨带(3b 型)和窄的冷锋雨带(3a 型)。空心箭头表示相对于锋的气流：在地面锋上的强烈的对流性上升和下沉气流以及在高空冷锋上方的宽阔的上升运动。雨带的运动为自左向右)

从以上的描述中可见,U 型雨带有以下一些共同的特征：

(1)它们都与暖输送带的上升部分相联系。一般发生在对流层中、上层,典型的在 700 hPa 和 500 hPa 之间。

(2)它们的宽度一般在 50 km 左右,典型的长度为几百千米。它们的走向平行于它们所在高度上的斜压带。

(3)它们包含上层或中层对流单体,通常成群。这些单体或群发生在位势不稳定的浅层中。在暖输送带顶部位势不稳定发生的机制可以用图 6.12 来说明。由图 6.12 可见,由于高空干空气(具有相对低的 θ_w)越过暖输送带(具有相对高的 θ_w),因此常常在暖输送带顶部形成一个位势不稳定层($\partial\theta_w/\partial z < 0$)。而下伏的空气则一般是静力稳定的(因暖输送带的空气比其下方的空气要暖湿,因此便有($\partial\theta_w/\partial z > 0$)。在图 6.12 中画点子的箭头代表在暖输送带中相对于系统的气流。画影线的箭头代表在对流层具有较低的湿球位温的气流。在图 6.12(b)中的等值线是等 θ_w 线,单位为℃;θ_w 的绝对值是随意给的。位势不稳定($\partial\theta_w/\partial z<0$)的基本区发生在地面冷锋之上,以及在暖区之中,画影线的箭头越过画点子的箭头的地方。对流云发生在位势不稳定被大尺度上升运动所释放的地方。

锋区上的暖输送带中的等 θ_w 面有时会发生皱褶。这种结构叫作瓣状超斜压结构,如图 6.13(a)所示。这种结构往往使位势不稳定增强,并导致发生对流层上层和中层的致雨单体。每个皱褶或暖舌在输送带上造成一个 U 型雨带。

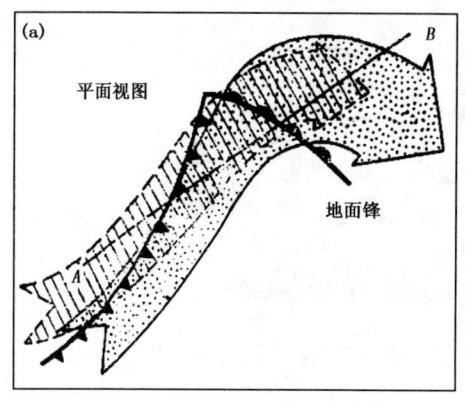
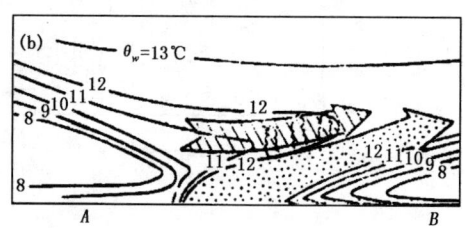

图 6.12 描述在中纬度气旋中位势不稳定发生机制的模型图(Browning 等,1974)
((a)、(b)分别为水平和垂直截面图,图(b)是沿图(a)中的 AB 线作出的)

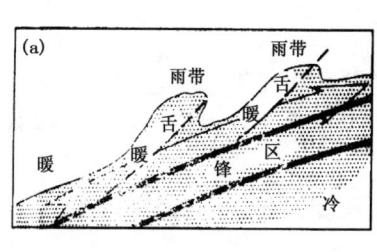
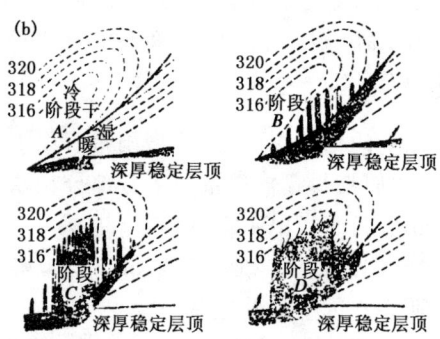

图 6.13 描述与锋区相联系的 U 型雨带的结构和演变的示意模式(Browning,1983)
((a)中穿过暖(冷)锋锋区的垂直的西—东(向剖面),有两条雨带,每条都伴随着一个走向粗略地与图面正交的暖舌。(b)表示在与这些暖舌中的每个相联系的位势不稳定的释放期间的四个阶段。虚线可看作是等湿球位温线;阴影区代表云)

高空锋前冷涌雨带则常常发生在如图 6.14 所示的形势下。在这种形势下,高空的低 θ_w 空气前沿在暖输送带上孕生成高空冷锋并形成对流带。图 6.14 是在朝前斜升形势下常见高空冷锋的结构示意图。图 6.14(a)为锋面系统的平面视图,图 6.14(b)和(c)为垂直截面。在图 6.14(a)和(b)中宽阔的画点影的箭头代表相对于移动系统的暖输送带高 θ_w 气流。这股气流在其上升到暖锋锋区并向右转之前在地面冷锋前运行。从图左面进入的箭头代表干空气(低 θ_w 空气)。这股气流从对流层高层急流的冷侧下沉下来以后越过暖输送带。在越过的干气流的前沿,空气从暖输送带的顶上对流性地上升,产生出沿高空冷锋的一条主要雨带(即锯齿线 UU)。这条雨带可从暖区伸展到地面暖锋前的部位上。

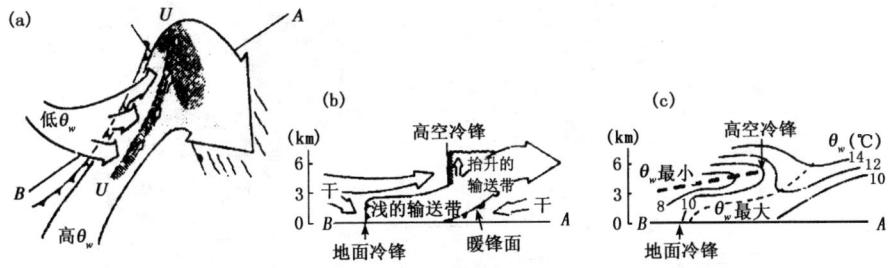

图 6.14　表示朝前斜升形势下常见的高空冷锋结构的示意图(Browning,1983)
((a)为锋面系统的平面视图；(b)、(c)为垂直截面图)

6.2.3　L型中尺度雨带

(1)L型小雨带

如表 6.2 所列，L 型中尺度雨带可细分为暖区小雨带(包括横向和纵向的小雨带)和窄的冷锋雨带(线元)两类，后者将在下面讨论。先看小雨带的结构和成因。

横向小雨带是发生在高空冷涌雨带后方，沿横截于风的方向排列的小雨带(即图 6.10 中的 4b 型雨带)。它们有时只是以不规则分布的对流单体形式出现在高空冷涌雨带的后头。纵向小雨带也发生在暖区内，它沿平行于风的方向(即平行于地面锋的方向)排列。这些浅层对流常常以通过并合机制(全部是水的过程)产生小雨为特征。它们一般受到地形的调幅，因而常常是不规则的以及不定形的。

在暖输送带中的低层对流(包括暖区小雨带和窄的冷锋雨带)是一种暖区现象。低空较强的气流加上摩擦的作用造成了充分混合的边界层气流。在低层，θ_w 随高度通常有小的递减，但有时在暖区中却几乎是饱和的。从地面到二三千米的高度 θ_w 随高度的递减率 $\frac{\partial \theta_w}{\partial z} \cong 0$。当这层气流被组织起来并被机械地扰动时，对流性环流便出现在这个气层中。这些对流性环流可能呈现经向的滚轴状涡旋的形式。涡旋排列方向几乎是沿着地转气流的。涡旋之间的间隔大约等于充分混合层的深度的几倍。有时这些涡旋会造成轮廓不太清楚的狭窄的小雨或微雨带。这就是暖区小雨带形成的一种可能的解释。图 6.15 给出了在与这类雨带相正交的截面中的弱的横向环流的一个例子。

(2)线对流

除了暖区小雨带外，还有一类 L 型雨带，即狭窄的冷锋雨带。这类雨带以非常狭窄的线对流的形式出现在暖输送带的西部边界上。图 6.7 (c)以及图 6.11 中冷锋附近的狭窄的强对流带便是这种窄的线对流元。它们的宽度一般只有几千米，但上

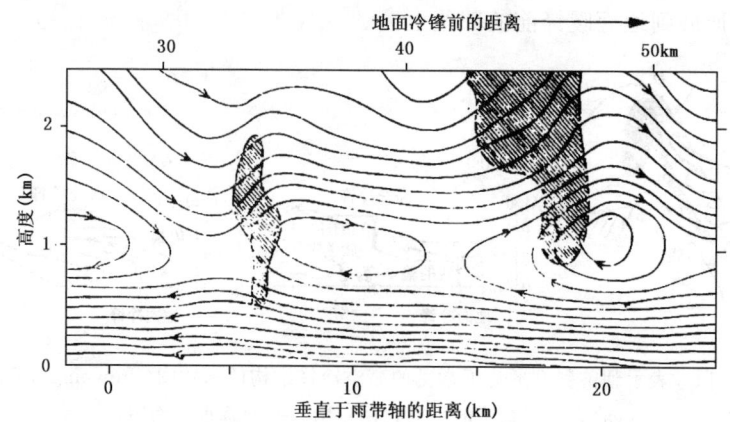

图 6.15　在一个与走向沿地转气流的暖区小雨带相正交的垂直截面中的气流型
(Browning 等,1983)

升速度却有几米/秒。

如前所述,低空急流所在的气层是一个几乎饱和并且中性稳定的气层。这个气层常常被一个位于 700 hPa 附近的稳定层像盖帽似地盖着。在低空急流较低部位的空气由于摩擦作用而向后运动,由于和锋后气流辐合的结果,产生上升运动。潮湿空气抬升后释放潜热,从而形成一个陡然的上升运动区。其形态好像是一座峭壁悬崖。在峭壁顶部气流稍有下沉,一部分朝前流回急流,大部分则向后流去。在进入到地面冷锋后头的冷空气楔的上方,这些空气立即重新上升(图 6.16 和图 6.17)。图 6.18 是 1969 年 2 月 6 日发生在英国的一次线对流在垂直截面上的气流形式。这是由多普勒雷达资料推论而得到的。图 6.19 表示另一个更强的线对流实例。这是 Carbone(1982)在美国加利福尼亚观测到的。

只有在少数情况下,"峭壁"是完整的,而在多数情况下,它们是卷曲的。因此线对流实际上破碎成一系列的线元。每个长约十几千米至几十千米。从天气现象看,它们表现为狭窄的暴雨带,并常常伴有小冰雹,有时伴有龙卷。这些小雨带一般只有 3 km 左右宽,并有明显的边界。它们是浅薄系统,主要位于 700 hPa 以下(图 6.20(b))。由于它们常常嵌在深厚的层状降水区中,因此不易在卫星云图上察觉。只有当它们处在层状降水区边缘时才能见到。线元和裂缝通过时天气表现非常不同。前者引起强风暴雨,气象要素急剧变化。但后者一般只能引起轻微降水,气象要素的变化也很平缓。线对流元两侧风速切变很大。有时这种切变气流能在线对流的很长部位上保持稳定。但是,线对流在多数情况下会像图 6.21 所示的那样卷曲起来,有时还可以观测到轮廓分明的涡旋(图 6.22)。使水平切变破坏和涡度集中的机制可能是开尔文—亥姆霍兹(K-H)不稳定。这种涡度集中有时便会造成龙卷的发生。

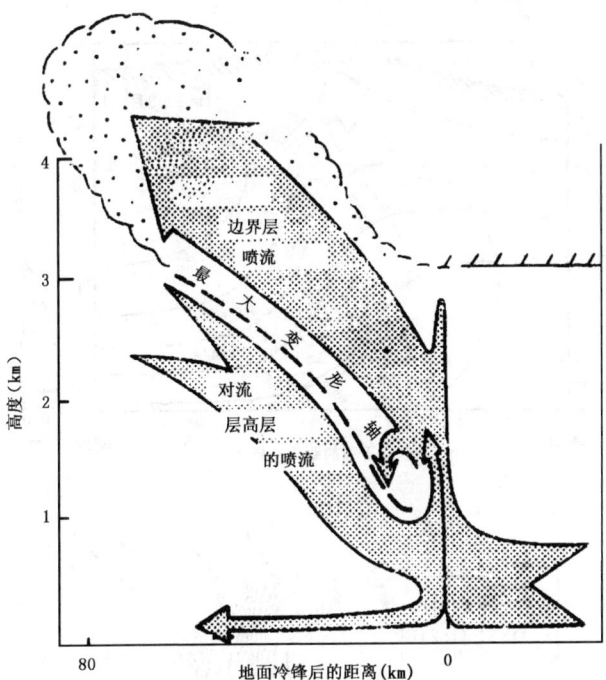

图 6.16 线对流的剖面结构（Browning，1983）

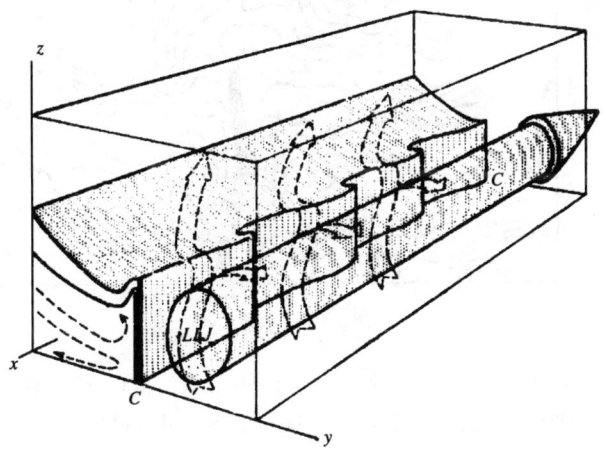

图 6.17 与沿低空急流左侧的线对流相联系的气流示意图（Browning，1983）
(CC 表示卷绕的冷性流出气流的前沿线，LLJ 表示低空急流)

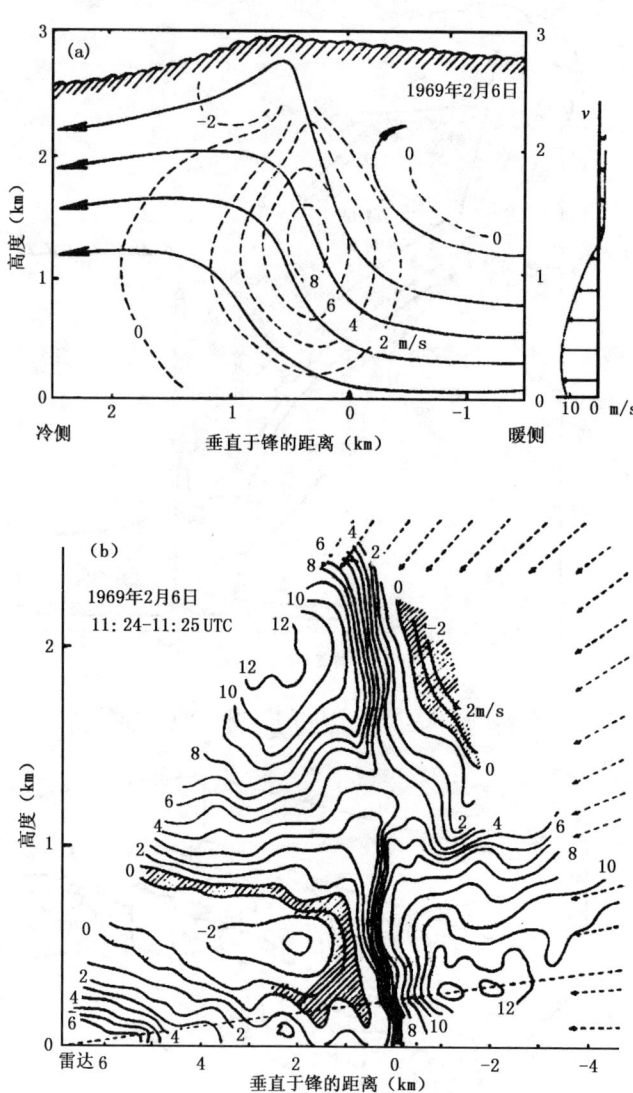

图 6.18 沿正交于一个中等强度的线对流元轴线方向的垂直截面（Browning,1983）((a)相对流线和垂直速度；(b)正交于锋的风速分量(v)。在图(a)中,等风速线(虚线)间隔为 2 m/s

第 6 章 锋面气旋及台风附近的中尺度雨带 169

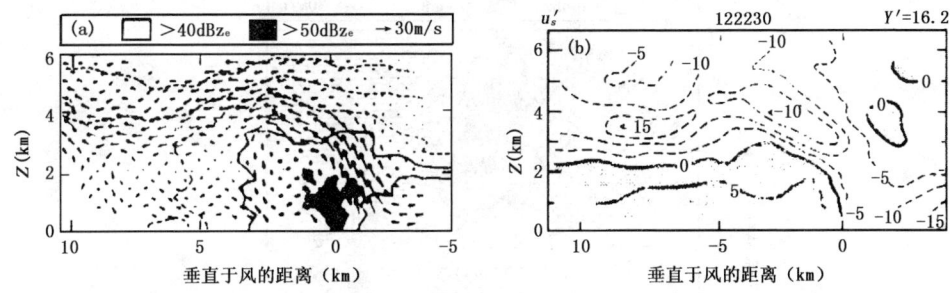

图 6.19 垂直于一个非常强的线对流元的轴线的垂直截面(Carbone,1982)
((a)相对气流和雷达反射率;(b)正交于锋的风分量(v)。在图(b)中,等风速线间隔为5 m/s。在相对于锋的气流为自右向左吹的地区,等风速线用虚线表示)

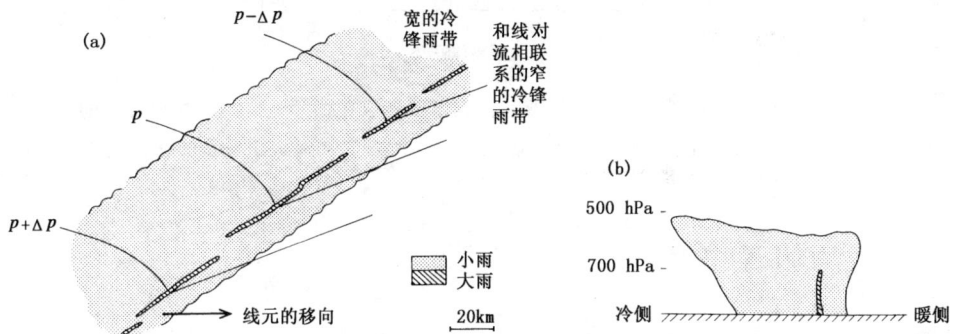

图 6.20 在陡峭冷锋上的降水分布示意图(Browning,1983)
((a)平面视图;(b)正交于锋的平面视图)

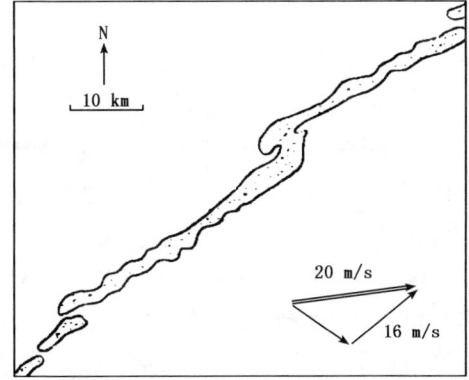

图 6.21 与线对流严重降水相对应的雷达 PPI 强回波的轮廓线(Browning,1983)
(回波带的裂缝和卷曲部分以 20 m/s 的速度从 260°相对于地面移动)

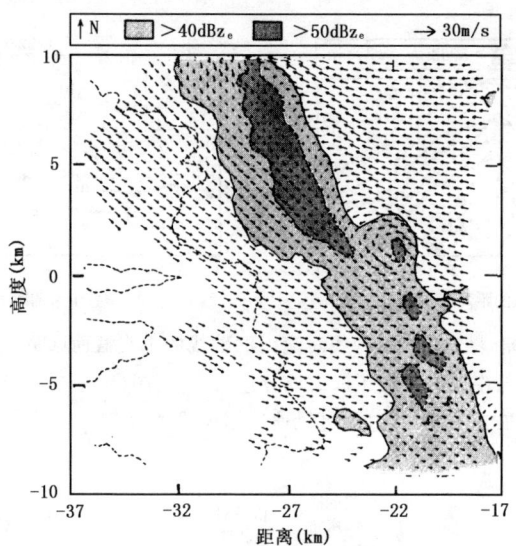

图 6.22　指示相对于线元运动的低空急流以及显示在线元之一的北端位置上的一个涡旋的平面截面(Carbone,1982)(点区代表与线元内的强降水相联系的强雷达回波区)

6.3　锋面附近中尺度雨带的成因

6.3.1　U 型中尺度雨带的成因

如上所述出现在对流层中上层的浅层对流称为 U 型，Hobbs(1978)进一步把 U 型细分为暖锋雨带，锋前冷涌雨带以及冷锋雨带三类。下面主要讨论 U 型雨带的成因。

图 6.7 给出了三类 U 型雨带的结构。其中暖锋雨带发生在朝前斜升的形势下，走向平行于暖锋;锋前冷涌雨带也发生在朝前斜升的形势下，雨带平行于高空冷锋并在其紧前方;冷锋雨带发生在朝后斜升的形势下,雨带平行于冷锋或跨在其上,在地面冷锋附近有窄的冷锋雨带。在实际情况下，雨带通常是不太规则和轮廓不清的。因此,雨带只是一个理想化的概念。

已经提出几种机制来说明 U 型雨带的发生。其中之一便是条件性对称不稳定机制(见第 8 章)。对称不稳定是一种干空气的二维不稳定。这种不稳定干空气本身呈螺旋式的滚动扰动。滚动轴平行于斜压带。大部分锋区是对称稳定的。然而在饱和锋区中，在上升空气中释放的潜热助长了对称不稳定，导致了所谓的条件性对称不稳定(CSI)。条件性对称不稳定的常用判据之一为 q_w(湿位涡)< 0。

由第 8 章的讨论中可知,当热成风方向上湿度增大时 $dq_w/dt<0$,有可能出现 $q_w<0$ 的情况。如上所述,U 型雨带是和所在高度上的斜压带相平行的。因此,可以认为它是由条件性对称不稳定引起的。雨带的发生过程可以设想分为三个阶段。首先,当空气朝北移动并上升穿过斜压波时,由于热成风方向上有湿度增大的缘故,它的湿球位涡 q_w 变成负值。其次,当空气充分抬升而成为饱和时,CSI 机制导致滚轴状环流和云带出现。最后,滚轴状环流在对流层中层产生条件性重力不稳定(因 $q_w<0$,就可能产生 $N_w^2<0$),由此而形成的对流单体导致强的带状降水。

Emanuel(1981)提出了另一种雨带发生的方式。在这种方式中,对称不稳定可以在本来是对称稳定的锋区之中增强起来。这种机制叫作对称性斜压波动第二类条件不稳定(symmetric baroclinic wave-CISK,简写为 SBWC)。它和 CSI 的不同之处在于,在 CSI 中,扰动是靠潜热释放助长的,而在 SBWC 中扰动是由对流性的有效位能的释放助长的。这意味着 SBWC 只能在已经是对流不稳定的区域中生长,而不像条件性对称不稳定(CSI)机制那样可在那些预先并无对流不稳定的地区中发生对流性不稳定区。SBWC 机制的另一个特征是和 SBWC 机制相联系的雨带可以对于平均气流传播,而和 CSI 机制相联系的雨带是随着它所嵌在其中的平均气流平移的。

此外,Lindzen 和 Tung(1976)把锋面雨带看作为波导中尺度重力波的一种物理表现。因为在锋区内的静力稳定的湿层,在一定的条件下可以起到重力波的波导的作用。

6.3.2 L 型中尺度雨带的成因

(1) L 型暖区小雨带的结构和成因

前面已介绍 L 型雨带,它可细分为暖区小雨带(包括横向和纵向的小雨带)和窄的冷锋雨带(线元)两类。这里先讨论小雨带的结构和成因。

横向小雨带是发生在高空冷涌雨带后方,沿横截于风的方向排列的小雨带。它们有时只是以不规则分布的对流单体形式出现在高空冷涌雨带的后头。纵向小雨带也发生在暖区内,它沿平行于风的方向(即平行于地面锋的方向)排列。这些浅层对流常常以通过碰并机制(全部是水的过程)产生小雨为特征。它们一般受到地形的调幅,因而常常是不规则的以及不定形的。

在暖输送带中的低层对流(包括暖区小雨带和窄的冷锋雨带)是一种暖区现象。低空较强的气流加上摩擦的作用造成了充分混合的边界气流。在低层 θ_w 随高度通常有小的递减,但有时在暖区中却几乎是饱和的。从地面到二三千米的高度 θ_w 随高度的递减率 $\partial\theta_w/\partial z\cong 0$。当这层气流被组织起来并被机械地扰动时,对流性环流便出现在这个气层中。这些对流性环流可能采取经向的滚轴状涡旋的形式。涡旋排列方向几乎是沿着地转气流的。涡旋之间的间隔大约等于充分混合层的深度的几倍。

有时这些涡旋会造成轮廓不太清楚的狭窄的小雨或微雨带。这就是暖区小雨带形成的一种可能的解释。

(2)L型狭窄的冷锋雨带(线对流)的结构

除了暖区小雨带外,还有一类L型雨带,即狭窄的冷锋雨带。这类雨带以非常狭窄的线对流的形式出现在暖输送带的西部边界上。它们的宽度一般只有几千米,但上升速度却有几米/秒。

如前所述,低空急流所在的气层是一个几乎饱和并且中性稳定的气层。这个气层常常被一个位于700hPa的稳定层像盖帽似地盖着。在低空急流较低部位的空气由于摩擦作用而向后运动,由于和锋后气流辐合的结果,产生上升运动。潮湿空气抬升后释放潜热,从而形成一个陡然的上升运动区。其形态好像是一座峭壁悬崖。在峭壁顶部气流稍有下沉。一部分朝前流回急流。大部分则向后流去。在进入地面冷锋后头的冷空气楔的上方,这些空气立即重新上升(图6.16或图6.23)。

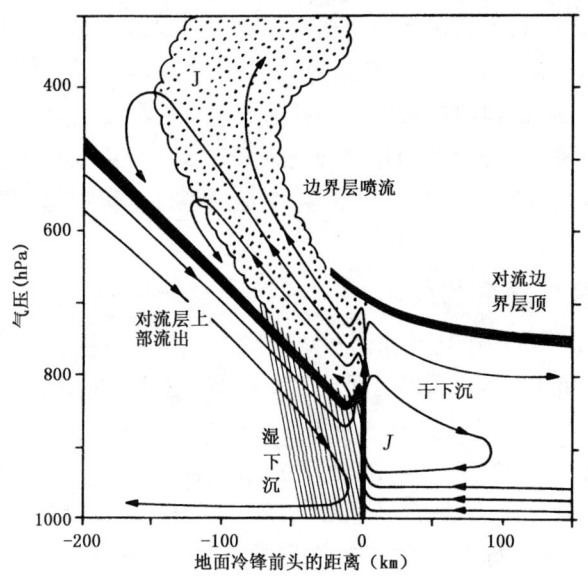

图6.23 上滑冷锋的气流概略模式(Browning 和 Pardoe,1973)

(细箭头线表示相对于运动系统的流线;粗线表示冷锋锋区及对流边界层的顶部;
点影区为饱和上升运动区;J 为急流)

"峭壁"只在少数情况下是完整的,而在多数情况下,它们是断裂的。因而线对流实际上破碎成一系列的线元。每个长约十几千米至几十千米。线对流元两侧风速切变很大。有时这种切变气流能在线对流的很长部位上保持稳定。但是,线对流在多数情况下会像图6.23所示的那样卷曲起来,在卷曲处有时还可以观测到轮廓分明的涡旋。使水平切变破坏和涡度集中的机制可能是开尔文—亥姆霍兹(K-H)不稳定。

这种涡度集中有时便会造成龙卷的发生。

(3)影响线对流形成和维持的因子

由图 6.23 可见,在垂直于线对流元的(y-z)垂直截面中的气流型式具有重力流前沿高抬的鼻状特征。重力流的传播速度 V' 可用下式近似地给出:

$$V' = \left[K^2 \cdot g \cdot \Delta z \left(\frac{\Delta T_{v_{12}}}{T_{v_2}} + \frac{\Delta w}{\rho_2} \right) \right]^{\frac{1}{2}} \quad (6.1)$$

式中 g 是重力加速度,Δz 是冷空气深度,T_{v_2} 是冷空气的虚温,$T_{v_{12}}$ 是冷暖空气虚温的差值,Δw 是冷暖空气中所负载的液态水的差值。ρ_2 是冷空气密度,K^2 是数值为 1.2 和 2 之间的一个常数。根据上面所说的加利福尼亚的线对流实例(见图 6.19)(Carbone,1982)计算的 V' 与实际的线元移速十分接近。因此可以把线对流看作是重力流的前沿,所以可以认为线对流的形成和维持与下列因子有关:

①冷空气中的潜热汇和天气尺度扰动的作用

冷空气中的虚温亏量 $\Delta T_{v_{12}}$ 可能是有助于线对流活力的一个重要因子。这是因为它影响了重力流的传播速度,因而也影响了暖空气被置换的速率。暖空气中的虚温超量也有助于使重力流的上边界保持静力稳定。因此可以减小湍流混合和锋面温度对比的削弱。影响温度亏量的因子是在冷空气中由于蒸发而引起的潜热汇以及由于融化引起的潜热汇。一支越过冷空气并且允许有降水物落入冷空气的上升外流空气是一种适合于保持热汇的理想的气流结构。

然而,这些微物理效应只是问题的一部分。因为冷空气环流只能发展到天气尺度扰动所能允许的程度(图 6.23)。冷空气是作为天气尺度环流的一部分而到达地面冷锋的。因此假如由于降水引起的冷却太大以致使重力流移速快于天气尺度环流补充流入的速度,那么便会引起冷重力流深度 Δz 的下降,从而减慢它的传播速度。

我们已经看到,线对流一般总是与由大尺度斜升运动引起的宽阔的小雨带相联系的。产生小雨区的斜升运动出现在坡度缓和的冷锋区上。倾斜下沉出现在锋区的底下,它起了支持重力流的作用。和小雨区相联系的蒸发冷却对于使重力流变得更冷的作用,是和与直接就在线对流后头的暴雨相联系的蒸发冷却使重力流变冷的作用同样重要的。这可能是为什么线对流很少在小雨区的前沿以外的地方发展的原因之一。

②地面摩擦以及暖空气中的潜热加热和惯性加速度的作用

对出现在线对流上的气旋性切变区中的摩擦层内的质量的二维辐合 M 可以用下列关系式来计算

$$M = \frac{0.002}{f} \cdot \rho (| u_1 | u_1 - | u_2 | u_2) \quad (6.2)$$

式中 u_1 和 u_2 分别为在冷空气和暖空气中的摩擦层顶上的平行于锋方向的风的分

量，ρ 是在摩擦层顶上的空气密度，f 是地转参数。

Browning 等(1970)应用方程(6.2)对两个例子估计了进入上升气流的质量流量，并指出，用方程(6.2)计算的质量流量在大小上和直接由实测的横截于锋的速度计算而得的完全的质量流量差不多。尽管在边界层急流侧翼的摩擦辐合不是必要的初始推动力，但很显然它在整个事件发展过程中是一个重要的环节。

地面摩擦的另一个重要作用是它有助于使近地面的锋变陡。这是通过减慢地面冷空气前进速度而造成的。这种有利于使线对流保持的效应，可以从当冷锋随着锋面波动发展而变得静止或倒退时线对流便停止这一事实得到证据。在冷锋变成静止或倒退的情况下，在冷空气中相对于地面朝向锋面的速度分量变小甚至反向。在这种情况下摩擦便起了使锋面变平的作用。

我们已经看到，摩擦辐合是造成线对流中总的上升质量通量的原因，并且它可以使锋面变陡。然而，还不清楚它的作用是否足以解释气旋性切变和辐合二者是如何集中在如此狭窄的区域中的。另一个说明这种集中的重要因子是潜热加热。Sawyer(1956)指出，即使没有摩擦作用，潜热对增强在辐合强迫锋区中的直接环流的上升支的强度和减小它的尺度来说也有重要作用。Baldwin 等(1981)指出，潜热释放和低层摩擦辐合相结合，起了产生锋上横向环流的作用。这种环流比由摩擦单独产生的环流更强。

还有一个有助于线对流集中中的因子是惯性加速度。Mak(1972)对一个具有高罗斯贝数和中性静力稳定度，并相似于出现在线对流前头的低空急流的中纬度低空急流进行过研究。他指出，由于地转气流的不均匀性而引起的惯性加速度产生了围绕急流轴的右手螺旋环流。其中，环流的上升部分是一个相对强的上升气流狭窄带。Mak 把他的分析只限于横截急流方向的地转气流的变化；不考虑沿急流轴的加速气流的附加影响。

6.4 地形对锋面降水的影响

在山区或海岸附近，降水分布常会受到地形的明显影响，这里我们来讨论地形对锋面降水的影响。一般说来，地形雨的机制可以分为三类。

第一类：宽尺度的上坡降水。地形性的强迫上升运动导致凝结和降水(图6.24(a))；

第二类：越过小山时降水增强。从先前存在的云中下落的降水物，在由局地性地形上升所形成的低层碎云内冲刷的结果，在越过小山时降水出现增强(图6.24(b))；

第三类：由于日射引起山坡加热造成上坡风，从而造成山峰上的对流云(图 6.24(c))。

图 6.24　降水的地形控制的三种机制(Smith,1979)

((a)宽尺度的上坡雨;(b)由山引起的雨的小尺度再分布;(c)地形性对流性阵雨)

第一类和第二类是适用于锋面条件下的主要机制。第一类机制只适用于范围宽广的山脉的情况。因为这种机制要求当空气爬上山脉时,降水物从零开始生长。由于微物理过程效率低的缘故,从云滴长大到足以降落,需要有 30 min 或更长的时间滞后。可是地形雨常常随强风出现。对此举例而言,若风速为 25 m/s,则在从云滴开始长大到降水滴下落以前的这个时段内空气已经运行了大约 50 km,若山脉尺度较小,则空气往往早已越过小山脉。因而在小山脉上不可能因此而造成降水增强。所以在实际中,大部分与中等大小的山脉相联系的地形雨的机制都是第二类机制。这种机制就是由贝吉龙(Bergeron,1965)首先提出的地形播撒器—馈水器机制。

贝吉龙的播撒器—馈水器模式可以用图 6.25 来说明。按照这个模式,在高空和低层分别存在云层。低层云为地形云,高层云一般为锋面云。低层的地形云中云滴很小,按它们本身的规律是难以降落到云外的。但是当高层云的降水通过低层云时,低层云的云滴可以被冲刷出来。由于这种高层的云可以像播种一样播撒降水物从而促使其下面的地形云释放出降水,造成降水的增强,因而被称为播撒器云。而低层云,由于它可以提供水分,造成很大的降水增长率,因而被称为馈(供)水器云。

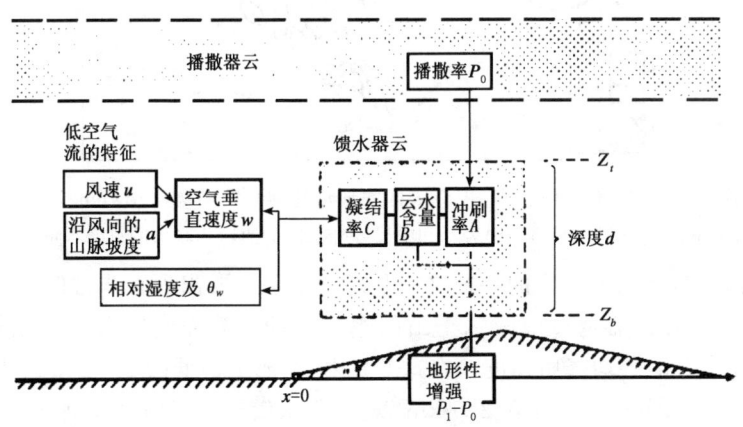

图 6.25　贝吉龙播撒器—馈水器机制(Browning,1980)

(方块图表示在小山上的降水的地形性增强是如何依赖低层空气的特征以及来自上面的播撒率)

从图 6.25 可见,高层播撒器云原有的降水率(即播撒率)为 P_0。但地面实际降水率为 P_1,因此地形增强率为 $P_1 - P_0$。在播撒率 P_0 为一定的条件下,地形性增强取决于馈水器云中的冲刷率。而冲刷率的大小则取决于馈水器云的深度 d 以及云中的含水量,后者则取决于凝结率。而凝结率的大小则取决于环境风速和沿风向的山脉坡度角 a(二者决定了爬坡垂直速度的大小)以及相对湿度和 θ_w 的大小。

图 6.26 所示的是一个降水地形性增强的实例。由图可见,在一个中尺度降水区从爱尔兰移到英格兰和威尔士期间,其回波强度和降水强度几经变化。当中尺度降水区在海上时,回波较弱,降水强度较小。但在山脉附近时回波强度和降水强度都明显地增强。

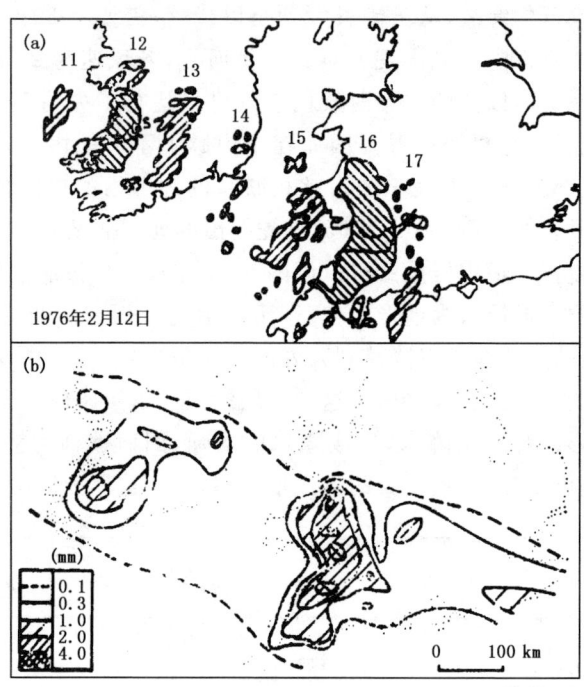

图 6.26 先前存在的中尺度降水区的地形性增强的实例(Browning,1983)
((a)表示 1 h 间隔的降水回波范围;(b)表示和中尺度降水区的边境相联系的总降水量;数字表示时间)

在锋面形势下的地形雨的特征之一是降水增强主要出现在非常低的高度上。图 6.27 是一个从海到陆越过南威尔士山的垂直截面。截面的取向沿着雨区的移向。图中指出了 5 h 的平均降雨强度。在这 5 h 内,在海上最低的 2.5 km 层内的降水强度持续在 0.5~1 mm/h。而在 2.5 km 以上,降水较弱。当雨区移到陆上,地面上的平均降水强度在山上增强到 4~8 mm/h。这种大比率的增长出现在最低的 1.5 km 之中。

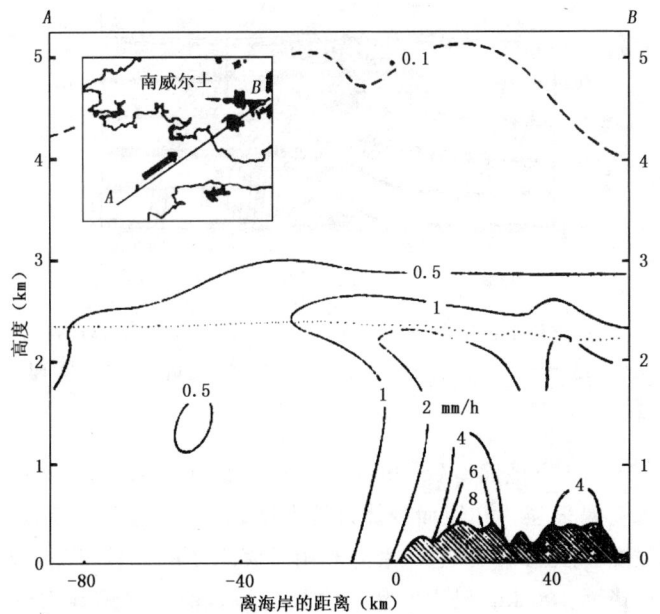

图 6.27 在暖区降水的 5 h 期间,当雨区从海上越过南威尔士山地而移动时,在沿雨区运动方向的垂直截面(AB)内平均降水强度(mm/h)的分布(Browning,1983)

(左上角插图表示相对于南威尔士的海岸线和山地(>400 m)的截面 AB 的取向)

我们已经在图 6.26 和图 6.27 中描绘了几百米高的小山引起的地形作用。然而,贝吉龙(Bergeron,1967)曾经指出,同样的原理甚至适用于只有几十米高的小山的情况。在这些小山上并无大的迎风坡。在这种情况下,地形性的生长甚至出现在低于图 6.27 所指出的高度上。

位势不稳定有时可以同时出现在两个高度上,即出现在对流层中高层上和近地面层上。在这种情况下,两个位势不稳定层都对降水的地形性增强有影响。在中层的浅对流单体起了支持播撒云的作用。而低层的对流则可以导致上升运动加大,并因而引起地形性馈水器云中的凝结率的增大。这可能是异常大量的低层生长(用 L_g 表示)的主要原因之一。这种异常的大量生长有时在强风形势下观测到(图 6.28)。

观测资料表明,大的降水地形性增强的出现常常与天气型有密切的关系。一般来说,在具有深厚湿层(>700 hPa)的暖区,地形的作用通常较大。在具有浅薄湿层的暖区,地形的作用有时较大。而在陡峭的地面锋上和在地面冷锋的后头,地形的作用通常可以忽略,图 6.29 给出了一个例子。把在南威尔士山地的大量雨量站的平均降水强度与其附近的沿海台站的平均降水强度做了比较。在冷锋前头 100 多千米以上的地方进来的降水量太小以至于沿海的雨量器都难以测出。而在山上降水强度一

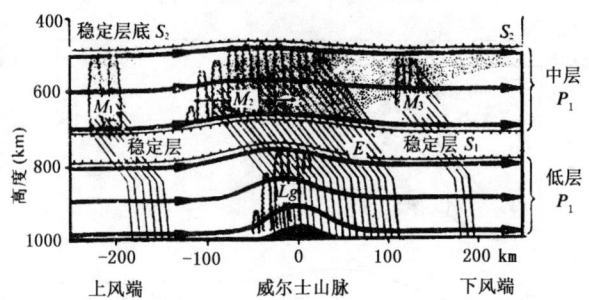

图 6.28 表示位势不稳定和地形对暖区降水影响的模型(Browning 等,1974)
(M_1,M_2,M_3 表示中层对流,斜线表示相对于地面的降水轨迹(因风速很大而造成轨迹倾斜)。E 表示背风坡蒸发)

般为小于 1 mm/h。在离地面冷锋 100 km 内的暖区中,沿海岸线为中等雨量,而进入内陆山上降水变得很强。在地面冷锋过境期间,有一阵短暂的暴雨,当它移到陆上时保持相同的强度。从图 6.29 中的沿海和山地降水率的比较可见,地形对降水的增强作用主要在离锋面 100 km 以内的暖区内较明显。而且在离锋面较远或锋面经过和锋后的情况下,地形增强作用都较小,有时甚至可以忽略。

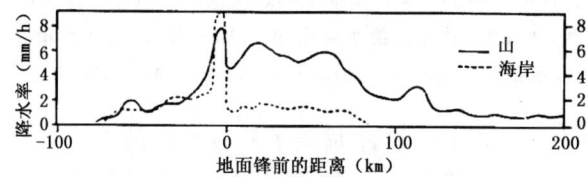

图 6.29 在锋面系统过境期间南威尔士的大量山地测站(实线)和大量迎风坡的沿海测站(虚线)平均的地面降雨强度的时间记录(Browning,1983)(时间轴用正交于地面冷锋的距离标明)

有时在海岸外有一条与海岸相平行的静止锋,一般称其为海岸锋。在锋的北部为冷的偏东气流。在它的上面和南面是具有轻微上坡分量的暖的西南气流。上升气流在中层形成播撒器云,而偏东气流由于摩擦辐合上升的结果在低层形成馈水器云,这样便构成了播撒器—馈水器机制,往往造成大的降水增加。图 6.30 是威尔士海岸外的一条海岸锋造成地形性降雪的一个例子。图中关键的特征是在离岸 100 km 并且平行于南威尔士海岸线的地方有一条强静止锋。锋的北部是很冷的强偏东气流。在它的上面和南面则是具有轻微上坡分量的暖的西南气流。在这种情况下,暖空气除了在边界层以外均是干的。边界层空气在锋上剥离,并作为冷空气楔上的浅的暖输送带上升。在这股气流中,沿着紧靠地面锋位置的一条界线分明的并且静止的线上,降水反复发动。当上升气流向内陆运行时,嵌在其中的对流性致雨单体产生冰质点。这些质点落进下边的冷的偏东气流之中。当这些播撒质点下降穿过低层由于受

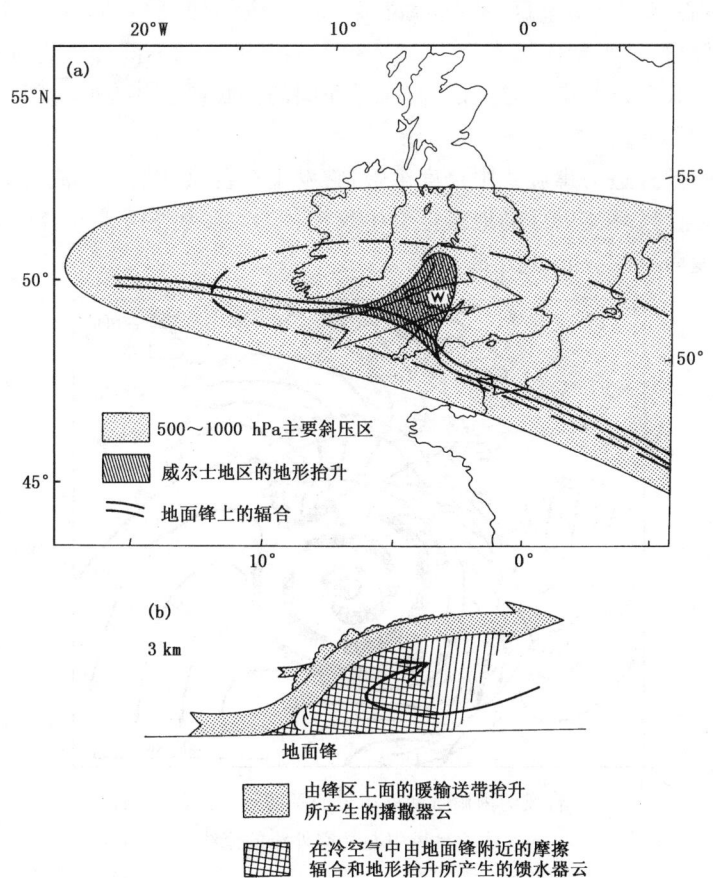

图 6.30 在威尔士地区的一次与海岸外 100 km 处的静止锋相联系的强烈地形性降雪的概括性模型(Browning,1983)((a)为平面视图；(b)为沿图(a)中的箭头方向的垂直截面图)

到地形增强的馈水云时，又发生了可观的进一步增长。由此可见，当一种准稳定的天气型使得强地面锋在海岸外维持很久时，便容易产生大的局地降水。在这里，多山的内陆起了两个重要作用：首先是产生地形性的馈水云，其次是阻碍地面上暖空气向内陆渗透。

6.5 台风附近的中尺度雨带

6.5.1 台风的一般结构

台风是一种近于圆形和具有暖心结构的热带气旋性涡旋。卫星和雷达探测表明,在台风中心有一个晴空区,叫作台风眼。台风眼的四周包围着一个深厚对流云环,称为台风眼壁。眼壁内缘直径为 15~80 km,其大小随不同台风或同一台风的不同时期而变。眼壁形状有时是圆的,有时非圆的。眼壁云环有时是闭合的,有时则是不闭合的。

在台风眼壁外边为螺旋式中尺度雨带,它发生在台风气旋式环流内部,所以也称为内雨带。在台风环流以外的地区也有中尺度雨带,称为外雨带或台风前飑线。台风中的中尺度雨带的分布如图 6.31 所示。

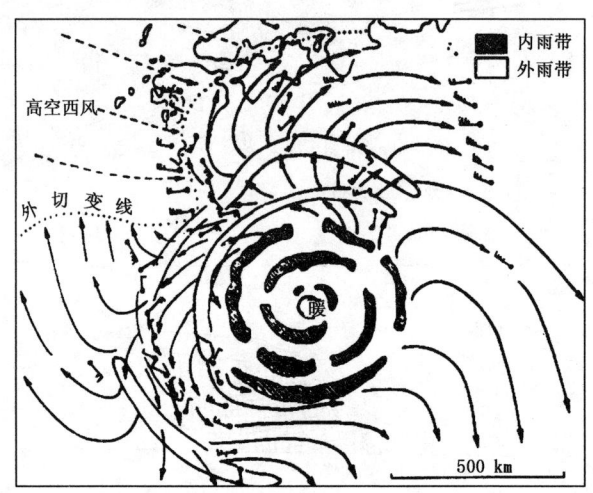

图 6.31　台风的内雨带和外雨带的平面示意图(Fujita,1976)
(实线为台风中心高空外流的流线)

6.5.2　台风眼壁雨带的结构

Jorgensen(1984)用合成分析的方法研究了台风眼壁雨带的结构,给出了如图 6.32 所示的台风眼壁的径向剖面图。由图 6.32 可见,眼壁云区随高度倾斜。眼壁中为上升气流,台风眼区为下沉气流,眼壁区两侧均有水平气流向眼壁内流入。眼壁中的入流层只限于地面上 1500 m 之内的层内。最大风出现在眼壁中。10 dBz 雷达反射率廓线以及等最大切向风速 v_θ 线都随高度倾斜,而且反射率和 v_θ 都随半径而增大。最强对流运动发生在最大切向风所在位置朝眼中心方向 1~6 km 处。眼壁中的强反射率核心直径为 2~5 km。在冻结层以上液态水含量和雷达反射率都随高度迅速减小。在冻结层附近有一个强反射率带(雷达回波亮带)。这个结构表明眼壁雨带与热带飑线在结构上有明显的相似性。

6.5.3　台风气旋的中尺度环流特征

通过用 MM5 模式对台风(飓风)气旋的中尺度环流进行中尺度数值模拟可以得

第 6 章　锋面气旋及台风附近的中尺度雨带　　　　　　　　　　　　　181

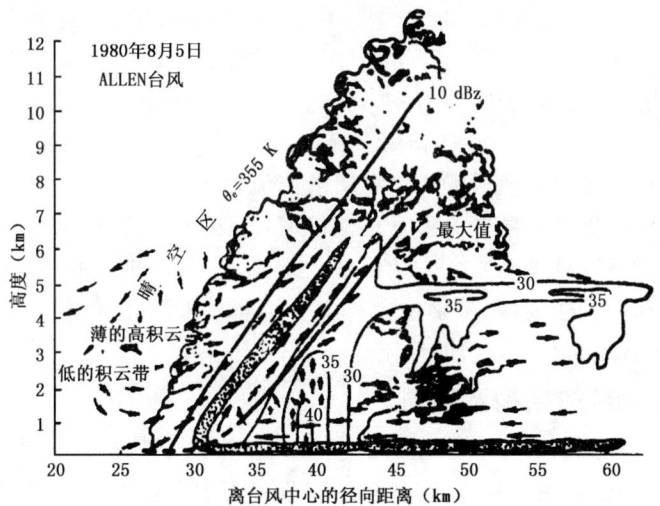

图 6.32　1980 年 8 月 5 日的台风 ALLEN 眼壁区的垂直剖面示意图(Jorgensen,1984)
图中标注了降水和云的位置,径向和垂直气流(箭头线),最大风的界限以及雷达反射率(细实线)

到如图 6.33 所示的台风(飓风)气旋的中尺度环流概念模型。在图 6.33 中,深灰色影区表示台风眼壁区对流和螺旋雨带;斜线影区表示眼区反转层(EIL);斜线网影区表示眼的低 θ_e 区(OEA);虚线表示 0℃ 层;MTD 是对流带和螺旋带上升运动 SR 之间的下沉运动。

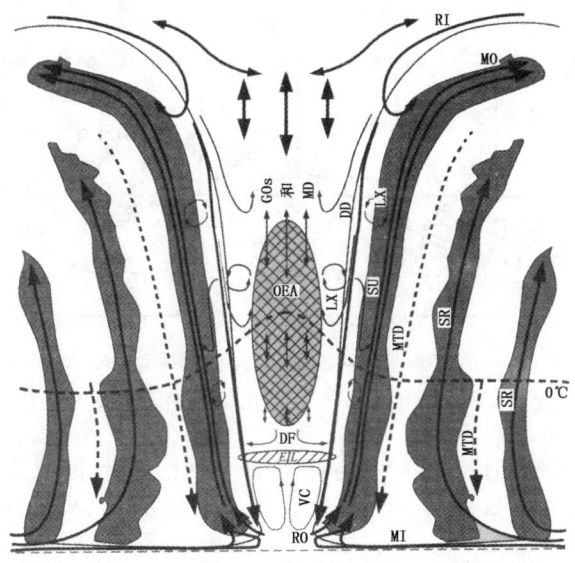

图 6.33　飓风气旋的中尺度环流天气学概念模型(Liu 和 Zhang,1997)

由图 6.33 可见，飓风气旋的中尺度环流包括以下特征：边界层 1.5 km 以下的径向入流(MI)；眼壁中的倾斜上升运动(SU)；对流层的径向外流(MO)至对流层高层；眼区的平均下沉气流(MD)。径向入流(MI)来自海洋边界层远处，它起了向台风(飓风)中心输送角动量和高 θ_e 的作用。径向外流(MO)起了很强的辐散作用。局地环流有沿眼壁的干下沉气流(DD)、对流层的回流(RI)、眼区低层回流(RO)、眼区反转辐散流(DF)，以及摩擦强迫的垂直环流(VC)。眼壁上层的垂直环流(RI)产生于凝结潜热释放和眼壁处的动量。它从眼壁上部流入，下沉进入眼区，再进入眼壁，它成为眼区下沉运动的主要源，特别是穿透性下沉运动(DD)的主要源。另外还有内重力波振荡(GO)，侧向混合(LX)的环流。

6.5.4 螺旋雨带的结构及运动

螺旋雨带由对流云和层状云构成。一般在雨带的上风端的云系主要是对流性的，而在下风端的云系较少对流性，较多层状性，中间则为过渡区。中尺度对流区有时沿雨带向下风端移动，使下风端变得较多对流性。

和眼壁雨带相比，螺旋雨带没有像眼壁雨带那样强的有组织的上升气流和反射率核心。降水可以发生在以反射率亮带为特征的融化层(在 4.5~5.0 km 的高度上)下方的广阔的区域中。据 Jorgensen(1984)估计，层状降水区面积比对流区大 10 倍。

螺旋雨带的运动取决于组成雨带的对流单体的运动。Tatebira(1962)指出，单个对流单体一般发生在雨带的外端，并移过雨带，到内端消亡，图 6.34 是一个实例。图 6.35 是由实际资料概括出来的回波相对于台风眼移动的模式图。

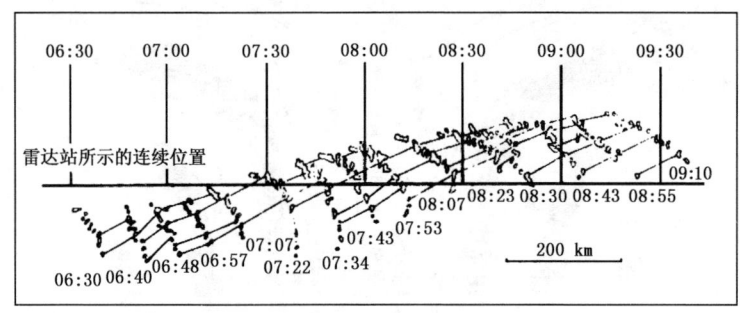

图 6.34　一条雨带内对流单体的运动图(Tatebira,1962)

(用细线连在一起的是同一对流单体，图中给出了 15 个不同时刻的整个雨带的形态)

台风中尺度雨带有时相对静止，有时则围绕中心传播(图 6.35)。一般来说，准静止雨带对应光滑台风路径，而当中尺度雨带围绕台风中心传播时，则常产生台风路径的摆动式振荡。例如 1979 年的台风 DAVID 的路径便有这种振荡，台风实际轨迹偏离其平均路径约 20 km 摆动(图 6.36)。

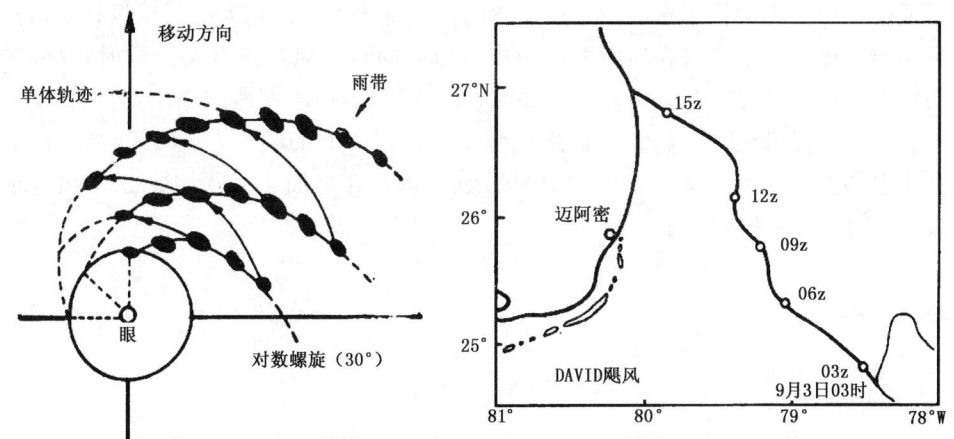

图 6.35　回波带相对于台风眼的移动和图 6.34 中单体移动的概略图(Tatebira,1962)（在此示意图中,雨带的交角被夸大了）

图 6.36　1979 年 9 月 3 日台风 DAVID 的路径图

6.5.5　台风天气的中尺度分布

观测表明,台风中的最大地面风一般发生在台风眼壁内边界上或稍偏台风中心内部的地区。在眼壁附近有最强的雷达反射率。强降水区和强风区常常很一致。龙卷常常会伴随台风而发生。龙卷一般出现在台风中心的东或东北部或在台风中心附近 100 km 范围内的任何象限之中(图 6.37)大多数龙卷发生在外雨带中的强对流区附近。少数龙卷也可发生在内雨带的对流活跃区之中。

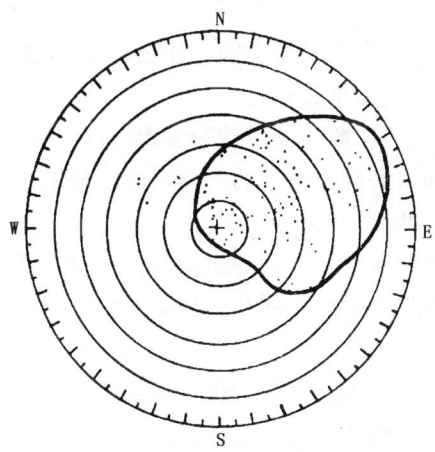

图 6.37　1973—1980 年期间龙卷与台风中心的相对位置图(Gentry,1983)
（粗线表示 95% 的龙卷发生区;同心圆每圈间隔 50 km）

低层风切变较大是在台风中形成龙卷的一个重要因子。较大的低层风切变的产生可能与台风快速填塞并在地面发展冷核所引起的热成风效应有关。同时,这种较大的低层风切变也可能与海岸作用有关。在海岸附近,由于摩擦的作用,台风低层风力减弱,但稍高层风速仍很大,从而造成强切变。据 Novlan 和 Gray(1974)统计,大部分龙卷都发生在离海岸 200 km 以内的地区,以及在地面至 850 hPa,水平风速值增大约 20 m/s 的地区之内。

本章小结

(1) 基本内容

本章讨论了两种常见的带状对流系统,即在锋面气旋及台风附近的中尺度雨带。介绍分析了锋面气旋附近天气尺度和中尺度的降水区以及它们的形成机制、地形对降水的影响和台风中的中尺度雨带。

(2) 复习思考

1) 中纬度锋面气旋系统通常包含哪几种尺度的降水区,它们各有什么特征?

2) 什么是暖输送带,它们一般具有哪些特征?

3) 什么是冷输送带?

4) 在锢囚波动气旋中有哪几条基本的大尺度云系和主要的气流路径?

5) 暖输送带有哪两种基本模型?请说明它们的特性差别。

6) 怎样看出图 6.5 所表现的是一种朝后斜升形势,而图 6.6 所表现的是一种朝前斜升形势?

7) 锋面附近的中尺度雨带有哪些类别?什么是 U 型、L 型和 D 型雨带?

8) 暖锋雨带的云物理成因是怎样的?

9) 锋前高空冷涌前头的锋前冷涌雨带的云物理成因是怎样的?

10) 宽的冷锋雨带和窄的冷锋雨带的云物理成因是怎样的?

11) U 型雨带有哪些共同的特征?

12) 什么叫作瓣状超斜压结构?这种结构与 U 型雨带有何关系?

13) 高空锋前冷涌雨带常常发生在什么形势下?

14) 什么是 L 型中尺度雨带?它可细分为哪两类?

15) 什么是暖区横向小雨带?它的结构有什么特点?

16) 什么是线对流?它的结构有什么特点?

17) 发生 U 型雨带的可能机制有哪些?

18) 什么是 CSI?其判据有哪些?(结合第 8 章)

19) 什么样的天气形势有利于产生条件性对称不稳定？（结合第 8 章）
20) 怎样用条件性对称不稳定解释锋面 U 型雨带的形成？
21) 什么是 SBWC？它与 CSI 有何区别？（结合第 8 章）
22) 怎样解释暖区小雨带的可能成因？
23) 影响线对流形成和维持的因子有哪些？
24) 常见的地形雨机制有哪些？
25) 什么是贝吉龙的播撒器—馈水器模式？
26) 什么是降水的地形增强（增幅）？地形增强（增幅）取决于哪些因子？
27) 什么是凝结率？其大小与环境风速和风向及山脉坡度角和相对湿度及 θ_w 的大小有何关系？
28) 一般来说，大的降水地形性增强的出现常常与天气型有密切的关系。这种有利于造成大的降水地形性增强的天气型有何特点？
29) 什么是海岸锋？它对降水有何影响？
30) 什么是台风内雨带？它发生在台风的什么部位？
31) 什么是台风外雨带？它发生在什么地区？台风外雨带又称台风前飑线，为什么？
32) 台风气旋的中尺度环流有哪些特征？
33) 螺旋雨带的结构有何特征？
34) 台风螺旋雨带的运动取决于什么？
35) 台风天气有什么中尺度分布特征？
36) 在热带气旋发展中 MCS 可能起什么作用？

参考文献

寿绍文.1986.锋面中尺度降水区和中尺度对流复合体的研究.天气学新进展.北京:气象出版社. 247-260.

寿绍文.1988.中尺度降水系统的环境条件.南京气象学院学报,11(4):321-327.

寿绍文.1992.中尺度天气动力学.北京:气象出版社.

寿绍文.2002.中尺度气象学.北京:气象出版社.

寿绍文,等.1992.中尺度对流系统及其预报.北京:气象出版社.

寿绍文,等.1994.一次江淮暴雨过程的中-β尺度分析.应用气象学报,5(3):257-265.

寿绍文,等.2009.中尺度大气动力学.北京:高等教育出版社.

朱乾根,林锦瑞,寿绍文.1981.天气学原理和方法.北京:气象出版社.

Aspliden C L, Tourre Y, Sabine J B. 1976. Some climatological aspects of West African disturbance lines during GATE. Mon. Weather Rev. ,104:1029-1035.

Baldwin D G, et al. 1981. A numerical study of the influence of the planetary boundary layer and moisture on frontal structure, Preprints, 5th Conf. on Numerical Weather Prediction, Amer. Met. Soc. ,191-197.

Bartels D L,Maddox R A. 1991. Midlevel cyclonic vortices generated by mesoscale convective systems, Mon. Weather Rev. ,119:104-118.

Bergeron T. 1965. On the low level redistribution of atmospheric water caused by orography. Supp. Proc. Int. Conf. Cloud Phys. , Tokyo, May,96-100.

Bergeron T. 1967. Discussion of the effect of orography on the oreal fine structure of rainfall distribution, Appendix II from Mesometeorological Studies of Precipitation I. Final Report , 1964—1966, ONR Contract No. N62558-4486, Meteorol. Inst. Uppsala.

Bister M,Emanuel K A. 1997. The genesis of Hurricane Guillermo: TEXMEX analyses and a modeling study. Mon. Weather Rev. ,125:2662-2682.

Bosart L F,Sanders F. 1981, The Johnstown flood of July 1977: A long-lived convective system. J. Atmos. Sci. ,38:1616-1642.

Browning K A. 1980. Structure, mechanism and precipitation of orographically enhanced rain in Britain. GARP Publications Series, 23:85-114.

Browning K A. 1983. Mesoscale structure and mechanisms of frontal precipitation systems. Mesoscale Meteorology SMHI, Sweden.

Browning K A, et al. 1970a. Air motion and precipitation growth at a cold front. Q. J. R. Met. Soc. , 96:369-389.

Browning K A, et al. 1970b. Richardson number limited shear zonesns in a free atmosphere. Q. J. R. Met. Soc. , 96:40-49.

Browning K A, et al. 1973. The structure of rainbands within a mid-latitudee depression. Q. J. R. Meteorol. Soc. ,99:215-231.

Browning K A, et al. 1974. Structure and mechanism of precipitation and effect of orography in a wintertime warm-sector. Q. J. R. Meteor. Soc. ,100:309-330.

Carbone R E. 1982. A severe frontal rainbands, Part I: Stormwide hydrodynamic structure. J. Atmos. Sci. , 39:258-279.

Chappell C F. 1986. Quasi-stationary convective events. Mesoscale Meteorology and Forecasting. Am. Meteor. Soc.

Charney J G, Eliassen A. 1964. On the growth of the hurricane depression. J. Atmos. Sci. ,21: 68-75.

Chen S S, Frank W M. 1993. A numerical study of the genesis of extratropical convective mesovortices. Part I: Evolution and dynamics. J. Atmos. Sci. ,50:2401-2426.

Cotton W R, Anthes R A. 1989. Storm and Cloud Dynamics. Academic, San Diego, Calif. 881pp

Emanuel K A. 1981. Inertial instability and mesoscale convective systems, Part II: Symmetric CISK in a baroclinic flow. J. Atmos. Sci. ,39:1080-1097.

Gentry R C. 1983. Genesis of tornadoes associated with hurricanes. Mon. Wea. Rev. , 1793-1805.

Green J S A, Ludlam F H, et al. 1966. Isentropic relative flow analysis and parcel theory. Quart. J. R. Met. Soc. ,92:210-219.

Haman K E. 1976. On the airflow and motion of quasi steady convective storms. Mon. Wea. Rev. , 104:49-56.

Haman K E. 1978. On the motion of a three dimensional quasi-steady convective storm in shear. Mon. Wea. Rev. ,106:1622-1626.

Harrold T W. 1973. Mechanisms influencing the distribution of precipitation within baroclinic distrurbance. Quart. J. R. Met. Soc. , 99:232-251.

Hobbs P V. 1978. Organization and structure of clouds and precipitation on mesoscale and microscale in cyclonic storms. Rev. Geophys. Space Phys. ,16:741-755.

Houze R A Jr. 2004. Mesoscale convective systems. Rev. Geophys. , 42: 10. 1029/ 2004RG000150, 43 pp.

Houze R A Jr. Hobbs P V, et al. 1982. Organization and structure of precipitation cloud systems. Advances in Geophysics,24:225-316.

Houze R A Jr, Wilton D C, Smull B F. 2007. Monsoon convection in the Himalayan region as seen by the TRMM Precipitation Radar. Quart. J. Roy. Meteor. Soc. ,133:1389-1411.

Houze R A Jr, Chen S S,Smull B F, et al. 2007. Hurricane intensity and eyewall replacement. Science,315:1235-1239.

Jorgenson D P. 1984. Mesoscale and convective-scale characteristics of mature hurricanes, PhD Thesis, Colorado State Univ.

Klemp J B, Weisman M L. 1983. The dependence of convective precipitation patterns on vertical wind shear. Preprints, 21st Conference on Radar Meteorology. Edmonton Alberta, Canada, Sept 19-23,44-49.

Lindzen R S, Tung K K. 1976. Banded convective activity and ducted gravity waves. Mon. Wea. Rev. , 106:1602-1607.

Liu Yubao, Zhang D L. 1997. A multiscale numerical study of hurricane Andrew, Part I: explicit simulation and verification. Mon. Wea. Rev. , 125:3073-3093.

Ludlam F H. 1980. Clouds and Storms. The Pennsylvania State University Press: 405.

Maddox R A, Chappell C F, et al. 1979. Synoptic and meso-α scale aspects of flash flood events. Bull. Am. Meteor. Soc. ,60:115-123.

Mak M K. 1972. Steady, neutral planetary boundary layer forced by a horizontally non-uniform flow. J. Atmos. Sci. , 29:707-717.

Matejka T J, et al. 1980. Microphysics and dynamics of clouds associated with mesoscale rainbands in extratropical cyclones. Quart. J. R. Met. Soc. , 106:29-56.

Rotunno R, Houze R A Jr. 2007. Lessons on orographic precipitation from the Mesoscale Alpine Programme. Quart. J. Roy. Meteor. Soc. ,133:811-830.

Sawyer J S. 1956. The vertical circulation at meteorological fronts and its relation to frontogenesis.

Proc. R. Soc. , A 234:246-262.

Shou Shaowen, et al. 1994. The relationship between mesoscale systems and amplification of typhoon-caused precipitation. 6th Conference on Mesoscale process, Portland, U. S. A.

Shou Shaowen, et al. 1996. The organization and environment condition of the mesoscale precipitation systems in a synoptic-climatological view. 18th Conference on Severe Local Storms, San Francisco, U. S. A.

Shou Shaowen, et al. 1997. The mesoscale vortex tube in monsoon precipitation zone. The First WMO International Workshop on Monsoon Studies, Bali, Indonesia.

Shou Shaowen, Li Shenshen. 1991. Diagnoses of Kinetic Energy of a Decaying Onland Typhoon. Adv. Atmos. Sci. ,(8):4.

Silva Dias M F, Betts A K, Stevens D E. 1984. A linear spectral model of tropical mesoscale systems: Sensitivity studies. J. Atmos. Sci. ,41:1704-1716.

Simpson J, Ritchie E, Holland G J, Halverson J, et al. 1997. Mesoscale interactions in tropical cyclone genesis. Mon. Weather Rev. , 125:2643-2661.

Smith R B. 1979. The influence of mountains on the atmosphere. Advances in Geophys, 21:87-230.

Tatebira R. 1962. A mesosynoptic and radar analysis of typhoon rainband. National Hurricane Research Program Report, U. S. , No. 50, Part I,115-126.

Wilhelmson R B, Klemp J B. 1983. Numerical simulation of severe storms within lines. Preprint 13th Conf. on Severe Local storms A. M. S,231-234.

Zipser E J. 1969. The role of organized unsaturated convective downdrafts in the structure and rapid decay of an equatorial disturbance. J. Appl. Meteorol. ,8:799-814.

第 7 章 中尺度对流复合体

本章主要讨论中尺度对流复合体(MCC)及其各阶段的特征、结构和天气尺度环境;对流活动对风场、温度场等要素场的扰动;以及对流层中层的中尺度对流涡旋(MCV)和准静止对流等问题。

7.1 中尺度对流复合体的特征和结构

广义的中尺度对流复合体泛指由若干对流单体或孤立对流系统及其衍生的层状云系所组成的对流系统,它们的空间尺度和时间尺度有幅度很广的谱。最简单的是二维的线(带)状对流系统,最大而复杂的要算是一种具有近于圆形的团状结构的中尺度对流复合体(MCC)。这两种中尺度对流系统位于对流复合体波谱的两端。上面已对线(带)状对流系统进行了讨论。本节主要讨论具有特定意义的 MCC 的特征、结构和环境,以及广泛意义上的中尺度对流复合体的运动和准静止对流系统的发展。在下面的讨论中,将采用由 Orlanski(1975)给出的 α,β 及 γ 中尺度等名称。如第 1 章所述,α 中尺度指水平尺度为 200(250)~2000(2500)km 的扰动;β 中尺度指水平尺度为 20(25)~200(250)km 的扰动;γ 中尺度指水平尺度为 2.0(2.5)~20(25)km 的扰动。

7.1.1 MCC 的特征

MCC 是 20 世纪 80 年代初从增强显示卫星云图分析中识别出来的一种 α 中尺度对流系统。它是由很多较小的对流系统,如塔状积云、对流群(线)或 β 中尺度的飑线等组合起来的一种对流复合体。它的最突出的特征是有一个范围很广,持续很久,近于圆形的砧状云罩。为了能应用日常的高空、地面资料识别这类系统,Maddox(1981)对成熟阶段的 MCC 的物理特征做了如下的规定:

(1)大小和范围:①红外温度达 -32℃或 -32℃以下的云罩面积在 10^5 km² 或 10^5 km² 以上;②红外温度达 -53℃或 -53℃以下的内部冷云区面积在 5×10^4 km²

或 10^4 km² 以上。

(2) 开始时刻:从①,②两个条件最初满足时起算。

(3) 持续期:满足①,②两条件的时期。这个时期必须持续 6 h 以上。

(4) 最大范围:红外温度达 -32℃ 或更低的冷云罩尺度达最大时的范围。

(5) 形状:冷云罩达最大范围时,偏心率(短轴/长轴)达 0.7 或更大。

(6) 结束时刻:①,②两条件不再满足之时刻。

从以上的规定中可见,MCC 是一种生命期长达 6 h 以上,水平尺度大至上千千米的近于圆形的巨大云团(图 7.1,图 7.2)。它的内部红外温度很低,表明它的云塔很高,经常可达十余千米以上。

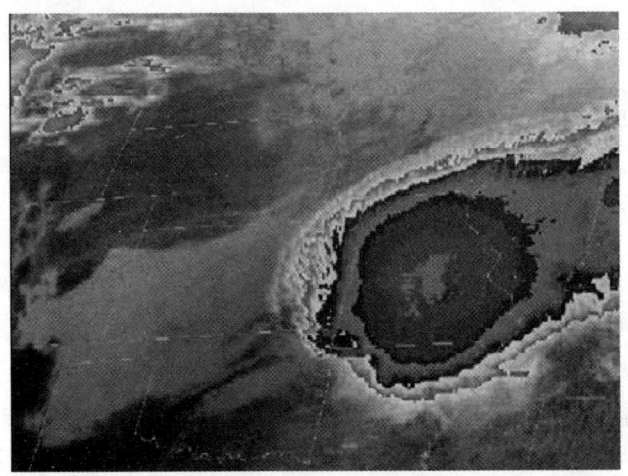

图 7.1 一个发生在美国中部地区上空的 MCC(Houze,2004)

图 7.2 一个发生在长江中下游地区上空的 MCC

MCC 的形成有一个过程,其生命史一般包括四个发展阶段:

(1)发生阶段。在这一阶段表现为一些零散的对流系统在具有有利于对流发生的条件(例如层结条件性不稳定、低层有辐合上升运动、有地形的热力和动力抬升作用等)的地区中开始发展。

(2)发展阶段。在这一阶段,各个对流系统的雷暴外流和飑锋逐渐汇合起来,形成了较强的中高压和冷空气外流边界线,迫使暖湿空气流入系统。由于外流边界和暖湿入流的相互作用,使系统前部的辐合加强,因此出现最强对流单体,并形成平均的中尺度上升气流。于是对流云团开始形成并逐渐加大。

(3)成熟阶段。在这一阶段,中尺度上升运动发展旺盛,高层有辐散,低层有辐合,并有大面积降水产生。这一阶段在卫星云图上的形态,具有上面所说的由 Maddox 规定的各种条件。

(4)消亡阶段。在这一阶段,MCC 下方的冷空气丘变得很强,迫使辐合区远离对流区,暖湿入流被切断,强对流单体不再发展。MCC 逐渐失去中尺度有组织的结构。在红外云图上云系开始变得分散和零乱。但还可以看到有一片近于连续的云砧。

从上面讨论的 MCC 的连续演变过程表明,MCC 在其成熟阶段以前主要是强对流的发展阶段,而在成熟阶段以后则过渡到一个层状的减弱阶段。

7.1.2　MCC 的 α 中尺度结构

一些研究表明,成熟阶段的 MCC 具有相对稳定的中尺度的统一环流。Maddox (1981)对美国的 10 个 MCC 进行了合成分析。分析结果表明,成熟的 MCC 的结构有如下特点(图 7.3):

(1)在对流层下半部(尤其是 700 hPa 附近),有从四面八方进入系统的相对入流;

(2)在对流层中层,相对气流很弱,因为系统几乎是随对流层中层气流移动的。在对流层上层,相对气流向系统周围辐散,下风方的辐散比上风方更强;

(3)最强的 β 中尺度对流元(MBE)通常出现在系统的右后象限,有时呈线状,排列方向平行于系统移向;

(4)还有大面积的轻微降水和阵雨,通常出现在强对流区的左边,在平均中尺度上升区内;

(5)MCC 出现在强暖平流区及低空偏南气流最大值鼻部的明显的辐合区中;

(6)系统在浅边界层中是一个冷核,贯穿于对流层中层大部分的则是暖核。然后在对流层上层又是冷核;

(7)在边界层中热力结构产生一个中尺度高压,其上则有中尺度低压,到对流层上层,又有中尺度高压盖在系统之上。中低压起了增强进入系统的入流的作用。而高层的中高压则加强了系统北部边缘的高度梯度,并加强了反气旋性弯曲的外流急流。

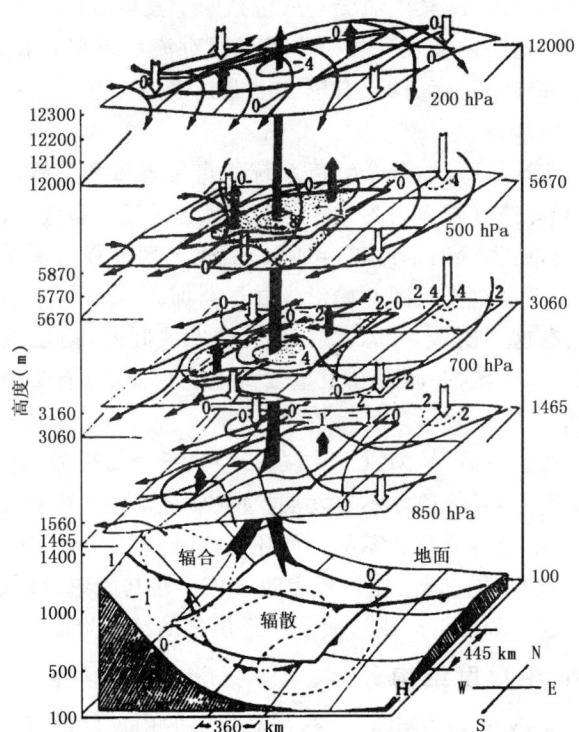

图 7.3 成熟 MCC 及其附近的环境示意图(Maddox,1981)

(细箭头线为流线,黑箭头为上升运动,空心箭头为下沉运动,垂直尺度做了很大夸张)

7.1.3 MCC 的 β 中尺度结构

虽然 MCC 具有相对稳定的卫星云图形状和 α 中尺度的结构,但它包含复杂的 β 中尺度及 γ 中尺度的结构。图 7.4 是穿过成熟 MCC 及其附近环境的南北向截面。图中相对气流流线及阴影的云区表示 MCC 的 α 中尺度特征。对流云塔及空心箭头表示可能的较小尺度的内部结构。

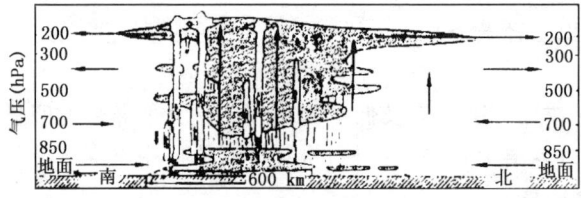

图 7.4 穿过成熟 MCC 及其附近环境的南北向截面(垂直尺度做了很大的夸张)(Maddox,1981)

β 中尺度分析表明,MCC 的次网格尺度结构具有明显的多变性。图 7.5 是一个表示 MCC 内部复杂结构及其多变性的一个例子。这是发生在 1977 年 8 月 4 日

00:00—11:00UTC 的一个 MCC 的演变过程。图中给出了 2 h 间隔的 MCC 的红外云图轮廓及 β 中尺度雷达合成分析。图中粗线为 $-32℃$ 和 $-53℃$ 等值线,黑影区为与较强对流有关的 β 中尺度积云群或积云线区。其 2 h 前的运动用矢线表示,在图 7.5(e) 和 (f) 中的浅阴影区是较弱的层状回波区。

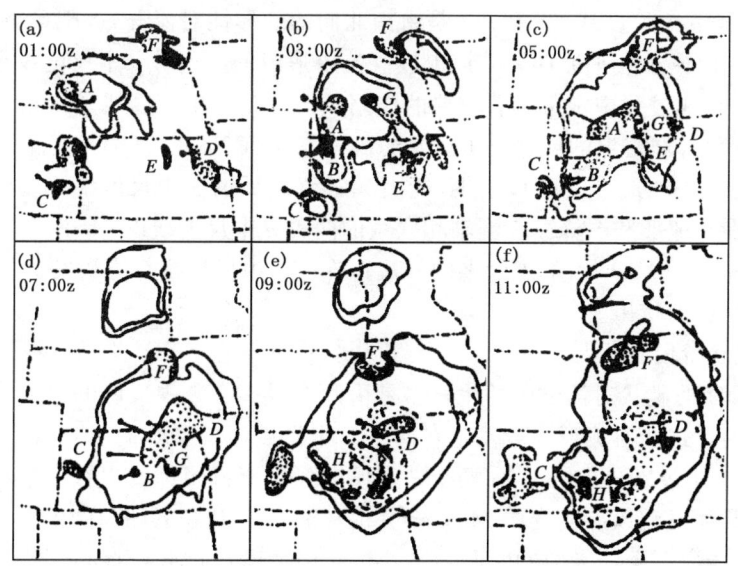

图 7.5　1977 年 8 月 4 日 00:00—11:00(UTC) MCC 的 2 h 间隔的红外卫星云图和 β 中尺度雷达回波合成分析(Cotton 等,1982)(实线为 $-32℃$ 和 $-53℃$ 红外等温线;阴影区为 β 尺度雷暴或相对较强的对流线;箭头为前 2 h 雷暴的移动向量;图(e)和(f)中虚线内浅阴影区表示弱的层状回波)

　　Cotton 等用图 7.5 为例,在指出 MCC 的 β 中尺度对流系统多变性的同时,也指出了它们具有某些一致性的发展型式。为了说明这一点,他们把 MCC 的成熟阶段又细分为几个时段。

(1) 初始阶段:当红外云图上 $-53℃$ 等值线内的区域面积首次超过 50000 km^2 时,定义为 MCC 的初始阶段。初始阶段之前的时刻则称为 MCC 前期;

(2) 最大时段:当 $-53℃$ 区域面积达到最大时定义为最大时段;

(3) 终止时段:当 $-53℃$ 等值线内的面积开始小于 50000 km^2 时,定义为终止时段;

(4) 胞状阶段:当 $-53℃$ 等值线呈现相对光滑的环形的时段,定义为 β 中尺度胞状(cellular)时段;

(5) 上冲最强时刻:在胞状时段中,在 $-53℃$ 等值线内色调白亮的砧云区出现,即云顶达到最高、云顶温度最低的时刻,定义为上冲最强时刻。

下面分别来看各阶段的特点。

(1) MCC 前期

图 7.5 中的(a)表示 MCC 前期的情况。这个时期对流表现为分散的多个 β 中尺度对流群。这些对流群是沿着不同形状的 α 中尺度线被触发出来的。例如在图 7.5(a)中有两条 α 中尺度线,其中一条是由南北向的地形性对流群 A,B,C 组成的线,它们是在落基山以东大平原白天东风上坡气流中形成的。这种 α 中尺度线在美国西部的 MCC 的形成过程中常常起着重要的作用。第二条 α 中尺度线是由西北-东南向的 D,E,G 积云群定出的。它位于一条弱静止锋南面(图 7.5(b)),是沿着地面露点高值轴发展起来的。在 MCC 前期,能引起对流发展的 α 中尺度线很多。除了上面所说的分别与地形和弱锋面高湿轴相联系的两种 α 中尺度线以外,东西向的锋面、槽线以及由前一个 MCC 留下来的老的外流边界等 α 中尺度线都能触发 β 中尺度对流,起到"产卵线"的作用。

(2) 胞状阶段

α 中尺度的胞状对流云团的生长多是由两个或多个 β 中尺度的对流群汇合或合并而形成的。这些对流群一般发生在两条 α 中尺度线的交点附近,并沿 α 中尺度线排列。例如图 7.5(b)中的 A,G 两个 β 中尺度强对流云团都发生在 α 中尺度线交线附近。这些强对流以后便变成 MCC 合并的核心。A,B 积云团间的汇合运动也促进它们合并,造成一个强大的 β 中尺度(或小的 α 中尺度)的 MCC 核心(图 7.5(d))。这种汇合通常是由 700 hPa 环境气流的汇合引起的。但在有些情况下,有多个强 β 中尺度积云群,它们在整个胞状阶段都始终保持分散相处的状态。

(3) 终止阶段

当 MCC 达终止阶段以后,MCC 开始衰亡。这个时期有持续的但逐渐减弱的层状降水。这时 β 中尺度对流群呈分散移动。这样常常引起原来呈东北-西南向排列的云系变成一种逗点云系(图 7.5(e)~(f))。

7.1.4 MCC 的降水特征

如上所述,MCC 具有 α 中尺度结构和 β 中尺度结构,这些结构特征也反映在 MCC 所形成的降水量的分布上。这就是说 MCC 造成的总的降水量分布和某一时段的降水量分布有很大的不同。MCC 作为一个 α 中尺度系统所造成的降水量分布特点是降水量的分布比较光滑。而且就平均而言,愈接近 MCC 中心部位,降水的概率愈高,降水量愈大(图 7.6)。

Cotton 等(1984)分析了 MCC 的合成降水趋势和每小时的降水强度分布,其结果和上述讨论是相似的。他们对美国大平原区域的三个 MCC 按其发展特征时刻制作了合成降水趋势图和每小时降水强度分布图(图 7.7)。由图 7.7(a)可见,最大平均降水率出现在 MCC 快速增长之前,在最大平均降水率出现之后,降水率就稳定地

第 7 章 中尺度对流复合体

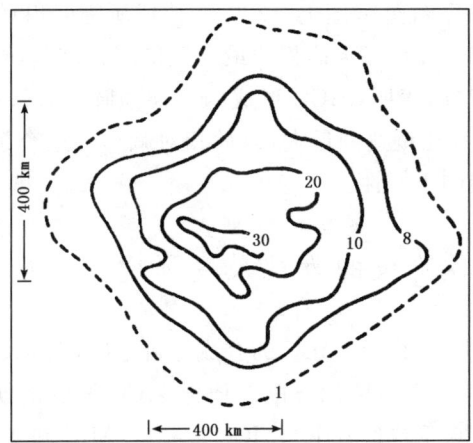

图 7.6 8 个 MCC 合成降水量分布图（单位：mm）（Fritsch 和 Maddox，1981）

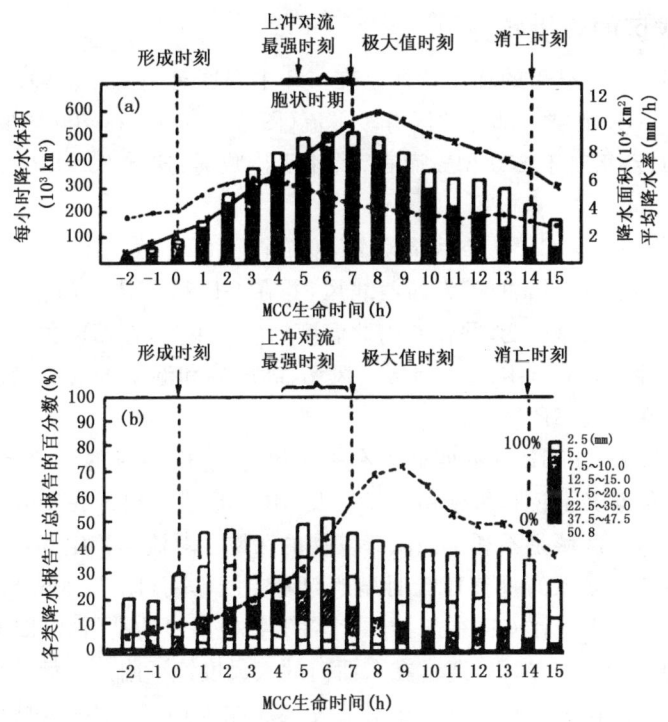

图 7.7 美国大平原三次 MCC 的合成降水特征（Cotton 等，1982）

((a)MCC 的合成降水趋势图。图中时间轴上标出了相对于红外云图上 MCC 的发展阶段。直方柱表示总降水体积；直方柱中黑影区表示-53℃等温线所围区域的降水体积；实线表示每小时的降水面积；虚线表示面积平均降水量；(b)合成的 MCC 每小时降水强度分布。把降水量每隔2.5 mm 分为一类，每类降水所占的百分数在直方柱中表示，虚线表示用于合成的降水报告的总数)

减小。MCC 的降水面积(红外云图上－32℃等值线所围面积)的最大值落后于 MCC 极大值时刻 1～2 h,而合成总降水体积的最大值出现在胞状时期的后期,先于 MCC 的极大值时刻。图 7.7(b)表明,MCC 形成的初期强降水(25.4～50.8 mm)所占的比例大,至胞状阶段后期比例达到最大,以后相对减少。这个事实说明,对流降水对于 MCC 环流强迫作用的重要性。

7.2 MCC 发展各阶段的天气尺度环境

Maddox(1986)通过对 10 个 MCC 的合成分析指出,在 MCC 生命史中各阶段的发展都受到一定的天气尺度环境的支配。他把 MCC 发展前期、成熟期和消散期所处的范围分别叫作 MCC 形成区(GR)、MCC 成熟区(MR)和 MCC 消散区(DR)。各区分别有以下特征。

7.2.1 形成区的环境特征

在 850 hPa 上最显著的环流特征是在 GR 中心区有一支相对强风速带(风速＞10 m/s)通过。GR 上空大部分地区有暖平流(图 7.8(a))。在 700 hPa 上,在 GR 上空风随高度顺转,相对于 850 hPa 而言,风速明显减弱(这与 850 hPa 为暖平流是一致的)。

在 500 hPa 上,在 GR 上空风向顺转,变成西南西(注意:在 12 h 后,MCC 将达 MR 上空,在那里 500 hPa 的风为西西北风,并在 GR 和 MR 之间存在脊线)。穿过 GR,有明显的水平风速切变,并伴有南北温度梯度。不过,在 GR 和 MR 中温度平流看起来都呈中性。同时,GR 为一湿区。风场、高度场和湿度场的特点都表明有一个弱的短波槽正在接近 GR 区。

在 200 hPa 上,在 GR 区的西北方有一个风速达 32 m/s 的弱急流。这表明(至少从合成分析的意义上说),风暴初始发展及 MCC 形成都出现在 200 hPa 急流的右边。通常认为这个区域是不利于强风暴发展的区域。对流不稳定和对流层低层的强迫对与这支急流相联系的垂直环流明显地起着支配作用(图 7.8(b))。不稳定指标总指数 TT 的分析表明在 GR 东部,有一个 TT 指数明显的高值区(即不稳定区)。

从以上的分析可见,MCC 通常在东西向的大尺度锋区附近开始发展。在近于纬向的气流中弱短波槽朝东移动有助于对流发展。在 MCC 产生的区域中最显著的特征是在 GR 和 MR 上空有潮湿条件性不稳定环境。在对流层低层有一支低空急流存在,并伴有明显的暖平流(它表示由准地转过程引起的朝上运动的低空强迫)。MCC 的前期环境和与龙卷、强飑线相联系的环境有明显的不同。后者的大尺度特征通常是具有很强的温度、湿度的纬向梯度,并有强锋和强的极锋急流。

第 7 章 中尺度对流复合体 197

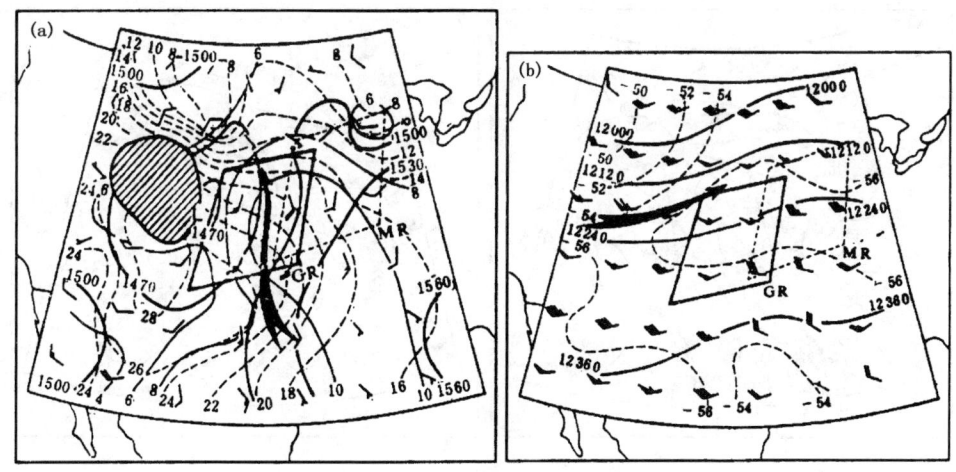

图 7.8 MCC 发展前的形势图(Maddox,1986)

((a)850 hPa 形势;(b)200 hPa 形势;图(a),(b)中粗实线为等高线,单位:gpm;虚线为等温线,单位:℃;细实线为等比湿线,单位:g/kg;全风羽表示 5 m/s 的风速;黑箭头表示最大风速轴。(a)中的斜线阴影区表示超过 850 hPa 的地形高度。标 GR 的实线四边形为 MCC 发生区;标 MR 的虚线四边形为未来 MCC 成熟区)

7.2.2 成熟区的环境特征

在 850 hPa 等压面上混合比大于 10 g/kg 的湿舌位于 MR 的西南方,有很强的经向梯度。低层最明显的变化是风速有所增大并顺时针转。低层风的顺转,既影响前面提到的短波槽的前进,又影响由在日落前后发生的涡动黏滞性的快速变化所引起的惯性振荡。在 MR 西南部有一支西南风低空急流。而在 MCC 所在区仍经历着强的暖平流(图 7.9(a))。在 700 hPa 上,成熟区与形成区相比也有明显的变化。在此时刻,西西南气流流过 MR(在 12 h 前这支气流在 GR 上空),并明显加强了。因此在 MR 上空呈现一支明显的急流。短波槽脊已东移。500 hPa 上,MR 以水汽含量高和相对湿度大于 85％为特征。混合比超过 3 g/kg,明显大于 12 h 前整个区域中的混合比值。这种湿度的增大可能是由于来自低层的垂直平流造成的。等温线的形式表示在 MR 上空有明显的暖脊。MR 的西和西北有冷平流。MR 的东和东北有暖平流。

在 200 hPa 上,沿 MCC 的北部和东北部周界,有一条反气旋式曲率的急流发展(风速～50 m/s)(图 7.9(b))。将图 7.9(b)和图 7.8(b)比较可见,系统上空的温度降低,显示出有明显的冷核。这种高层的冷却可能反映了在 200 hPa 有持续的 α 中尺度抬升,也可能反映了云顶的辐射冷却效应。这时刻的稳定度分析表明,在 MR

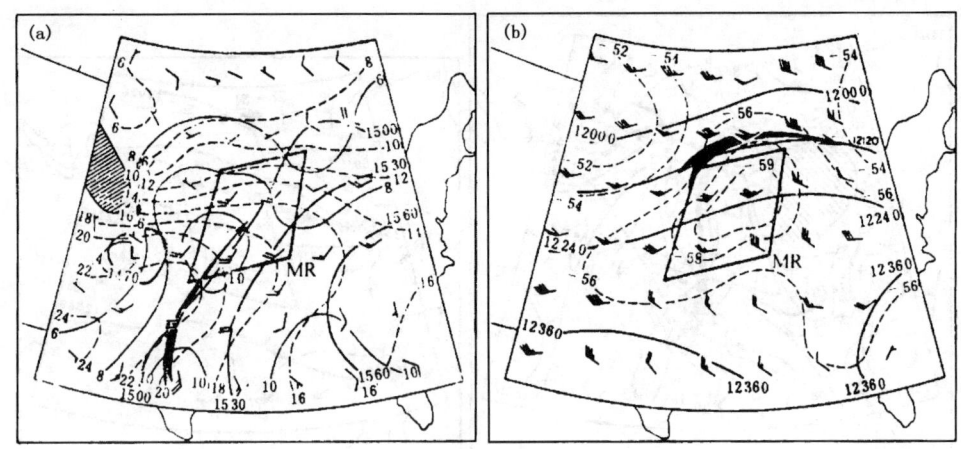

图 7.9 MCC 成熟区的形势图(Maddox,1986)
((a)850 hPa 形势;(b)200 hPa 形势)

西南部有一个很不稳定的区域存在。但此时合成的 MCC 正在朝 ENE 方向移动,进入一个较稳定的气团之中。

7.2.3 垂直剖面分析

现在我们通过沿 40°N 的一系列东西向的垂直剖面来考察 MCC 的生命期。图 7.10(a)表示在 MCC 前期的东西向剖面上的 ω 的运动学诊断。在对流层的下半部有明显的朝上运动,其最大值在 100°W 附近,正好在落基山(位于 105～112°W 附近)的东部。弱的下沉出现在更东面的密苏里和密西西比河盆地上空。GR 以具有有组织的上升运动为特征。

图 7.10(b)表示温度平流(指 12 h 总的风所造成的温度平流,单位:℃/12 h)。对流层低层明显的上升运动区直接和强暖平流区相匹配。同时在 GR 东部和 MR 西部上空高低层的不同的温度平流造成了气层的不稳定化。

图 7.11 表示在 MCC 成熟时刻沿 40°N 的垂直剖面。图 7.11(a)为 ω 的分布。整个 MR 此刻以深而且强的净上升运动为标志。最大上升运动比 MCC 前期超过两倍,而且伸展到了对流层中层,下沉气流出现在东西两侧。相应的温度平流型式由图 7.11(b)表示,由图可见,除对流层低层外,平流的型式没有空间和时间的连续性。上升环流的下部对流层低层仍为暖平流,它朝东移了,因此此刻仍在 MR 中心区。同时,此刻在对流层中高层的温度平流反映了 MCC 强的绝热效应(例如,94°W 的平流型表示在 500～250 hPa 气层中应有冷平流存在,而实际上却有明显的暖平流发展)。由于 MCC 在 500～250 hPa 层出现暖中心,因而在其上游便诊断出强的冷平

流,而在其下游则诊断出暖平流。在对流层高层和平流层低层,在 MCC 上面的冷核则产生相反的情况,即下游为冷平流,上游为暖平流。

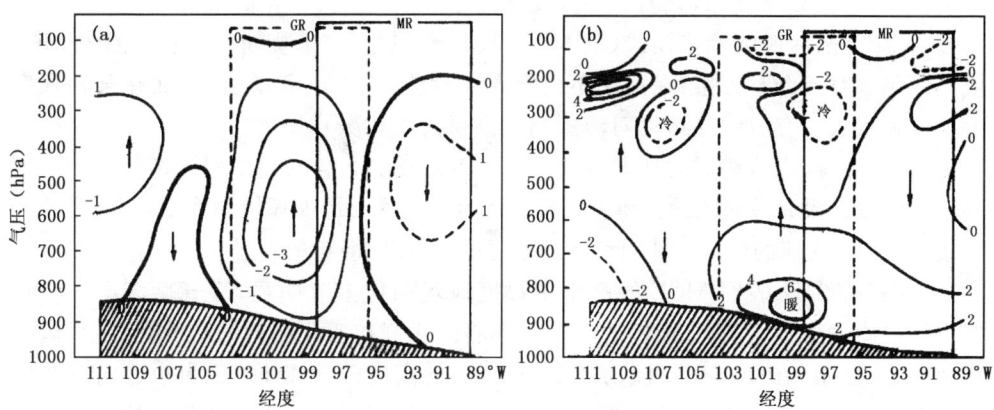

图 7.10　在 MCC 发展前沿 40°N 的剖面(Maddox,1986)
((a)ω(μb*/s);(b)温度平流(℃/12 h))

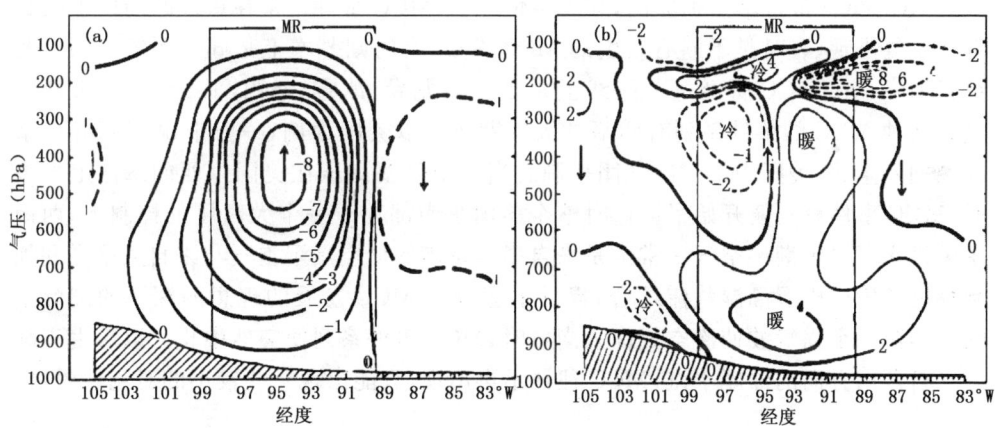

图 7.11　MCC 成熟期沿 40°N 的垂直剖面(Maddox,1986)
((a)ω(μb/s);(b)温度平流(℃/12 h))

7.2.4　MCC 对高空气象场的扰动

一般强烈的对流系统常会在高层产生中高压等中尺度扰动。但是由于这些中系统的生命期不太长,或观测时间间隔太长,用常规资料分析时,常常看不到有系统存

* $1\mu b = 0.1\ Pa = 10^{-3}\ hPa$。

在。为了确定对流活动是否直接造成了风场、温度场等要素场的扰动,可以通过三种方法:

(1)用尺度分离方法,分离出中尺度扰动来;

(2)用有限区域细网格模式(LFM)的 12 h 预报作为"未扰动"环境场(因为 LFM 模式只包含对流调整方案,在高层不会输入大量质量、水汽和动量,因而在某种程度上可以代表未受有组织穿透性对流影响的高层大气状况);

(3)用干、湿数值模式对比非对流的大尺度环境和包含有组织对流活动的大尺度环境的演变。没有深对流的干模式预报可认为代表了大尺度环境的演变,而湿模式的预报则包括了对流的作用。利用两者之差便可分离出 MCC 的发展和持续过程来。

实例分析结果表明 MCC 的高空中尺度风场结构十分明显,反气旋流出中心正好位于最冷的云顶区,即 MCC 的上空。中心的北侧和西北侧的气流增大,最大风速在 20 m/s 以上,在 200 hPa 扰动高度场上,正的高度差区以 MCC 为中心向东北延伸。在 300 hPa 上 MCC 上空为暖湿区。在 150 hPa 上 MCC 上空为异常冷区。以上分析说明 MCC 引起的环境扰动是十分明显的。

7.2.5 MCC 连续发展的形势背景

MCC 事件常常不是孤立的,在不少情况下,MCC 事件常常在一段时间内连续数日地反复出现,有时是不断有新生的 MCC 发展,有时则基本上是同一系统减弱后又重新加强。在 MCC 所经过的路线上常常发生龙卷、冰雹、暴雨和洪水等灾害性天气。这种 MCC 的事件系列有明显的天气背景。以美国为例,一般来说,在 MCC 事件系列发生前,美国中部受冷气团控制。当一个阻塞高压在美国以西的海洋上发展时,MCC 事件系列便开始了。这时整个美国东南部处于一个大高压的控制下,西南季风带来了热带潮湿空气。常常是来自墨西哥湾的低空潮湿空气与来自太平洋和加利福尼亚湾的中层潮湿气流结合,提供了适合于 MCC 发展的理想的深厚的潮湿空气。当第一个强短波使冷空气深入南方时,MCC 事件系列便突然中止。以后由于缺乏来自西南方向的深厚水汽,MCC 往往不再出现,只能出现一些较小的对流性风暴。

7.3 中层中尺度涡旋

在前面的讨论中已多次提到,在 MCC 或飑线系统层状云区的底部对流层中层会形成一个中尺度涡旋。在这些中尺度对流系统(即 MCS)的层状区域内中尺度涡旋的生成最初是在热带 MCS 中受到关注的(例如 Houze 等,1977),然而,它在中纬度 MCS 中更加显著。在天气分析、卫星和雷达分析以及数值模拟研究中都指出,一个 MCC 在其成熟和后续阶段可以发展出一个中层中尺度涡旋。Cotton 等(1989)在 MCC 的合成分析中发现了中层正相对涡度区。这个特征称为中尺度对流涡旋或

MCV。Bartels 和 Maddox(1991)通过在可见光卫星图像中老的 MCS 残余的中层云斑中识别出螺旋带状结构。将观测的 MCV 与探空资料相结合,他们发现弱气流,弱垂直切变,弱背景相对涡度以及强的湿度梯度对 MCV 的形成有利。

中层涡旋一般形成在中尺度对流系统层状区的最大辐合高度上。Fortune 等(1992)认为,中纬度风暴中的 MCV 可能有一种类似于大尺度锋面气旋的斜压的特性。Skamarock 等(1994)证明了,一个中纬度气旋性的 MCV 可以从由科里奥利力促成的涡旋中产生,这种发展导致了尾随层状降水区的变形。位于飑线朝向极地端后面的层状区域被气旋性的环流向后方平流输送,而干空气则往飑线的中央和朝赤道方向的一端平流输送。不过科氏力发生作用,并形成不对称结构,需要经历若干小时。

虽然科里奥利力加强了 MCV 在中纬度的发展,然而,该效果还不足以强到产生中纬度地区可见的不对称飑线结构。Knievel 和 Johnson (2002,2003)通过涡度收支分析表明,中层涡旋由环境输入的涡度以及由 MCS 扰动本身产生的涡度所组成。Bosart 和 Sanders (1981)假定在 MCS 内部及附近,明显平衡或准平衡的环流的垂直分量导致了对流的再生。Raymond 和 Jiang (1990)为这样的一个与增温异常有关的 MCS 提供了一个理论框架。他们提出:一个弱的中层切变但是强的低空切变的环境,例如在 MCV 环境中观察到的(Bartels 和 Maddox,1991)可以在中尺度对流系统中支持一个环流,它包含中层以正位势涡度异常(亦即 MCV)为特征的暖核涡旋,以及在高层的负位势涡度异常。理想化的 MCV 处于一个冷堆之上,冷堆可能由与 MCS 有关的降水蒸发及融化所形成。Chen 和 Frank (1993)通过数值模拟发现 MCV 的生成和 Raymond 和 Jiang (1990)的理论十分一致。他们的计算结果描绘在图 7.12 中。中层涡旋在 MCS 的层状区中形成。当层状云发展时,在风暴的中尺度宽度上,对流层中层的空气饱和。饱和导致 Rossby 变形半径变小,因为浮力频率是由潮湿静态稳定度而不是干静态稳定度决定的,另外层状云盖是由来自原先更为活跃的雷

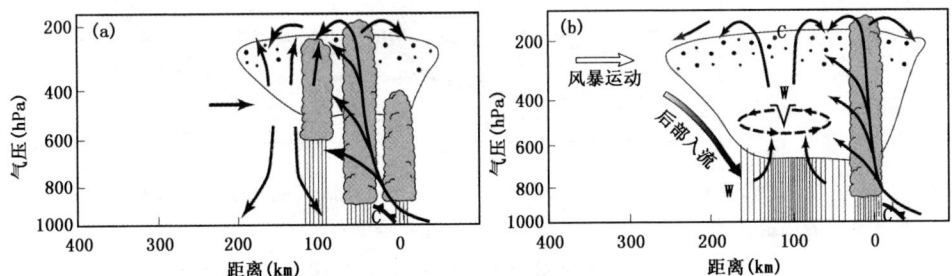

图 7.12 具有前导对流线(阴影)和尾随层状雨区(轮廓线)以及相联系的中尺度涡旋的中尺度对流系统(MCS)的结构示意图(Chen 和 Frank,1993)((a)初始阶段;(b) 中尺度涡旋产生阶段。实箭头代表中尺度环流;阴影箭头指示后部入流;W 和 C 分别表示正负温度距平区;V 和虚箭头表示中层中尺度涡旋)

暴单体上部有浮力的空气组成的。中层—上层云的浮力导致在层状云底部的低压扰动,并且较小的 Rossby 半径允许在那里形成准平衡的气旋性的涡旋(图7.12(b))。

Fritsch 等(1994)结合了 Raymond 和 Jiang(1990)等的概念,以及他们自己对美国一个较大 MCS 的详细的分析(图 7.13)。他们发现在 MCS 的层状区内发展的 MCV 可以逆尺度生长并且变得较大,同时比初始 MCS 的生命期长许多。这显然是 Bosart 和 Sanders(1981)所描述的中涡旋类型。这些结果表明,MCV 可能达到一个接近平衡流动的状态。Davis 和 Weisman(1994)用数值方法考察了与不对称飑线中 MCV 的生成有关的位势涡度的发展。他们发现一个在 MCS 较温暖侧面的平衡上升而在较冷的侧面下沉的模式,这与 Raymond 和 Jiang(1990)的理论一致。然而,他们发现虽然由 Raymond 和 Jiang(1990)以及 Fritsch 等(1994)讨论的暖核涡旋可能达到一种准平衡状态,它必须经历一个不均衡对流的阶段,而对流的一部分逐步发展到层状区域中。和这个概念一致,Fritsch 等(1994)发现一系列的 MCSs 发生在具有长生存期的中涡旋中。因而,在一些情况下,MCS 可以预期有长生命期涡旋的发展,反过来,该涡旋又可以支持新的 MCSs 发展。Fritsch 等(1994)进一步研究了 MCV 可能推动新的对流从而延长 MCS 的总生命期。在他们研究的实例中发现,随后的中尺度对流系统倾向于在涡旋中心(亦即不是在低空冷堆的边缘)突然爆发。

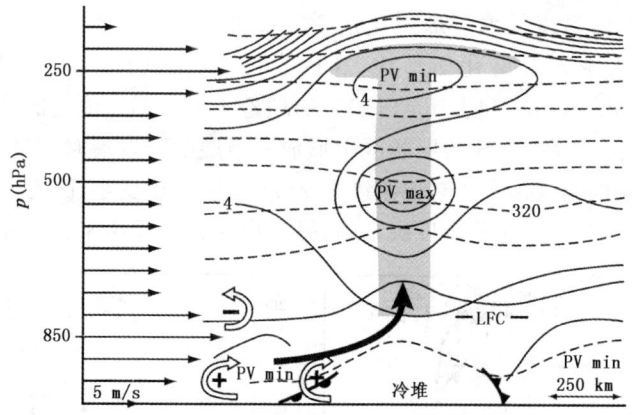

图 7.13 一个与 MCS 有关的中尺度暖核涡旋的结构和再发展机制示意图(Fritsch 等,1994)(沿着纵坐标的细箭头表示环境风分布。带有正号或负号的空心箭头表示由冷堆和环境的垂直风切变制造的垂直于横截面的涡度分量。粗实线箭头表示由涡旋强度分布产生的上升气流轴。锋面符号表示出流的边界。虚线为等位势温度线(间隔 5 K),而实线是等位势涡度线(间隔 2×10^{-7} m²·K/kg)系统以大约为 5~8 m/s 的速度,从左向右传播,并且正在被低空急流中的高相当位温的空气赶超。超越涡旋的等熵面的上升空气,到达其自由对流高度(LFC),并且因而启动深对流。阴影指示云区)

张大林(Zhang,1992)通过数值模拟研究了 MCV 的另一个方面。他将低压描绘成一个冷核而不是暖核。冷核显然是由蒸发冷却和低于层状云底部的融化冷却发展而来的。Jorgensen 和 Smull (1993)通过分析空中多普勒雷达数据,证明了在中纬度 MCS 中的气旋性涡旋包含两个互相缠绕的流动:北侧有一个上升的暖气流,而南侧有一个下沉的冷气流。显然,中层涡旋并不总是可以分类为单纯的暖核或冷核的。一些研究聚焦在环流的冷支流上(例如 Zhang ,1992),而 Chen 和 Frank (1993)的模式研究则强调了涡旋的饱和暖支流。然而,注意到图 7.12(Chen 和 Frank (1993))是一个通过高度三维风暴的二维横截面,并且在图 7.12(b)中的后方入流在示意图上似乎是从涡旋中分离出来的。对模式结果的三维分析显示,图 7.12(b)描绘的非饱和下沉后部入流事实上是气旋式地围绕涡旋中心流动的,并且是与围绕涡旋中心流动的暖的饱和空气缠绕在一起的。

7.4 准静止对流系统

7.4.1 对流系统的移动和传播

对流系统的运动可以看作是两个矢量,即组成对流系统中的单体的平移速度与由于新单体在风暴侧翼形成而产生的风暴的传播速度之和(图 7.14)。风暴运动与风暴生成层环境的平均风强弱密切相关,一般来说,在强平均风时,运动以平移为主,弱平均风时则以传播为主。

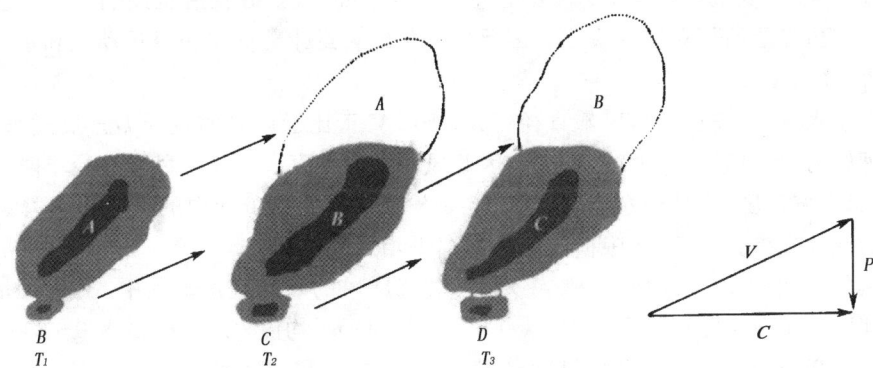

图 7.14 有组织的非超级单体总体移动(**C**)与单体风暴平移(**V**)和传播(**P**)

根据观测,对流单体或较小的对流风暴,一般沿云层的平均风矢量移动,而较大的对流风暴和对流复合体则常常沿偏向平均层风矢量的左边或右边移动。偏向左边移动的风暴称为左移风暴,偏向右边移动的风暴则称为右移风暴。两种风暴都可能发生,特别是在风暴分裂的情况下,可以同时出现左移和右移风暴。实际大气中右移风暴较常发生。

风暴为什么会偏离平均风,而且常常偏向于平均风右侧移动呢？其原因可能有以下几个方面：

(1) 与 Magnus 力引起的云内环流的偏移有关。风暴云作为一个旋转气柱,在基本气流中会由于伯努利效应而引起偏转力——Magnus 力。当基本气流为西风时,气旋性环流会受到指向西风右侧的力的作用,而反气旋环流会受到指向西风左侧的力的作用。因此在西风气流中的气旋式旋转风暴会向右偏移,而反气旋式旋转风暴则会向左偏移。在西风带,具有气旋式环流的风暴相对来说较为常见,因此右移风暴相对较多。

(2) 与风暴边界上的垂直动压梯度力引起的风暴侧翼的垂直气流的发展有关。在对流风暴内部的风速由于动量垂直输送而趋于均匀化。当它处在风随高度顺转的暖平流环境中时,由于风暴内外气流的相对运动,在低层风暴右侧产生相对入流,高层产生相对出流。而在风暴左侧则相反,低层产生相对出流,高层产生相对入流。根据伯努利定律,在风暴右侧低层产生正动压,高层产生负动压,于是产生向上的垂直动压梯度,从而引起对流加速度。而在风暴左侧则相反,低层产生负动压,高层产生正动压,于是产生向下的动压梯度,从而引起负的对流加速度。因此对流风暴不断在右侧新生,在左侧消亡,从而产生向右侧的传播。如果风暴处在风随高度逆转的冷平流环境中,则风暴便将向左侧传播。

(3) 与低空水汽辐合及潜在不稳定空气的抬升有关。如图 7.15 所示,在风暴右偏角度增大时,低空相对风 V_{RL} 就要增大。一般来说,风暴截获沿轨迹的水汽的多少由通过湿边界层的相对运动决定。因此右偏角度大意味着低层相对运动大和水汽供应率大,降水量大。

由于水汽供应较多时,风暴直径较大,所以 V 正比于风暴的直径 D。反过来,也可以理解为,当风暴直径大时,V_{RL} 大,因此风暴右偏角度大。而当风暴直径小时,V_{RL} 小,风暴右偏角度小,甚至左偏。图 7.16 是根据同一月份 6 d 中的 334 个风暴运动做出的统计分析。图 7.16 中横坐标为偏离平均风矢量(850～700～300 hPa 三层的平均风矢量)的度数。纵坐标($V_{sn}/\bar{V}$)代表对流层风的顺转程度。其中,$\bar{V}$ 为矢量平均风,以 850 hPa,700 hPa,500 hPa,300 hPa 四层风的平均值表示。V_{sn} 为 850～300 hPa 风切变正交和偏于矢量平均风的分量。由图 7.16 可见,直径大于 25 km 的大风暴的移向偏离平均风的程度最大,中等大小的风暴的移向稍偏于平均风的右边,小风暴则可偏达 30°,而且当风随高度顺转程度愈大时,偏转角度也愈大。

7.4.2 准静止对流复合体的特征

如上所述,对流复合体的运动是单体运动速度和传播速度的矢量和。如果传播速度出现在单体前面,则出现加速效应。相反,如果传播速度出现在单体后面则出现

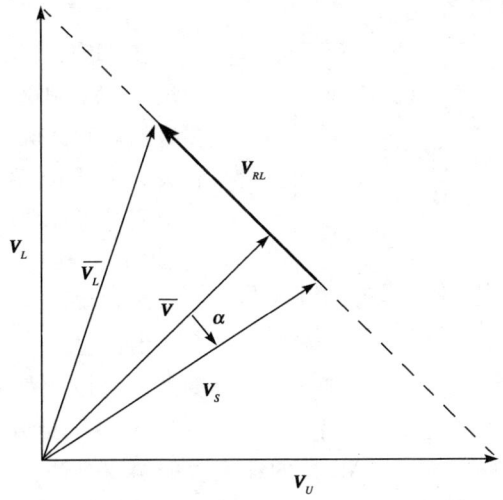

图 7.15 当风暴朝右偏移的角度(α)增大时,相对于风暴的低层风(V_{RL})增大的示意图(Newton 和 Fankhauser,1964)(V_U,V_L 及 $\overline{V}$ 分别表示高层风、低层风及平均风;$\overline{V}_L$ 和 V_S 分别表示低层平均风及系统移速)

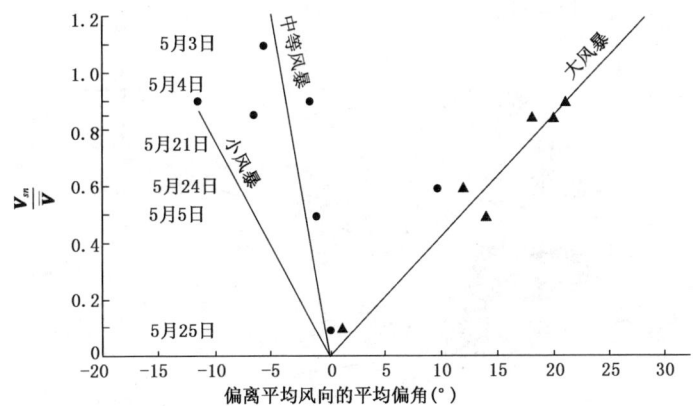

图 7.16 风暴运动的统计分析(Newton 和 Fankhauser,1964)
(除 5 月 24 日为 1962 年外,其余均为 1961 年,图中三角形和圆点分别表示大、小风暴记录)

减速效应。如果传播速度和单体运动方向相反(即新单体产生在与单体运动方向相反的方向上),而且二者大小相等,则风暴就呈现"静止"状态(图 7.17)。这时对流单体不断地随着平均气流向前移动,但是新的对流单体却不断地在风暴后侧产生和发展。因此风暴的"形心"保持静止或移动缓慢。这种情况下,在对流复合体中新单体产生和发展的部分是风暴中最活跃的部分。而且由于它移动缓慢或呈准静止状态,因此常常产生局地暴雨和洪水。

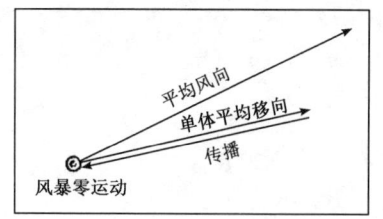

图 7.17 准静止风暴复合体发展时的传播速度和单体运动之间的关系图(Chappel,1986)

在 MCC 中对流最猛烈的地区叫 β 中尺度元(MBE)。MCC 所引起的大多数暴雨和强天气现象都与这一区域有关。Merritt 和 Fritsch(1984)研究了上百个 MBE 的移动规律。他们指出 MBE 的移动跟任何一层风都没有明确的直接的对应关系。也就是说不存在引导层。但他们发现,平均云层切变矢量可以较好地用来估计 MCC 中的 MBE 的运动。一般来说,MBE 沿 850～300 hPa 切变矢量方向或沿 850～300 hPa 厚度廓线移动(图 7.18)。不过,MBE 的速度可能会受到边界层中尺度水汽辐合区的相对位置和强度的修正。通常新对流形成时,在边界层强辐合区中有大的传播速度,而且风暴多半以中尺度辐合区的移动速度和方向移动。当边界层辐合区造成的传播速度正好与 MBE 的运动方向相反,而且大小相仿时,则 MBE 保持静止。例如,Weaver(1979)曾提出一个例子,其中对流云雷达回波随时间缓慢地朝东北膨胀,但是最强的雷达反射率中心却在西和西南侧保持静止。

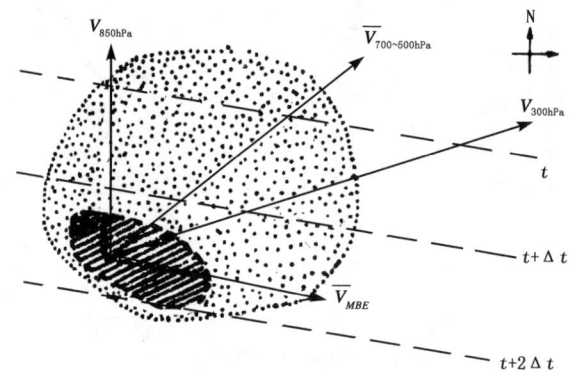

图 7.18 β 中尺度元(MBE)相对于 850 和 300 hPa 的风以及对流层中层的平均风(700～500 hPa)的运动的示意图(Merritt 和 Frtsch,1984)(虚线为 850～300 hPa 等厚度线,浅影区为 MCC 的冷云盾;黑影区为 MBE 区)

如上所述,准静止的或移动缓慢的中尺度对流系统的产生取决于在与平均单体运动相反方向的风暴侧翼上,是否有产生新单体的传播特征。新单体的生长率取决于单体发生区的浮力能的大小和浮力能的补充率。因此这和对流层不稳定性有关。引起对流层不稳定化的动力过程很多,包括不同的温度平流(高层冷平流,低层暖平流);天气尺度和中尺度强迫所产生的低层辐合和高层辐散也能促使环境不稳定化,并能触发初始雷暴或促进连续的雷暴活动。在特定地区有单体重复地、快速地产生,就要求在同一区域具有重复产生对流的强迫机制。这包括要求有一个潜在的浮力能的贮存机制,同时又要求有潜在的抬升机制。这类抬升机制通常包括:阵风锋的机械抬升,单体上有利的流体动压力分布,边界层中尺度辐合区,复杂地形引起的抬升运动等。只要环境条件保持基本不变,以保证能连续地供应不稳定能量,则新单体便能重复地形成,并且集中在相对小的区域之中。

7.4.3 准静止对流系统的发展

准静止的或移动缓慢的中尺度对流系统是具有产生暴雨和洪水最大威胁的天气系统。关于它们的组织和发展过程,目前了解得还很不够,这是一个值得进一步研究的领域。

一般来说,中尺度对流复合体以及在暖空气上有冷空气越过的狭长雷暴带是造成暴雨的两类主要的准静止对流系统。它们通常是由一个多单体胚的连续演变和发展,或由几个多单体风暴复合体的聚集,或由这两种过程的结合而形成的。因此不管哪一类准静止或移动缓慢的中尺度对流系统都发生在有利于多单体风暴发生发展的环境之中,多单体风暴的环境特征是有大的浮力能,弱—中等的单一方向风切变,整体理查森数 R 超过 35。夏季有丰富的浮力能,同时环境风又较弱,这也许就是准静止和移动缓慢的中尺度对流系统在这一季节占优势的主要原因。而春季往往有强的斜压条件,所以经常产生移动快速的飑线和超级单体。但是在冬季和春季有时也可能有浮力能丰富而环境风较弱的情况,在这种情况下,也会发生大而长命的、移动缓慢的中尺度对流系统。

7.4.4 准静止对流系统的类型

Maddox 等(1979)研究过美国的暴雨天气形势,指出在美国落基山脉以东的暴雨和洪水事件按其天气形势背景的不同特征可以分成三种类型:天气尺度系统型、锋型和中高压型。Merritt 和 Fritsch(1984)研究了美国 100 个 MCC 形成的天气形势背景,发现 MCC 的形势背景也可以分成和暴雨完全相同的三类形势。由于 MCC 通常伴有旺盛的降雨及突发性洪水,因此 MCC 的类型和暴雨类型相同是可以理解的。由于暴雨和洪水经常与准静止对流系统相联系,因此上述三种形势也可以看作是准静止对流的形势。

天气尺度系统型暴雨和洪水事件与强的天气尺度气旋或锋系相联系。高空主槽常常缓慢地朝东或朝东北方向移动,地面锋通常是准静止的。在这种形势下,对流风暴重复发生、发展,并频繁地移过同一地区。这一地区一般正好位于冷锋前头的暖湿舌上。弱暖锋或降雨而形成的冷气泡常常有助于触发风暴,这类事件在春秋季节频繁发生,每次常常可影响美国几个州的范围,并连续 $2\sim3$ d。在这种事件中,环境风从地面至 500 hPa 顺转约 35°,而 500 hPa 以上则很小顺转。高空风接近平行于地面锋区。这类事件的合成探空是条件性不稳定的,可降水量几乎是气候平均值的两倍。

Merritt 和 Fritsch 等根据 22 例天气尺度系统型 MCC,总结出这型 MCC 具有和上述的天气尺度系统型降水事件相一致的特征。它们包括以下几方面:

(1) 有一个 500 hPa 主槽位于西或西北方(有时在北方),有时有闭合低压。

(2) 有一条移动缓慢或准静止的天气尺度冷锋,呈南西南—北东北走向。

(3) 在锋面以东环境空气为条件性不稳定时初始雷暴也可能发生在锋的西面。

(4) 在 200 hPa 上(有时在 300 hPa 上)有辐散发生。

(5) 在 $300\sim200$ hPa 上有极锋急流和(或)副热带急流。

(6) 低层(地面到 850 hPa)有强而湿的偏南气流,并由于短波槽的移近而增强。这种天气形势特征如图 7.19(a)所示。

锋型暴雨和洪水事件以静止的或移速非常缓慢的天气尺度锋面边界(通常是东西向的)为特征。这种锋面边界有助于触发雷暴活动,并聚集风暴。当暖湿不稳定空气流过锋区给风暴提供能量时,暴雨出现在地面锋的冷侧。同样,高空风接近平行于地面锋,而且对流风暴重复发展并移过同一地区。这些事件具有显著的夜发性。在大部分情况下,在暴雨区都有 α 中尺度的短波槽逼近,并对暴雨事件起重要作用。在有的情况下,有一弱的中低压沿锋面边界移动,使辐合和流进风暴的气流增强。锋型事件主要出现在暖半年。

锋型暴雨和洪水事件的环境风在 700 hPa 以下有明显的随高度顺转,而在 700 hPa 以上则没有明显的顺转。风速随高度的变化很小。风随高度顺转有利于风暴沿接近平行于锋区的方向运动,而且条件性不稳定空气可以无阻碍地连续到达风暴的右后侧。这类事件的合成探空比天气尺度系统事件更不稳定,可降水量也超过天气尺度系统事件。

Merritt 和 Fritsch(1984)由 47 例锋型 MCC 事件所归纳的特征则包括如下五个方面:

(1) 其位置在靠近平均脊处;

(2) 有一条准静止或移动缓慢的天气尺度锋,通常呈东西向或西北—东南向;

(3) 对流在锋面冷侧发生和维持;

(4) 在对流层中层有明显的反气旋性切变;在 300 hPa 上出现偏西风急流($\geqslant$25m/s);

(5) 低层强而湿的偏南气流常由于短波槽的移近而增强;

导致锋型事件和 MCC 的形势如图 7.19(b)所示。

中高压型暴雨和洪水事件和由先前的对流活动所产生的近于静止的雷暴外流相联系。最大暴雨出现在外流边界的冷侧,通常在中高压中心的南面或西南面。这些

第7章 中尺度对流复合体

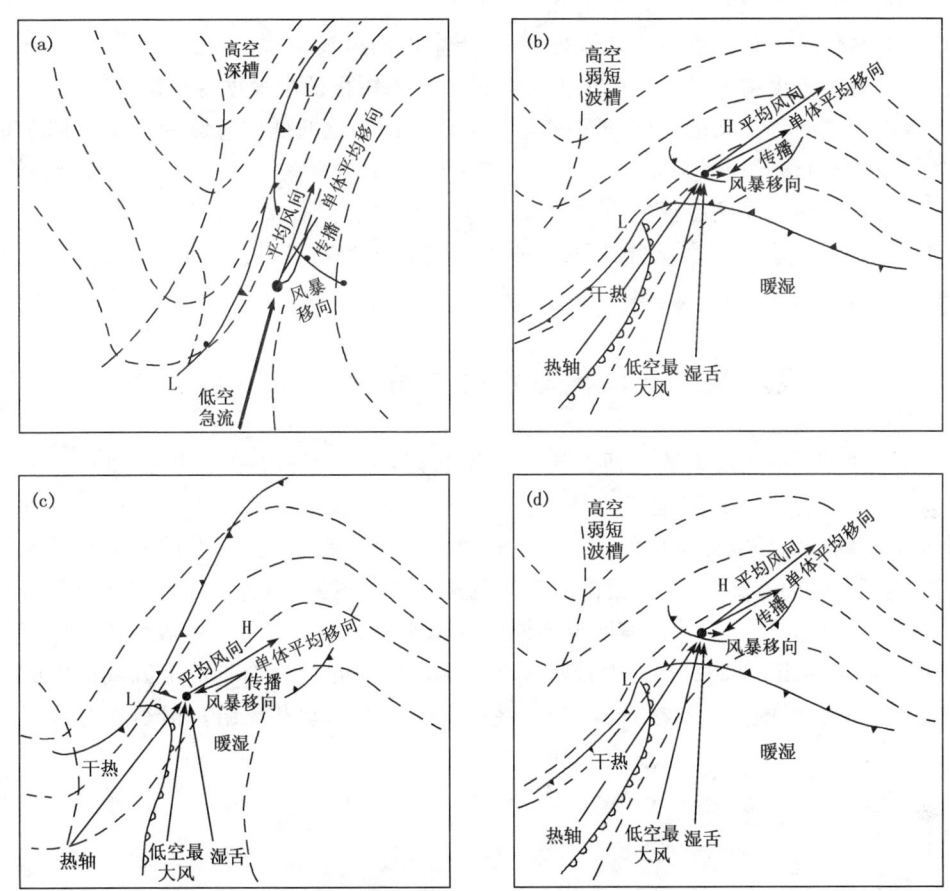

图7.19 导致各种类型的准静止中尺度对流系统形成的重要天气学特征的示意图(Merritt 和 Fritsch, 1984)((a)天气尺度系统型；(b)锋型；(c)中高压型；(d)锋型和中高压型的结合)

事件约有半数出现在移动缓慢的大尺度锋系的东边,而其余的则远离明显的锋系。高空风平行于外流边界,而且风暴重复发展,并移过同一地区。这类事件也有明显的夜发性,而且大多数与高空的 α 中尺度短波槽相联系。这些事件主要是一种暖季现象。

中高压型暴雨事件的环境风在700 hPa以下有明显的随高度顺转,而在700 hPa以上顺转变得不明显了。同样,风速随高度的变化很小。合成探空的沙氏指数达—5℃,这是所有的暴雨事件中气团最不稳定的一种。

Merritt 和 Fritsch 由31例中高压型 MCC 事件归纳出该型形势有下列特征。

(1)初始雷暴(无论是锋前雷暴或由中尺度地形激发的雷暴)在日常地面天气图

分析中很难看到(但在卫星云图上常可看出)。

(2)其位置出现在靠近平均脊处;对流层中层的风较弱。

(3)有一条由雷暴外流产生的准静止的或移动缓慢的中尺度冷锋。

(4)低层中等到强的偏南潮湿气流常与具有日变化的低空急流相联系。偶尔也与弱短波槽的移近相联系。

(5)对流在中尺度冷锋的冷侧发展。

图 7.19(c)表示中高压型暴雨或 MCC 事件的形势特征。图 7.19(d)表示锋型与中高压型相结合的暴雨或 MCC 事件的形势特征。

7.5 大尺度环境中 MCS 加热的作用

如上所说,中尺度系统包括对流区和层状区,层状区域在对流层中部有一个云底,位于上升区域的下部(图 7.20)。上升运动是由于结合了系统性抬升以及各种浮升因子的累积等影响而造成的。云底下部是一个净下沉区域,其形成是由于对流层中部环境大气的冷却作用(通过降水颗粒的融化与蒸发)。这种对流和层状过程并存的净效果为在对流和层状区有明显不同的增温垂直分布。对流区域表现出在所有层次上的净升温(图 7.21(a))。对流尺度的下沉气流不足以完全抵消上升气流中的凝结升温。层状区的高处有净升温(这里盛行空气上升运动和凝结),但是在对流层底

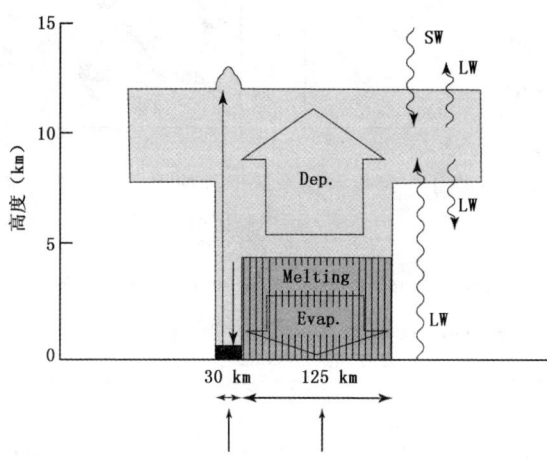

图 7.20 热带中尺度对流系统在其成熟阶段的示意图(Houze 等,1982)
(LW 和 SW 分别表示长波和短波辐射;淡阴影代表云,背景为中等阴影的竖线代表层状降水;黑色代表对流降水;直的实线箭头代表对流性上升气流和下沉气流;宽的空心箭头表示层状区域内的中尺度上升和下沉运动;Evap.,Melting,Dep. 分别为蒸发、融化和凝华)

部被冷却(这里盛行降水颗粒的融化和蒸发)。这些增温模式组成了两种不同的作用波长:对流加热波长为 $2H$,而层状波长为 H,这里 H 代表对流层的深度。这两种作用波长对 MCS 的大尺度环境有显著不同的效果。层状雨在由 MCS 造成降雨中的比例越大,净增温的垂直轮廓就会变得越高和越强。

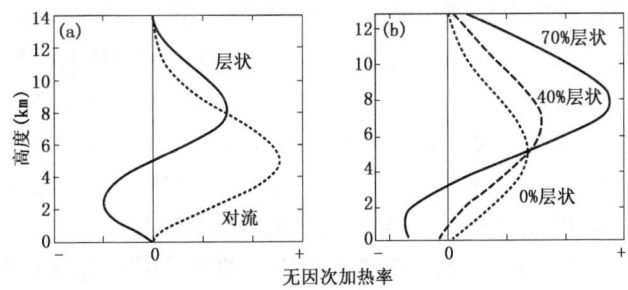

图 7.21 (a) 与中尺度对流系统中对流(convective)和层状(stratiform)降雨有关的净加热的理想化轮廓线(Schumacher 等,2004)(b)不同比例中尺度对流系统净加热的轮廓线。(X 轴是无量纲的,直到对流和层状区域的降水量具体指定之后)

一个中尺度对流系统构成了对大气质量场的扰动。上升气流转移质量,而环境则通过重力波作用给予响应,如同水塘以波纹来响应落入水中的物体。对流云中的垂直运动与潜热释放息息相关,MCS 的加热廓线由对流和层状两种模态组成,层状模态贡献越多,增温的最大值就越发增强并向高层移动。这两种增温模态在大尺度环境中会引起显著不同的响应:对流模态是深厚的(垂直波长为对流层深度的两倍)并且传播迅速,而当加热的层状分量逐渐地变得主导时,由 MCS 产生的净增温越发增强并向高层移动,并且更多的大尺度环境受垂直速度响应的层状模态的影响。增温的向上偏移发生在 MCS 的中间阶段,当层状区变得更为明确,并且在 MCC 中,它可能会一直延续到云系最后阶段。增温的加强和向上偏移意味着有一个增大的净升温(由对流层上层 MCS 造成)的垂直梯度。这个垂直梯度是位势涡度(PV)的来源。在 7.3 节中我们曾经看到 MCV 趋向于在 MCS 的层状区域中形成,因而会影响中尺度系统的生存期、未来构造和强度。Fritsch 和 Maddox(1981)及 Fritsch 和 Brown(1982)描述了与 MCS 对应的高层反气旋的响应。Fritsch 和 Forbes(2001)描述了由 MCS 产生的位涡可以影响围绕一个独立 MCS 区域的风场。Nicholls 和 Mapes 等(Nicholls 等,1991;Mapes,1993;Mapes 和 Houze,1995;Mapes,1998)证明了,大尺度环境对 MCS 增温的调整是迅速的,因为重力波涌潮以 50 m/s 的速度离开系统,对应于对流区增温轮廓;以及 20 m/s,对应于层状区域的增温轮廓。最后被调整的大尺度流场将反映在一个给定区域和给定时段 MCS 内部增温的平均垂直梯度。这种增温的层状分量越大,则大尺度环流对中尺度对流系统整体的高层响应越大。

7.6 MCS 的全球性分布和影响

Laing 和 Fritsch(1997)利用卫星图像,综合地分析了中尺度对流复合体(MCC)的全球性分布。MCC 是满足 Maddox(1980)定义的 MCS。这些特别强烈的系统主要发生在陆地上空,在这里它们可能得益于由日间加热产生的较大的低层浮力。

MCS 的全球分布显示了陆地和海洋之间的其他差别。例如闪电通常发生在陆地上空,雷电最频繁发生的地区在热带和副热带纬度的大陆,其中热带非洲为世界上雷电最频繁的地区。陆地和海洋对流之间的差异在 TRMM 降水雷达资料中更为明显。最大的层状部分发生在太平洋和大西洋的海洋热带辐合带上空。大西洋热带辐合带的层状雨比例超过 40%,而相邻的非洲大陆的层状雨比例约为 20%~30%。在这些区域内的层状降雨几乎全部来自中尺度对流系统的层状区域。MCS 的层状区域由深厚的冰晶云组成,从 5 km 高度一直延伸到对流层顶。因此 TRMM 资料意味着海洋上的冰晶云要比陆地上多。然而,TRMM 资料也表明在非洲大陆上冰粒的微波散射比热带大西洋的强。根据这两个数据,可以假设虽然深厚的层状冰晶云更为广泛,并且在海洋上比陆地上制造更多降雨,但是在海洋降水云中的冰粒与陆地上的 MCS 有不同的本质。陆地对流在低空有较高的浮力,较强的上升气流,冰粒增长更多由对流单体中结凇造成,并由对流性上升气流将更多大的冰粒输送到高层。而海洋上方的温度垂直梯度趋向于接近潮湿绝热,低空的浮力较小,上升气流很少会由结凇造成同样的增长,相应地也不大可能制造大的霰粒并将它们输送到高层。因此,海洋的中尺度对流系统引起较少的冰粒散射与较少的闪电。

太平洋热带辐合带的层状降雨比例(在年平均数 60%以上)在热带地区是最高的。按照前面的讨论,增温的层状分量越大,净增温向高层移动越大(图 7.21)。图 7.22 是对 1998 年 1—4 月的 El Nino 期间加热场的估计。400 hPa 处的加热模式在热带太平洋中央呈现一个最大值。这个位于高层的极大值与层状雨比例在该区域内趋向于最大值的事实相呼应。每年在此区域内可以看到层状降雨比例的最大值,而在 El Nino 期间更为显著,达到接近 70%。

7.7 MCS 在热带气旋发展中的作用

卫星资料显示热带气旋常常是从 MCS 的基础上发生起来的,而且看来好像 MCS 层状区域内的中尺度对流涡旋(MCV)是热带气旋环流的直接起因。因此有人提出,在层状区内的中层涡旋可以逐步发展成为一个深热带气旋环流(Velasco 和 Fritsch,1987; Miller 和 Fritsch,1991; Fritsch 等,1994; Bister 和 Emenuel,1997;

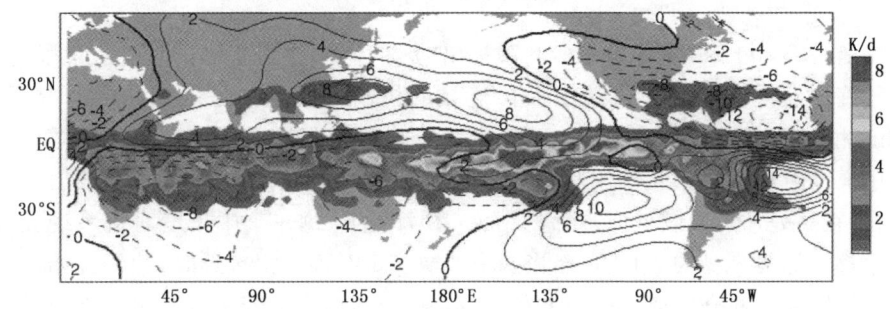

图 7.22 根据 1998 年 4 个月的 El Nino 季节中基于降水的 TRMM 增温计算(Schumacher 等,2004) (增温基于由 TRMM 降水雷达观测的对流和层状分量。阴影表示 400 hPa 上的增温。基本状态风场是根据(与降水相同时间段的)国家环境预测中心(NCEP)的再分析场确定的。实线为正的流函数等值线,虚线为负的等值线,间距为 10^6 m^2/s)

Fritsch 和 Forbes,2001)。他们认为,当由在层状云底下的冷却引起的 MCV 向下扩展到足够低时,它可以与边界层连接并发展成为热带气旋。

Rotunno 和 Emanuel(1987)指出,热带气旋(TC)是不能自发地产生的,必须有一个初始扰动,以防止对流下沉气流把低相当位温(θ_e)空气带到边界层,使对流的进一步发展受到限制。TC 的发展必须克服下沉气流,原则上要求中层的相当位温(θ_e)增大,使雨滴蒸发减小或者风速增大,使海面通量保持。特别是中层的相当位温(θ_e)增大,对 TC 的发展十分必要。Bister 和 Emanuel(1997)指出,低层的具有冷中心、高相对湿度的涡旋对 TC 的发展具有重要作用。这种具有冷中心的中尺度气旋是由于先前就已存在的中尺度对流系统(MCS)的降水物的蒸发冷却而造成的。它是 TC 形成的胚胎。Bister 和 Emanuel(1997)把 TC 生成的机制,归纳成以下几个要点:

(1)首先有长生命的中尺度对流系统(MCS)形成。由于在 MCS 中,降水物在中层入流的干空气中蒸发,使中低层的空气冷却,而同时高层云砧中的冻结则使高层增温。这种中低层降温,高层增温的结果便造成中层冷性涡旋,高层暖中心、低层冷中心的大气垂直结构。起初,低层的冷中心位于近地面的一个暖、干的反气旋环流之上。这个暖、干反气旋环流是由于对流下沉运动的强迫所造成的(图 7.23(a))。

(2)随着系统的演变,中层的气旋性涡旋逐渐地向下伸展至低层。同时,冷异常也朝下逐渐扩展,并占据了整个低层(图 7.23(b))。

(3)具有冷中心的涡旋扩展到边界层之中,至少在两个方面有利于对流的再发展:其一是涡旋增强了海面的通量;其二是,高层冷核减小了低层的 θ_e 值,这是对流出现所必需的(图 7.23(c))。

(4)对流再发展的结果,造成潜热加热,从而进一步增强地面附近的涡度,引起强风速。

以上是 Bister 和 Emanuel（1997）提出的关于 TC 生成机制的理论。然而，生长中的气旋如何向下发展并与近地面层连接的机制目前仍然是一个热门研究课题。Ritchie 和 Holland（1997），Simpson 等（1997），以及 Ritchie 等（2003）猜想，当两个或更多中尺度对流系统相互作用时，初级飓风涡旋开始生成并向下发展。依据这种思想，由于在高处加热以及低空冷却的结果（图 7.23），每一个中尺度对流系统在其层状区中都会加强自身的 MCV。而当两个或更多 MCV 互相接近时，他们开始围绕一个公共轴线旋转并合并成一个公共的旋涡。这个假说是由若干观测事实得出的。例如由飞行器可以识别在热带气旋中的 MCS 以及相关的个别中尺度旋涡中心围绕着一个质心做旋转，而该质心最终成为气旋中心。Ritchie 等（2003）从模拟证据出发，

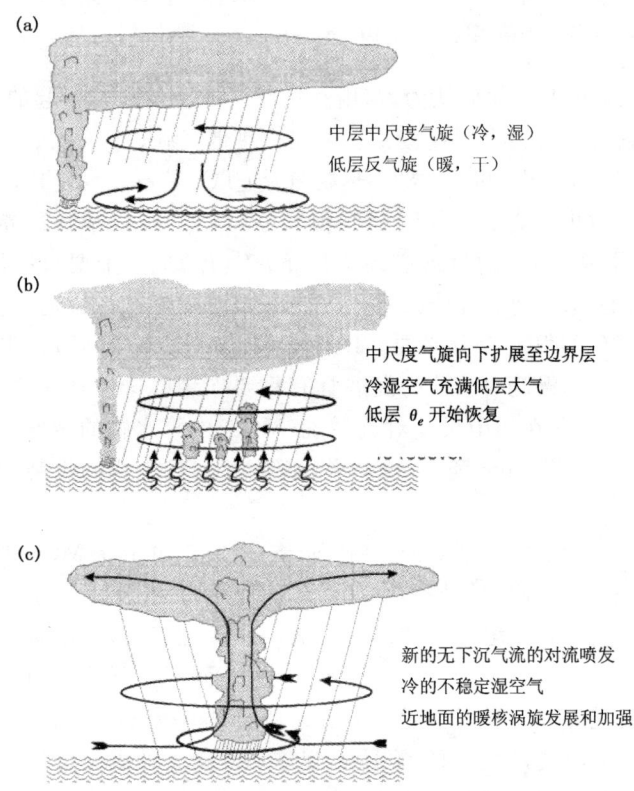

图 7.23 从先前的 MCS 生成起来的 TC 生成的概念模型（Bister 和 Emenuel，1997）((a) 层状降水的蒸发使低层大气上部冷却和变湿；强迫下沉导致低层大气下部增暖和变干；(b) 几小时之后，在整个对流层低层出现一个冷和相对湿的异常；(c) 在边界层 θ_e 的某种恢复之后，对流重新发展)

认为在不平衡的中层旋涡之间的相互作用将导致更强的涡旋，同时会吸引与比较弱的涡旋有关的大部分环流。"战胜者"涡旋则变得更强，在垂直方向变厚，并与一个先前存在的地面低压相结合。总而言之，MCS 层状区域的 MCV 几乎无疑是发展气旋的构件，但是有关 MCSs 如何相互作用，如何在中层构建较大的涡旋并向下发展，仍是一个有待进一步研究的课题。

7.8 关于 MCS 的一些认识

前面已经讨论过各种中尺度对流系统（MCS）。在过去几十年中人们通过对 MCS 的研究得到了对于 MCS 的结构和动力学的不少新观念，以及关于这些重要云系对大尺度环境影响的很多新认识。Houze（2004）对此做了系统的论述。他指出，对流云系统起因于环境热力学层结提供的浮力，对于几乎所有的较小的对流云来说，可以认为它们都起源于行星边界层浮升的气泡或气块。而在大的、成熟的 MCS 中的有组织的垂直环流则可以认为与一个气层的抬升更密切相关。MCS 中向上的空气运动可能在开始时为浮升的对流尺度气块，它们起源于边界层并且上升至对流层高层。然而，当 MCS 成熟以后，一层比边界层深得多的空气进入，并且沿着一条倾斜的路径向上穿越系统。这个气层常常是位势不稳定的并且会翻转，尽管如此，当它向上穿越系统时，它保持为一个整体的单元。气层内部的翻转允许最高 θ_e 的空气上升到系统的顶端。然而，当它们向后传播到层状区中时，MCS 冷堆前端触发了重力波。它们还可能以纵向的滚筒的形式发展翻转的横向分量。

气层抬升促进了 MCS 宽阔的饱和上层层状云区的形成。而中层入流则从 MCS 的大尺度环境风方向从层状云云盖之下通过进入层状区域。下沉气流起因于系统外周边云砧底部雪晶升华造成的冷却，以及 MCS 层状区内部降水颗粒融解和蒸发。中尺度对流系统不一定总是取前导对流线—尾随层状区的形式；然而，它总是趋向于具有一个层状区域，由环境的相对气流将一股中层入流导入系统之中。

中尺度涡旋（MCV）通常在 MCS 的层状云盖底部的中层形成。在中纬度，科里奥利力加强了气旋性涡旋。由科氏力增强的 MCV 导致了经常发生在中纬度但极少发生在热带的非对称飑线结构。在长寿命的中尺度对流复合体中最为显著的 MCV 趋向于变得惯性稳定，因为层状高层云盖中的饱和状态减少了静态稳定度的值，由此减小了 Rossby 变形半径。涡旋的惯性稳定度意味着它变成一个由次级垂直环流维持的准平衡气流，它随后又通过在系统的边缘触发新的对流而延长了 MCS 的生命期。MCV，或者其较弱的形式，也发生在热带中尺度对流系统中（科里奥利效应比较弱）。热带 MCV 可能是 MCS 发展成热带气旋过程中的关键因素。当两个或更多 MCS 的 MCV 围绕一个公共的质心（发展成气旋的中心）旋转时，热带气旋倾向于加快旋转。

影响 MCS 的增长因素很多。具有良好的热力学结构（在 MCS 附近在适当位置长时间保持）的边界层是影响 MCS 可持续性的增长最重要的因子之一。最大的层状降水比例发生在海洋的上空，那里存在着一个宽阔的湿热的边界层，而在陆地上空，层状区的发展是有限的，显然是因为暖湿边界层通常在夜里变得稳定。而当一股低空急流在夜里出现在边界层时，在陆地上空会发生异常，从而创建一个不断被重新补足的边界层，能够长时间支持 MCS。

MCS 的结构在不同的地理和气候体系下呈现出微妙但重要的变化。在热带，深厚的层状冰晶云更为普通并且在海洋上比陆地上制造更多的降雨。在 85GHz 处的被动微波辐射计显示海洋降水云中的冰粒系统地比陆地上空的小。而在陆地上空 MCS 内部的对流单体可能在低空有较高的浮力，因此有较强的上升气流，更多的冰粒增长，以及更多的冰粒被输送到高层。

来自 MCS 的层状雨量的水平变异导致了升温的垂直廓线的水平变异。这种变异在热带地区特别明显。太平洋中部热带辐合带呈现出热带地区最高的层状雨比例（在年平均模式中超过 60%，在 El Nino—南方涛动期间超过 70%）。MCS 结构的这种变异性导致对 MCS 的高层响应。与太平洋中部 ITCZ 有关的对于 MCS 的高层气流响应是最强烈的和海拔高度最高的。

本章小结

(1) 基本内容

本章主要讨论了中尺度对流复合体（MCC）及其各阶段的特征、结构和天气尺度环境；对流活动对风场、温度场等要素场的扰动；对流层中层的中尺度对流涡旋（MCV）和准静止对流；以及中尺度对流系统（MCS）对大尺度环境的影响和对 MCS 的认识等问题。

(2) 复习思考

1) Maddox(1981) 对成熟阶段的 MCC 的物理特征做了哪些规定？

2) MCC 的生命史一般包括哪些发展阶段？它们各有何特点？

3) 根据 Maddox(1981) 对美国的 10 个 MCC 进行的合成分析结果，成熟的 MCC 的结构有哪些特点？

4) MCC 的成熟阶段可细分为哪几个时段？它们各有何特征？

5) MCC 所形成的降水量的时空分布有什么特征？

6) 在 MCC 生命史中各阶段的发展都受到一定的天气尺度环境的支配。一般把

MCC 发展前期、成熟期和消散期所处的范围分别叫作 MCC 形成区(GR)、MCC 成熟区(MR)和 MCC 消散区(DR)。各区分别有哪些特征？

7）一般强烈的对流系统常会在高层产生中高压等中尺度扰动。通常可以通过哪些方法来确定对流活动是否直接造成了风场、温度场等要素场的扰动？

8）在什么形势下，MCC 事件常常在一段时间内连续数日地反复出现？

9）什么是 MCV？

10）对流系统的运动可以看作是哪两个矢量之和？

11）风暴为什么会偏离平均风，而且常常偏向于平均风右侧移动呢？

12）什么情况下可以形成准静止对流？

13）什么是 MCC 中 β 中尺度元(MBE)？它的运动与哪些因子有关？

14）准静止或移动缓慢的中尺度对流系统一般发生在什么环境之中？

15）在美国落基山脉以东的暴雨和洪水事件按其天气形势背景的不同特征可以分成哪几种类型，它们各有什么特点？

16）MCS 对大尺度环境会产生什么影响？

参考文献

丁一汇.1986.暴雨和强对流天气的发生和反馈作用.天气学的新进展.北京：气象出版社.
励申申,寿绍文,王信.1992.登陆台风与其外围暴雨的相互作用.气象学报,50(1):33-49.
寿绍文.1982a.一个"超级单体"雹云的成因及结构.南京气象学院学报,(2):223-228.
寿绍文.1982b.一条北移飑线的成因及结构.气象,(12):6-7.
寿绍文.1986.锋面中尺度降水区和中尺度对流复合体的研究.天气学新进展.北京：气象出版社.
寿绍文.1988a.中尺度对流复合体的若干特征.南京气象学院学报,11(3):321-327.
寿绍文.1988b.中尺度降水系统的环境条件.南京气象学院学报,11(4):404-411.
寿绍文.1992.中尺度天气动力学.北京：气象出版社.
寿绍文,等.1978.1974 年 6 月 17 日强飑线过程的成因.南京气象学院学报,(1):16-23.
寿绍文,等.1984.雨暴结构的合成中分析.科学通报,(6):368-370.
寿绍文,等.1988.一次飑线过程的时间剖面分析.气象科学,(2):65-72.
寿绍文,等.1989.一条具有宽阔尾随层状云区的中纬度飑线的中尺度结构.南京气象学院学报,12(2):200-208.
寿绍文,等.1990.暴雨低涡结构、成因及移动的初步探讨.南京气象学院学报,13(4):535-539.
寿绍文,等.1994.一次江淮暴雨过程的中-β尺度分析.应用气象学报,5(3):257-265.
寿绍文,等.2003.天气学分析.北京：气象出版社.
寿绍文,等.2009.中尺度大气动力学.北京：高等教育出版社.
俞小鼎,姚秀萍,等.2006.多普勒天气雷达原理与业务应用.北京：气象出版社.
朱乾根,林锦瑞,寿绍文.1981.天气学原理和方法.北京：气象出版社.
Bartels D L, Maddox R A. 1991. Midlevel cyclone vortices generated by mesoscale convective

systems. Mon. Wea. Rev. , 119:104-118.

Bister M, Emenuel K A. 1997. The genesis of hurricane Guillermo:TEXMEX analyses and a modeling study. Mon. Wea. Rev. ,125:2662-2682.

Bluestein H. 1984. Dynamics of mesoscale weather systems. NCAR Summer Colloquium Lecture Notes, 11 June-6 July,497-516.

Bosart L F, Sanders F. 1981. The Johnstown flood of July 1977: A long-lived convective system. J. Atmos. Sci. , 38:1616-1642.

Chappell C F. 1986. Quasi-stationary convective events. Mesoscale Meteorology and Forecasting, A. M. S.

Chen S S, Frank W M. 1993. A numerical study of the genesis of extropical convective mesovortices, Part I: Evolution and dynamics. J. Atmos. Sci. , 50:2401-2426.

Churchill D D, Houze Jr R A . 1984. Development and structure of winter monsoon cloud clusters on 10 December 1978. J. Atmos. Sci. ,41:933-960.

Cifelli R, Petersen W A,Carey L D, et al. 2002. Radar observations of the kinematic, microphysical, and precipitation characteristics of two MCSs in TRMM LBA. J. Geophys. Res. , 107 (D20), 8077, doi:10. 1029/ 2000JD000264.

Corfidi S F, Merritt J H, Fritsch J M. 1996. Predicting the movement of mesoscale convective complexes. Weather Forecasting,11:41-46.

Cotton W R, Anthes R A. 1989. Storm and Cloud Dynamics. Academic, San Diego, Calif. 881 pp.

Cotton W R, et al. 1982. An intense, quasi-steady thunderstorm over mountains terrain ,Part I: Evolution of the storm-initiating mesoscale circulation. J. Atmos. Sci. ,39:328-342.

Cotton W R, Lin M S, McAnelly R L, et al. 1989. A composite model of mesoscale convective complexes. Mon. Weather Rev. ,117:765-783.

Cotton W R. 1983. Upscale development of moist convective systems. Mesoscale Meteorology, SMHI, Sweden.

Davis C A, Weisman M L. 1994. Balanced dynamics of mesoscale vortices produced in simulated convective systems. J. Atmos. Sci. , 51:2005-2030.

Doswell C A. 1984. The operational meteorology of convective weather.

Emanuel K A. 1982. Inertial instability and mesoscale convective systems, Part II: Symmetric CISK in a baroclinic flow. J. Atmos. Sci. , 39:1080-1097.

Fankhauser J C,Mohr C G. 1977. Some correlations between various sounding parameters and hailstorm characteristics in northeast Colorado. Preprints, 10th Conference on Severe Local Storms, Oct 18—21,Omaba, Nebraska,218-225.

Fortunte M A, et al. 1992. Frontal wave-like evolution in some mesoscale convective complexes. Mon. Wea. Rev. , 120:1279-1300.

Fritsch J M, Maddox R A. 1981a. Convectively driven mesoscale weather systems aloft. Part I. Observations. J. Appl. Meteor. ,20:9-19.

Fritsch J M, Maddox R A. 1981b. Convectively driven mesoscale weather systems aloft. Part II. Numerical simulations. J. Appl. Meteorol. ,20:20-26.

Fritsch J M, Brown J M. 1982. On the generation of convectively driven mesohighs aloft. Mon. Wea. Rev. , 110:1554-1563.

Fritsch J M, Forbes G S. 2001. Mesoscale convective systems. Meteorol. Monogr. ,28:323-357.

Fritsch J M, Maddox R A. 1981. Convective driven mesoscale pressure systems aloft, Part I: Observations. J. Climate Appl. Meteor. , 20:9-19.

Fritsch J M, Maddox R A, Barnston A G. 1981. The character of mesoscale convective complex precipitation and its contribution to the warm season rainfall in the U. S. , Preprits, 4th Conf. on Hydrometeorology, Reno. NV. , Amer. Meteor. Soc. :94-99.

Fritsch J M, Murphy J D, Kain J S. 1994. Warm core vortex amplification over land. J. Atmos. Sci. ,51:1781-1806.

Fujita T T. 1978. Manual of downburst identification for project NIMROD. SMRP Research Paper, No. 156, Dept of Geophysical Sci. Chicago University.

Fujita T T. 1981. Tornadoes and downbursts in the context of generalized planetary scales. J. Atmos. Sci. ,38(8):1511-1524.

Fujita T T. 1986. Review of the history of mesoscale meteorology and forecasting. Mesoscale Meteorology and Forecasting. Am. Moteor. Soc.

Haman K E. 1976. On the airflow and motion of quasi steady convective storms. Mon. Wea. Rev. , 104:49-56.

Haman K E. 1978. On the motion of a three dimensional quasi-steady convective storm in shear. Mon. Wea. Rev. ,106:1622-1626.

Hobbs P V. 1978. Organization and structure of clouds and precipitation on mesoscale and microscale in cyclonic storms. Rev. Geophys. Space Phys. ,16:741-755.

Houze R A, Smull B F, et al. 1982. Comparison of an Oklahoma squall line to mesoscale convective systems in the tropics. Preprints,12th Conf. Severe Local Storms, Am. Meteor. Soc.

Houze R A Jr. 2004. Mesoscale convective systems. Rev. Geophys. ,42:10. 1029/2004RG000150, 43.

Houze R A Jr, Hobbs P V. 1982. Organization and structure of precipitation cloud systems. Advances in Geophysics,24:225-316.

Jorgensen D, Smull B F, et al. 1993. Mesoscale organization of springtime rainstorms in Oklahoma. Mon Wea. Rev. , 118:613-654.

Kessler E. 1991. 雷暴形态学和动力学. 北京:气象出版社.

Klemp J B, Weisman M L. 1983. The dependence of convective precipitation patterns on vertical wind shear. Preprints,21st Conference on Radar Meteorology, Edmonton Alberta, Canada, Sept 19-23,pp44-49.

Knievel J C, Johnson R H. 2002. The kinematics of a midlatitude, continental mesoscale convective system and its mesoscale vortex. Mon. Weather Rev. ,130:1749-1770.

Knievel J C, Johnson R H. 2003. A scale-discriminating vorticity budget for a mesoscale vortex in a midlatitude, continental mesoscale convective system. J. Atmos. Sci. ,60:781-794.

Lafore J P, Moncrieff M W. 1989. A numerical investigation of the organization and interaction of the convective and stratiform regions of tropical squall lines. J. Atmos. Sci. ,46:521-544.

Laing A G, Fritsch J M. 1997. The global population of mesoscale convective complexes. Q. J. R. Meteorol. Soc. ,123:389-405.

Leary C A, Houze R A Jr. 1979. Melting and evaporation of hydrometeors in precipitation from anvil clouds of deep tropical convection. J. Atmos. Sci. ,36:669-679.

Leary C A. 1980. Temperature and humidity profiles in mesoscale unsaturated downdrafts. J. Atmos. Sci. ,37:1005-1012.

Lemon L R, Doswell C A. 1979. Severe thunderstorms evolution and mesocyclone structure as related to tornadogenesis. Mon. Wea. Rev. ,107:1184-1197.

Maddox R A, Chappell C F, et al. 1979. Synoptic and meso-α scale aspects of flash flood events. Bull. Am. Meteor. Soc. ,60:115-123.

Maddox R A. 1980. Mesoscale convective complexes. Bull. Am. Meteor. Soc. ,51:1374-1387.

Maddox R A. 1981. The structure and life-cycle of midlatitude mesoscale convective complexes. Atmos. Sci. , Pap. No. 336, Dep. Atmos. Sci. , Colorado State University.

Maddox R A. 1983. Large scale meteorological conditions associated with midlatitude mesoscale convective complexes. Mon. Wea. Rev. ,111:1475-1493.

Maddox R A. 1986. Mesoscale convective complexes in the midlatitudes. Mesoscale Meteorology and Forecasting. Am. Meteor. Soc.

Mapes B E. 1993. Gregarious convective complexes. Bull. Amer. Meteorol. Soc. , 61:1374-1387.

Mapes B E. 1998. The large-scale part of tropical mesoscale convective system circulations: A linear vertical spectral band model. J. Meteorol. Soc. Jpn. , 7:29-55.

Mapes B E, Houze R A Jr. 1995. Diabatic divergence profiles in western Pacific mesoscale convective systems. J. Atmos. Sci. , 52:1807-1828.

Marwitz J D. 1972a. The structure and motion of severe hailstorms. Part Ⅰ:Supercell storms. J. Appl. Meteor. ,11:166-179.

Marwitz J D. 1972b. The structure and motion of severe hailstorms. Part Ⅱ:Multicell storms. J. Appl. Meteor. ,11:180-188.

McAnelly R L, Nachamkin J E, Cotton W R, et al. 1997. Upscale evolution of MCSs: Doppler radar analysis and analytical investigation. Mon. Weather Rev. ,125:1083-1110.

Menard R D, Fritsch J M. 1989. A mesoscale convective complex-generated inertially stable warm core vortex. Mon. Weather Rev. ,117:1237-1261.

Merritt J H, Fritsch J M. 1984. On the movement of the heavy precipitation areas of midlatitude mesoconvective complexes, Preprints , 10th Conf. on Weather Forecasting and Analysis,

Tampa,FL, Amer. Meteor. Soc. ;529-536.

Miller D, Fritsch J M. 1991. Mesoscale convective complexes in the western Pacific region. Mon. Weather Rev. ,119:2978-2992.

Moncrieff M W. 1992. Organized convective systems: Archetypal dynamical models, mass and momentum flux theory, and parameterization. Q. J. R. Meteorol. Soc. ,118:819-850.

Moncrieff M W, Klinker E. 1997. Organized convective systems in the tropical western Pacific as a process in general circulation models: A TOGA COARE case-study. Q. J. R. Meteorol. Soc. ,123:805-827.

Moncrieff M W. 1978. The dynamical structure of twodimensional steady convection in constant vertical shear. Q. J. R. Meteorol. Soc. ,104: 543-568.

Moncrieff M W, et al. 1972. The Propagation and transfer properties of steady convective overturning in shear. Quart. J. Roy. Meteor. Soc. ,98:336-353.

Moncrieff M W, et al. 1976. The dynamics and simulation of tropical cumulonimbus and squall lines. Quart. J. Roy. Meteor. Soc. ,102:373-394.

Nakazawa T. 1988. Tropical super clusters within intraseasonal variations over the western Pacific. J. Meteorol. Soc. Japn. ,66:823-839.

Newton C W, Fankhauser J C. 1964. On the movements of convective storms, with emphasis on size discrimination in relation to water budget requirement. J. Applied Meteorol. ; 651-668.

Nicholls M E, et al. 1991. Thermally forced gravity waves in an atmosphere at rest. J. Atmos. , 48:1869-1884.

Ogura Y, Liou M L. 1980. The structure of a midlatitude squall line. a case study. J. Atmos. Sci. , 37:553-567.

Orlanski I. 1975. A rational subdivision of scale for atmospheric processes. Bull. Am. Meteor. Soc. , 56:527-530.

Raymond D J, Jiang H. 1990. A theory for long-lived convective systems. J. Atmos. Sci. , 47: 3067-3077.

Ritchie E A, et al. 2003. Present day satellite technology for hurricane research: A closer look at formation and intensification in Hurricane! Coping With Disaster, edited by R. Simpson, Chapt 12, pp. 249-289, AGU, Washington,D. C.

Ritchie E A, Holland G J. 1997. Scale interactions during the formation of Typhoon Irving. Mon. Wea. Rev. , 125:1377-1396.

Rotunno R, Emanuel K A. 1987. An air-sea interaction theory for tropical cyclones, Part II: Evolutionary study using a non-hydrostatic axisymmetric numerical model. J. Atmos.. Sci. , 44: 542-561.

Schumacher C R, Houze R A, et al. 2004. The tropical dynamical response to latent heating estimates derived from the TRMM precipitation radar. J. Atmos. Sci. , 61:1341-1358.

Shou Shaowen, et al. 1982. Formation and structure of a severe squall line in eastern China. 12th

Conference on Severe Local Storms, A. M. S.

Shou Shaowen, et al. 1990. The mesoscale structure of a mid-latitude squall line with a wide trailing stratiform region. Research Report of NIM,1987-1989.

Shou Shaowen, et al. 1994. The relationship between mesoscale systems and amplification of typhoon-caused precipitation. 6th Conference on Mesoscale Process, Portland, U. S. A.

Shou Shaowen, et al. 1996. The organization and environment condition of the mesoscale precipitation systems in a synoptic climatological view. 18th Conference on Severe Local Storms, San Francisco, U. S. A.

Shou Shaowen, et al. 1997. The mesoscale vortex tube in monsoon precipitation zone. The First WMO International Workshop on Monsoon Studies, Bali, Indonesia.

Shou Shaowen, Li Shenshen. 1991. Diagnoses of Kinetic Energy of a Decaying Onland Typhoon. Adv. Atmos. Sci. ,(8):4.

Simpson J, et al. 1997. Mesoscale interactions in tropical cyclone genesis. Mon. wea. Rev. , 125: 2643-2661.

Skamarock W C, et al. 1994. Three dimensional evolution of simulated long-lived squall lines. J. Atmos. Sci. , 51:2563-3077.

Snow J T, Agee E M. 1975. Vortex splitting in the mesocyclone and occurrence of tornado families. 9th Conference on Severe Local Storms.

Velasco L, Fritsch J M. 1987. Mesosclae convective complexes in the Americas. J. Geophys. Res. , 92:9591-9613.

Wallace J M. 1975. Diurnal variations in precipitation and thunderstorm frequency over the conterminous United States. Mon. Wea. Rev. ,103:406-419.

Weaver J F, et al. 1983. Some unusual aspects of thunderstorm cloud top behavior on May 11, 1982, 13th Conf. on Severe Local Storms. 154-157.

Weisman M L, Klemp J B. 1982. The dependence of numerically simulated convective storms on vertical wind shear and buoyancy. Mon. Wea. Rev. ,110:504-520.

Wetzel P J, et al. 1983. A Long lived mesoscale convective complex. Part II , Evolution and structure of the mature complex. Mon. Wea. Rev. ,111:1919-1937.

Wilhelmson R B, Klemp J B. 1983. Numerical simulation of severe storms within lines. Preprint 13th Conf. on Severe Local Storms. Am. Meteor. Soc. :231-234.

Zhang D L. 1992. The formation of cooling induced mesovortexes in the trailing stratiform region of a midlatitude squall line. Mon. Wea. Rev. , 120:2763-2785.

第 8 章 影响中尺度对流系统发生发展的因子

本章将对影响中尺度对流系统发生发展的重要因子,包括大气不稳定性、风速垂直切变、触发机制等进行讨论。

8.1 大气位势不稳定性与对流的关系

大气的不稳定性或稳定性,指处于某种平衡状态下的气流在受到一个扰动后,扰动将会增强或减弱的趋向。很多大气中尺度对流系统的发生发展都是与大气的不稳定性相联系的。

8.1.1 静(重)力不稳定和条件性不稳定

大气是层结流体,它的层结性可用参数 $d\theta/dz$ 表征(θ 为位温)。现在我们来考察在具有不同层结性的大气中,一个受扰动气块的稳定性。假设大气处于静力平衡,有一个气块受到扰动后产生垂直位移 δz,若气块受到回复力又回到初始位置,则称为静力(或重力)稳定的;反之若气块加速离开其初始位置,则称为静力(重力)不稳定的;而如果气块能在新位置上又达到平衡,则称为中性的。下面来推导静力不稳定度的判据。

设气块在运动中与环境没有热量、水分、质量及动量的交换,没有摩擦。同时假定满足准静态条件,则由方程(1.12)可得

$$\frac{\mathrm{d}w}{\mathrm{d}t} \approx g\left(\frac{\theta - \bar{\theta}}{\bar{\theta}}\right) = \frac{g}{\bar{\theta}}[\theta(z) - \bar{\theta}(z)] \tag{8.1}$$

式中 $\bar{\theta}(z)$ 和 $\theta(z)$ 分别为 z 高度上环境及气块的位温。设在初始高度 $z_0 = 0$ 处 $\bar{\theta}_{z_0} = \theta_{z_0} = \theta_0$,$\dfrac{\mathrm{d}\bar{\theta}}{\mathrm{d}z}$ 和 $\dfrac{\mathrm{d}\theta}{\mathrm{d}z}$ 分别为环境和气块的位温垂直递减率,因此在 $z = z_0 + \delta z$ 高度上,环境的位温为

$$\bar{\theta}(z) = \bar{\theta}(\delta z) = \bar{\theta}_{z_0} + \frac{\mathrm{d}\bar{\theta}}{\mathrm{d}z}\delta z \tag{8.2}$$

在干绝热条件下,位温守恒,即 $\dfrac{d\theta}{dz}=0$,因此

$$\theta(z)=\theta(\delta z)=\theta_0+\dfrac{d\theta}{dz}\delta z=\theta_0 \tag{8.3}$$

将上二式代入式(8.1),便得

$$\dfrac{dw}{dt}=-N^2\delta z \tag{8.4}$$

其中

$$N^2=\dfrac{g}{\theta}\dfrac{d\bar{\theta}}{dz} \tag{8.5}$$

由式(8.4)可知,可以由大气层结性参数 $\dfrac{d\bar{\theta}}{dz}$ 表示,即

$$\dfrac{d\bar{\theta}}{dz}\begin{cases}>0 & \text{静力稳定}\\=0 & \text{中性}\\<0 & \text{静力不稳定}\end{cases} \tag{8.6}$$

对于湿绝热运动,守恒量可采用相当位温 θ_e,它的表达式为

$$\theta_e\cong\theta\exp(L_c q_s/c_p T) \tag{8.7}$$

式中 L_c,q_s,c_p 及 T 分别为凝结潜热、饱和比湿、比定压热容和实际气温,θ 为位温。由式(8.7)取对数并微分,得

$$d\ln\theta=d\ln\theta_e-d(L_c q_s/c_p T) \tag{8.8}$$

对绝热运动,$d\ln\theta_e\cong 0$,因此上式可写成

$$\dfrac{d\theta}{\theta}\cong-d(L_c q_s/c_p T)\cong-\dfrac{\partial}{\partial z}\left(\dfrac{L_c q_s}{c_p T}\right)$$

或写成

$$\dfrac{d\theta}{dz}\cong-\theta\dfrac{\partial}{\partial z}\left(\dfrac{L_c q_s}{c_p T}\right) \tag{8.9}$$

这意味着气块上升时其位温不再守恒,而是有了垂直递减率。因此,在讨论式(8.3)时,$\theta(\delta z)\neq\theta_0$,而应为

$$\theta(\delta z)=\theta_0+\dfrac{d\theta}{dz}\delta z$$

即

$$\theta_0=\theta(\delta z)-\dfrac{d\theta}{dz}\delta z \tag{8.10}$$

将式(8.10)代入式(8.2),并结合式(8.9),得

$$\bar{\theta}(\delta z)-\theta(\delta z)=\theta\dfrac{\partial}{\partial z}\left(\dfrac{L_c q_s}{c_p T}\right)\delta z+\dfrac{d\bar{\theta}}{dz}\delta z$$

将上式代入方程(8.1),得

$$\dfrac{dw}{dt}\approx g\left(\dfrac{\theta-\bar{\theta}}{\bar{\theta}}\right)\cong-g\dfrac{d}{dz}[\ln\bar{\theta}+(L_c q_s/c_p T)]\delta z$$

$$= -g\frac{\mathrm{d}\ln\bar{\theta}_e}{\mathrm{d}z}\delta z = -\frac{g}{\bar{\theta}_e}\frac{\mathrm{d}\bar{\theta}_e}{\mathrm{d}z}\delta z = -N_w^2\delta z \tag{8.11}$$

式(8.11)与式(8.4)形式完全相同,只是将 N^2 换成了 N_w^2,这里 $N_w^2 = \frac{g}{\bar{\theta}_e}\frac{\mathrm{d}\bar{\theta}_e}{\mathrm{d}z}$,其中 $\bar{\theta}_e$ 为环境的相当位温,类似于上面的讨论,此时可得下列判据

$$\frac{\partial\bar{\theta}_e}{\partial z}\begin{cases}>0 & 稳定\\=0 & 中性\\<0 & 不稳定\end{cases} \tag{8.12}$$

当 $\frac{\partial\theta}{\partial z}>0$, $\frac{\partial\theta_e}{\partial z}<0$(或 $\frac{\partial\bar{\theta}_{se}}{\partial z}<0$)时称为条件性不稳定,也就是说条件性不稳定是指对干空气是静力稳定的,而对饱和湿空气是静力不稳定的情况。对流天气一般发生在条件性不稳定的情况下。但有时在上干下湿的条件性稳定的层结的条件下,如果有较大的垂直运动,使气层整层抬升时,也可能产生对流天气。在这种情况下,可以发现原先为条件性稳定的层结经过抬升后变成条件性不稳定层结了。由此可见,有必要考虑整层抬升运动对层结稳定性的影响,一般把气层被整层抬升达到饱和时的不稳定度称为对流性稳定度。不论气层原先的层结性(气温垂直递减率)如何,在其被抬升达到饱和后,如果是稳定的,称为对流性稳定的,如果是不稳定的,则称为对流性不稳定的,如果是中性的,则称为对流性中性的。其判据可写为

$$\frac{\partial\theta_{sw}}{\partial z}\left(\text{或}\frac{\partial\bar{\theta}_{se}}{\partial z},\frac{\partial\bar{\theta}_e}{\partial z}\right)\begin{cases}>0 & 对流性稳定\\=0 & 中性\\<0 & 对流性不稳定\end{cases} \tag{8.13}$$

条件性不稳定和对流不稳定是一种潜在的不稳定,也称为位势不稳定。很多强对流天气过程都发生在位势不稳定的情况下。而且,位势不稳定度愈大,对流天气愈强。例如 1974 年 6 月 17 日南京的飑线过程以及 1975 年 6 月 6 日安徽灵璧县的冰雹过程前期,当地都有很强的对流性不稳定度,而且前者的对流性不稳定度比后者更大(图 8.1),因此天气也比后者更强烈。

8.1.2 位势不稳定能量与对流的关系

将方程(8.1)改写为下面的形式

$$\frac{\mathrm{d}w}{\mathrm{d}t}\approx g\left(\frac{T-\bar{T}}{\bar{T}}\right)=g\frac{\Delta T}{\bar{T}} \tag{8.14}$$

式中 T 和 $\bar{T}$ 分别为气块和环境的温度。将式(8.14)的两边分别对高度 z 积分。右边对高度积分即得不稳定能量 E

$$E = \int_{z_0}^{z}g\frac{\Delta T}{\bar{T}}\mathrm{d}z = -\int_{p_0}^{p}R\cdot\Delta T\mathrm{d}\ln p \tag{8.15}$$

左边对高度积分则得气块的垂直运动动能 E_k 的增量 ΔE_k:

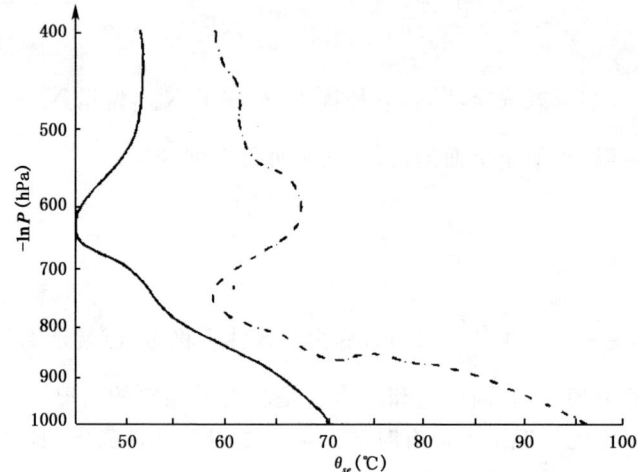

图 8.1　1975年6月6日14:20灵璧县尹集的 θ_{se} 垂直廓线（实线）及 1974年6月17日13时南京的 θ_{se} 垂直廓线（虚线）（寿绍文，1982）

$$\Delta E_k = \int_{z_0}^{z} \frac{\mathrm{d}w}{\mathrm{d}t}\mathrm{d}z = \int_{t_0}^{t} \frac{\mathrm{d}w}{\mathrm{d}t} w\,\mathrm{d}t = \int_{w_0}^{w} w\,\mathrm{d}w = \frac{1}{2}(w^2 - w_0^2)$$
$$= \Delta\left(\frac{w^2}{2}\right) = E_k - E_{k0} \tag{8.16}$$

于是便得到

$$E = \Delta E_k \tag{8.17}$$

这就是说，在不计摩擦的情况下，气层的不稳定能量，等于单位质量气块由 z_0 上升到 z 时动能的增量。因此，气块做加速垂直运动的动能是由不稳定能量转化而来的。不稳定能量越大，气块上升速度越大而对流性天气越强。图8.2中 $FABCF$ 所包围的面积 A_+ 代表正不稳定能量大小，而在 A_+ 的下方，$FLDF$ 所包围的面积 A_- 代表负不稳定能量的大小。$A_+ > A_-$ 时称为真潜不稳定，$A_+ < A_-$ 时则称为假潜不稳定。前者有利于对流性天气发生，A_+ 越大，越有利于对流性天气发生。

8.2　第二类条件性不稳定与中尺度对流系统的关系

单纯的条件性不稳定（第一类条件性不稳定）不能很好地解释热带和中纬度地区的有组织的、水平尺度较大、时间尺度较长的对流云团。因为首先条件性不稳定不仅要求满足 $\frac{\partial \theta_e}{\partial z} < 0$，而且要求大气达到饱和状态。在大气不饱和情况下，就要求低层辐合强迫上升使湿空气块先达到饱和，才有可能出现条件性不稳定的对流状态。对

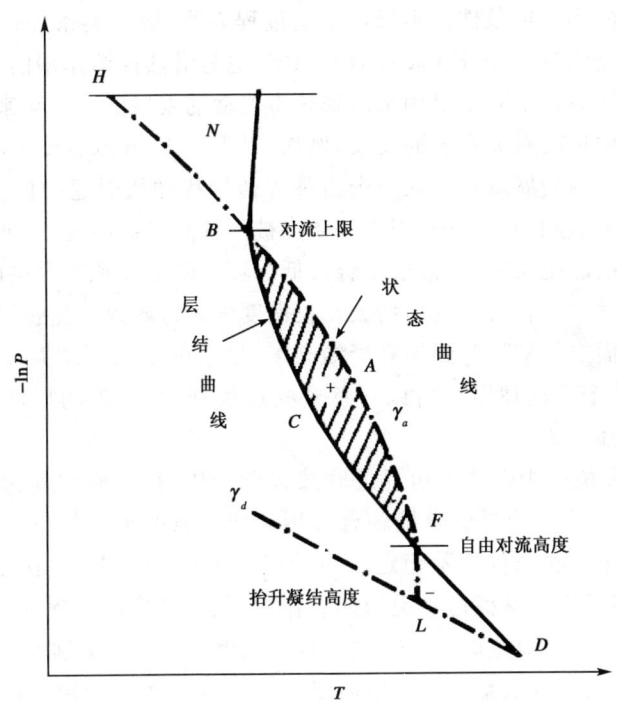

图 8.2　T-$\ln P$ 图上的层结曲线与状态曲线

热带大气而言,在热带对流层低层一般满足 $\frac{\partial \theta}{\partial z}<0$ 的条件,但是热带平均相对湿度低于 100%。因此热带中的积云对流并不总是发展旺盛的,只有在有辐合上升配合时才有旺盛的对流发生。这说明在热带地区形成旺盛的对流活动不能只依靠单纯的条件性不稳定的层结性,还必须有产生辐合上升运动的大尺度流场的配合。而且理论分析表明,第一类条件性不稳定所产生的不稳定波动的最大增长率只是单个积云尺度的运动。因此用单纯的条件性不稳定难以解释何以能产生巨大的对流云团。这就促使人们认识到,在对流发生后,小尺度对流加热对促使大尺度流场加强的作用。Charney 和 Eliassen(1964)以及 Ooyama(1964)等首先研究了这种小尺度对流与大尺度流场的相互作用,并将其归纳为下述过程。首先,大尺度流场通过摩擦边界层的抽吸(Ekman pumping)作用,为积云对流提供了必需的水汽辐合和上升运动,反过来积云对流凝结释放的潜热又成为驱动大尺度扰动所需要的能量,于是小尺度积云对流和大尺度流场通过相互作用,相辅相成地都得到了发展。这种通过不同尺度运动的相互作用使对流和大尺度流场不稳定增长的物理机制就称为第二类条件性不稳

定,简称 CISK。

上面所分析的第二类条件性不稳定发生过程表明,第二类条件性不稳定实际上是一种大尺度流场的自激(Self-excited)不稳定,也是潜热反馈作用的一种具体形式。

第二类条件性不稳定最早是用来解释热带扰动的发展的。近年来也有人用它来解释中高纬度的中尺度对流系统的发展,例如,丹麦的 Rasmussen(1983)用 CISK 机制解释了极地低压的发展过程。在一个由某种初始扰动所引起的低空辐合区中,在条件性不稳定的未饱和的大气中,当空气质点被抬升到凝结高度后,便将发生积云对流。潜热加热场引起高层辐散、低层辐合。低层辐合除了导致边界层内水汽辐合外,还将引起初始扰动的正相对涡度的增大。正涡度增大将导致埃克曼层顶上垂直速度的增大。于是地面空气被抬升到抬升凝结高度,更多的水汽凝结并使新对流得到发展,这样就形成一个正反馈圈。所以一旦这些过程开始,对流的尺度和大尺度扰动(低压)都得到增强。

在上述 CISK 机制中强调了边界层摩擦辐合的作用,一般称其为经典的 CISK。Bates(1973)同时考虑了边界层摩擦辐合作用和变压风的辐合作用,对于这种机制,他称其为广义的第二类条件性不稳定(Generalization of CISK)。在经典的 CISK 机制中,关键的一点是引入摩擦边界层的抽吸作用,然而在实际情况中,边界层摩擦辐合上升并不是造成启动对流的上升运动的唯一原因。还有很多别的原因也可以造成低层上升运动,从而使气层抬升到自由对流高度(LFC),使湿对流得以发生。例如上面提到的低层变压风辐合便是这种原因之一。

近年来,很多人注意到大气中的内波尤其是重力内波可以产生很强的低层水平辐合,因此在这种情况下,无须埃克曼抽吸作用便可产生 CISK 过程,Lindzen(1974)把由于重力内波引起的 CISK 过程称为波动型第二类条件性不稳定(Wave-CISK)。Raymond(1975,1976,1983)等认为 Wave-CISK 特别适用于中尺度现象。例如,观测表明孤立的湿对流单体在没有外部强迫时是短命的(旋转的超级单体例外),而对流单体群则比较持久,这种对流单体群或中尺度云团的发展可以看作是一种对流自激过程。具体来说就是,当对流产生后,在对流云顶砧部,即云顶外流层中便产生重力波。在重力波与地面相交的地方便产生辐合(散)。由波动产生的辐合引起低层空气的进一步抬升,从而使对流进一步发展,反过来,又产生更多的重力波。用 Wave-CISK 机制可以很好地模拟出中尺度对流系统。例如,Raymond(1984)成功地模拟了 1976 年 5 月 22 日发生在美国俄克拉何马州的一次飑线过程。对于这次飑线过程,Ogura 和 Liou(1980)已经做过详细的中尺度分析。分析表明,在飑线经过前,测站的层结是条件性不稳定的。飑线从形成阶段到成熟阶段,对流单体有一个集结的过程。在成熟阶段,飑线内部有一个平均气流结构。

8.3 条件性对称不稳定与中尺度对流系统的关系

8.3.1 条件性对称不稳定的概念及判据

在具有风速切变并处于流体静力平衡、地转平衡的平均气流中,即使是重力稳定和惯性稳定的,但当浮力和旋转作用相结合时,可以导致新的浮力—惯性不稳定。由于这是一种轴对称扰动的不稳定性,因此叫作对称不稳定性。对称不稳定性是空气作倾斜上升运动时所表现的不稳定性,所以它可看作是斜升气流的不稳定性。

近代,许多观测研究都注意到,锋面云和降水经常集中在与锋面相平行的地带中。这些雨带之间的距离的量级为 80~300 km,而雨带的长度则更长。这些雨带与等温线的交角很小。在理论上,形成这些雨带的原因可能有:锋区内埃克曼层的不稳定;锋上产生的重力波以及不同平流所引起的对流等。Bennetts 和 Hoskins(1979)则提出了另一种值得注意的可能原因。他们认为这些雨带可能是对称斜压不稳定的一种表现形式。粗略地说,这种不稳定性的判据是水平温度梯度较大或里查森数较小,或等位温面比等 M(绝对动量)面倾斜,或位涡 $q<0$ 等。

但是,在干空气情况下,对称不稳定条件($Ri<1$)在 100 km 尺度的锋区内一般是难以满足的。在这种情况下,如果我们不考虑潜热释放的作用,则原来对称稳定的大气不可能变成对称不稳定的。因此简单地说,当对称稳定的大气由于潜热释放的作用而变为对称不稳定时,便可以说这种大气是条件性对称不稳定的。根据关于干空气对称不稳定的同样的讨论可知,对于处处饱和的潮湿大气来说,对称不稳定的判据为,当湿位涡 $q_w<0$,或湿里查森数 $(Ri)_w<1$,或等 θ_w 面斜率大于等 M 面的斜率时为条件性对称不稳定。

8.3.2 导致条件性对称不稳定的有利形势

下面来讨论初始状态具有 $q_w>0$ 时,q_w 演变为负值($q_w<0$),从而产生条件性对称不稳定的可能性。由下列湿球位势涡度方程

$$\frac{\mathrm{d}q_w}{\mathrm{d}t} = f(g^2/\theta_0^2)\boldsymbol{k} \cdot (\nabla \theta_w \times \nabla \theta) + f(g/\theta_0)\boldsymbol{\zeta} \cdot \nabla Q + f(g/\theta_0)\boldsymbol{\xi} \cdot \nabla \theta_w \quad (8.18)$$

式中右边第二、第三项分别为由于非绝热效应和摩擦效应引起的湿球位势涡度的变化。右边第一项则表示当水平方向上 θ 与 θ_w 面之间有角度时 q_w 的变化。当绝热、无摩擦时,$\mathrm{d}q_w/\mathrm{d}t$ 便只取决于右边第一项。如图 8.3 所示,如果在热成风方向上湿度增加,则按方程(8.18)可知,湿球位势涡度将减小(即 $\mathrm{d}q_w/\mathrm{d}t<0$)。在这种情况下,即使在初始时刻 $q_w>0$(即对称稳定),但是经过一段时间后,就可能出现 $q_w<0$(即对称不稳定)。诊断分析表明,如果在 θ 和 θ_w 面之间设置一个量级为 $0.1°$ 的交角,结

果便在 1～2 d 内,由于在方程(8.18)右边第一项的作用下,使流体质块产生了负的 θ_w。由此可见,在热成风方向上湿度增大是导致条件性对称不稳定的一种有利形势,也是一条具有实际预报意义的判据。

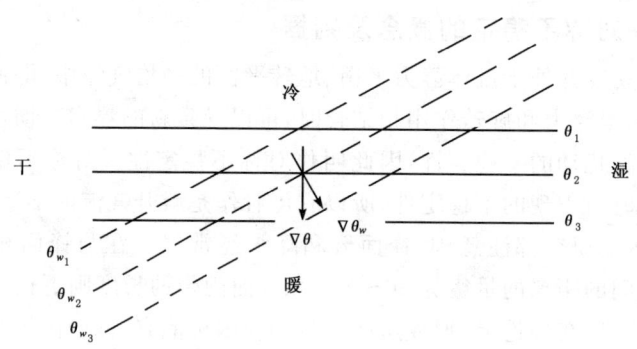

图 8.3　在水平面上可导致 $q_w < 0$ 的一种 θ 和 θ_w 的分布
(Bennetts 和 Hoskins,1979)

8.3.3　应用及实例

如上所述,对称不稳定,特别是条件性对称不稳定是倾斜对流发生发展的机制之一,而倾斜对流又与暴雨、强对流天气相联系。因此可以通过对条件性对称不稳定的判定及预报来预报对流性天气。这种方法比用分析条件性不稳定判据要好。因为对流性天气的发生虽然与条件性不稳定有密切的关系,但是条件性不稳定并不是所有对流活动一开始就具有的特征。有时往往在对流前大气是条件性稳定的,在探空分析中,根本不存在正的不稳定能量。因此似乎不存在发生对流的可能。但是如果用条件性对称不稳定的判据来分析则可以发现,实际上大气为条件性对称不稳定的,具有条件性对称不稳定能量。因此可以判断具有发生对流的可能性。由于在条件性对称不稳定的情况下,在等 $\overline{M}$ 面上,$\frac{\partial \overline{\theta}_e}{\partial z}|_{\overline{M}} < 0$,因此当气块沿等 $\overline{M}$ 面上升时,条件性对称不稳定便成了等 $\overline{M}$ 面上的条件性不稳定。所以如果沿等 $\overline{M}$ 面做 T-$\ln p$ 图分析,便可把气块沿等 $\overline{M}$ 面倾斜上升时所具有的条件性不稳定能量清楚地表现出来。

下面我们来看 Emanuel(1983)分析的一个例子。这是 1982 年 12 月 3 日发生在美国南部的一次对流性降水过程。图 8.4(a)是俄克拉荷马城(Oklahoma City,OKC)在 12 月 3 日 00 世界时的探空分析图。由图可见,虽然在 750 hPa 有饱和层,但在 700 hPa 以上均为负不稳定能量面积。图 8.5 是 12 月 3 日 00 世界时沿着从得克萨斯州的阿马里洛(Amarillo)(AMA)穿过俄克拉荷马州的 OKC 至亚拉巴马州的森特伊尔(Centroyille,CKL)的西东向基线的垂直剖面图。图 8.4(b)是沿着图 8.5 中 M=50 m/s 的等值面的探空。由图 8.4(b)可见,在 750 hPa 以上气层具有条件性不稳定能量。

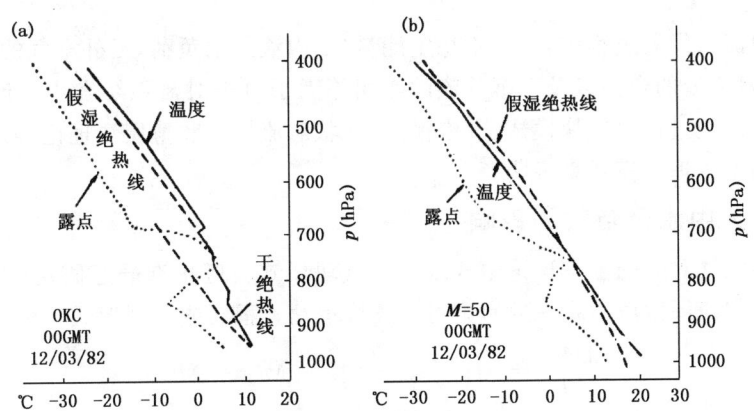

图 8.4 (a)1982 年 12 月 3 日 00 世界时,OKC 站的 $T\text{-}\ln p$ 图;
(b)同一时刻沿图 8.5 中的 $M=50$ m/s 的等值面构作的 $T\text{-}\ln p$ 图(Emanuel,1983)
(图中实线为温度,点线为露点,虚线为假湿绝热线,虚线为干绝热线)

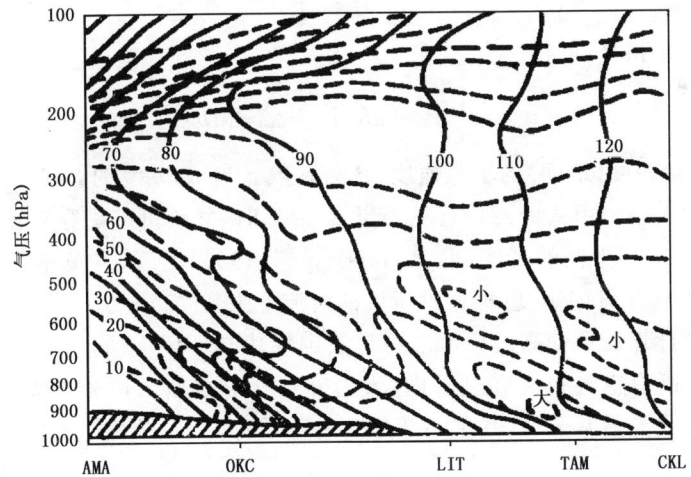

图 8.5 1982 年 12 月 3 日 00 世界时,由 AMA 至 CKL 的垂直截面图(Emanuel,1983)
(虚线为等 θ_e 线(K),实线为等 M 线(m/s))

8.4 夹卷等因子对对流系统发生发展的影响

在对流云发展过程中,大气不稳定能量,云内液态水负荷,云外空气的进入(夹卷作用)和对流云的合并以及下沉气流的作用等因子对于对流系统发生发展都有显著影响。下面通过讨论气块模式、气泡模式、柱状对流模式和薄层法理论等几种描述大气对流的基本理论模式来说明。

8.4.1 云中水分负载的影响

描述大气对流的基本理论模式之一是气块模式。应用准静态假定(即假定气块压力随时和四周的压力相一致),则可将气块运动方程写成下列形式

$$\frac{\mathrm{d}Mw}{\mathrm{d}t} = M\left(\frac{T'_v - T_v}{T_v}\right)g - Mlg - MKw \tag{8.19}$$

式中 M 为质量,w 为上升速度,T'_v,T_v 分别为气块及环境的虚温,l 是气块的液态水混合比,g 为重力加速度,K 为摩擦系数。在此方程中,右端第一项为阿基米德浮力,第二项为由于含水量所造成的拖带力,第三项为摩擦力。对于单位质量($M=1$)的气块,在无含水量、无摩擦的条件下,且 $T = T_v$,则式(8.19)可简化为

$$\frac{\mathrm{d}w}{\mathrm{d}t} = g\frac{\Delta T}{T} \tag{8.20}$$

将式(8.20)对 z 积分,可得

$$w_z = \left[w_0^2 - 2R_d\int_{p_0}^{p_z} B\Delta T\mathrm{d}\ln p\right]^{\frac{1}{2}} \tag{8.21}$$

式中 w_0 为初始高度(地面)的垂直速度,B 为系数。当 $w_0=0$ 时,w_z 的值等于不稳定能量面积的大小。由式(8.21)可见。当 $w_0=0$ 时,气块可以贯穿到正能量面积 P 与负能量面积 N 相平衡的高度,但 Petterssen 等(1956)发现,在英格兰实际云顶只相当于图 8.2 中 B 点的高度(即通常所说的对流上限)。

气块理论计算云顶偏高的原因之一是假定气块与环境无质量、热量、动量交换,实际上云外不断有空气被夹卷进云内,云内外空气混合使云内外温差减小,云顶降低。在体积较大的雷暴云中,其中心部分受夹卷影响较小,所以气块理论的计算值与实况较为接近。

在式(8.20)中,假定气块不含水分,这也是气块理论计算云顶偏高的原因之一。现在我们要考虑含有水分的情况,这时方程(8.19)中右边第二项 $Mlg \neq 0$。这种考虑气块中的水分负载的气块模式叫作载水湿绝热上升气流模式,简称为 LMA 模式(Chisholm 等,1973)。

由式(8.19),当 $M=1$ 时可得

$$\frac{\mathrm{d}w}{\mathrm{d}t} = g\left[\frac{T'_v - T_v}{T_v} - l\right] \tag{8.22}$$

由(8.22)式可得

$$w_z = \left[w_0^2 - 2R_d \int_{p_0}^{p_z}(T'_v - T_v - lT_v)\mathrm{d}\ln p\right]^{\frac{1}{2}} \tag{8.23}$$

式中 p_0 为云底气压(以抬升凝结高度为云底)，p_z 为 z 高度上的气压，l 为气块中的液态水混合比(g/kg)，T'_v 和 T_v 分别为气块和环境的虚温(K)，w_0 为云底垂直速度(m/s)。Chisholm 等(1973)曾根据加拿大阿尔伯特地区雹暴的飞机观测指出，w_0 一般为 4~6 m/s，平均为 5 m/s。R_d 为干空气气体常数。

为了检验上述 LMA 模式，Chisholm 等(1973)曾对 1967—1968 年间 29 次阿尔伯特雹暴云顶的雷达观测值与用 LMA 模式算得的云顶高度做了比较，结果有 75% 的情况计算值与实测值相差不到 0.8 km。两者相差值超过雷达波束宽度的仅占 25%。除一例外，计算的云顶都高于雷达实测云顶高度。而雷达测量的云顶高度一般是低于实际的云顶高度的，因此可以说明，计算的云顶高度与实际的云顶高度更为接近。

不过当云底温度有误差时，用 LMA 模式计算的云顶高度也会产生误差。例如，当云底有 1℃ 的温度误差时，平均来说可使计算的云顶高度产生 0.75 km 的误差，当温度误差相同时，云顶愈低的云，计算结果误差愈大。

以上讨论表明，由于在强雷暴云中有大量的降水物(如冰雹、大雨滴)，因此，在气块法中考虑水分负载的作用是必要的。

8.4.2 阻力和夹卷的影响

描述大气对流的第二种基本理论模式是气泡模式。Scorer 和 Ludlam 等(1953)认为，积云是由浮升的空气泡构成的。从积雨云顶部可以看到的断续出现的半球形的云疙瘩，就是对流泡。云泡内部为上升运动，边界处则为弱的下沉运动，它们构成为一个涡旋环。混合空气通过这样的循环进入到云泡中心部位所需的时间，大约相当于云泡上升其本身直径的两倍的距离所需要的时间。因此一个大云泡在中心冲淡之前可以上升一个相当大的距离。

云泡的上升速率 w 取决于阻力和浮力之间的关系

$$w = C(g\bar{B}r)^{\frac{1}{2}} \tag{8.24}$$

式中 g 是重力，$\bar{B}$ 是平均浮力，类似于式(8.20)中的 $\frac{\Delta T}{T}$，r 是云泡半径，C 是常数，其平均值约为 1.5，但有较大的变化，取决于个别云泡浮力的大小。

方程(8.24)表明，垂直速度将随浮力而增加，也随云泡尺度增大而增加。

Malkus 及 Scorer(1955)从观测刚从母体生长出来的孤立云塔的上升率中也发现很好地遵守式(8.24)的关系。他们也观测到,当云塔从总云体中最初出现并暴露于干的环境中时,它大约可上升等于其直径的 1.5 倍的距离,以后就停止上升了。

对流泡的浮力加速度 $\dfrac{\mathrm{d}w}{\mathrm{d}t}$ 可因形状阻力和环境中静止空气的并入而大为减小。Levine(1959)给出了下列关系式

$$\frac{\mathrm{d}w}{\mathrm{d}t} = gB - K_1(K_2 + C_D)w^2/r \tag{8.25}$$

式中 K_2 表示云泡同环境的物质交换率;C_D 为阻力系数;其他符号的意义和方程(8.24)中的符号的意义在一定假定下相类似。当然,这里 B 应当包括悬浮水的重量,每千克空气中含 4 g 水所能减小的浮力量大致相当于减小 1℃ 左右的温度超量。

方程(8.25)表明,当上升的对流单元的尺度增大时,阻力和夹卷(右边第二项)的影响将减小。因而对较大的对流单元(如超级单体),其垂直加速度更接近于由方程(8.20)所描写的气块理论的计算结果。

8.4.3 对流云合并的影响

描述大气对流的第三种基本理论模式是柱状对流模式。高耸的云塔一般都呈柱状,其云底位于凝结高度,平坦少变。这一事实表明,云下气层中不断有空气向上输送。考虑到云塔的这种特征可以假定,云体可以用一个圆柱体来代表。

在对流云的稳定阶段,按质量连续性,上升运动随高度增加,需要有水平地穿过圆柱体壁面的空气吸入。这些进入到对流圆柱体的空气和圆柱体内的空气混合,因而减小了圆柱体中空气的浮力。夹卷量和垂直加速度是相适应的,对于给定的环境稳定度和温度,夹卷量也将是确定的。

Malkus 等考虑一个定常的对流云柱,其垂直于射流轴的横截面的截面积为 $\sigma(\sigma = \pi r^2$,r 为圆柱半径),设在此截面积上气象要素是均一的,则流过这一截面的质量通量 M 为

$$M = \rho w \sigma = \rho w \pi r^2 \tag{8.26}$$

式中 ρ 表示射流里的流体密度,w 为射流的上升速度。

式(8.26)对 z 微分则得

$$\frac{\mathrm{d}M}{\mathrm{d}z} = \frac{\mathrm{d}}{\mathrm{d}z}(\rho w \pi r^2) = 2\rho w \pi r \frac{\mathrm{d}r}{\mathrm{d}z} \tag{8.27}$$

因此

$$\frac{1}{M}\frac{\mathrm{d}M}{\mathrm{d}z} = \frac{2\rho w \pi r}{\rho w \pi r^2}\frac{\mathrm{d}r}{\mathrm{d}z} = \frac{2}{r}\frac{\mathrm{d}r}{\mathrm{d}z} = \frac{2a'}{r} \tag{8.28}$$

式中 $a' = \dfrac{\mathrm{d}r}{\mathrm{d}z}$,是射流的张角。实验指出,对于一个从连续源产生的云柱(或射流),

$a' \cong 0.1$，比起分离的云泡的加宽系数来要小。

由式(8.28)可以得到一个重要的推论：当云柱直径增加时，质量夹卷率 ($\frac{1}{M}\frac{dM}{dz}$)减小(因为表面与体积的比率随直径的增大而减小)。因此，Malkus 等提出下列关系

$$\frac{1}{M}\frac{dM}{dz} \cong \frac{1}{D} \tag{8.29}$$

式中 D 为云的直径。另外，假如把柱状对流看作是泡状对流的特殊情形，那么由式(8.25)可以推论，当云底半径增大时，浮力增大，并且最大上升速度和它所达到的高度也都增长，整个积雨云云塔达到的高度也随着其直径的增大而增大。所以有时几个对流云合并，常会造成整个云体的强烈发展。MCC 通常是通过对流云合并而形成的，它们比单个对流云更强大、更持久。

通过以上的分析可知，泡状或柱状对流模式对于夹卷的影响的结论是相同的。它们都指出夹卷的影响是随着云的直径的增大而减小的。因而对于强大的雷暴云来说，除了云底以下的部分以外，都可以忽略夹卷的作用。特别是对那些穿入平流层相当程度的强雷暴云，其中心部位的垂直运动可以用不考虑夹卷的气块模式来很好地描述。另外，雷暴云在其不同的发展阶段或在云体的不同部位上，往往分别和不同的对流模式相近似。例如，一般来说，普通的积状云可以用分离的云泡模式来近似，而很多较大的雷暴云则比较符合气柱模式或气块模式。

8.4.4 云外下沉补偿气流影响

描述大气对流的第四种基本理论模式是薄层法模式。观测表明，在对流云的四周有补偿下沉气流存在。这种云外下沉气流对云的发展会产生影响。Bjerknes 最早注意到这种影响。为了数学分析的方便，他在一个单位厚度的空气薄层上处理了这一问题。因此，他的这种方法称为薄层法。他所求得的对流发展判据，称为薄层法判据。

假设 s 为在一个薄层上的对流活动区，并设上升运动面积(云的面积)为 S_b，速度为 w_b，下沉运动面积为 S_c，速度为 w_c，并设大气是条件性不稳定的，即在上升区中取 γ_m，下沉区中取 γ_d。如果不考虑水平运动，从能量守恒原理可得

$$(\gamma_m - \gamma)w_b^2 S_b + (\gamma_d - \gamma)w_c^2 S_c \leqslant 0 \tag{8.30}$$

引进质量连续性条件

$$S_b w_b + S_c w_c = 0 \tag{8.31}$$

应用式(8.31)消去式(8.30)中的 w_c，则得

$$S_b w_b^2 \left[(\gamma_m - \gamma) + (\gamma_d - \gamma)\frac{S_b}{S_c}\right] \leqslant 0 \tag{8.32}$$

由于云的面积不会是负的,所以 $S_b \geqslant 0$,这样,对流存在就必须有下列关系

$$\frac{S_b}{S_c} \leqslant \frac{\gamma - \gamma_m}{\gamma_d - \gamma} \tag{8.33}$$

此即 Bjerknes 最早给出的判据。式(8.33)也可改写成

$$\gamma \geqslant \frac{S_c}{S_b + S_c}\gamma_m + \frac{S_b}{S_b + S_c}\gamma_d \tag{8.34}$$

此即为考虑了云外下沉补偿气流影响后对流云发展的层结条件,也就是说,使得对流发展所要求的临界垂直温度梯度变高了。并且从式(8.31)和式(8.33)可以看出,在对流云发展的过程中,随着对流运动的加强和 γ 向 γ_m 接近,S_b 和 S_c 的比值减小,云外下沉运动区变宽,云中的上升运动区变窄。

观测表明,在对流云体附近和云块之间的晴空,有一明显的干下沉气流区。一般来说,在云的中上部,云外的下沉气流速度约为云内主要上升气流速度的 25%~50%,在紧邻上升空气边界的地方,下沉气流最强,离开上升气流而逐渐减弱。按照空气质量连续性原理,受干下沉气流影响的区域必定比湿上升气流区大,它约为湿上升气流区的两倍。这就是说,对于中上部,约为 50% 的空气质量被局地干下沉气流所补偿。在对流云的周围晴空区中,出现异常的增温,一般认为这是由于下沉空气绝热压缩的结果。

不过应当注意,云周围的晴空区,并不全是云外补偿下沉气流区。由于对流云体直接造成的环流是有限的,而离对流云距离较远的区域,则应是大尺度的下沉运动区。它的出现,可能是由高一级的环流所决定的。Fritsch 等(1976)设想存在湿对流区(A 区)和没有对流的较大环流区(B 区)(图 8.6)。A 区由向上的湿环流和向下的

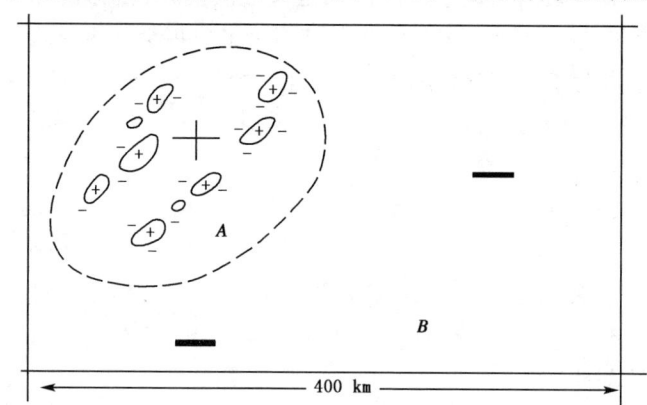

图 8.6 对流云区与环境间的中间尺度环流(Fritsch 等,1976)
(小的正、负号分别表示对流云及周围的上升和下沉气流;虚线表示湿对流区;
大的正、负号分别表示湿对流区 A 及其环境 B 的平均上升和下沉气流)

干环流组成。由于湿区中的潜热释放和干区的下沉增温,形成了一个相对暖区,于是在 A 区和 B 区之间,有一相对暖的积云对流区而引起的 α 中尺度(中间尺度)的环流(与第二类条件性不稳定环流相似)。用这种 α 中尺度环流说明在对流云周围,可以有更大范围的晴空下沉气流存在,并且这一过程所引起的低层水汽辐合,也是促使对流云群进一步维持加强的机制。

根据观测表明,在发展的云塔边界有狭窄的下沉气流带,而宽广的暖干下沉气流出现在强雷暴上部周围晴空区。最强的下沉气流通常出现在降雨带中。下沉速度变动很大,低层的下沉气流速度大致为强上升速度的 1/2。Nelson 等(1983)记录过一个强雷暴的下沉气流竟达 25 m/s,Heymsfield 和 Musil(1982)用多普勒雷达记录到 15 m/s 的下沉气流速度。

下沉气流的主要动力作用在于影响到整个环流的强度和持续时间。在上升气流中凝结的雨滴掉入低湿球位温区,使上升气流倾斜。同时雨滴进入冷空气中,由于蒸发冷却以及雨滴拖曳产生下沉气流。Homan 等(1983)提出下沉气流由于附近上升气流云中的空气夹卷进来的小水滴蒸发而得以维持。这一有效过程的输送率是相当大的,太小的夹卷率不能提供足够的小水滴,太大的夹卷可能导致大量的暖空气进入而过度补偿蒸发冷却。

冷的下沉气流在雷暴底层向四周流出,形成中尺度高压(Fujita,1963)。下沉气流主要位于风暴的后部,但也有一些往前部或往旁边流出,具有密度流性质而造成显著的阵风锋。许多风暴由连续的短生命的单体组成。但它们联合的下沉—冷流出气流维持一个相当稳定的状态。Moncrieff 和 Miller(1976)指出如果密度流传播速度与整个积雨云的移速相匹配,则单体环流趋向于稳定。事实上,猛烈而准稳定雷暴的阵风锋通常位于主要降水核前方 5~6 km 的地方。当阵风锋远离风暴时,则边界层空气对上升气流的供应很可能截断,从而使风系减弱、消亡。下沉气流对雷暴组织化也起了十分重要的作用。

8.5 风垂直切变对对流风暴传播的作用

风的垂直切变有使小的积云塔发生倾斜,从而使对流受到抑制的作用。但是风的垂直切变对于庞大的雷暴云的发展却是有利的。具体地说,风的垂直切变可以影响对流云的传播和内部组织,从而影响对流系统的型式。

对流云可以看成为一个相对于环境风场运动的障碍物。结果在障碍物上游出现超压,而在下游出现亏压,由此造成流体动压力(定义为 $b = P - P_h$,即实际气压 P 与未受扰动环境的流体静压力 P_h 之差),其分布在图 8.4 中以正号和负号表示。由于流体动压力梯度产生水平加速度,使云体发生倾斜,同时也产生垂直加速度。

$$\frac{dw}{dt} = g\left(\frac{\Delta T}{T_0} - \frac{b}{p} + \frac{\partial b}{\partial P_h}\right) \tag{8.35}$$

这里 ΔT 是在给定高度上气块虚温与环境温度(T_0)之差。右边第二项很小,所以方程(8.35)可简化成

$$\frac{dw}{dt} \cong g\left(\frac{\Delta T}{T_0} + \frac{\partial b}{\partial P_h}\right) \tag{8.36}$$

假如云外环境风速(V_e)有较大的垂直切变,云内平均风速(V_c)因上下混合,垂直切变较小。这时相对运动(V_r)产生了使云体发生倾斜的外边界力。而这种情况下,流体动压力也有了垂直梯度。假如流体动压力向上减小,则存在一个向上的作用力,它与密度偏差式(8.36)中右边第一项所引起的气块浮力无关,只要满足

$$\frac{\partial b}{\partial P_h} > -\frac{\Delta T}{T_0} \tag{8.37}$$

就有一个向上的净加速度。图 8.7 的分布有利于云系附近顺切变一侧的空气抬升,而使逆切变一侧的抬升受到抑制。这种力使云体变形而倾斜,并促使在云的有利侧产生新的对流。

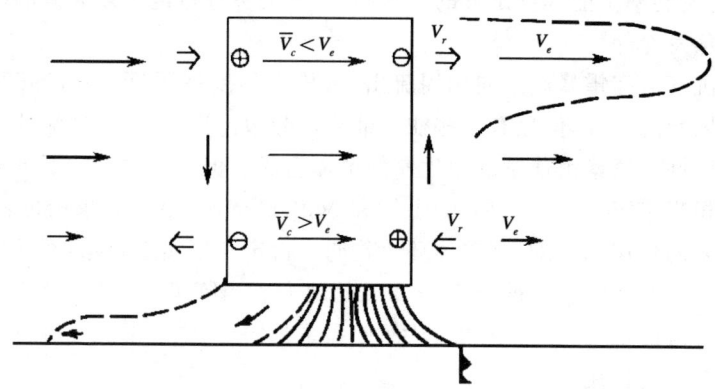

图 8.7　表示水平动量垂直混合效应的风暴剖面示意图(Newton,1963)
(双箭头表示云外空气相对于云内空气的运动 V_r;正负号表示在风暴边界产生的流体动压力;
V_c 为云内平均风速;V_e 为云外环境风速)

在中纬度有组织的对流形势下,伴随着风速的变化,风向也常常随着高度顺转。图 8.8 表示在这种情况下周围空气相对于云层内空气的运动。为了简单起见,云内风速以整个云层厚度的平均风速表示。在低层云内空气平均运动的相对运动是从风暴的右边进入。在高层正相反。相应地,低层最大超压区在风暴右侧,位于高空亏压区下方。因此,新的云体最容易在相对于云层平均风的右边增长。

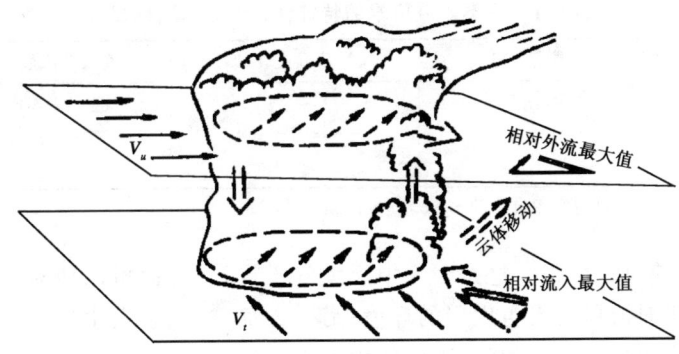

图 8.8　风向随高度顺转时相对入流和出流的分布示意图(Newton,1963)

8.6　环境热力和动力条件对对流风暴强度和类型的综合影响

对流风暴是大气中不稳定能量释放的产物,因此对流风暴的强度和类型与风暴环境的热力结构无疑有密切的联系。

环境热力结构的表征之一是温度层结,即大气的静力稳定度。大气稳定度可以用很多指标来表示。例如抬升指标(LI)、沙氏指数(SI)、总指数(TT)等,都可表示大气稳定度。如果要更精确些,则可用对流有效位能 CAPE 来表示

$$CAPE = \int_{LFC}^{EL} g \frac{(\theta_p - \theta_e)}{\theta_e} dz \tag{8.38}$$

式中 θ_p 是气块位温,θ_e 是环境位温,CAPE 表示单位质量空气通过浮升气块从自由对流高度(LFC)上升到平衡高度(EL)对环境做的功。这种浮力能相当于探空分析中的正能量面积。如果忽略气压梯度、水负载、混合效应等作用的影响,则 CAPE 与气块最大垂直速度 W_{max} 之间有下列关系

$$W_{max} \approx (2CAPE)^{1/2} \tag{8.39}$$

Chisholm 等(1973)用载水湿绝热上升气流模式(LMA 模式),把水负载的影响加以考虑,这样算得的上升速度与对流风暴中的真实情况非常接近。并用 LMA 模式计算了各类对流风暴的中能量大小、云顶温度以及透入平流层的深度,把对流风暴划分为低能、中能和高能三类(表 8.1)。

超级单体包括龙卷型超级单体通常都是高能风暴。多单体风暴常为中能风暴而普通单体风暴则多为低—中能风暴。

除了温度层结之外,湿度层结也是环境热力结构的重要表征之一。一般来说,边界层的水汽丰富有利于增强风暴的强度。而边界层以上(离地 2~4 km)则相反,水

表 8.1　三类对流风暴的特征（Chisholm 等,1973）

风暴级	气块最大可能能量*（J/g）	风暴顶温度 T（℃）	透入平流层的深度（km）
低能	0.0～0.2	$T>-40$	无透入
中能	0.2～0.45	$-60<T<-40$	<0.75
高能	>0.45	$T<-60$	>0.75

* 气块最大可能能量即热力学图解中的不稳定能量面积。

汽缺少反而会使风暴增强。这是因为中层大气干燥,一方面可以使对流不稳定度增强,造成有利于对流风暴发生发展的环境；另一方面,当风暴发生后可以造成干燥的中层入流,使降水质点蒸发加强,因此使雨致下沉气流因雨水蒸发而冷却,从而使下沉气流和雷暴水平外流增强,并引起严重的灾害性大风。对流引起的下沉气流有不同的尺度,外流边界也有不同的尺度。飑锋与中高压相联系；下击暴流（指一种集束性的强下沉气流,它们及地后向外爆发,可产生灾害性强风）（图 8.9）的前沿线与小高压相联系；而微下击暴流前沿线则与微高压相联系。飑锋后的大风是直线风,相对来说灾害性较小,灾害最大的地区集中在直线风中的下击暴流区,特别是微下击暴流区中,在这些区域中的地面气流是一种扭转的气流,所以破坏性很大。但是下击暴流和龙卷风不同,后者的灾害是辐合气流造成的,而前者则是辐散气流造成的。

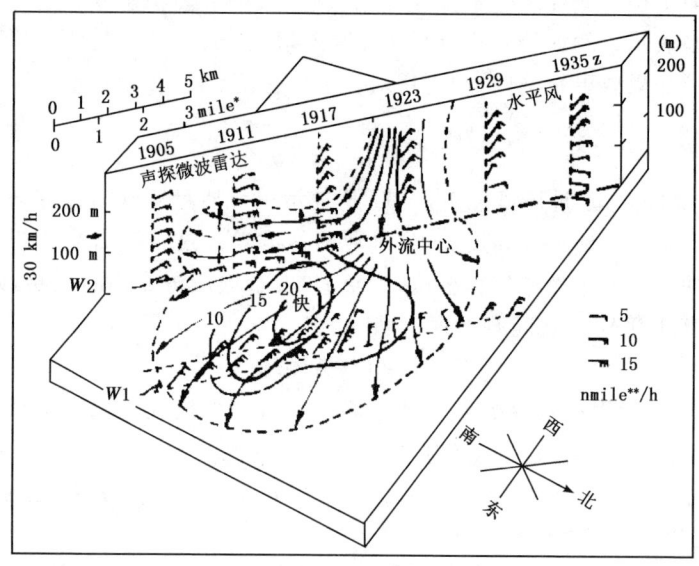

图 8.9　一次下击暴流的结构（Fujita,1978）

** 1 mile（英里）=1609.344 m；1 nmile（海里）=1852 m。

下击暴流和微下击暴流经常发生在浮力能相对较小,但中层十分干燥,而且云底很高的情况下。一般来说有较大地面风力的对流风暴都具有中层环境干燥、云底较高等特点,这是以强天气(大风、冰雹)为主的对流风暴和以降水(暴雨)为主的对流风暴的重要区别,后者的环境潮湿、云底较低。

以上讨论了环境热力结构对对流风暴的影响。分析表明,环境动力结构对对流风暴也有重要影响。这里环境动力结构主要是指风的垂直分布,即风的垂直切变。地面以上至 6 km 以下的大气层中的风速垂直切变对不同类型的风暴有明显的不同。一般来说,超级单体风暴的风速垂直切变最强,多单体风暴次之,普通单体风暴最小。强雷暴一般都有较强的风速垂直切变环境,切变值通常为 $2.5\times10^{-3}\sim4.6\times10^{-3}\,\mathrm{s}^{-1}$,极端值可达 $8.0\times10^{-3}\,\mathrm{s}^{-1}$ 左右。在 4.3 节中提到的 1975 年 6 月 6 日宿县地区的超级单体风暴的环境风垂直切变值约为 $3.9\times10^{-3}\,\mathrm{s}^{-1}$。

风暴环境(尤其是地面至 5~6 km 高空的气层中)风的垂直切变对风暴的类型及其运动和分裂等特性也都有着重要的影响。但是观测表明,这种影响有时也可以被热力学因子所修正。因此,一般来说,风暴类型受到环境风垂直切变和层结不稳定度这两方面因子的综合作用。这种综合作用可用整体里查森(Bulk Richardson)数(又称粗里查森数)BRN 表示。

$$BRN = CAPE \bigg/ \left(\frac{1}{2}\overline{U}_z^2\right) \tag{8.40}$$

式中 $\overline{U}_z$ 是大气最低 6 km 中按密度权重得到的平均风速 $\overline{U}_{6000}$ 与大气最低 500 m 的平均风速 $\overline{U}_{500}$ 之差值,即

$$\overline{U}_z = \overline{U}_{6000} - \overline{U}_{500} \tag{8.41}$$

显然,BRN 是对流层中低层风垂直切变的一个度量,它也可认为是由风垂直切变提供给风暴入流动能的一个度量。它可以直接反映上升气流的可能强度,间接地反映下沉气流及雷暴外流的可能强度。BRN 数中的风切变的度量既代表了地面入流供给风暴的能量强度,也代表了上升气流旋转的能力。由于 BRN 具有这些性质,因此它与对流风暴的类型之间必定有密切的关系。对于一定量的浮力能,在弱切变情况下可形成普通单体雷暴,中等切变条件下可形成多单体风暴,强切变条件下可形成超级单体风暴,因此普通单体雷暴与较大的 BRN 相对应,而多单体风暴和超级单体风暴则分别与中等和较小的 BRN 相对应。根据 Weisman 和 Klemp(1982)对 10 次超级单体风暴和 9 次多单体风暴及其他个例的观测分析及数值模拟结果,多单体风暴一般出现在 $BRN>30$ 的条件下,而超级单体则一般出现在 $10<BRN<40$ 的条件下。

BRN 与风暴类型有较明确的关系,但它与风暴的强度并无明显的关系。例如对一个由较小 $CAPE$($<1000\,\mathrm{m}^2/\mathrm{s}^2$)和中等风切变($4\times10^{-3}\,\mathrm{s}^{-1}$)决定的 BRN 值,可以在适合于超级单体生长的 BRN 的范围之内。但这并不意味着有超级单体风暴发

生。因为浮力能太小了,不足以引起强对流风暴。类似地,当浮力能很大(>3500 m^2/s^2)及有中等切变时,BRN 值可能不在超级单体范围内,但这时却有可能产生强对流风暴。

另外,BRN 的定义也有明显缺点,表现在:①未考虑浮力的垂直分布;②未考虑水汽的垂直分布;③未考虑矢量风切变的方向转变;④未考虑风垂直切变的细节。

8.7 风垂直切变对雷暴的组织和分裂作用

8.7.1 风垂直切变对雷暴的组织作用

上节中已经指出,风的垂直切变对于对流系统采取什么形式(是普通单体雷暴,还是多单体雷暴,还是超级单体雷暴或龙卷型的超级单体雷暴)有着十分强烈的影响。图 8.10 是由 Chisholm 和 Renick(1972)给出的生命期短暂的对流单体雷暴、生命期很长的多单体雷暴及超级单体雷暴三类雷暴的单站高空风分析图。这个研究表明,在地面以上,6 km 以下风垂直切变的大小是超级单体最强,多单体次之,普通单体则最小。

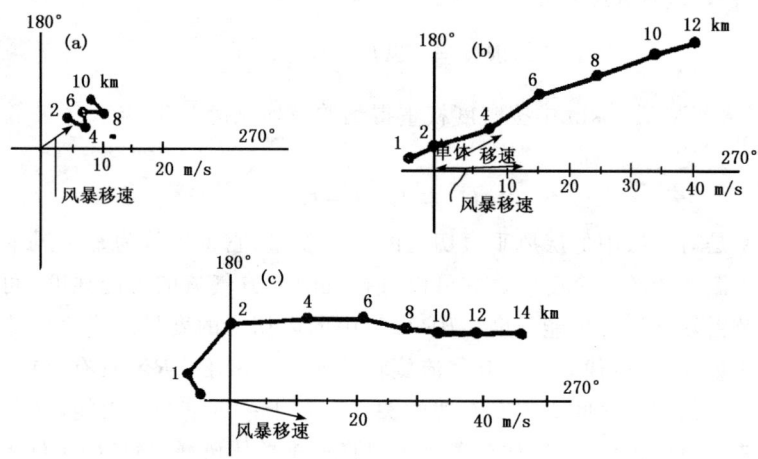

图 8.10 在加拿大冰雹研究计划中观测到的普通单体(a)、多单体(b),以及超级单体雷暴(c)的典型的高空风分析图(Chisholm 和 Renick,1972)

为什么风的垂直切变会对雷暴的形式产生影响呢?其中可能有两种物理机制在起作用。

首先,对流形式与阵风锋触发新对流的能力有关,而后者则是与风的垂直切变相联系的。让我们先来看一种在没有风垂直切变的环境中对流单体演变的情形。在这种情形下,对流云的下沉气流产生的冷空气堆在地面上各向均匀地传播。沿冷空气堆外围的阵风锋上的辐合,只要大到足以使空气抬升到自由对流高度以上,便可触发出新的对流。新单体形成后,由于其环境中没有风的垂直切变(或者完全无风),单体便将无运动。可是阵风锋却仍在地面上连续地传播出去。这样新单体便很快地使自身处于阵风锋之后的冷而稳定的环境之中,因此其进一步的发展便停止了。由于在单体雷暴周围难以有新的雷暴发展,这样便只能呈现孤立的普通单体雷暴的结构形式。

现在让我们来看同一单体在中等强度的垂直切变环境中的发展情况。在这种情况下,单体下方的下沉气流仍将由于地面的冷空气堆而产生水平外流分量,然而由于风垂直切变的影响,外流所产生的地面辐合呈现不对称形式。最强的辐合出现在有组织单体的顺切变方向。而且,沿这一辐合带生长的新单体将沿同一方向移动。这样便增加了单体所经历的低空辐合和来自阵风锋前方的暖湿空气供应的时间。在风向垂直切变大小适当的情况下,单体运动和阵风锋的运动速度可能相同。这样便可导致上升气流的连续发展,在这种情况下,沿外流边界的辐合带上新对流单体一再发展,就形成了多单体结构。这代表了多单体风暴的产生和维持的基本物理机制。

当风垂直切变变得更强时,除了上面所说的阵风锋触发新对流产生的这种物理机制以外,另一种物理机制对组织和维持对流的作用便会变得重要起来。这种物理机制便是在风垂直切变环境中生长的上升气流,可以在其侧翼中层产生出低压来。这是由于矗立在环境切变风场中的对流风暴内部风速由于动量垂直输送而趋于均匀化。风暴内部气流和外部气流的不同,便产生相对于风暴的入流或出流。根据伯努利定律,在相对入流处产生正动压,而在相对出流处则产生负动压(驻点处的动压值可按公式 $\tilde{\omega} = \frac{1}{2}\rho \cdot v_R^2$ 计算。其中 $\tilde{\omega}$ 表示动压,v_R 为相对风速,ρ 为空气密度)。当风暴某一侧翼上高层有相对出流,低层有相对入流时,则在高层有负动压,低层有正动压,地面空气在垂直气压梯度力作用下便加速上升。对流风暴在其侧翼产生这种上升运动的能力取决于环境风垂直切变的大小和伸展高度。假如环境风垂直切变可以伸展到风暴的中层(离地 4~6 km),则这种高低层动力性气压偏差便可以产生一个明显的垂直气压梯度,从而使地面空气产生加速上升运动。这种动力性强迫既有助于保持上升气流,又有助于产生偏离平均风向的传播。这种作用还导致了上升气流和风暴侧翼的垂直涡度配合起来(风暴侧翼的垂直涡度是由于垂直切变气流内在的水平涡度在风暴侧翼发生倾斜而形成的)。这就是说,上升气流是旋转的。这样便造成了超级单体的基本特征。所以说超级单体的存在归因于这种动力性气压梯度力。

通过以上分析表明,阵风锋辐合及动压力的作用是造成不同风暴特征的两种重要机制。每种机制的相对重要性,以及每种机制在风暴中起作用的位置取决于风垂直切变廓线的形状、风切变的大小以及风切变的深度。

8.7.2 对流单体的分裂

对流单体有时会发生分裂,就像生物体中的细胞会发生分裂一样。对流单体的分裂与环境风场的垂直切变有关。这可从图 8.11 所描述的对流单体分裂形成过程及文中解释得以了解。

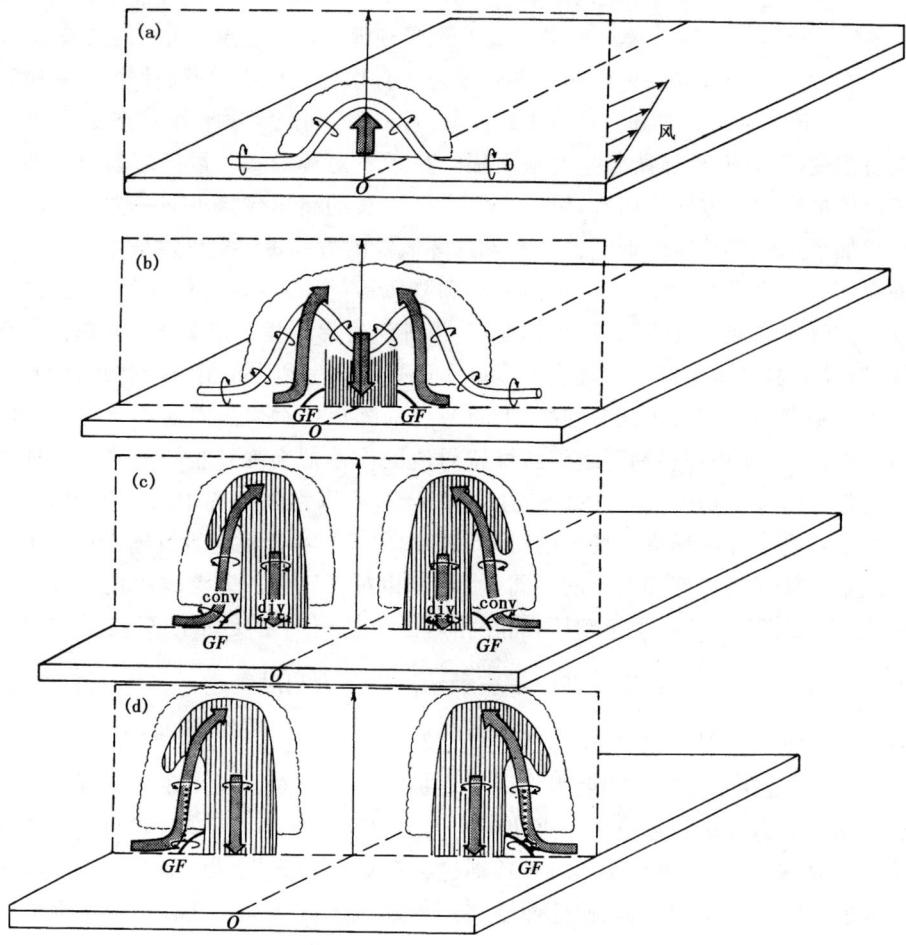

图 8.11 雷暴分裂过程示意图(Houze 和 Hobbs,1982)
(O 点位于地面,初始雷暴的中心,雷暴分裂后,各自随时间远离 O 点。GF 表示阵风锋。div 和 conv 分别表示辐散和辐合。阴影区为降水区)

图 8.11(a)首先给出了一个具有垂直切变的环境风场。由于存在风的垂直切变,便形成一支水平轴的涡管,当上升气流发展后,水平涡管向上凸起,于是形成两支旋转方向相反的垂直轴涡管。图 8.11(b)表示当对流单体发展到一定阶段后,降水

开始出现。由于降水物的拖曳作用和中层干冷空气的进入,便在云的中心部分造成下沉气流,从而使上凸的涡管下凹,因而造成下沉气流也包含了两个反向旋转的涡旋。这样便在下沉气流两侧形成两股上升气流,每股上升气流都开始各自的发展和传播。于是便把一个雷暴单体分裂成两个雷暴单体,一个向右移动(称为右移风暴),一个向左移动(称为左移风暴)。

上升气流(对流单体)的发展、移动、分裂等过程与环境风垂直切变之间的密切关系可以用来解释在自然界实际观测到的很多对流降水的型式。Klemp 和 Weisman(1984)用数值模拟方法研究了在不同形状的风切变廓线条件下,对流降水型的演变情况,证明风垂直切变与降水系统结构确实存在密切关系。

类似地,图 8.12 也是一张描述在风速垂直切变环境中雷暴分裂过程的示意图。图 8.12(a)表示在风速垂直切变环境中形成的水平涡管,在雷暴发展阶段时向上凸起,而图 8.12(b)表示在雷暴成熟阶段时由于降水物拖弋引起的下沉运动使涡管下凹,从而使云体发生分裂。

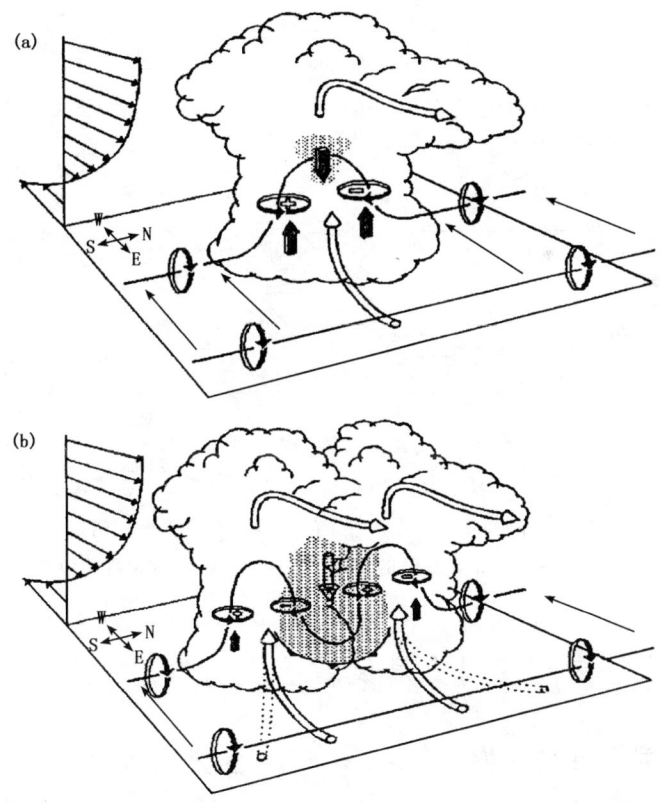

图 8.12　在风速垂直切变环境中雷暴分裂过程示意图(Klemp,1987)

为了进一步证明风垂直切变对造成风暴分裂的作用,Weisman 和 Klemp 等(1982;1984)做了数值试验。结果如图 8.13 所示,在整体里查森数 BRN($BRN = CAPE/\frac{1}{2}U_Z^2$)较大时,即风速垂直切变 U_Z 较小时,对流系统不出现分裂,而在在整体里查森数 BRN 较小时,即风速垂直切变较大时,对流系统便出现分裂。这就说明风速垂直切变对造成风暴分裂具有明显的作用。

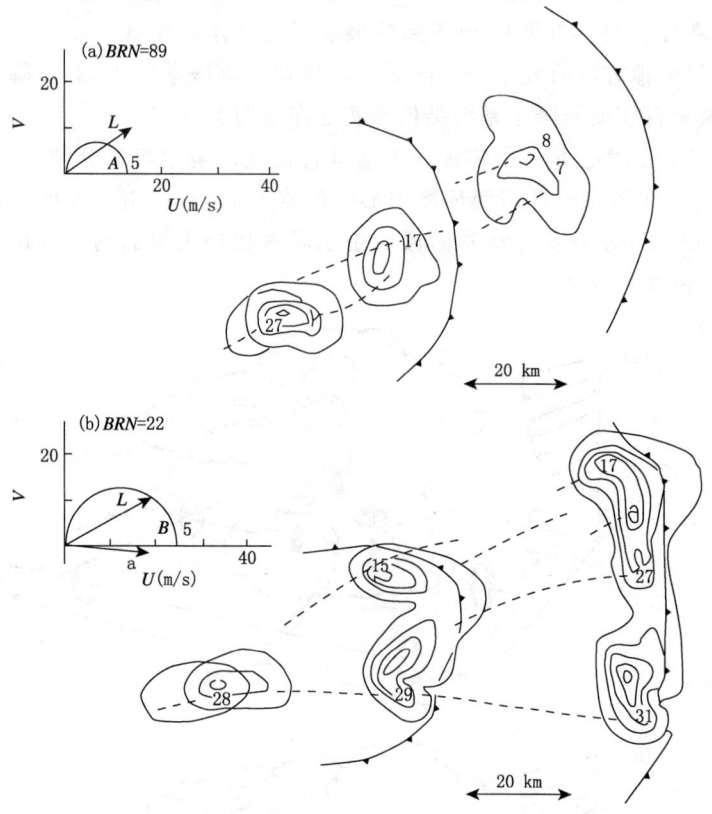

图 8.13 在不同的高空风垂直分布的形势下的风暴在初始时刻后 40, 80 及 120min 时的结构(Weisman 和 Klemp,1984)

8.8 风速垂直切变对龙卷风暴生成的作用

8.8.1 龙卷风暴的结构

产生龙卷的局地强风暴称为龙卷风暴(tornadic storm)。这种风暴云(即龙卷母云)十分高大并有明显旋转性,通常是超级单体。

图 8.14 是一个龙卷母云在不同发展阶段的结构模型图。在形成阶段,云体中心部位有一个很强的上升气流核,气流旋转上升。由于在此上升气流核中,水汽凝结物来不及碰并增大便已窜到云顶,因此便形成一个少云或无云区,对应在雷达 PPI 回波上为一个围绕环流轴的无(弱)回波区(Y),Fujita 称其为眼区。在成熟阶段,旋转上升气流的外围部分($ABCDE$)和中心部分(Y)发生分离。这是由于"眼"向着云的主体的右后端移动的结果。因而在成熟阶段,在雷达 PPI 回波上可以看到一个钩状突出物。突出物与回波主体之间的弯处,即为气流流入区和强上升气流所在处。在高层,钩状回波消失,有时则呈现为一个回波空洞。

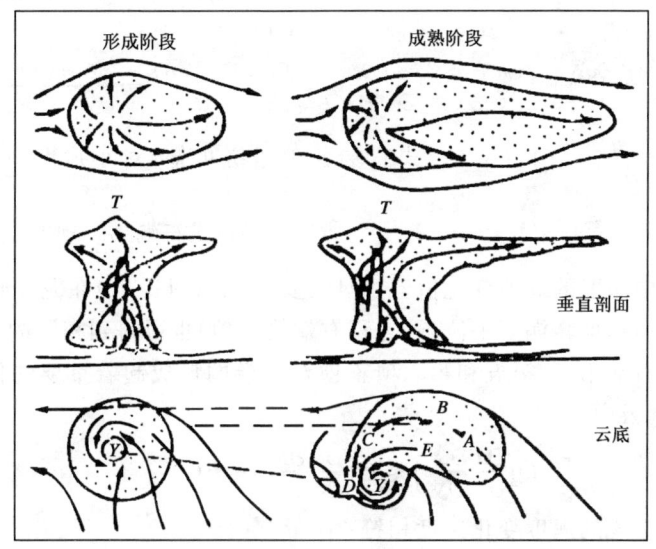

图 8.14 一个旋转雷暴云的模型(Fujita,1978)
(Y 为眼区,$ABCDE$ 为周围回波,T 为云塔顶部)

8.8.2 龙卷的生成

和气旋一样,龙卷是一种绕准垂直轴旋转的涡旋系统。区别在于前者为大尺度系统,而后者为小尺度系统。气旋中的涡度值的量级 $O(\zeta)$ 为 10^{-5} s^{-1},而龙卷中的涡度值的量级则要大得多。若按其半径为 $100\sim1000$ m,切向速度为 50 m·s^{-1}估计,其涡度量级近似为 $10^{-1}\sim10^{-2}$ s^{-1}。不仅如此,气旋和龙卷的差别还表现在两者的发展速度上。一般来说,气旋从生成至成熟约需 $10\sim20$ h,因此其涡度局地变化的量级 $O(\frac{\partial \zeta}{\partial t})\sim10^{-10}$ s^{-2}。而龙卷则可在十几分钟内形成,其涡度局地变化量级约为 10^{-4} s^{-2}。这就是说,龙卷云中局地涡度变化值比气旋生成时大百万倍。因此龙卷的发生可以归结为一个涡度如何能在准垂直轴上迅速大量地集中的问题。这个问题可以通过分析涡度方程来解释。

由无摩擦水平运动方程

$$\frac{\partial u}{\partial t} = -u\frac{\partial u}{\partial x} - v\frac{\partial u}{\partial y} - w\frac{\partial u}{\partial z} - \frac{1}{\rho}\frac{\partial p}{\partial x} + fv \tag{8.42}$$

$$\frac{\partial v}{\partial t} = -u\frac{\partial v}{\partial x} - v\frac{\partial v}{\partial y} - w\frac{\partial v}{\partial z} - \frac{1}{\rho}\frac{\partial p}{\partial y} - fu \tag{8.43}$$

通过将(8.42)式对 y 微分,将(8.43)式对 x 微分,并由(8.43)减去(8.42)式,便得下列形式的涡度方程

$$\frac{\partial \zeta}{\partial t} = -\left(u\frac{\partial \zeta}{\partial x} + v\frac{\partial \zeta}{\partial y} + w\frac{\partial \zeta}{\partial z}\right) - f\left(\frac{\partial u}{\partial x} + \frac{\partial v}{\partial y}\right) - \left(u\frac{\partial f}{\partial x} + v\frac{\partial f}{\partial y}\right) - \\ \zeta\left(\frac{\partial u}{\partial x} + \frac{\partial v}{\partial y}\right) + \left(\frac{\partial u}{\partial z}\frac{\partial w}{\partial y} - \frac{\partial v}{\partial z}\frac{\partial w}{\partial x}\right) + \left[\frac{\partial p}{\partial x}\frac{\partial (1/\rho)}{\partial y} - \frac{\partial p}{\partial y}\frac{\partial (1/\rho)}{\partial x}\right] \tag{8.44}$$

式中 $\zeta = \frac{\partial v}{\partial x} - \frac{\partial u}{\partial y}$。分析(8.44)式右端各项量级可知,对小尺度对流过程来说,$O\left(\frac{\partial u}{\partial x} + \frac{\partial v}{\partial y}\right) \sim 10^{-2} \text{ s}^{-1}$,$O(f) \sim 10^{-4} \text{ s}^{-1}$ 所以(8.44)式右端第二项的量级为 10^{-6} s^{-2} 远小于龙卷云中涡度的局地变化值,这说明地球自转(科氏力)在龙卷形成中不起重要作用。通过估算地转涡度平流项(方程右端第三项)也可得到相同的结论。

(8.44)式右端第四、第五和第六项三项对龙卷的形成起着重要的作用。从第五项来看,在积雨云中

$$O\left(\frac{\partial u}{\partial z}\frac{\partial w}{\partial y}\right) \sim O\left(\frac{\partial v}{\partial z}\frac{\partial w}{\partial x}\right) \sim 10^{-4} \text{ s}^{-2}$$

基本上与龙卷生成的涡度变化速度相符。

再看第四项,在雷暴云中散度量级 $O\left(\frac{\partial u}{\partial x} + \frac{\partial v}{\partial y}\right) \sim 10^{-2} \text{ s}^{-1}$。如果云团已具有一定的旋转性,且达到 $O(\zeta) \sim 10^{-2} \text{ s}^{-1}$ 的话,那么在这种形势下,第四项的量级可达 10^{-4} s^{-2},因此也与龙卷生成的涡度局地变化速度相符。所以产生涡度的风速散度因子在龙卷形成中也具有重要的作用。不过应当指出,散度因子是必须在涡度已经相当大的情况下才能起作用的。因此它不可能成为产生龙卷的主要原因。实际观测表明,龙卷并不首先形成在辐合最强的低空,这正好说明散度因子并非产生龙卷的主要原因。与此相反,第五项(即表示两个水平涡度相互作用的扭转项)可以认为是龙卷发生发展的主要原因。观测表明,龙卷并不发生在上升气流的内部,而是在上升气流的边缘,这正好说明扭转项的作用。由于在龙卷风暴中上升气流有很大的倾斜,因而这一项在产生涡度的垂直分量上有重要的效应。若 $\partial w/\partial x = 2 \times 10^{-3} \text{ s}^{-1}$,$\partial v/\partial z = 5 \times 10^{-3} \text{ s}^{-1}$,则扭转项产生的垂直涡度增量为 10^{-5} s^{-2},在 300 s 后,涡度增加 $3 \times 10^{-3} \text{ s}^{-1}$,达到了中气旋的涡度值。然后中气旋内的气流辐合,使涡度进一步集中,

在方程(8.44)式右端的第六项为力管项。这项的作用是产生涡度水平分量。然后通过扭转(倾斜)项把涡度水平分量转变成强的涡度垂直分量。所以这项对龙卷生成也有重要作用。

以上分析表明,使涡度垂直分量发生的主要作用是方程(8.44)式中的右端第五项。下面来进一步说明,在远离锋区的气团内部的积雨云中发展强的垂直涡旋的可能性很小,而在锋区附近的积雨云中则有利于产生龙卷。为此,将(8.44)式中的右端第五项改写为下列形式

$$\frac{\partial u}{\partial z}\frac{\partial w}{\partial y} - \frac{\partial v}{\partial z}\frac{\partial w}{\partial x} = \left[\frac{\partial \boldsymbol{V}}{\partial z} \times \text{grad} w\right]_z \tag{8.45}$$

上式右端为水平风 $\boldsymbol{V}$ 随高度变化的矢量($\frac{\partial \boldsymbol{V}}{\partial z}$)与垂直速度分量的水平梯度矢量(grad$w$)乘积在垂直轴 z 上的投影。

在气团内部自由大气中风速随高度的变化很小。但在积雨云中的这种气流可用图 8.15(a)表示。图 8.15(b)表示水平面上矢量 $\partial \boldsymbol{V}/\partial z$ 和 grad$w$ 的分布。如图 8.15(b)所示,矢量 $\partial \boldsymbol{V}/\partial z$ 与矢量 grad$w$ 互相平行但方向相反。因此(8.45)式中矢量的乘积以及在云中形成涡度的趋势很小。所以可以由此得到结论:在气团内部的积雨云中龙卷形成的可能性很小。

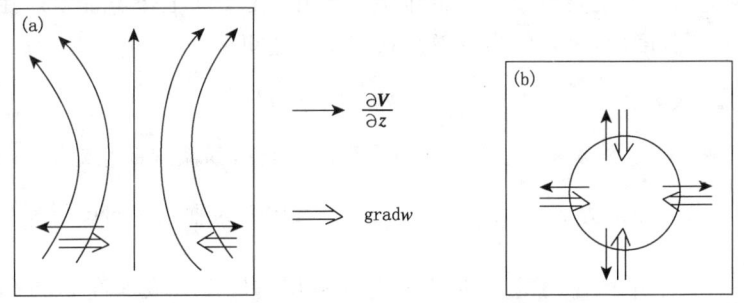

图 8.15 (a)气团内积雨云中心附近垂直剖面上的气流及 $\partial \boldsymbol{V}/\partial z$ 和 grad$w$ 及
(b)水平面上的 $\partial \boldsymbol{V}/\partial z$ 和 grad$w$ 分布

由(8.45)式可知,只有当 $\partial \boldsymbol{V}/\partial z$ 和 grad$w$ 两个矢量方向不同并有大的夹角或接近于直角的地方才可能有龙卷形成。

对于锋面云来说,风随高度的变化取决于外部的大尺度参数和锋区的水平温度梯度值。地转风随高度变化的矢量在云中具有相同的值,而且方向与等温线的方向一致(锋面上)。grad$w$ 矢量则一致指向云的中心(如图 8.16 所示)。

在图 8.16 中可分为三个区,即Ⅰ区、Ⅱ区及安全区。所谓安全区,是指在这一地区龙卷一般难以形成,因为在这一地区 $\partial \boldsymbol{V}/\partial z$ 和 grad$w$ 两个矢量的夹角很小,而且

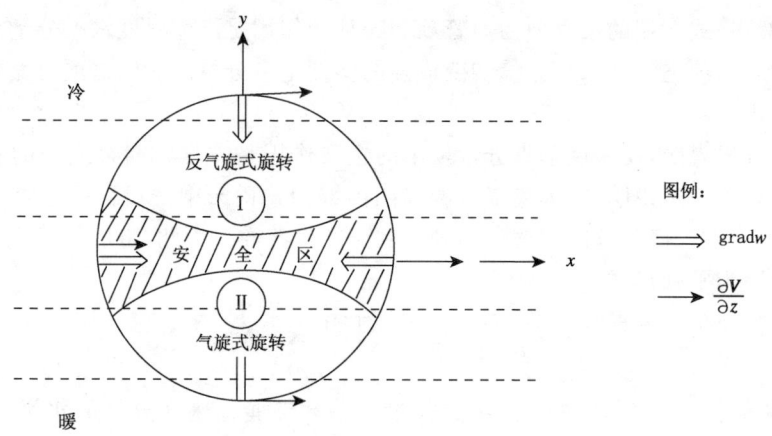

图 8.16　锋面上的积雨云(圆周表示云区)内龙卷形成时涡旋发展的示意图

在云的中心垂直速度梯度矢量 gradw 很小或等于零,所以这里涡旋形成的趋势很小。而在 Ⅰ 区和 Ⅱ 区,$\partial V/\partial z$ 和 gradw 两个矢量近于正交,因此龙卷涡旋形成的趋势很大。而且上述矢量的乘积的投影在 Ⅰ 区和 Ⅱ 区分别为正值和负值,因此在 Ⅰ 区中一般形成气旋式旋转的龙卷,而在 Ⅱ 区中则常形成反气旋式旋转的龙卷。

根据风速垂直切变对龙卷风暴的生成的作用,在实际工作中常常应用一个物理量"相对风暴螺旋度(H)"来作为龙卷预报因子。这里

$$H = \int_0^h (\boldsymbol{V} - \boldsymbol{C}) \cdot \boldsymbol{\omega} dz \tag{8.46}$$

式中 $\boldsymbol{V}$ 为风速,$\boldsymbol{C}$ 为风暴移速,$(\boldsymbol{V} - \boldsymbol{C})$ 为环境风与风暴系统的相对运动速度,$\boldsymbol{\omega}$ 为相对涡度,其水平分量为 $\boldsymbol{\omega}_H$,$\boldsymbol{\omega}_H = \boldsymbol{k} \times \dfrac{\partial \boldsymbol{V}_H}{\partial z}$,其中 $\boldsymbol{k}$ 为垂直方向单位矢量,$\boldsymbol{V}_H$ 为水平风速,$\dfrac{\partial \boldsymbol{V}_H}{\partial z}$ 为水平风速的垂直切变,h 为入流层的厚度。设涡度 $\boldsymbol{\omega}$ 近似等于涡度的水平分量 $\boldsymbol{\omega}_H$,风速 $\boldsymbol{V}$ 近似等于水平风速 $\boldsymbol{V}_H$,则有

$$(\boldsymbol{V} - \boldsymbol{C}) \cdot \boldsymbol{\omega} \approx (\boldsymbol{V}_H - \boldsymbol{C}) \cdot \boldsymbol{\omega} \approx (\boldsymbol{V}_H - \boldsymbol{C}) \cdot \boldsymbol{k} \times \dfrac{\partial \boldsymbol{V}_H}{\partial z} = |(\boldsymbol{V}_H - \boldsymbol{C})| \cdot |\boldsymbol{\omega}_H| \cdot \cos\alpha \tag{8.47}$$

式中,α 为相对风速 $(\boldsymbol{V}_H - \boldsymbol{C})$ 与涡度水平分量 $\boldsymbol{\omega}_H$ 的交角,$|(\boldsymbol{V}_H - \boldsymbol{C})| \cdot |\boldsymbol{\omega}_H| \cdot \cos\alpha$ 代表水平涡度沿相对运动方向的输送。这种输送进入风暴云中便转变成涡度的垂直分量,从而使风暴云旋转加快,有利于龙卷的形成。所以在风暴相对螺旋度大值区附近是龙卷风暴较易发生的地区。

8.9 边界层中尺度锋及其影响

在实际大气中除大尺度锋以外还存在尺度较小和生命期较短的边界层中尺度锋,它们和背景场的非地转变形紧密联系,也和局部地区下垫面的动力、热力特性不均匀有关。这些中尺度锋对局地天气变化有重要影响,是短期、甚短期预报的重要研究对象。

8.9.1 干线

干线又称干线锋或露点锋,垂直伸展仅达地面以上 1~3 km。干线在许多地区能观测到。在美国大平原地区,春季和初夏,经常出现干线,4—6 月,干线日数约为总日数的 41%;在印度,季风爆发前的月份中,干线也是重要的特征;在非洲中西部,热带辐合带常起到与干线类似的作用;在中国也常有干线活动。干线有时可导致强烈的对流风暴。对流性天气预报中常将干线及与其连成一体的干暖盖作为诊断对流活动的前期条件,视为对流的触发机制之一,因此干线分析受到高度重视。

(1) 干线的一般特征

干线是一条水平方向上的湿度不连续线。其一侧是暖而干的空气;另一侧则是冷而湿的空气。穿过干线,地面水平露点梯度可达 5℃/km 以上,午后,干线两侧 2 km 内露点温度可出现 15℃ 的差异。在冷湿空气的上方通常有逆温覆盖,这种逆温常称盖帽逆温(capping inversion)或干暖盖,它起到储存位势不稳定能量的重要作用。图 8.17 是 1981 年 4 月 3 日 12:00 GMT 美国落基山东坡干线的天气图特征,其中图 8.17(a)是地面露点降低和流线,图 8.17(b)是沿图 8.17(a)BB'的垂直剖面。由图 8.17 可以清晰看出干线的主要特征。

干线对对流活动有重要影响。积云带经常出现在干线地区,并可发展成强雷暴,离开干线传播,然后在干线附近又发展出新的积云带,这种积云带可看作是干线的直接结果,这表明干线对对流活动起到扰动源的作用(Rhea,1966)。有研究表明,在美国大平原地区,春季约有 60% 的新雷达回波出现在干线 200 mile 区域内,而干线随后演变成飑线。1982 年 6 月 17 日我国江淮地区强烈的飑线群活动,也是和干线的触发有关(杨国祥等,1984)。干暖盖有利于不稳定能量的储存和积累,一旦盖子被揭开,能量猛烈释放,就可发展出强烈对流天气;强对流天气常沿干暖盖边界处狭长地带频繁发生(Carlson,1980)。有人将我国华东地区的干暖盖和美国大平原地区的干暖盖做过对比,发现它们对强天气的发展都有重要作用,但在结构和形成机制上有所不同。华东地区的干暖盖主要由中空下沉气流形成,盖子从东南向西北方向倾斜;而美国大平原地区的干暖盖主要由于暖空气平流形成,盖子呈东高西低分布。在强度上,大平原地区的干暖盖更强,因而强天气爆发也更猛烈(Yang 和 Shu,1985)。

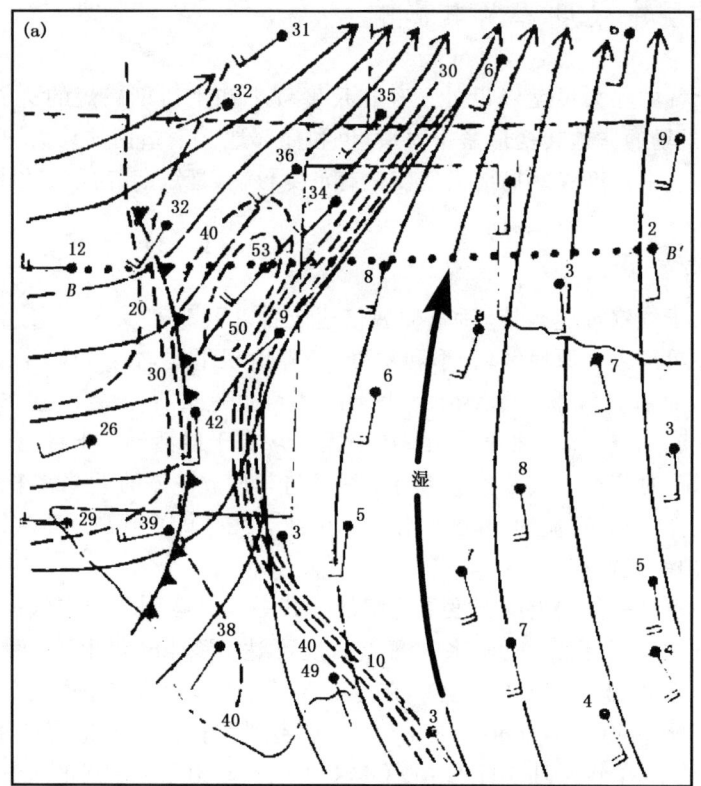

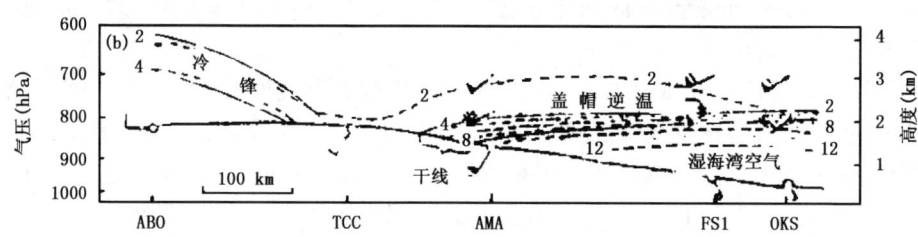

图 8.17　1981 年 4 月 3 日 12:00 GMT 美国落基山东坡的干线特征(Shapiro,1983)
((a)地面露点降低(°F,断线)和流线(实矢线);(b)沿图(a)BB'的垂直剖面)

(2)干线的形成

干线的形成与天气尺度形势、下垫面特性、湍流混合甚至天空状况等许多因子有关(Fujita,1958;Schaefer,1974)。在天气尺度低压槽后部,通常盛行下沉气流,并可形成下沉逆温,构成干暖盖,它和地面相交的交线就是地面的干线。在下垫面性质不同的地区,例如美国落基山东坡,其东侧是比较润湿的平原地区,而西侧是半干燥或沙漠的高原,当东侧吹偏南风、受来自墨西哥湾的潮湿海洋空气控制,而西侧吹偏西南风,带来干燥的大陆空气时,这两种气团的交接就形成干线(图8.17(a))。干线区白天出现直接热力环流。若将湿陆地比喻成海面,则这种环流类似于海风环流,因而又称内陆海风环流。若干区一侧盛行离岸风,则干线处可出现较强的上升运动。清晨是降水或云区的地方,中午前后温度比晴空区低5~8℃。二者间连接的地带具有和干线类似的特征。在干线形成和发展过程中,湍流混合起到不可忽视的作用,特别是当它和不同特性的下垫面组合时影响更明显。

8.9.2 海岸锋

(1) 海岸锋的特征

海岸锋也是一种边界层的中尺度锋,常发生在海岸线附近,并和海岸线近似平行。海岸锋常形成于海陆温差最大的晚秋和初冬季节。在美国新英格兰海岸地区,每年可出现5~10次。典型情形下,海岸锋的长度尺度200~600 km,宽度50~100 km,时间尺度12 h。它以气旋性风切变和相当强的水平温度梯度为特征。在锋的陆地一侧常为较弱的偏北或西北气流,海洋一侧为较强的偏东气流。横穿锋面在5~10 km的距离上温差达5~10℃,强的可达1℃/km。明显的斜压性主要出现在近地面1 km以内的边界层中。

图8.18是海岸锋垂直结构的例子。可以看出,锋面限于300 m以下很浅的层次,在地面附近变得近于不连续。锋后和锋下冷空气中为偏北风,锋前和锋上为偏东南风。锋附近等位温线密集,锋面陡峻,充分表现出海岸锋的中尺度特征。由图8.18可见,海岸锋浅薄而强烈,和强冷锋或密度流很相似。海岸锋存在期间,锋上和锋后上升气流中有云,锋后冷空气中有雾;它常常是冻结降水和非冻结降水的界线。尽管海岸锋存在期间的降水主要由大尺度环流引起,它不产生新的降水区,但海岸锋导致的中尺度环流可引起降水量的局地增强。Marks和Austin(1979)认为降水增强的机制可能是由海岸锋环流引起的低云所造成的。这些和海岸锋联系的中尺度天气特征,是局地短时预报需要考虑的因子之一。

(2) 海岸锋锋生

和通常的锋生含义相同,海岸锋锋生是指海岸锋形成、维持和锋消的整个过程。影响海岸锋形成的因素很多,既和天气尺度形势有关,也和海洋对冷空气爆发的非绝热加热以及海陆之间不同的摩擦效应联系,同时,沿海地区的地形和海岸线的形状,对海岸锋形成也有作用。海岸锋形成的最基本的特征是天气尺度环境的前期条件。就新英格兰海岸锋而言,典型情形下,当冷性反气旋通过新英格兰北部向东移动,引起近海地区风向从偏北(离岸)转为偏东南(向岸)时,导致海岸锋形成。分析表明,天气尺度地转变形无力使海岸锋锋生,在海岸锋锋生过程中非地转效应始终占优势。

对海岸锋锋生的非地转强迫,可归结为海陆不同摩擦、山脉对冷空气的阻挡以及

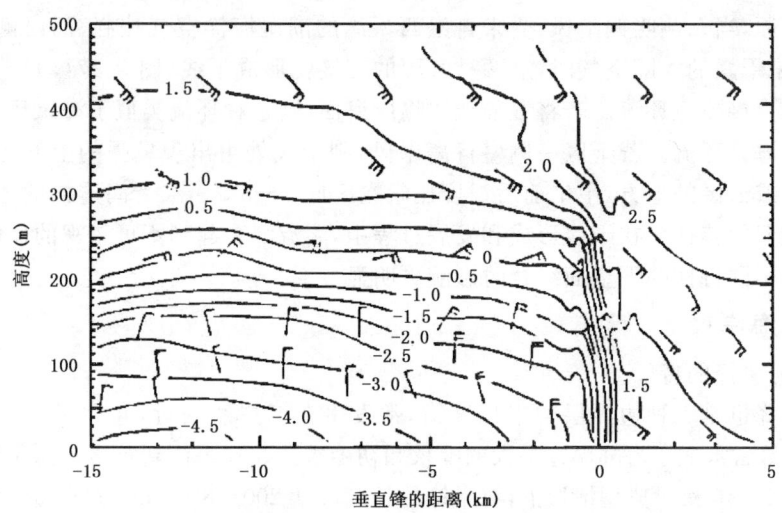

图 8.18 通过海岸锋的垂直剖面(Emanuel,1984b)
（实线为等位温线，间隔 0.5℃，风标每划表示 5 kt*）

边界层不同的非绝热加热的结合。这些因子的作用可通过图 8.19 的物理模式表示。为理想化，海岸线呈南北走向；均匀的水平温度梯度垂直海岸并指向陆地，反映了非绝热加热效应；均匀的地转气流垂直海岸并由海向陆流动；海陆摩擦不同，但陆区和海区分别均匀，且陆上摩擦较大。这种地面等压线和等温线的型式和实际海岸锋观测近似。

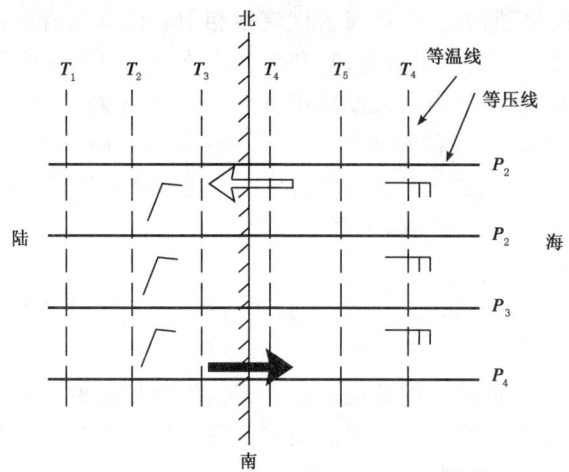

图 8.19 海岸锋生物理模式(Bosart,1975)
（实、空箭矢分别表示向海和向陆的非地转气流）

---

* 1kt(节)≈0.514 m/s。

海陆不同摩擦效应的结果,必然构成海岸地区的中尺度辐合,并伴有最大的实际风变形场,引起由非绝热作用构成的先期温度梯度加强,导致海岸锋锋生。在此过程中,边界层内的低层和高层必然发展出向海和向陆的非地转气流,以趋于满足热成风平衡,这种直接热力环流必然和垂直锋的加速度相符,低层离岸的加速度有助于维持冷空气内的偏北气流,以助长偏东气流边界的海岸锋生。显然,先期存在的水平温度梯度和不同的摩擦效应,对维持这种物理模式是必需的。

分析表明,海岸锋生成后,其消失过程可因陆面加热日变化,抵消锋区温度梯度而锋消;可因强向岸风,使锋移向内陆山脉区而锋消;也可因风向转为离岸风,导致锋移至海面而锋消。就背景场而言,当环境形势改变,不利海岸锋维持,便提供了锋消的条件。

8.9.3 海风锋

海风锋是又一类边界层中的中尺度锋。和海岸锋相似,海风锋也具有密度流的特征;但从强度和形成机制来看,它们之间有重要差别。海岸锋是晚秋、初冬季节暖海、冷陆之间的现象,而海风锋则通常出现在冷海、暖陆的春、夏海风强盛的时段。海风锋和海风现象紧密联系,具有中尺度天气特征,和它有关的低层辐合常常是触发对流的重要机制。

(1)海风锋的一般特征

海风锋发生在特定的环境风条件下。环境风对海风锋的形成和移动有明显影响。一般而言,海风锋的出现和地面静稳或较弱的离岸风联系。在英国,这种离岸风的强度不超过 4 m/s。有时在弱向岸风情形下,海风环流也可以将它自身组织成清晰的锋面,不过这种例子很少发生。

从季节看,在海风效应最强的春夏季,海风锋出现最频繁。根据英国南部地区资料统计,海风锋集中出现 5—8 月期间,而以 6 月频数最多。在一天中,白天午后,海风锋最易出现,入夜趋于消散。说明海、陆非绝热加热对海风锋的形成和活动有重要影响。

海风锋通过时,气象要素会表现出许多中尺度变化,最典型的特征是温度降低而露点升高,在很短时间内变化幅度均可达到 10℃ 以上。锋过境前后,风向转变可达 180°。海风锋附近常有云系出现。当锋比海风移动慢时,海洋空气在海风前缘上升,如果达到凝结高度,可形成清晰的云线。当锋向内陆入侵,陆上空气被强迫抬升,沿海风锋可形成密实的积云线。影响海风锋附近积云对流的因子有许多,比如低层盛行风方向和强度、海岸线外形、海陆温差、大气稳定度以及摩擦效应等都可能起作用。有时海岸线外形可能是决定对流云沿锋分布的主要因子。这是因为不同的海岸线弯曲,可以引起局地海风气流的辐合辐散,从而导致沿锋积云活动的局地加强或减弱。在海岸线凸出的部分,当海风锋移向内陆时,辐合会加强;而在海岸线凹进的部分情形相反,使海风辐散增强。当由局地加热引起的辐合和海岸线外形引起的辐合叠加时,垂直运动最强,对流发展最旺盛。

(2)海风锋的结构

海风锋结构和密度流十分相似,也存在一个"头",其高度约 1 km。这是海风锋的通常特征。

图 8.20 是根据 5 次气球测风资料制作的垂直海风锋的二维流场。图中的流线型式表示了相对于锋的流动特征。在锋附近,低层陆、海空气向锋处辐合,导致较强的上升运动。向海一侧,海洋空气在锋附近被卷起,从头部向后延伸,形成一个明显的切断涡旋。从零值流线范围看,切断涡旋的水平尺度达 7 km 左右。其他许多例子的分析也表明,多数情形下,向陆侵入很深的海风锋也有切断涡旋形成。很明显,这是闭合的海风环流,海风锋就是在海风发展过程中形成的。数值试验也揭示了海风锋的这种形成过程(菊池幸雄,1975)。

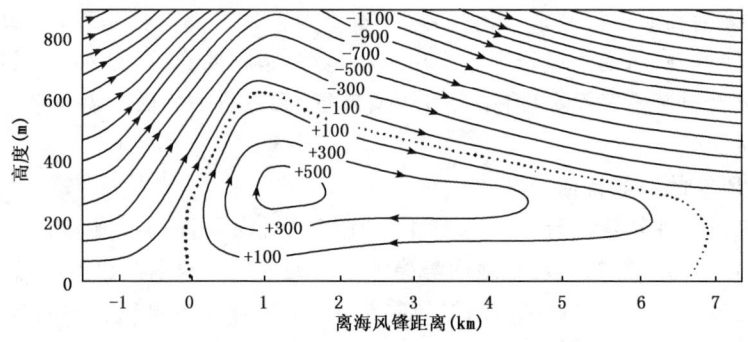

图 8.20 相对于海风锋的流线特征(Simpson 等,1977)

(等值线间隔:厚度 200 m^3/s,圆点线为零值流线,标志切断环流的边界)

8.9.4 飑锋

通常将雷暴下部强烈出流气流的前缘称为飑锋。和飑锋关联的出流主要是对流层中层干冷空气夹卷进风暴,并由负浮力下沉而引起的结果。在此过程中,降水拖曳和雨滴蒸发冷却更助长了下沉气流的强度。下沉气流到达低空和地面形成雷暴冷堆,并向四周流出。这个冷堆就是中尺度高压(或雷暴高压)。从质量来看,大多数冷而密度大的空气留在雷暴尾部近地面的浅层中,但也有相当大的一部分流向风暴的前方。由于这种气流不仅温度较低,而且具有很高的水平动量,因而受飑锋影响常引起气压上升、风向转变、风速突增和温度急降,有时还伴有雷暴暴雨,导致天气急剧变化。

飑锋和其他天气系统一样具有形成、发展、成熟和消散等阶段,其阶段特征见图 8.21 和表 8.2。

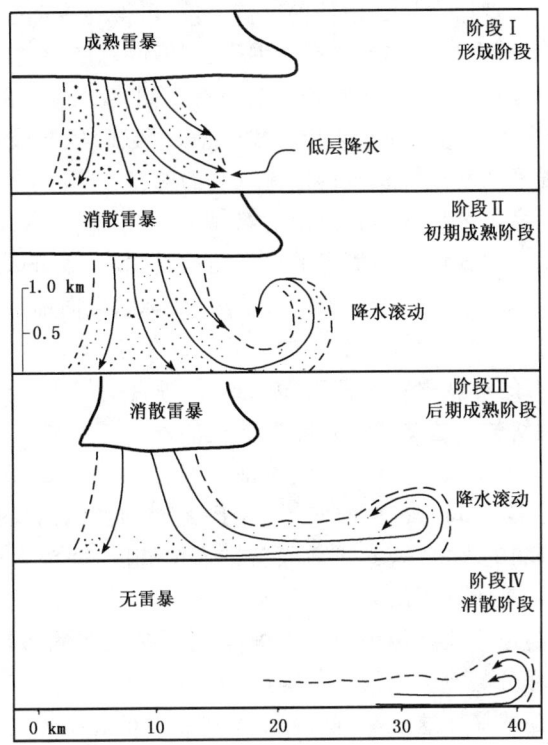

图 8.21 雷暴飑锋 4 阶段(Wakimoto,1982)
(低层行进的降水由雷达探测确定,降水滚动由地面向上倾斜的气流形成)

表 8.2 飑锋各阶段特征

阶段	厚度	速度	雷达散射微粒
Ⅰ 形成	≥1 km	0～20 m/s	来自飑线的雨滴
Ⅱ 初期成熟	1～2 km	0～30 m/s	降水滚动内的雨滴
Ⅲ 后期成熟	0.5～1 km	0～25 m/s	降水滚动、尘埃和昆虫群中的雨滴
Ⅳ 消散	<0.5 km	0～15 m/s	尘埃、昆虫群

飑锋形成阶段发生在雷暴成熟期,作为离飑线主要回波核传播的出流的前缘。当降雨到达地面,大值反射率出现在地面附近。当雷暴开始消散,飑锋进入初期成熟阶段。此时低层形成降水滚动(precipitation roll)。降水滚动是一个新发现,是由多普勒速度表征的一种降水反射率型,在飑锋处呈旋转的水平滚动。这种滚动在Ⅱ、Ⅲ阶段常观测到。后期成熟阶段,来自雷暴的冷空气源几乎枯竭。当飑锋在冷空气中较大的流体静力气压影响下传播时,它变成一种密度流。雷暴接近消散或完全消散

时,飑锋达到阶段Ⅳ。此时飑锋在雨柱前方传播,不再得到冷空气供应。由于降水蒸发及和对飑锋结构有减弱作用的环境空气混合,飑锋的总厚度变小。

划分飑锋生命史不同阶段的着眼点可能各有不同,比如 Goff(1976)曾就风暴或出流的强度将飑锋生命史分为如下 4 个阶段:①和增强的风暴或加速的出流联系的飑锋;②和成熟的强烈风暴或准稳定的出流联系的飑锋;③和消散的风暴或减速的出流联系的飑锋;④生命史最后或衰亡阶段的飑锋。

图 8.22 是根据气象铁塔资料概括的飑锋结构模式,大致可以分为五个部分。最前方的部分是冷空气鼻,它位于冷出流的最前缘,似鼻状突向前部的暖空气中。伸进暖空气的深度因个例不同而有差异。有的鼻状尖端位于 750 m 高度,处于地面冷空气边界前 1.3 km;有的鼻状最前端高度 100 m,伸进暖空气 400 m;也有一些观测表明,冷空气是向后倾斜的。这些情形意味着前突的冷空气鼻具有周期性的崩溃和重建过程。第二部分是冷空气头,在冷空气堆前部,空气垂直隆起,宛如头状。一些个例表明,头顶高度为 1700 m。在头的前部,由于冷空气抬升,出现强上升运动。在头的后部,气流变成较弱的下沉运动,再后面就进入尾流区,即头后边的冷空气区。第三部分是底流区。这是飑锋正后方向前流动的高速气流。它位于头部的下方,离地面 100 多米。这一高速底流在鼻中向上方偏转,然后在上界附近转向后方,最后下沉到头的后部。第四部分是冷空气回流。这是一支由地面阻力引起的离开飑锋的贴地层气流。第五部分是飑锋。这是冷空气出流与被抬升的暖空气之间的界面。这个界面与相对水平风(u)零线吻合。但要注意,飑锋和密度流边界并不一致。飑锋由等风速线分析得到,而密度流边界由等熵分析得到,一般飑锋边界比热力边界明显,目前多用前者表征雷暴外流前缘的运动学特征。

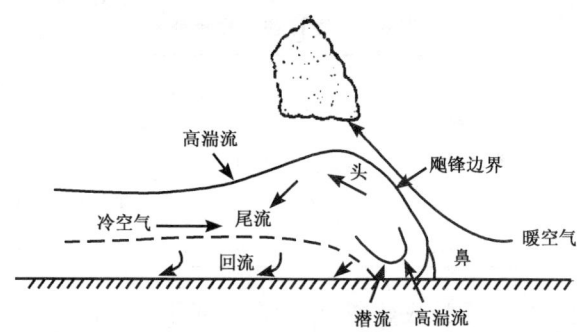

图 8.22　飑锋结构概略图(Goff,1976)
(云是否出现取决于抬升凝结高度,图中气流相对于飑锋)

飑锋结构中的一个重要特征是强风脉动或阵风浪涌现象。观测表明(赵德山等,1982),雷暴密度流是以浪涌的形式向外推进的,因而冷气流中的阵风分布很不均匀,往往出现多个大风速中心。在冷气流中，由于大风速中心存在，100 m 以下的低空有很强的垂直风切变，对飞机起落有严重威胁。垂直风切变最强的区域，发生在头的前部和后部大约 30 m 以下的低层，尤其是头的后部，不但强度大，持续时间也长。另外，头的后部，负的垂直风切变也是最强的，可达 -0.11 s^{-1}。因而头后部 100～120 m 高度又是一个正负垂直风切变的突变区，这些区域里的强湍流和风速突变，对飞行活动是特别危险的。

和强风脉动联系的另一个重要特征是上升运动和下沉运动的交替分布。最强的上升运动出现在冷空气头的前部(18:39)，速度达 2 m/s；最强的下沉运动出现在头的后部(18:46—18:52)，速度达 0.72 m/s。

本章小结

(1)基本内容

本章对影响中尺度对流系统发生发展的重要因子，包括大气不稳定性、风速垂直切变，以及触发机制等进行了讨论。具体分析了大气位势不稳定性与对流的关系，第二类条件性不稳定与中尺度对流系统的关系，条件性对称不稳定与中尺度对流系统的关系，夹卷等因子对对流系统发生发展的影响，风垂直切变对对流风暴传播的作用，环境热力和动力条件对对流风暴强度和类型的综合影响，风垂直切变对雷暴的组织和分裂作用，以及论述了龙卷风暴的生成，边界层中尺度锋等问题。

(2)复习思考

1)什么是静(重)力不稳定、条件性不稳定、对流性不稳定、位势不稳定？它们的判据是什么？

2)我们已经给出了用位温 θ 的垂直递减率来判定静(重)力不稳定的判据。如果用温度 T 的垂直递减率来判定静(重)力不稳定，那么其判据应该是怎样的呢？（提示：将位温 $\theta = T\left(\dfrac{1000}{P}\right)^{\frac{AR}{c_{pd}}}$ 取对数并求对高度 z 的偏导数，最后可得 $\dfrac{\partial \theta}{\partial z} = \dfrac{\theta}{T}(\gamma_d - \gamma)$，其中，$\gamma_d = Ag/c_{pd}$，$\gamma = -\dfrac{\partial T}{\partial z}$ 分别为气块和环境的温度垂直递减率）

3)什么是抬升凝结高度、自由对流高度、对流上限、不稳定能量面积、真潜不稳定、假潜不稳定？

4)什么是第二类条件性不稳定(CISK)？

5)什么是经典 CISK、广义 CISK 和 Wave-CISK？

6)什么是对称不稳定、条件性对称不稳定？它们的判据有哪些？

7) 什么是条件性对称不稳定的有利形势?

8) 云中水分负载对垂直速度有何影响?

9) 什么是夹卷作用? 它对垂直速度有何影响?

10) 对流云合并对对流强度有何影响? 为什么 MCC 通常比单个对流云更强大、更持久?

11) 云外补偿下沉气流对对流强度有何影响?

12) 风的垂直切变对于雷暴云的发展、传播和内部组织有何影响?

13) 风暴环境的热力结构对对流风暴的强度和类型有什么影响?

14) 风暴环境的热力和动力结构对对流风暴的强度和类型有什么综合影响?

15) 什么是整体里查森(Bulk Richardson)数 BRN ? 它与对流风暴的强度和类型有什么关系?

16) 风垂直切变对雷暴有什么组织作用?

17) 在什么情况下对流单体有时会发生分裂?

18) 有哪些常见的边界层中尺度锋?

19) 干线的主要特征有哪些? 它对对流活动有何重要影响?

20) 干线是怎样形成的?

21) 海岸锋的主要特征有哪些? 它对对流活动有何重要影响?

22) 海岸锋是怎样形成的?

23) 海风锋的主要特征有哪些? 它对对流活动有何重要影响?

24) 海风锋是怎样形成的?

25) 飑锋的主要特征有哪些? 它对对流活动有何重要影响?

26) 飑锋是怎样形成的?

27) 飑锋生命史有哪些不同阶段?

28) 飑锋结构可以分为哪些主要部分?

29) 飑锋结构中的一个重要特征是强风脉动或阵风浪涌现象。上升运动和下沉运动的交替分布。最强的上升运动和最强的下沉运动分别出现在冷空气头的什么部位上?

参考文献

巢纪平,周晓平.1964.积云动力学.北京:科学出版社.

丁一汇,等.1978.1975 年 8 月上旬河南特大暴雨的研究.大气科学,2(4):276-289.

董美莹,寿绍文.1999.数值预报模式的倾斜对流参数化研究.气象教育与科技,(3):1-10.

董美莹,寿绍文,等.2001a. MM4 模式积云参数化方案的改进和检验Ⅰ:MM4 模式积云参数化方案的改进.南京气象学院学报,24(1):66-73.

董美莹,寿绍文,等.2001b. MM4模式积云参数化方案的改进和检验Ⅱ:改进模式的检验试验. 南京气象学院学报,24(2):228-236.

葛孝贞,余志豪.1984. 含混合型 $\frac{\partial^2 \psi}{\partial x_i \partial x_j}$ 的二阶线性偏微分方程的椭圆型数值解. 数值天气预报文集. 北京:气象出版社:181-187.

李柏,寿绍文,励申申.1996. 梅雨锋锋生次级环流对暴雨的作用. 气象科学,16(4):314-321.

励申申.1985. 流体动力学稳定度. 气象教学与科技(南京气象学院),(2):57-69.

励申申,寿绍文,潘宁.1996. 1991年梅雨锋暴雨与锋生环流的诊断分析. 南京气象学院学报,19(3):364-369.

林本达.1987. 大气中垂直环流的成因和诊断. 北方天气文集. 北京:北京大学出版社.

刘长海.1988. 对称不稳定理论. 气象科技,(4):1-7.

刘式适,刘式达.1991. 大气动力学. 北京:北京大学出版社:410-414.

卢茂安,等.1985. 利用Sawyer-Shapiro模式对江淮地区上空一次锋生效应的诊断. 空军气象学院学报,(8):51-63.

陆汉城.1985. 梅雨锋内Wave-ClSK条件性对称不稳定——梅雨锋内多雨带生成的可能机制. 教学与研究(空军气象学院),6(4):63-71.

钱家声,卢茂安,周晓中.1985. 江淮地区锋生垂直环流的个例计算与讨论. 华东中尺度天气试验文集. 总参气象局,156-162.

寿绍文,励申申,张诚忠.2001. 梅雨锋中尺度切变线雨带的动力结构分析. 气象学报,59(4):405-413.

寿绍文.1982. 一个"超级单体"雹云的成因及结构. 南京气象学院学报,(2).

寿绍文,等.1988. 一次飑线过程的时间剖面分析. 气象科学,(2):65-72.

寿绍文,等.1993. 条件性对称不稳定与梅雨锋暴雨. 南京气象学院学报,16(3):364-367.

王华豹,杨国祥.1986. 急流锋环流对梅雨锋暴雨的作用. 华东中尺度天气实验论文集(三):49-55.

许梓秀,王鹏云.1989. 冷锋前部中尺度雨带特征及其机制分析. 气象学报,47(2):199-206.

杨国祥,等.1984. 高空冷涡飑线群的中尺度分析. 气象科学,(1):12-19.

姚秀萍,寿绍文.1994. 爆发性发展台风附近次级环流的诊断分析. 气象科学,14(2):114-120.

岳彩军,寿绍文,等.2002. 一次梅雨过程中潜热的计算分析. 气象科学,22(4).

张可苏.1986. 斜压气流的中尺度稳定性. 教学与研究(空军气象学院),(3).

张雪雯,钱家声.1988. 我国锋生环流特征初探. 气象学报,(1):82-91.

赵德山,等.1982. 一次雷暴密度流的风场结构的研究. 大气科学,6(2):157-164.

朱爱民,寿绍文.1994. 一次冬季暴雪过程锋生次级环流的诊断分析. 南京气象学院学报,17(2):183-187.

Abdullah A J. 1949. Cyclogenesis by a purely mechanical process. J. Meteorol. , 6: 86-97.

Anthes R A. 1977. Hurricane model experiments with a new cumulus parameterization scheme. Mon. Wea. Rev. ,105:287-300.

Anthes R A, Orvill H D, et al. 1986. Mathematical modeling of convection. Thunderstorm Morphology and Dynamics,313-357.

Arakawa A, Schubert W. 1974. Interaction of a cumulus cloud ensemble with the large-scale environment. J. Atmos. Sci., 35: 674-701.

Austin P M, Houze R A. 1972. Analysis of the structure of precipitation patterns in New England. J. Appl. Met., 11:926-935.

Bartels D L, Maddox R A. 1991. Midlevel cyclonic vortices generated by mesoscale convective systems. Mon. Weather Rev., 119: 104-118.

Bennetts D A, Hoskins B J. 1979. Conditional symmetric instability—a possible explanation for frontal rainbands. Quart. J. R. Met. Soc., 105:945-96.

Betts A K. 1974. Thermodynamic classification of tropical convective soundings. Mon. Wea. Rev., 102:760-764.

Bister M, Emanuel K A. 1997. The genesis of Hurricane Guillermo: TEXMEX analyses and a modeling study. Mon. Weather Rev., 125: 2662-2682.

Bluestein H B. 1986. Fronts and jet streams: A theoretical perspective. Mesoscale Meteorology and Forecasting. Am. Meteor. Soc.

Bosart L F. 1975. New England coastal frontogensis. Q. J. R. Meteor. Soc., 101:957-978.

Bosart L F, Vaudo C J, et al. 1972. Coastal frontogensis. J. Appl. Met., 11:1236-1258.

Bretherton C S, Smolarkiewicz P K. 1989. Gravity waves, compensating subsidence, and detrainment around cumulus clouds. J. Atmos. Sci., 46: 740-759.

Browning K A, et al. 1984. Mesoscale structure and machanisms of frontal precipitation systems. Q. J. R. Meteor. Sci., 110:897-913.

Browning K A, Hardman M E, et al. 1973. The structure of rainbands within a midlatitude depression. Quart. J. R. Met. Soc., 99:125-231.

Bryan G H, Fritsch J M. 2000. Moist absolute instability: The sixth static stability state. Bull. Am. Meteorol. Soc., 81: 1207-1230.

Carlson T N. 1980. The role of the lid in severe storm formation: Some synoptic examples from SESAME. 12th Conf, On Severe Local Storms, 221-223.

Charba J. 1974. Application of gravity current model to analysis of squall line front. Mon. Wea. Rev., 102:140-156.

Charney J G, Eliassen A. 1964. On the growth of the hurricane depression. J. Atmos. Sci., 21:68-75.

Chen S S, Frank W M. 1993. A numerical study of the genesis of extratropical convective mesovortices. Part I: Evolution and dynamics. J. Atmos. Sci., 50: 2401-2426.

Chen S S, Houze R A. 1997. Diurnal variation and lifecycle of deep convective systems over the tropical Pacific warm pool. Q. J. R. Meteorol. Soc., 123: 357-388.

Chen S S, Houze R A, Mapes B E. 1996. Multiscale variability of deep convection in relation to large-scale circulation in TOGA COARE. J. Atmos. Sci., 53: 1380-1409.

Chisholm A J, Marianne English. 1973. Alberta hailstorms. AMS Met. Monographs, 14:36.

Chisholm A J, Renick J H. 1972. The kinematics of multicell and supercell Alberta hailstorms.

Alberta hail Studies, 1972, Res. Counc. Alberta Hail Stud. Rep. No. 72-2, pp. 24-31.

Cotton W R, et al. 1984. In"Proceeding Nowcasting— II symposium". Sweden, 3-8.

Crook N A, Moncrieff M W. 1988. The effect of largescale convergence on the generation and maintenance of deep moist convection. J. Atmos. Sci., 45: 3606-3624.

Davies H C. 1979. Phase-lagged wave-CISK. Q. J. R. Meteorol. Soc., 105: 325-353.

Davis C A, Weisman M L. 1994. Balanced dynamics of mesoscale vortices produced in simulated convective systems. J. Atmos. Sci., 51: 2005-2030.

Eliassen A. 1983. Hydrodynamic instability. Mesoscale Meteorology. Sweden: SMHI.

Ellrod G P, Marwitz J D. 1976. Structure and interaction in the subcloud region of thunderstorms. J. Appl. Met., 15: 1084-1091.

Emannel K A. 1982. Inertial instability and mesoscale convective systems, Part II Symmetric CISK in a baroclinic flow. J. Atmos. Sci., 39: 1080-1097.

Emanuel K. 1983. On assessing local conditional symmetric instability from atmosphere sounding. Mon. Wea. Rev., 111: 2016-2033.

Emanuel K. 1984a. Fronts and frontogensis, other types of fronts. Dynamics of Mesoscale Weather Systems: 85-108.

Emanuel K. 1984b. Symmetric Instability, Dynamics of Mesoscale Weather System NCAR Summer Colloquium Lecture Notes. 11 June—6 July Boulder Colorado, 145-158.

Fortune M A, Cotton W R, McAnelly R L. 1992. Frontal wave-like evolution in some mesoscale convective complexes. Mon. Weather. Rev., 120: 1279-1300.

Fritsch J M, et al. 1976. The use of large scale budgets for convective parameterizations. Mon. Wea. Rev., 104: 1408-1418.

Fritsch J M, Maddox R A. 1981a. Convectively driven mesoscale weather systems aloft. Part I. Observations. J. Appl. Meteorol., 20: 9-19.

Fritsch J M, Maddox R A. 1981b. Convectively driven mesoscale weather systems aloft. Part II. Numerical simulations. J. Appl. Meteorol., 20: 20-26.

Fritsch J M, Brown J M. 1982. On the generation of convectively driven mesohighs aloft. Mon. Weather. Rev., 110: 1554-1563.

Fujita T. 1958. Structure and movement of a dry front. Bull. Am. Meteor. Soc., 39: 574-582.

Fujita T T. 1963. Analytical mesometeorology: A review, Severe Local Storms, Meteor. Monogr. No. 27, Amer. Meteor. Soc.; 77-125.

Fujita T T. 1978. Manual of downburst identification for Project NIMROD. SMRP Research Paper No. 156, Dept of Geophysical Sci Chicago University.

Goff R C. 1976. Vertical structure of thunderstorm outflows. Mon. Wea. Rev., 104: 1429-1440.

Hayashi Y. 1970. A theory of large-scale equatorial waves generated by condensation heat and accelerating the zonal wind. J. Meteorol. Soc. Jpn., 48: 140-160.

Heymsfield A J, Musil D J. 1982. Case study of a hailstorm in Colorado, Part II: particle growth processes in mid-levels deduced from in-situ measurements. J. Atmos. Sci, 39:2847-2866.

Hobbs P V, Persson P O G. 1982. The mesoscale and microscale structure and organization of clouds and precipitation in midlatitude cyclones. Part V: The substructure of narrow cold—frontal rainbands. J. Atmos. Sci. ,39:280-295.

Homan J H, Vincent D G. 1983. Mesoscale analysis of surface variables during the storm outbreak of April 10-11, 1979. Mon. Wea. Rev. , 111:1122-1130.

Hoskins B J. 1975. The geostrophic momentum approximation and the semigeostrophic equations. J. A. S. ,32:233-242.

Houze R A Jr. 1993. Cloud Dynamics. Academic, San Diego, Calif. 573 pp.

Houze R A Jr. 1997. Stratiform precipitation in regions of convection: A meteorological paradox? Bull. Am. Meteorol. Soc. , 78: 2179-2196.

Houze R A Jr, Hobbs P V, et al. 1976. Mesoscale rainbands in extratropical cyclones. Mon. Wea. Rev. ,104:868-878.

Houze R A Jr, Hobbs P V. 1982. Organization and structure of precipitating cloud systems. Advances in Geophysics,24:225-316.

Houze R A Jr, Smull B F. On Severe Local storms. Preprint 12th Conf. Am Meteor Soc:338-341.

Howard L N. 1961. Note on a paper of John M Mile. J. Fluid Mech. , 10:509-512.

Kessler E. 1991. 雷暴形态学和动力学. 北京:气象出版社.

Keyser D. 1986. Fronts-Observations. Mesoscale Meteorology and Forecasting, Am Meteor Soc.

Keyser D, Shapiro M A. 1986. A review of the dynamics of upper-level frontal zones. Mon. Wea. Rev. ,114:452-498.

Klemp J B, 1987. Dynamics of tornadic thunderstorms, Ann. Rev. Fluid Mech. , 19: 369-402.

Klimowski B A. 1994. Initiation and development of rear inflow within the 28-29 June 1989 North Dakota mesoconvective system. Mon. Weather. Rev. , 122: 765-779.

Knievel J C, Johnson R H. 2002. The kinematics of a midlatitude, continental mesoscale convective system and its mesoscale vortex. Mon. Weather. Rev. , 130: 1749-1770.

Knievel J C, Johnson R H. 2003. A scale-discriminating vorticity budget for a mesoscale vortex in a midlatitude, continental mesoscale convective system. J. Atmos. Sci. , 60: 781-794.

Koss W J. 1976. Linear stability of CISK induced disturbances Fourier component eigenvalue analysis. J. Atmos. Sci. ,33:1195-1222.

Kuo H L. 1961. Convective in conditionally unstable atmosphere. Tellus,13:441-459.

Lafore J P, Moncrieff M W. 1989. A numerical investigation of the organization and interaction of the convective and stratiform regions of tropical squall lines. J. Atmos. Sci. , 46: 521-544.

LeMone M A. 1983. Momentum transport by a line of cumulonimbus. J. Atmos. Sci. , 40: 1815-1834.

Levine J. 1959. Spherical vortex theory of bubble-like motion in cumulus clouds. J. Meteor. , 16: 653-662.

Lilly D K. 1986. Atmospheric instability. Mesoscale Meteorology and Forecasting. Am. Meteor. Soc.

Lindzen R S,Tung K K. 1976. Banded convective activity and ducted gravity waves. Mon. Wea. Rev. ,104:1602-1607.

Lindzen R S. 1974. Wave-ClSK in the tropics. J. Atmos. Sci. ,31:156-179.

Maddox R A. 1980. Mesoscale convective complexes. Bull. Am. Meteor. Soc. ,61:1374-1387.

Maddox R A. 1984. Mesoscale convective complexes in the midlatitudes. NOAA ERL,USA.

Malkus J. 1960. Recent developments in studies of penetrative convection and application to hurricane cumulunimbers towers. Cumulus Dynamics, New York: Pergamon Press: 65-84.

Malkus J, Scorer R S. 1955. The erosion of cumulus towers. J Meteor, 12: 43-57.

Mapes B E, Houze R A. 1995. Diabatic divergence profiles in western Pacific mesoscale convective systems. J. Atmos. Sci. , 52: 1807-1828. RG4003 Houze: Mesoscale Convective Systems 41 of 43 RG4003.

Mapes B E, Warner T T, Xu M. 2003. Diurnal patterns of rainfall in northwestern South America, Part III: Diurnal gravity waves and nocturnal convection offshore. Mon. Weather. Rev. , 131: 830-844.

Marks F D, Austin P M, et al. 1979. Effects of the New England coastal front on the distribution of pricipitation. Mon. Wea. Rev. ,107:53-67.

Matsuno T. 1966. Quasi-geostrophic motions in the equatorial area. J. Meteorol. Soc. Japn. , 44: 25-43.

Moncrieff M W. 1981. A theory of organised steady convection and its transport properties. Q. J. R. Meteorol. Soc. , 107: 29-50.

Moncrieff M W. 1978. The dynamical structure of two dimensional steady convection in constant vertical shear. Q. J. R. Met. Soc. ,104:543-568.

Moncrieff M W. 1992. Organized convective systems: Archetypal dynamical models, mass and momentum flux theory, and parameterization. Q. J. R. Meteorol. Soc. , 118: 819-850.

Moncrieff M W, Miller M J. 1976. The dynamics and simulation of tropical cumulonimbus and squall lines. Q. J. R. Met. Soc. ,102:373-394.

Nehrkorn T. 1986. Wave-CISK in a baroclinic base state. J. Atmos. Sci. , 43: 2773-2791.

Nelson S P. 1983. The influence of storm flow structure on hail growth. J. Atmos. Sci. , 40:1965-1983.

Newton C W. 1963. Dynamics of severe convective storms. Meteorol. Monogr. , 27:33-58.

Nicholls M E, Pielke R A, Cotton W R. 1991. Thermally forced gravity waves in an atmosphere at rest. J. Atmos. Sci. , 48: 1869-1884.

Ninomiya K. 1971. Mesoscale modification of synoptic situation from thunderstorm development as revealed by ATS Ⅲ and aerological data. J. Appl. Met. ,10(12):103-112.

Ogura Y,Cho H R. 1973. Diagnostic determination of cumulus cloud populations form observed large-scale variables. J. Atmos. Sci. ,30:1276-1286.

Ogura Y,Liou M T. 1980. The structure of a midlatitude squall line:A case study. J. Atmos. Sci. , 35:553-567.

Ogura Y. 1975. On the interaction between cumulus clouds and the large scale environment. Pure. Appl. Geoph. ,113:869-889.

Olsson P Q, Cotton W R. 1997. Balanced and unbalanced circulations in a primitive equation simulation of a midlatitude MCC. Part II: Analysis of balance. J. Atmos. Sci. , 54: 479-497.

Ooyama K. 1964. A dynamical model for the study of tropical cyclone development. Geofic. Int. , 4:187-198.

Ooyama K V. 1971. A theory on parameterization of cumulus convection. J. Meteorol. Soc. Japn. , 49: 744-756.

Pandya R, Durran D. 1996. The influence of convectively generated thermal forcing on the mesoscale circulation around squall lines. J. Atmos. Sci. , 53: 2924-2951.

Rasmussen E. 1979. The polar low as an extrotropical CISK disturbance. Quarterly Journal of the Royal Meteorological Society, 105(445): 531-549.

Rasmussen E. 1983. A review of mesoscale disturbance in cold air masses. Msoscale Meteorology, SMHI, Sweden.

Raymond D J. 1976. Wave-CISK and convective mesosystems. J. Atmos. Sci. ,33:2392-2398.

Raymond D J. 1983. Wave-CISK in mass flux form. J. Atmos. Sci. , 40: 2561-2572.

Raymond D J. 1984. A wave-CISK model of squall lines. J. Atmos. Sci. , 41: 1946-1958.

Raymond D J. 1975. A model for predicting the movement of continuously propagating convective storms. J. Atmos. Sci. ,32:1308-1317.

Raymond D J, Blyth A M. 1986. A stochastic mixing model for nonprecipitating cumulus clouds. J. Atmos. Sci. , 43: 2708-2718.

Raymond D J, Jiang H. 1990. A theory for long-lived convective systems. J. Atmos. Sci. , 47: 3067-3077.

Reed R J. 1955. A study of a characteristic type of upper-level frontogennesis. J. Meteor. ,12:226-237.

Rhea J O. 1966. A study of thunderstorm formation along dry lines. J. Appl. Meteor. ,5:58-63.

Riehl H, Malkus J S. 1958. On the heat balance in the equatorial trough zone. Geophysica, 6: 503-538.

Rotunno R, Klemp J B, Weisman M L. 1988. A theory for strong, long-lived squall lines. J. Atmos. Sci. , 45: 463-485.

Saitoh S, Tanaka H. 1988. Numerical experiments of conditional symmetric baroclinic instability as a possible cause for frontal rainland formation. part II: Effects of water vapor supply. J. Meteor. Soc. Japan. ,66:39-53.

Schaefer J T. 1974. A simulative model of dryline motion. J. Atmos. Sci. ,31:956-964.

Schaefer J T. 1975. Nonliner biconstituent diffusion: A possible trigger of convection. J. Atmos.

Sci. ,32:2278-2284.

Schmidt J M, Cotton W R. 1990. Interactions between upper and lower tropospheric gravity waves on squall line structure and maintenance. J. Atmos. Sci. , 47: 1205-1222.

Schumacher C, Houze R A Jr, Kraucunas I. 2004. The tropical dynamical response to latent heating estimates derived from the TRMM Precipitation Radar. J. Atmos. Sci. , 61: 1341-1358.

Scorer R S, Ludlam F H. 1953. Bubble theory of penetrative convection. Quart J. R. Meteor. Soc. , 79:94-103.

Shapiro M A. 1983. Mesoscale weather systems of the central United States. The National STORM Program: Scientific and Technological Bases and Major Objectives, R. A. Anthes, Ed. , UCAR, Boulder CO, 3. 1-3. 77.

Shapiro M A. 1981. Frontogenesis and geostrophically forced secondary circulations in the vicinity of jet stream-frontal zone systems. J. Atmos. Sci. ,38:954-973.

Shapiro T, et al. 1985. The frontal hydraulic head : a micro- scale (∼1 km) triggering mechanism for mesoconvective weather systems. Mon. Wea. Rev. ,113:1166-1183.

Shou Shaowen, et al. 1995. Diagnostic study of the mesoscale circulations near heavy rain area on meiyu front. The Workshop on Mesoscale Meteorology and Heavy Rain in East Asia.

Shou Shaowen, et al. 1999. Study on moist potential vorticity and symmetric in stability during a heavy rain event occurred in the Jiang-Huai Valleys. Advances in Atmospheric Sciences,16 (2):312-321.

Shou Shaowen, et al. 1999. The inference of cumulus on environment in a meiyu front heavy rain process. Workshop on Mesoscale Systems and Hydrological cycle.

Simpson J E. 1964. Sea-breeze fronts in Hampshire. Weather,19:208-220.

Simpson J E, Mansfield D A, et al. 1977. Inland penetration of sea-breeze fronts. Q. J. R. Meteor. Soc. ,103:47-76.

Simpson J E, Ritchie G J. Holland J Halverson, et al. 1997. Mesoscale interactions in tropical cyclone genesis. Mon. Weather. Rev. , 125: 2643-2661.

Skamarock W C,Weisman M L, Klemp J B. 1994. Threedimensional evolution of simulated long-lived squall lines. J. Atmos. Sci. , 51: 2563-2584.

Straub K H, Kiladis G N. 2002. Observations of a convectively coupled Kelvin wave in the eastern Pacific ITCZ. J. Atmos. Sci. , 59: 30-53.

Sun W Y,Ogura Y. 1981. 边界层作用——飑线形成的一种可能激发机制.教学与研究(空军气象学院),(2):17-37.

Takayabu Y N. 1994. Large-scale cloud disturbances associated with equatorial waves. Part II: Westward-propagating inertiogravity waves. J. Meteorol. Soc. Japn. , 72: 451-465.

Tepper M. 1950. A proposed mechanism of squall lines: The pressure jump line. J. Meteorol. , 7: 21-29.

Thorpe A J, Miller M J, Moncrieff M W. 1982. Two dimensional convection in non-constant shear: A model of mid-latitude squall lines. Q. J. R. Meteorol. Soc. , 108: 739- 762.

UCAR. 1983. The national storm program. Stormscale Operational and Research Meteorology,41-45.

Uccellini L W, Johnson D R. 1979. The coupling of upper and lower tropospheric jet streams and implications for the development of severe convective storms. Mon. Wea. Rev. ,107:682-703.

Wakimoto R M. 1982. The life cycle of thunderstorm gust fronts as viewed with Doppler radar and rawinsonde data. Mon. Wea. Rev. ,110:1060-108.

Wallington C E. 1959. The structure of the sea breeze fronts as revealed by gliding flights. Weather,14: 263-270.

Wallington C E. 1965. Gliding through a sea-breeze front. Weather,20:140-144.

Weisman M L, Klemp J. 1982. The dependence of numerically simulated convective buoyancy. Mon. Wea. Rev. , 110:504-520.

Weisman M L, Klemp J. 1984a. The structure and classification of numerically simulated storms in directionally varying wind shears. Mon. Wea. Rev. , 112:2479-2498.

Weisman M L,Klemp J B. 1984b. Characteristics of isolated convection. NCAR,U. S. A.

Xu Q, Clark J H E. 1984. Wave-CISK and mesoscale convective systems. J. Atmos. Sci. , 41: 2089-2107.

Xu Q,Clark J H E. 1985. The nature of symmetric instability and its similarity to convective inertial instability. J. Atmos. Sci. ,42:2880-2883.

Yamasaki M. 1968. Numerical simulation of tropical cyclone development with the use of primitive equations. J. Meteor. Soc. Japan,46:178-201.

Yanai M, Esbensen S, et al. 1973. Determination of bulk properties of tropical cloud clusters from large scale heat and moisture budgets. J. Atmos. Sci. ,30:611-627.

Yang Guoxiang,Shu Cixun. 1985. Large-scale environmental conditions for thunderstorm development. Advances. Atmos. Sci. ,2(4):508-521.

Yang M J, Houze R A Jr. 1995. Multicell squall-line structure as a manifestation of vertically trapped gravity waves. Mon. Weather. Rev. , 123: 641-661.

Yang M J, Houze R A Jr. 1996. Momentum budget of a squall line with trailing-stratiform precipitation: Calculations from a high-resolution numerical model. J. Atmos. Sci. , 53: 3629-3652.

Yih C S. 1969. Fluid Mechanics. McGraw-Hill Book Company,446.

Zipser E J. 1969. The role of organized unsaturated convective downdrafts in the structure and rapid decay of an equatorial disturbance. J. Appl. Meteorol. , 8: 799-814.

Zipser E J. 1977. Mesoscale and convective-scale downdraughts as distinct components of squall-line circulation. Mon. Weather. Rev. , 105: 1568-1589.

菊池幸雄. 1975. 海陆风循环の数值シミ｜レシヨニ. 气象研究ノート,125:21-49.

第 9 章　中尺度天气的诊断分析和数值模拟

中尺度天气动力学的理论研究有解析分析、实验研究和数值计算等基本方法。其中解析分析及实验研究分别具有精确、简明和直观、可靠等优点，但通常又有或者过于简化、不够逼真，或者容易受到设备和技术限制等缺点。数值计算可用以处理较复杂的非线性问题，并考虑多种因子的综合作用，通常包括诊断分析及数值试验和数值模拟等方法。其中诊断分析方法是使用某一(或某些)时刻的真实大气或模式大气的资料，应用由大气动力学和热力学方程导出的各种诊断方程，对各种物理量的平衡和变化进行定量分析，从而来了解支配天气过程发生、发展及演变的机制和规律的一种方法。本章主要对中尺度天气诊断分析基础、主要的中尺度天气诊断和预报方程、常用物理量的诊断分析方法及中尺度数值模拟等做一概要的介绍。

9.1　中尺度诊断分析基础

9.1.1　资料处理

各种常规的和加密的观测资料是中尺度诊断分析的基本根据。由于多种原因，气象资料可能出现错误或误差，因此首先必须对资料加以检误和修正，并对缺测资料进行插补。此外，由于探空气球上升过程中随风漂移，因此探空资料并不严格代表测站上空气象要素的垂直分布。在做中尺度诊断分析时必须把气球漂移引起的空间位置偏差加以订正。而且由于探空是在一个时段内完成的并不代表某一瞬时的情况，因此对各层资料还须进行时间偏差的订正。

9.1.2　客观分析及尺度分离

为了进行各种物理量的计算，须将不规则分布的测站资料用内插的方法，转换成网格资料，这个工作就是客观分析。同时由于实际气象要素场包含着各种尺度的运动，为了研究中尺度，须将其与大尺度背景分离开来，这就是尺度分离。有很多客观分析和尺度分离方法，如逐步订正法、最优内插法、有限元法、拉格朗日插值和样条插值法等都是较常用的客观分析方法。而常用的中尺度分离方法则有带通滤波法、Shuman-Shapiro 滤波方案等。下面只介绍其中两种客观分析和尺度分离方法,即一种具有订正方案的高斯权重插值及带通滤波法(Barnes 法)和 Shuman-Shapiro 的空间平滑滤波法。

(1) Barnes 法

1964 年 Barnes 提出了一种低通客观分析方法,其基本思想是,在分析区内每个网格点上的气象要素值都是由分析区内或某个影响半径内所有测站实测气象要素值的加权平均来确定的。加权平均的权重值为测站到格点间距离的高斯函数值。为了得到与实际值更接近的计算值,1973 年 Barnes 又给出了上述方法的订正方案。1980 年 Maddox 把这种方法应用于风场的客观分析,构造了易于确定频率响应的低通和带通滤波,从而完善了这一方法在实际客观分析中的应用。下面介绍这种方法的基本原理。

设 $F_0(i,j)$ 为分析区内网格点的要素值,(i,j) 为格点行列序号,$F(k)$ 为测站实测要素值(k 为测站序号),则插值公式为

$$F_0(i,j) = \frac{\sum_{k=1}^{K} F(k) W_0(i,j,k)}{\sum_{k=1}^{K} W_0(i,j,k)} \tag{9.1}$$

其中

$$W_0(i,j,k) = \exp(-r_{i,j,k}^2/4a) \tag{9.2}$$

式中 $r_{i,j,k}$ 为格点 (i,j) 到测站 k 之间的距离;K 为分析区和影响区半径内的测站总数;a 是常数。

设 $F_0(k)$ 为用网格点上的插出值 $F_0(i,j)$ 反算出来的测站要素估计值。则用下式确定插值误差 $F_D(k)$

$$F_D(k) = F(k) - F_0(k) \tag{9.3}$$

$$F_0(k) = \sum_{i=1,j=1}^{n+4,m+4} W(i,j,k) F_0(i,j) \Big/ \sum_{i=1,j=1}^{4,4} W(i,j,k) \tag{9.4}$$

其中

$$W(i,j,k) = \frac{1}{r_{i,j,k}^2} \tag{9.5}$$

式中 m,n 为靠近测站 k 最近的格点序号。设格点上修正要素值为 $F_D(i,j)$,则

$$F_D(i,j) = \sum_{k=1}^{K} W_D(i,j,k) F_D(k) \Big/ \sum_{k=1}^{K} W_D(i,j,k) \tag{9.6}$$

其中

$$W_D(i,j,k) = \exp(-r_{i,j,k}^2/4as) \tag{9.7}$$

式中 s 为小于 1 的正数。(9.1)式的波长响应函数为

$$R_0(\lambda, a) = \exp(-4\pi^2 a/\lambda^2) = R_0 \tag{9.8}$$

(9.6)式的波长响应函数为

$$R_s(\lambda,a,s) = \exp(-4\pi^2 as/\lambda^2) = R_0^s \tag{9.9}$$

最后,经订正后的格点要素值 $F(i,j)$ 为

$$F(i,j) = F_0(i,j) + F_D(i,j) \tag{9.10}$$

(9.10)式的波长响应函数为

$$R_0(\lambda,a,s) = R_0 + R_0^s - R_0 R_0^s \tag{9.11}$$

式中 a 的取值决定波长响应宽度,s 的取值影响计算值向实际值的收敛速度。

尺度分离方法是通过给定 a_1,s_1 得到 R_1,在给定 a_2,s_2 得到 R_2,构造两个低通滤波场 F_1,F_2,两个低通滤波之差为带通滤波,则带通滤波场 $BF(i,j)$ 为

$$BF(i,j) = r[F_1(i,j) - F_2(i,j)] \tag{9.12}$$

上式的响应函数为

$$BR(\lambda) = r[R_1(\lambda) - R_2(\lambda)] \tag{9.13}$$

因在 $\lambda \to \infty$ 时,$R_1,R_2 \to 1$;$\lambda \to 0$ 时 $R_1,R_2 \to 0$,所以必存在 λ_{max} 使 R_1-R_2 最大,r 是为使 $BR(\lambda)$ 在 λ_{max} 处接近于 1 而加的一个人为放大因子。其大小决定于 R_1-R_2 的最大值的倒数。即 $r=1/[R_1(\lambda)-R_2(\lambda)]_{max}$。当 $(R_1-R_2)_{max} \cong 0.8$ 时,$r=1.25$。作为实际应用,取 a,s 为

$$a_1 = 5000, \quad s_1 = 0.3$$
$$a_2 = 40000, \quad s_2 = 0.4$$

在计算中,(9.1)式和(9.6)式插值影响域均取为半径 $D=1000$ km,而(9.4)式的插值影响域由原来的距测站最近 4 格点,改为半径 $d=500$ km 以内的全部格点。这样做一是为了设计程序方便,二是为了充分使用分析区边界以外的附近测站资料。

带通滤波中取 $r=1.25$。由上述参数决定的滤波响应曲线如图 9.1 所示。由图可见带通响应曲线表明 300~700 km 波长的波将保留 70%。

(2) Shuman-Shapiro 滤波方法

这种方法的基本思路是:将任一气象要素 f 分解成大尺度参考量($\overline{f}$)和中尺度扰动量(f')两部分,即 $f = \overline{f} + f'$,或 $f' = f - \overline{f}$。通过选取适当的滤波系数 s,用滤波算子滤去 n 倍格距的波动。用原始场减去滤波后的平滑场,就可分离出 n 倍格距波长的扰动场。Shuman 给出的一维三点滤波算子为

$$\overline{f}_i = (1-s)f_i + \frac{s}{2}(f_{i+1} + f_{i-1}) = f_i + \frac{s}{2}(f_{i+1} + f_{i-1} - 2f_i) \tag{9.14}$$

式中 f_i 为格点的要素值,i 为格点序号。如果有谐波形式的扰动 $f = Ae^{ikx}$,将上式代入(9.14)式后即得

$$\overline{f}_i = R(s,n)f_i \tag{9.15}$$

这里的 R 为响应函数,它表达为 s,n 的函数

$$R(s,n) = 1 - s(1-\cos k\Delta x) = 1 - 2s\sin^2\frac{k}{2}\Delta x$$

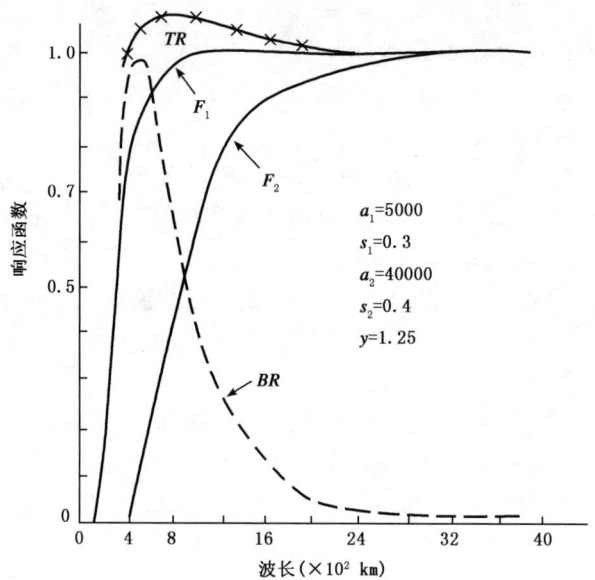

图 9.1 带通滤波响应曲线

$$= 1 - 2s\sin^2 \pi \Delta x/L = 1 - 2s\sin^2 \frac{\pi}{n} \tag{9.16}$$

式中 $L = n\Delta X$,n 为格距倍数。

对二维问题,在 $\Delta x = \Delta y$ 时有 9 点滤波算子

$$\bar{f}_{i,j} = f_{i,j} + \frac{s(1-s)}{2}(f_{i+1,j} + f_{i,j+1} + f_{i-1,j} + f_{i,j-1} - 4f_{i,j}) +$$

$$\frac{s^2}{4}(f_{i+1,j+1} + f_{i-1,j+1} + f_{i-1,j-1} + f_{i+1,j-1} - 4f_{i,j}) \tag{9.17}$$

其响应函数

$$R(s,n) = \left(1 - 2s\sin^2 \frac{\pi}{n}\right)^2 \tag{9.18}$$

从(9.16)和(9.18)式可见,如果取 $s = \frac{1}{2}$,$n=2$,得到的 $R=0$,因而通过滤波算子的平滑运算,可以滤去 2 倍格距的扰动。如果 $n=10$,则 $R=0.905$,也即经过滤波算子平滑运算后,使原波长扰动减幅 10%,但如果连续进行运算 10 次,也可将系数振幅减至 0.37。

令 $R(s,n)=0$,由(9.16))式得到 s 与 n 的关系为

$$s = \frac{1}{2}\frac{1}{\sin^2 \frac{\pi}{n}} \tag{9.19}$$

第 9 章 中尺度天气的诊断分析和数值模拟

由上式可以算出,当滤数系数分别取 $0.5, 0.667, 1.0, 1.4472, 2, 2.656, \cdots$ 时,可以滤去波长分别为 $2, 3, 4, 6, 7, \cdots$ 倍格距的波。但在滤去波的同时,其他波的振幅也受到不同程度的歪曲(削弱或加强),因而用原始场减去滤场后,所分离出来的中尺度扰动,可以混杂较多其他波长的分量,解决这个问题的方法,还需要使用对较长波分量有恢复作用的算子。

实际做中尺度分离的滤波分析,都是在一个有限区域内进行。根据所研究的中尺度分析要求,要认真考虑算子的选择滤波特性,使所研究的中尺度波段的各波分量不致被明显的歪曲,并尽可能减少边界对区域内部的影响。下面介绍 25 点滤波方案,它是在 Shuman-Shapiro 方法的基础上,考虑了上述要求,对感兴趣的 2~5 倍格距波,有较满意的分离效果。

对于一维情况,由(9.14)式,先后令 $s = s_1$,$s = s_2$,两次使用滤波算子,便得

$$\bar{f}_i = \left\{\left[(1-s_1)(1-s_2) + \frac{s_1 s_2}{2}\right]f_i + \frac{1}{2}\left[s_1(1-s_2) + s_2(1-s_1)\right]\right\}(f_{i+1} + f_{i-1}) + \frac{s_1 s_2}{2}(f_{i+2} + f_{i-2}) \tag{9.20}$$

这样,从上式就可以在 x 方向一次滤去两个短波分量。

Shapiro 曾证明,采用对各较长波分量(即长于所滤波场的各波分量)的振幅,有不同程度恢复作用的滤波算子,可以使这部分波动尽量少受削弱,比如,在(9.20)式中,令 $s_1 = -s_2 = s$ 便得

$$\bar{f}_i = \left(1 - \frac{2}{3}s^2\right)f_i + s^2(f_{i+1} + f_{i-1}) - \frac{s^2}{4}(f_{i+2} + f_{i-2}) \tag{9.21}$$

该算子可以一次滤去一个短波分量,并对较长波分量的振幅有恢复作用。

对于二维情况,假定 x 方向取两个滤波系数 s_1, s_2,y 方向取两个滤波数 s_3, s_4,x 和 y 方向分别使用(9.20)时,得到(格点标号见图 9.2)

$$\begin{aligned}\bar{f}_0 =& \left[(1-s_1)(1-s_2) + \frac{s_1 s_2}{2}\right]\left[(1-s_3)(1-s_4) + \frac{s_3 s_4}{2}\right]f_0 + \\
& \frac{1}{2}\left[s_1(1-s_2) + s_2(1-s_1)\right]\left[(1-s_3)(1-s_4) + \frac{s_3 s_4}{2}\right](f_1 + f_3) + \\
& \frac{1}{2}\left[(1-s_1)(1-s_2) + \frac{s_1 s_2}{2}\right]\left[s_3(1-s_4) + s_4(1-s_3)\right](f_2 + f_4) + \\
& \frac{1}{4}\left[s_1(1-s_2) + s_2(1-s_1)\right]\left[s_3(1-s_4) + s_4(1-s_3)\right]\sum_{i=5}^{8}f_i + \\
& \frac{s_1 s_2}{4}\left[(1-s_3)(1-s_4) + \frac{s_3 s_4}{2}\right](f_9 + f_{11}) + \\
& \frac{s_3 s_4}{4}\left[(1-s_1)(1-s_2) + \frac{s_1 s_2}{2}\right](f_{10} + f_{12}) +\end{aligned}$$

$$\frac{s_1 s_2}{8}[s_3(1-s_4)+s_4(1-s_3)](f_{13}+f_{16}+f_{16}+f_{20})+$$

$$\frac{s_3 s_4}{8}[s_1(1-s_2)+s_2(1-s_1)](f_{14}+f_{15}+f_{18}+f_{19})+$$

$$\frac{s_1 s_2 s_3 s_4}{16}\sum_{i=21}^{24}f_i \tag{9.22}$$

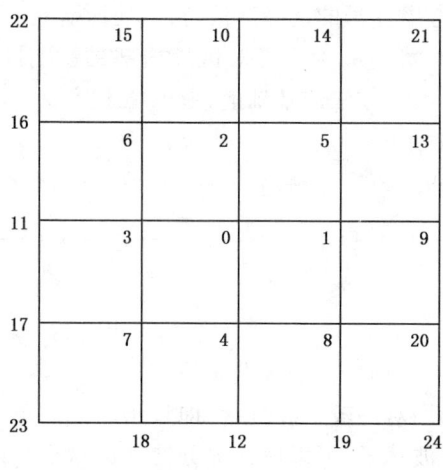

图 9.2 格点标号

根据需要,再可对上式加以各种简化。通常,使算子在 x 和 y 方向的滤波特性相同。令 $s_3=s_1$,$s_4=s_2$ 则

$$\bar{f}_0 = \left[(1-s_1)(1-s_2)+\frac{s_1 s_2}{2}\right]^2 f_0 +$$

$$\frac{1}{2}[s_1(1-s_2)+s_2(1-s_1)]\left[(1-s_1)(1-s_2)+\frac{s_1 s_2}{2}\right]\sum_{i=1}^{4}f_i +$$

$$\frac{1}{4}[s_1(1-s_2)+s_2(1-s_1)]^2\sum_{i=5}^{8}f_i +$$

$$\frac{s_1 s_2}{4}\left[(1-s_1)(1-s_2)+\frac{s_1 s_2}{2}\right]^2\sum_{i=9}^{12}f_i +$$

$$\frac{s_1 s_2}{8}[s_1(1-s_2)+s_2(1-s_1)]\sum_{i=13}^{20}f_i +\left(\frac{s_1 s_2}{4}\right)^2\sum_{i=21}^{24}f_i \tag{9.23}$$

该算子可从二维场中一次滤去两个短波分量。若令 $s_1=-s_2=s_3=-s_4=s$,便得

$$\bar{f}_0 = \left(1-\frac{3s^2}{2}\right)^2 f_0 + s^2\left(1-\frac{3s^2}{2}\right)\sum_{i=1}^{4}f_i + s^4\sum_{i=5}^{8}f_i +$$

$$\frac{s^2}{4}\left(1-\frac{3s^2}{2}\right)^2 \sum_{i=9}^{19} f_i - \frac{s^4}{4}\sum_{i=13}^{20} f_i + \frac{s^4}{16}\sum_{i=21}^{24} f_i \qquad (9.24)$$

该算子可从二维场中一次滤去一个短波分量,并对较长波分量的振幅有恢复作用。

当取 $s_1 = \frac{1}{2}$,$s_2 = \frac{2}{3}$,$s_3 = 1$,$s_4 = 1.4472$ 几种滤波算子的响应函数曲线的比较表明,用 25 点滤波算子分离得到的中尺度扰动,几乎没有被歪曲。只需两次使用(9.20)式,就可逼真地得到几乎全部 2~5 倍格距波,以及同属于中尺度波段的 6~8 倍格距波的大部分,并大大减小了边界点的影响(夏大庆,1982)。

图 9.3 是一次江淮气旋中尺度对流系统生成的数值实验中得到的 1000 hPa 流场。两次运用尺度分离算子(9.20),第一次取 $s_1 = \frac{1}{2}$,$s_2 = \frac{2}{3}$,滤去 2 倍和 3 倍格距短波,第二次取 $s_1 = 1$,$s_2 = 1.4472$ 滤去 4 倍和 5 倍格距波,水平格距为 100 km。从分离前的流场(图 9.3a)中,减去低通滤波后的流场,便得到中尺度扰动流场(图 9.3b)。由图可见,在大尺度江淮气旋暖区中,有 3 个大风速中心,在它们的前方出现三个暴雨中心。分别以 Ⅰ,Ⅱ,Ⅲ 表示。从分离前的流场上显然难以分辨出与三个暴雨中心相对应的中尺度系统。但是,在中尺度分离后,可以清楚地见到与暴雨中心相对应的三个中尺度气旋性环流。使用情况表明,算式(9.20)具有较好的中尺度分离功能。

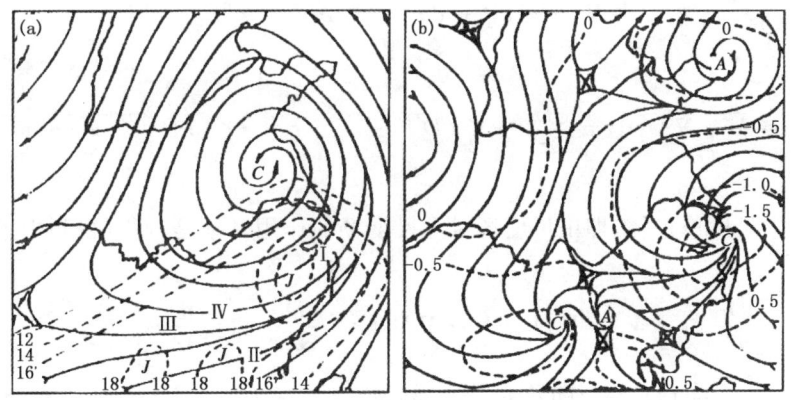

图 9.3 中尺度分离前后的 1000 hPa 流场图(夏大庆等,1983)
(a)1000 hPa 流场(实线)和 700 hPa 等风速线(虚线,m/s)
(b)1000 hPa 扰动流场(实线)和地面扰动气压场(虚线,hPa)

9.2 中尺度诊断和预报方程

单纯的瞬时风场分析是一种运动学分析方法,在需要深入揭示天气过程产生机制时,这种方法是不足的,必须进一步从动力学和热力学方程入手,找出各种动力和热力因子的支配作用。下面几节将分别讨论一些在中尺度动力学诊断中常用的方程。

9.2.1 中尺度散度方程

散度方程可写为:

$$\frac{\partial D}{\partial t} + \boldsymbol{V} \cdot \boldsymbol{\nabla} D + w\frac{\partial D}{\partial Z} + \frac{1}{2}(D^2 + a^2 + b^2 - f\zeta) +$$
$$\frac{1}{\rho}\boldsymbol{\nabla}^2 p + w_X u_Z + w_Y v_Z = F_D \tag{9.25}$$

式中 $D = \partial u/\partial x + \partial v/\partial y$, $\zeta = \partial v/\partial x - \partial u/\partial y$, 分别为散度和涡度 $a = \partial u/\partial x - \partial v/\partial y$, $b = \partial v/\partial x + \partial u/\partial y$ 是变形项; F_D 是摩擦力散度。将(9.25)式中各变量分解成平均值和偏差量两部分(后者代表中尺度扰动),并减去下列平均的散度方程

$$\frac{\partial \overline{D}}{\partial t} + \boldsymbol{V} \cdot \boldsymbol{\nabla}\overline{D} + \overline{w}\frac{\partial \overline{D}}{\partial z} + \frac{1}{2}(\overline{D}^2 + \overline{a}^2 + \overline{b}^2 - \overline{\zeta}^2) +$$
$$\frac{1}{\rho}\boldsymbol{\nabla}^2 \overline{p} - f\overline{\zeta} + (\overline{w_x u_z} + \overline{w_y v_z}) + (F_D^*) = \overline{F}_D \tag{9.26}$$

其中

$$(F_D^*) = \overline{\boldsymbol{V'} \cdot \boldsymbol{\nabla} D'} + \overline{w'\frac{\partial D'}{\partial z'}} + \frac{1}{2}(\overline{D'^2} + \overline{a'^2} + \overline{b'^2} - \overline{\zeta'^2}) + (\overline{w'_x u'_z} + \overline{w'_y v'_z}) \tag{9.27}$$

F_D^* 表示中尺度修正项,即中尺度场对大尺度场的作用。于是,便可得到中尺度散度方程

$$\frac{\partial D'}{\partial t}(\overline{V}+V') \cdot \boldsymbol{\nabla} D' + V' \cdot \boldsymbol{\nabla}\overline{D} + w'\frac{\partial D'}{\partial Z} + w'\frac{\partial \overline{D}}{\partial Z} + \overline{w}\frac{\partial D'}{\partial z} +$$
$$\frac{1}{2}(D'^2 + 2\overline{D}D' + a'^2 + 2a'\overline{a} + b'^2 + 2\overline{b}b' - \zeta'^2 - 2\overline{\zeta}\zeta') - f\zeta' +$$
$$\frac{1}{\rho}\boldsymbol{\nabla}^2 p' + w'_X(\overline{u}_Z + u'_Z) + w'_y(\overline{v}_Z + v'_Z) +$$
$$\overline{w}_x u'_z + \overline{w}_y v'_z - (F_D^*) = F'_D \tag{9.28}$$

因为

$$D', w' \gg \overline{D}, \overline{w}, \boldsymbol{V'} \gg \overline{\boldsymbol{V}},$$
$$\text{且 } A'B' \gg \overline{A'B'}, A'_x, A'_y \gg \overline{A}_x, \overline{A}_y (\text{二宫洸三},1975) \tag{9.29}$$

所以,(9.28)式可简化成

$$\left[\frac{\partial D'}{\partial t}+(\bar{\boldsymbol{V}}+\boldsymbol{V}')\cdot\boldsymbol{\nabla} D'\right]+w'\frac{\partial D'}{\partial z}+[w'_x(\bar{u}_z+u'_z)+w'_y(\bar{v}_z+v'_z)]$$
$$\text{(a)}\qquad\qquad\text{(b)}\qquad\qquad\text{(c)}$$

$$+\frac{1}{2}[D'^2+2\bar{D}D'+a'^2+2a'\bar{a}+b'^2+2\bar{b}b'-\zeta'^2-2\bar{\zeta}\zeta']$$
$$\text{(d)}$$

$$-f\zeta'+\frac{1}{\rho}\boldsymbol{\nabla}^2 p'=F'_D \qquad (9.30)$$
$$\text{(e)}\quad\text{(f)}\qquad\text{(g)}$$

通过上式中各项量级比较并略去相对小项的结果,中尺度散度方程可近似写成

$$\left[\frac{\partial D'}{\partial t}+\boldsymbol{V}\cdot\boldsymbol{\nabla} D'\right]+\frac{1}{\rho}\boldsymbol{\nabla}^2 p'\approx 0 \qquad (9.31)$$

对于稳定传播运动,(9.31)式可写成

$$(\boldsymbol{C}-\boldsymbol{V})\cdot\boldsymbol{\nabla} D'=\frac{1}{\rho}\boldsymbol{\nabla}^2 p' \qquad (9.32)$$

式中,C 为系统传播速度。由上式可见,当 $|\boldsymbol{C}|>|\boldsymbol{V}|$ 时,对中尺度低压,$\boldsymbol{\nabla}^2 p'>0$,便有 $\boldsymbol{\nabla} D'>0$,即低压前部为辐散,后部为辐合,对中尺度高压则相反,也就是说,中尺度扰动场和气压场之间有位相差,前者落于后者 $\pi/2$ 位相。这种位相差反映了重力波的特征。

9.2.2 中尺度涡度方程

涡度方程可写为

$$\frac{\partial\zeta}{\partial t}+\boldsymbol{V}\cdot\boldsymbol{\nabla}\zeta+w\frac{\partial\zeta}{\partial z}+(f+\zeta)D+w_x v_z-w_y u_z=F_R \qquad (9.33)$$

上式中 F_R 为摩擦力产生的旋转。同样,将上列方程中各变量分解成平均值和中尺度扰动量两部分,并把平均场涡度方程减去,最后便得中尺度涡度方程。再利用(9.29)的关系便得中尺度涡度方程的简化形式

$$\left[\frac{\partial\zeta'}{\partial t}+(\bar{\boldsymbol{V}}+\boldsymbol{V}')\cdot\boldsymbol{\nabla}\zeta'\right]+w'\frac{\partial\zeta'}{\partial z}+(f+\bar{\zeta}+\zeta')D'+$$
$$\text{(a)}\qquad\qquad\text{(b)}\qquad\text{(c)}$$

$$[w'_x(\bar{v}_z+v'_z)-w'_y(\bar{u}_z+u'_z)]=F'_R \qquad (9.34)$$
$$\text{(d)}\qquad\qquad\text{(e)}$$

估计上列方程中各项的大小,略去相对小项,最后中尺度场的涡度方程中各项的平衡可近似地写成

$$\left(\frac{\partial\zeta'}{\partial t}+\boldsymbol{V}\cdot\boldsymbol{\nabla}\zeta'\right)+(f+\bar{\zeta}+\zeta')D'+w'_x(\bar{v}_z+v'_z)-w'_y(\bar{u}_z+u'_z)=0$$
$$(9.35)$$

上式表明，对于中尺度涡度场的变化，扭转项（方程左边的第三、四项）的作用是重要的。在对流风暴中由于对流上升、下沉运动，常常可以造成局地中尺度涡旋的加强或减弱。此外，式中 $\overline{\zeta}D'$，$\overline{w'_x}\overline{v}_z$ 和 $\overline{w'_y}\overline{u}_z$ 等项均表示大、中尺度运动的相互作用，在垂直风切变的环境中，由于中尺度扰动散度及其不均匀分布，结果便通过这些项的作用而影响中尺度扰动的传播。

9.2.3 准地转 ω 方程

在准地转假定下，利用静力方程和连续方程，可将涡度方程和热力学方程变换成 ω 方程及位势倾向方程。准地转方程可写成下列形式

$$\sigma \nabla^2 \omega + f_0^2 \frac{\partial^2 \omega}{\partial p^2} = F \tag{9.36}$$

其中

$$F = f_0 \frac{\partial}{\partial p}[\mathbf{V}_g \cdot \nabla(\zeta_g + f)] + \nabla^2 \left[\mathbf{V}_g \cdot \nabla \left(-\frac{\partial \phi}{\partial p}\right)\right] = F_1 + F_2$$

$$\sigma = -\frac{1}{\rho \theta}\frac{\partial \theta}{\partial p} = -\frac{RT}{p\theta}\frac{\partial \theta}{\partial p} = -\pi \frac{\partial \theta}{\partial p}$$

$$\pi = -RT/(\theta p)$$

此外，ϕ 为位势高度，ζ_g 为地转风涡度。ω 方程是一个诊断方程，它给出了大尺度水平环流和次级环流之间的联系，因此可以根据大尺度水平平流运动来诊断垂直运动。因为如果大气的垂直运动是一种波动形式，根据任何波动物理量的拉普拉斯与该物理量本身负值成正比关系，因而垂直速度 ω 和准地转强迫项有下列关系

$$\omega \propto -F$$

F 包含两项，其中 F_1 为地转风涡度差动平流。若正涡度平流随高度增大（减小），则对应上升（下沉）运动。F_2 为地转风温度平流的拉普拉斯运算。暖（冷）平流区对应上升（下沉）区。但是每项分别计算的结果不能表示实际的 ω。因为 F_1 和 F_2 具有相关性，每一项中都包含着与另一项中某一部分相抵消的成分。对这一点可做下列分析。

将 F_1 和 F_2 改写成下列形式

$$\begin{cases} F_1 = A + B - C \\ F_2 = A - B - 2D \\ F = 2A + C - 2D \end{cases} \tag{9.37}$$

其中

$A = f_0 \dfrac{\partial \mathbf{V}_g}{\partial p} \cdot \nabla \zeta_g$ 表示热成风相对涡度平流

$B = f_0 \mathbf{V}_g \cdot \nabla \dfrac{\partial \zeta_g}{\partial p}$ 表示地转风对热成风涡度的平流

$C = f_0 \beta \dfrac{\partial V_g}{\partial p}$ 表示热成风牵连涡度平流

$$D = \left[J\left(u_g, \frac{\partial u_g}{\partial p}\right) + J\left(v_g, \frac{\partial v_g}{\partial p}\right) \right] \qquad 表示地转变形项$$

由以上分析可以清楚地看出，F_1 和 F_2 中都包含着互相抵消的项 B。所以 F_1 和 F_2 都不能单独地用于判断实际的 ω。当 D 和 C 的作用较小时，$F \cong 2A$，其意义是有正的热成风对气旋性涡度平流处，对应上升运动。在这种简化条件下，可以仅用一张位势高度和厚度图估计 ω 的分布。但是在锋区附近和斜压性较大的情况下，D 项和 A 项有相同量级，不应略去。

以上说明了准地转 ω 方程的缺点。Hoskins 用另一种方法推导了 ω 方程。由下列准地转、准静力、绝热无摩擦的 p 坐标系中的动力学方程组出发

$$\left(\frac{\partial}{\partial t} + \mathbf{V}_g \cdot \nabla\right) u_g - f v_a = 0 \tag{9.38}$$

$$\left(\frac{\partial}{\partial t} + \mathbf{V}_g \cdot \nabla\right) v_g + f u_a = 0 \tag{9.39}$$

$$\left(\frac{\partial}{\partial t} + \mathbf{V}_g \cdot \nabla\right)\left(-\frac{\partial \phi}{\partial p}\right) - \sigma \omega = 0 \tag{9.40}$$

$$\frac{\partial u_a}{\partial x} + \frac{\partial v_a}{\partial y} + \frac{\partial \omega}{\partial p} = 0 \tag{9.41}$$

$$\frac{\partial \phi}{\partial p} = -\alpha \tag{9.42}$$

$$f u_g = -\frac{\partial \phi}{\partial y}, \quad f v_g = \frac{\partial \phi}{\partial x} \tag{9.43}$$

$$f \frac{\partial u_g}{\partial p} = \frac{\partial}{\partial y}\left(-\frac{\partial \phi}{\partial p}\right), \quad f \frac{\partial v_g}{\partial p} = -\frac{\partial}{\partial x}\left(-\frac{\partial \phi}{\partial p}\right) \tag{9.44}$$

式中 $v_a = v - v_g$，$u_a = u - u_g$ 为非地转风分量，$\sigma = -\frac{\alpha}{\theta} \cdot \frac{\partial \theta}{\partial p}$ 为静力稳定度参数，α 为比容。设 $f =$ 常数，(9.38) 式对 p 求导后乘以 f 得

$$\left(\frac{\partial}{\partial t} + \mathbf{V}_g \cdot \nabla\right) f \frac{\partial u_g}{\partial p} - f^2 \frac{\partial v_a}{\partial p} = -f \frac{\partial v_g}{\partial p} \cdot \nabla u_g \tag{9.45}$$

(9.40) 式对 y 求导得

$$\left(\frac{\partial}{\partial t} + \mathbf{V}_g \cdot \nabla\right)\left[\frac{\partial}{\partial y}\left(-\frac{\partial \phi}{\partial p}\right)\right] - \frac{\partial}{\partial y}(\sigma \omega) = -\frac{\partial v_g}{\partial y} \cdot \nabla\left(-\frac{\partial \phi}{\partial p}\right) \tag{9.46}$$

(9.39) 式对 p 求导后乘以 f 得

$$\left(\frac{\partial}{\partial t} + \mathbf{V}_g \cdot \nabla\right) f \frac{\partial v_g}{\partial p} + f^2 \frac{\partial u_a}{\partial p} = -f \frac{\partial v_g}{\partial p} \cdot \nabla v_g \tag{9.47}$$

(9.40) 式对 x 求导得

$$\left(\frac{\partial}{\partial t} + \mathbf{V}_g \cdot \nabla\right)\left[\frac{\partial}{\partial x}\left(-\frac{\partial \phi}{\partial p}\right)\right] - \frac{\partial}{\partial x}(\sigma \omega) = -\frac{\partial v_g}{\partial x} \cdot \nabla\left(-\frac{\partial \phi}{\partial p}\right) \tag{9.48}$$

利用热成风关系及 $\dfrac{\partial u_g}{\partial x}+\dfrac{\partial v_g}{\partial y}=0$，消去(9.45)～(9.48)中的时间导数项得

$$\frac{\partial}{\partial x}(\sigma\omega)-f^2\frac{\partial u_a}{\partial p}=-2Q_1 \qquad (9.49)$$

$$\frac{\partial}{\partial y}(\sigma\omega)-f^2\frac{\partial v_a}{\partial p}=-2Q_2 \qquad (9.50)$$

其中，

$$\boldsymbol{Q}=(Q_1,Q_2)=\left[-\frac{\partial \boldsymbol{V}_g}{\partial x}\cdot\nabla\left(-\frac{\partial \phi}{\partial p}\right),-\frac{\partial \boldsymbol{V}_g}{\partial y}\cdot\nabla\left(-\frac{\partial \phi}{\partial p}\right)\right] \qquad (9.51)$$

将(9.49)对 x 求导，(9.50)对 y 求导，再利用(9.41)消去含 u_a、v_a 的项，即得用 $\boldsymbol{Q}$ 矢量表示强迫项的准地转 ω 方程

$$\nabla^2(\sigma\omega)+f^2\frac{\partial^2\omega}{\partial p^2}=-2\nabla\cdot\boldsymbol{Q} \qquad (9.52)$$

上式表明，在 f 平面上准地转的垂直运动可以仅由 $\boldsymbol{Q}$ 矢量的散度决定，克服了传统形式的 ω 方程的缺点。$\boldsymbol{Q}$ 为作用在水平温度梯度上的地转速度形变的常数倍。由以下关系

$$\omega\propto\nabla\cdot\boldsymbol{Q}$$

可推断出，当 $\nabla\cdot\boldsymbol{Q}<0$ 时，$\omega<0$(上升运动)；相反，当 $\nabla\cdot\boldsymbol{Q}>0$ 时，$\omega>0$(下沉运动)。此外，$\boldsymbol{Q}$ 矢量还可以用以判断锋生、锋消。以上分析表明，$\boldsymbol{Q}$ 矢量场的诊断分析具有重要意义。关于 $\boldsymbol{Q}$ 矢量分析的更多讨论可见第 9.3 节。

9.2.4 非地转 ω 方程

考虑到中尺度天气过程的非绝热和非地转的特点，常常需要应用完整的非地转平衡 ω 方程。在这个方程中包含更多的动力和热力因子，并能充分利用各种基本观测资料。非地转 ω 方程可以从涡度方程、散度方程以及包括非绝热作用的热力学方程的一级近似出发来推出。Krishnamurti 在罗斯贝数小于 1 的条件下得到下列形式的 ω 方程

$$\nabla^2(\sigma\omega)+f^2\frac{\partial^2\omega}{\partial p^2}=\sum_{n=1}^{10}\delta_n F_n+\sum_{n=11}^{14}\delta_n F_n \qquad (9.53)$$

上式中，δ_n 为示踪函数，其值为 0 或 1，F 表示强迫因子。(9.53)式中，14 个强迫因子的意义分别如下：

$F_1=f\dfrac{\partial}{\partial p}J(\psi,\eta)$ 表示旋转风的涡度平流的垂直变化

$F_2=f\dfrac{\partial}{\partial p}(\nabla\chi,\nabla\eta)$ 表示辐散风的涡度平流的垂直变化

$F_3=\pi\nabla^2 J(\psi,\theta)$ 表示旋转风温度平流的拉普拉斯运算

$F_4=\pi\nabla^2(\nabla\chi,\nabla\theta)$ 表示辐散风温度平流的拉普拉斯运算

$$F_5 = f\frac{\partial}{\partial p}(\nabla^2\psi, \nabla^2\chi) \qquad \text{表示涡度和散度乘积的垂直变化}$$

$$F_6 = -\nabla f \cdot \nabla \frac{\partial}{\partial p}\left(\frac{\partial \psi}{\partial t}\right) \qquad \text{表示科氏参数变化的作用}$$

$$F_7 = -2\frac{\partial}{\partial t}\frac{\partial}{\partial p}J\left(\frac{\partial \psi}{\partial x}, \frac{\partial \psi}{\partial y}\right) \qquad \text{表示变形效应}$$

$$F_8 = fg\frac{\partial^2}{\partial p^2}\left(\frac{\partial \tau_y}{\partial x} - \frac{\partial \tau_x}{\partial y}\right) \qquad \text{表示摩擦应力的作用}$$

$$F_9 = -\frac{R}{C_p p}\nabla^2 H_S \qquad \text{表示下垫面感热作用}(H_S \text{ 为下垫面感热交换率})$$

$$F_{10} = -\frac{R}{C_p p}\nabla^2 H_R \qquad \text{表示辐射加热作用}(H_R \text{ 为辐射加热率})$$

$$F_{11} = -\frac{R}{C_p p}\nabla^2 H_L \qquad \text{表示大尺度凝结加热作用}(H_L \text{ 为大尺度凝结加热率})$$

$$F_{12} = -\frac{R}{C_p p}\nabla^2 H_C \qquad \text{表示对流凝结加热作用}(H_C \text{ 为对流凝结加热率})$$

$$F_{13} = f\frac{\partial}{\partial p}\left(\nabla \omega, \nabla \frac{\partial \psi}{\partial p}\right) \qquad \text{表示涡管扭转项的垂直变化}$$

$$F_{14} = f\frac{\partial}{\partial p}\left(\omega \frac{\partial \nabla \psi}{\partial p}\right) \qquad \text{表示涡度垂直平流的垂直变化}$$

以上 14 项中，1~10 项为不含 ω 的项，11~14 项为含 ω 的项，称为反馈项。ψ 为流函数，χ 为速度势。对于完整的 ω 方程(9.53)中，各项的 δn 均取为 1。若取 $\delta_1 = 1, \delta_3 = 1$，其余各项的 δn 均取为 0，而且取 $\psi = \frac{\phi}{f}$ 时，则(9.53)式便简化成准地转 ω 方程

$$\nabla^2(\delta\omega) + f^2 \frac{\partial^2 \omega}{\partial p^2} = f\frac{\partial}{\partial p}[\mathbf{V}_g \cdot \nabla(\xi_g + f)] + \nabla^2\left[\mathbf{V}_g \cdot \nabla\left(-\frac{\partial \phi}{\partial p}\right)\right] \quad (9.54)$$

求解(9.53)时，所用的边界条件取为

$$\omega_0 = \omega_H + \omega_F \qquad p = 1000 \text{ hPa}$$
$$\omega_T = 0 \qquad p = 0 \text{ hPa}$$
$$\omega_L = 0 \qquad \text{侧边界}$$

式中 ω_H 为地形动力抬升产生的垂直速度，ω_F 为边界层摩擦产生的垂直速度。

9.2.5 动能平衡方程

为了诊断各种动力因子在天气系统演变过程的作用，常常从动能平衡方程入手。动能平衡方程可写成

$$\frac{\partial K}{\partial t} = -\frac{1}{Ag}\iint_A\int_p \mathbf{V} \cdot \nabla\phi \mathrm{d}p\mathrm{d}A - \frac{1}{Ag}\iint_A\int_p \nabla \cdot k\mathbf{V}\mathrm{d}p\mathrm{d}A -$$

$$\frac{1}{Ag}\iint_A\int_p \frac{\partial \omega k}{\partial p}\mathrm{d}p\mathrm{d}A + R \tag{9.55}$$

上式中，$K=-\dfrac{1}{Ag}\iint_A\int_p k\,\mathrm{d}p\mathrm{d}A$，$A$ 为计算区域的有限面积，g 为重力加速度，k 为单位质量的空气动能，$k=\dfrac{1}{2}(u^2+v^2)$。在(9.55)中，左侧为动能的局地变化项，右侧第一项为动能制造项，正值表示有空气质点斜穿等压线指向低值区，有动能制造；反之，为负值时有动能消耗。第二项为水平通量散度项。第三项为垂直通量散度项。第四项为余差项，它含有摩擦消耗动能和次网格尺度效应及计算误差等因素在内。

9.2.6 湿位涡诊断方程

在研究暴雨发展机制时常进行湿位涡的诊断，湿位涡 $p\theta_{se}$ 定义为

$$p\theta_{se} = \zeta_a\left(-\frac{\partial \theta}{\partial p}\right) \tag{9.56}$$

其中 $\zeta_a=\left(\dfrac{\partial v}{\partial x}+\dfrac{\partial u}{\partial y}\right)+f$。对绝热、无摩擦大气运动 $p\theta_{se}$ 为保守量。

在 p 坐标系中涡度方程可写成

$$\frac{\partial \zeta_a}{\partial t}=-\mathbf{V}\cdot\nabla\zeta_a-\omega\frac{\partial \zeta_a}{\partial p}-\left(\frac{\partial u}{\partial x}+\frac{\partial v}{\partial y}\right)-\frac{\partial \omega}{\partial x}\frac{\partial v}{\partial p}+\frac{\partial \omega}{\partial y}\frac{\partial u}{\partial p}+\frac{\partial F_y}{\partial x}-\frac{\partial F_x}{\partial y} \tag{9.57}$$

式中 F_x，F_y 分别为摩擦力的 x 和 y 分量。热力学方程为

$$\frac{\partial \theta_{se}}{\partial t}+\nabla\cdot\theta_{se}\mathbf{V}+\frac{\partial}{\partial p}(\theta_{se}\omega)=\frac{1}{C_p}\left(\frac{p_0}{p}\right)^{R/C_p}[H_R+L(c-e)] \tag{9.58}$$

式中 θ_{se} 为假相当位温，H_R 代表单位质量空气的辐射加热率，c 和 e 分别代表凝结率和蒸发率。

对(9.57)式进行平均运算，得到

$$\frac{\partial \overline{\zeta_a}}{\partial t}+\nabla\cdot(\overline{V}\overline{\zeta_a})+\frac{\partial}{\partial p}(\overline{\omega}\overline{\zeta_a})-\overline{\zeta}\frac{\partial \overline{\omega}}{\partial p}+\frac{\partial \overline{\omega}}{\partial x}\frac{\partial \overline{v}}{\partial p}-\frac{\partial \overline{\omega}}{\partial y}\frac{\partial \overline{u}}{\partial p}$$
$$=-\nabla\cdot\overline{\zeta_a'V'}-\overline{\omega'\frac{\partial \zeta_a}{\partial p}}-\overline{\frac{\partial \omega'}{\partial x}\frac{\partial v'}{\partial p}}+\overline{\frac{\partial \omega'}{\partial y}\frac{\partial u'}{\partial p}}+\frac{\partial \overline{F_y}}{\partial x}-\frac{\partial \overline{F_x}}{\partial y} \tag{9.59}$$

省略 $\nabla\cdot\overline{\zeta_a'V'}$ 项，并引进积云质量通量 M_c 表示涡动输送项，则(9.59)可改写为

$$\frac{\partial \overline{\zeta_a}}{\partial t}+\nabla\cdot(\overline{V}\overline{\zeta_a})+\frac{\partial}{\partial p}(\overline{\omega}\overline{\zeta_a})-\overline{\zeta}\frac{\partial \overline{\omega}}{\partial p}+\frac{\partial \overline{\omega}}{\partial x}\frac{\partial \overline{v}}{\partial p}-\frac{\partial \overline{\omega}}{\partial y}\frac{\partial \overline{u}}{\partial p}$$
$$=-M_c\frac{\partial \overline{\zeta_a}}{\partial p}-\frac{\partial M_c}{\partial x}\frac{\partial \overline{v}}{\partial p}+\frac{\partial M_c}{\partial y}\frac{\partial \overline{u}}{\partial p}+\frac{\partial \overline{F_y}}{\partial x}-\frac{\partial \overline{F_x}}{\partial y} \tag{9.60}$$

对方程(9.58)求平均，引进质量通量 M_c，略去 $\nabla\cdot\overline{V'\theta_{se}'}$，然后方程两边对 p 求导，得

$$\frac{\partial}{\partial t}\overline{\Gamma}+\nabla\cdot\overline{V}\overline{\Gamma}-\frac{\partial \overline{V}}{\partial p}\cdot\nabla\theta_{se}+\frac{\partial}{\partial p}\overline{\omega}\overline{\Gamma}+\overline{\Gamma}\frac{\partial \overline{\omega}}{\partial p}=$$

$$= -\frac{\partial}{\partial p}(M_c\bar{\Gamma}) - \frac{1}{C_p}\frac{\partial}{\partial p}\left[\left(\frac{p_0}{p}\right)^{R/C_p} H_R\right] \tag{9.61}$$

式中 $\Gamma = -\partial\theta_{se}/\partial p$，用 Γ 乘以(9.60)式，ζ_a 乘以(9.61)式，然后相加，再进行适当变换，就得到 (x,y,p,t) 坐标系的湿位涡方程：

$$\underbrace{\frac{\partial}{\partial t}(\overline{p\theta_{se}})}_{①} = \underbrace{-\boldsymbol{\nabla}\cdot(\overline{v}\,\overline{p\theta_{se}})}_{②} \underbrace{-\frac{\partial}{\partial p}(\overline{\omega}\,\overline{p\theta_{se}})}_{③} + \underbrace{\overline{\zeta_a}\frac{\partial\overline{\boldsymbol{V}}}{\partial p}\cdot\theta_{se}}_{④} - \overline{\Gamma}\left(\frac{\partial\overline{\omega}}{\partial x}\frac{\partial\overline{v}}{\partial p} - \frac{\partial\overline{\omega}}{\partial y}\frac{\partial\overline{u}}{\partial p}\right)$$

$$\underbrace{-\frac{\partial}{\partial p}(\overline{\zeta_a}M_c\overline{\Gamma})}_{⑤} \underbrace{-\frac{\overline{\zeta_a}}{C_p}\frac{\partial}{\partial p}\left[\left(\frac{p_0}{p}\right)^{R/C_p}\overline{H}_R\right]}_{⑥} + \underbrace{\overline{\Gamma}\left(\frac{\partial F_y}{\partial x} - \frac{\partial F_x}{\partial y}\right)}_{⑦}$$

$$\underbrace{-\overline{\Gamma}\left(\frac{\partial M_c}{\partial x}\frac{\partial\overline{v}}{\partial p} - \frac{\partial M_c}{\partial y}\frac{\partial\overline{u}}{\partial p}\right)}_{⑧} \tag{9.62}$$

以上 H_R 为平均的单位质量空气辐射加热率。在(9.62)式中右边 8 项的物理意义分别为：①湿位涡通量水平散度；②湿位涡通量垂直散度；③风垂直切变和相当位涡梯度的影响；④扭转效应；⑤次网格积云质量通量引起的湿位涡垂直辐合；⑥辐射效应的垂直差异效应；⑦摩擦效应；⑧风垂直切变下，积云质量通量侧向差异。方程各项的单位均为 $\text{K}/(\text{hPa}\cdot\text{s}^2)$。

9.2.7 位势散度方程

类似于湿位涡，可以定义位势散度 $D\Gamma$

$$D\Gamma = \left(\frac{\partial u}{\partial x} + \frac{\partial v}{\partial y}\right)\left(-\frac{\partial\theta_{se}}{\partial p}\right) \tag{9.63}$$

根据 $D\Gamma$ 的定义，其不同的值所表示的热力、动力特征可列表如下：

$$D\Gamma = \begin{cases} >0 & \begin{cases} D>0, \Gamma>0 & \text{(辐散，同时层结稳定)} \\ D<0, \Gamma<0 & \text{(辐合，同时层结不稳定)} \end{cases} \\ =0 \quad D=0\ \text{或}\ \Gamma=0 & \text{(散度为为零或中性层结)} \\ <0 & \begin{cases} D>0, \Gamma<0 & \text{(辐散，同时层结不稳定)} \\ D<0, \Gamma>0 & \text{(辐合，同时层结稳定)} \end{cases} \end{cases}$$

显然当低层 $D<0, \Gamma<0$，即 $D\Gamma>0$ 的情况是有利于降水发生的。

根据散度方程和非绝热热力学方程可以推出位势散度方程

$$\frac{\partial D\Gamma}{\partial t} = -\boldsymbol{V}\cdot\boldsymbol{\nabla} D\Gamma - \omega\frac{\partial D\Gamma}{\partial p} + \Gamma[2J(u,v) - \beta u - (\boldsymbol{\nabla}^2\phi - f\zeta) + \boldsymbol{\nabla}\cdot\boldsymbol{F}] +$$

$$(D\boldsymbol{\nabla}\theta_{se} - \Gamma\boldsymbol{\nabla}\omega)\frac{\partial\boldsymbol{V}}{\partial p} - D\frac{\partial Q_T}{\partial p} \tag{9.64}$$

式中 Q_T 为除凝结潜热以外的非绝热项。

以上介绍了一些常用的中尺度动力学方程。此外在前面各章中介绍的锋生次级环流方程等都是重要的中尺度诊断方程,不在这里重复了。

9.3 Q 矢量分析

9.3.1 准地转 Q 矢量的定义及物理意义

准地转 ω 方程是常用的垂直运动诊断方程。但是传统形式的准地转方程右边包含绝对涡度的差动平流和厚度平流的拉普拉斯两个强迫项。当这两项的符号相反时,很难定性地判断垂直运动的方向,并且这两项之间还存在部分潜在的抵消效应。所以这种形式的方程在实际应用上存在一定的困难。

Hoskins 等(1978)由准静力、准地转、绝热、无摩擦、f 平面的 p 坐标系运动方程组出发推导出了下列新形式的准地转 ω 方程

$$\nabla^2(\sigma\omega) + f^2 \frac{\partial^2 \omega}{\partial p^2} = -2\nabla \cdot \mathbf{Q}$$

或

$$-A^2 \omega = -2\nabla \cdot \mathbf{Q} \tag{9.65}$$

其中

$$\omega = \omega_0 \sin\left(\frac{2\pi}{L_x}x\right)\sin\left(\frac{2\pi}{L_y}y\right)\sin\left(\frac{\pi}{p_0}p\right)$$

$$-A^2\omega = \left(\sigma\nabla^2 + f^2\frac{\partial^2}{\partial p^2}\right)\omega = -\left[\sigma\left(\frac{2\pi}{L_x}\right)^2 + \sigma\left(\frac{2\pi}{L_y}\right)^2 + f^2\left(\frac{\pi}{p_0}\right)^2\right]\omega$$

$$A^2 = \sigma\left(\frac{2\pi}{L_x}\right)^2 + \sigma\left(\frac{2\pi}{L_y}\right)^2 + f^2\left(\frac{\pi}{p_0}\right)^2$$

$$\mathbf{Q} = (Q_x, Q_y) = \left(-\frac{\partial \mathbf{V}_g}{\partial x}\cdot\nabla\left(-\frac{\partial \phi}{\partial p}\right), -\frac{\partial \mathbf{V}_g}{\partial y}\cdot\nabla\left(-\frac{\partial \phi}{\partial p}\right)\right) \tag{9.66}$$

这个矢量称为准地转 Q 矢量。其中,σ 为静力稳定参数,$\sigma = -\frac{\alpha}{\theta}\frac{\partial \theta}{\partial p}$,$\alpha = \frac{RT}{P}$ 为比容。由(9.66)式定义的准地转 Q 矢量还可以表示成如下分量形式

$$Q_x = -\frac{R}{P}\frac{\partial \mathbf{V}_g}{\partial x}\cdot\nabla T = -\frac{R}{P}\left(\frac{\partial u_g}{\partial x}\cdot\frac{\partial T}{\partial x} + \frac{\partial v_g}{\partial x}\cdot\frac{\partial T}{\partial y}\right) \tag{9.67}$$

$$Q_y = -\frac{R}{P}\frac{\partial \mathbf{V}_g}{\partial y}\cdot\nabla T = -\frac{R}{P}\left(\frac{\partial u_g}{\partial y}\cdot\frac{\partial T}{\partial x} + \frac{\partial v_g}{\partial y}\cdot\frac{\partial T}{\partial y}\right) \tag{9.68}$$

(9.67)和(9.68)式说明,准地转 Q 矢量决定于地转风水平梯度与水平温度梯度的乘积。因此,用一层等压面的位势高度 ϕ 和温度 T 的资料,即可方便地计算出该层的准地转 Q 矢量。

下面来说明 Q 矢量的物理意义。为了简化,在给定点取 x 轴沿等温线方向,则

$-\frac{\partial T}{\partial x} = 0$,因此

$$Q_x = -\frac{R}{P}\frac{\partial v_g}{\partial x} \cdot \frac{\partial T}{\partial y}, \quad Q_y = -\frac{R}{P}\frac{\partial v_g}{\partial y} \cdot \frac{\partial T}{\partial y}, \quad \boldsymbol{Q} = Q_x \boldsymbol{i} + Q_y \boldsymbol{j}$$

由此可见 Q_y 表示温度梯度 $-\frac{\partial T}{\partial y}$ 的大小变化。设 $\frac{\partial T}{\partial y} < 0$,当 $Q_y > 0$ 时,表示 $\left|-\frac{\partial T}{\partial y}\right|$ 减小(锋消),而当 $Q_y < 0$ 时,表示 $\left|-\frac{\partial T}{\partial y}\right|$ 增大(锋生)(图 9.4a);Q_x 则表示温度梯度 $-\frac{\partial T}{\partial y}$ 的方向变化。当 $Q_x > 0$ 时,表示 $-\boldsymbol{\nabla}T$ 做气旋式旋转,而当 $Q_x < 0$ 时,表示 $-\boldsymbol{\nabla}T$ 做反气旋式旋转(图 9.4b)。因此,$\boldsymbol{Q}$ 矢量代表了引起温度场(包括温度梯度的大小和方向)变化的地转扰动(辐散、辐合和切变)。

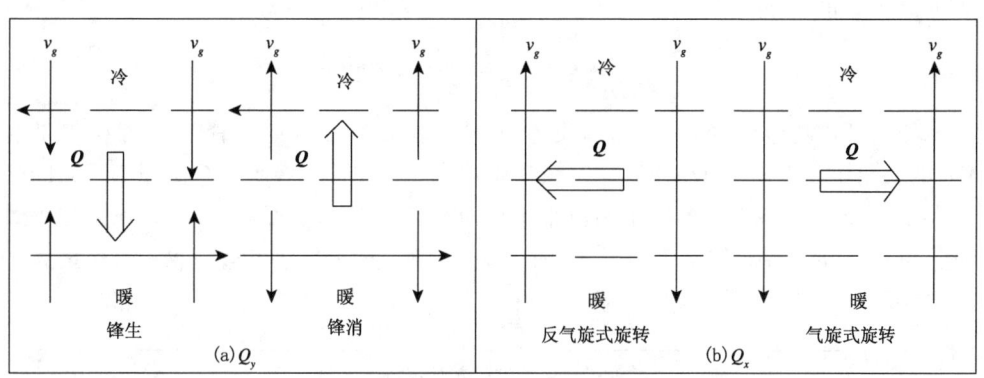

图 9.4　表示 $\boldsymbol{Q}$ 矢量分量 Q_x 和 Q_y 的物理意义的示意图

9.3.2　准地转 Q 矢量与垂直运动和锋生锋消的关系

(9.65)式表明,在 f 平面上准地转的垂直运动仅由 $\boldsymbol{Q}$ 矢量的散度决定。当 ω 场具有波状特征时,$\omega \propto \boldsymbol{\nabla} \cdot \boldsymbol{Q}$。所以可推断出,当 $\boldsymbol{\nabla} \cdot \boldsymbol{Q} < 0$ 时,$\omega < 0$ 为上升运动,反之为下沉运动。所以,这种以 $\boldsymbol{Q}$ 矢量散度为唯一强迫项的新形式的准地转 ω 方程避免了传统形式的 ω 方程的缺点,而且具有物理意义清楚、计算简便的特点。它能避免直接求解 ω 方程时的大量计算,而只需应用一层等压面资料即可求得 ω,使定量计算及定性判断 ω 都更加简捷。$\boldsymbol{Q}$ 矢量及 $\boldsymbol{Q}$ 矢量散度可以在很多层计算和显示,在垂直剖面图或时间—高度图中也可以显示 $\boldsymbol{Q}$ 矢量散度的垂直分布。

此外,由于 $\boldsymbol{Q}$ 矢量决定了流场和温度场热成风的个别变化,亦即决定了水平温度的个别变化,因而还可用来预报锋生或锋消。在准地转情况下

$$\frac{D_g T}{Dt} = \left(\frac{\partial}{\partial t} + \boldsymbol{V}_g \cdot \boldsymbol{\nabla}\right)T = 0$$

则

$$\frac{\partial}{\partial x}\frac{D_g T}{Dt} = \frac{\partial}{\partial x}\left(\frac{\partial}{\partial t} + \mathbf{V}_g \cdot \mathbf{\nabla}\right)T = \left(\frac{\partial}{\partial t} + \mathbf{V}_g \cdot \mathbf{\nabla}\right)\frac{\partial T}{\partial x} + \frac{\partial \mathbf{V}_g}{\partial x} \cdot \mathbf{\nabla}T = 0$$

$$\frac{\partial}{\partial y}\frac{D_g T}{Dt} = \frac{\partial}{\partial y}\left(\frac{\partial}{\partial t} + \mathbf{V}_g \cdot \mathbf{\nabla}\right)T = \left(\frac{\partial}{\partial t} + \mathbf{V}_g \cdot \mathbf{\nabla}\right)\frac{\partial T}{\partial y} + \frac{\partial \mathbf{V}_g}{\partial y} \cdot \mathbf{\nabla}T = 0$$

因而有

$$\left(\frac{\partial}{\partial t} + \mathbf{V}_g \cdot \mathbf{\nabla}\right)\frac{\partial T}{\partial x} = \frac{P}{R}Q_x$$

$$\left(\frac{\partial}{\partial t} + \mathbf{V}_g \cdot \mathbf{\nabla}\right)\frac{\partial T}{\partial y} = \frac{P}{R}Q_y$$

$$\frac{D_g}{Dt}\left(\frac{R}{P}\mathbf{\nabla}T\right) = \mathbf{Q} \tag{9.69}$$

上式点乘 $\mathbf{\nabla}T$，便得

$$\frac{D_g}{Dt}|\mathbf{\nabla}T|^2 = \frac{2P}{R}\mathbf{Q} \cdot \mathbf{\nabla}T \tag{9.70}$$

(9.70)式左边即锋生函数，可见 $\mathbf{Q}$ 矢量可用以判断锋生和锋消。当 $\mathbf{Q}$ 矢量与 $\mathbf{\nabla}T$ 的交角小于 90°时，$\mathbf{Q} \cdot \mathbf{\nabla}T > 0$，锋生函数大于 0，即锋生；而当 $\mathbf{Q}$ 矢量与 $\mathbf{\nabla}T$ 的交角大于 90°时，$\mathbf{Q} \cdot \mathbf{\nabla}T > 0$，锋生函数小于 0，即锋消。这与前面对 Q_y 的讨论也是一致的。当 $\mathbf{Q}$ 矢量与 $\mathbf{\nabla}T$ 的交角小于 90°时，$Q_y < 0$，锋生；而当 $\mathbf{Q}$ 矢量与 $\mathbf{\nabla}T$ 的交角大于 90°时，$Q_y > 0$，锋消（图 9.5）。

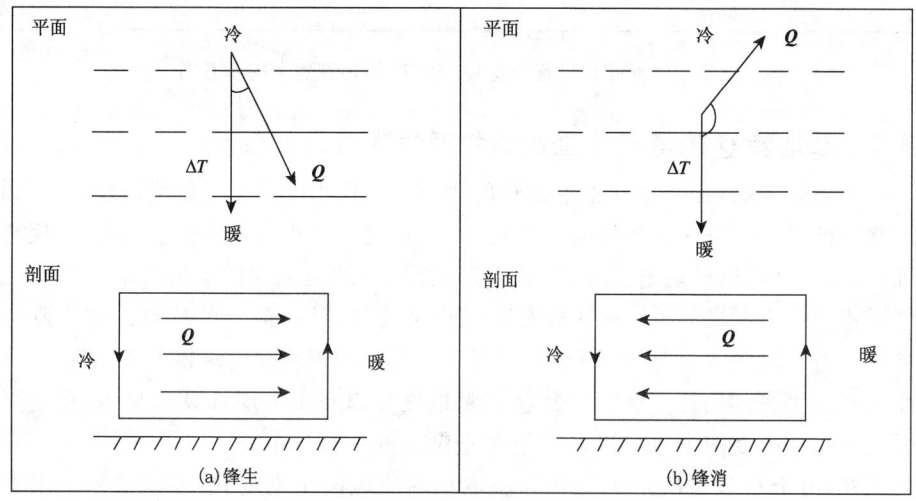

图 9.5　表示 $\mathbf{Q}$ 矢量与锋生、锋消关系的示意图

9.3.3 准地转 Q 矢量与次级环流的关系

如下列二式所示,在垂直剖面图上,由垂直运动 ω 和非地转气流 (u_a, v_a) 构成的纬向或经向的次级环流分别由 Q_x 和 Q_y 决定

$$\frac{\partial(\delta\omega)}{\partial x} - f^2 \frac{\partial u_a}{\partial p} = -2Q_x \tag{9.71}$$

$$\frac{\partial(\delta\omega)}{\partial y} - f^2 \frac{\partial v_a}{\partial p} = -2Q_y \tag{9.72}$$

式中,Q_x 和 Q_y 分别为 Q 矢量的纬向或经向分量。可见 Q 矢量与次级环流之间具有密切的关系。下面来考察次级环流的方向与 Q 矢量的方向之间的关系。当 $\frac{\partial \omega}{\partial x} > 0$ 及 $\frac{\partial u_a}{\partial p} < 0$(即有西部上升,东部下沉,高层向东,低层向西的纬向垂直环流)时,便有 $Q_x < 0$,即 Q_x 指向西。而当有 $\frac{\partial \omega}{\partial y} < 0$,$\frac{\partial v_a}{\partial p} > 0$(即有南部下沉,北部上升,高层向南,低层向北的经圈垂直环流)时,则有 $Q_y > 0$,即 Q_y 指向北。反过来,也可根据 Q_x 和 Q_y 的正负来判断纬向或经向垂直环流的方向。即当 Q 矢量的分量小于零时,该方向的垂直环流方向是顺时针旋转的;反之,当 Q 矢量分量大于零时,该方向的垂直环流方向是逆时针旋转的。总而言之,Q 矢量总是指向上升区,背向下沉区。

9.3.4 在天气图上定性地判断 Q 矢量的方法

在给定点取 x 轴沿等温线方向,y 轴指向冷空气一侧,则根据表达式

$$\boldsymbol{Q} = \left(-\frac{R}{P}\frac{\partial v_g}{\partial x} \cdot \frac{\partial T}{\partial y}\right)\boldsymbol{i} + \left(-\frac{R}{P}\frac{\partial v_g}{\partial y} \cdot \frac{\partial T}{\partial y}\right)\boldsymbol{j}$$

取 f=常数,$\frac{\partial v_g}{\partial y} = -\frac{\partial u_g}{\partial x}$,可得

$$\boldsymbol{Q} = -\frac{R}{P}\left(\frac{\partial T}{\partial y}\right)\left(\frac{\partial v_g}{\partial x}\boldsymbol{i} - \frac{\partial u_g}{\partial x}\boldsymbol{j}\right)$$

或

$$\boldsymbol{Q} = -\frac{R}{P}\left|\frac{\partial T}{\partial y}\right|\boldsymbol{k} \times \frac{\partial \boldsymbol{V}_g}{\partial x} \tag{9.73}$$

式中 k 为垂直方向的单位矢量,$\frac{\partial \boldsymbol{V}_g}{\partial x}$ 为沿 x 方向的地转风变率。因此便可根据天气图上的地转风变率来求得 Q 矢量(如图 9.6 所示)。

9.3.5 半地转 Q 矢量($Q^\wedge$)、非地转 Q 矢量($Q^\#$)和湿 Q 矢量(Q^*)

近年来,Q 矢量理论有了很多发展,以下介绍的半地转 Q 矢量($Q^\wedge$)和非地转 Q 矢量($Q^\#$)及湿 Q 矢量(Q^*)等概念的提出就是其中之一。

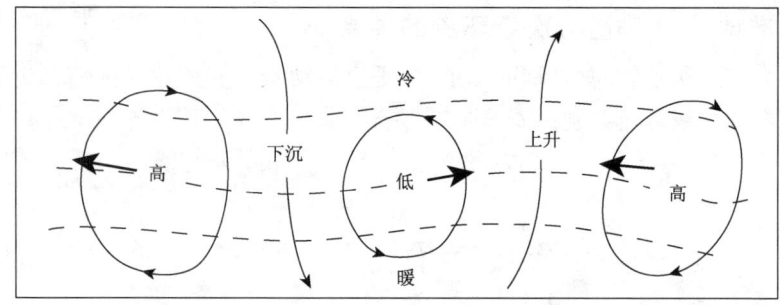

图 9.6 在天气图上判断 Q 矢量的示意图(Sanders 和 Hoskins,1990)

(1)半地转 Q 矢量($Q^\wedge$)

半地转近似又称为地转动量近似。如前面章节中所述,在半地转近似条件下的动力方程组比准地转近似条件下的动力方程组含有更多信息,它保留了非地转风造成的地转动量平流,增加了由非地转风引起的温度平流项,而且考虑了 β 效应。由半地转、准静力、绝热无摩擦的 p 坐标下动力方程组出发可以推导出半地转 Q 矢量,其表达式为

$$Q^\wedge = (Q_x^\wedge, Q_y^\wedge) = \left\{ \frac{1}{2} \left[-\frac{\partial \boldsymbol{V}}{\partial x} \cdot \nabla \left(-\frac{\partial \phi}{\partial p} \right) - f \frac{\partial \boldsymbol{V}}{\partial p} \cdot \nabla v_g + v\beta \frac{\partial v_g}{\partial p} \right], \right.$$
$$\left. \frac{1}{2} \left[-\frac{\partial \boldsymbol{V}}{\partial x} \cdot \nabla \left(-\frac{\partial \phi}{\partial p} \right) - f \frac{\partial \boldsymbol{V}}{\partial p} \cdot \nabla u_g + v\beta \frac{\partial u_g}{\partial p} \right] \right\} \quad (9.74)$$

上式中($Q^\wedge$)为 p 坐标系的半地转 Q 矢量,$Q_x^\wedge$ 和 $Q_y^\wedge$ 分别为 x 方向和 y 方向的半地转 Q 矢量的分量。值得注意的是,半地转 Q 矢量的表达式中不仅含有地转风,同时还包括了实际风,这是其与准地转 Q 矢量明显的不同之处。

与准地转 Q 矢量类似,下列二式描述了半地转 Q 矢量与垂直环流的方向关系:

$$\frac{\partial(\delta\omega)}{\partial x} - f^2 \frac{\partial u_a}{\partial p} = -2Q_x^\wedge \quad (9.75)$$

$$\frac{\partial(\delta\omega)}{\partial y} - f^2 \frac{\partial v_a}{\partial p} = -2Q_y^\wedge \quad (9.76)$$

由上列二式可知,纬向和经向垂直环流分别由 $Q_x^\wedge$ 和 $Q_y^\wedge$ 决定。因而任一方向垂直剖面上的次级环流,完全由该方向的半地转 Q 矢量的分量决定。同样,半地转 Q 矢量方向总是指向气流上升区,背向气流下沉区。

与准地转 Q 矢量类似,用半地转 Q 矢量表示的 ω 方程为

$$\nabla^2(\sigma\omega) + f^2 \frac{\partial^2 \omega}{\partial p^2} = -2 \nabla \cdot Q^\wedge \quad (9.77)$$

上式的物理意义是,在半地转近似条件下,垂直运动仅由 $Q^\wedge$ 矢量散度决定,当 ω 场具有波状特征时,ω 与半地转 Q 矢量有如下关系:$\omega \propto \nabla \cdot Q^\wedge$,所以同样可推断出,当

$\mathbf{V} \cdot \mathbf{Q}^\wedge < 0$ 时,$\omega < 0$ 为上升运动,反之为下沉运动。

（2）非地转 Q 矢量（$Q^\#$）

由准静力、绝热无摩擦、f 平面的 p 坐标系的原始方程出发可以推导出为 p 坐标系的非地转 Q 矢量 $Q^\#$,其表达式为

$$Q^\# = (Q_x^\#, Q_y^\#) = \left\{ \frac{1}{2}\left[f\left(\frac{\partial v}{\partial p}\frac{\partial u}{\partial x} - \frac{\partial u}{\partial p}\frac{\partial v}{\partial x}\right) - h\frac{\partial \mathbf{V}}{\partial x} \cdot \mathbf{\nabla}\theta \right], \right.$$
$$\left. \frac{1}{2}\left[f\left(\frac{\partial v}{\partial p}\frac{\partial u}{\partial y} - \frac{\partial u}{\partial p}\frac{\partial v}{\partial y}\right) - h\frac{\partial \mathbf{V}}{\partial y} \cdot \mathbf{\nabla}\theta \right] \right\} \tag{9.78}$$

上式中 $Q_x^\#$ 和 $Q_y^\#$ 分别为非地转 Q 矢量的 x 方向和 y 方向的分量。值得注意的是,在非地转 Q 矢量的表达式中各计算项都包含实际风,这是其与准地转 Q 矢量及半地转 Q 矢量所不同的显著特点。

与准地转 Q 矢量类似,也可推导出非地转 Q 矢量 $Q^\#$ 与次级环流有以下关系

$$\delta\frac{\partial \omega}{\partial x} - f^2 \frac{\partial u_a}{\partial p} = -2Q_x^\# \tag{9.79}$$

$$\delta\frac{\partial \omega}{\partial y} - f^2 \frac{\partial v_a}{\partial p} = -2Q_y^\# \tag{9.80}$$

由(9.79)和(9.80)式可见,纬向和经向垂直环流分别由 $Q_x^\#$ 和 $Q_y^\#$ 决定。因而任一方向垂直剖面上的次级环流,完全由该方向的非地转 Q 矢量的分量决定。非地转 Q 矢量方向总是指向气流上升区,背向气流下沉区。

同样,以非地转 Q 矢量散度作为唯一强迫项的非地转 ω 方程为

$$\mathbf{\nabla}^2(\sigma\omega) + f^2\frac{\partial^2 \omega}{\partial p^2} = -2\mathbf{\nabla} \cdot \mathbf{Q}^\# \tag{9.81}$$

很显然,当 ω 具有波状特征时,(9.81)式左边与 $-\omega$ 成正比,由此可得

$$\mathbf{\nabla} \cdot \mathbf{Q}^\# \propto \omega \tag{9.82}$$

所以,当 $\mathbf{\nabla} \cdot \mathbf{Q}^\# < 0$ 时,$\omega < 0$(上升运动),而当 $\mathbf{\nabla} \cdot \mathbf{Q}^\# > 0$ 时,$\omega > 0$(下沉运动)。因此,由非地转 Q 矢量及非地转 Q 矢量散度可以用来诊断次级环流及垂直运动。由于非地转 Q 矢量散度的存在,必然要激发次级环流,使大尺度运动进行调整,以抵消非热成风效应。随着次级环流的增强,最后使大尺度运动建立新的热成风平衡。在热成风平衡不断被破坏和重建的过程中,非地转 Q 矢量散度起着重要的作用。

（3）湿 Q 矢量（Q^*）

由考虑了大气中水汽凝结非绝热加热作用的原始方程组出发,可以推导出 p 坐标系的非地转的湿 Q 矢量 Q^*,其表达式为

$$Q^* = (Q_x^*, Q_y^*) = \left\{ \frac{1}{2}\left[f\left(\frac{\partial v}{\partial p}\frac{\partial u}{\partial x} - \frac{\partial u}{\partial p}\frac{\partial v}{\partial x}\right) - h\frac{\partial \mathbf{V}}{\partial x} \cdot \mathbf{\nabla}\theta - \frac{\partial}{\partial x}\left(\frac{LR\omega}{C_p \cdot P}\frac{\partial q_s}{\partial p}\right) \right], \right.$$
$$\left. \frac{1}{2}\left[f\left(\frac{\partial v}{\partial p}\frac{\partial u}{\partial y} - \frac{\partial u}{\partial p}\frac{\partial v}{\partial y}\right) - h\frac{\partial \mathbf{V}}{\partial y} \cdot \mathbf{\nabla}\theta - \frac{\partial}{\partial y}\left(\frac{LR\omega}{C_p \cdot P}\frac{\partial q_s}{\partial p}\right) \right] \right\} \tag{9.83}$$

上式中，Q_x^* 和 Q_y^* 分别为 x 方向和 y 方向的湿 Q 矢量的分量。值得注意的是，在湿 Q 矢量的表达式中，不仅全部为实际风计算，同时还包括了凝结潜热加热项，这是其与它 Q 矢量明显不同的特征，充分体现出其更接近于实际大气的状况。纬向和经向的垂直环流可分别由 Q_x^* 和 Q_y^* 决定

$$2Q_x^* = f^2 \frac{\partial u_a}{\partial p} - \sigma \frac{\partial \omega}{\partial x} \tag{9.84}$$

$$2Q_y^* = f^2 \frac{\partial v_a}{\partial p} - \sigma \frac{\partial \omega}{\partial y} \tag{9.85}$$

类似地，湿 Q 矢量方向总是指向气流上升区，背向气流下沉区。

以湿 Q 矢量散度为强迫项的非地转 ω 方程为

$$\nabla^2(\sigma\omega) + f^2 \frac{\partial^2 \omega}{\partial p^2} = -2\nabla \cdot \mathbf{Q}^* \tag{9.86}$$

同样，当 $\nabla \cdot \mathbf{Q}^* < 0$ 时，则 $\omega < 0$（上升运动）；当 $\nabla \cdot \mathbf{Q}^* > 0$ 时，则 $\omega > 0$（下沉运动）。

9.3.6 Q 矢量分解及其应用

近年来，一些学者提出了 Q 矢量分解分析的理论和方法。Q 矢量分解方法一般是将 Q 矢量分解在沿着等温线或等位温线的自然坐标系中，将 Q 矢量分解为分别平行和垂直于等温线或等位温线的两部分，有时也可将 Q 矢量分解为分别平行和垂直于等高线的两部分。研究表明，Q 矢量分解有助于揭示总的 Q 矢量所难以揭示的有意义的特征。例如在研究锋生和垂直运动的物理机制时，Keyser 等(1992)发现将 Q 矢量分解为分别平行和垂直于等温线的两部分时，导致了与斜压扰动相关的垂直运动分布的一个有意义的尺度分离。与等温线正交的 Q 矢量分量的分布具有锋区尺度且呈现带状结构，而与等温线平行的 Q 矢量分量分布则具有天气尺度且呈环状构造。又如 Barnes(1993)将 Q 矢量分解分析法应用于对 1987 年圣诞节在科罗拉多州东北部地区出现的一次风暴过程的诊断分析，结果非常清楚地解释了在此次天气过程中一个发展成主导涡旋的次级最大涡度值出现的原因。此外，Martin(1999)也采用沿等温线分解 Q 矢量的方法来诊断气旋锢囚阶段的上升运动。岳彩军(2002b)等从湿 Q 矢量分解的角度来分析研究梅雨锋暴雨过程中不同尺度相互作用的工作，将分解准地转 Q 矢量的思想用于湿 Q 矢量的分解，并将其用于对梅雨锋暴雨过程中垂直运动场的诊断分析，进而深入研究不同尺度在整个梅雨锋暴雨过程中对于垂直运动场的激发与强迫产生所起的作用。湿 Q 矢量的分解分析的方法如下：根据以湿 Q 矢量散度为强迫项的非地转 ω 方程(9.86)可知，当 $\nabla \cdot \mathbf{Q}^* < 0$ 时，$\omega < 0$（上升运动）；当 $\nabla \cdot \mathbf{Q}^* > 0$ 时，$\omega > 0$（下沉运动）。根据传统的 Q 矢量分解方法，将湿 Q 矢量分解在沿等温线的自然坐标系中，如图 9.7 所示，$\mathbf{n}$ 为 $\nabla \theta$ 方向上的单位矢量，且 $\mathbf{n} = \frac{\nabla \theta}{|\nabla \theta|}$。当 $\mathbf{n}$ 反时针旋转 90°时可得单位向量 $\mathbf{s}$，即 $\mathbf{s} = \mathbf{k} \times \mathbf{n}$，其中，"总"的湿 Q 矢量

记为 $Q^*_{总}$（即 Q^*），湿 Q 矢量在 n 方向上的分量记为 Q^*_n，且 $Q^*_n = \left(\dfrac{Q^* \cdot \nabla\theta}{|\nabla\theta|}\right)\dfrac{\nabla\theta}{|\nabla\theta|}$ 或 $Q^*_n = \left(\dfrac{Q^* \cdot \nabla\theta}{|\nabla\theta|}\right)n$；湿 Q 矢量在 s 方向上的分量记为 Q^*_s，且 $Q^*_s = \dfrac{Q^* \cdot (k \times \nabla\theta)}{|\nabla\theta|}\left[\dfrac{(k \times \nabla\theta)}{|\nabla\theta|}\right]-$。显然 $Q^* = Q^*_n n + Q^*_s s$，且 Q^*_n、Q^*_s 与 Q^* 具有相同的诊断特性。

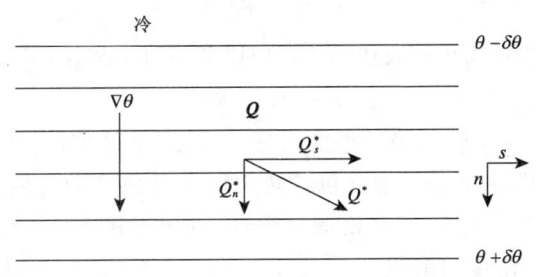

图 9.7 湿 Q 矢量分解示意图

9.3.7 Q 矢量分析的应用

Q 矢量分析在科研和业务工作中已得到广泛的应用。实践表明，Q 矢量分析能比较清楚地揭示垂直运动场的演变及其与降水系统的联系。同时，Q 矢量分析亦能被用于对锋生的研究。通过把 Q 矢量强迫作用分离为矢量锋生函数的大小分量和方向分量可以看到，锋面环流与 Q 矢量的大小分量有关，而基本环流（与斜压扰动有关的环流）则与方向分量有关。Q 矢量分析可用以更准确地判断锋生形势。从而为预报员提供预报强降水天气重要信息。很多天气工作者还发现低涡、切变线等重要降水天气系统的生成、加强及维持和移动的预报也都可从 Q 矢量分析中获得有益的依据。有人通过计算多层 Q 矢量的散度、旋度及 Q 矢量的温度平流等量值，分析了台风暴雨突然增幅的原因以及江淮梅雨锋上次级环流的活动和暴雨的落区。Barnes 等将 Q 矢量分析方法，用于实际天气个例分析，并将分析结果与有限区域数值预报进行比较。结果表明，Q 矢量分析方法可以很好应用于短期天气预报业务。此外，半地转 Q 矢量、非地转 Q 矢量和湿 Q 矢量等新概念以及 Q 矢量分解分析等新理论和新方法，也都逐步在实际科研和业务工作中得到应用，取得了一定的效果。近年来，在 Q 矢量的理论研究方面取得了许多进展。Davies-Jones(1991) 从原始方程组（PE）出发，提出广义 Q 矢量的问题，并推导出以广义 Q 矢量散度作强迫项的非地转的 ω 方程。

9.4 位涡分析

9.4.1 位涡的概念

位涡是"位势涡度(Potential Vorticity)"的简称。位涡概念最早由 Rossby (1940)提出,他指出在正压模式下,绝对涡度 ζ_a 与气柱厚度 H 的比为一常数,即

$$\zeta_a/H = 常数 \tag{9.87}$$

ζ_a/H 即是"位涡"概念最简单的表达形式。1942年,Ertel 提出了广义位涡 q 的概念,即

$$q = \alpha \boldsymbol{\zeta}_a \cdot \nabla\theta \tag{9.88}$$

式中 θ 为位温,α 为比容,$\boldsymbol{\zeta}_a$ 为绝对涡度矢量。又称 Ertel 位涡,它是绝对涡度矢量与位温梯度矢量的点积,因而是一个既包含热力因子又包含动力因子的物理量。位涡在绝热、无摩擦的干空气中具有严格的守恒性(即 $dq/dt=0$)。在静力平衡条件下,是绝对涡度与静力稳定度的乘积

$$q = (\zeta_\theta + f)\left(-g\frac{\partial\theta}{\partial p}\right) \tag{9.89}$$

式中,ζ_θ 为等熵面涡度。在等压坐标和等熵坐标中的位涡表达式分别为

$$q = -g(f\boldsymbol{k} + \nabla_p\times\boldsymbol{V})\cdot\nabla_p\theta \tag{9.90}$$

$$q = -g(f + \boldsymbol{k}\cdot\nabla_\theta\times\boldsymbol{V})/(\partial p/\partial\theta) \tag{9.91}$$

∇_p 和 ∇_θ 分别为 xyp 和 $xy\theta$ 空间中的三维梯度符,这时的位涡分别称为等压位涡和等熵位涡。

对于典型的中纬度天气尺度系统,$\zeta<f$,因此,(9.89)式可简化为

$$q \approx -gf\frac{\partial\theta}{\partial p} \tag{9.92}$$

同时,$\partial\theta/\partial p \approx -10$ K/(100 hPa)。在北半球,$f>0$,因此通常 q 为正值,而且可以由下式估算其数量级

$$q = -(10 \text{ m/s}^2)(10^{-4}/\text{s})\left[-\frac{10\text{K}}{10\text{kPa}}\right]\frac{1\text{kPa}}{10^3 \text{kg}\cdot\text{m}/(\text{s}^2\cdot\text{m}^2)}$$

$$= 10^{-6} \text{ m}^2\cdot\text{K}\cdot\text{s}^{-1}\cdot\text{kg}^{-1} = 1 \text{ PVU} \tag{9.93}$$

PVU 为"位涡单位"。位涡的分布一般呈现由低纬向高纬和由低层向高层增大的现象。在对流层中位涡一般小于 1.5 PVU,在对流层顶附近位涡突然增大至 4 PVU,在平流层中位涡随高度迅速增大;在对流层低层赤道附近位涡近于 0 PVU,中纬地区约为 0.3 PVU,在对流层高层中纬地区典型值为 1.0 PVU。$PV=2$ PVU 的等值线通常代表来自低纬地区对流层的低位涡大气与来自高纬地区对流层高层及平流层的高位涡大气之间的边界。在副热带急流以北地区,$PV=2$ PVU 的等位涡面接近

于实际大气的对流层顶,一般称之为动力对流层顶。

9.4.2 位涡异常的分析

位涡有多种分析方法,最常用的方法之一是等熵位涡(IPV)分析法,即在等位温面(即等熵面)上分析等位涡线。等熵面一般取为与极锋地区的对流层顶相重合的等位温面。在北半球冬季一般取 $\theta=315$ K,夏季一般取 $\theta=325$ K 的等位温面。由于如上所说,位涡具有守恒性,即在绝热、无摩擦条件下,运动大气的位涡保持不变。因此可以通过追踪位涡异常区(即位涡高值或低值区)来追踪大气扰动的演变情况。图 9.8 给出了一个例子,它显示了在 1982 年 9 月 20—25 日在 300 K 等熵面图上,40°N—北极,120°W—0°W,以 60°W 为中心经度的区域内等熵位涡高值区从西北向东南伸展并断裂的过程。

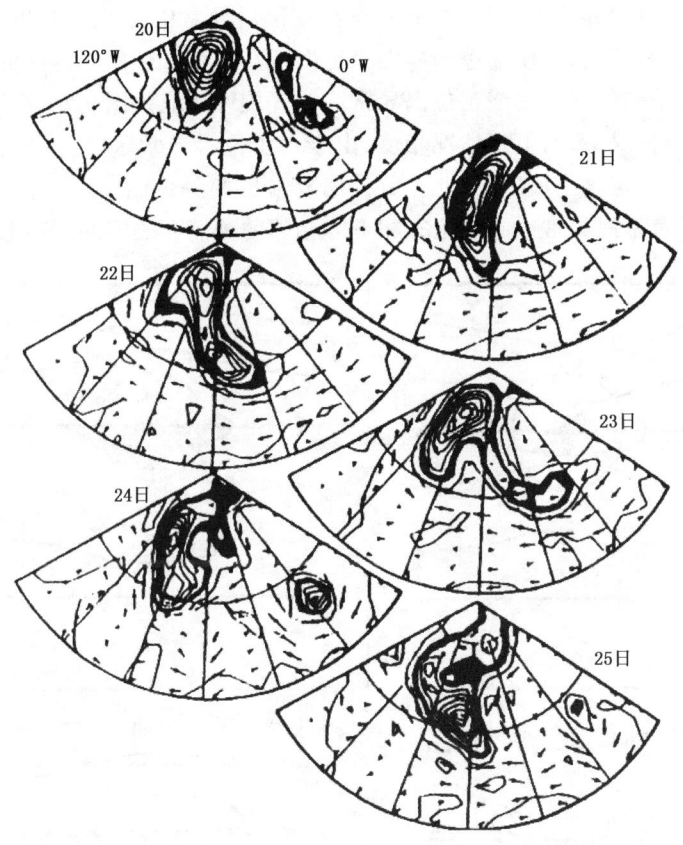

图 9.8 1982 年 9 月 20—25 日在 300 K 等熵面图上,40°N—北极,120°W—0°W,以 60°W 为中心经度的区域内 IPV 高值区的演变图。等值线间隔为 0.5 PVU,涂黑区表示 IPV 值为 1.5~2.0 PVU 的地区,箭头表示该等熵面上的风矢量。(Hoskins et al,1985)

9.4.3 位涡和位温异常区高低空系统的结构特征

位涡具有两个重要特性,除了守恒性以外,还具有可反演性。所谓"可反演性",即在给定位涡分布和边界条件,并假定运动是平衡(如地转平衡、梯度风平衡)的情况下,可以反演出同一时刻的风、温度、位势高度等的分布来。Hoskins 等(1985)利用位涡守恒性和可反演性的原理,通过等熵位涡分析很好地解释了准平衡运动的动力学特征,清楚地显示了高空位涡异常和低层位温异常所对应的高低空系统的结构特征和演变趋势。这种分析理论和方法称为位涡思想(PV thinking)。

图 9.9 为理想的高空正、负位涡异常区和低层正、负位温异常区所对应的高低空系统的结构特征的示意图。图 9.9a 表示在高空有正位涡异常区的情况下,由于在正位涡异常区内位涡比周围高,即是一涡度和静力稳定度大值区,因此在正位涡异常区内等位温面向正位涡异常中心收拢,造成与在正位涡异常中心的上方和下方相邻的等熵面之间的距离拉大,致使那里的静力稳定度减小。由于位涡守恒性的作用,使气旋性涡度增大,结果便出现围绕正位涡异常区的气旋性环流。图 9.9b 表示在高空有负位涡异常区的情况下,与上述情况相反,由于在负位涡异常区内位涡比周围低,即是一涡度和静力稳定度小值区,因此在负位涡异常区内等位温面向负位涡异常中心分开,造成与在负位涡异常中心的上方和下方相邻的等熵面之间的距离缩短,致使那

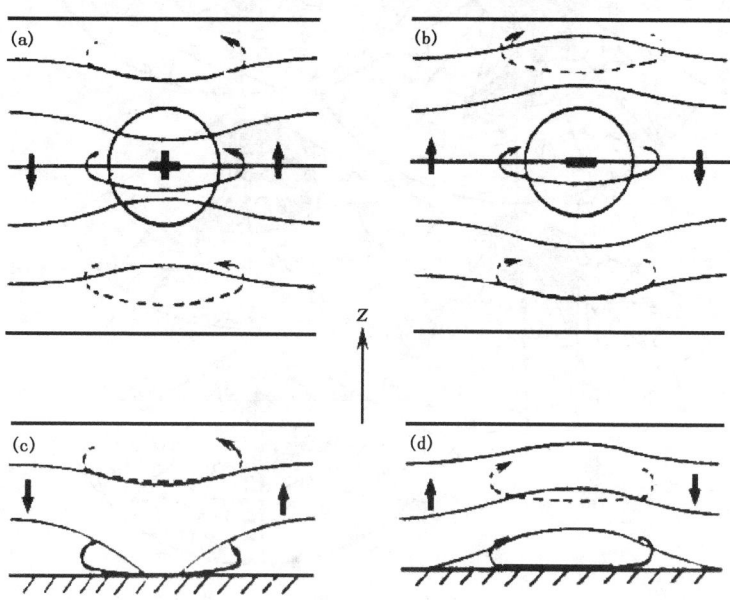

图 9.9 高空正、负位涡异常及地面温度异常所对应的等熵面和环流结构示意图
(Hoskins,1997)

里的静力稳定度增大,气旋性涡度减小,反气旋性增大,结果便出现围绕负位涡异常区的反气旋性环流。图9.9c表示在位涡均匀分布的低层有正温度异常出现的情况下,各等熵面间的间隔加大,使静力稳定度减小,因而气旋性涡度增大,结果便出现围绕正温度异常区的气旋性环流。类似地,在低层有负温度异常出现的情况下,各等熵面间的间隔减小,使静力稳定度增大,因而引起反气旋性涡度增大,结果便出现围绕负温度异常区的反气旋性环流(如图9.9d所示)。以上情况也可以由图9.10示意。

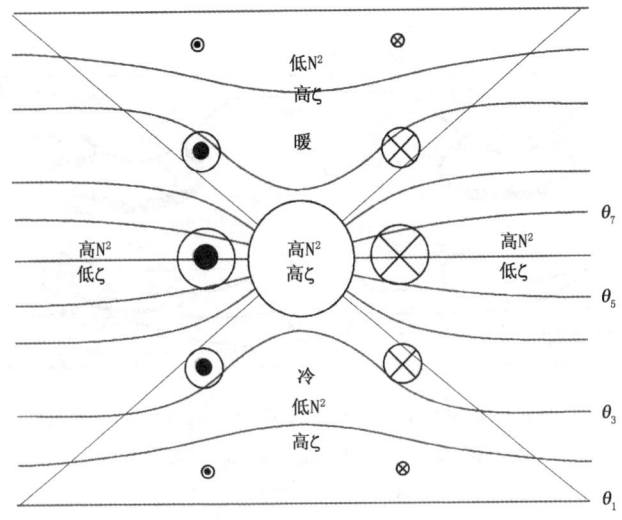

图 9.10　等熵位涡思想(Hoskins 等, 1985)
⊙表示流出,⊗表示流入

上述等熵位涡思想包含下列要点:①用涡度观点,通常将大气结构看成是由移动性的高空槽、脊叠加在地面气旋、反气旋之上所组成。而用位涡思想则将大气结构看成是由高空位涡异常和低层位温异常相叠加而组成;②围绕高空正、负位涡异常区分别有气旋性和反气旋性环流出现;而近地面层的正、负温度异常区也分别有气旋性和反气旋性环流相对应。上下层位涡和温度异常所诱生的风场之和便构成了总风场;③在绝热、无摩擦假定下等熵面上位涡平流引起位涡的局地变化;④位涡和温度异常所诱生的风场改变了等熵位涡的分布;⑤等熵位涡的分布又与新的诱生 的风场相联系。位涡和温度异常与诱生的风场的连续相互作用,造成"自我发展"(self development)过程,这种过程将延续到高低层异常区的轴线在同一垂直线上为止。

利用等熵位涡思想可以很好地解释地面气旋的发展过程。如图9.11所示,当高空有一正位涡异常区(与对流层顶下降相对应)东移叠加在低空原先存在的地面锋区的上空时,在正位涡异常区可诱生出一个气旋性环流并向下伸展(其垂直伸展的尺度 HR 称为罗斯贝穿透高度,$H_R = f\dfrac{L}{N}$,其中 f,L,N 分别为地转参数、水平尺度和浮力频率)。气旋性环流与低层锋区作用造成冷暖平流。暖平流引起低空正位温异常,从而在原来的低空气旋性环流的前方诱生出附加的气旋性环流,它又使高层的气旋性环流加强,而高层的气旋性环流又促使低空的气旋性环流和温度平流加强,结果便造成地面气旋的发展。这种正反馈过程将一直延续至上下层的两个异常区的轴线在同一垂直线上时才会终止。

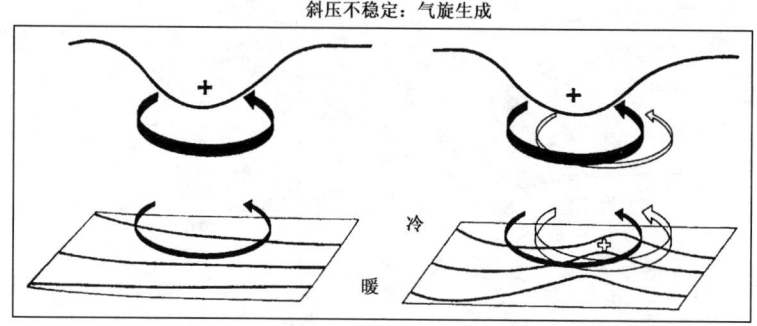

图 9.11 高空正位涡异常叠加在低空锋区之上所引起的气旋发生发展的过程示意图
(高空正位涡异常区用+号及下降的对流层顶表示;地面显示的是等位温线,箭头线表示环流)
(Hoskins 等,1985)

9.4.4 湿位涡异常的分析

在考虑降水特别是暴雨的生成机制时,必须考虑水汽的作用,从而出现了湿位涡概念。以相当位温 θ_e 代替位温 θ,则可得湿位涡的表达式

$$q_m = a\bar{\zeta}_a \cdot \nabla\theta \tag{9.94}$$

同样可给出湿位涡在等压坐标和等熵坐标中的表达式,分别为

$$q_m = -g(f\boldsymbol{k} + \nabla_p \times \boldsymbol{V}) \cdot \nabla_p \theta_e = -g\zeta_p \frac{\partial \theta_e}{\partial p} - g\boldsymbol{k} \times \frac{\partial \boldsymbol{V}}{\partial p} \cdot \nabla_p \theta_e \tag{9.95}$$

$$q_m = -g\zeta_\theta \frac{\partial \theta_e}{\partial p} \tag{9.96}$$

式中,ζ_p 和 ζ_θ 为 ζ_a 在垂直方向的投影。如果不计非绝热加热和摩擦效应,湿位涡同样具有守恒性。湿位涡这一物理量不仅表征了大气动力、热力属性,而且考虑了水汽的作用,所以对湿位涡进行诊断,可以寻求各热力和动力及水汽条件与降水的关系,从而揭示降水发生发展的物理机制。近年来湿位涡概念得到广泛的应用。

位涡、等熵位涡和湿位涡也常分别用 PV,IPV 以及 MPV 等符号来表示。湿位

涡包含水汽的变化,也可以分为湿正压项($MPV1$)和湿斜压项($MPV2$):

$$MPV1 = -g(\zeta + f)\frac{\partial \theta_e}{\partial p}$$

,表示惯性稳定性($\zeta + f$)和对流稳定性($-g\frac{\partial \theta_e}{\partial p}$)的作用,$MPV2 = g\left(\frac{\partial v}{\partial p}\frac{\partial \theta_e}{\partial x} - \frac{\partial u}{\partial p}\frac{\partial \theta_e}{\partial y}\right)$,包含了湿斜压性(($\nabla_p \theta_e$))和水平风垂直切变的贡献。将等压面位涡分解为正压部分和斜压部分,可以计算出(湿)斜压系统中(湿)斜压性相对于正压性的大小,从而反映(湿)斜压系统的结构特征。为更好地反映湿位涡与降水的关系,类似于相对涡度的概念,也可以提出相对湿位涡和牵连湿位涡的概念,相对湿位涡的表达式为

$$(MPV2)_{re} = -g\zeta\frac{\partial \theta_e}{\partial p} + g\left(\frac{\partial v}{\partial p}\frac{\partial \theta_e}{\partial x} - \frac{\partial u}{\partial p}\frac{\partial \theta_e}{\partial y}\right) \tag{9.97}$$

牵连湿位涡即为大气静止时($u=0,v=0$)的湿位涡,因此也可以说是大气的背景湿位涡,其表达方式为

$$(MPV)_{am} = -gf\frac{\partial \theta_e}{\partial p} \tag{9.98}$$

很明显,相对湿位涡相当于从湿位涡 MPV 中减去大气的背景位涡,因此可以称相对湿位涡为大气的扰动湿位涡。

将湿位涡分解为相对湿位涡和牵连湿位涡,则为在随地球旋转的坐标系中考察斜压涡旋的特征提供了方便,正是相对湿位涡这个物理量简明而定量地反映了强对流系统发展的动力学成因。

在等熵面上,当 θ_e 面与等压面的交角很小时,取 θ_e 为垂直坐标,这时由于沿湿等熵面 θ_e 的梯度为零,因此等熵面干、湿位涡可直接取如公式(9.96)的简单的形式。

根据位涡守恒性原理可导出位涡方程,比如吴国雄等(1995)从原始运动方程出发,导出下列形式的湿位涡方程

$$\frac{dp_m}{dt} = \alpha(\nabla p \times \nabla \alpha) \cdot \nabla \theta_e + \alpha \nabla \theta_e \cdot \mathbf{F}_\zeta + \alpha \boldsymbol{\zeta}_a \cdot \nabla Q \tag{9.99}$$

式中,$p_m = \alpha \boldsymbol{\zeta}_a \cdot \nabla \theta_e$。

对于干空气而言,比湿为零,(9.99)式便成为干空气的位涡方程,而湿位涡则蜕化为 Ertel 位涡。根据位涡方程,可以研究位涡的演变与发展过程,以及影响其变化的因子。

9.4.5 位涡反演

如前所述,位涡具有守恒性和可反演性两个基本特性。根据位涡的可反演性,便可由给定位涡的分布及其变化,反演诊断出风、温度、位势高度等要素的分布及其变化。位涡反演理论最早由 Kleinschmidt 在20世纪50年代时提出,然而他的观点太超前于理论的发展,而被人们忽视。后来 Hoskins 再次提出位涡反演理论,位涡的

反演才受到重视。下面是位涡反演理论的简介,这里仅给必要的三个方程:

大尺度运动平衡方程在球坐标中可写为

$$\nabla^2 \Phi = \nabla \cdot (f \nabla \Psi) + \frac{2}{a^4 \cos^2\varphi} \frac{\partial(\partial\Psi/\partial\lambda, \partial\Psi/\partial\varphi)}{\partial(\lambda,\varphi)} \quad (9.100)$$

式中,Φ 为等压面位势,Ψ 为根据大尺度运动的准水平无辐散性而引入的流函数,其他符号为常用符号。对于大尺度运动,Ertel 位涡 q 在球坐标中可近似写为

$$q = -\frac{gk\pi}{p}\left(\eta\frac{\partial\theta}{\partial\pi} - \frac{1}{a\cos\theta}\frac{\partial v}{\partial\pi}\frac{\partial\theta}{\partial\lambda} + \frac{1}{a}\frac{\partial u}{\partial\pi}\frac{\partial\theta}{\partial\varphi}\right) \quad (9.101)$$

η 为绝对涡度的铅直分量,$k = R_d/C_p$, $\pi = C_p(p/p_0)^k$ 为 Exner 函数,这里作为铅直坐标。取静力平衡近似与无辐散近似,即

$$\theta = -\partial\Phi/\partial\pi, u = -\partial\Psi/\partial y, v = -\partial\Psi/\partial x$$

则(9.101)式可写为

$$q = \frac{gk\pi}{p}\left[(f + \nabla^2\Psi)\frac{\partial^2\Phi}{\partial\pi^2} - \frac{1}{a^2\cos^2\varphi}\frac{\partial^2\Psi}{\partial\lambda\partial\pi}\frac{\partial^2\Phi}{\partial\lambda\partial\pi}\right] - \frac{1}{a^2}\frac{\partial^2\Psi}{\partial\varphi\partial\pi}\frac{\partial^2\Phi}{\partial\varphi\partial\pi} \quad (9.102)$$

从(9.101)到(9.102)的推导过程中,实际风随高度的变化由无辐散风随高度的变化代替,这与平衡关系式(9.100)中所取的近似是一致的。(9.100)和(9.102)式构成以 Φ 与 Ψ 为未知函数的闭合方程组,其中 q 为已知函数,可用实际观测资料由(9.101)式计算得到,即已知位涡 q,求解诊断方程组(9.100)和(9.102),可得到位势 Φ 与流函数 Ψ,进而得到满足平衡关系的位势场和风场。从以上讨论可知,给定风、压、温度场,即可由(9.101)式计算出位涡,反过来若已知位涡分布,可通过(9.100)、(9.102)求解出风、压、温度场,这就是位涡反演诊断。

位涡反演原理的独到之处在于,它能定量诊断出与反映各种动力学过程的 PV 扰动相联系的位势扰动、温度扰动和风场扰动,通过分析这些扰动的强度及其相互作用,不仅能诊断出决定系统发展的主要动力因子,而且能有效地揭示出系统发展演变的物理机制。

Davies-Jones(1991)对 PV 反演理论做了详细描述,给出了三维 Ertel 位涡反演诊断方法,通过松弛迭代法数值求解位涡反演诊断方程,可利用实际观测资料,定量诊断天气尺度系统的演变规律和发展机制,为动力学研究和天气分析提供了一种有效的诊断工具。Davies(1992)进一步讨论了 Ertel 位涡反演算子中的非线性问题,并对此提出了新的见解。关于反演理论在气旋生成机制方面的应用亦可参看 Hakim(1996)和 Moller(1998)的工作。1998 年 Huo 和 Zhang 又提供了一套方法,他们利用分段 PV 反演技术,并将最低层温度误差处理成 PV 异常,去改变模式初始条件中对流层低层气象要素的性质,因而我们可以利用这套方法对地面观测资料稀少地区对流层低层进行补充。国内对 PV 反演理论的运用较少,最近,周毅等(1998)对位涡反演诊断方法的意义及应用进行了讨论。他们利用 FGGE 资料所做的反演计算结

果表明:无论用瞬时位涡反演得到的平衡位势场和平衡风场,还是用扰动位涡反演得到的平衡位势场和平衡风场,都与实况资料场吻合得很好。他们还利用 PV 反演方法,对一次西太平洋地区爆发性气旋生成机制进行了诊断分析,结果表明:高层 PV 扰动所诱发的低层扰动风场特征为一支位于高空槽前下方的偏南气流,该气流是促使低层锋区扰动发展的主要动力因子;而低层 PV 扰动所诱生的低层扰动位势场是低层降压和气旋性环流生成的主要原因。此外,位涡反演诊断方法也可作为数值预报的一种初始化方案。

9.4.6 位涡理论的研究进展

继 Rossby 和 Ertel 之后,位涡的概念和理论在很多研究领域中得到广泛应用。这里简要回顾如下:Kleinschmidt(1957)利用高层对流层位涡异常来解释气旋的发生;Reed 和 Sanders(1953) 利用位涡研究了对流层高层锋生现象;Bennets 和 Hoskins(1979)提出了湿位涡概念。Hoskins 等(1985)提出如果不计非绝热加热和摩擦效应,等压面位涡及湿位涡同样具备守恒性,当湿位涡为负值时有可能出现对称不稳定;还论证了对流层的上部或平流层的位涡扰动下传,可以引起对流层下部及地面的气旋发展。指出当高层有正位涡扰动移到对流层低层或地面的斜压区上空时,可引起低层温度扰动。高低层的位涡和温度扰动,以及它们诱发的环流共同作用的结果,便造成了低涡或气旋的发生和发展。Hoskins 并再次提出和讨论了 Kleinschmidt 早在 20 世纪 50 年代就已提出的位涡反演理论及其意义。Xu(1989)利用位涡理论,从半地转锋生次级环流方程出发,探讨了湿对称不稳定与锋生强迫的联系,指出暖区位涡趋于零。Xu(1992)还研究了准地转位涡(GPV)与带状降水的关系,并用模式说明了出现单条雨带和多条雨带的不同情况以及它们形成、维持的机制。同时,Cho 和 Chan(1991)用同一个二维半地转绝热锋生模式分析了 β 中尺度 PV 异常和雨带的关系,探讨了中纬度雨带可能的成因,进一步指出依赖高度的 PV 异常能够在环流中诱生重要的中尺度结构,β 中尺度 PV 异常无疑是引起雨带形成的一种有效机制。模式结果表明,雨带里的潜热释放在位温和位涡场中又诱生出重要的扰动,而位涡场又影响着雨带的后期演变。Xu Qin 以及 Chan 和 Cho 的工作将 PV 概念与降水特征紧紧联系在了一起,使位涡理论更具实际应用价值。Joly 和 Thorpe(1990)利用线性稳定性分析描述了二维锋上扰动的发展,它包括两个过程,首先较强的锋生作用在锋上产生凝结,导致了较低对流层中沿锋面的高 PV 带的出现,然后当锋生减弱时,PV 异常的存在又影响了锋的稳定性。Du Jun 和 Cho(1996)进一步指出,沿梅雨锋上的中尺度对流系统是由低层 PV 的最大值沿锋面的不稳定引起的;大多数不稳定波的增长率依赖于积云加热的强度。由此可见,低层位涡的存在影响着锋面对流系统的发生,从而引起不同程度的降水。Davies 和 Rossa(1998)提出一个精确的动力学意义的 PV 锋生概念,将高层对流层锋视为等熵面上的 PV 梯度加强的过程,这个概念在高层锋动力学上提供了新的观点,并且有可能使相关的现象与过程清楚地显示出来。Davis 和 Emanuel(1991)对气旋生成过程中的位涡量进行了诊断,在该文中通过一气旋生成的特例来验证对平衡风的诊断方法,文中提出了一个重要的观点,即高层位涡的发展强烈受到低层异常的影响。Molinari 等(1998)分析了热带风暴 Danny(1985)与一个高层对流层正的 PV 异常间的相互作用,提出叠加原理,即小尺度的正的高层 PV 异常与低层热带气旋中心相叠加使得热带气旋加强,特别指出高层大尺度的 PV 扰动并不利于气旋生成。Molinari 等人的叠加原理发展和深入了 Hoskins 的"位涡下传"理论。国外对位涡在降水机理、锋面分析和气旋生成几个方面的研究,取得了显著的成果,特别是 Hoskins 等(1985)和 Davies 等(1992,1998)的文章,成为位涡理论研究的重要参考文献。

在国内,位涡的研究从 20 世纪 80 年代开始,主要用于对暴雨和其他天气系统的诊断。杨大升等(Yang 等,1981)用位涡理论分析了印度季风的爆发,指出低空急流加强期位涡的增加是绝对涡度和干静力稳定度二者增加的结果。王永中、杨大升(1984)研究暴雨与低层流场的位涡的问题,发现暴雨区基本上和高值位涡区相重合或者靠得很近,并且二者的发展过程也比较一致。刘还珠、张绍晴(1996)通过一个强降水个例分析了湿位涡与锋面强降水天气的关系,指出可利用对流层低层湿位涡的符号与数值来判断强降水的落区,进一步揭示了湿位涡与强降水的直接关系。侯定臣(1991)分析了夏季江淮气旋活动的等熵面位涡图和位涡垂直廓线,探讨了夏季江淮气旋发生发展的可能机制,提出夏季江淮地区气旋波活动的一个概念模式,即从高原一带东移的对流层中层弱的扰动在有利条件下引起江淮地区较强降水,中层潜热释放导致气旋性环流向下延伸,最终可在地面静止锋上形成波动。并指出,来自中高纬平流层下部的高位涡空气沿等熵面向南方下滑,是典型温带气旋区别于夏季江淮气旋的主要特征。陆尔、丁一汇(1991)应用位涡分析讨论了 1991 年江淮特大暴雨冷空气活动的特征,指出南下的冷空气在江淮一带被来自低纬西南暖气流和东南暖气流所切断,形成高位涡冷空气中心,它与两支暖气流相互作用,维持梅雨锋,从而形成持续暴雨。由于位涡在无黏、绝热的斜压大气中沿气块守恒,所以位涡与位温和比湿一样,可以作为跟踪气块移动的又一物理量。用位涡来示踪冷空气的轨迹,为业务天气预报提供了新的工具。吴国雄(1995,1997)等从原始方程出发,在导出湿位涡方程的基础上,证得绝热无摩擦的饱和大气具有湿位涡守恒的特性,并由此去研究湿斜压过程中涡旋垂直涡度的发展,提出倾斜涡度发展(SVD)理论,由于等熵位涡分析的应用受到等熵面倾斜的限制,精确的湿位涡守恒应表示为

$$a\zeta_\theta |\mathbf{V}\theta_e| = \text{constant}$$

亦即对流稳定度、风的垂直切变及湿斜压度的变化都可以引起气旋性涡度的增长,而且等熵面倾斜越大,气旋性涡度增长越强烈。该文中详细刻画了 SVD 理论的约束关

系。倾斜涡度发展理论为位涡在暴雨天气研究中提供更深的理论依据。刘志雄、寿绍文(Shou 和 Liu,2002)分析了干侵入对气旋发生发展的作用。干侵入(dry intrusion)指的是来自对流层中上层的以低相对湿度和高位涡表征的干燥下沉气流。根据位涡守恒原理来自高层稳定环境的高位涡气流,到达低层不稳定环境后其涡度增大,于是便会引起气旋的发生和发展,从而引起暴雨或强对流天气的形成。高守亭等(Gao 等,2002)从由完全动力学方程推出的湿位涡方程得到湿位涡物质不可渗透性理论,提出了一种有用的诊断分析方法。

综上所述,位涡概念及其理论发展到今天,已成为气象学领域中重要的研究工具。位涡守恒性和反演性成为利用位涡理论描述大气动力学过程的两个主要原理。等熵位涡(IPV)概念简捷地概述了通常以平流、辐散和垂直运动来描述的所有的平衡动力学,IPV 思想加深了我们对真实天气系统特征的理解,而且,反演理论即使在出现非绝热加热或冷却以及非守恒效应时,仍然是适用的。正如涡度在正压大气中的作用一样,位涡对于研究斜压大气中的天气现象来讲,是一个十分有用的工具。位涡概念优于涡度概念的主要优势,是 IPV 能将平流效应与垂直运动效应有效地分离开来,这为天气现象的空间分析提供了清晰的认识,更好地将观测现象与理论概念联系起来。PV 概念与理论在数值预报模式的发展和评估中,在大气模式的参数化方案的制定上,是十分有价值的。特别是对暴雨、强对流等天气现象的物理机制的研究上位涡分析更是常用的重要工具之一。如前所述,无论是对干位涡、湿位涡或是更细致的对它们的组成部分的进一步分析,均有助于加深对暴雨过程的发展、演变规律的理解。

9.5 螺旋度分析

9.5.1 螺旋度的概念

螺旋度(Helicity)是一个用来衡量风暴入流气流的强弱及沿入流方向的涡度分量大小的参数。1961 年 Betch 首先提出了螺旋度概念。自那以后,气象学者们进行了一系列的发展。1978 年 Moffert 将螺旋度(Helicity)定义为风速度矢和涡度矢点积的体积分,表示为

$$H_T = \iiint_\tau \mathbf{V} \cdot \nabla \times \mathbf{V} d\tau \tag{9.103}$$

而将风速度矢和涡度矢的点积称为局地螺旋度(或螺旋度密度),定义为

$$H_D = \mathbf{V} \cdot \nabla \times \mathbf{V} \tag{9.104}$$

上面两式中的 $\mathbf{V}$ 为三维风速。后来,Brandes(1988)提出了风暴相对螺旋度的概念,其定义是

$$H_{s-r-T} = \int_0^h (\boldsymbol{V} - \boldsymbol{C}) \cdot \boldsymbol{\omega} \mathrm{d}z \tag{9.105}$$

相应的局地风暴相对螺旋度是

$$H_{s-r-D} = (\boldsymbol{V} - \boldsymbol{C}) \cdot \boldsymbol{\omega} \tag{9.106}$$

上面两式中的 $\boldsymbol{C}$ 是风暴的移速，$(\boldsymbol{V}-\boldsymbol{C})$ 是相对风暴的风速，$\boldsymbol{\omega}=\nabla \times \boldsymbol{V}$ 是三维涡度矢量，h 是风暴入流气层的厚度。另一螺旋度的相关概念是平均风暴相对螺旋度，即

$$H_{s-r-M} = \frac{1}{h} \int_0^h (\boldsymbol{V} - \boldsymbol{C}) \cdot \boldsymbol{\omega} \mathrm{d}z \tag{9.107}$$

由以上三式的定义可知，风暴相对螺旋度（H_{s-r-T}，以下简称总螺旋度）反映了一定气层厚度内环境风场的旋转程度的大小和输入到对流风暴体内环境涡度的多少，其单位是 $\mathrm{m}^2 \cdot \mathrm{s}^{-2}$；而平均风暴相对螺旋度（$H_{s-r-M}$，以下简称平均螺旋度）只是对总螺旋度求了一个高度平均，单位是 $\mathrm{m} \cdot \mathrm{s}^{-2}$；局地风暴相对螺旋度（$H_{s-r-D}$，以下简称局地螺旋度）则是指某一高度的单位气层厚度内的总螺旋度大小，单位也是 $\mathrm{m} \cdot \mathrm{s}^{-2}$。显然，这三者之间是相互联系又各有区别的。

9.5.2 螺旋度的简化

实际计算螺旋度时，一般采用螺旋度的简化形式。在局地直角坐标系中，$\nabla \times \boldsymbol{V} = \xi \boldsymbol{i} + \eta \boldsymbol{j} + \zeta \boldsymbol{k}$，其中

$$\xi = \frac{\partial w}{\partial y} - \frac{\partial v}{\partial z}, \quad \eta = \frac{\partial u}{\partial z} - \frac{\partial w}{\partial x}, \quad \zeta = \frac{\partial v}{\partial x} - \frac{\partial u}{\partial y}$$

一般而言，涡度的垂直分量比风的垂直切变小一个量级以上，故垂直涡度分量相对水平涡度分量可以忽略，同时，对流发生前垂直速度在水平方向的变化不大，因此水平涡度简化为 $\xi \approx -\frac{\partial v}{\partial z}$，$\eta \approx \frac{\partial u}{\partial z}$，则 $\boldsymbol{V} \approx \boldsymbol{V}_H = u\boldsymbol{i} + v\boldsymbol{j}$，$\boldsymbol{\omega}_H = \nabla \times \boldsymbol{V} \approx \boldsymbol{k} \times \frac{\partial \boldsymbol{V}_H}{\partial z}$（其中，$\boldsymbol{V}_H$ 为水平风矢，$\boldsymbol{\omega}_H$ 为水平涡度矢量），所以(9.105~9.107)可改写为

$$H_{s-r-T} = \int_0^h (\boldsymbol{V}_H - \boldsymbol{C}) \cdot \boldsymbol{k} \times \frac{\partial \boldsymbol{V}_H}{\partial z} \mathrm{d}z \tag{9.108}$$

$$H_{s-r-M} = \frac{1}{h} \int_0^h (\boldsymbol{V}_H - \boldsymbol{C}) \cdot \boldsymbol{k} \times \frac{\partial \boldsymbol{V}_H}{\partial z} \mathrm{d}z \tag{9.109}$$

$$H_{s-r-D} = \frac{1}{h} \int_0^h (\boldsymbol{V}_H - \boldsymbol{C}) \cdot \boldsymbol{k} \times \frac{\partial \boldsymbol{V}_H}{\partial z} \mathrm{d}z \tag{9.110}$$

其中，$(\boldsymbol{V}_H - \boldsymbol{C}) \cdot \boldsymbol{k} \times \frac{\partial \boldsymbol{V}_H}{\partial z} = (\boldsymbol{V}_H - \boldsymbol{C}) \cdot \boldsymbol{\omega} = |(\boldsymbol{V}_H - \boldsymbol{C})| \cdot |\boldsymbol{\omega}_H| \cdot \cos\alpha$，$\alpha$ 是 $(\boldsymbol{V}_H - \boldsymbol{C})$ 与 $\boldsymbol{\omega}_H$ 的夹角。由此可见，局地风暴相对螺旋度的大小反映了风暴入流气流的强度以及沿入流方向水平涡度的大小，即反映了入流气流的水平轴旋转与沿旋转轴方向运动的强弱程度（图 9.12）。风暴相对螺旋度则可理解为 $0 \sim h$ 高度的气层中，风暴相

对速度与沿风暴相对速度方向水平涡度的大小的乘积的总和。水平涡度被输入风暴后,转变成垂直涡度,从而有利于增强风暴的旋转性,使天气变得更强烈。

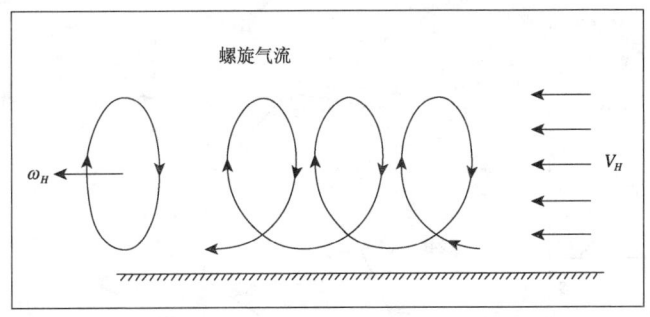

图 9.12　水平涡度矢量与水平气流方向一致时产生螺旋式运动的示意图
(Doswell,1993)

9.5.3　风速矢端迹图及其在螺旋度分析中的应用

　　风速矢端迹图是用以反演垂直风廓线中所包含的信息的一种工具。对于强风暴环境的诊断有重要作用。通过对垂直风廓线中所包含的信息的了解,有助于认识发生强风暴的潜在危险性。所以风速矢端迹图是预报对流性天气的重要的辅助工具之一。

　　风速矢端迹图是指由低到高各层风矢的端点的矢量连线。上下两层风矢端点的矢量连线表示水平风速矢随高度的变化,即风的垂直切变矢量;由这些不同层次的风切变矢量组成的风速矢端迹反映了风切变矢量随高度的变化。风速矢端迹图对各种类型的风暴有重要的指示性:①与弱切变环境发展的风暴相关的风速矢端迹图一般呈现出弱气流和无组织的垂直风廓线特征。这种类型的环境不利于风暴侧翼新生单体周期性地发生和发展,因而风暴通常是生命史短暂和无组织的;②在特定的热力不稳定的环境中,垂直风切变的加强常常会导致对流更强、尺度更大和生命史更长的风暴,即有组织的非超级单体或超级单体风暴的产生和发展。非超级单体风暴的风速矢端迹图通常表现为无统一方向的风切变。这种风切变有利于促使新生单体在现存单体的有利一侧周期性地发生和发展。如果风切变足够强,则非超级单体风暴将会发展成超级单体风暴;③与超级单体风暴相关的速度矢图的特征主要表现在低层具有强的风切变,而且低层的风速矢端迹有明显的曲率。这有利于加强风暴尺度的旋转和动力抬升力。

　　在风速矢端迹图上不仅可以判断垂直风切变,而且可以判断水平涡度。若忽略垂直运动的水平变化的贡献,则水平涡度主要由水平风的垂直变化所产生,因此水平涡度是水平风垂直切变的产物。某层的平均水平涡度矢指向此层切变风矢的左侧并与其成 90°的交角(图 9.13)。水平涡度的大小与此层的平均风切变大小成正比。根据风暴运动和垂直风切变特征,部分水平涡度能够并入风暴的上升气流中而产生旋转效应,即产生垂直涡度。

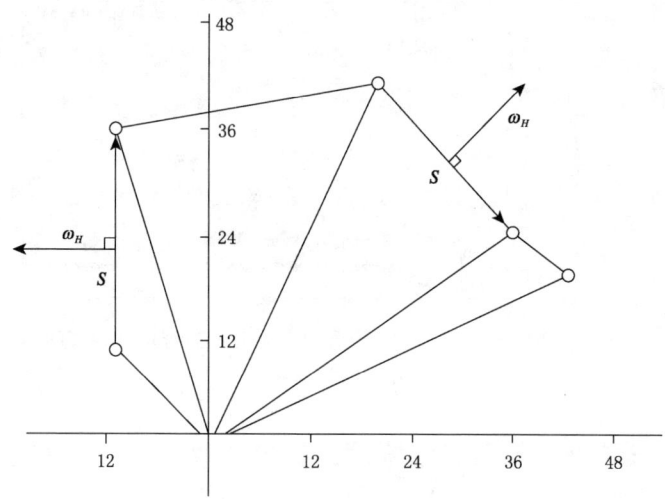

图 9.13　风速矢端迹图的切变矢量(S)和水平涡矢(ω_H)关系示意图

在风速矢端迹图上相对风暴气流速度,即相对风暴风速 V 可以用一个从风暴运动速度矢的矢尾指向相对地面的风速矢的矢尾的矢量表示。相对风暴气流对降水的分布有决定性的作用。由于降水一般形成于冻结层(或其上),所以在这一层上的相对风暴气流的作用尤为重要。主要表现在:①如果降水下落到低层风暴气流入流处,那么风暴的进一步发展可能被扼制;②如果相对风暴气流携带降水远离低层风暴气流入流处,那么新生单体将会重新获得不稳定能量,相对风暴气流的组织形式能导致风暴一侧辐合的加强,从而使得新生单体在风暴的有利一侧周期性地发生和发展。相对风暴气流对风暴低层入流气流也有重要的作用。相对风暴气流提供了与风暴低层入流气流方向及强度的信息。这些信息对于确定新上升气流发生发展的位置和潜在的强度都具有实际的应用价值。相对风暴气流使得阵风锋不能远离风暴运动,这就很大程度上加强了风暴下方的气流辐合,从而导致更强的上升气流。低层相对风暴气流的方向和强度决定了水平涡度是如何因倾斜作用而被转变成垂直涡度以及如何与垂直运动中心相关的。

水平涡度可以分解为两个分量,即沿流线的涡度和垂直于流线的涡度(图 9.14)。沿流线的涡度是指平行于相对风暴气流的水平涡度分量,垂直于流线的涡度是指垂直于相对风暴气流的水平涡度分量。沿流线方向的涡度在决定上升气流产生旋转的潜在性时起着重要的作用。切变(水平)涡度能通过风暴上升气流的倾斜作用而产生垂直涡度,沿流线方向的涡度决定了产生于倾斜作用的垂直涡度中心和与风暴上升气流有关的垂直速度中心之间的关系。如果沿流线方向的水平涡度不够大，那么由倾斜作用而产生垂直涡度将位于上升气流的侧面，而不是位于其中心。如果沿流线方向的水平涡度增大，将会导致上升气流核和进入上升气流的切变涡度之间的联系更加紧密。随着沿流线方向的水平涡度的增大，上升气流中心（上升气流核）和垂直涡度中心将在同一位置上。如果沿流线方向的水平涡度足够大，那么将在风暴上升气流中产生明显的旋转，此时还要求低层相对风暴气流足够强，大约超过 20 kts（节，即 nmile/h）。

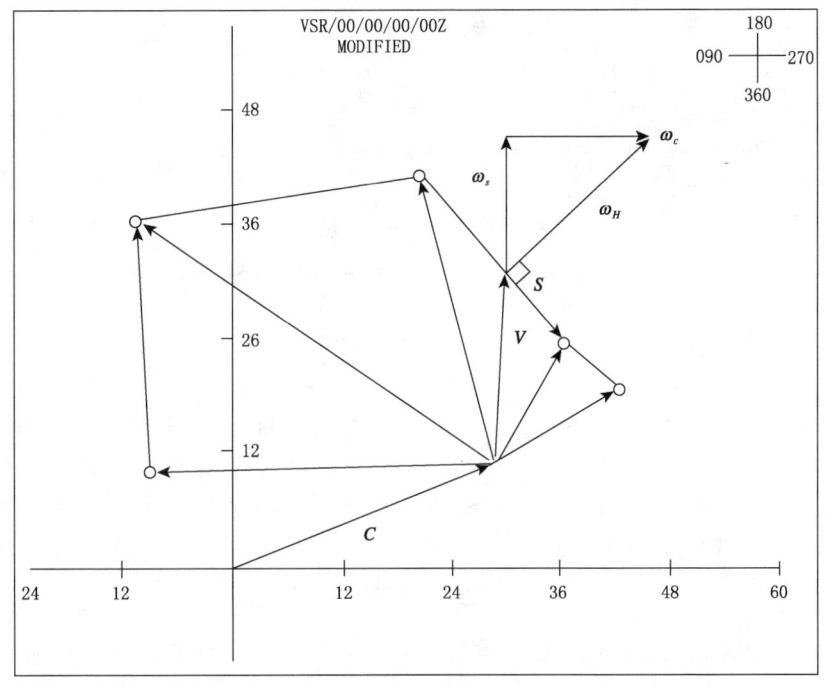

图 9.14　相对风暴风速矢端迹图上的涡度分解示意图
（其中 ω_s 为沿流线方向涡度，ω_c 为垂直流线方向涡度，ω_H 为水平涡度，S 为某一层的风切变矢量）

在风速矢端迹图上也可以判断相对风暴螺旋度。上面已给出了相对风暴螺旋度的概念。相对风暴螺旋度取决于沿流线方向的涡度和相对风暴气流的强度，而这些因子又取决于低层垂直风切变的强度和方向以及风暴的运动。

由上面的分析及(9.106)式可见，局地相对风暴螺旋度的几何意义为：它与风速矢端迹图中两个层次之间的相对风暴风矢量所扫过的面积成正比，其大小为以风暴移动矢端为顶点，以风速矢端迹曲线上相邻两个资料点的连线为底边的三角形的面积的两倍（当风向顺时针旋转时面积元为正，风向逆时针旋转时面积元为负）。通常情况下，两个层次是指地面和可观察到的风暴入流顶，即 LFC 高度。实际应用时，气

流入流层大约是指 $0\sim 2$ km 或 $0\sim 3$ km 之间的层次。所以相对风暴螺旋度便为整个入流气流层中的每个层次的局地相对风暴螺旋度的总和,它与整个入流气流层底层和顶层的相对风暴风矢量所包围的总面积成正比(图 9.15)。

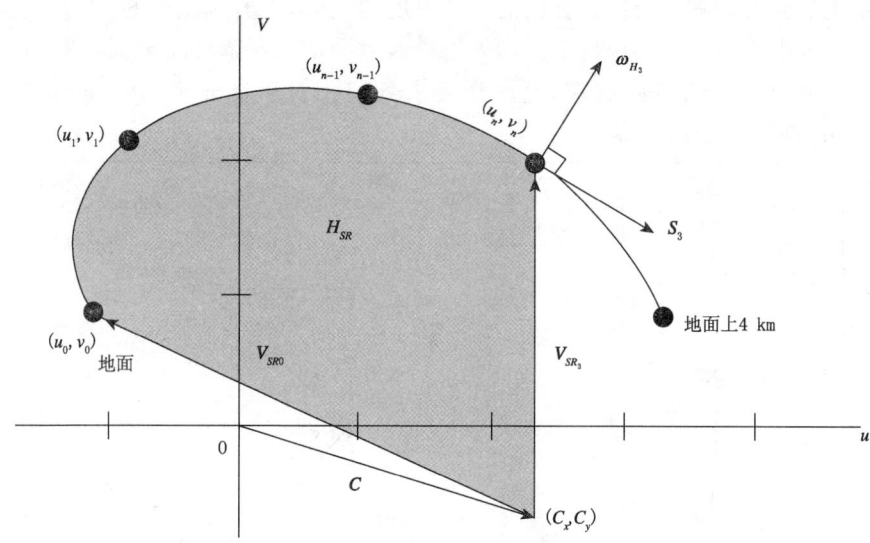

图 9.15　表示风速矢端迹图上 $0\sim h(=3$ km$)$ 气层中相对风暴螺旋度的示意图
(其中 $\boldsymbol{\omega}_{H_3}$ 为 3 km 上的水平涡度矢, $\boldsymbol{S}_3$ 为 3 km 上的风切变矢, $\boldsymbol{V}_{SR_0}$ 和 $\boldsymbol{V}_{SR_3}$ 分别为地面和地面以上 3 km 的风暴相对速度, C_x, C_y 为风暴速度 C 的 x, y 分量, u_0, v_0 为地面风速的 u, v 分量, u_1, v_1 地面以上第 1 层的风速的 u, v 分量, u_{n-1}, v_{n-1} 和 u_n, v_n 分别为地面以上第 $n-1$ 和第 n 层的风速的 u, v 分量,图中第 $n-1$ 和第 n 层的高度分别为 2 km 和 3 km)

相对风暴螺旋度可以用来估算垂直风切变环境中风暴运动所产生的旋转潜势,也就是说,在风暴入流层沿流线方向的涡度可以进入并与上升气流核作用,在风暴的相当深层产生强大而持久的旋转。当强的沿流线方向的涡度与强的低层相对风暴气流相结合时,相对风暴螺旋度或旋转潜势特别大。而当实际的速度矢图的大曲率与 20 kts 以上的强相对风暴气流结合时,螺旋度或旋转潜势就可能特别大。一般认为,在 $0\sim 3$ km,垂直风廓线对于螺旋度的计算十分关键。这是由于中尺度的风场变化对风速矢端迹图能产生相当大的影响,而有效地应用相对风暴螺旋度的关键就是在风暴发展前后对风速矢端迹图的修正,这在实际操作上是十分困难的,不过廓线仪和网格预报等资料均可用以订正风廓线。计算螺旋度的另一个关键因子是风暴运动。然而非常准确地预报风暴的运动是不大可能的。因此,在业务上对风暴运动所产生的潜在作用的认识是重要的。

9.5.4 螺旋度的计算方法

以上面(9.108)~(9.110)三个公式为基本依据,在具体应用中,螺旋度的计算方法很多,其中广为采用的是 Davies-Jones 等使用探空资料根据解析几何性质得出的计算公式。上面已经指出,相对风暴螺旋度为整个入流气流层中的每个层次的局地相对风暴螺旋度的总和,与整个入流气流层底层和顶层的相对风暴风矢量所包围的总面积成正比,如图 9.15 所示。

$$H_{s-r-T} = \sum_{n=0}^{N-1} [(u_{n+1}-C_x)(v_n-C_y)-(u_n-C_x)(v_{n+1}-C_y)] \quad (9.111)$$

因此有

$$H_{s-r-M} = \frac{1}{h_{N-1}-h_0} \sum_{n=0}^{N-1} [(u_{n+1}-C_x)(v_n-C_y)-(u_n-C_x)(v_{n+1}-C_y)] \quad (9.112)$$

$$H_{s-r-D} = \frac{1}{h_{n+1}-h_n} [(u_{n+1}-C_x)(v_n-C_y)-(u_n-C_x)(v_{n+1}-C_y)] \quad (9.113)$$

C 的取法可根据实际观测资料,也可根据经验假设,例如取为 850 hPa~400 hPa 气层内平均风速的 75%且风向右偏约 40°,不过计算结果对取法是十分敏感的。

9.5.5 螺旋度的应用

近年来,关于螺旋度的研究很多。在国外,Lilly(1986)讨论了螺旋度在形成超级雷暴单体中的作用,证明了较大的螺旋度抑制了湍流扩散,使得超级单体稳定,生命期延长;Woodall(1990)将螺旋度应用于龙卷的预报;Davies-Jones(1990)等人的观测研究得到螺旋度可以作为一个强对流风暴的预报参数;Leftwich(1990)研究了螺旋度量值的大小对实际业务工作中不同强对流天气预报的指示意义;美国国家风暴中心(NSSFC)开发了应用于业务的螺旋度分析和预报程序(HAFP)。在国内,很多研究表明螺旋度对暴雨是一个相关性较强的参数。有人通过实例分析,将各层次局地螺旋度水平分布与暴雨的滞后相关关系进行对比分析指出,400 hPa,500 hPa 局地螺旋度的水平分布与暴雨的滞后相关较好,暴雨一般发生在局地螺旋度的大值区里。分析还表明,螺旋度作为一个诊断量,其极值和暴雨的极值存在大约 2~4 h 的滞后相关,其中 400 hPa,500 hPa 高度的局地螺旋度的这种相关较明显且稳定。此外,有人将螺旋度与对流有效位能等其他物理量相结合组成"能量螺旋度"(见 9.6 节)等新参数来使用,对未来暴雨落区的指示意义更为明确。这些结果说明螺旋度对未来暴雨的落区预报具有一定的意义。

9.6 大气稳定度分析

9.6.1 大气不稳定能量和对流的关系

当气块与环境无热量、水分、质量和动量交换以及无摩擦和准静态条件下,其垂直运动方程可写成

$$\frac{dw}{dt} = g\frac{T - \overline{T}}{T} = g\frac{\Delta T}{T} \tag{9.114}$$

式中 T 和 $\overline{T}$ 分别为气块及其环境的温度。将(9.114)式右边对高度 Z 积分即得不稳定能量 E

$$E = \int_{Z_0}^{Z} g\frac{\Delta T}{T} dz = -\int_{p_0}^{p} R \cdot \Delta T \cdot d\ln p \tag{9.115}$$

将(9.114)式左边积分,即得气块的动能增量 ΔE_k

$$\Delta E_k = \int_{Z_0}^{Z} \frac{dw}{dt} dz = \int_{t_0}^{t} \frac{dw}{dt} w dt = \int_{w_0}^{w} w dw = \frac{1}{2}(w^2 - w_0^2) \tag{9.116}$$

由此可见,对流运动的动能是由不稳定能量释放转换而来的。

9.6.2 对流有效位能(CAPE)

当气块的重力与浮力不相等时,一部分位能可以释放,转化成垂直运动的动能。这部分位能叫作对流有效位能(CAPE)。它是在湿对流条件下,浮力对上升气块所做的功,也是大气不稳定程度的度量。正的 CAPE 是对流所必需的。CAPE 定义为:

$$CAPE = g\int_{Z_{LFC}}^{Z_{EL}} \left(\frac{T_{vp} - T_{ve}}{T_{ve}}\right) dz \tag{9.117}$$

式中 T_{vp} 与 T_{ve} 分别为气块与环境的虚温。Z_{LFC} 和 Z_{EL} 分别为自由对流高度和平衡高度。若考虑云中悬浮水滴的重力所产生的拖曳力,则可得修正的对流有效位能 MCAPE

$$MCAPE = g\int_{Z_{LFC}}^{Z_{EL}} \left(\frac{T_{vp} - T_{ve}}{T_{ve}} - g\right) dz$$

或写成

$$MCAPE = g\int_{Z_{LFC}}^{Z_{EL}} \frac{1}{T_{ve}}\left[(T_{vp} - T_{ve}) - T_{ve}(r_l - r_i)\right] dz \tag{9.118}$$

式中 r_l 和 r_i 分别为液态水和冰的混合比。运用中值定理后,由(9.117)式可得

$$CAPE = \left(\overline{\frac{T_{vp} - T_{ve}}{T_{ve}}}\right) \times (Z_{EL} - Z_{LFC}) \tag{9.119}$$

式中 $Z_{EL} - Z_{LFC} = \Delta H_{FCL}$ 称为自由对流层厚度,$\overline{(\ )}$ 为对 ΔH_{FCL} 求出的算术平均。CAPE 正比于 T-$\ln p$ 图上的正不稳定能量面积(图 9.16)。CAPE 的大小取决于

ΔH_{FCL} 和该厚度内平均浮力的大小。在一定的条件下,若自由对流层厚度 ΔH_{FCL} 增大(减小),则整个自由对流层内的平均浮力必然减小(增大)。因此在分析 CAPE 时,除了要考虑其数值外,还应考虑 $T-\ln p$ 图上的正能量面积的纵横比(即高度与宽度之比)。具有相同 CAPE 值,但纵横比不同,其稳定度(例如 LI 指数)可以有较大的不同。为了消除 ΔH_{FCL} 的影响,突出平均浮力的作用,Blanchard(1998)引入了归一化对流有效位能 NCAPE 的概念。

$$NCAPE = CAPE / \Delta H_{FCL} \tag{9.120}$$

NCAPE 表示在自由对流层厚度 ΔH_{FCL} 内,当气块为单位质量时,气块的平均加速度或作用于它的平均浮力的大小。CAPE 的单位为 $J \cdot kg^{-1}$ 或 $m^2 \cdot s^{-2}$。因此 NCAPE 的单位为 $J \cdot kg^{-1} \cdot m^{-1}$ 或 $m \cdot s^{-1}$。若用气压表示自由对流高度和平衡高度,则 NCAPE 可以写成

$$NCAPE = CAPE / (P_{LFC} - P_{EL}) \tag{9.121}$$

其单位为 $J \cdot kg^{-1} \cdot hPa^{-1}$。

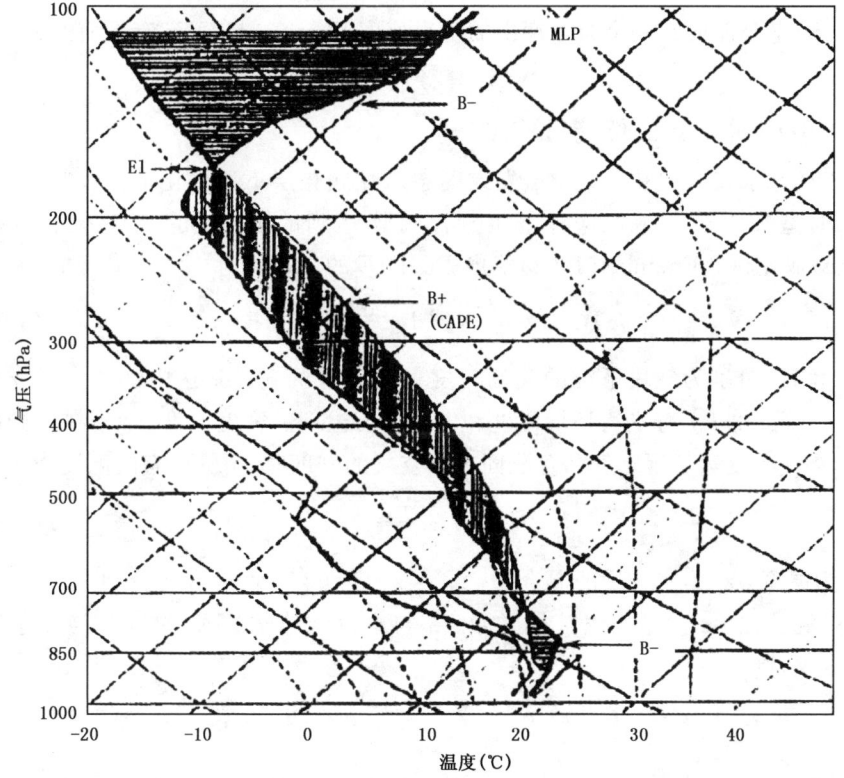

图 9.16 斜 $T-\ln P$ 图上正、负能量区和 CAPE 区的示意图

9.6.3 对流抑制能量(CIN)

Colby(1984)提出对流抑制能量的概念。

$$CIN = g \int_{Z_i}^{Z_{LFC}} \frac{T_e - T_p}{T_B} dz \qquad (9.122)$$

式中 T_e 和 T_p 分别表示环境和气块的温度。T_B 为稳定层的平均温度。Z_i 和 Z_{LFC} 分别为气块的起始高度和自由对流高度。CIN 表示当平均大气边界层气块通过稳定层达到自由对流高度 LFC 所做的负功。CIN 也表示气块获得对流潜势所必须超越的临界值。在 T-$\ln p$ 图上,CIN 即自由对流高度以下的负能量面积 NA。所以(9.122)也可写成

$$NA = CIN = -\int_{P_{LFC}}^{P_i} (T_{vp} - T_{ve}) R_d \frac{dp}{p} \qquad (9.123)$$

式中,T_{vp} 和 T_{ve} 分别为气块和环境的虚温,P_i 和 P_{LFC} 分别为气块的起始高度气压和自由对流高度气压。

Colby(1984)指出,为了使大气边界层气块穿过稳定层上升,该气块必须具有足够的单位质量动能或有一个向上冲击的垂直速度 W_{CIN},它与 CIN 有下面的关系

$$W_{CIN} = \sqrt{2CIN} \qquad (9.124)$$

9.6.4 下沉对流有效位能(DCAPE)

由于液态水在未饱和空气中蒸发或固态水在融化层下面融化都会吸收热量,使空气冷却,造成下沉气流。这种下沉气流可能达到的强度与下沉对流有效位能(DCAPE)成比例。Emanuel(1994)给出 DCAPE 的表达式为

$$DCAPE = \int_{P_i}^{P_n} R_d (T_{\rho e} - T_{\rho p}) d\ln P \qquad (9.125)$$

式中 P_i 和 P_n 分别为气块下沉的起始高度气压和下沉气块到达中性浮力层或地面时的气压。$T_{\rho e}$ 和 $T_{\rho p}$ 分别为环境温度和气块密度温度。密度温度 T_ρ 指在相同的压力下,干空气密度等于湿空气和含液固态水空气的密度时,空气应有的温度为

$$T_\rho \equiv T \frac{1 + \gamma/\varepsilon}{1 + \gamma_T} \qquad (9.126)$$

式中 T 为温度,γ_T 为水物质的混合比,$\gamma_T = \gamma + \gamma_l + \gamma_i$,$\gamma$,$\gamma_l$,$\gamma_i$ 分别为水汽、液态水和冰的混合比。ε 为干空气气体常数 R_d 与水汽气体常数 R_v 之比。当无水凝物时,$\gamma_T = \gamma$,则

$$T_\rho \equiv T \frac{1 + \gamma/\varepsilon}{1 + \gamma_T} = T \frac{1 + \gamma/\varepsilon}{1 + \gamma} \cong T \cdot (1 + 0.608\gamma) = T_v \qquad (9.127)$$

这里 T_v 为虚温。所以 T_ρ 是 T_v 的推广,T_v 是 T_ρ 的特例,在湿大气对流理论中被广为应用。应用 T_ρ 可以得到

$$CAPE = g\int_{Z_{LFC}}^{Z_{EL}} \frac{1}{T_{\rho e}}(T_{\rho p} - T_{\rho e})dz \qquad (9.128)$$

式中 $T_{\rho p}$ 和 $T_{\rho e}$ 分别为气块和环境的密度温度。

不考虑其他因素,若在下沉起点处垂直速度为0,则在理论上,气块下沉达到中性浮力层或地面时,负浮力能引起的下沉垂直运动速度为:

$$-W_{max} = \sqrt{2DCAPE} \qquad (9.129)$$

由于 $DCAPE$ 值随初始状态相对湿度的降低而增大,因此中层入流空气越干冷,对流发展越强烈。

由于对流环流包括上升支和下降支,若忽略水汽对密度的影响,对于沿对流上升气流,气块位移的对流有效位能 $CAPE$ 和沿对流下沉气流,气块位移的下沉对流有效位能 $DCAPE$ 分别为

$$CAPE = \int_{up} g\frac{T_u - T_e}{T_e}dz \qquad (9.130)$$

$$DCAPE = -\int_{down} g\frac{T_d - T_e}{T_e}dz \qquad (9.131)$$

式中 T_u 和 T_d 分别为上升气块和下沉气块的温度,up 和 down 分别表示上升和下沉支。因此运动气块绕对流环流所做功的总量为

$$W = CAPE + DCAPE = \int_{Z_b}^{Z_t} g\left(\frac{T_u - T_d}{T_e}\right)dz \approx -\int_{up} RT_u d\ln P + \int_{down} RT_d d\ln P$$

$$\approx -RTd\ln P \approx pd\alpha \approx TCAPE \qquad (9.132)$$

式中 Z_b 和 Z_t 分别称为对流层次的底部和顶部的高度,$TCAPE$ 是可逆热机循环一周得到的总对流有效位能,此能量为有可能通过可逆热机转换成动能的能量。它包括通过上升气流和下沉气流转换成动能的有效能量。大的 $TCAPE$ 值是维持强循环所必需的。

9.6.5 一些常用的热力稳定度指数

在实际工作中,常用一些计算简便的指数来表征大气热力稳定度。

(1) 抬升指数(LI)

抬升指数 LI 定义为

$$LI = T_{500} - T'_{500} \qquad (9.133)$$

式中,T_{500} 和 T'_{500} 分别为500 hPa处环境空气和从自由对流高度LFC出发的气块,沿湿绝热线上升到500 hPa处的温度。LI 正值愈大,表示愈不稳定。

(2) 沙瓦特指数(SI)

沙瓦特指数(或称沙氏指数)SI 定义为

$$SI = T_{e500} - T_{p500} \qquad (9.134)$$

式中，T_{e500} 为 500 hPa 环境气温，T_{p500} 为一个气块从 850 hPa 开始干绝热上升到抬升凝结高度，再沿着湿绝热线上升至 500 hPa 时的温度。$SI<0$ 表示不稳定，负值越大，越不稳定。

(3) 简化沙氏指数(SSI)

$$SSI = T_{e500} - T'_{p500} \tag{9.135}$$

在(9.135)中，定义为一个气块从 850 hPa 开始干绝热上升至 500 hPa 时的温度。SSI 一般总为正值。正值愈小，表示气层越不稳定。

(4) 总指数(TT)

$$TT = T_{850} + T_{d850} - 2T_{500} \tag{9.136}$$

式中，T_{850}，T_{d850} 和 T_{500} 分别表示 850 hPa 的温度、露点和 500 hPa 的温度。TT 越大表示气层越不稳定。有时，将地面温度(T_0)和露点温度(T_{d0})考虑在总指数中，称为修正的总指数，用 TT_{bmod} 表示。

$$TT_{mod} = \frac{1}{2}[(T_0 + T_{d0}) + (T_{850} - T_{d850})] - 2T_{500} \tag{9.137}$$

(5) A 指数

$$A = (T_{850} - T_{500}) - [(T - T_d)_{850} + (T - T_d)_{700} + (T - T_d)_{500}] \tag{9.138}$$

A 值越大，层结越不稳定。

(6) K 指数(气团指数)

$$K = (T_{850} - T_{500}) + T_{d850} - (T - T_d)_{700} \tag{9.139}$$

K 值越大，层结越不稳定。

9.6.6 大气热力—动力稳定度组合参数

常常把大气热力稳定度参数与风垂直切变等动力参数组合起来形成一些具有天气动力学意义的新参数。以下介绍一些此类常用参数。

(1) 里查森数(Ri)

里查森数(Ri)是一个众所周知的表示乱流强度的无因次指标，可以表示为：

$$Ri = \frac{g}{T}\left(\frac{\Delta \theta}{\Delta z}\right) \bigg/ \left(\frac{\Delta U}{\Delta z}\right)^2 \tag{9.140}$$

Ri 数表示了静力稳定度与风速垂直切变之间的关系，实际上也表示了有效位能与有效动能之间的关系。当 Ri 数较小（如 <0.25）时，会发生湍流运动，Fritschi 曾经分析了 Ri 数与天气的关系，发现 Ri 数对强对流天气有很好的指示性。他给出了下列判据：

$0.25 \geqslant Ri \geqslant -1$	易发生中纬度系统性对流；
$Ri < -1$	易发生气团性雷暴；
$Ri < -2$	易发生热带性积雨云。

(2) 粗里查森数(BRN)

Weisman 和 Klemp(1982)引入了整体里查森数(Bulk-Richardson Number)的概念,并用 R 或 BRN 表示它。

$$BRN = CAPE \bigg/ \left(\frac{1}{2}\overline{U}_z^2\right) \tag{9.141}$$

式中,$\overline{U}_z$ 是大气最低 6 km 中按密度权重得到的平均风速 $\overline{U}_{6000}$ 与大气最低 500 m 的平均风速 $\overline{U}_{500}$ 之差。

$CAPE$ 与 BRN 之比称为整体里查森数切变(BRNSHR)。BRNSHR 表征了风暴相对地面风场的动能

$$BRNSHR = \frac{1}{2}(u^2 + v^2)^{1/2} \tag{9.142}$$

式中 u,v 为 $[(u,v)_{0\sim6} - (u,v)_{0\sim0.5}]$;$(u,v)_{0\sim6}$ 和 $(u,v)_{0\sim0.5}$ 分别为 0~6 km 的密度加权平均风速和 0~0.5 km 的密度加权平均风速的 u,v 分量。

(3) 简化的整体里查森数(SBRN)

(8.6.28)式也常写成下列形式:

$$BRN = CAPE/0.5S^2 \tag{9.143}$$

式中 S 为边界层到 6 km 处风的垂直切变。Colquhoun 和 Riley(1996)为了简化 BRN 的计算,以便在日常业务中应用,用一个相似的参数来代替 BRN,称为简化的整体里查森数(SBRN)

$$SBRN = -883LI/(S6)^2 - 1.32(S6) + 41 \tag{9.144}$$

式中 LI 表示地面抬升指数,S6 表示地面与 600 hPa 之间的风切变。由于 LI 和 $CAPE$ 都代表条件性不稳定度,而且 LI 和 $CAPE$ 的相关性很好(相关系数达-0.86~-0.90),t 检验的显著性水平在 0.1% 以上),所以可以用 LI 代替 $CAPE$。LI 比 $CAPE$ 更便于计算,所以 $SBRN$ 更便于实用。

(4) 对流里查森数(CRN)

与以上的整体里查森数(BRN)形式相似的参数为对流里查森数(CRN)。对流里查森数(CRN)定义为对流有效位能 $CAPE$ 与 ΔU(表示地面风速与对流风暴顶部高度上的风速之差)的平方的比值。

$$CRN = CAPE/\Delta U^2 \tag{9.145}$$

若用修正对流有效位能 $MCAPE$ 与 ΔU 平方的比值,则称为修正的对流里查森数(MCRN)

$$MCRN = MCAPE/\Delta U^2 \tag{9.146}$$

(5) 能量—螺旋度指数(EHI)

Hart 和 Korotky(1991),以及 Davies(1993)定义了能量—螺旋度指数(EHI)

$$EHI = \frac{(CAPE) \cdot (SRH)}{1.6 \times 10^5} \tag{9.147}$$

EHI 较大时,出现超级单体和龙卷风的可能性较大。

(6)涡生参数(VGP)

Rasmussen 与 Wilhelmson(1983)推出了下列表示由于扭转效应使得水平涡度转变为垂直涡度的转换率关系

$$\left(\frac{\partial \zeta}{\partial t}\right)_{Twist} = \eta \cdot \nabla w \tag{9.148}$$

式中 ζ 为涡度的垂直分量,η 为水平涡度矢量,w 为垂直速度。在此基础上可以引入一个涡生参数 VGP

$$VGP = S(CAPE)^{\frac{1}{2}} \tag{9.149}$$

式中 S 为地面至高度 h 气层的平均切变

$$S = \int_0^h \frac{\partial v}{\partial z} dz \bigg/ \int_0^h dz \tag{9.150}$$

在 S 正比于 η,w 正比于 $(CAPE)^{\frac{1}{2}}$ 以及风暴的上升气流水平尺度大体相同的情况下,VGP 大体正比于方程(9.146)的左端(或右端)。说明当 S 较大,$CAPE$ 较大时,由于扭转效应而产生的涡度垂直分量增大较快。

9.6.7 大气稳定度局地变化的分析

对于湿绝热过程,假相当位温 θ_{se} 具有保守性,即

$$\frac{d\theta_{se}}{dt} = 0$$

可得:

$$\frac{\partial \theta_{se}}{\partial t} = -\mathbf{V} \cdot \nabla_h \theta_{se} - \omega \frac{\partial \theta_{se}}{\partial p}$$

式中 $\nabla_h \theta_{se} = \frac{\partial \theta_{se}}{\partial x}\mathbf{i} + \frac{\partial \theta_{se}}{\partial y}\mathbf{j}$。

将上式对 p 求偏导数,便得:

$$\frac{\partial}{\partial t}\left(\frac{\partial \theta_{se}}{\partial p}\right) = \frac{\partial}{\partial p}(-\mathbf{V} \cdot \nabla_h \theta_{se}) - \frac{\partial \omega}{\partial p}\frac{\partial \theta_{se}}{\partial p} - \omega \frac{\partial^2 \theta_{se}}{\partial p^2} \tag{9.151}$$

由(9.151)式可见,大气稳定度的变化是由三个因子引起的。即:①θ_{se} 平流随高度的变化(方程右边第一项);②散度对不稳定性的影响(方程右边第二项);③对流不稳定性的垂直输送(方程右边第三项)。

9.6.8 条件性对称不稳定分析

有时大气对于单纯的垂直位移是重力稳定的,对于单纯的水平位移是惯性稳定的,但对于同时既具有垂直位移,又具有水平位移,即进行倾斜运动的时候,则可能

产生重力—惯性不稳定。这种重力—惯性不稳定性称为对称不稳定。而对于干空气为对称稳定,对于潮湿饱和大气是对称不稳定的情况,便称为条件性对称不稳定。下面具体介绍其在日常业务工作中的一些常用的分析计算方法。

(1) 用湿位涡分析条件性对称不稳定

常用湿位涡(MPV)来分析条件性对称不稳定(CSI),当 $MPV<0$ 时为对称不稳定,$MPV>0$ 时为对称稳定。在等压面上 MPV 定义为

$$MPV = -\eta \cdot \nabla \theta_e \tag{9.152}$$

式中 η 为 x,y,p 坐标系中的三维绝对涡度矢量,θ_e 为相当位温。将(9.152)式展开,并假定为地转气流,略去垂直运动 ω 以及包含相对 y 变化的项,则可得

$$MPV = g\left(\frac{\partial M_g}{\partial p}\frac{\partial \theta_e}{\partial x} - \frac{\partial M_g}{\partial x}\frac{\partial \theta_e}{\partial p}\right) \tag{9.153}$$

$$MPV = MPV_1 + MPV_2 \tag{9.154}$$

(9.154)式中,MPV_1 和 MPV_2 分别等于(9.153)式右边的第一项和第二项,并分别表示湿位涡的水平分量和垂直分量。$M_g = V_g + fx$ 为绝对地转动量,θ_e 为相当位温。当 $MPV<0$,且大气是对流稳定的,则大气是条件性对称不稳定的。

条件性对称不稳定还可通过分析等熵面上的绝对涡度来判定。由(9.153)式可见,在等熵面上湿位涡为

$$(MPV)_{\theta_e} = \left(\frac{\partial M_g}{\partial x}\right)_{\theta_e} \cdot \left(-\frac{\partial \theta_e}{\partial p}\right) \tag{9.155}$$

(9.155)式表明,在大气对流稳定的条件下,当 $\left(\frac{\partial M_g}{\partial x}\right)_{\theta_e} <0$ 时,可满足 $(MPV)_{\theta_e}<0$,说明在等熵面上绝对涡度为负值处为条件性对称不稳定区。

对于 M_g 和 θ_e 场对 MPV 的影响,还可以做以下的进一步分析。首先在 MPV_1 项中 $\frac{\partial M_g}{\partial p}$ 和 $\frac{\partial \theta_e}{\partial x}$ 分别表示风的垂直切变和大气的湿斜压性。设 x 指向暖空气一侧,则 $\frac{\partial \theta_e}{\partial x}>0$。因此,当风速垂直切变增大时,$MPV_1$ 负值增大,有利于产生对称不稳定。θ_e 的水平梯度愈大,即等 θ_e 面的斜率愈大,愈有利于产生对称不稳定;而风速垂直切变愈大表示等 M_g 面愈平缓,即斜率愈小,愈有利于产生对称不稳定;因此当等 θ_e 面的斜率愈大于等 M_g 面斜率时,愈有利于产生对称不稳定。

在 MPV_2 项中,$\frac{\partial M_g}{\partial x}$ 和 $\frac{\partial \theta_e}{\partial p}$ 分别表示绝对动量的水平变化和大气的对流稳定度。在北半球绝对涡度通常为正值,因此 $\frac{\partial M_g}{\partial x}$ 一般为正值。当 $\frac{\partial \theta_e}{\partial p}<0$,即大气为对流性稳定时,$MPV_2$ 为正值,不利于对称不稳定性产生。当 $\frac{\partial \theta_e}{\partial p}=0$ 或 $\frac{\partial \theta_e}{\partial p}>0$,即

大气为中性或对流性不稳定时,则有利于对称不稳定的产生。在 $\frac{\partial \theta_e}{\partial p}=0$ 的情况下, $MPV_2=0$,若 $MPV_1<0$,则 $MPV<0$,因而不妨碍对称不稳定的产生。在 $\frac{\partial \theta_e}{\partial p}>0$ 的情况下,$MPV_2<0$,若 $MPV_1<0$,则 $MPV<0$;若 $MPV_1>0$,但 $|MPV_2|>MPV_1$,则仍有 $MPV<0$,因而在这种情况下,既有对流不稳定,又有对称不稳定,即既可有垂直对流,又可有倾斜对流发生。但由于垂直对流有较快的增长率,对流不稳定将控制对称不稳定,因而大气运动更显示出时空尺度较短的特征。从以上分析可见,在中性或弱的对流稳定大气中,容易出现对称不稳定。这个结论与对称不稳定要求里查森数较小($Ri<1$)的条件是一致的。

(2) 用等熵面上的绝对涡度来估算 CSI

前面已经指出,对称不稳定是在等熵面斜率大于等 M 面斜率的情况下发生的。在等熵面斜率大于等 M 面斜率的情况下,沿等熵面上升的气流是惯性不稳定的。因此对称不稳定即为等熵面上的惯性不稳定。所以 CSI 也可以通过计算等熵面上的绝对涡度来估算。在等熵面上绝对涡度为负值的地方是条件性对称不稳定的。

(3) 用倾斜对流有效位能来估算 CSI

在等熵面斜率大于等 M 面斜率的情况下,沿等 M 面上升的气块是对流不稳定的,因此,对称不稳定即等 M 面上的对流不稳定。根据这一原理可以通过计算倾斜对流有效位能(SCAPE)来估算 CSI。SCAPE 即沿等 M 面上升气块的对流有效位能。它用沿等 M 面上升气块的虚位温与环境虚位温之间的正面积的总和来表示。在 X-Y 平面上,用气块法得到的倾斜对流有效位能为

$$SCAPE = \int_{LFS}^{EL} \frac{g}{\theta_{v0}} (\theta_{vp} - \theta_{ve}) dz \qquad (9.156)$$

式中,LFS 为自由倾斜对流高度,EL 为对流平衡高度,θ_v 为虚位温,θ_{v0},θ_{vp},θ_{ve} 分别为大气中 θ_v 的典型值以及气块和环境的 θ_v。积分是沿着环境的等绝对动量面进行的。当 SCAPE>0 时,表示大气是倾斜不稳定的。

利用单站探空资料可以估算 SCAPE,假定风是地转风、M 的水平梯度和垂直梯度以及绝对涡度的垂直分量均为常数,则 SCAPE 可由下式计算

$$SCAPE = \frac{1}{2} \frac{f}{\eta} (V_{Z_1} - V_{Z_0})^2 + \int_{Z_0}^{Z_1} \frac{g}{\theta_{v0}} (\theta_{vp} - \theta_{ve}) dz \qquad (9.157)$$

V_0,V_1 分别为初始层和终点计算层的风速。上式右边第一项为风速垂直切变对 SCAPE 的贡献,第二项为浮力对 SCAPE 的贡献。

9.7 中尺度数值模拟

9.7.1 中尺度数值模式概述

中尺度数值模式是研究中尺度天气系统和中尺度天气过程的重要工具。通过中尺度数值模式运算可以得到高分辨动力协调的四维数据，从而在空间和时间上都大大地补充和扩展了由常规观测系统所获取的观测实况资料的分辨率，为研究中尺度天气系统的三维结构和中尺度天气的发生发展及演变过程及动力学机制奠定基础。

中尺度数值模式大体上可分两大类，即静力平衡近似模式和非静力平衡模式。非静力平衡模式方程组包含声波解，按照对声波的不同处理方法，又可将非静力平衡模式进一步分为不可压缩模式、滞弹性模式和完全弹性模式等三类。其中，不可压缩模式应用了不可压缩连续方程，一般只适用于研究浅对流运动。滞弹性模式的连续方程考虑了密度随高度的变化，所以可用于研究深对流运动。

中尺度静力平衡近似模式一般适用于模拟 α 和 β 中尺度系统。因为在运动系统的垂直尺度 H 远小于水平尺度 L (即 $H/L \ll 1$)时，静力平衡近似具有足够的精度。中尺度静力平衡近似模式是由大尺度静力模式演变而来的，其主要改进是将水平格距缩小(可达 20～150 km)，以及对边界层参数化和对流参数化等物理过程参数化方案的改进。但静力平衡近似模式会引起对重力波处理的误差，甚至造成虚假的高频快波。重力波与中尺度现象有十分密切关系，有的中尺度系统是由重力波引起的，而有的中尺度系统本身就是重力波。可见，静力平衡近似引起的误差，对中尺度天气系统和天气过程的模拟与预报是不利的，因此发展非静力模式是非常必要的。

9.7.2 WRF 模式简介

最近几十年来，中尺度数值模拟和预报迅速发展。涌现了很多著名的中尺度数值模式，如美国的 MM5，ARPS，WRF 等。这里仅对美国的 WRF 中尺度模式做一简要介绍。WRF 模式自研制以来，不断进行更新，它们对世界各地很多大气现象都做过模拟研究，在我国也有着广泛的应用，比较成功地模拟了暴雨、洪涝、西南涡、飑线、台风(包括台风的螺旋云带)等中小尺度天气现象，有些地方已将 WRF 试用于业务预报之中。这些研究和应用结果表明 WRF 具有较好的稳定性和较强的模拟能力，而且能提供高分辨率的动力协调资料，有助于我们认识复杂中尺度系统的结构及其发生和发展物理机制。下面介绍 WRF 的主要技术原理。

WRF 模式，全称"天气研究和预报系统"(Weather Research and Forecasting Modeling System)。它是由美国 NCAR 中尺度天气部(MMM)、国家海洋和大气局(NOAA)的国家环境预报中心(NCEP)以及预报系统实验室(FSL)联合美国国防部直属的空军天气所(AFWA)海军研究实验室(NRL)等多家机构联合研制开发的目前最新一代中尺度天气预报和数据同化系统。它的研究目旨在提高中尺度降水系统分析和预报能力以及加强研究和业务预报之间的联系。随着 WRF 模式系统日臻完善,它在并行计算以及精细化分析预报上的优势得到了充分的体现。从 2004 年开始这套系统已经开始用于中小尺度风暴的分析和预报、台风和热带气旋的预报以及区域气候等领域。

作为一个公共模式,WRF 模式主要由 NCAR 负责维护和技术支持,免费对外发布。WRF 模式第一版是于 2000 年 11 月 30 日正式推出的,此后,NCAR 在 2004 年 5 月,2005 年 8 月又陆续推出了 V2.0 和 V2.1 版,到 2006 年 12 月 26 日为止,NCAR 发布的最新版本为 V2.2 版。WRF 模式主要由四部分组成,即预处理系统(用于将实时数据进行插值和模式标准初始化、定义模式区域、选择地图投影方式)、同化系统(包括 3 维变分同化)、动力内核以及后处理(图形软件包)部分(如图 9.17 所示)。图 9.18 为 WRF 模式的系统流程图,如图所示模式中除动力框架以外,其他的功能模块都采用共享式。目前的 WRF 模式的动力内核部分采用了两套独立的动力框架,一套是用于科学研究的 ARW(Advanced Research WRF)模块,另一套是用于业务预报的 NMM(Nonhydrostatic Mesoscale Model)模块。它们分别由 NCAR 和 NCEP 负责开发和维护。

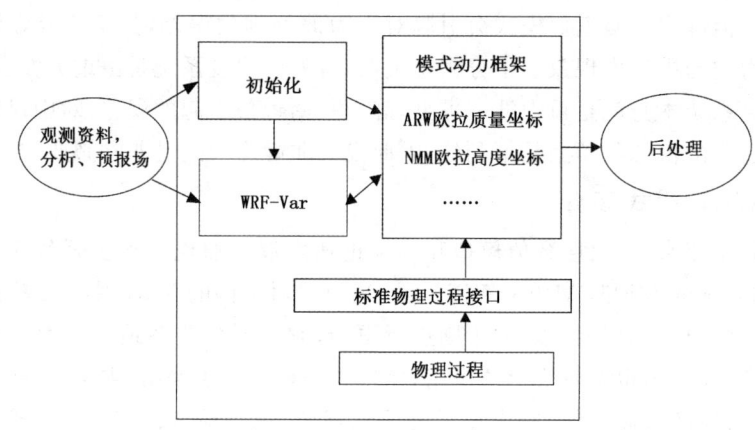

图 9.17 WRF 系统框图

(1)模式控制方程组

用于科学研究的 ARW 模块的动力框架采用完全可压、非静力平衡欧拉模型,模型用具有守恒性的变量的通量形式表示。WRF 模式中使用的垂直坐标系为沿地形欧拉质量坐标 η:

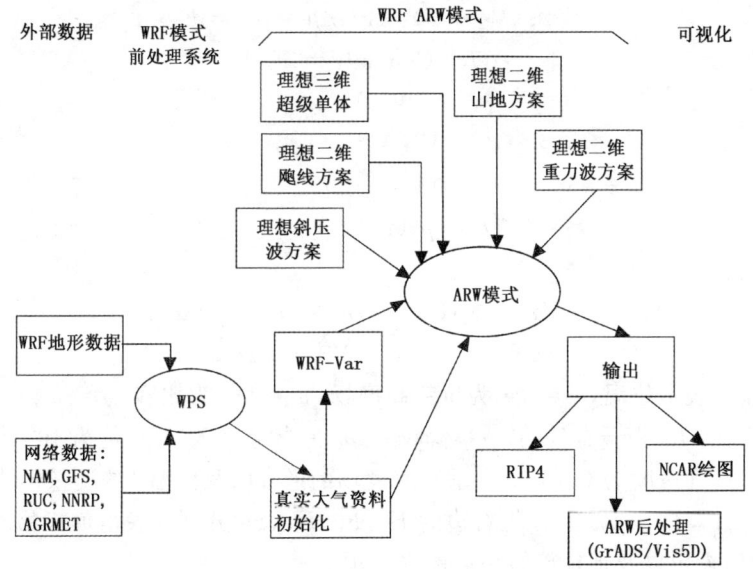

图 9.18 WRF ARW 模式系统流程图(WRF V2.0 版)

$$\eta = (p_h - p_{ht})/\mu, \quad \mu = p_{hs} - p_{ht} \tag{9.158}$$

式中,p_h 表示气压,p_{ht} 和 p_{hs} 分别表示顶层气压和地面气压,模式顶用定常气压面表示。η 大小在 0~1 之间,垂直方向各层分布如图 9.19 所示。

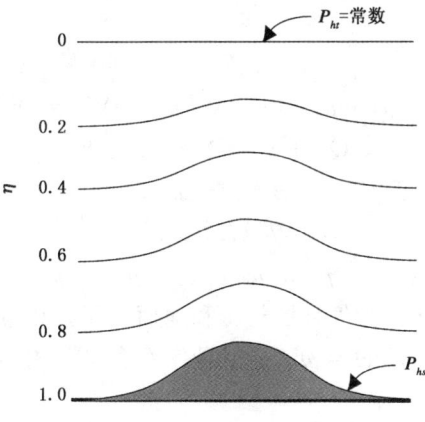

图 9.19 ARW η 坐标

依据坐标 (x,y,η) 的定义,模式的控制方程组(不考虑水汽)为

$$\partial_t U + (\mathbf{\nabla} \cdot Vu) - \partial_x(p\phi_\eta) + \partial_x(p\phi_x) = F_U \tag{9.159}$$

$$\partial_t V + (\mathbf{\nabla} \cdot Vv) - \partial_y(p\phi_\eta) + \partial_y(p\phi_y) = F_V \tag{9.160}$$

$$\partial_t W + (\mathbf{\nabla} \cdot Vw) - g(\partial_\eta p - \mu) = F_W \tag{9.161}$$

$$\partial_t \Theta + (\mathbf{\nabla} \cdot V\theta) = F_\Theta \tag{9.162}$$

$$\partial_t \mu + (\mathbf{\nabla} \cdot V) = 0 \tag{9.163}$$

$$\partial_t \phi + \mu^{-1}[(V \cdot \mathbf{\nabla}\phi) - gW] = 0 \tag{9.164}$$

$$\partial_\eta \phi = -\alpha\mu \tag{9.165}$$

$$p = p_0(R_d\theta/p_0\alpha)^\gamma \tag{9.166}$$

微分算子式：

$$\mathbf{\nabla} \cdot Va = \partial_x(Ua) + \partial_y(Va) + \partial_\eta(\Omega a)$$

$$V \cdot \mathbf{\nabla} a = U\partial_x a + V\partial_y a + \Omega\partial_\eta a \tag{9.167}$$

以上各式中 θ 表示位温，$\varphi = gz$ 为位势高度场，$\alpha = 1/\rho$ 为比容，$\gamma = c_p/c_v = 1.4$ 为干空气热容比，R_d 为干空气的比气体常数，p_0 为参考气压（典型值为 10^5 Pa）。V, Ω, Θ 分别表示三维速度场 (u,v,w)、垂直速度场的逆 $\dot{\eta}$ 以及位温 θ 的通量形式，即 $V = \mu_d v, \Omega = \mu_d \dot{\eta}, \Theta = \mu_d \theta$。方程右边的 F_U, F_V, F_W, F_Θ 分别代表由模式物理过程、扰动混合、球面投影以及地球旋转引起的强迫项。

加入水汽作用时，模式中采用的与式(9.159)~(9.166)相对应的湿大气方程组如下

$$\partial_t U + (\mathbf{\nabla} \cdot V_u)_\eta + \mu_d\alpha\partial_z p + (\alpha/\alpha_d)\partial_\eta p\partial_x\phi = F_U \tag{9.168}$$

$$\partial_t V + (\mathbf{\nabla} \cdot V_v)_\eta + \mu_d\alpha\partial_v p + (\alpha/\alpha_d)\partial_\eta p\partial_y\phi = F_V \tag{9.169}$$

$$\partial_t W + (\mathbf{\nabla} \cdot V_w)_\eta - g[(\alpha/\alpha_d)\partial_\eta p - \mu_d] = F_W \tag{9.170}$$

$$\partial_t \Theta + (\mathbf{\nabla} \cdot V\theta)_\eta = F_\Theta \tag{9.171}$$

$$\partial_t \mu_d + (\mathbf{\nabla} \cdot V)_\eta = 0 \tag{9.172}$$

$$\partial_t \varphi + \mu_d^{-1}[(V \cdot \mathbf{\nabla}\phi)_\eta - gW] = 0 \tag{9.173}$$

$$\partial_t Q_m + (V \cdot \mathbf{\nabla} q_m)_\eta = F_{q_m} \tag{9.174}$$

$$\partial_\eta \phi = -\alpha_d \mu_d \tag{9.175}$$

$$p = p_0(R_d\theta_m/p_0\alpha_d)^\gamma \tag{9.176}$$

式中垂直坐标变为 $\eta = (p_{dh} - p_{dht})/\mu_d$，$\mu_d = p_{dhs} - p_{dht}$。其中，$p_{dh}$ 表示湿大气气压，p_{dht} 和 p_{dhs} 则分别表示湿大气顶层气压和地面气压。相应地，V, Ω, Θ 的通量形式变为，$V = \mu_d v, \Omega = \mu_d \dot{\eta}, \Theta = \mu_d \theta$。其他字符含义与式(9.159)~(9.166)相同。

(2)模式水平网格

模式计算区域在水平方向上采用 Arakawa-C 型网格配置，网格距最小可达到几米。如图 9.20 所示，在 Arakawa-C 型网格点上既有风速矢量又有标量，但它们在网格上的定义位置并不相同。水平风速的 u, v 分量分别定义在四方形单元格点区域的正交边界上，而温度、湿度、气压等标量则定义在四方形单元格点区域的中央。

基于 Arakawa-C 型水平网格，WRF 从 2.0 开始，模式区域可以实现单向、双向

以及移动三种方式的嵌套。目前,WRF 模式允许细网格层上(子区域)的格距与其粗网格层(母区域)格距可以成偶数比或奇数比关系。按照图 9.20 给出的 C 网格分布,对于双向嵌套且子区域上的格距与其母区域上格距呈奇数比关系的模式区域来说,模式在处理嵌套区域计算时,子区域从其母区域中获取初始信息,经过积分计算,模式计算后子区域上相邻 9 个单元格中的标量(或者相邻 3 个单元格边框处风速 u,v 矢量)的平均值通过反馈机制返回给粗网格上重合格点。

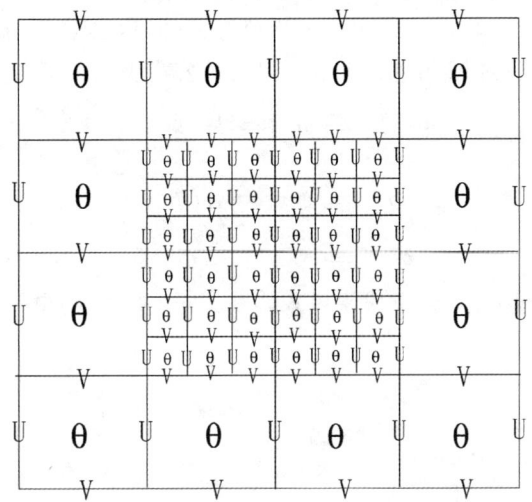

图 9.20 Arakawa-C 型水平网格,嵌套网格与母区域比为 3:1
(图中"U"和"V"分别表示水平风速的不同分量;热力学变量"θ"定义在网格中央)

(3) 模式的有限差分方法

WRF 模式中,对方程空间离散主要采用的是 2 阶~6 阶平流模式。水平和垂直差分算子如下

$$\delta_x a = \Delta x^{-1}(a_{i+1/2} - a_{i-1/2}) \tag{9.177}$$

$$\overline{a^\eta}|_{k+1/2} = \frac{1}{2}\left(\frac{\Delta \eta_k}{\Delta \eta_{k+1/2}} a_{k+1} + \frac{\Delta \eta_{k+1}}{\Delta \eta_{k+1/2}} a_k\right) \tag{9.178}$$

以下是控制方程的差分形式:

$$\delta_T U'' + \overline{\mu^{t^*}}^x \overline{\alpha^{t^*}}^x \delta_x p''^T + (\overline{\mu^{t^*}}^x \delta_x \overline{p}) \overline{\alpha''^{T^x}} +$$
$$\overline{(\alpha/\alpha_d)}^x \left[\overline{\mu^{t^*}}^x \delta_x \overline{\varphi''^T}^\eta + (\delta_x \overline{\varphi^{t^*}}^\eta)(\delta_\eta \overline{p''^x}^\eta - \overline{\mu''}^x)^T\right] = R_U^{t^*} \tag{9.179}$$

$$\delta_T V'' + \overline{\mu^{t^*}}^y \overline{\alpha^{t^*}}^y \delta_y p''^T + (\overline{\mu^{t^*}}^y \delta_y \overline{p}) \overline{\alpha''^{T^y}} +$$
$$\overline{(\alpha/\alpha_d)}^y \left[\overline{\mu^{t^*}}^y \delta_y \overline{\phi''^T}^\eta + (\delta_y \overline{\phi^{t^*}}^\eta)(\delta_\eta \overline{p''^y}^\eta - \overline{\mu''}^y)^T\right] = R_V^{t^*} \tag{9.180}$$

$$\delta_T \mu''_d + m^2[\delta_x U'' + \delta_y V'']^{T+\Delta T} + m\delta_\eta \Omega''^{T+\Delta T} = R_\mu^{t^*} \tag{9.181}$$

$$\delta_T \Theta'' + m^2 [\delta_x(U''\overline{\theta^{t^*}}^x) + \delta_y(V''\overline{\theta^{t^*}}^y)]^{T+\Delta T} + m\delta_\eta(\Omega''^{T+\Delta T}\overline{\theta^{t^*}}^\eta) = R_\Theta^{t^*} \quad (9.182)$$

$$\delta_T W'' - m^{-1}g\overline{\left[\overline{(\alpha/\alpha_d)^{t^*}}^\eta \delta_\eta(C\delta_\eta\phi'') + \delta_\eta\left(\frac{c_s^2}{\alpha^{t^*}}\frac{\Theta''}{\Theta^{t^*}}\right) - \mu''_d\right]}^T = R_W^{t^*} \quad (9.183)$$

$$\delta_T \phi'' + \frac{1}{\mu_d^{t^*}}[m\Omega^{T+\Delta T}\delta_\eta\phi - \overline{gW''}^T] = R_\phi^{t^*} \quad (9.184)$$

(4) 模式的时间积分方案

时间积分则采用三阶 Runge-Kutta 积分方案(简称 RK3)。具体积分时,RK3 方案采用三步积分形式(如图 9.21a 所示),用数学公式表示如下

$$\Phi^* = \Phi^t + \frac{\Delta t}{3}R(\Phi^t) \quad (9.185)$$

$$\Phi^{**} = \Phi^t + \frac{\Delta t}{2}R(\Phi^*) \quad (9.186)$$

$$\Phi^{t+\Delta t} = \Phi^t + \Delta t R(\Phi^{**}) \quad (9.187)$$

$\Phi = (U, V, W, \theta, \varphi'\mu', Q_m)$ 代表模式诊断变量,$\Phi_t = R(\Phi)$ 表示模式方程组。Δt 为时间步长。

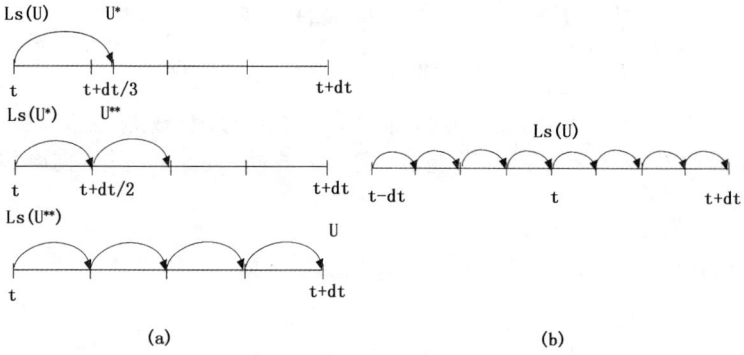

图 9.21 (a)WRF 模式使用的三阶 Runge-Kutta 积分方案;(b)MM5 模式使用的蛙跳积分方案

在图 9.21(b)MM5 模式的介绍中,知道 MM5 在进行时间积分时所采用的积分方案是二阶蛙跃式时间步长方案。尽管蛙跃式时间步长方案和 WRF 模式中使用的 RK3 方案都属于时间分离积分方案,但是二者还是存在一定的区别。相比较而言,蛙跃式时间步长方案仅对中央差分方案来说较为稳定,而 RK3 方案却对中央差分以及上风平流方案都具有较好的稳定性。另外,RK3 方案的稳定时间步长大小比二阶蛙跃式时间步长方案要大 2~3 倍。

(5)边界条件

WRF模式提供了4种侧边界选项,即周期性、开放、对称以及外部文件指定的侧边界条件。对采用实际资料进行的数值模拟来说,指定边界条件也可以被称为松弛/流入-流出边界条件。这种边界条件在ARW中有两个具体的用途:一是可以作为粗网格边界条件;另一个用于最外层的粗网格向嵌套的子区域提供与时间相关的信息。通常情况下,无论嵌套网格中的母区域采用何种边界条件,嵌套网格中的子网格的边界条件总是采用松弛边界条件。在WRF模式中规定如果粗网格的侧边界条件选用松弛边界条件,那么网格区域的东、西、南、北四个边界上也都必须选用松弛边界条件。选用松弛边界条件的粗网格区域的侧边界由指定区域和松弛区域构成(如图9.22),其中指定区域由经过时间插值的外部预报或者分析资料给定(一般由模式的前处理SI部分提供),它的宽度通常设置为1;而松弛区域则是模式区域上信息的流入-流出区,其宽度一般是可变的。在图9.22中,模式区域边界上指定区域占据模式区域南北边界的第一行和东西边界的一列,松弛区域则占据南北边界上第2至第5行以及东西边界上第2至第5列。

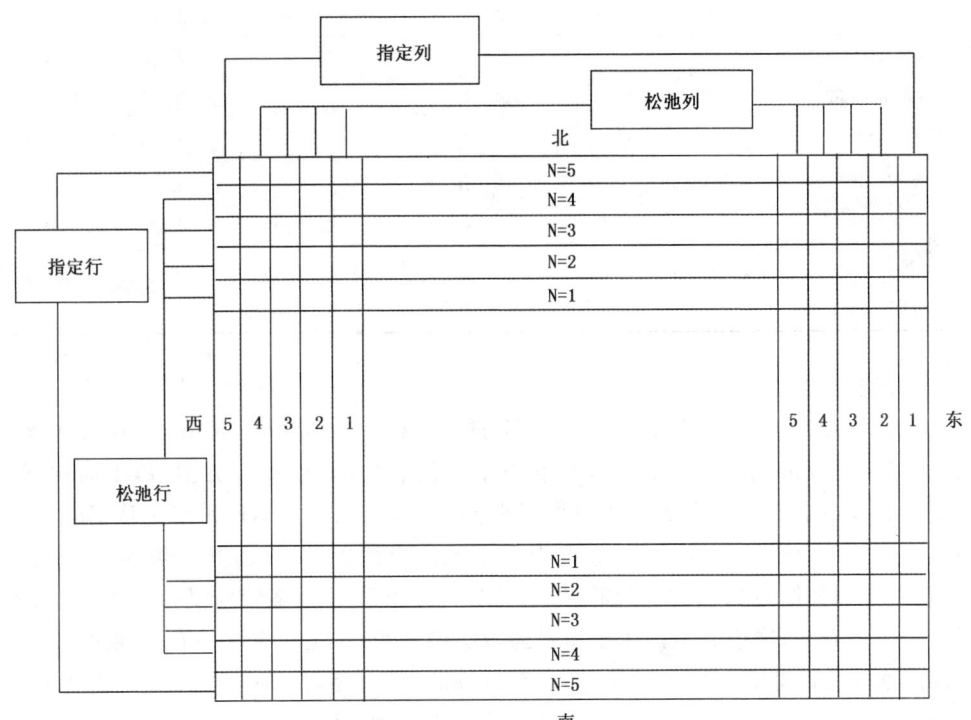

图 9.22 WRF模式侧边界条件

(6) 物理参数化方案

模式的物理过程中包含显式和隐式的微物理、积云对流、长、短波辐射、边界层、近地面层、陆面过程以及次网格尺度扩散等物理方案。下面对这些物理参数化方案中的内容进行简要的介绍。

① 微物理过程

WRF 模式中的微物理过程一共包含 8 个选项：无微物理过程、Kessler 暖云方案、Purdue Lin 方案、WSM3 方案、WSM5、WSM6、Eta GCP 和 Thompson 方案。表9.1 列出了这些微物理方案中所包含的水凝物种类个数以及所包含的微物理过程。以 Kessler 方案为例，这个方案是 1969 年由 Kessler 提出的，从 COMMAS 模式中移植过来的一个简单暖云方案。它包含水汽、云水和雨水三类水凝物，微物理过程包含：雨水的产生、下降和蒸发；云水的碰并增长等过程。Purdue Lin 方案中则包含六类水凝物：水汽、云水、雨水、云冰、雪和霰。与 Kessler 方案相比，Lin 方案在 WRF 模式中相对较为复杂。

表 9.1 WRF 模式中的微物理过程

方案	变量个数	冰相过程	混合相过程
Kessler	3	无	无
Purdue Lin	6	有	有
WSM3	3	有	无
WSM5	5	有	无
WSM6	6	有	有
Eta GCP	2	有	有
Thompson	7	有	有

② 积云参数化

模式中积云参数化方案主要有 4 个选项：无积云参数化、Kain-Fritsch 方案、Betts-Miller-Janjic 和 Grell 积云参数化方案。其中 Kain-Fritsch 方案（以下简称 KF 方案）和 Grell 积云参数化方案中考虑了夹卷效应（表 9.2）。KF 方案是从 Eta 模式中移植并加以改进的积云方案，方案中采用了一个简单云模式，其中考虑水汽的卷入、卷出和一些简单的微物理过程；相对而言，Grell 积云方案较为复杂全面，它融入了多种积云方案，这些方案都属于质量通量类型方案，只是在水汽的卷入卷出的参数以及降水率方面略有区别。因此，模式在计算时，通常是对 Grell 积云方案中各种积云方案计算结果取加权平均后，再将最后的平均值反馈模式。

表 9.2 WRF 模式中积云参数化方案

方案	夹卷	方案类型
Kain-Fritsch	有	质量通量
Betts-Miller-Janjic	无	调整
Grell-Devenyi	有	质量通量

③行星边界层(PBL)参数化

行星边界层(PBL)主要是负责输送整个大气层中由涡旋产生的次网格尺度通量,因此 PBL 参数化方案向模式主要提供的是大气的温度和湿度廓线以及水平动量等参数。WRF 模式中提供的 PBL 参数化方案主要有:MRF,YSU 和 MYJ 行星边界层参数化方案。

④近地面层参数化

近地面层参数化包含三种:无参数化、MM5 模式近地面层方案和 Eta 模式的近地面层方案。其中,从 MM5 模式中移植过来的近地面层参数化方案必须搭配使用 MRF 或者 YSU 的行星边界层(PBL)参数化方案,而 Eta 模式的近地面层方案则需要搭配使用 Eta(MYJ)的 PBL 参数化方案。

⑤大气辐射参数化方案

大气辐射方案主要是向模式提供辐射对大气的加热和近地面向下的长短波辐射对地表的加热信息。长波辐射包含空气和近地面吸收和发出的红外或者热辐射,来自地表的向上长波辐射通量是由近地面层的发射率决定的,而短波辐射则包含太阳光谱产生的可见光辐射。在实际大气中,辐射通常会受到云、水汽、CO_2、O_3 以及痕量气体分布和密度的影响,因此为了分别计算这些因素对辐射的影响,在目前的 WRF 模式中所有的辐射方案都为一维方案。WRF 模式中具体采用的长波辐射参数化方案包括:RRTM 和 Eta 模式的 GFDL 长波方案,短波辐射方案有:Eta 模式的 GFDL 短波辐射、MM5 模式的 Dudhia 方案以及 Goddard 短波辐射参数化方案。表 9.3 给出了这几类参数化方案中一些指标的比较。

表 9.3 大气辐射方案选项

方案	长波/短波	光谱波段	$CO_2,O_3,$云
RRTM	LW	16	$CO_2,O_3,$云
GFDL LW	LW	14	$CO_2,O_3,$云
GFDL SW	SW	12	$CO_2,O_3,$云
MM5 SW	SW	1	云
Goddard	SW	11	$CO_2,O_3,$云

⑥陆面模式(LSMs)

陆面模式(LSMs)的功能主要是利用由近地面层方案、大气辐射方案以及微物理和积云对流参数化方案中提供的大气信息、辐射强迫和降水强迫信息,并结合陆地状态变量和陆面属性等内部信息向模式提供陆地和海冰的热量和水汽通量。WRF模式中陆面过程参数化方案主要包括三类:五层温度扩散方案、Noah 陆面过程和 RUC 陆面过程。

本章小结

(1)基本内容

本章包括九节,分别介绍了中尺度诊断分析基础、中尺度诊断和预报方程(包括中尺度散度、涡度方程、准地转和非地转 ω 方程、动能平衡方程、湿位涡方程等)、Q 矢量分析、位涡分析、螺旋度分析、大气稳定度分析以及中尺度数值模拟等。

(2)复习思考

1)准地转 Q 矢量的 x 和 y 分量分别具有什么物理意义?

2)准地转 Q 矢量与垂直运动有什么关系?

3)准地转 Q 矢量与锋生锋消有什么关系?

4)准地转 Q 矢量与次级环流有什么关系?

5)将准地转 Q 矢量进行分解分析有何意义?

6)写出位涡的表达式,并说明其物理意义。

7)位涡的单位是什么?

8)位涡思想包含哪些内容?

9)怎样用位涡思想解释地面气旋的发生发展和演变?

10)怎样用湿位涡来判别大气的对称不稳定性?

11)什么是螺旋度?

12)什么是风暴相对螺旋度?

13)风暴相对螺旋度与风暴有什么关系?

14)什么是对流有效位能?

15)什么是对流抑制能量?

16)有哪些常用的不稳定度参数?它们的定义是什么?

17)WRF 模式主要由哪些部分组成?

参考文献

白乐生.1988. 准地转 Q 矢量分析及其在短期天气预报中的应用. 气象,(8):25-30.

蔡则怡,于波.1988.带通滤波在华北飑线预报中的应用.气象,14(1).
陈德辉.1997.积云对流参数化技术.应用气象学报,8(增刊):69-77.
陈华,谈哲敏.1999.热带气旋的螺旋度特性.热带气象学报,15(1):81-85.
程麟生.1994.中尺度大气数值模式和模拟.北京:气象出版社.
丁一汇.1990.天气动力学中的诊断分析方法.北京:科学出版社.
董美莹,寿绍文.1999a.积云参数化问题及其核心——闭合假设.气象教育与科技,(2):1-18.
董美莹,寿绍文.1999b.数值预报模式的倾斜对流参数化研究.气象教育与科技,(3):1-18.
董美莹,寿绍文.2001a.MM4模式积云参数化方案的改进和检验(Ⅰ)——MM4模式积云参数化方案的改进.南京气象学院学报,1.
董美莹,寿绍文.2001b.MM4模式积云参数化方案的改进和检验(Ⅱ)——改进模式的检验试验.南京气象学院学报,2.
侯定臣.1991.夏季江淮气旋的Ertel位涡诊断分析.气象学报,49(2).
孔玉寿,章东华.2000.现代天气预报技术.北京:气象出版社.
李柏,李国杰.1997.半地转Q矢量及其在梅雨锋暴雨研究中的应用.大气科学研究与应用(十二),(1):31-38.
李丁民.1987.能量位涡平衡方程及其在暴雨诊断分析中的应用.高原气象,6(3).
李耀辉,寿绍文.1999.旋转风螺旋度及其在暴雨演变过程中的作用.南京气象学院学报,22(1):95-102.
李耀辉,寿绍文.2000.一次江淮暴雨的MPV及对称不稳定研究.气象科学,20(1).
李毓芳,等.1985.中尺度模式在梅雨暴雨预报中的初步试验.气象科学.
林本达.1987.大气中垂直环流的成因和诊断//北方天气文集(6).北京:北京大学出版社.
林文实,黄美元.1998.积云参数化方案研究的现状.热带气象学报,14(4):374-379.
刘还珠,张绍晴.1996.湿位涡与锋面强降水天气的三维结构.应用气象学报,7(3).
刘一鸣.1998.中国关于积云参数化方案的应用.气象学报,56(2):247-255.
陆尔,丁一汇,李月洪.1994.1991年江淮特大暴雨的位涡分析与冷空气活动.应用气象学报,5(3).
彭治班,等.2001.国外强对流天气的应用研究.北京:气象出版社.
盛华.1984."81·7"大暴雨位涡与相当位涡的诊断分析.高原气象,3(2).
寿绍文,王祖锋.1998.1991年7月上旬贵州地区暴雨过程物理机制的诊断研究.气象科学,18:3.
寿绍文,励申申,王信.1990.暴雨低涡结构、成因及移动的初步探讨.南京气象学院学报,13(4):535-539.
寿绍文,励申申,张诚忠.2001.梅雨锋中尺度切变线雨带的动力结构分析.气象学报,59(4):405-413.
寿绍文,李耀辉,范可.2001.暴雨中尺度气旋发展的等熵面位涡分析.气象学报,59(5):560-568.
陶祖钰,谢安.1989.天气过程诊断分析原理和实践.北京:北京大学出版社.
田珍富,等.1998.一次局地特大暴雨湿位涡的中尺度分析.热带气象学报,14(2).
王建中,等.1996.位涡在暴雨成因分析中的应用.应用气象学报,7(1).

王永中,杨大升.1984.暴雨和低层流场的位涡.大气科学,8(4).
吴宝俊,许晨海,等.1996.螺旋度在分析一次三峡大暴雨中的应用.应用气象学报,7(1):108-112.
吴国雄,等.1995.湿位涡和倾斜涡度发展.气象学报,53(4).
吴国雄,等.1997.风垂直切变和下滑倾斜涡度发展.大气科学,21(3).
吴海英,寿绍文.2002.位涡扰动与气旋的发展.南京气象学院学报,25(4):510-517.
夏大庆.1982.气象场中尺度系统分离算子的设计和比较.科学通报,(18).
夏大庆,等.1983.气象场的几种中尺度分离算子及其比较.大气科学,7(3).
徐之泰,丁一汇.1988.气象场的客观分析和中尺度滤波.大气科学,12(3):274-282.
薛峰.1990.积云对流对 ITCZ 区域位涡的垂直输送.南京气象学院学报,13(1).
杨国祥,等.1989.华东对流性天气分析预报.北京:气象出版社.
杨越奎,刘玉玲,等.1994."91·7"梅雨锋暴雨螺旋度分析,气象学报,52(3):379-384.
姚秀萍,于玉斌.2000a.对华北一次特大台风暴雨过程的位涡诊断分析.高原气象,19(1):111-120.
姚秀萍,于玉斌.2000b.非地转湿 Q 矢量及其在华北特大台风暴雨中的应用.气象学报,58(4):436-446.
姚秀萍,于玉斌.2001.完全 Q 矢量的引入及其诊断分析.高原气象,20(2):208-213.
于玉斌,姚秀萍.1999a."96·8"暴雨过程的尺度分离动能方程的诊断.应用气象学报,10(1):49-58.
于玉斌,姚秀萍.1999b.北上台风暴雨过程涡散场的能量收支和转换特征.气象学报,57(4):439-449.
袁佳双,寿绍文.2001.1998 年华南大暴雨冷空气活动的位涡场分析.南京气象学院学报,24(1):92-98.
袁佳双,寿绍文.2002.高低空位涡扰动、非绝热加热与气旋的发生发展.热带气象学报,18(2):121-130.
岳彩军,寿绍文.2002a.几种 Q 矢量的比较.南京气象学院学报,25(4):525-532.
岳彩军,寿绍文.2002b.湿 Q 矢量散度场与 ω 场的比较.南京气象学院学报,25(3):420-424.
岳彩军,寿绍文,林开平.2002.一次梅雨过程中潜热的计算分析.气象科学,22(4).
张诚忠,寿绍文,王祖锋.1998.对称不稳定和螺旋度与梅雨锋暴雨增幅的关系.暴雨·灾害,1.
张兴旺.1998.湿 Q 矢量表达式及其应用.气象,24(8):3-7.
张玉玲,等.1986.数值天气预报.北京:科学出版社.
章东华.1993.螺旋度——预报强风暴的风场参数.气象,19(8):46-49.
章东华,舒慈勋.1994.螺旋度概念及其在强对流风暴预报中的应用试验.空军气象学院学报,15(1):20-27.
章震越,等.1986.位势散度方程及其在对流天气预报中的应用.教学与研究,空军气象学院,(1).
赵思雄,等.1982.中尺度低压系统形成和维持的数值试验.大气科学.
郑良杰.1989.中尺度天气系统的诊断分析和数值模拟.北京:气象出版社.
周毅,寇正,王云峰.1998.位涡反演诊断方法及效果检验.空军气象学院学报,19(2).

周毅,寇正,王云峰. 1998. 气旋生成机制的位涡反演诊断. 气象学报, 18(2).

Arakawa A. 1993. Closure assumptions in the cumulus parameterization problem. The representation of cumulus convection in numerical models, Meteorological Monographs, Am Meteor Soc, 24(46):1-16.

Arakawa A, Cheng Ming Dean. 1993. The Arakawa Schubert cumulus parameterization. Meteorological Monographs, 24(46):123-136.

Barnes S L. 1972. Mesoscale objective analysis using weighted time series observations. NOAA Technical Memorandum, ERL, NSSL-62.

Barnes S L, Colman B R. 1993. Quasigeostrophic diagnosis of cyclogenesis associated with a cutoff extratropical cyclone— The Christmas 1987 storm. Mon Wea Rev, 121(6): 1613-1634.

Bennets S L, Hoskins B J. 1979. Conditional Symmetric instability -a possible explanation for frontal rainbands. Quart J R Meteor Soc, 105:945-962.

Blanchard D O. 1998. Assessing the Vertical Distribution of Convective Available Potential Energy, AMS.

Brandes E A, Davies-Jones R P, Johnson B C. 1988. Streamwise vorticity effects on supercell morphology and persistence. J. Atmos. Sci., 45: 947-963.

Chan Douglas S T, Cho Han-Ru. 1989. Meso-β scale potential vorticity anomalies and rainbands, Part I: Adiabatic dynamics of potential vorticity anomalies. J A Sci, 46(12): 1713-1723.

Cho Han-Ru, Chan Douglas S T. 1991. Meso-β-scale potential vorticity anomalies and rainbands, Part II: Moist model simulations. J A Sci, 48(2): 331-341.

Cho Han-Ru, Cao Z H. 1998. Generation of moist potential vorticity in extratropical cyclones, Part II: Sensitivity to moisture distribution. J Atmos Sci, 55: 595-610.

Colby F P. 1984. Convective inhibition as a predictor of convection during AVE-SESAME II. Mon. Wea. Rev., 112:2239-2252.

Cotton W R, Anthes R A. 1993. 风暴和云动力学. 叶家东, 范蓓芬, 程麟生, 等, 译. 北京:气象出版社.

Cressman G P. 1959. An operational objective analysis system. Mon Wea Rev, 87:367-374.

Davis C A. 1992. Piecewise potential vorticity inversion. J Atmos Sci, 49(16): 1397-1411.

Davis C A, Emanuel K A. 1991. Potential vorticity diagnostics of cyclogenesis. Mon Wea Rev, 119: 1929-1953.

Davis H C, Rossa A M. 1998. PV frontogenesis and upper-tropospheric fronts. Mon Wea Rev, 126:1528-1539.

Davies-Jones R. 1991. The frontogenetical forcing of secondary circulations. Part I: The duality and generalization of the Q vector. J Atmos Sci, 48(4): 497-509.

Du Jun, Cho Han-Ru. 1996. Potential vorticity anomaly and mesoscale convective systems on the Baiu (Mei-Yu) front. J Meteor Soc Japan, 74(6):891-908.

Dunn L B. 1991. Evaluation of vertical motion: Past, Present, and Future. Wea Forecasting, 6(1):

65-73.

Doswell C A, Burgess D W. 1993. Tornadoes and tornadic storms: A review of conceptual models. The Tornado: Its Structure, Dynamics, Prediction, and Hazards (C. Church et al., Eds.), Geophysical Monograph 79, Amer. Geophys. Union, 161-172.

Doswell C A III, Rasmussen E N. 1994. The effect of neglecting the virtual temperature correction on CAPE calculations. Wea. Forecasting, 9: 625-629.

Doswell C A, Baker D V, Liles C A. 2002. Recognition of negative factors for severe weather potential: A case study. Wea. Forecasting,17:937-954.

Emanuel K A, Neelin J, Bretherton C. 1994. On large scale circulations in convecting atmospheres, Q. J. R. Meteorol. Soc., 120: 1111-1143.

Frank W M. 1983. The cumulus parameterization problem. Mon Wea Rev, 111(9):1859-1871.

Fritsch J M, Chappell C F. 1980. Numerical prediction of convectively driven mesoscale pressure systems, Part Ⅰ: Convective parameterization. J Atmos Sci, 37(8): 1722-1733.

Gamache J F, Houze R A, et al. 1982. Mesoscale air motions associated with a tropical squall line. Mon Wea Rev, 110:118-135.

Gao Shouting, et al. 2002. Moist potential vorticity anomaly with heat and mass forcings in torrential rain systems. Chin Phys Lett,19(6):878-880.

Hakim G J, Keyser D. 1996. The Ohio valley wave-merger cyclongenesis event of 25-26 January 1978, Part Ⅰ: diagnosis using quasigeostrophic potential vorticity inversion. Mon Wea Rev, 124(10):2176-2205.

Hise Eirh Yu. 1987. MM4(Penn State/NCAR) mesoscale of model version 4 documentation.

Hoskins, B J. 1997. A potential vorticity view of synoptic development. Meteor. Appl., 4:325-334.

Hoskins B J, Pedder M. 1980. The diagnosis of middle latitude synoptic development. Quart J Roy Meteor Soc, 106(450): 707-719.

Hoskins B J, McIntyre M E, Robertson A W. 1985. On the use and significance of isentropic potential vorticity maps. Quart J R Meteor Soc,111:877-946.

Hoskins I D, et al. 1978. A new look at the ω-equation. Quart J Roy Meteor Soc,104:31-38.

Huo Z H, Zhang D L. 1998. An application of potential vorticity inversion to improving the numerical predication of the March 1993 superstorm. Mon Wea Rew,126(2): 426-439.

Joly A, Thorpe A J. 1990. Frontal instability generated by tropospheric potential vorticity, Quart J R Meteor Sci,116:525-560.

Jusem J C, Atlas R. 1998. Diagnostic evaluation of vertical motion forcing mechanisms by using Q-vector partitioning. Mon Wea Rev, 126(8): 2166-2184.

Keyser D, Schmidt B D, et al. 1992. Quasigeostrophic vertical motions diagnosed from along-and cross-isentrope components of the Q vector. Mon Wea Rev,20(5): 731-741.

Krishnamurti T N. 1968. A diagnostic balance model for studies of weather systems of low and high latitudes, Rossby number less than 1. Mon Wea Rev,96(4).

Leinschmidt E. 1957. In "Dynamic meteorology" by Eliassen A and Kleinschmidt E. Handbuch der Physik, 48:112-129.

Leftwich P W. 1990. On the use of helicity in assessment of severe local storm potential. Preprints, 16th of Conf. on Severe Local Storm, Am Meteor Soc: 306-310.

Li Yaohui, Shou Shaowen, Fan Ke. 2002. Isentropic potential vorticity analysis on the mesoscale cyclone development in a torrential rain process. Acta Meteorologica Scinica,16(4):75-85.

Lilly D K. 1986. The structure, energetics and propagation of rotating convective storm, Part II: Helicity and storm stability. J Atoms Sci,43(2):126-140.

Maddox R A. 1980. An objective technique for separating macroscale and mesoscale features in me-teorological data. Mon Wea Rev,108:1108-1121.

Martin J E . 1999. The separate roles of geosrophic vorticity and deformation in the midlatitude occlusion process. Mon. Wea. Rev. , 127(10):2404-2418.

Molinari J, Dudek M. 2015. Parameterization of convective precipitation in mesoscale numerical models: A critical review. Mon Wea Rev, 120(2):326-344.

Moller J D,Jones S C. 1998. Potential vorticity inversion for tropical cyclones using the asymmetric balance theory. J Atmos Sci, 55:259-282.

Molinari J,et al. 1998. Potential vorticity analysis of tropical cyclone intensification. J Atmos Sci, 55:2632-2644.

Nordeng T E. 1987. The effect of vertical and slantwise convection on the simulation of polar lows. Tellus,39A:354-357.

Nordeng T E. 1993. Parameterization of cumulus convection in numerical weather prediction models,The representation of cumulus convection in numerical models. Meteorological Monographs,24(46):195-202.

O'Brien J J. 1970. Alterative solutions to the classical vertical velocity problem. J A M,109(2).

Pielke R A. 1990. 中尺度气象模拟. 张杏珍,杨长新,译. 北京:气象出版社.

Platzman G. 1949. The motion of barotropic disturbances in the upper troposphere. Tellus,1(3): 53-64.

Reed R J,Sanders f. 1953. An investigation of the development of a midtropospheric frontal zone and its associated vorticity field. ibid,10:338-349.

Robert D J,Burgess D W. 1990. Test of helicity as a tornado forecast parameter. Preprints, 16th of Conf. on Severe Local Strom, Am Meteor Soc:588-592.

Sanders F, Hoskins B. 1990. An easy method for estimation of Q-vectors from weather maps. Wea Forecasting, 5(2): 346-353.

Schar C, Wernli H. 1993. Structure and evolution of an isolated semi-geostrophic cyclone. Quart J Roy Meteor Soc, 119(509): 57-90.

Shapiro R. 1970. Smoothing filtering and boundary effects. Review of Geophysics and Space Physics,8:357-387.

Shou Shaowen, et al. 2000. Potential vorticity analysis of the heavy rain process in South China of June 18-26, 1998. International Workshop on GAME/HUBEX, Hokaido, Japan,(9):12-14.

Shou Shaowen, Li Yaohui. 1999. Study on moist potential vorticity and symmetric instability during a heavy rain event occurred in the Jiang-Huai Valleys. Advances in Atmospheric Sciences, 16(2):312-321.

Shou Shaowen, Liu Zixiong. 2002. A diagnosis analysis of the inferences of dry intrusion on the development of cyclone during a heavy rain process. Proceedings of Summer Workshop On Severe Storms And Torrential Rain, Chengdu,China.

Shou Shaowen, et al. 2004a. Numerical simulation and diagnostic analysis of a rainstorm near Meiyu front occurred in eastern China, International Conference on Storms,5-9 July,2004 Brisbane Australia.

Shou Shaowen, et al. 2004b. Effects of dry intrusion in a rainstorm process,International Conference on Storms,5-9 July,2004 Brisbane Australia.

Shou Yixuan,et al. 2004. The research on textual feature extraction and its application in analyzing a rainstorm process, International Conference on Storms,5-9 July,2004 Brisbane Australia.

Wang Wei, Seaman N L. 1997. A comparison of convective parameterization schemes in a mesoscale model. Mon Wea Rev,125(2):252-278.

Woodall G R. 1990. Qualitative analysis and forecasting of tornadic activity using storm-relative helicity. Preprints, 16th of Conf. on Severe Local Strom, Am Meteor Soc:311-315.

Xu Qin. 1989. Frontal circulation in the presence of small viscous moist symmetric stability and weak forcing. Quart J R Meteor Soc, 115:1325-1352.

Xu Q. 1992a. Ageostrophic pseudovorticity and geostrophic C-vector forcing- a new look at Q vector in three dimensions. J Atmos Sci,49(12): 981-990.

Xu Qin. 1992b. Conditional symmetric of frontal rainbands and geostrophic potential vorticity anomalies. J A Sci,49(8):629-648.

Yang Dasheng, Krishnamurti T N. 1981. Potential vorticity of monsoonal low-level flows. J Atmos Sci, 38:2676-2695.

二宫洸三.1975.在冷涡下面发展起来的中尺度扰动客观分析.日本,气象和地球物理文集.

第 10 章　中尺度天气预报

中尺度天气系统常常引起暴雨、雷暴、冰雹、大风、龙卷、下击暴流等对流性天气，以及局地浓雾等非对流性天气，它们都可能造成严重的灾害。因此做好中尺度灾害性天气的分析和预报是防灾抗灾斗争的重要一环。本章将介绍一些主要中尺度对流性天气的分析预报思路和方法。

10.1　中尺度天气预报方法概论

10.1.1　临近预报和甚短期预报的概念

1981 年 WMO 大气科学委员会天气预报工作组建议，天气预报按时效分为长期（>10 d）、中期（3~10 d）和短期（<3 d）预报，其中短期预报内含 0~2 h 的临近预报（Nowcasting）和 0~12 h 的甚短期预报（VSRF）。中尺度天气预报主要包括临近预报和甚短期预报两种时效的预报。预报对象主要为各种中尺度系统以及它们所伴随的天气现象，特别是各种对流风暴以及它们所引起的雷暴、冰雹、暴雨、大风、下击暴流、风切变以及龙卷风等灾害性天气现象。由于这些天气现象与人民生活和国民经济有着密切的关系，做好中尺度天气预报有着十分重大的意义和明显的经济效益。中尺度预报的成功依赖于很多方面，包括中尺度气象探测网的建设、资料分析处理和通信服务系统的完善，以及中尺度预报工具和方法的改进。本节主要讨论临近预报和甚短期预报的概念和基本方法。在本章以后的各节中将进一步具体地讨论各种灾害性天气的分析和预报思路和方法。

关于临近预报和甚短期预报的概念的引入，要从天气预报的两种基本方法，即线性外推法和数值预报法的预报能力说起。

线性外推法的基本思路是假定天气系统保持其过去的演变趋势，因而便可按其过去的演变情况推论它未来的状态（位置和强度）。这种方法并不适用于任何期限，而只是在一定的期限内有效。这个期限叫作有效线性外推期，它表示预报值对实况的误差保持在可以允许的范围之内的时段。而在这一时段以外，线性外推法因误差太大而不再有效(图 10.1)。

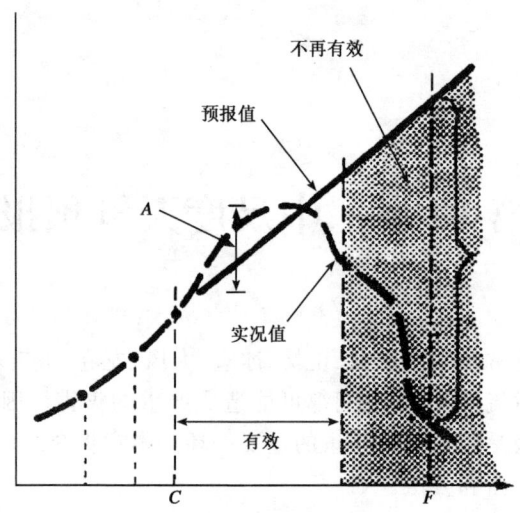

图 10.1 有效线性外推期的定义图解(McGinley,1986)
(图中纵坐标表示要素值,横坐标表示时间,A 为可接受的预报误差范围,C 为制作预报的时刻,F 为所预报的时刻)

　　有效线性外推期的长短取决于不同的天气现象和天气系统。一般来说某种天气现象和天气系统的有效线性外推期的长短相当于该现象和系统生命期的 $1/4\sim 1/10$。表 10.1 列出了一些天气事件的典型的有效线性外推期的时间尺度。由表可见,大尺度系统(如锋、台风等)有较长的有效线性外推期。但中小尺度系统的有效线性外推期却是很短的,一般都在 $0\sim 2\,h$ 之内。

　　数值预报法是根据流体力学和热力学原理做出的非线性预报方法。对于这类预报方法的预报能力,早期气象学家(如 Bjerkness,1919)认为,只要描述大气运动和物理变化的方程充分精确,大气的初始条件也充分而精确地已知,那么任何未来时刻的大气状态都是可以被精确地预报的。事实上,从 1958 年开始使用数值天气预报以来,大尺度数值天气预报模式已充分表现其对短期天气过程的预报能力,而且随着每次对模式做出改进后,预报正确率都出现明显的提高。然而大尺度数值模式对中尺度运动及其物理变化的考虑是粗糙的,而且由于测站密度、观测精度的不足造成初始条件的不肯定和误差。因此大尺度模式的预报能力一般随着预报对象的尺度的减小而下降。根据预报试验表明,就目前的水平而言,全球数值模式对 $0\sim 12\,h$ 的预报准确率低于气候预报的正确率。中尺度模式要好些,但其 $0\sim 8\,h$ 的预报正确率也低于气候预报正确率(图 10.2)。

表10.1 一些天气事件的有效线性外推期的时间尺度及非线性预报能力(Doswell,1986)

天气事件	有效线性外推的时间尺度	非线性预报能力
下击暴流	1～几分钟	很有限
龙卷	1～几分钟	很有限
个别雷暴	5～20 min	很有限
强雷暴	10 min～1 h	很有限
组织成中尺度的雷暴	约1～2 h	有一些
造成洪水的降水	约1～几小时	很有限
地形性强风	约1～几小时	有一些
湖面影响造成的雪暴	约几小时	很有限
暴雪/冬季风暴/雪暴	几小时	有一些
霜冻	几小时	有一些
低能见度	约几小时	有一些
大气污染段	几小时	有一些
风	几小时	有一些
降水	几小时	有一些
飓(台)风	很多小时	好
锋面过境	很多小时	很好

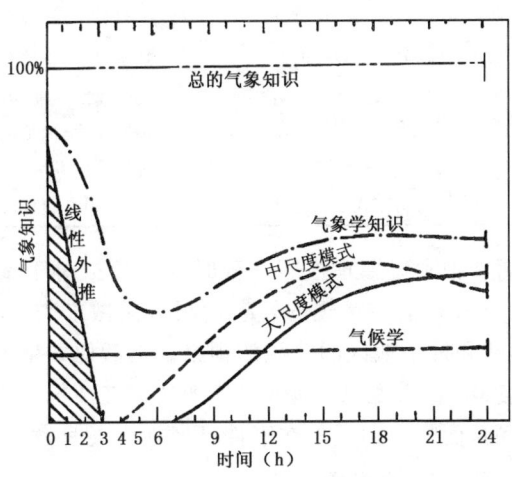

图10.2 大尺度数值模式在0～12 h预报时间长度上的预报能力空隙的示意图(Doswell,1986)

根据以上对线性外推法和数值模式预报法的性能的简单分析可知,对于不少中小尺度天气系统,在其有效线性外推期内,可以通过对目前天气状态的详细描述和监测,采用线性外推的方法,做出时效为0～2 h左右的预报。这种预报就称为临近预报。对于 12～72 h 的天气演变则可有效地利用现有的大尺度数值预报模式预报方法来预报。这就是常规的短期天气预报。

由图 10.2 可见,对大尺度数值模式来说,0～12 h 的时间长度上有一个预报能力的空隙。这就需要发展新的方法去闭合这个空隙。一般把时效为 0～12 h 的预报叫作"甚短期预报"。甚短期预报与临近预报有互相交叠的时段(0～2 h),但前者是非线性预报,强调生成预报,而不是单纯的线性外推。甚短期预报与常规的短期天气预报有许多不同,表 10.2 是它们之间差别的比较。

表 10.2 常规短、中、长期预报方法与临近预报和甚短期预报的比较(陶诗言,1986)

项目	常规短、中、长期天气预报	临近预报和甚短期预报
预报的时效	>12 h	0～12 h
考虑的尺度	天气尺度,行星波尺度	中尺度
考虑的范围	全球或一个洲的范围	小区域或局地
预报性质	一般的笼统预报	确定地点的具体天气要素预报
观测资料	常规地面、高空台站网的资料	地面中尺度观测网资料,卫星资料、雷达和其他地面遥测资料,常规的地面和高空资料
台站网密度	数百千米	$\leqslant 50$ km
观测的时间间隔	地面每 3 h 一次,高空每 12 h 一次	1 h,30 min 或几分钟一次
资料量	资料量较小,约 10^6 比特/h	资料量较大,约 10^8 比特/h
资料传送速度	较慢(从几分钟到数小时)	较快(从几秒钟到几分钟)
预报方法	数值预报方法,统计预报方法	天气实况外推,中尺度系统的概念模型物理图像,预报员的经验,数值预报方法和统计预报方法
分析预报结果的传递	慢,采用被动方式	快,采用主动和被动方式

临近预报、甚短期预报和短期预报等三种时效的预报对于做中小尺度天气的预报来说都是重要的。首先要依靠常规的短期预报方法做未来 12～24 h 内中小尺度天气系统发生的可能性和发生地区的笼统的预报。然后便要依靠甚短期预报和临近预报方法来定时、定点、定量(定强度)地做出确切的天气预报。其中甚短期预报一般是在事件发生前做出的,而临近预报是在事件已经在进展时做出的。

10.1.2 中尺度预报方法的类型

图 10.2 表明,有几种方法都能对闭合 0～12 h 预报能力的空隙做出贡献。它们是线性外推法、中尺度模式法、气候学方法以及利用气象知识做预报的方法等。

线性外推法常常用于预报卫星、雷达资料中的中尺度特征的连续位移,并以此来估计雨量和天气现象的变化。在使用数字化雷达和卫星资料时,一般可用求交叉相关系数的方法,来外推回波或云团在 $t+\Delta t$ 时刻的位置。对于比较散乱的回波群和云块,可以用重心外推法,先求出它们的重心,再进行外推。对于常规雷达资料,则常用引导气流法,就是以环境气流作为引导气流,并考虑回波和云团大小和发展情况对移向移速进行修正。在做对流性回波的外推预报时的预报时效一般很短。作为一个例子,可以看一下 Austin 和 Bellon(1982)对降雨特征进行外推预报效果试验的结果(图 10.3)。在图 10.3 中,纵坐标为 CSI 指标(CSI 为预报准确率,CSI 愈小正确率愈低,CSI 为零时,表示无预报技术可言,关于 CSI 的定义见本章 10.3 节),横坐标为预报时间的长度。9 条曲线分别表示 9 种等级的降水率。图 10.3 表明,不论对哪一种等级的降水率,外推预报的准确率都是一致地随着预报时间的增长而呈近于指数的规律递减的。特别是对 4 级以上的降水率来说这种规律更明显,而且到 3 h 以上则准确率已降到极低的水平。

  线性外推法能够应用到降水以外的各种天气现象,例如卫星观测到的云区,闪电探测仪探测到的雷暴区,常规雷达观测到的各种特殊回波,如钩、缺口、弓形回波等,多普勒雷达上观测到的中气旋、下击暴流、风向突变线等(多普勒雷达可以指示目标物相对于雷达的径向速度,因而可以根据径向速度推论出各种气流特征来)。

  在上述中尺度特征中,有的本身的生命期就非常短促,例如下击暴流、龙卷涡旋和风向突变线的生命期往往只有几分钟,因此其有效外推期常常只有几秒钟至几十秒钟,这样的有效外推期虽然短暂,但是由于相应的天气十分剧烈,因此即使只是以此方法来传播一个信息也是十分有价值的。

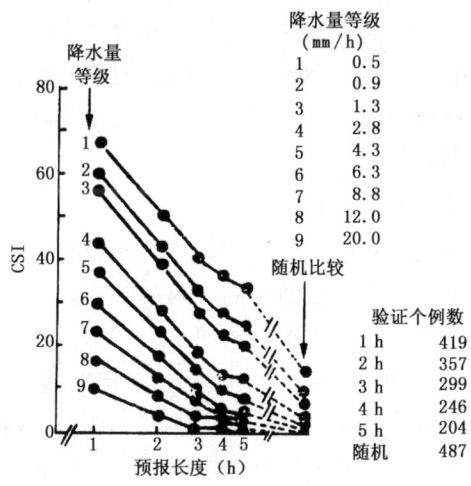

图 10.3 不同降水率的系统外推预报准确率与预报时间长度的关系(Austin 和 Bellon,1982)

由于线性外推法的有效期一般只有 0～2 h,所以在线性外推和大尺度模式(即常规短期预报)之间仍有 2～12 h 的空隙。发展中尺度数值预报模式对闭合这一空隙起了重要作用。在这些正在发展的模式中有两种类型。一种是详细考虑各种物理过程的复杂的数值模式,一种是适用于各种特殊目的简化的数值模式。在本节下文中我们将介绍两个这样的简单模式,这就是一维的气团变性模式(AMT 模式)和一层 σ 坐标中尺度模式。由于数值预报产品通常结合统计预报方法来用于天气预报,所以我们在本节中也将介绍这一类动力—统计预报方法。

气候学预报可以提供一个气候预报正确率对闭合空隙也是有很大价值的,至少在某些具有特殊地形的地区(如海岸附近、山区、湖泊附近等)来说,熟悉气候背景对保证预报正确率是很重要的。在这些特殊地形地区,某些物理过程必须常常加以考虑。例如有些大湖泊地区容易产生雪暴,有的区域(如美国中部)很易发生龙卷,有的地区易产生冰雹,山地易产生播撒器—馈水器机制,因而常常引起降水增幅。在不同的低空风场下,锋面降水有不同的增强率,可以通过气候分析找出平均增强场,贮存在计算机中。在做具体天气过程预报时,再把这种平均增强场引入,以便对预报结果做出订正。在制作统计预报时各种天气现象的相对频率也可作为预报因子考虑在预报方程之中(例如在用经典回归和 MOS 结合做强风暴预报的客观预报系统中,预报量气候率便是作为预报因子的四类变量之一)。

最后,应用气象知识做预报的方法是使空隙闭合的重要一环。所谓应用气象知识做预报的方法,就是应用各种通过科研和业务实践建立起来的概念模型和经验规则来做预报的方法。这是人的因素介入预报过程的体现。但是迄今为止,人们对于中尺度天气过程的气象学知识还是非常不足的。在图 10.2 中"气象学知识"曲线在 0～12 h 范围内所呈现的凹陷形式体现了这种不足。但是通过加强对中尺度气象学的研究和实践,将会改变这种状况。在下文中我们将以雷暴和强雷暴的预报为例,说明如何应用气象知识来做天气预报。

10.1.3 概念模式的应用

概念模式是对所观测的现象的结构、机制以及生命史的认识的集中体现。人们可以在概念模式的基础上去解释实际的观测资料的特征以及将来可能发生的变化。因此在许多情况下,概念模式有助于提高外推预报的正确率。例如,Donaldson 等(1975)分析指出,在龙卷着地前 40 s,在对流层中、上部的高空就能探测到龙卷涡旋的特征。因此如果我们从多普勒雷达上发现了龙卷涡旋的特征,就可能提前给出将有龙卷向下着陆的警报。又如,Fujita(1978)曾给出一个强对流回波变成弓形回波的演变过程模式(图 4.47)。按照这个模式强对流回波由于飑线加速向前凸出而形成弓形回波,随后其两端分别产生气旋性和反气旋性旋转,反气旋运动不随时间加强,而反气旋性旋转却经常加强形成旋转头。下击暴流通常在弓形回波的前端附近和旋转头部的钩状回波区附近发生。根据这个模式就有可能根据雷达回波特征来判断发生下击暴流的可能性及其可能发生的部位。

Leary 和 Houze(1979)提出了如图 10.4 所示的中尺度对流系统生命史模式。它表示在热带和中纬度地区这类常见的中尺度系统发展期间,对流云降水和层状云降水的混合物的变化。在系统的形成阶段(t 时刻)和加强阶段($t+3$ h 时刻),以较强的对流单体降水起主要作用,到了成熟阶段($t+6$ h 时刻),有对流降水和较轻的范围较大的层状云降水相混合的降水,而到消亡阶段($t+9$ h 时刻),则以较轻微的层状云降水为主。在卫星云图上,消亡阶段的特征是有广阔的高云,而且可能还有分布很广的闪电。在这种情况下,要是预报员不熟悉上述概念模式,便可能根据闪电频繁发生误以为是灾害性天气的连续爆发。

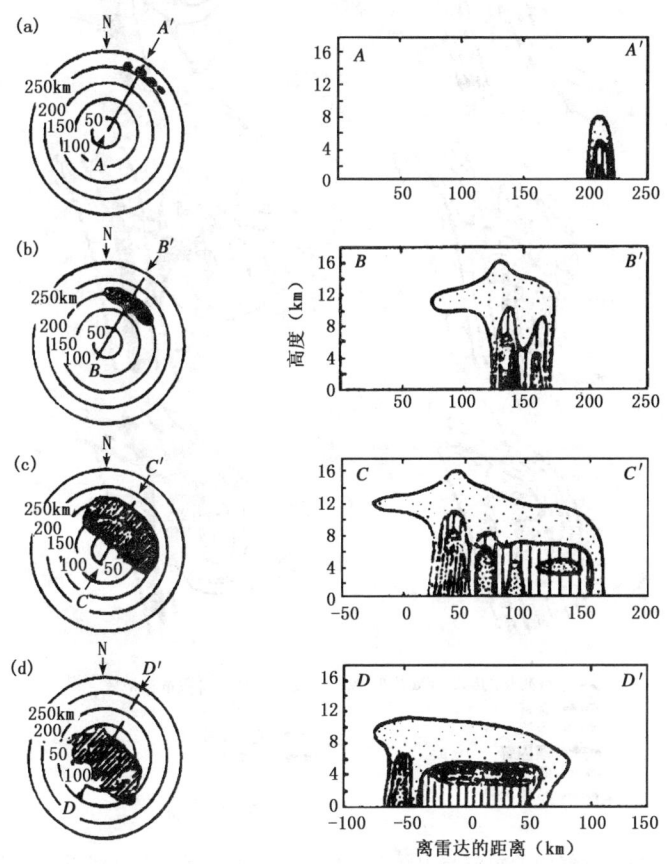

图10.4 中尺度对流系统生命史各阶段的雷达水平和垂直截面的概念模式图(Leary 和 Houze,1979)((a)形成阶段;(b)加强阶段;(c)成熟阶段;(d)消亡阶段。对流性暴雨核用黑影表示,层状降水以水平均匀以及水平向的亮带为特征)

通过卫星云图分析总结出来的瞬时锢囚过程的概念模式也可以用于甚短期天气预报。所谓瞬时锢囚过程可以看作是短波扰动与先前存在的锋面云带相互作用的结果（图10.5）。起初（第一阶段），卫星云图上可看到两个截然不同的云区（C和F）；最后（第三阶段），这两块云区结合起来形成类似于锢囚气旋的入形云型。湿球位温低的干空气越过湿球位温高的浅湿带（SMZ），在最初的锋带的冷侧导致对流性降水的爆发。利用这个概念模式便能预先估计出对流性降水出现的时间和地点。

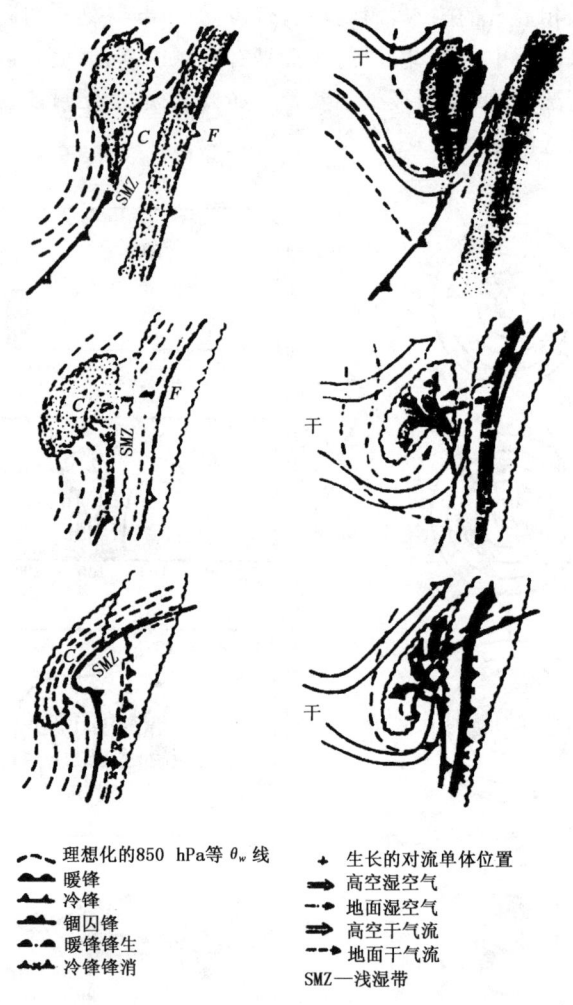

图10.5 当冷空气中的短波与中纬度锋相互作用时出现的瞬时锢囚过程的概念模式
（McGiningle 等，1988）

除了以上几个例子以外，在前面各章中还给出了很多别的概念模式，例如：孤立对流系统的结构模式、飑线模式、锋面气旋附近及台风中的中尺度雨带的模式、中尺度对流复合体结构模式等都有可能应用在临近预报和甚短期预报之中。

10.1.4 经验规则的应用

虽然客观外推法和数值模式的应用在中尺度预报中的作用已经愈来愈大,但很多情况下预报员仍然需要应用经验规则。例如在做雷暴和强雷暴天气预报时便常常使用经验方法。下面分别来介绍这些常用的经验。

(1)一般对流性天气:雷暴的预报

一般对流性天气的形成通常需要三方面条件:水汽、对流性不稳定以及触发机制。对于对流产生前的天气条件可以用一个简单的概念模式来概括,这就是:①地面附近有湿层;②气层为对流性不稳定的(低层相当位温θ_e很大,中层θ_e很小);③有稳定层或盖帽逆温层起到保存不稳定能量的作用;④有对流启动机制。

做短期和甚短期预报时,可通过分析地面露点、低层比湿或用可见光云图监测低云区以及红外云图监测夜间水汽分布特征等方法来决定水汽条件。要特别注意湿度增大很快的地区。稳定度一般由探空资料决定。但两次探空一般间隔12 h,所以要应用其他一切可能获得的资料来判断稳定度的变化。例如可应用每小时的地面观测到的温度、云底、云顶及其他参数的变化以及雷达、航空报告资料来判断。逆温层可以是锋面逆温、信风逆温、副高下沉逆温,有时也可以是早晨的辐射逆温。还可以用地面观测到的气象要素的演变来判断盖帽逆温层的变化。因为地面观测不仅代表大气最低层的状况,而且也反映了大气的垂直结构。例如,地面温度和湿度上升,可能意味着有盖帽逆温层存在,能见度下降可能表示湿度上升、盖帽逆温层加强。如果地面加热率显著减慢,而且湿度明显下降(例如图10.6(a)中的t_3时刻),则可能意味着盖帽逆温层已消除。积云云体中部的收缩或挤压表示积云已穿透逆温层(图10.6(b))。对流云底高度一般表示风暴外探空的对流凝结高度(CCL),或在风暴下的抬升凝结高度(LCL)(图10.6(c))。

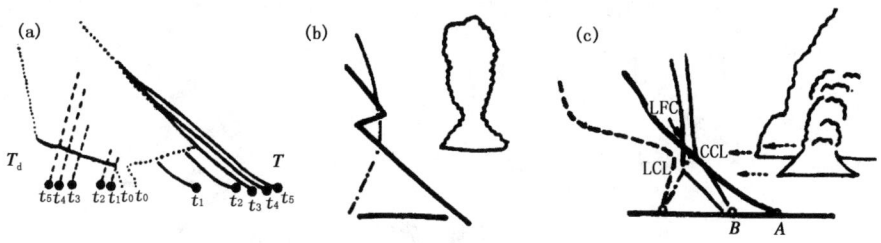

图10.6 由地面观测推测大气的垂直结构(McGinley,1986)

((a)地面湿度下降和增温减慢表示盖帽逆温可能已被消除;(b)云体收缩挤压表示穿透盖帽逆温层;(c)A为风暴外的探空,云底对应CCL,B为风暴下的探空,云底对应LCL)

对流启动机制可以是各种不连续线，如锋、辐合线、切变线等，在分析中要特别重视对地面观测风场的分析。地面风矢量变化图是一种很有用的甚短期预报工具（图10.7）。风和风的倾向可用来诊断辐散、辐合区及其倾向、外流边界、低空急流的位置等。对流常常发生在风矢量变化场中的辐合区内。但对流也常常发生在无明显特征的地方。启动机制由两种不同尺度的作用组成。第一种作用是去稳机制。这是在 3~12 h 时段内的中尺度或次天气尺度的作用。它使气层抬升，稳定层逐渐变成不稳定。第二种作用是触发机制。它们通常是近地面超绝热层中的对流性热泡。这些热泡产生 1 m/s 量级的上升运动，使在去稳机制作用下正在减弱的盖帽逆温层破坏，从而使对流爆发。在中尺度对流系统较强的情况下，它不仅起去稳作用，而且可以直接引发对流。但是在中系统较弱的情况下，局地的热力泡的触发作用是最重要的。预报员在判断启动条件时，要从几个方面考虑。首先是判断盖帽逆温层强度的变化，例如若地面快速增温表明逆温层存在，温度最高地区，逆温层强度最大。早上如出现大面积积云，表明逆温层不强，强风暴可能性较小。其次要判断去稳机制的存在。锋、干线、老的外流边界、中尺度辐合线、切变线、暖平流区、积云群（表明有中尺度辐合），以及爆发性增湿区（表明有中尺度水汽辐合）等都可能成为去稳区。根据经验，湿舌边界或湿辐合中心下风侧是有利于对流发展的区域（图10.8(b)）。

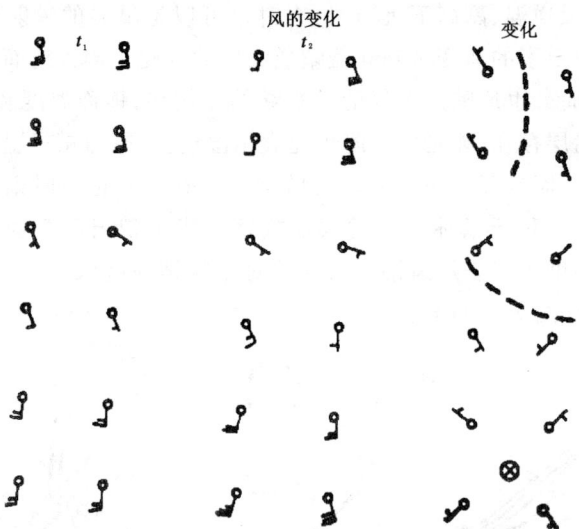

图 10.7　1~3 h 风速变量场的例子（McGinley,1986）
（t_2 和 t_1 时刻的风速观测值相减，得到 t_2 时刻的风速变量；
虚线为风变量的辐合带，⊗号表示辐合中心）

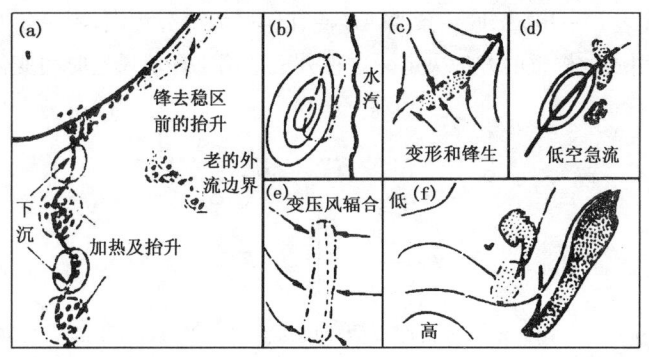

图 10.8　各种去稳机制的示意图(虚线表示去稳区)
(Browning,1989;Shou Shaowen,1989)

积云群可能是去稳区。在锋、干线、外流边界上出现积云群通常是抬升出现的表示(图 10.8(a))低空急流最大风速中心也是一种去稳机制。在强风速中心左前方和右后方会产生上升运动,而在右前方则会产生下沉运动。在急流强中心很快传播的情况下,左前方或右后方的上升可能没有充分时间来破坏盖帽逆温层。但在稳定层中传播的重力波与上升运动结合可起破坏盖帽逆温层的作用。重力波一般形成在 $Ri < 0.25$ 的区域中。所以和低空急流相联系的去稳区可出现在低空急流的左前方、右后方,也可能出现在右前方(图 10.8(d))。在形变锋生区,通常地面风很弱,离低压中心较远,这种地区锋生作用产生去稳抬升可能造成局地强对流天气(图 10.8(c))。

当盖帽逆温层很强时,需要很强的去稳作用,这种情况下发生的雷暴常常很有组织,形成统一实体,如中尺度对流复合体(MCC)。逆温层的范围可以用 700 hPa 等压面上的 10℃ 等温线的区域来表示。当 700 hPa 温度高于 10℃ 时,有利于发生较强的雷暴。低于 10℃ 时则常发生一般随机分布的对流。

总的来说,做雷暴预报时短期预报员要仔细分析早晨的探空,决定盖帽逆温层的强度,并利用各种资料判断可能的去稳机制(图 10.8(e),(f))。

有时白天没有雷暴发展,到夜间边界层因一天加热而仍不稳定。此时若有低空急流通过,可以发生去稳,这种情况下雷暴常发生在急流前方左右侧或反气旋切变区沿急流轴右侧的地区(图 10.8(d))。

低空急流十分有利于雷暴发生,特别是在急流与锋和干线等交叉之处。急流的存在可根据气压变化型式及低空层状云向北平流的现象来判断(一般急流位于云带西部)。这类雷暴常发生在日落后 3～6 h。

当雷暴发生后(不管是白天或夜间),要判断其移向。一个简易的方法是用高空风分析图来估计风暴的移向。如图 10.9 所示,画出高空风分析图。图中小圈旁的数字为气压,如 8 代表 800 hPa。取一条线 AB 使其通过大部分小圈,则 AB 方向即为风暴移向。移速则可用质量权重的方法决定。这种方法适用于环境风速时间变化较小的地区。

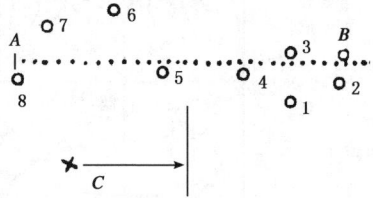

图 10.9　用高空风分析图来估计风暴的移动方向(McGinley,1986)

(图中数字代表气压,如 8 代表 800 hPa)

(2)强风暴的预报

强风暴的前期条件和上面所说的雷暴的前期条件类似,只是还须补充两条,即①在湿层上方应有干空气源;②有垂直风切变。这两个条件再加上气块不稳定能量较大以及有明显盖帽逆温层,往往可起到把强风暴与一般雷暴区别开来的过滤机制的作用。

中层干环境使 θ_e 垂直递减率增大。当中层干空气以有组织的形式进入风暴,便使降水物在其中蒸发、空气变冷产生下沉。这对雷暴的维持和加强有重要的作用。

相对风的垂直切变是影响风暴运动和强度变化的重要因子。所以强风暴常和切变区(锋、急流的风速大值区、雷暴外流等)相联系。一定的切变形状可以使风暴分裂,产生旋转,发生龙卷等。图 10.10 给出了分裂风暴和龙卷两种情况下的高空风分析图的形状。其中图 10.10(a)表示分裂风暴的高空风分析图,图中 M 表示云层平均

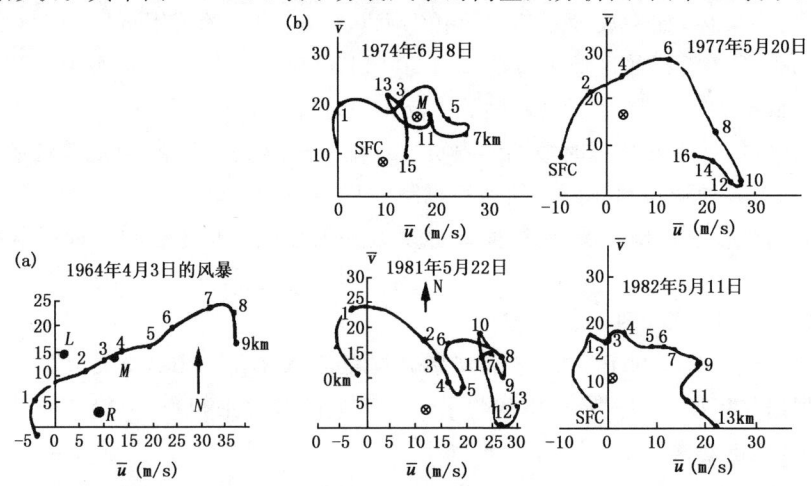

图 10.10　(a)分裂强风暴的高空风分析图;(b)龙卷风暴的高空风分析图(McGinley,1986)

风矢，R 表示右移风暴的移向，L 表示左移风暴的移向。图 10.10(b) 表示 4 个龙卷爆发日（美国俄克拉何马州）的高空风分析图，图中 $\otimes$ 表示风暴平移的速度。比较图 10.10(a) 和 10.10(b) 可见，两类风暴都有很大的切变，但龙卷环境的高空风分析图有很大的顺时针弯曲，因此使得在中层有很强的进入风暴的气流，而且在地面至 4 km 之间的低空风切变达 90°以上。

在预报强风暴能否发生时，预报员要监视低层稳定度、探空稳定度、探空演变、地面要素的演变、晴空雷达观测(垂直风切变)。在强风暴形势下，中尺度强迫常常十分清楚。上游常有高层风最大值(卷云盾、地面变压、风的垂直切变等都能反映高层风最大值，但是中云区范围太广可使地面加热减慢，这是不利于对流发展的)。中尺度或天气尺度抬升是重要的去稳机制。不过锋上若有大片云区会减小地面加热，抑制对流发展。暖锋是活跃的抬升源，而且对风垂直切变廓线有很大的正影响，有利于产生强风暴。图 10.11 表示穿过暖锋界面时风廓线的变化。从 A 穿过暖锋到 B 时，高空风分析图形状便由直线变成弯曲线，因而使产生龙卷的可能性增大。所以预报员必须十分注意风暴横穿锋面或老的雷暴外流界面的运动。

中层有暖、干脊存在，低层有低压或槽发展，风随高度逆时针旋转，这是一种形成强风暴的有利形势。在这种形势下，地面热低压经历如图 10.12 所示的发展顺序。首先在盖帽逆温层下方有静止的弱锋，在锋面附近有强烈的加热(图 10.12(a))。然后在暖湿舌西部产生混合，干线东移。在盖帽逆温层底下的锋槽暖空气中形成低压。风场响应热力强迫(图 10.12(b))。最后地面气压连续下降，辐合和强迫抬升破坏了盖帽逆温层，使雷暴(cb)发生(图 10.12(c))。

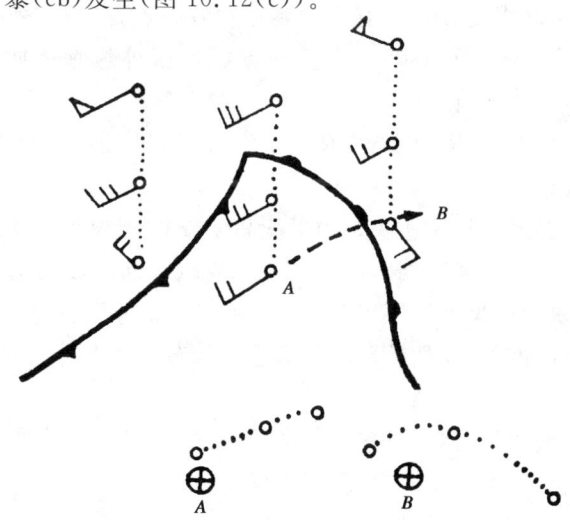

图 10.11 穿越暖锋界面时，高空风分析图形状的变化(McGinley,1986)

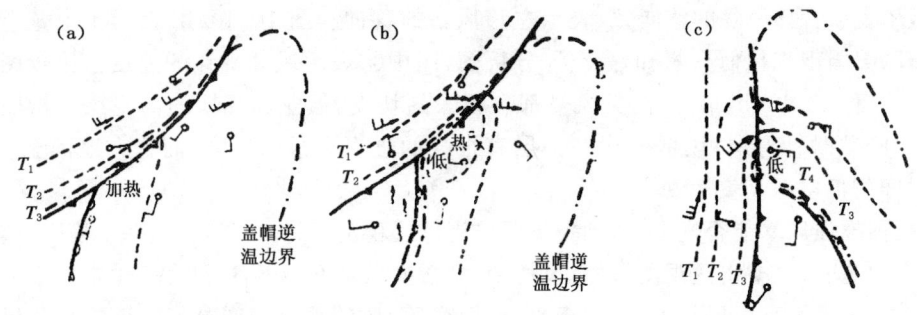

图 10.12 锋面热低压的发展序列(McGinley,1986)
(带箭头的风矢为高空风,点划线为盖帽逆温层的界限,虚线为等温线,风羽为地面风)

内陆海风与上述现象有密切联系,在这种情况下,斜坡地形上有一个浅的湿层时,随着白天地面加热增强时,由于上下混合加强,就可以看到地面露点急降,风顺时针转。从连续的天气图上看起来好像是一条干线很快东移。东移过程常常在湿风与混合过程相抵消的地方停止。在那里湿层可能加深并在干湿空气之间形成明显的界面。此时若在湿层上的逆温层能被破坏,则风暴就可能产生。

除预报风暴的发生和移动外,还必须决定其强度。在判断强风暴的强度时,由常规雷达测量的回波顶高度、回波强度和梯度、冰质量、回波形状、移速及其变化、中气旋环流、云顶辐射和与外流阵风锋相联系的直线风的大小以及卫星云图中看到的风暴南部的尾线(侧线)的出现和砧顶高度及传播速度等都是反映风暴强度的指标。

做 0～3 h 的风暴强度预报时有下列判据和着眼点,出现下列指标时,可能有强雹暴:①中层反射率>45 dBz;②在强反射率梯度区外悬垂体伸展达 6 km 以上;③最大回波顶在悬垂体或有界弱回波区(BWER)之上。

当一个单体形成 BWER,在 BWER 的上游或东边有更大的强天气潜力。BWER 崩溃常引起龙卷及地。

若风暴顶明显穿透气块法所决定的平衡高度(EL)则为较强风暴。

预报员应注意观测回波南端的回波,在 LEWP(线回波波动型)中朝东突出的回波,以及中低压或次天气尺度低压东北发展的回波。这些回波都可能形成较强风暴。在强风暴可能发生的部位,应估计环境气流进入风暴的入流率以及入流空气的不稳定性。

初始为实线或破碎线,然后急速演变成单体结构,表示强风暴的可能性增大。小回波群汇合成有组织的大单体,有可能形成强风暴。

当在雷达、卫星上观测到线风暴时,注意线回波的形状。某些特定的线回波形状表示有灾害性风。如弓形回波表示中尺度组织增强外流和产生下击暴流。下击暴流一般出现在回波前头的反射率梯度大的地区。弓形回波可能是 LEWP 的一部分。在 BWER 附近是另一个有利于产生下击暴流之处。

卫星云图上，弧状云的传播和最大风相联系。若弧状云传播速度大于 15 m/s，则阵风风速可达 18～25 m/s。

液态水含量的垂直积分(VIL)大于 45 kg/m^2 是一个指示强对流可能性的很好的参数。监视卫星云图上的砧顶温度及其变化和砧层 V 形脊。

监视地面气压降，可表示移动雷暴系统前面的低压。这些低压增强了进入风暴环境的湿空气。

10.1.5 判断树方法的应用

判断树方法是按照各种天气现象的内在联系以及预报员的思考逻辑来判断各种天气现象发生的可能性的一种天气预报方法。Colquhoun(1987)提出了一种预报雷暴和与它相伴的天气现象的判断树方法（图 10.13）。这种方法把雷暴、强雷暴、大风、下击暴流以及强降水等各种现象的内在联系以及预报员的思考逻辑表现得十分清楚。按照 Colquhoun 的判断树可见，强风暴的前期条件和普通雷暴的条件是相类似的，但是需要再附加两条，即中层的干空气和垂直风切变。这两者起到过滤器的作用。有了这两条就可以把有组织的风暴从一般雷暴中分离出来。系统移动快慢也是一个过滤器，它可以把暴雨系统和强风暴分离开来。在判断树的每个判断点上，预报员都可使用经验规则。这种判断树构成了一个知识库，可以通过计算机系统或专家系统来自动的做出判断。

10.1.6 中尺度数值模式及动力—统计预报方法的应用

(1) 简单模式的应用

①气团变性(AMT)模式

在做边界层云量和雾的预报时，必须对边界层结构（包括温度、湿度及边界层高度等）的周日变化做出判断。为此 Reiff 等(1984)提出了一种简单的气团变性模式，它不需要使用大容量计算机设备便能进行计算，而且运算只需几秒钟的时间。这个模式由三个主要部分，即一个轨迹模式，一个边界层状态初始条件的分析方案，以及一个一维的边界层模式组成。它的基本思路是：假定一个气块是从其源地沿轨迹平流到所要预报的地方（轨迹可由大尺度网格点数值预报模式分解的地转风场的 u, v, w 分量求出，或用主观方法决定），因此可沿其轨迹倒退 12 h（或 24 h）去找到气块的源地。然后根据分析方案求得初始条件下的探空曲线。最后，用一个嵌在轨迹模式中的一维边界层模式描写边界层气块沿轨迹的演变情况，从而得到预报的探空曲线。

②一层 σ 坐标中尺度模式

Mass 等(1985)在以前的中尺度模式基础上发展了一个一层 σ 坐标中尺度数值

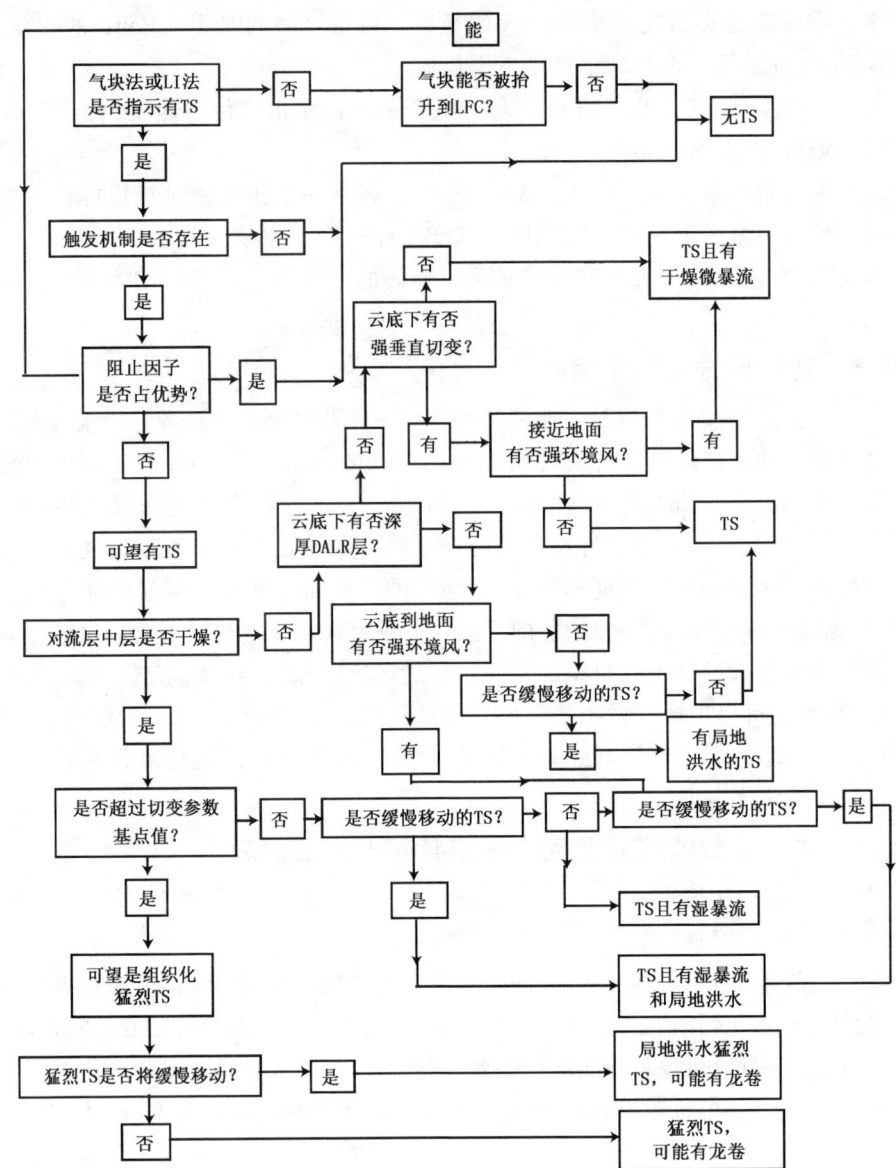

图 10.13 雷暴预报判断树(Colquhoun,1987)(LI 表示抬升指标;TS 表示雷暴;
LFC 表示自由对流高度;DALI 表示干绝热递减率)

预报模式。它可以用来模拟复杂地形区域的地面风场和气压场。Mass 等用它对美国西北部山区的地形性环流进行了模拟。在我国有人用它模拟了安徽省大别山和长江河谷地区以及河北太行山地区的地形性环流,都得到很好的效果。例如在长江河谷地区模拟出了长江河谷穿谷流,在太行山地区模拟出了地形辐合以及山谷风和绕流等现象。因此表明该模式有很强的数值模拟和预报能力。

(2) 三维中尺度数值天气预报模式

近年来,中尺度数值天气预报模式的研制已取得了长足进展。已经发展了不少可以应用于科研和准业务使用的中尺度模式。例如美国的中尺度模式有 MM5、RAMS、ARPS 以及 WRF 等模式。在我国也已有多个从国外引进或自己研制的中尺度模式,有的已开始投入业务使用。

中尺度模式预报结果,在一定程度上取决于初始场资料。当模拟由地形强迫形成的中尺度环流(如海陆风、山谷风等)时,地形特征(如水陆温差)是控制性的因子,这时对大气初始状态不需要确定得很详细,只需要依靠大尺度背景作为初始资料就行了。但是对于由大气内部动力机制造成的中尺度现象(如中尺度对流系统和锋面雨带),则需要十分详细的观测资料作为初始场,否则就会做出不准确的预报来。雷达和卫星图像是目前可得到的唯一能和中尺度模式分辨率相适应的观测资料。但是如何把雷达和卫星图像中所包含的有价值的信息直接用于数值天气预报模式是一个正在研究的问题。在下一个 10 年中将大力发展各种间接方法。

(3) 动力—统计预报方法的应用

中尺度数值预报模式一般只给出中尺度对流系统的环境场的预报,而对天气现象的预报则通常必须依靠统计或数值预报与统计相结合的动力—统计预报方法。下面我们对可用于甚短期天气预报的统计预报方法做一简单的介绍。

① 回归法

目前短期气象要素的客观、定量预报主要是用统计预报方法做出的。统计预报方法很多,常见的有:(a)散布图或列联表;(b)回归;(c)事件概率回归统计(REEP);(d)判别分析;(e)相似原则;(f)随机过程(平稳随机过程和马尔可夫过程)。其中以回归法应用最广。回归法可分为经典回归法、完全预报(PP)法和模式统计输出(MOS)法。三者的区别如表 10.3 所示。其中经典法是由预报因子和预报量的时间滞后来推导方程的。它用现在条件对每一预报时段推导独立方程。它不以数值预报产品,而只以实测要素和综合物理量作为预报因子。这种方法对时效较短的预报效果较好。所以只要选好预报因子就可用经典回归法做出甚短期预报。

表 10.3 经典法、PP 法及 MOS 法的比较(刘健文等,1987)

方法	方程推导	业务使用
经典回归法	$\hat{y}_t = f_1(x_0)$	$\hat{y}_t = f_1(x_0)$
完全预报法	$\hat{y}_t = f_2(x_t)$	$\hat{y}_t = f_2(\hat{x}_t)$
MOS 法	$\hat{y}_t = f_3(\hat{x}_t)$	$\hat{y}_t = f_3(\hat{x}_t)$

江苏省气象台用逐时地面观测资料的客观分析结果做冰雹的甚短时预报的方法是经典回归法应用的一个例子(沈树勤等,1988)。他们首先通过地面要素场的合成分析指出,在冰雹发生前 1~3 h 内地面有中尺度气压扰动、中尺度暖舌、中尺度辐合中心、水汽通量辐合中心以及总能量(总温度)通量辐合中心。因此选用上述五个因子作为预报因子,并规定当符合一定的临界值时,预报因子为 1,否则为 0。用这些预报因子与三个预报量:1 h,2 h 和 3 h 内有冰雹发生的概率建立三个回归方程,并给出预报量的概率临界值。当满足条件时,判断有冰雹发生,否则为无冰雹发生。这种预报的准确率达 112/116。

PP 法及 MOS 法都是在统计方程中引入数值预报结果作为预报因子的方法。从实践的检验来看,MOS 法的预报效果一般优于 PP 法。在美国目前已建立了一套包含很多产品(如雷暴、强风暴概率、地面风、云高、能见度、云量、降水概率、最高及最低温度、降水量等)的 MOS 系统。美国国家气象局(NWS)每日两次发布 6~48 h MOS 预报。自 MOS 法使用至今,已充分表现了它具有客观、定量、自动化的优点,预报效果也较好。但是由于受到业务使用的数值预报模式对做甚短时预报的能力的限制,MOS 法对做时效较短的要素预报也就无能为力了。

②LAMP

针对 MOS 法的弱点,20 世纪 80 年代初开始试验局地 AFOS MOS 程序(LAMP)。在这种方法中,预报因子采用 MOS 预报产品。局地地面观测资料以及简单平流模式输出产品,还准备采用雷达、卫星资料等。由于预报因子中加入了最新观测资料,因此使得它能提供 1~20 h 逐日指导预报。MOS 预报法通过更新后,也可用于超短时预报了。下面对 LAMP 做一简单介绍。

(A)客观分析

客观分析是 LAMP 的第一步工作。将分析区中各台站的逐时观测资料通过 AFOS 系统汇集到计算机内,并进行各种物理量场的逐时客观分析。为了剔出资料错情,首先要进行错情检查,然后进行逐步订正分析。对连续场(如海平面、气压、温度、露点、风、u,v 分量等)采用 Cressmen 的逐步订正分析。第一猜值可直接用 LFM 预报值,或最近时次的分析场或常数场。对于不连续场(如云量、云高、能见度、降水类型等)采用最邻近分析。即用距格点最近的台站的数值作为这个格点的值。降水类型场是 0、1 化的,即按出现与否,非 0 即 1。

(B)平流模式

上面说过,LAMP 的预报因子中包括简单平流模式输出产品。这些模式的作用是将上游区的信息输送到下游预报区。它的应用是 LAMP 区别于中心 MOS 的一个重要标志。

(a) 海平面气压模式(SLP)

SLP 模式由简化涡度方程得出,其表达式为

$$Z_0^{fd} = (Z_0 - 0.55Z_5 - G + M)^{iu} - (-0.55Z_5 - G + M)^{fd} \tag{10.1}$$

式中 Z_0 为 1000 hPa 高度,Z_5 为 500 hPa 高度,G 为 $1.63 \times 10^4 \sin^2\phi$(cm),$\phi$ 为纬度,M 为 40.5 P_G(cm),P_G 为地面平均气压,iu 为上游初始值,fd 为下游预报值。这个模式由有限网格模式(LFM)的 500 hPa 高度预报驱动,轨线用的是 500 hPa 和由它计算出的地转风(经过平滑)U_E

$$U_E = K \times \frac{g}{f_{45}} \Delta(0.55\bar{Z}_5 - M) \tag{10.2}$$

式中 $\bar{Z}_5$ 是 500 hPa 高度场的平滑值,K 为系数,f_{45} 为 45°的地转参数。输入模式的是由海平面气压用简单线性关系转换得到的 1000 hPa 高度

$$Z_0 = (P - 1000)/0.12015 \tag{10.3}$$

现在,每 6 h 有一个 LFM 的 500 hPa 高度场,在每个格点上,把 LFM 的 00,06,…36 等 7 个时效的场用三次多项式按最小方差做时间内插,得到每小时值,再对其进行 9 点平滑处理,这样就得到 $\bar{Z}_5$。然后,对 Z_5 和 $\bar{Z}_5$ 还要从 LFM 的网格点,按双重线性内插到 LAMP 网格点上。

(b) 湿度模式(SLYH)

这个模式的表达式为

$$S_d^{fd} = (S_d - 2h_s + PMA)^{iu} - (-2h_s + PMA)^{id} \tag{10.4}$$

这里,S_d 为饱和差,h_s 为 1000~500 hPa 的厚度,PMA 是地形项。

(c) 云平流模式(CLAM)

这个模式适用于平流云量、云幕高、能见度及三个 0,1 化的降水类型。它用 33% 的 500 hPa 地转风和 50% 1000 hPa 地转风的合成计算出沿轨线的倒退位置。虽然大气中云的实际运动并不如此简单,但由于大气的连续性,在这个平流场中仍包含大量预报信息。

(C) 方程研制

LAMP 是在局地或区域进行运行的系统,其目的是为美国国家气象局预报所负责的地区内的每个地方提供客观指导。因此要对每个要素、每个台站、每个小时建立预报方程。如果有 46 个站,做一个要素的 1~20 h 逐时预报,就要建立 920 个方程。LAMP 采用对所有台站、所有时效的一个或几个预报量一次建立方程的做法。每个方程中选入相应的因子。对任一预报量,选入方程的第一因子是对任一台站、任一时效方差贡献最大的因子。

中心 MOS 预报每 6 h 有一次,而且只是针对部分台站做的,而 LAMP 是为每小时、每个测站发布指导预报的,因此要把中心 MOS 预报进行空间和时间内插,以得

到每个台站每个小时的值。

经过地面风（1～20 h 逐时风速和 u,v 分量）预报、降水类型（雪、冻雨、雨）的分时段预报方程试验，表明在短时效内，观测因子的贡献最大，而后 MOS 及平流模式作用加大。通过实际使用表明，LAMP 是克服 MOS 局限性、提高短期预报效果的可行方法之一。它的 1～20 h 逐时预报效果，在中心 MOS 预报效果最好的时段（几小时以外），优于 MOS，而在持续性预报最好的时段（几小时以内），又优于持续性预报。总之，LAMP 对提高局地超短时预报的效果将起重要作用，它有可能成为新一代的业务系统。

③ 一种经典回归和 MOS 结合的方法

美国国家气象局的技术发展实验室（TDL）在 20 世纪 70 年代末发展了一种 2～6 h 强风暴客观预报系统，它可用来在每年春、夏季每天 17—06GMT 强风暴活动高峰期发布每小时时段中龙卷、冰雹、大风概率地区分布预报（Browning，1982）。其具体做法如下。

（a）预报量

预报量定义为在边长为 2 倍格距的正方形内在 4 h 期间出现 1 个或 1 个以上龙卷，或直径 $\geqslant$ 2 cm 的冰雹，或阵风 $\geqslant$ 26 m/s 的大风，则取预报量＝1，否则为 0。由于两个相邻预报量区域的中心点只相隔 1 d（图 10.14），所以它们有相互交叠的部分。这种交叠起了对强风暴资料光滑的作用。从 17—06GMT 包含 4 个预报量时段，它们分别为 17—21，20—00，23—03，02—06GMT。

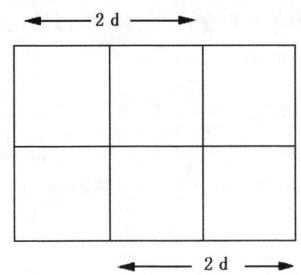

图 10.14　预报量区域示意图

（b）预报因子

预报因子从下列四类变量中选取：每小时地面观测的客观分析；由 LFM 预报的地面以上的基本变量；人工数字化雷达资料（MDR）；预报量的气候频率。具体的包括如表 10.4 所列的 37 种参数。

表 10.4 各种用作预报因子的变量及其资料类型

	变量名	资料类型
1	地面 v 分量	地面观测
2	边界层 u 分量	LFM
3	边界层 v 分量	LFM
4	500 hPa v 分量	LFM
5	平均海平面气压	地面观测
6	700 hPa 垂直速度	LFM
7	地面混合比	地面观测
8	850～500 hPa 平均温度—露点差	LFM
9	地面 θ_e（相当位温）	地面观测
10	地面 θ_e×地面 θ_e 水平梯度	地面观测
11	850 hPa θ_e	LFM
12	700 hPa θ_e	LFM
13	850～700 hPa 平均 θ_e	LFM
14	（地面减 700 hPa）θ_e	地面观测＋LFM
15	（850 hPa 减 700 hPa）θ_e	LFM
16	地面 θ_e 平流	地面观测
17	850 hPa θ_e 平流	LFM
18	700 hPa θ_e 平流	LFM
19	地面水汽辐合	地面观测
20	边界层水汽辐合	LFM
21	修正的边界层水汽辐合	地面观测＋LFM
22	K 指数	LFM
23	修正的 K 指数	地面观测＋LFM
24	TT 指数	LFM
25	修正的 TT 指数	地面观测＋LFM
26	沙氏指数	LFM
27	修正的沙氏指数	地面观测＋LFM
28	抬升指数	LFM
29	修正的抬升指数	地面观测＋LFM
30	500 hPa 风速	LFM
31	（500 hPa 减 850 hPa）风向	LFM
32	边界层涡度	LFM
33	500 hPa 涡度	LFM
34	500 hPa 涡度平流	LFM
35	MDR 变量	MDR 资料
36	预报量相对频率	预报量资料
37	调整的预报量相对频率	预报量资料＋地面观测资料＋LFM

所有预报因子资料都是格点资料,并已经过滤波而消去4~5倍格距的扰动。并非所有因子都参与预报方程,而是经过统计选出最佳位置上的预报因子,所谓最佳位置即由统计决定,预报因子和预报量有最高线性相关的点。例如,对20—00(世界时)的预报时段中,最好的11个预报因子的位置如图10.15所示。在图10.15中,11个预报因子的意义分别为:

P_1=修正的TT指数(+;地面观测+LFM)

P_2=修正的抬升指数(-;地面观测+LFM)

P_3=修正的沙氏指数(-;地面观测+LFM)

P_4=地面水汽辐合(+;地面观测)

P_5=地面θ_e(+;地面观测)

P_6=地面θ_e平流(+;地面观测)

P_7=调整的预报量相对频率(+;地面观测+LFM+预报量频率)

P_8=500 hPa涡度平流(+;LFM)

P_9=850 hPa 平流(-;LFM)

P_{10}=MDR(+;MDR 资料)

P_{11}=500 hPa 风速(+;LFM)

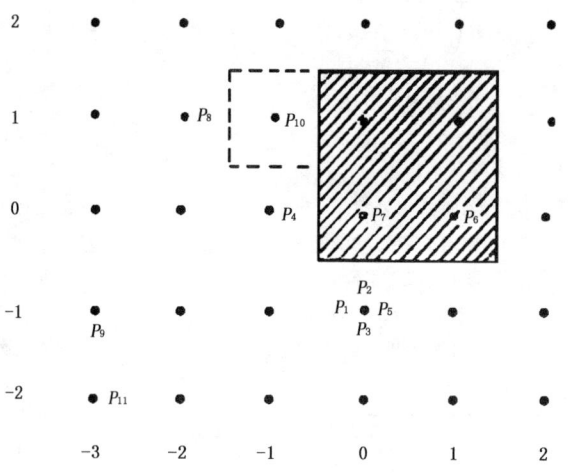

图10.15 对于20:00—00:00GMT时段的11个最佳强风暴预报因子相对于预报量区域(影区)的位置

上面括号中第一个+、-号表示该因子与预报量的相关符号。上述因子输入模式的先后次序如图10.16所示。在预报量时段开始之前2.5 h及2.0 h分别输入MDR及地面观测资料,在开始时刻之后1.0 h输入LFM资料(即在12:00做出的9 h预报),预报量的气候频率的输入时间与预报量的时间相重合。用这种方法最后可做出强天气发生概率分布的预报(图10.17),这种预报具有2~6 h的预报时效。

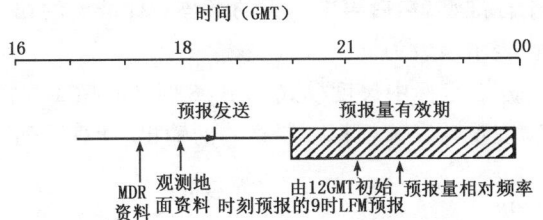

图10.16　相对于20:00—00:00GMT预报量的预报因子的输入次序

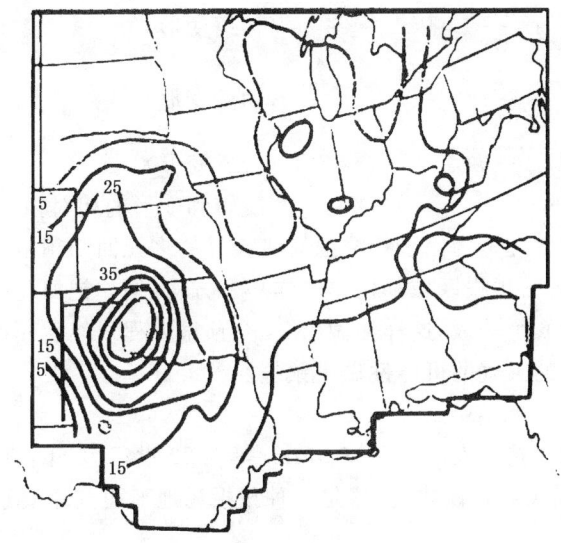

图10.17　1977年5月20日18:45GMT发布的20:00—00:00的强天气百分概率分布图

④一个强对流天气客观预报系统

我们也设计过一个可以在IBM—PC机上运行的强对流天气的实时业务客观预报系统(寿绍文等,1992)。该系统由稳定度判断、天气形势客观分型、一层σ坐标中尺度模式、物理量诊断以及多元回归预报方程五个部分组成并分五步运行。该系统于1990年夏季在河北省试验取得较满意的结果。

由于强对流天气前期一般都以有较大不稳定度为特征,所以该系统首先判断预报区中的层结稳定度,若层结稳定便立即做出无雷暴的结论,若层结不稳定则进入下一步。

第二步是判断天气型。由于强对流天气一般都发生在一定的天气形势下,所以要判断一下是否处在对流天气形势下,以及在哪一类型的对流天气形势下。这个工作以天气形势客观分型为基础,即用对历史个例的格点资料求相关系数和做聚类分析的办法决定出若干标准型,然后再求当天的形势与标准型的相关性,当相关系数达到 0.75 或其以上时,表示二者为同一天气型。

第三步是运行一层 σ 坐标中尺度模式。用 08 时 850 hPa 资料输入,做 6 h 积分。

第四步是进行物理量计算。根据一层模式的输出,计算下列物理量:

$$\zeta = \frac{\partial v}{\partial x} - \frac{\partial u}{\partial y} \qquad (涡度) \qquad (10.5)$$

$$D = \frac{\partial u}{\partial x} + \frac{\partial v}{\partial y} \qquad (散度) \qquad (10.6)$$

$$D_{stre} = \frac{\partial u}{\partial x} - \frac{\partial v}{\partial y} \qquad (伸缩变形) \qquad (10.7)$$

$$D_{she} = \frac{\partial v}{\partial x} + \frac{\partial u}{\partial y} \qquad (切变变形) \qquad (10.8)$$

$$D_f = \sqrt{D_{stre}^2 + D_{she}^2} \qquad (合成变形) \qquad (10.9)$$

$$R = D_{stre}^2 - \zeta^2 \qquad (旋转和变形的相对强度) \qquad (10.10)$$

第五步以上述物理量为因子构成强对流天气的多元回归预报方程。对每一强度等级的对流天气,每一预报区域都构作这样一个方程(例如把河北省分成 4 个区域和把强对流天气分成 6 个等级,这样便做出 24 个预报方程),然后便可对每一个预报区出现每一强度等级的天气的可能性做出预报。

⑤GEM 模式

美国国家气象局技术发展实验室 Miller 等在 20 世纪 70 年代后期提出广义等效马尔可夫模式(简称 GEM 模式)。这是一种预报局地地面气象要素逐时概率分布的统计技术。

GEM 模式以马尔可夫假设为基础,用多元线性回归做统计推断的手段。它仅以现时局地地面气象要素作为预报因子,来做出相应要素的逐时的类型预报。天气的演变可看作是随机过程 $Z(t)$。如果在 T 时刻系统所处的状态,与 t 时刻($T>t$)以前所处的状态无关,则这种过程称为马尔可夫过程,亦称无后效的随机过程。一般马尔可夫过程分三种情况,即:(a)时间连续、状态也连续;(b)时间连续、状态离散;(c)时间离散、状态也离散。第三种马尔可夫过程叫作马尔可夫链。GEM 模式引用天气预报中的马尔可夫链原理,通过多元线性回归预报模式的建立,用回归估计概率代替了通常的马尔可夫链转移概率。在建立回归方程时,预报因子和预报量要求取 0,1 值。这样,利用回归方程,就可以逐时迭代估计每一要素的互相关效应,得到要素的概率分布情况,并进而应用临界概率原理,做出要素的类别预报。

GEM 模式也是针对 MOS 方法的缺陷而采用的。MOS 预报需要输入来自动力模式的资料,在高空观测与使用 MOS 之间,有着 6~12 h 的空隙。通常 0~6 h 时段预报是由持续法提供的,而 GEM 模式则能容纳地面观测的所有天气信息,并兼有持续性预报的特点,从而能够制作具有一定技巧水平的 0~6 h 乃至 12 h 以上的短时预报。因此 GEM 被认为是一种更为有效的方法。在美国 GEM 方法已被美国试验区域观测和预报服务机构(PROFS)和联邦航空局(FAA),自动业务和服务系统(AFOS),海军环保系统(NEDS)等用作业务预报工具,并被列为美国国家气象局技术发展实验室 20 世纪 80 年代的重点研究项目之一。在中国,王炳仁等(1986)也应用 GEM 模式对北京地区航空气象要素逐时预报做了尝试,取得了较好的效果。

10.2 暴雨的分析和预报

10.2.1 暴雨的定义和类别

暴雨一般泛指降水强度很大的降水事件,在业务工作中通常以 24 h 降水量(R_{24})为标准来定义。对长江流域而言,$R_{24} \geqslant 50$ mm 称为暴雨,并可进一步分为四个等级:暴雨(R_{24} 为 50.0~99.9 mm);大暴雨(R_{24} 为 100.0~199.9 mm);特大暴雨(R_{24} 为 200.0~399.9 mm)和危害性暴雨($R_{24} \geqslant 400.0$ mm)。暴雨标准各地不完全相同,例如对华南来说 $R_{24} \geqslant 80$ mm 称为暴雨;对东北、西北来说,有时把 $R_{24} \geqslant 30$ mm 和 $R_{24} \geqslant 25$ mm 就称为暴雨。为了有一个统一的标准,一般以当地年总降水量的气候平均值的 1/15 作为暴雨标准,当 R_{24} 达到此标准或其以上时称为暴雨。一般而言,24 h 降水量较大时,每小时降水量也相应地较大。例如就长江流域情况而言,24 h 降水量为 50.0~99.9 mm 及 100.0~199.9 mm 时,相应的 1h 降水量大致为 10.0~20.0 mm 及 20.1~40.0 mm 左右。一般每小时降水量 10.0~20.0 mm 以上的降水,若持续 3~5 h,就相当于暴雨以上的降水量了。所以在一次暴雨过程中,降水量并非均匀分布在 24 h 之中,而常常主要集中在一个或几个较短的时段之中。暴雨常常按其出现的范围大小、历时长短、移动快慢、形成原因、影响系统以及发生的地区和季节而有局地暴雨和大范围暴雨、短历时暴雨和连(持)续暴雨、移动性暴雨和停滞性暴雨、地形性暴雨和系统性暴雨、台风暴雨、锋面暴雨、气旋暴雨、西南涡暴雨、高空冷涡暴雨、江淮梅雨暴雨、东风波暴雨、台风倒槽暴雨,以及东北暴雨、华北暴雨、华南暴雨、江淮暴雨、西北暴雨等各种名称。暴雨事件的持续时间、影响范围和强度通常以暴雨日数、暴雨站数,以及面降水量、最大日(或 24 h)降水量和降水百分位数来表示。其中暴雨日数、暴雨站数是指达到暴雨标准的日数和站数;面降水量的通常求法为:先将整个区域网格化,然后用每个单元网格内所有站点降水量的平均常年值与整个区域的平均常年值的比率作为权重系数,将所有有效单元网格的降水量进行加权平均便获得面降水量;最大日(或 24 h)降水量指整个降水事件中的最大日(或 24 h)降水量;降水百分位数的求法是,将时间序列长度加 1,减去当年降水强度的历史排位,除以序列长度,再乘以 100%,即得降水百分位数。不同的暴雨事件可以根据这些参数来进行相互比较。

10.2.2 中国暴雨的天气气候特征

(1) 中国暴雨之极值

根据观测资料,我国大陆最大降水强度如下:5 min 最大降水量为 53.1 mm(发生在 1971 年 7 月 1 日,山西梅桐沟);1 h 最大降水量为 198.5 mm(发生在 1975 年 8 月 5 日,河南林庄);8 h 最大降水量为 1000 mm(发生在 1977 年 8 月 1—2 日,陕西榆林);24 h 最大降水量为 1060 mm(发生在 1975 年 8 月 7 日,河南林庄);1967 年 10 月 17 日,台湾新寮发生 1672 mm 降水,是迄今我国的最大 24 h 降水量;3 d 最大降水量为 1631 mm(发生在 1975 年 8 月 4—8 日,河南林庄)。

我国是多暴雨的地区,24 h 降水量在 1000 mm 以上的暴雨并不鲜见,而且不仅在沿海,在内陆也常有发生。历时较短的强降水极值一般与中尺度对流系统直接相关,24 h 强降水多半与台风、锋面和西南涡等系统相关,特别是我国沿海各省市的特大暴雨过程多数都与台风影响有关。此外,历时较长的强降水则需要有较稳定的环流型相配合。

(2) 季节变化和年际变化

中国暴雨有明显的季节性。暴雨季节(也称汛期)的降水量往往占到全年降水量的 50%~100%。中国暴雨带的位置随季节变动,从晚春到盛夏到秋季,雨带向北推移,然后又向南回落。雨带的位移可用副高脊位移或用假相当位温 $\theta_{se}=345$ K 的等值线的位移来表示。

暴雨的季节性变化是与东亚季风的爆发和盛行紧密相关的。由于中国处于东亚季风区,冬夏季节的大气环流有显著差异,冬季东亚大槽位于亚洲大陆以东海域上空,而夏季则位于 90°—100°E 附近,因此高温、高湿、不稳定的夏季风在中国大陆东部盛行,它不断与冷空气交绥,造成中国各地的汛期。与中国不同,美国无明显季风,美洲东岸的大槽冬夏无明显的变化,均在 70°W 左右,所以美国大陆夏季不像中国多暴雨,而是有更多强对流天气。

由于东亚季风有明显的年际变化,所以中国暴雨也有明显的年际变化。例如,1938、1954、1956、1962、1969、1975、1980、1983、1984、1991、1995、1996、1998、1999 等年份副高脊线相对偏南,所以长江流域多暴雨。相反,副高脊线相对偏北的年份,长江流域暴雨偏少。季风年际变化与很多因子有关,例如,与极冰、高原热状况、太平洋海温、厄尔尼诺和拉尼娜现象等气候异常情况有关。

10.2.3 中国大暴雨过程的天气形势和天气系统

中国的大暴雨过程通常发生在稳定经向型和稳定纬向型两种天气形势背景下。

稳定经向型的特征是：

(1)暴雨区周围被贝加尔湖高压、日本海高压、青藏高压和华南高压所包围，高压系统稳定；

(2)贝加尔湖高压和青藏高压位于同一经线上(即高压系统南北叠加)；

(3)日本海高压和青藏高压之间为一条南北向的低压带，其中有一条南北向的切变线，有利于西南涡沿切变线北上；

(4)有短波槽携带冷空气沿青藏高压脊前流入低槽区；

(5)有冷空气从贝加尔湖高压沿极地路径南下；

(6)华南副高西部和日本海高压南部形成两支低空急流。一支为偏南气流，另一支为偏东气流，它们共同为暴雨区输送水汽。

1963年8月华北特大暴雨("63·8"暴雨)的大形势背景就是一个典型的稳定经向型形势。

稳定纬向型的特征是：

(1)乌拉尔山脉和鄂霍次克海附近各有一个强高压脊或阻塞高压；

(2)西伯利亚为宽广的低压槽，冷空气从槽中分裂进入北疆，然后向东南方向输送，经河西走廊，到长江流域；

(3)副高西伸稳定，其西北侧与西北槽之间形成切变线，稳定少动；

(4)副高西侧的西南气流持续不断地输送水汽。

1954年长江流域的特大洪涝，就是在这种稳定纬向型形势下发生的。

与暴雨密切相关的天气系统包括锋面、切变线、辐合线、低涡、气旋、西风槽、东风波、台风倒槽以及中尺度气旋、切变线、辐合线、中层涡旋等。它们是提供产生暴雨所必需的水汽、不稳定能量、上升运动等基本条件的天气学机制。从20世纪以来我国发生过多次严重的暴雨洪灾事件。例如，1954年6—8月长江流域特大暴雨洪涝(54暴雨)；1963年8月上旬河北特大暴雨("63·8"暴雨)；1975年8月5—7日的河南特大暴雨("75·8"暴雨)；1991年江淮流域的持续性特大暴雨过程(91暴雨)；以及1998年6—8月长江流域特大暴雨洪涝(98暴雨)等。这里仅对1991年江淮流域的持续性特大暴雨过程做一简介。

1991年5月中旬至7月中旬江淮地区出现了严重暴雨和洪涝。苏、皖、鄂三省灾情最严重，直接经济损失达600亿元人民币，受灾农田面积3亿亩，死亡人数1163人(不计湖北)，是我国历史上最严重的自然灾害之一。

1991年江淮地区的梅雨从5月18日开始，7月14结束，历时56 d，具有入梅早(一般为6月18日入梅)、出梅迟(一般为7月9日出梅)、梅雨期长(一般为21 d)的特点。1991年5—7月的梅雨分三个时段。第一时段为5月18日至5月26日，称为早黄梅；第二时段为6月2日至6月29日，第三时段为6月30日至7月13日，这两个时段称为典型黄梅。

在1991年5—7月历时56 d的江淮梅雨期中,长江中下游地区的降水量普遍在500 mm以上。太湖流域有500～700 mm,江淮大部地区有700～1000 mm。降水中心主要有两个,一个位于武汉以东的大别山区到巢湖、南京一线,另一个位于苏北里下河地区。从雨情资料可知,降水量在1000 mm或其以上的有20个站,其中江苏兴化1294 mm,安徽岳西1274 mm,庐江1243 mm,多数地区超过常年全年总雨量的50%,26个县市超过90%,10个县市超过1倍以上。与历年同期相比一般偏多5成以上。江淮大部分地区偏多1倍左右。

1991年江淮梅雨期间每个大的降水时段中都包含多次短期暴雨过程,而每次短期过程中降水又主要集中在若干个几小时至十几小时的短的时段内,这说明暴雨过程受到行星尺度、天气尺度和中小尺度(包括 α、β 和 γ 中尺度)等多种尺度系统的支配。具体地说,1991年江淮地区暴雨主要与下列气候背景和天气系统有关:

(1)与赤道东太平洋厄尔尼诺事件的关系:1990年夏季以来赤道东太平洋($0°$—$10°S$,$80°$—$90°W$)海温持续偏高,1991年5月发展成一次ENSO事件。海温大于30℃的西太平洋暖池中心东移到日界线附近。在赤道中、东太平洋大范围增暖的同时,印度和西太平洋暖池海温明显偏低,菲律宾周围上空至中印半岛的对流活动及其季节性变化明显偏弱。一般认为,东亚大气环流异常及旱涝与我国南海和菲律宾周围对流活动存在着明显的遥相关关系。这种遥相关关系表现为,当菲律宾周围对流活动减弱时,在北半球500 hPa高度距平图上,南亚及东南亚一带为正距平,我国江淮流域、日本及朝鲜半岛等东南亚地区为负距平,另一个正距平和负距平区域分别在鄂霍茨克海及阿拉斯加地区。因此,1991年夏季西北太平洋副高稳定控制在江南及华南北部上空,可能与1990—1991年冬季以来西太平洋暖池海温明显下降,菲律宾周围的对流活动减弱有密切关系。

(2)与太平洋副热带高压位置的关系:在气候上西太平洋副高第一次北跳一般出现在6月中旬,第二次北跳过$25°N$出现在7月中下旬。这两次北跳大体上与我国江淮地区入梅和出梅过程一致。1991年西太平洋副高的季节变化明显与常年不同,副高的第一次北跳出现在5月第6候比常年偏早约3候,第二次北跳过$25°N$的时间在7月第四候,比常年推迟1～2候,到8月上旬又明显南退到$22°$—$23°N$附近。可见,在初夏(5—6月),除5月第1候及第5候比常年偏南外,其余10个候均比常年位置偏北。特别是从5月第6候到7月第3候,西太平洋副高脊线位置一直维持在$19°$—$24°N$之间,因此,我国主要雨带一直徘徊在长江至淮河流域一带。可见西太平洋副高季节性北跳过$20°N$较早,持续稳定在$20°$—$25°N$的时间较长,第二次北跳过$25°N$的日期较晚是直接关系到1991年江淮地区入梅早、梅雨期长、出梅迟的原因。

(3)与中高纬阻塞高压的关系:1991年北半球西风带环流一个很突出的特点是,

夏季乌拉尔和东亚中高纬度经常出现强而稳定的阻塞形势,亚欧地区多呈两槽一脊型,东亚西风带有明显的分支现象,其南支西风带位置偏南、偏强。亚洲中高纬地区出现阻塞高压是梅雨期的典型环流形势之一。1991年梅雨期在乌拉尔山和东亚鄂霍茨克海附近存在两个阻塞高压,使大尺度环流异常稳定,这是导致梅雨期异常长的原因之一。1991年6—7月梅雨期是1971—1991年的21 a中亚洲西风带偶极子阻塞(即阻塞高压南侧伴有低压环流的阻塞形势)最多的一年,尤其是1991年7月1—12日,在东亚西风带盛行偶极子阻塞形势,因此造成江淮地区暴雨甚至特大暴雨频频出现。

(4)与天气尺度和中尺度系统的关系:1991年江淮梅雨期间,特别是从6月30日至7月12日这半个月中,梅雨锋的位置、结构及云(雨)带都十分稳定少变。有一支天气尺度的低空急流位于副高北缘,另有一支尺度较小的低空急流位于贴近暴雨区的地带。低空急流上有大风核传播,并有重力波活动。梅雨锋的南侧有宽广的低层辐合区和深厚的水汽辐合层。随着中纬度短波槽的一次次影响和东移,江淮梅雨云带一次次地建立、减弱、重建,重建周期1~4 d,平均2 d。中尺度分析表明,降水的几小时至十几小时的短时变化与中尺度气旋、切变线、辐合线、中尺度锋生和次级环流、位涡扰动以及中尺度地形影响和中尺度雨团、雨带等中尺度系统和因子的作用有着十分密切的关系。

10.2.4 暴雨的诊断分析

(1)暴雨形成的条件

设 I 为降水率或降水强度,即单位时间内降落在单位面积上的总降水量,并设它等于在地面至大气上界单位底面积的气柱中全部饱和湿空气的凝结量。则有

$$I = -\frac{1}{g} \int_0^{p_0} \frac{dq_s}{dt} dp \qquad (10.11)$$

式中 q_s 为饱和比湿。而在时段 $t_1 \sim t_2$ 内的总降水量 W 则为上式对时间的积分

$$W = -\frac{1}{g} \int_{t_1}^{t_2} \int_0^{p_0} \frac{dq_s}{dt} dp dt \qquad (10.12)$$

由于

$$\frac{dq_s}{dt} = \delta F \omega \qquad (10.13)$$

式中 ω 为垂直运动, $\omega < 0$ 为上升。当 $q \geqslant q_s$,且 $\omega < 0$ 时, $\delta = 1$;当 $q > q_s$,或 $\omega > 0$ 时, $\delta = 0$, F 为凝结函数。

$$F = \frac{q_s T}{p} \left(\frac{LR - C_p R_w T}{C_p R_w T^2 + q_s L^2} \right) \qquad (10.14)$$

式中 $q_s, T, p, R, R_w, L, C_p$ 等参数分别为饱和比湿、温度、气压、气体常数、水汽气体

常数、蒸发(凝结)潜热以及比定压热容。由式(10.14)可见,F是湿度的函数。将式(10.13)代入式(10.12)便得:

$$W = -\frac{1}{g}\int_{t_1}^{t_2}\int_0^{p_0}\delta F\omega \mathrm{d}p\mathrm{d}t \tag{10.15}$$

由式(10.15)可知,W是湿度、上升速度和持续时间($\Delta t = t_2 - t_1$)的函数,即:

$$W \propto (q_s, -\omega, \Delta t) \tag{10.16}$$

由此可知,形成暴雨的基本条件是有丰富的水汽、较强的上升运动和对流运动(因而需要不稳定能量)以及持续稳定的有利形势。

(2)暴雨形成条件的诊断

在暴雨发生的前期,形成暴雨的基本条件便逐渐开始酝酿,直至完全具备。通过对形成暴雨的基本条件(包括水汽条件、不稳定能量条件、上升运动和有利的流场形势等)的诊断分析,有助于判断暴雨发生的可能性。

①水汽场的分析

水汽是形成暴雨的最基本条件之一。在对水汽场做诊断分析时,除了分析表示水汽含量和饱和程度的比湿、露点、温度－露点差等参数外,还主要分析用以表示单站整层水汽含量的可降水量R_p,以及分别用以表示水汽输送和汇集的水汽通量和水汽通量散度D等参数。其中

$$R_p = \int_0^\infty \rho q \mathrm{d}z \quad \text{或} \quad R_p = \frac{1}{g}\int_0^{p_0} q\mathrm{d}p \tag{10.17}$$

$$\boldsymbol{F} = \int_0^\infty \rho q \boldsymbol{V} \mathrm{d}z \quad \text{或} \quad \boldsymbol{F} = \frac{1}{g}\int_0^\infty q\boldsymbol{V}\mathrm{d}p \tag{10.18}$$

$$-D = -\frac{1}{g}\int_0^{p_0} \nabla \cdot (q\boldsymbol{V})\mathrm{d}p \tag{10.19}$$

上列公式中均为常用符号。实际分析表明,暴雨一般发生在有较大的可降水量、较大的水汽通量以及较大的水汽通量辐合的情况下。

②不稳定度的分析

暴雨通常与对流性降水相联系,因此形成暴雨必须具有较大的不稳定能量。关于不稳定能量的诊断分析,包括湿静力能、对流有效位能 CAPE、修正的对流有效位能 MCAPE、归一化对流有效位能 NCAPE、对流抑制能量 CIN、下沉对流有效位能 DCAPE、总对流有效位能 TCAPE、倾斜对流有效位能 SCAPE 以及抬升指数 LI、沙氏指数 SI、简化沙氏指数 SSI、总指数 TT、A 指数、K 指数等,都可在在暴雨分析中应用。除了上述参数以外,还常用 KY 指数等复合参数。

日本山崎孝治根据预报暴雨的对流三条件,即:(a)$SI \leqslant 1.5$;(b)$(T-T_d)_{850} < 3℃$;以及(c)$TA \geqslant 2\times 10^{-5}℃/s$(这里,$TA$ 为 850—500 hPa 间的平均温度平流)提出了 KY 指数:

$$KY = \begin{cases} \dfrac{TA - SI}{1 + (T - T_d)_{850}}, & \text{当 } TA > SI \text{ 时} \\ 0, & \text{当 } TA \leqslant SI \text{ 时} \end{cases} \quad (10.20)$$

这里 KY 是一个无因次量,右端各项已用系数作为单位调整。KY 指数愈大时大一暴雨的可能性便愈大。在上式中 SI 也可用 700 hPa 和 850 hPa 的相当位温差来代替。

③散度、涡度和垂直运动的分析

散度、涡度和垂直速度的诊断在暴雨分析中有着十分重要的作用。

在计算散度和涡度时一般采用贝拉梅三点法、三点通量法、正方形网格法和经纬线网格法等计算方法。

在用贝拉梅三点法时,设有任意 A,B,C 三站构成一个三角形,H_A,H_B,H_C 分别为该三角形的三个顶点至对边的高,γ_A,γ_B,γ_C 为三个高的方向角,$0°$ 方向 α_A,α_B,α_C 为三站的风向角,V 为全风速,则散度 D 和涡度 ζ 分别可用下列公式计算:

$$D = \frac{V_A}{H_A}\cos(\gamma_A - \alpha_A) + \frac{V_B}{H_B}\cos(\gamma_B - \alpha_B) + \frac{V_C}{H_C}\cos(\gamma_C - \alpha_C) \quad (10.21)$$

$$\zeta = \frac{V_A}{H_A}\sin(\gamma_A - \alpha_A) + \frac{V_B}{H_B}\sin(\gamma_B - \alpha_B) + \frac{V_C}{H_C}\sin(\gamma_C - \alpha_C) \quad (10.22)$$

在计算大范围的散度和涡度时,用三点通量法比用贝拉梅三点法方便。在使用三点通量法计算散度和涡度时,用右手法则沿三角形三边构成的闭合环路将每小段环线的法向风速 V_n 进行积分即得水平散度;而将切向风速 V_s 进行积分即得涡度。其计算公式分别为

$$\begin{aligned} D = \nabla \cdot \mathbf{V} &= \frac{1}{s} \oint_{\triangle ABC} V_n \mathrm{d}l \\ &= [\bar{u}_{AB}(y_B - y_A) + \bar{u}_{BC}(y_C - y_B) + \bar{u}_{CA}(y_A - y_C) + \\ &\quad \bar{v}_{AB}(x_A - x_B) + \bar{v}_{BC}(x_B - x_C) + \bar{v}_{CA}(x_C - x_A)]d \end{aligned} \quad (10.23)$$

$$\begin{aligned} \zeta &= \frac{1}{s} \oint_{\triangle ABC} V_s \mathrm{d}l \\ &= [\bar{u}_{AB}(x_B - x_A) + \bar{u}_{BC}(x_C - x_B) + \bar{u}_{CA}(x_A - x_C) + \\ &\quad \bar{v}_{AB}(y_A - y_B) + \bar{v}_{BC}(y_B - y_C) + \bar{v}_{CA}(y_C - y_A)]d \end{aligned} \quad (10.24)$$

式中 u,v 分别为西风和南风分量;x,y 为直角坐标中各站点的坐标值;S 为 $\triangle ABC$ 的面积,d 为坐标比例尺。

$$S = \frac{1}{2} \begin{vmatrix} 1 & x_A & y_A \\ 1 & x_B & y_B \\ 1 & x_C & y_C \end{vmatrix} d^2$$

$$\bar{u}_{AB} = \frac{1}{2}(u_A + u_B), \quad \bar{v}_{AB} = \frac{1}{2}(v_A + v_B) \quad \text{其余依此类推。}$$

在用正方形网格法计算散度和涡度时的公式为

$$D_0 = \frac{\Delta u}{\Delta x} + \frac{\Delta v}{\Delta y} = \frac{1}{2d}(u_1 - u_3 + v_2 - v_4) \tag{10.25}$$

$$\zeta_0 = \frac{\Delta v}{\Delta x} - \frac{\Delta u}{\Delta y} = \frac{1}{2d}(v_1 - v_3 - u_2 + u_4) \tag{10.26}$$

式中下标 $0,1,2,3,4$ 分别代表正方网格的中心及东、北、西、南等格点；d 代表网格距。在用经纬线网格法计算散度和涡度时的公式为

$$D_0 = \frac{\Delta u}{\Delta x} + \frac{\Delta v}{\Delta y} - v_0 \cdot \mathrm{tg}\varphi_0 \sqrt{a}$$

$$\approx \left[\frac{u_1 - u_3}{1.11(\lambda_1 - \lambda_3)\cos\varphi_0} + \frac{v_2 - v_4}{1.11(\varphi_2 - \varphi_4)} - \frac{v_0 \mathrm{tg}\varphi_0}{64}\right] \times 10^{-5} \tag{10.27}$$

$$\zeta_0 = \frac{\Delta v}{\Delta x} - \frac{\Delta u}{\Delta y} + u_0 \cdot \mathrm{tg}\varphi_0 \sqrt{a}$$

$$\approx \left[\frac{v_1 - v_3}{1.11(\lambda_1 - \lambda_3)\cos\varphi_0} - \frac{u_2 - u_4}{1.11(\varphi_2 - \varphi_4)} - \frac{v_0 \mathrm{tg}\varphi_0}{64}\right] \times 10^{-5} \tag{10.28}$$

式中 λ,φ 分别为经度和纬度；$\bar{a}$ 为地球平均半径。

上层辐散，下层辐合有利于产生上升运动，因此有利于产生降水。设 R 为降水量；p_0 为地面气压；q_1 为某一高度上的比湿，代表某一层的平均比湿；D_2,D_1 分别为上下层的散度，二者之差值称为相对散度。下式表示相对散度与降水量之间的关系：

$$R \approx -\frac{p_0}{g}\frac{\mathrm{d}q_1}{\mathrm{d}t} + \frac{p_0 q_1}{g}(D_2 - D_1) \tag{10.29}$$

垂直速度通常根据连续方程计算

$$\omega_p = \omega_0 + \int_p^{p_0} D\,\mathrm{d}p \tag{10.30}$$

式中 ω_p,ω_0,D 分别为任意等压面的垂直速度、地面垂直速度以及散度。对受地形抬升而产生的垂直运动，可用下列公式计算

$$w_l = \mathbf{V}_l \nabla h = u_l \frac{\partial h}{\partial x} + v_l \frac{\partial h}{\partial y}$$

或

$$\omega_l = -\rho_l g \left(u_l \frac{\partial h}{\partial x} + v_l \frac{\partial h}{\partial y}\right) + \rho_l g \zeta_l \sqrt{\frac{K}{2f}}\sin 2\mu \tag{10.31}$$

垂直运动的计算方法还有用 ω 方程、$\mathbf{Q}$ 矢量分析等方法。

10.2.5 暴雨预报方法

在业务工作中，气象工作者创造了很多暴雨预报方法，这里简要介绍一些常用方法。

(1) 综合叠套法

通过对暴雨成因分析，可以找到各种有利于暴雨发生发展的有利因子，将这些有利因子叠加在同一张天气图上，并分析出有利因子集中得最多的地区，这个地区便是暴雨最可能发生的地区。这种预报暴雨的方法称为综合叠套法，或称为围区法或落区法。例如，暴雨一般发生在 SI 负值区、850 hPa 湿舌（比湿达 15 g/kg 左右或其以上的地区）或水汽通量辐合区中，以及 300 hPa 与 850 hPa 的实测风涡度差为负值区（即当 300 hPa 与 850 hPa 分别为负和正涡度的地区）。显然，这些因子全部重叠的地区，暴雨发生的可能性便较大。

(2) 环流型法

暴雨过程一般发生在一定的环流形势背景下。这些环流形势背景通常被归纳成若干环流型。它们反映了暴雨的大尺度条件。因此环流型可以作为概念模型应用于实际预报工作。不过这种方法通常还需结合预报指标，即环流型加指标，才能取得更好效果。

(3) 群指数法

暴雨的产生是各种因子相互配合的结果。每种因子都可用一定的物理量表示，将很多物理量组合成一个综合的指数，称为群指数。所以群指数反映了各种因子的综合影响，无疑对暴雨会有较好的指示性。作为一个例子，这里介绍一个浙江省气象台提出的用群指数 Q 做浙江省暴雨预报的方法。群指数 Q 的定义如下

$$Q = h \cdot \zeta - h \cdot D + J_{Sw} - \frac{3SI}{1+(T-T_d)_{850}} \tag{10.32}$$

其中，

$$h \cdot \zeta = V_{AS} + V_{BS} + V_{CS}$$
$$h \cdot D = V_{AN} + V_{BN} + V_{C_nN}$$

这里，A,B,C 分别代表南京、长沙和福州三站，并构成近似的正三角形 $\triangle ABC$（图 10.18）。V_{AS}，V_{BS}，V_{CS} 分别为三站的风速在平行于对边的方向（s 方向）的分量；V_{AN}，V_{BN}，V_{C_nN} 分别为三站的风速在垂直于对边的方向（n 方向）的分量。J_{Sw} 为长沙的风在西南—东北方向上的投影值。指向东北为正，指向西南为负。当 $J_{Sw}<0$ 时，令 $J_{Sw}=0$。SI 为沙氏指数，$(T-T_d)_{850}$ 为 850 hPa 的温度和露点的差值。试验表明，$Q=12$ 可视为临界值。当 $Q \geqslant 12$ 时浙江省未来 24 h 有大到暴雨发生的可能性较大。将 Q 指数与流场形势相结合会得到更好的预报效果。

(4) 暴雨预报专家系统

暴雨预报专家系统是一种具有人工智能的计算机软件系统。它包括知识库、数据库、推理机、人机对话和学习系统等组成部分。其中知识库是系统的核心部分之一。它包含大量的关于暴雨预报的专家经验。每条经验都用包括前提—结论，其形

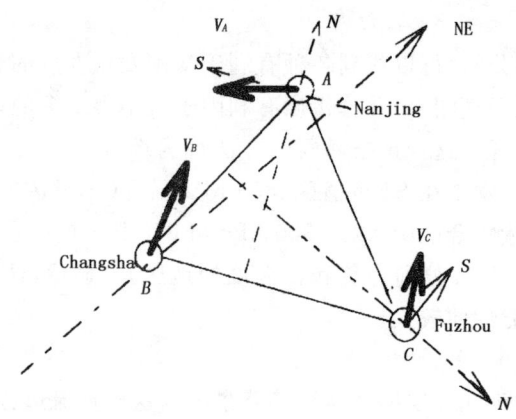

图 10.18 南京、长沙和福州三站构成的近似正三角形 $\triangle ABC$ 示意图

式为：

  IF E THEN H(CF)

的计算机语句来表述。其中 E 为前提条件，H 为结论或假设，CF 为可信度。若前提条件不是单一的（例如有 E1、E2、E3 等），则可用"与(AND)"及"或 OR"表述，因而可写成：

  IF E1 AND E2 THEN H(CF)
  IF E1 AND(E2 OR E3) THEN H(CF)

等形式。这些语句也可分别用下列逻辑蕴含式表述：

$$E \xrightarrow{CF} H$$

$$E1 \wedge E2 \xrightarrow{CF} H$$

$$E1 \wedge (E2 \vee E3) \xrightarrow{CF} H$$

并采用语义网络形式将这些个别表述链接起来，使它们形成一个整体。

  (5) MOS 法

  如在 10.1 节中所述，MOS（模式－输出－统计）是数值预报产品统计释用的一种方法。其具体做法是从数值预报产品的归档资料中选取预报因子矢量 $\hat{x}_t$，求出预报量矢量 $\hat{y}_t$ 的同时性或接近于同时性的统计关系：

$$\hat{y}_t = f(\hat{x}_t) \tag{10.33}$$

  在应用时，就把数值预报输出的结果代入上式，即得所求的预报量。MOS 法是对经典统计预报法和完全预报法(PP 法)的改进。MOS 法已被广泛地应用于降水和其他气象要素的预报。

(6) MD，MDC 或 MDCE 预报法

这里 M 是指数值预报模式输出、D 指诊断分析、C 指卫星云图、E 指专家经验。MD 表示用数值预报模式输出产品与诊断分析结合的预报方法；MDC 表示数值预报模式、诊断分析和卫星云图相结合的预报方法；MDCE 表示数值预报模式、诊断分析、卫星云图以及专家经验相结合的预报方法。例如有的气象台将①数值预报的 700 hPa 垂直速度预报场；②由不稳定指数指示的大暴雨的落区；③由红外云图增强显示图指示的暴雨区等信息结合起来；再加上预报员的经验就可以做出暴雨的落区预报。这种方法同样适用于强对流天气的落区预报。

(7) 配料法

配料法也称"成分法"(Ingredients-based methodology)，也是一种数值预报产品释用方法。具体来说，它就是应用数值预报产品，分析造成某种天气的基本成分（因子），并将它们进行适当组合作为预报指标，来对各种天气做出预报的一种方法。

配料法最初用于预报暖季雷暴深厚湿对流的发生。通过分析可知，雷暴深厚湿对流的发生，包括三个成分（即条件）：不稳定、湿度和抬升力，并达到一定的强度标准。当三个成分都满足时，表明深厚湿对流有可能发生。去掉任何一个成分，可能会有一些重要天气现象会产生，但是这个过程不再是深厚湿对流。

Doswell 等（1996）根据成分法原则来做与洪水相关的降水预报。他们通过研究，认为造成洪水的强降水的前提是有持续的高降水率和湿空气迅速上升。而高的降水率与较强的垂直速度及较高的水汽含量有关，所以可以将垂直速度及水汽含量组合成参数来做致洪强降水的预报。

Wetzel 等（2001）用成分法做冬季降雪量预报。他们提出影响冬季降水事件的基本物理成分有五个：准地转上升强迫、水汽、不稳定能量、降水效率和温度。他们应用数值预报模式输出和观测资料，根据配料法原理，建立了一个预报冬季降水的方法。

近年来，很多国家都开始将配料法用于预报业务。以美国强风暴预报中心（SPC）的业务系统为例，他们选用了与强对流天气密切关的大量物理量。其中部分物理量如表 10.5 所示，它们有的反映水汽条件，有的反映影响对流的热力因子和动力因子等。

表 10.5 与强对流天气密切相关的部分物理量

	序号	物理量名称	缩写	单位	备注
基本水量	1	露点温度	td	℃	
	2	比湿	q	g/kg	地面/850/700/500
	3	相对湿度	rh	%	

续表

	序号	物理量名称	缩写	单位	备注
水汽	4	水汽通量散度	wvd	g/cm²·hPa·s	850/700/500 hPa
	5	温度露点差	ttd	℃	850/700/500 hPa
热力因子	6	假相当位温	Thse	K	850/700/500 hPa
	7	假相当位温垂直变化	Thser	K	(850−500 hPa)差
	8	温度平流	Tadv	℃·S^{-1}·10^{-5}	850/500 hPa
	9	温度直减率	lr	℃/1 km	地面到3 km/700到500 hPa
	10	0摄氏度高度，−20摄氏度高度	h_0, h_{-20}		
	11	总指数	tti	℃	
动力因子	12	K指数	Ki	℃	
	13	强天气威胁指数	swi	1(无量纲)	
	14	抬升凝结高度	plcl	hPa	
	15	对流有效位能	Cape	J/Kg	
	16	对流抑制能量	Cin	J/Kg	
	17	抬升指数	Li	℃	地面
	18	风暴相对螺旋度	srh	M²/S²	0~1 km/0~3 km
	19	3小时0~3km风暴相对螺旋度变化	3srh	M²/S²	
	20	风切变	Shr	M·s^{-1} km^{-1}·10e−10	0~1 km/0~3 km/0~6 km
	21	锋生	sfnt/8fnt	K·hPa^{-1}·s^{-3}	地面/850 hPa

通过深入的理论和应用研究，还可以提出更多的物理量来表示动力强迫作用(例如 Q 矢量散度 $\nabla \cdot \boldsymbol{Q}$ 等)、大气稳定度(例如饱和相当位涡 PV_{es} 等)以及大气湿度、温度和冰晶生长率等的物理量，并给出这些诊断量相应的量级范围(表 10.6)。不过这种范围只是一个某种天气潜势的指示，并不代表严格的临界值。

表 10.6 物理量的量值表示的天气意义

强迫因子	$\nabla \cdot \boldsymbol{Q}$ ($\dfrac{K}{m^2 \cdot s} \times 10^{-15}$)	−1~−5 → 轻度强迫 −5~−15 → 中等强迫 <−15 → 强烈强迫

续表

稳定度	PV_{es}	<0：条件性不稳定或条件性对称不稳定（CI 或 CSI）
湿度	相对湿度 700 hPa 混合比	>70% ×2＝12 小时降雪"标准条件"
温度	850 hPa 温度	0℃ 粗略的雨/雪分界线
冰晶生长效率	温度	<10℃ 冰晶开始生长 −15℃ 最大凝华生长

上面提到的 PV_{es} 称为饱和相当位涡，其表达式为

$$PV_{se} = -g\boldsymbol{\zeta}_g \cdot \nabla \theta_{e_s} \tag{10.34}$$

式中，g 为重力加速度，$\boldsymbol{\zeta}_g$ 为地转风涡度矢量，$\nabla \theta_{e_s}$ 为三维假相当位温梯度。在 PV_{es} 为负值之处，可以诊断为条件性不稳定或条件性对称不稳定（CI 或 CSI），所以 PV_{es} 把垂直不稳定（CI）和倾斜不稳定（CSI）结合起来了，因而成为对流潜势的一种很好的工具（McCann，1995）。在 PV_{es} 负值较大之处，可以诊断为对流潜势较大的地区。

上面提到的 $\nabla \cdot \boldsymbol{Q}$ 称为 $\boldsymbol{Q}$ 矢量散度。根据准地转 ω 方程可知，当 $\nabla \cdot \boldsymbol{Q} < 0$，即当 $\boldsymbol{Q}$ 矢量辐合时，有上升运动；相反，当 $\nabla \cdot \boldsymbol{Q} > 0$，即当 $\boldsymbol{Q}$ 矢量辐散时，有下沉运动。所以 $\nabla \cdot \boldsymbol{Q}$ 是一个表示准地转强迫的物理量。由表 10.6 可知，当 $\nabla \cdot \boldsymbol{Q}$ 的量值达到 −5 至 −1 时，表示有轻度的强迫；当 $\nabla \cdot \boldsymbol{Q}$ 的量值达到 −15 至 −5 时，表示有中度的强迫；而当 $\nabla \cdot \boldsymbol{Q}$ 达到 <−15 的量值时，表示有强烈的强迫，有利于产生严重的天气。

由于在 PV_{es} 负值较大之处，对流潜势较大的地区；而在 $\nabla \cdot \boldsymbol{Q}$ 负值较大的地区，有较强的强迫抬升运动，有利于对流不稳定能量的释放而形成强烈对流。所以在两个条件都具备的地区就是最有利于产生严重的对流天气的地区。

在实际业务工作中，通常是将 PV_{es} 等值线图和 $\nabla \cdot \boldsymbol{Q}$ 等值线图重叠在一起，来查看 PV_{es} 负值中心与 $\nabla \cdot \boldsymbol{Q}$ 负值大值中心相叠加的地区，这里便是产生严重对流天气威胁最大的地区。实际工作中也可以将 PV_{es} 和两者结合起来，形成一个新的参数 PVQ，来表示 PV_{es} 和两者的共同作用。这里 PVQ 的表达式为

$$\begin{aligned} PVQ &= (\nabla \cdot \boldsymbol{Q})(PV_{se}) \quad &\text{当 } PV_{es} < 0 \text{ 时} \\ PVQ &= 0 \quad &\text{当 } PV_{es} > 0 \text{ 时} \end{aligned} \tag{10.35}$$

显然，在 PVQ 负值大的地区就是强对流天气最可能发生的地区。

像 PVQ 这样的组合参数还有很多，它们常被用于对流性天气的分析和预报。例如将热力参数"对流有效位能（CAPE）"和动力参数"风暴相对螺旋度（SRH）"两者结合起来便形成一个新参数"能量螺旋度指数（EHI）"。

$$EHI = \frac{(CAPE) \times (SRH)}{1.6 \times 10^5} \qquad (10.36)$$

根据观测事实可知，对流风暴按强度可以分为超级单体风暴（其中最强的为龙卷性超级单体风暴，其次为非龙卷性超级单体风暴）和非超级单体风暴（包括多单体风暴和普通雷暴）。一般来说风暴强度与 $CAPE$ 成正比，即愈是高能风暴就愈可能是超级单体风暴。例如按 Chisholm 等(1973)的分析，当能量为 0.0~0.2 J/g 时，一般为普通单体；0.2~0.45 J/g 时可能为多单体风暴；当能量＞0.45 J/g 时可能为超级单体。

同样根据观测事实可知，SRH 量值的大小与对流系统的强度也有明显的对应关系。如图 10.19 所示，愈是强度较大的风暴，其对应的 SRH 愈大。因此，作为 $CAPE$ 和 SRH 的组合参数 EHI 能更好地反映风暴的强度。EHI 高值一般对应强对流风暴。

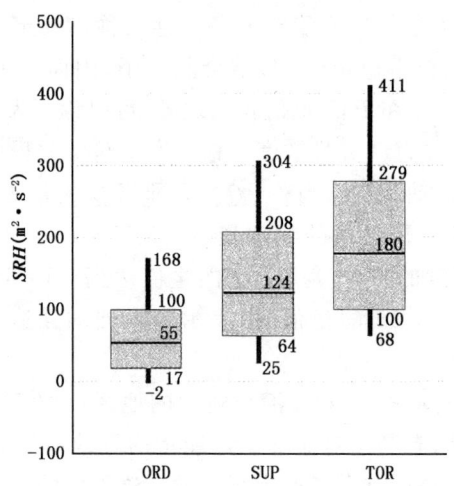

图 10.19　风暴相对螺旋度(SRH)与风暴强度的对应关系
（ORD,SUP,TOR 分别表示非超级单体、超级单体、龙卷性超级单体）

10.3　强对流天气的分析和预报

10.3.1　雷暴的定义和类别

强对流天气一般是指伴随雷暴发生的大雹、强风、龙卷风等剧烈天气。雷暴通常是指由于积雨云引起的强烈的雷电天气现象，或指伴有强烈雷电活动和阵性降水的局地风暴或对流性风暴系统。作为一种天气现象，一般日常观测时只要是本站听到雷声便记为有雷暴。有了闪电定位仪网之后,可以比较精确地确定雷电活动的范围和强度。因此雷暴可按其影响范围分为孤立雷暴和大范围雷暴两类。常见的雷暴天气即雷阵雨天气,其典型的天气现象是电闪、雷鸣、骤雨,有时还可能伴有阵风和小冰雹。有时会发生特别强烈的雷电活动并伴有暴雨、大雹、强风、龙卷风等剧烈天气,这类雷暴称为强雷暴。所以雷暴又可按其天气强度分为强雷暴和非强雷暴两类。非强雷暴也叫作一般雷暴(或普通雷暴)。强雷暴按其主要的天气现象又进一步细分为雹暴、飑暴、龙卷风暴等不同类型;而按其影响范围则又有小范围(局地)强雷暴和大范围强雷暴之分。关于强与非强以及大范围和小范围的区分标准,各国各地都有一定规定,例如,美国国家气象局1986年规定,伴有下列现象之一者称为局地强雷暴:龙卷风、直线风速达 26 m/s 或其以上、大雹直径达 1.9 cm 或 1.9 cm 以上。不过各国各地的标准,并不十分一致,有时甚至难以严格划分。此外,雷暴还常按其发生背景可分为气团雷暴、锋面雷暴等。一般而言,锋面雷暴较气团雷暴强烈。

雷暴特别是强雷暴是最严重的自然灾害之一。其危害主要来自闪电、雹块和强风、暴洪等,它们常对输电和通信设施、建筑、航空器、车船、农作物以及人畜等带来毁灭性的打击,造成的经济损失和对人民生命的威胁都特别巨大。因此对雷暴特别是强雷暴的预报是气象工作者最关心的问题之一。

10.3.2 强对流的天气气候特征及天气形势

强对流天气在世界范围内都有广泛的分布。我国是世界上强对流天气频发地区之一。强对流天气有明显的地理分布、季节分布和时间分布特征。以冰雹为例,根据全国平均降雹日分布可知,青藏高原是一个多雹地区。在青藏高原以东地区有南北两支多雹地带。北支从青藏高原北部出祁连山、六盘山、经黄土高原和内蒙古高原连接,再延伸到冀北及东北三省,形成我国最长、最宽的一个降雹带。南支则从云贵地区延伸至长江中下游地区和黄淮及山东地区。一般来说,北支的降雹日比南支要多。成片的雹区主要发生在春、夏、秋三季,其中尤以 4—7 月最多,占总数的 70%,并且有规律地随时间由南向北推移。降雹还有明显时间分布,大约 90% 的降雹发生在午后至夜间。

强对流天气常发生在一定的天气形势下。一般来说,强对流天气发生发展的典型形势特征是高低层有高空急流和低空急流(图 10.20),在低层有暖湿舌伸展,中层有干舌叠加在低层湿舌之上,层结不稳定度很大。

Polston(1996)把美国产生大雹(最大雹块直径≥10.16 cm)的天气形势归纳为 A,B 两类(图 10.21)。由图 10.21 可见,A 类的特点是高低空急流上下交叉,地面暖锋(不连续线)附近有很强的切变,层结不稳定度很大。超级单体和大雹事件通常发生在不连续线北侧暖湿平流最强之处。B 类的特点是上层很干,下层很湿,气团的对流性不稳定度很大,自由对流高度(LFC)的高度一般位于 680~720 hPa,降雹发生在

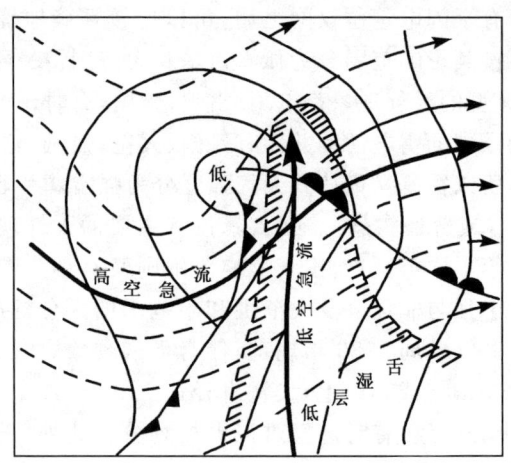

图 10.20　一个有利于爆发强对流天气的形势图(Kessler,1987)
(实细线为海平面等压线,虚线为高层流线,阴影区为低层湿舌)

稳定度/湿度梯度很大,以及高空辐散与低空辐合相耦合的地区,即沿干线或其附近的地区。根据中央气象台的分析,我国的大范围降雹天气形势有高空冷槽型(前倾槽、后倾槽)、高空冷涡型、高空西北气流型和南支槽型等四个基本类型。其高低空形势配置的基本特征与美国的情况也有某些相似之处。

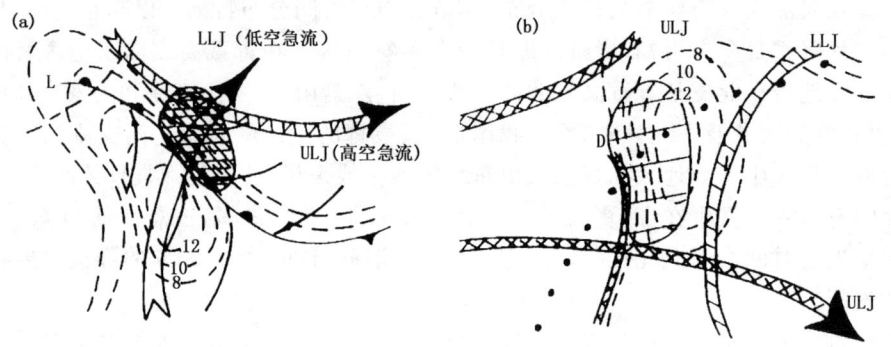

图 10.21　有利于产生大雹的两种天气形势示意图(Polston,1996)
(图中 L 表示低压中心,虚线表示 LI 等值线,小箭头线表示地面气流流线,大箭头线表示高、低空急流,D 表示地面干线,地面暖锋(不连续线)用标准符号表示,阴影区表示强对流危险区及降雹区)

10.3.3　雷暴的发生、强度及移动预报

雷暴的发生、发展、强度以及移动和传播的预报是雷暴预报中重要组成部分。这

里介绍它们的基本思路和方法。

雷暴和强雷暴都是由大气中的强烈对流造成的。根据气块法理论,要形成大气的强烈对流必须具有巨大的不稳定能量以及能使大气产生上升运动,从而使大气不稳定能量得以释放的较强抬升力。巨大的不稳定能量常常是在一定的天气形势背景下积累起来的。其中,对流层中、低层的逆温层,通常称其为干暖盖,对于贮存大气不稳定能量起到重要作用。因此强干暖盖的存在是有利于发生强雷暴的重要条件之一。

干暖盖的强度可以用干暖盖强度指数来表示。干暖盖强度指数 L_s 定义为:

$$L_s = (\theta_w)_{\max} - \bar{\theta}_w \tag{10.37}$$

式中 $(\theta_w)_{\max}$ 表示逆温层顶处的饱和湿球位温;$\bar{\theta}_w$ 表示地面至 500 hPa 气层的湿球位温平均值。L_s 愈大表示干暖盖愈强,贮存的大气不稳定能量可能愈大,一旦发生雷暴,其强度也愈大。

强的风速垂直切变的存在也是有利于发生强雷暴的重要条件之一。前面已经讨论过整体里查森数 BRN 与对流强度的关系。整体里查森数 BRN 表示了对流有效位能及风的垂直切变的综合作用。根据统计,当 BRN 很小时,易出现超级单体风暴;当 BRN 大小中等时,易出现多单体风暴;当 BRN 很大时,易出现气团型雷暴。

Turcotte 和 Vigoux(1987)提出的风暴强度指数 SSI,也反映了浮力能与风垂直切变对风暴强度的综合作用。SSI 定义如下

$$SSI = 100 \times [2 + (0.276 \times \ln(Shr)) + 2.011 \times 10^{-4} \times Eh] \tag{10.38}$$

式中 Eh 为浮力能(即对流有效位能),Shr 为地面至高度 H 的气层内密度加权平均垂直风切变,Shr 的计算公式如下:

$$Shr = \left[\int_0^H \rho(Z) |V(Z)| dz \Big/ \int_0^H \rho(Z) dz \right] - 0.5 [|V(0) - V(0.5 \text{ km})|] \tag{10.39}$$

根据加拿大和美国的情况,$SSI=100$ 或 120 代表强与非强雷暴的分界。SSI 愈大,发生强风暴的可能性便愈大。

Johns 与 Doswell(1992)指出,几乎所有的局地强风暴事件(包括龙卷)都与深对流有关。强风暴一般都与深厚对流相联系。对流深度通常可用卫星 T_{BB}(云顶的红外相当黑体温度)来表示。Nitta 和 Sekine(1994)提出一个表示对流深度的指数,记作 DCI_{NS}

$$DCI_{NS} = \begin{cases} 250 - T_{BB} & \text{当 } T_{BB} < 250 \text{ K 时} \\ 0 & \text{当 } T_{BB} \geqslant 250 \text{ K 时} \end{cases} \tag{10.40}$$

250 K 大约对应 400 hPa 的高度,所以 DCI_{NS} 愈大,表示对流云顶超出 400 hPa 的高度愈多,即对流云愈高。Murakami 等也提出一个表示对流深度的指数,记作 DCI_M

$$DCI_M = 10 \times [(T_{BB} - T_{400})/(T_{tr} - T_{400})] \tag{10.41}$$

式中 T_{400} 和 T_{tr} 分别表示 400 hPa 高度的温度和对流层顶的温度。同样，DCI_M 愈大，表示对流云愈高。DCI_{NS} 和 DCI_M 两种深对流指数都可作为诊断或临近预报的工具。Barlow(1993)提出一个新深对流指数，记为 $NDCI$

$$NDCI = (T_{850} + T_{d850}) - LI \tag{10.42}$$

式中 T_{850}，T_{d850} 和 LI 分别为 850 hPa 的温度、露点及抬升指数。实际使用时，可用数值模式的输出产品来计算 48 h 内的 $NDCI$，对预报 MCC、飑线、和超级单体等强风暴系统可起到很好的辅助作用。$NDCI$ 可作为预报对流深度的工具。

雷暴的发生必须具有抬升条件。大多数雷暴天气中，都存在着天气尺度和中尺度上升运动。天气尺度抬升运动通常与中高层槽、急流中心和暖平流以及气旋、锋面和切变线等系统有关。与天气尺度锋－急流系统相伴的横向次级环流在导致对流发展的过程中起着重要的作用。雷暴作为一种中尺度现象，与中尺度抬升源有着更直接的联系。近地面层的中尺度抬升源包括由于不连续界面、非均匀加热、风和地形相互作用等造成的上升运动区（如中尺度气旋、中尺度锋面和切变线、辐合线、雷暴外流、海陆风、山谷风环流等）。近地面层的中尺度抬升源的确定是预报雷暴发生地点和时间的关键。

风暴发生以后，对它的移动应做出正确判断，以便为风暴下游地区做好预报和警报。做风暴的移动预报主要根据实况分析和合理外推。卫星云图、雷达回波以及闪电探测网资料等都是用以分析风暴运动的基本资料。风暴的移动包括随环境平均风的平移和由其本身的新陈代谢造成的传播两部分。所以它的移动速度和移动方向都与环境平均风速和风向不一致。风暴移速一般小于环境平均风速，而风暴可偏向环境平均风的左右两侧，多数偏向右侧。根据 Maddox(1976)的研究，风暴的移速约为环境平均风速的 75% 左右，而风暴的移向大约偏于环境平均风右侧 30°左右。Davies 和 Johns(1993)对 Maddox(1976)的研究提出了修正。主要是把环境平均风速分成不同等级，在不同等级的环境平均风速情况下，风暴的移速、移向与环境平均风速、风向的比例关系和偏转程度不同。例如，当环境平均风速小于 15 m/s 时，风暴的移速为环境平均风速的 75%；移向偏于 0～6 km 的环境平均风的右侧 30°左右。而当环境平均风速大于 15 m/s 时，风暴的移速为环境平均风速的 85%；移向偏于 0～6 km 的环境平均风的右侧 20°左右。一般认为这种方法比较适合来估算超级单体的运动情况。

10.3.4 强对流天气预报的常用指数

在做强对流天气（包括雷暴、龙卷、冰雹以及雷暴大风等）的预报时，常采用各种预报指数。根据对各种强对流天气的成因分析，可以引出各种指示它们是否会出现，以及可能达到的强度的预报指数。这里介绍其中一些较为常用的指数。

(1) 千秋指数 I

$$I = [\theta_{SW}(S) - \theta_{SW}^*(-10)]/H \equiv \Delta\theta_{SW}/H \qquad °/km \qquad (10.43)$$

式中,

$\theta_{SW}(S)$　　　地面假湿球位温;

$\theta_{SW}^*(-10)$　　气压为 P^*、温度为 $-10℃$,且相对湿度为 100% 时的假湿球位温;

P^*　　　　　$-10℃$ 高度上的气压;

H　　　　　$-10℃$ 温度层离地面的高度。

当 $I>0$ 时,有雷暴发生的可能。

(2) 强天气威胁指数($SWEAT$)

在美国做龙卷风预报常用的一个指数,叫作 $SWEAT$ 指数(强天气威胁指数),它也反映了不稳定能量与风速垂直切变以及风向垂直切变对风暴强度的综合作用。

$$SWEAT = 12D + 20(TT - 49) + 2f_8 + f_5 + 125(S + 0.2) \qquad (10.44)$$

式中 $D = T_{d850}(℃)$ 表示 850 hPa 的观测温度(若 D 为负数,则此项为 0);

$f_8 = 850$ hPa 的风速(nmile/h*);

$f_5 = 500$ hPa 的风速(nmile/h);

$S = \sin(500$ hPa 的风向 -850 hPa 的风向$)$;

$TT = T_{850} + T_{d850} - 2T_{500}$,若 $TT<49$,则 $(TT-49)$ 项等于 0。

切变项 $125(S+0.2)$ 在下列任一条件不具备时为零:

850 hPa 的风向在 $130°\sim250°$ 之间;

500 hPa 的风向在 $210°\sim310°$ 之间;

500 hPa 的风向减 850 hPa 的风向为正;

850 hPa 的风速及 500 hPa 的风速至少等于 15 nmile/h*。注意,方程(10.44)中没有任何一项为负数。

$SWEAT$ 的值愈高,发生龙卷或强雷暴的可能性愈大。但要注意:①这个指数的高数值仅仅表示强天气潜在的可能性,不意味着当时出现强天气;②不应用于一般雷暴的预报,其中的切变项、风速项等项是专门用以区别一般雷暴和强雷暴的。

(3) 龙卷强度指数 F

在 4.4 节中已提到 Fujita 给出的龙卷强度指数 F。Colquhoun(1996)提出了龙卷强度 F 的预报方程

$$F = -0.145(LI) + 0.136(S6) - 1.5 \qquad (10.45)$$

式中 LI 为抬升指数,$S6$ 为地面到 600 hPa 的风速切变量。实际使用表明,预报有较高的技巧分。

(4) 总位势不稳定指数($LAPOT$)

---

*　1nmile/h$=$1kt$=0.514$ m/s。

总位势不稳定指数 $LAPOT$ 也是一个可用以指示龙卷或强雷暴潜在可能性大小的指数,它定义为

$$LAPOT = \frac{1}{\theta_E \Delta P}\left(\Delta\theta_E + \frac{\bar{\theta}_E}{\bar{\theta}_{SEE}}\Delta\theta_{SEE}\right) \qquad (10.46)$$

或

$$LAPOT = \frac{-2[\theta_E(P_2) + \theta_{SE}(P_2) - 2\theta_E(P_1)]}{[\theta_E(P_2) + \theta_E(P_1)](P_2 - P_1)} \qquad (10.47)$$

以上二式中,$\bar{\theta}_E$,$\bar{\theta}_{SEE}$ 分别为在 P 层上的平均相当位温和平均假相当位温,$\Delta P = P_2 - P_1$($P_1 > P_2$)。$\bar{\theta}_{SEE} = [\theta_{SE}(P_2) + \theta_E(P_1)]/2$ 为气层顶(在 P_2 处)的假相当位温 θ_{SE} 和气层底(在 P_1 处)的相当位温 θ_E 的平均值。$\Delta\theta_E$ 和 $\Delta\theta_{SE}$ 分别为该气层 θ_E 和 θ_{SE} 的差值。$\Delta\theta_{SEE} = [\theta_{SE}(P_2) - \theta_E(P_1)]$ 是气层顶的 θ_{SE} 与气层底的 θ_E 的差值。θ_E 可有各种求法,下面是两种简便求法。其一是

$$\theta_E = \frac{E_T}{c_p} = \frac{1}{c_p}\left(c_p T + gz + L_0 r + \frac{V^2}{2}\right)$$

$$\approx T(K) + 2.5r + 9.8z \qquad (10.48)$$

式中 T 为温度,z 为海平面上的气块高度(单位取为位势千米),L_0 为蒸发潜热,r 为混合比(单位取为 g/kg),V 为空气速度标量。另一种求法为

$$\theta_E = \theta + B_0 \cdot \frac{P_0}{P E_w(T_d)}$$

或

$$\theta_E = \theta_w + B_0 \cdot E_w(\theta_w) \qquad (10.49)$$

式中 θ 是气压 P 处的位温,$P_0 = 1000$ hPa,$E_w(T_d)$ 是露点温度 T_d 下的水汽压,$B_0 = 0.622L_0/c_p P_0 = 1.555$ °/hPa。θ_w 是 P 处的湿球位温,$E_w(\theta_w)$ 是在 θ_w 处的水汽压。可应用类似的方程,以 T 和 θ_s 代替方程(10.49)中的 T_d 和 θ,以求出 θ_{SE}。这里 θ_s 是 θ_w 对于假绝热经过(P,T)处的值。

在龙卷爆发过程中,$LAPOT$ 指数分布特点是,在龙卷发生区北部,700~850 hPa气层中 $LAPOT$ 指数的负值很大(-50×10^{-5} hPa^{-1}),而在 500~700 hPa 气层中 $LAPOT$ 指数却是正值($+25\times10^{-5}$ hPa^{-1})。

(5)风指数(WINDEX)

McCann(1994)引入一个用于预报雷暴大风和下击暴流潜势的经验指数 WINDEX(风指数),以 WI 表示

$$WI = 5[H_M R_Q(\Gamma^2 - 30 + Q_L - 2Q_M)]^{0.5} \qquad (10.50)$$

式中 H_M 为融化层离地面的高度(AGL),以 km 为单位;$R_Q = Q_L/12$,但不能大于1,以 g/kg 为单位;Γ 为地面与融化层之间的垂直温度递减率,以℃/km 为单位;Q_L 为近地面 1 km 层内的混合比,以 g/kg 为单位;Q_M 为融化层处的混合比,以 g/kg 为单位。WI 是无量纲数,但使用时视其为有单位:nmile/h,或约 0.5 m/s。由式(10.50)算得的数值可近似视为可能出现的雷暴大风的风力大小。由式(10.50)可见,融化层离地面较高、

Q_L 较大(低层潮湿)、Q_M 较小(中层干燥)等因子都有利于产生雷暴大风。

(6) 冰雹预报参数

根据冰雹的云物理成因分析可知,冰雹的形成要求有适宜的湿球温度 0℃ 所在高度(WBZ)(约在 600 hPa 或 4 km 上下)、适宜的 -20℃ 层高度(约在 400 hPa 或 7.5 km 上下)、冷云层与暖云层厚度的比例适宜等。同时,冰雹的形成还要求有较大的垂直速度。根据苏联的资料,最大及地雹块直径 R_{max} 与云中最大上升速度 W_{max} 之间有以下关系

$$R_{max} \approx \frac{W_{max}^2}{\beta^2} \tag{10.51}$$

式中 $\beta \approx 2.2 \times 10^3 \text{ cm}^{\frac{1}{2}}/\text{s}$(有的文献取 $\beta \approx 2.6 \times 10^3 \text{ cm}^{\frac{1}{2}}/\text{s}$)。也可以直接用 WBZ 和 W_{max} 来估计雹块直径。一般来说,在一定的 WBZ 情况下,雹块直径随 W_{max} 增大。大雹事件一般都有显著的背景条件,例如根据美国 7 次大雹(最大雹块直径$\geqslant$10.16 cm)事件的平均,对流有效位能 $CAPE = 3352$,抬升指数 $LI = -9$,风暴相对螺旋度 $SRH(2 \text{ km}) = 130$,$SRH(3 \text{ km}) = 153$,能量螺旋度指数 $EHI = 2.75$(以上指数值均为标准单位)。

Mills 和 Colquhoun(1998)把很多新指标、新判据和新理念结合起来提出了一个新的雷暴判断树(或决策树)(图 10.22),使他们原来的决策树(图 10.13)得到细化和改进。Mills 和 Colquhoun(1998)(以下简称为 MC98)的新决策树设定很多判断点,把暴雨和强对流、强雷暴与非强雷暴,以及雹暴、飑暴、龙卷风暴与非雹暴、非飑暴、非龙卷风暴和快移及慢移系统等区别和分离开来,这种决策树为预报员提供了经验规则,也为客观预报系统构成了知识库,可以通过计算机专家系统来自动地做出判断,或通过人机结合来做出判断。

10.3.5 对流天气预报准确率的客观评估及提高途径

在评估强对流天气预报准确率或一种预报方法和一个预报员技术的优劣时,需要有一些客观标准。Donaldson 等(1975)引进临界成功指数(CSI 指标)作为预报准确率或对一种预报方法和技术进行客观评估的指标。CSI 指标同时考虑漏报和空报两类错误,其数值可由 0~1。0 表示完全失败,1 表示完全正确。

$$CSI = \frac{x}{(x+y+z)} \tag{10.52}$$

式中 x 为成功的预报(即预报为有强雷暴,观测也为有强雷暴),y 为漏报(即预报为无强雷暴,观测为有强雷暴),z 为空报(即预报为有强雷暴,观测为无强雷暴)。它们的定义如表 10.7 所示。

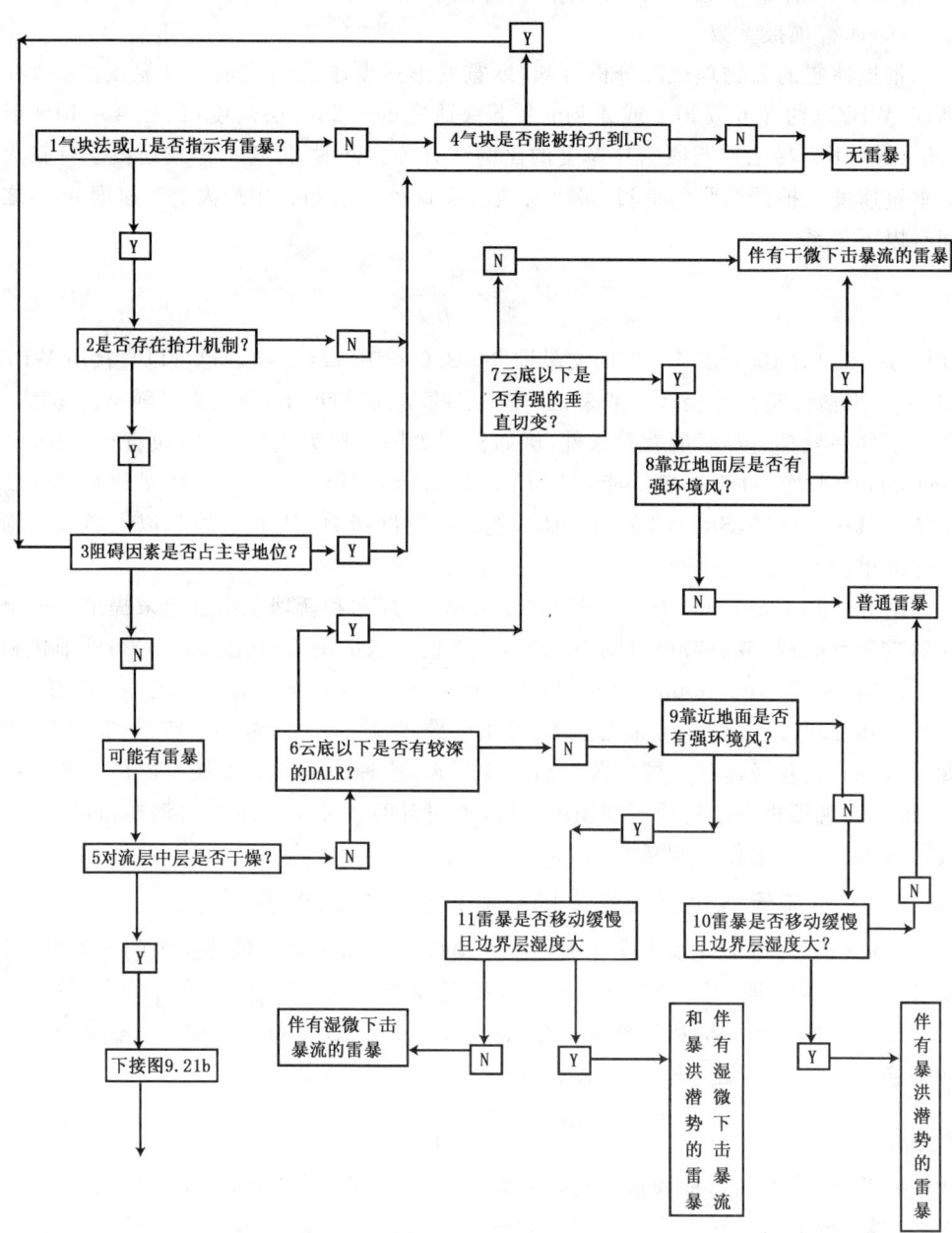

图 10.22(a) MC98 新的雷暴决策树的结构与判定流程示意图(Mills 和 Colquhoun,1998)(决策树由 1 开始,预报结果在黑框内给出,LI 表示抬升指数,LFC 为自由对流高度,DALR 为干绝热递减率层)

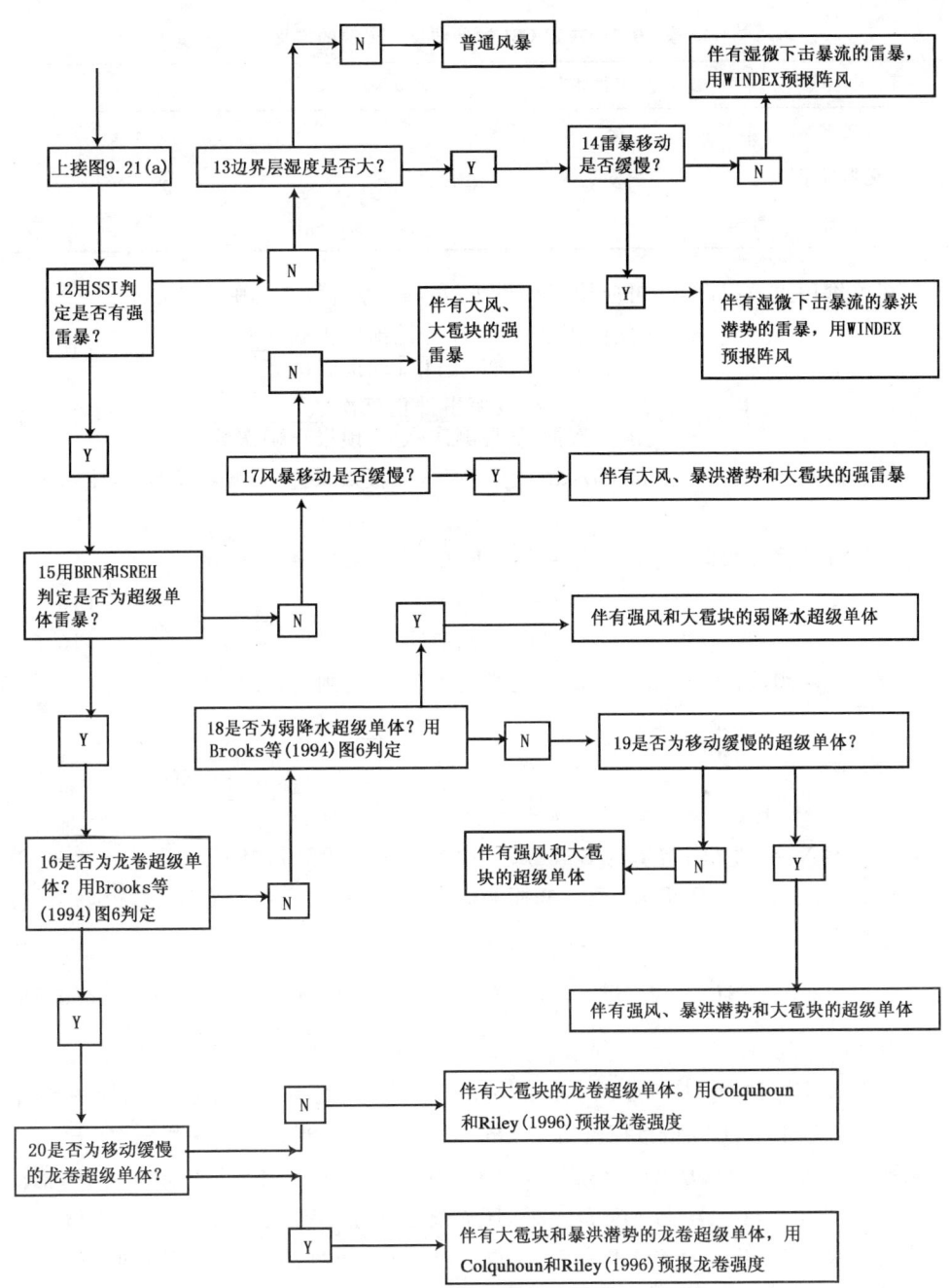

图 10.22(b)　MC98 新的雷暴决策树的结构与判定流程示意图（续）（接图 10.22(a)，由 12 开始，SSI 代表风暴强度指数，WINDEX 为大风指数，BRN 为整体里查森数，SRH 为风暴相对螺旋度）

表 10.7　决定 CSI 的参数 x, y, z 等的定义

预　报	观测有强雷暴	观测无强雷暴	总　计
有强雷暴	x	z	$x+z$
无强雷暴	y	w	$y+w$
总　计	$x+y$	$z+w$	N

在评价预报效果时,还可应用 Skill 和 Threat 等指数。其中

$$Skill = \frac{预报正确次数 - 盲目预报正确次数}{预报总次数 - 盲目预报总次数} \tag{10.53}$$

$$Threat = \frac{小概率事件正确次数}{预报次数 + 观测次数 + 预报正确次数} \tag{10.54}$$

很显然,当 CSI, Skill 和 Threat 值愈高时,预报效果愈好,预报方法和技术的评价愈高。

在评价预报效果时,还应给出探测率 POD 及虚假报警率 FAR。其中

$$POD = x/(x+y) \tag{10.55}$$

$$FAR = z/(x+z) \tag{10.56}$$

设 $x+y \neq 0$,以及 $z+w \neq 0$(w 的定义见表 10.7),则由式(10.50)可得

$$CSI = \frac{\dfrac{x}{x+y}}{\left(\dfrac{x+y}{x+y} + \dfrac{z}{x+y}\right)} = \frac{\dfrac{x}{x+y}}{\left\{\dfrac{x+y}{x+y} + \left(1 - \dfrac{w}{z+w}\right)\left[\dfrac{(z+w)/N}{(x+y)/N}\right]\right\}} \tag{10.57}$$

令 $(x+y)/N = P_h$ (强雷暴概率), $(z+w)N = P_n$ (无强雷暴概率), $N = x+y+z+w$, $x/(x+y) = (POD)_h$ (强雷暴探测概率), $w/(z+w) = (POD)_n$ (无强雷暴探测概率), $P_h + P_n = 1$,则式(10.55)变成

$$CSI = (POD)_h / \left\{1 + \left(\frac{1}{P_h} - 1\right)[1 - (POD)_n]\right\} \tag{10.58}$$

由式(10.58)可以推知,当强雷暴概率 P_h 与无强雷暴探测概率 $(POD)_n$ 一定时,CSI 与强雷暴探测概率 $(POD)_h$ 成正比;当强雷暴概率 P_h 与强雷暴探测概率 $(POD)_h$ 一定时,与无强雷暴探测概率 $(POD)_n$ 成正比;当强雷暴探测概率 $(POD)_h$ 与无强雷暴探测概率 $(POD)_n$ 一定时,CSI 与强雷暴概率 P_h 成正比;由此可见,要提高 CSI,除提高 $(POD)_h$ 与 $(POD)_n$ 外,还需设法减小 N 以加大 P_h,即变小概率事件为大概率事件,以增大条件概率值。所以变小概率事件为条件概率下的大概率事件,是提高小概率事件预报成功率的一条途径。强雷暴、龙卷等强烈天气都是小概率事件,要提高这些天气预报的 CSI 就要采用有效的预报指标和消空指标来增大 x(成功的预报)、减小 y(漏报)和 z(空报),减小 N,加大 P_h。环流型法、多指标叠套法、

多因子消空法等都是有效的具体措施。下面以强雷暴和龙卷为例来说明。

(1) 环流型法。龙卷是小概率事件,但一般由强雷暴引起,而强雷暴发生的概率比龙卷要大得多,若以 $P(T)$ 与 $P(T|S)$ 分别表示龙卷发生概率与有强雷暴时龙卷发生的概率,则应当有 $P(T|S)>P(T)$。设有多种强雷暴天气型,但只有其中的某一种强雷暴天气型才可能产生龙卷。这种强雷暴天气型可以作为龙卷事件天气型。若令 $P(T|S_w)$ 表示龙卷事件天气型下龙卷发生的概率,则应当有 $P(T|S_w)>P(T|S)>P(T)$。所以采用环流型法可以加大 P_h。

(2) 多指标叠套法。设想强雷暴既出现在 X_1 区,又出现在 X_2 区,则强雷暴必然出现在 X_1 区与 X_2 区相互重叠的区域。推而广之,如果已知强雷暴出现在 X_j ($j=1, 2, \cdots, N$) 区域,那么,强雷暴必然出现在 $X_1, X_2, \cdots, X_N$ 区域相互重叠的区域。将上述几何意义转换成预报术语,例如认为 X_j ($j=1, 2, \cdots, N$) 代表预报指标,则强雷暴必然出现在上述 $X_1, X_2, \cdots, X_N$ 等 N 个指标(多指标)叠套的区域。所谓多指标叠套法,就是指当上述指标数集合中每一个的临界值都达到时,则预报未来有强雷暴;否则,则预报无强雷暴。上述指标数集合,有时称为指标群(族)。人们对致灾的强雷暴(伴有龙卷风,或直线风速达 26 m/s 或其以上,或大雹直径达 1.9 cm 或其以上的雷暴)前的环境条件已进行过很多研究及归纳。这些条件包括:有产生深厚的、有组织的、长生命的、对流性上升和下沉气流都很强的、适宜的云物理条件(包括湿球温度 0℃所在高度 WBZ 适宜、WBZ～-30℃层的厚度适宜、冷云层与暖云层厚度的比例适宜等)的环境条件。代表上述条件的每一个参数,诸如:对流有效位能 CAPE,下沉对流有效位能 DCAPE,新深厚对流指数 NDCI,风暴强度指数 SSI,整体里查森数 BRN,能量螺旋度指数 EHI,整体里查森数切变 BRNSHR,归一化对流有效位能 NCAPE 等的临界值,都可能被选为一个预报指标。

(3) 逐步消空法。利用 $[(FAR)_{j-1} - (FAR)_j] > m_1\% > 0$,的关系可得

$$(FAR)_1 > (FAR)_2 > \cdots > (FAR)_{N-1} > (FAR)_N \quad (10.59)$$

式(10.59)表明,每增多一个预报指标,即可使虚假报警率 FAR 减小一些,从而使 $(FAR)_1, (FAR)_2, \cdots, (FAR)_{N-1}, (FAR)_N$ 组成一个 N 项的递减级数。这就是称逐步消空法的缘故。从信息论中可以得到逐步消空法的根据:如果有 N 个预报因子 $X_1, X_2, \cdots, X_N$,它们与预报对象(强雷暴事件) A 有关,则我们可以把 $X_1, X_2, \cdots, X_N$ 视为变量,根据信息论可得下列公式

$$I_{X_1, X_2, \cdots, X_N}(A) = H(A) - H(A | X_1, X_2, \cdots, X_N) \quad (10.60)$$

式中 $H(A)$ 表示事件 A 的熵,$H(A|X_1, X_2, \cdots, X_N)$ 与 $I_{X_1, X_2, \cdots, X_N}(A)$ 分别表示在 $X_1, X_2, \cdots, X_N$ 这 N 个变量已知情况下事件 A 的条件熵与事件 A 的信息。在信息论中,熵是用来表示对事物不肯定程度的度量。某事件熵的数值越大(信息论中的熵无负值),表示该事件不肯定性越大;反之亦然。我们寻求预报指标的目的,在于能准

确地预报出事件 A，亦即使其不肯定性达到最小（若能达到零最好）。在公式(10.60)中，对确定的 $H(A)$ 而言，当 $H(A|X_1,X_2,\cdots,X_N)=0$ 时，信息 $I_{X_1,X_2,\cdots,X_N}(A)$ 达到极大值。此极大值即为事件 A 的熵 $H(A)$。经过一些变换，可以将公式(10.60)变换成

$$I_{X_1,X_2,\cdots,X_N}(A)=I_{X_1}(A)+I_{X_2|X_1}(A)+I_{X_3|X_1,X_2}(A)+\cdots+I_{X_N|X_1,X_2,\cdots,X_{N-1}}(A) \tag{10.61}$$

公式(10.61)表明，N 个指标提供的关于事件 A 的信息 $I_{X_1,X_2,\cdots,X_N}(A)$，等于第 1 个指标提供的事件 A 的信息，加上在第一个指标已知的条件下第 2 个指标提供的事件 A 的信息，……，加上在第 1 到第 $N-1$ 个指标都已知的条件下第 N 个指标提供的事件 A 的信息(上述 N 个指标的先后次序是可以任意取的)。因此利用多个消空指标，可以逐步地将空报次数减少，从而使预报准确率提高。

10.4 遥感资料在临近预报和甚短期预报中的应用

临近预报和甚短期预报的资料主要来源于常规和加密的地面和高空实测资料以及各种遥感、遥测资料(包括自动气象站网、闪电探测网、廓线仪、卫星和雷达探测资料等)。其中遥感、遥测资料具有时空连续性好的独特优点，因此在临近预报和甚短期预报中发挥了不可或缺的重要作用。遥感、遥测资料在暴雨和强对流天气的监测和预报中的作用主要是提供对现在天气描述(包括当时天气区的位置、天气现象的性质和强度等)和连续监测；对未来 2 h 内天气区位置、强度的演变的预报(包括当时天气区的位移路径及速度、天气现象的性质和强度的演变等)；以及为各种用于临近预报和甚短期预报的统计预报模式、概念预报模式、数值预报模式提供初始场资料和相关参数等。

10.4.1 自动气象站网资料的应用

自动气象站能通过传感器自动测量气压、气温、湿度、降水量、风向和风速、日照和辐射等气象要素，有的还能观测能见度、云况(云高、云状、云量)、天气现象、雷电、地表温度和土壤温度等。自动气象站资料通过通信线路集中到分析预报中心进行加工处理。世界上很多国家都已拥有投入业务应用的自动气象站资料获取系统，如美国的 PROFS、日本的 AMeDAS、瑞典的 PROMIS、法国的 PATAC 等系统。利用自动气象站的连续监测资料，就能很准确地分析出各种中尺度天气系统来。我国的自动气象站网正在很快地建设和发展中。同时我国拥有较为密集的地面观测站网，是很有价值的资料来源。很多实例分析表明，根据地面观测站网的气象要素资料的分布，可以清楚、正确地表现地面中尺度天气系统的结构和演变以及它们与强烈天气之

间的联系。

10.4.2 雷电探测网资料的应用

雷电产生的电磁波在空中传播时,电信号和磁信号的位相差会随着传播距离而变化,这种变化在 50～300 km 范围内十分明显。利用这一特性,可以测定雷电的位置。单站雷电测定仪,使用一个鞭状天线来接收电场信号,以及用一对正交环形天线来接收磁场信号。天线收到电场和磁场信号后,产生的电位差,经过合成和积分等处理后,便可在阴极射线管荧光屏上显示出雷电活动的位置。单站雷电测定仪的定位虚警率较高,误差较大。为了减小虚警率,可以用三个雷电测定仪布成三角形,从三个不同方向对同一位置的雷电进行测量,这样就可构成较精确的雷电分布图。雷电分布图还可与雷达回波图叠加起来来判别雷暴活动。美国等国家已建成全国范围的雷电探测网,并投入业务使用。图 10.23 是雷电探测网测到的一次强雷暴活动的情况。

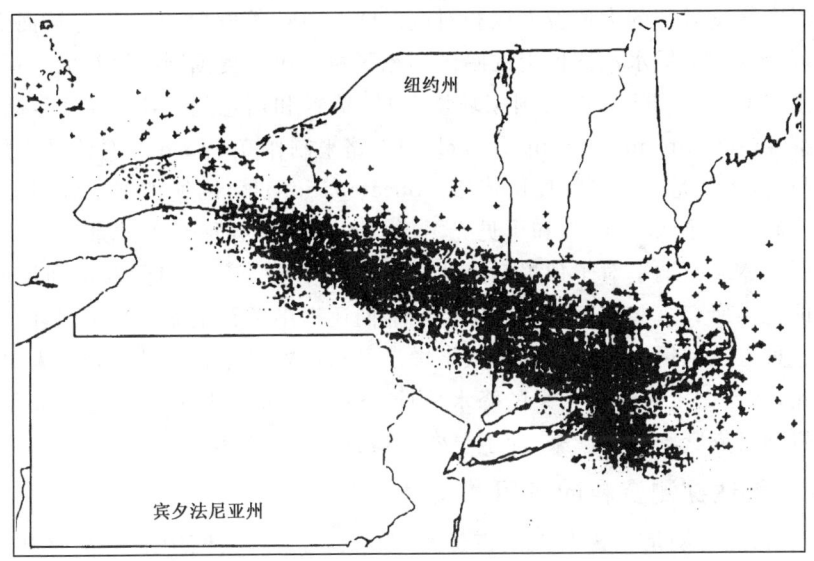

图 10.23 1989 年 10 月 14 日 20:00UTC 至 10 月 15 日 10:00UTC 时段内一次强风暴的地闪回击点的分布情况

10.4.3 卫星遥感探测资料的应用

卫星遥感探测资料包括可见光和红外云图、卫星遥感探测的大气温度、湿度廓线和数字化云图等。从可见光和红外云图上可以直观地看到天气尺度和中尺度天气系统云系特征,为短期和甚短期预报提供了重要信息。TOVS(泰罗斯业务垂直探测器)和 VAS(垂直大气探测器)资料可反演成温度、湿度、不稳定度等参数,对强对流天气的甚短期预报提供重要依据。例如,Prince 和 Rind(1992)根据闪电频数为云顶高度和 $CAPE$ 的函数的这一关系,利用高分辨率的卫星云图得到的云顶高度 H 来估计云中最大垂直速度 W_{max} 和陆地上的闪电频数 F。他们得到下列经验公式

$$H = 0.47(CAPE)^{0.44} \tag{10.62}$$

$$W_{max} = 0.27 H^{1.73} \tag{10.63}$$

$$F = 1.439 \times 10^{-8} H^{7.86} \tag{10.64}$$

观测表明,强风暴一般都与深厚对流相联系,而对流深度通常可用卫星 T_{BB}(云顶的红外相当黑体温度)来表示。Nitta(1994)和 Murakami 及 Barlow 等分别提出表示对流深度的指数 DCI_{NS},DCI_M 及 DCI_B 可分别作为诊断和预报工具,用以判断实际的对流的深度,对诊断及预报 MCC、飑线、和超级单体等强风暴系统可起到很好的辅助作用。卫星资料还有助于深入理解中尺度天气动力学过程。例如,位涡特征与卫星水汽图像特征之间有着良好对应关系。Young 等发现水汽图像上的干区与正在发展的气旋后部的大值位涡区相对应。Demirtas 等发现,315 K 等熵面上的高、低位涡区分别与卫星水汽图像上的暗区和亮区相对应。美国国家海洋大气局环境研究实验室(NOAA/ERL),以及国家环境卫星、资料和信息局(NESDIS)等提出用卫星预报漏斗(satellite forecasting funnel)的思路来制作 0~48 h 的对流性天气预报。暴雨、强对流天气是一种多尺度的串级(concatenation)事件,所谓卫星预报漏斗就是通过综合利用卫星水汽、红外和可见光图像资料来表示各种尺度的系统以及过程的串级。图 10.24 归纳了对于预报对流性天气十分重要的各种时间和空间尺度,而卫星图像能提供所有这些尺度的有用信息。他们还提出了云生命史法来估计对流性强降水。这种方法利用连续接收到的数字增强显示红外云图和可见光云图来比较云特征的变化,从而做出对流性云系的降水估计。这些研究把卫星资料的分析和中尺度动力学机制研究紧密结合起来,使卫星资料得到动力学释用。

10.4.4 雷达探测资料的应用

天气雷达,特别是多普勒天气雷达是现代化气象观测网中最重要的设备之一。多普勒天气雷达的原理是利用运动粒子对雷达发射波束的频率与发射频率的差值——多普勒频移与粒子的径向(沿雷达波束方向)速度成正比的性能,来探测云中气流运动。与常规天气雷达相比,多普勒天气雷达不仅能像常规天气雷达一样探测回波反射率,而且还能探测径向速度和速度谱宽。在同时有 2~3 部不同位置的多普勒天气雷达覆盖的公共区域内,还可以比较精确地测定云中气流的三维分布,用以描述中小尺度的流场特征。因此多普勒天气雷达资料在暴雨和强对流天气的临近预报和甚短期天气预报中有着十分重要的作用。例如,如图 10.25 和表 10.8 所

示,美国空军降雹临近预报和闪电临近预报中都应用雷达反射率和回波顶高等参数作为预报因子。

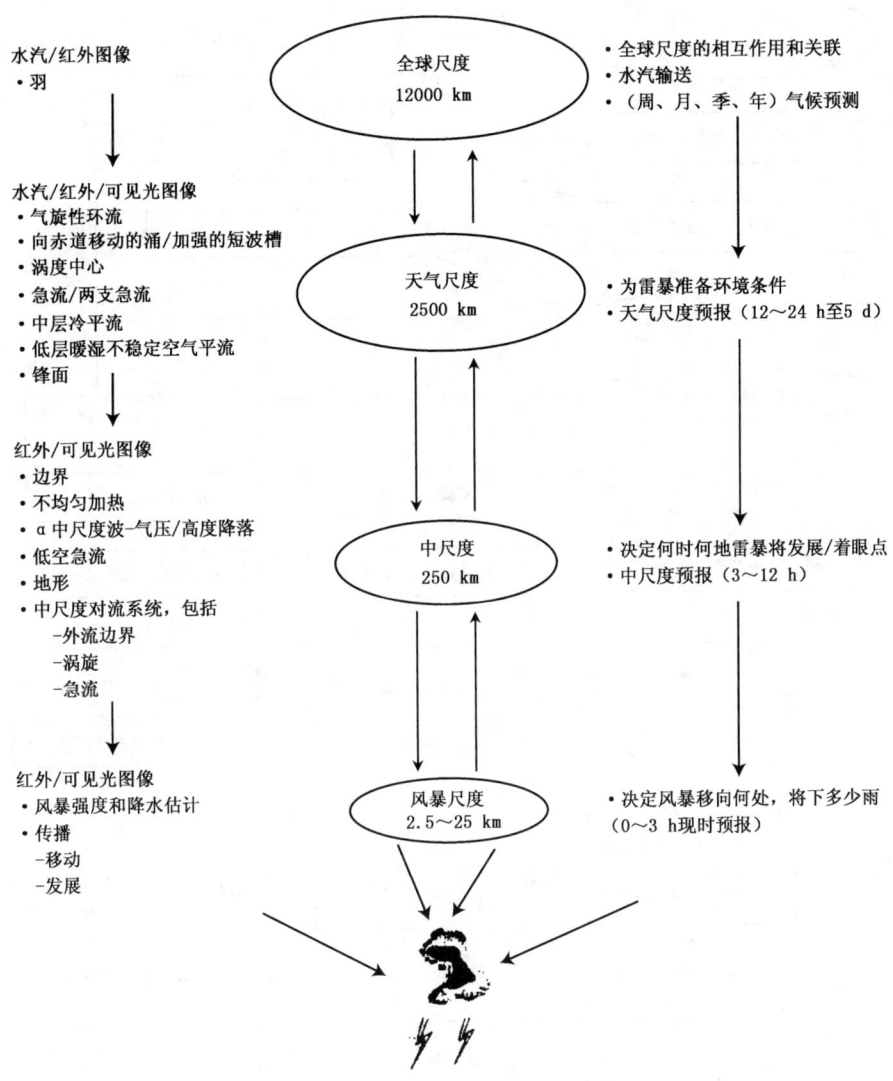

图 10.24　利用卫星图像预报暴雨和强对流天气的卫星预报漏斗(Scofield,1993)

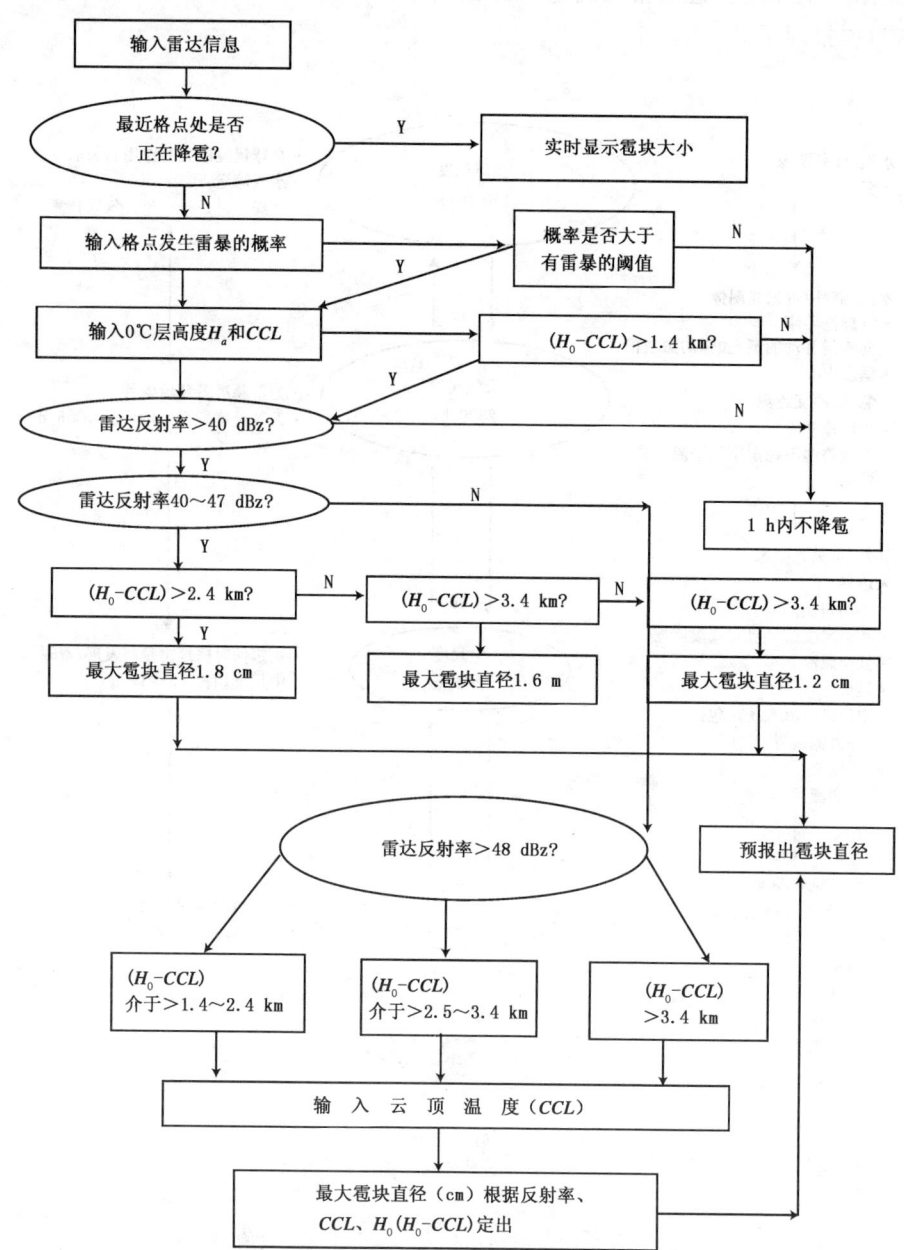

图 10.25　降雹事件临近预报(时效为 1 h)的流程图(Wehry 等,1998)
(H_0 为 0℃层高度,CCL 为对流凝结高度,CTT 为云顶高度)

表 10.8 闪电临近预报规则（Roeder 等,1997）

现 象	规 则
单体雷暴云中闪(IC)初生	回波强度≥37~44 dBz 等值线在-10℃层以上的厚度≥914 m,持续 10~20 min
单体雷暴云地闪(CG)初生	回波强度≥45~48 dBz 等值线在-10℃层以上的厚度≥914 m,持续 10~15 min
砧状云云中闪	回波强度≥23 dBz 的垂直厚度≥1219 m,依附着 Cb 母云
砧状云云地闪	回波强度≥34 dBz 的垂直厚度≥1219 m,依附着 Cb 母云
碎云云中闪	回波顶高≥9144 m,回波强度≥23~44 dBz 的大部分高于-10℃层(较小的 dBz 需要更大的垂直厚度,即≥23 dBz 的厚度≥1219 m)
碎云云地闪	回波顶高≥9144 m,存在回波强度≥45~48 dBz 的云体
闪电终止	上述规则的反面,即当上述临界条件不再满足时,闪电终止的时间定时到极易变化的最后一个闪电
单体雷暴最后一个云地闪	单体雷暴最后一个云地闪回波强度＜45 dBz,-10℃层(高于-10℃层以上),持续时间≥30 min

多普勒天气雷达能有效地监测锋面、气旋、切变线、低空急流等天气尺度系统和识别中尺度气旋、中尺度切变线、中尺度辐合线、中尺度冷高压等中尺度系统,以及识别雹云、龙卷风等特征。

10.4.5 多普勒天气雷达反演风场资料及其应用

(1)单多普勒雷达观测资料反演风矢量的方法

多普勒天气雷达早已成为一种有用的气象观测工具。然而,直接探测只限于回波强度、径向风速和频率宽度,没有直接测量到三维风场。为了能获得一个更为完整、更能被人理解和分析的大气结构,也为了风暴数值模拟初始化的需要,了解完整的三维风场是很有必要的。随着多普勒雷达的普及,准确有效地应用多普勒雷达资料,越来越成为目前气象工作者所迫切需要解决的问题。

近年来,已经发展了一系列的技术试图由单多普勒雷达观测资料反演风矢量场。1968 年 Browning 和 Wexler 提出速度方位角展示分析;1979 年 Waldteufel 和 Corbin 提出批量速度过程方法;1983 年 Smythe 和 Zrnic 提出径向速度的追踪技术;1969 年 Peace 提出综合双多普勒雷达技术,并在 1989 年由 Bluestein 和 Hazen 改进。这些方法、技术都使用径向风速数据来推测水平风场,而且仅限于在大尺度的背景场中所探测的风场是平滑的、线性的或保持准稳定的。其他的一些方法使用回波强度来估计雷达周围的风场,如 1979 年 Rinehart 提出回波跟踪技术,并在 1990 年由 Tuttle 和 Foote 改进，他们估计了降水的水平动量；1993 年 Fabry 应用回波路径或特征来估计水平风向；1993 年 Zawadzki 等通过使用对降水的守恒方程估计雷达周围的平均垂直风矢。然而这些方法并没有将回波强度和径向风速观测一起应用到反演完整的三维风场上来，而且上述方法使用了限制性特强的约束条件，因此不能完全解释所有在雷达探测中包含的可变性。近年来，很多气象工作者使用各类变分法来反演多普勒天气雷达资料。1992 年邱崇践和许秦发展了一种简单的变分方法，这种方法被称为邱许 92 方法。以后他们又利用 Phoenix Ⅱ 等资料对此方法进行了改进和验证。这个模式较简单，而且模式要反演的变量也较少，是一种较为有效的方法，并有可能成为一种业务工具。但这种简单的变分方法，实际上里面还存在许多复杂问题，如径向风与回波强度的结合使用；目标函数各项应在全体中所占的比例，即决定各项权重系数；径向方向动量方程中平流项风速的选取；共轭梯度法中最优步长的假定等。由于技术和实际操作时间的限制，在反演过程中应用了多种假设和经验值，因此离短期预报的实际要求还有一定距离。

(2) 应用单多普勒雷达反演风场资料做暴雨中尺度分析

陈列、寿绍文等在用常规探空网资料分析 2002 年 6 月 23 日发生在安徽西部霍山等地的一次中尺度暴雨过程时发现，在暴雨中心附近并无明显的中尺度系统，因此难以确切地解释中尺度暴雨中心的成因。为此，他们试图利用合肥 CINRAD-98D 多普勒雷达资料来反演出风场资料，对暴雨的中尺度发生发展过程进行探讨。结果表明，用变分法可以较为准确地从雷达资料中提取直角坐标系风场。它能很好地反映中尺度天气系统，十分清晰地显示出暴雨中心与风速切变、辐合中心，以及正涡度极大值的密切关系。因此可以认为多普勒雷达资料的应用，有助于研究更为细致的中小尺度天气系统结构，而且也可为中小尺度数值预报模式提供准确的初始场。因此多普勒雷达资料反演的风场资料，在暴雨和中尺度天气的分析与数值预报中有着令人鼓舞的应用前景。

10.5 临近预报和甚短期预报系统

临近预报和甚短期预报与短期预报有很大差异，它们的预报时效短，研究对象主要是中小尺度系统，分析资料的时空分辨率高，观测资料的数量大，更新快，资料的收集、传输、处理、预报和警报的制作、分发的工作量大，而且要求快速。这些任务的完成必须依靠高速通讯和大容量的计算机系统。设想，假定资料的传输时间为 t_a，计算机计算处理资料及生成图形、图像产品的时间为 t_b，若预报员要在终端上分析 N 种产品，调取一种产品需要的时间为 t_c，每次分析一种产品所花费的时间为 t_d，每种产品在做出预报前要反复分析 M 次，预报产品制作时间为 t_e，产品发布时间为 t_f，

这样便可以估算出从观测到用户收到预报产品所花费的时间 T 为

$$T = t_a + t_b + N(t_c + Mt_d) + t_e + t_f \tag{10.65}$$

式中 t_a 和 t_f 取决于资料和预报产品数据量的大小和通讯传递速率；t_b 和 t_e 取决于计算机功能和计算机系统的管理；t_d 和 t_e 主要取决于预报员的技术水平,气象知识和分析判断能力等。因此使用速度快、容量大、性能好的计算机和网络系统,以及大力加强气象知识和发展客观预报方法是十分必要的。一个实时有效的临近预报和甚短期预报系统应包括观测、通讯、分析、预报和服务等子系统(图10.26),临近预报和甚短期预报是这样一个气象预报业务现代化系统的产物。

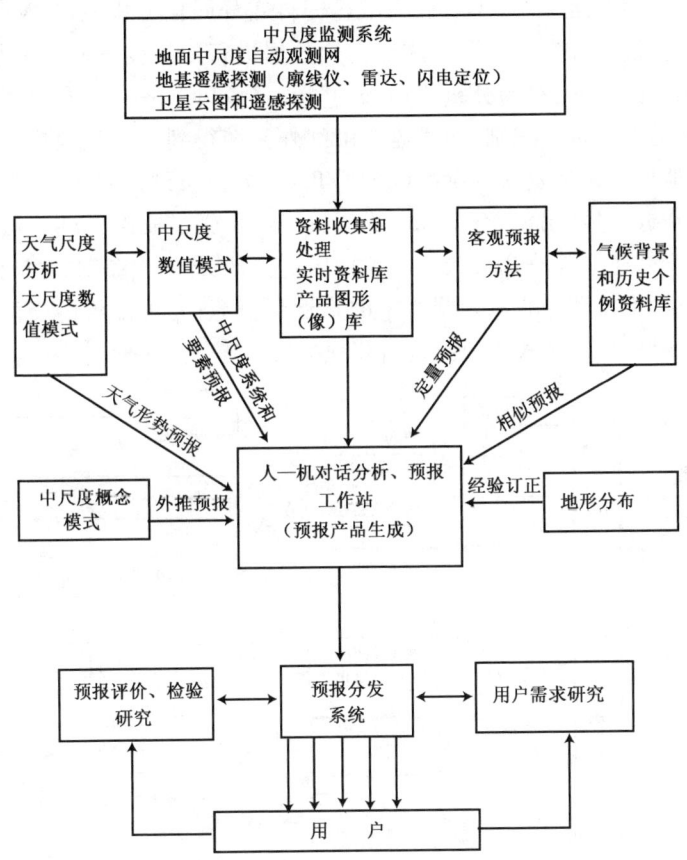

图 10.26　甚短期预报系统示意图(吴正华和丁一汇,1992)

近年来,很多国家都在发展各种甚短期预报和临近预报系统。例如美国国家大气科学研究中心(NCAR)开发了一个综合的 0~1 h 临近预报系统——AutoNowcaster(ANC)(图 10.27),它使用多种中尺度观测资料,将多种算法综合运用,来获取风暴发生、发展和消亡的信息,时间间隔可达 5 min。其特点是它可以监测和识别边界层辐合线的位置,通过边界层辐合线特征与风暴以及云特征信息的相互结合,做出风暴发生、发展、维持和消亡的临近预报。该系统主要包括 8 个主要部分:①TITAN,主要预报风暴活动区域和发展趋势,外推风暴位置;②回波追踪(CTREC & Advect Grid),首先利用交叉相关计算风暴移动,然后利用基于交叉相关的追踪算法平移特定阈值之上的反射率区域产生反射率区域的预报场;③边界层辐合线的识别和监测(COL2IDE & bdryGrid),主要识别和监测由雷达观测的边界层辐合线的位置和移动特征,提供地面辐合区的信息,包括辐合、垂直运动、垂直风切变以及边界层辐合线和风暴的相对运动等;④多普勒雷达资料变分同化分析系统(VDRAS),利用一个云尺度数值模式和它的伴随模式对雷达数据进行四维变分同化分析,获取三维风场和温度场;⑤卫星资料的分析应用(cldClass & cldGrowth),利用可见光和红外云图资料对云的类型进行识别,通过监测由红外云图得到的云顶温度来监测和预报积云增长;⑥地形对风暴发展的影响(CSPOT),主要分析地形对风暴发生、发展和演变的影响;⑦临近预报"引擎"(Cronus & Gandi),主要集成由各种算法得到的预报信息,并通过模糊逻辑算法合成最终的预报场,包括风暴的生命期、对流活动区域、风暴的发生、发展、维持和消亡以及降水率的临近预报等;⑧可配置的交互式资料显示系统(CIDD),用来显示输入的观测资料和预报结果等。

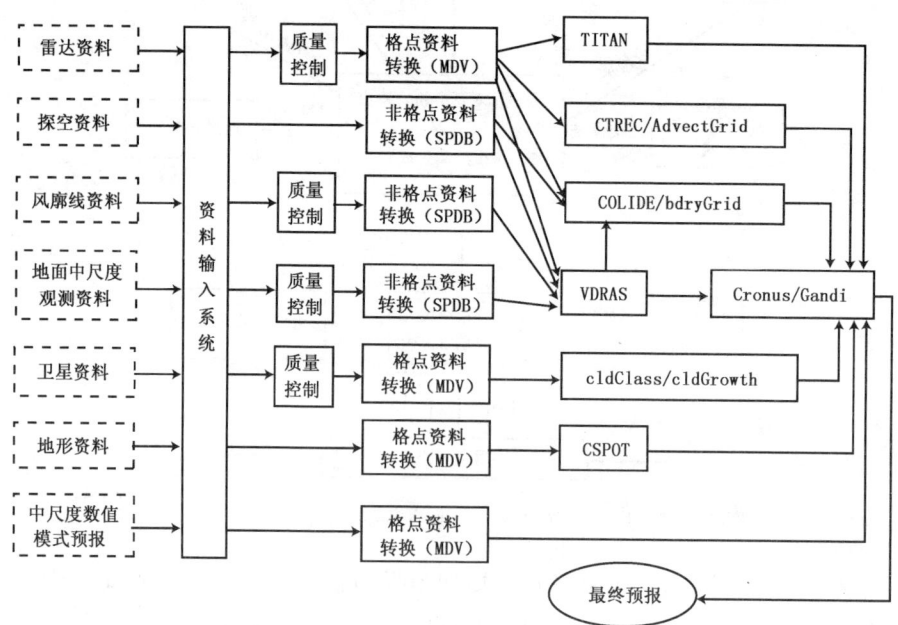

图 10.27 AutoNowcaster(ANC)系统流程框图(Dixon 和 Wiener,1993)

英国气象局的临近预报系统 GANDOLF (Generating Advanced Nowcasts for Deployment in Operational Landbased Flood Forecasts)主要用来预报对流性降水。为识别对流单体,GANDOLF 系统合成运用了目标导向法和一个对流单体生命循环概念模型,使用多束雷达反射率资料、红外和可见光卫星云图资料以及中尺度数值模式的预报结果,建立 0~3 h 对流性降水移动和发展的预报。在 2000 年悉尼奥运会期间,在悉尼展示和试验了多个当今国际上先进的临近预报系统。这是国际上首次把多个临近预报系统算法在同一环境中进行试验和比较。在 2000 年悉尼奥运会期间,上述临近预报系统提供了降水、风场以及强对流天气等的预报信息供预报员参考,预报时效为 0~1 h,有的系统达到 6 h。该项目为悉尼奥运会的顺利和成功举办发挥了重要作用。

在国内也有很多研究成果,例如,北京市气象局通过分析北京地区冰雹落区与中尺度天气系统、散度场、涡度场、地面总能量场及相对湿度分布的关系,提出了冰雹落区预报的概念模型,为冰雹落区预报提供了一种依据,同时也分析了利用探空资料预报强对流天气有无及强度的判断树方法,为北京地区的强对流天气临近预报提供了有应用价值的思路和方法。上海市气象局以强对流天气的发生、发展为依据,从中尺度数值预报模式输出结果、多普勒天气雷达、静止气象卫星、MICAPS 系统和自动雨量站网等获取大气运动的各种尺度动力条件、水汽条件、大气稳定度和触发机制、各种天气实况等动态变化资料,结合预报员经验,建立了上海地区强对流天气短时预报系统,在上海地区的灾害性天气短时临近预报中发挥了积极作用。香港天文台发展了一个名为 SWIRLS (Short-range Warning of Intense Rainstorms in Localized Systems) 的临近预报系统。该系统的其中一个主要部分是利用多普勒天气雷达资料,通过单体和回波区域外推预报算法,再结合自动雨量计资料调整 Z-R 关系,最终监测和预报本地未来几小时对流降水的分布趋势。结果表明,该系统在珠江三角洲地区暴雨、热带气旋雨带、交叠雨带和辐合线上强对流等的临近预报以及香港地区泥石流预警等方面均发挥了重要作用。武汉暴雨研究所于 2006 年引进了局地分析预报系统 LAPS(Local Analysis and Prediction System)。该系统最早由美国 NOAA 所属的预报系统实验室研究开发,武汉暴雨研究所根据我国观测资料的种类及特点,对它进行了本地化移植及二次开发。目前已成功将 NCEP 资料、卫星云导风、多普勒雷达反射率和径向风、常规探空资料、加密自动气象站资料等进行有效融合,并能提供每 3 h 更新的 10 km 分辨率的中尺度再分析场。该系统在应用中不断完善,逐渐形成了武汉暴雨研究所局地分析预报系统。该系统资料垂直层数固定为 21 层,顶层为 100 hPa,格距取 10 km×10 km,分析区域的中心位于 30.0°N,113.0°E。武汉 LAPS 不仅给出一些基本物理量的分析场资料,还可提供一些由分析量导出的衍生产品,包括对流有效位能、K 指数、螺旋度等。武汉 LAPS 每天输出 8 个时次(08,

11,14,17,20,23,02,05时)的分析资料,一般在上述8个时次后1 h左右就可获取。LAPS资料因具有时空密度大、产品类型丰富、获取资料界面友好(既可通过因特网以网页形式显示,又可通过文件传输协议调用格点数据)等特点,已成为暴雨、强对流等灾害性天气机理分析和预报服务的有力支持。北京市气象局与国内外专家合作,在2008年北京举办奥运会其间,同时使用了八个国际上先进的临近预报系统,为奥运会期间的气象保障做出了重要贡献。

本章小结

(1)基本内容

　　本章第一节讨论了中尺度天气预报的一般方法,介绍了临近预报和甚短期预报的概念和中尺度预报方法的类型、概念模式的应用、经验规则的应用、判断树方法的应用以及中尺度数值模式及动力—统计预报方法的应用。第二节讨论了暴雨的分析和预报方法,具体讨论了暴雨的定义和类别、中国暴雨的天气气候特征、中国大暴雨过程的天气形势和天气系统、暴雨的诊断分析方法和暴雨预报方法。第三节讨论了强对流天气的分析和预报,具体讨论了雷暴的定义和类别、强对流的天气气候特征及天气形势,雷暴的发生以及强度和移动预报,介绍了强对流天气预报的常用指数,讨论了对流天气预报准确率的客观评估及提高途径。第四节讨论了遥感资料在临近预报和甚短期预报中的应用,包括自动气象站网资料的应用,雷电探测网资料的应用,卫星遥感探测资料的应用,雷达探测资料的应用,以及多普勒天气雷达反演风场资料及其应用。最后在第五节中介绍了临近预报和甚短期预报系统。

(2)复习思考

　　1)按照WMO大气科学委员会天气预报工作组建议,天气预报可分为哪些时效的预报?

　　2)什么叫作有效线性外推期?有效线性外推期的长短取决于什么?

　　3)什么叫作临近预报(nowcasting)和甚短期天气预报(VSRF)?为什么提出这两种预报?

　　4)临近预报和甚短期预报与常规短、中、长期预报方法比较有什么差别?

　　5)有哪些类型的方法能为填补0~12 h预报能力的空隙做出贡献,它们各有什么特点?

　　6)什么是概念模式?它们在预报中是怎样发挥作用的?

　　7)多普勒雷达探测到的高空龙卷涡旋特征以及弓形回波的演变过程模式对龙卷和下击暴流有何预警作用?

8) 中尺度对流系统生命史模式以及瞬时锢囚过程模式等概念模式如何用于甚短期天气预报?

9) 虽然客观预报方法的作用已经愈来愈大,但预报员有时仍然需要应用经验规则,这是为什么呢?

10) 对流产生前的天气条件可以概括为哪四个主要方面?

11) 做短期和甚短期预报时,可通过什么方法来决定水汽条件?

12) 稳定度一般是由探空资料决定的,但两次探空一般间隔 12 h,预报员可用什么方法来判断两次探空之间发生的稳定度的变化? 怎样判断盖帽逆温的变化?

13) 什么是去稳机制和触发机制?

14) 哪些系统和地方可能成为去稳机制和去稳区?

15) 什么是地面风矢量变化图? 它有什么作用?

16) 强风暴的前期条件和一般雷暴的前期条件有哪些类似和具有显著差别之处?

17) 美国俄克拉何马州龙卷爆发日的高空风分析图有什么特点?

18) 中层有暖、干脊存在,低层有低压或槽发展,风随高度逆时针旋转,这是一种形成强风暴有利形势。在这种形势下,地面热低压一般会经历怎样的发展顺序?

19) 风暴强度预报时有哪些判据和着眼点?

20) 什么是判断树方法?

21) 什么是经典回归、完全预报(PP)和模式统计输出(MOS)法?

22) 什么是局地 AFOS MOS 程序(LAMP)?

23) 什么是广义等效马尔可夫模式(GEM)?

24) 什么是暴雨? 对不同地区暴雨标准不同,一般以什么标准作为暴雨的统一标准?

25) 暴雨有哪些不同的类别和名称?

26) 暴雨事件的持续时间、影响范围和强度通常以暴雨日数、暴雨站数,以及面降水量、最大日(或 24 h)降水量和降水百分位数来表示,这些参数的含义是什么? 怎样求算?

27) 我国大陆迄今 5 min 最大降水量;1 h 最大降水量;8 h 最大降水量;24 h 最大降水量;3 d 最大降水量各为多大?

28) 中国的大暴雨过程通常发生在哪两种天气形势背景下? 它们的特征是什么?

29) 与暴雨密切相关的天气系统包括哪些? 它们的作用是什么?

30) 1991 年江淮地区暴雨主要与什么气候背景和天气系统有关?

31) 形成暴雨的基本条件有哪些?

32) 什么是水汽通量和水汽通量散度?

33) 在前面的章节中已介绍了很多大气稳定度参数,包括湿静力能、对流有效位能 CAPE、修正的对流有效位能 MCAPE、归一化对流有效位能 NCAPE、对流抑制能量 CIN、下沉对流有效位能 DCAPE、总对流有效位能 TCAPE、倾斜对流有效位能 SCAPE 以及抬升指数 LI、沙氏指数 SI、简化沙氏指数 SSI、总指数 TT、A 指数、K 指数等,还记得它们的定义和意义吗?

34)什么是 KY 指数?

35)什么是相对散度?相对散度与降水量之间有什么关系?

36)在业务工作中,有哪些有用的暴雨预报方法?

37)什么是群指数?群指数 Q 中的各个因子的含义是什么?

38)什么是暴雨预报专家系统?它包括哪些组成部分?

39)什么是 MD,MDC 或 MDCE 预报法?

40)什么是配料法?

41)雷暴有哪些不同的类别和名称?

42)Polston(1996)把美国产生大雹(最大雹块直径≥10.16 cm)的天气形势归纳为 A、B 两类,它们各有什么特征?

43)什么是干暖盖强度指数 L_s?

44)什么是风暴强度指数 SSI?

45)什么是对流深度的指数 DCI_{NS}?

46)不同的对流深度的指数 DCI_{NS},DCI_M 和 $NDCI$ 有什么差别?

47)雷暴的发生必须具有抬升条件。大多数雷暴天气中,都存在着天气尺度和中尺度上升运动。天气尺度抬升运动通常与哪些系统有关?中尺度抬升源有哪些?

48)根据 Maddox(1976)的研究,风暴的移速约为环境平均风速的 75% 左右,而风暴的移向大约偏于环境平均风右侧 30°左右。Davies 等(1993)对 Maddox(1976)的研究提出了修正,他们的修正意见是什么?

49)什么是千秋指数 I?

50)什么是强天气威胁指数($SWEAT$)?

51)什么是龙卷强度 F 的预报方程?

52)什么是总位势不稳定指数($LAPOT$)?

53)什么是风指数($WINDEX$)?

54)什么是冰雹预报参数?

55)Mills 和 Colquhoun(1998)(简称为 MC98)的新决策树设定了很多判断点,他们把哪些天气现象彼此区别和分离开来了?

56)什么是临界成功指数(CSI 指标)?

57)强雷暴、龙卷等强烈天气都是小概率事件,要提高这些天气预报的 CSI 就要采用有效的预报指标和消空指标来增大 x(成功的预报)、减小 y(漏报)和 z(空报),

减小 N,加大 P_h。环流型法、多指标叠套法、多因子消空法等都是有效的具体措施,这些方法的具体做法是怎样的?

58) 遥感、遥测资料在暴雨和强对流天气的监测和预报中有什么独特的优点和重要作用?

59) 自动气象站网、闪电探测网、廓线仪、卫星和雷达探测等遥感、遥测资料资料是如何在暴雨和强对流天气的监测和预报中具体应用的?

60) 什么叫作卫星预报漏斗?

61) 由单多普勒雷达观测资料反演风矢量场有哪些方法?如何在中尺度分析中应用?

62) 一个实时有效的临近预报和甚短期预报系统应包括哪些子系统?

参考文献

陈列,寿绍文.2002.单多普勒雷达观测资料反演风矢量和温度场的方法.气象教育与科技,24(2):6-10.

陈列,寿绍文,等.2003.应用单多普勒雷达资料反演风场作暴雨中尺度分析.南京气象学院学报,26(3):358-363.

陈明轩,等.2004.对流天气临近预报技术的发展与研究进展.应用气象学报,15(6):760-766.

戴淑芬,等.1987.美国局地 AFOS,MOS 程序.航空气象科技,(3).

邓勇,张培昌.1989.应用数字雷达柱体最强回波图像作强对流天气路径临近预报.南京气象学院学报,12(4):405-414.

杜秉玉,姚祖庆.2000.上海地区强对流天气短时预报系统.南京气象学院学报,23(2):242-250.

孔燕燕,沈建国.2001.强雷暴预报.北京:气象出版社.

来小芳,等.2007."配料法"用于长江下游暴雨预报.南京气象学院学报,30(4):556-560.

李红莉,等.2008.局地分析和预报系统(LAPS)及其应用.气象科技,36(1):20-24.

李建辉.1991.短时预报.北京:气象出版社.

李月安,等.2007.强天气监测和潜势预报系统.应用气象学报,17(增刊),113-115.

刘健文,等.1987.统计方法在国外短期业务天气预报中的应用.航空气象科技.

刘玉玲.1998.与冰雹预报有关的几个物理新参数.航空气象科技,(6):4-12.

刘志澄,李柏,翟武全.2002.新一代天气雷达系统环境及运行管理.北京:气象出版社.

罗建英.2006.2005 年 3 月 22 日华南飑线的综合分析.气象,32(10):70-75.

彭治班,刘健文,郭虎,等.2001.国外强对流天气的应用研究.北京:气象出版社.

秦才江,等.2007.遥感遥测信息在短时预报中的综合分析.气象研究及应用,28(增刊):113-115.

秦元明,等.1991.东北地区中部 AMT 模式业务化的可行性试验.气象,17(4):3-8.

邱崇践,余金香.2000.多普勒雷达资料对中尺度系统短期预报的改进.气象学报,(58):244-249.

邱崇践.1999.由单个多普勒雷达探测资料反演风矢量场的变分方法.兰州大学学报,(35):183-188.

任道南.1987.M.B 模式试验及 GEM 效果分析.航空气象科技,(4).

沈树勤,李会英.1995.江苏冰雹强对流天气条件分析及其物理解释.气象,20(9):25-29.
沈树勤,等.1988.降雹前地面气象要素场的合成分析和冰雹的临近预报.气象,14(6):3-6.
寿绍文.1986.一种大气探空的数值分析方法.气象教育与科技,(2).
寿绍文.1987.介绍一个用于短期天气预报的气团变性模式.气象教育与科技,(1).
寿绍文.1991.临近预报和甚短期预报.气象教育与科技,(1):6-12,56.
寿绍文.1993.中尺度天气动力学.北京:气象出版社.
寿绍文,等.1992.一个强对流天气的客观预报系统.航空气象,(增刊).
寿绍文,等.1993.中尺度对流系统及其预报.北京:气象出版社.
寿亦萱,等.2005.暴雨过程的卫星云图纹理特征研究.南京气象学院学报,28(3):337-434.
孙莹,等.2006.灾害天气的识别和自动预警.广西气象,27(4):20-23.
陶诗言.1980.中国之暴雨.北京:科学出版社.
陶诗言.1986.临近预报和超短期预报方法.天气学的新进展.北京:气象出版社.
王炳仁,等.1986.应用GEM模式作航站气象要素逐时预报的原理.航空气象科技,(5).
王炳仁,等.1987.应用GEM模式作北京地区航空气象要素逐时预报的探讨.气象学报,45:202-209.
王健,等.2005."03.8"辽宁地区暴雨过程成因的诊断分析.气象,(4).
王淑云,等.2005.2003年10月河北省沧州秋季暴雨成因分析.气象,(4).
王笑芳,丁一汇.1994.北京地区强对流天气短时预报方法的研究.大气科学,18(2):173-183.
吴正华,丁一汇.1992.甚短期天气预报.北京:气象出版社.
席世平,等.2007.复杂地形下山谷风的数值模拟.气象与环境科学,(3).
阎凤霞,等.2005.一次江淮暴雨过程中干空气侵入的诊断分析.南京气象学院学报,(1).
岳彩军,等.2007.湿Q矢量释用技术及其在定量降水预报中的应用.应用气象学报,(5).
张玲,等.2008.不稳定能量参数在一次强对流天气数值模拟中的应用.南京气象学院学报,(2).
张培昌,等.1988.雷达气象学.北京:气象出版社.
张学文.1981.气象预告问题的信息分析.北京:科学出版社.
章淹,等.1990.暴雨预报.北京:气象出版社.
赵亚民.1995.中小尺度天气的若干研究.北京:气象出版社.
朱晶,寿绍文.2006.渤海对辽东半岛大暴雨影响的数值试验.海洋学报,(6).
朱晶,等.2007.辽东半岛大暴雨的雷达回波及数值模拟分析.气象,(6).
Anthes R A. 1986. The general question of predictability. Mesoscale Meteorology and Forecasting. Am. Meteor. Soc.
Anthes R A, Calson T N. 1982. Conceptual and numerical models of evolution of the environment of severe local storms. Joint U. S. -China Workshop on Mountain Meteorology, Beijing, China.
Atlas D R, Srivastava C, et al. 1973. Doppler radar characteristics of precipitation at vertical incidence. Rev. Geophys. Space Phys. ,(11):1-35.
Austin G L, Bellon A. 1974. The use of digital weather records for short-term precipitation forecasting. Q. J. R. Meteor. Soc. 100:658-664.
Austin G L, Bellon A. 1982. Very short-range forecasting of precipitation by objective extrapolation

of radar and satellite data. Nowcasting, K. Browning, Ed. , Academic Press, 177-190.

Barlow W R. 1993. A new index for the prediction of deep convection. Preprints 17th Conf on Severe Local Storms, St Louis. Amer. Meteor. Soc. :129-132.

Bellon A, Austin G L. 1978. The evolution of two years of real time operation of a short-term precipitation forecasting (SHARP). J. Appl. Met. ,17:1778-1787.

Bjerknes J. 1919. On the structure of moving cyclones. Geofys. Publ. ,1:1-8.

Blanchard D O. 1998. Assessing the vertical distribution of convective available potential energy. Wea. Forecasting,13:870-877.

Bodin S. 1985. 甚短期预报—观测、方法和系统. 气象科技,(1).

Brooks H E, Doswell C A, Cooper J. 1994. On the environment of tornado and nontornadic mesocyclones. Wea. Forecasting, 9:606-618.

Browning K A. 1982. Nowcasting. Academic Press, London.

Browning K A. 1989. The mesoscale data base and its use in mesoscale forecasting . Q. J. R. Meteor. Soc. ,115:717-762.

Browning K A. 1992. 现时预报. 北京:气象出版社.

Browning K A, et al. 1984. Nowcasting II. Sweden.

Charba J P. 1979. Two to six hour severe local storm probabilities: An operational forecasting system. Mon. Wea. Rev. ,107:268-382.

Chisholm A J, Marianne English. 1973. Alberta Hailstorms. Met. Monographs, Am Meteor Soc: 14(36).

Colquhoun J R. 1987. A decision tree method of forecasting thunderstorms. Severe thunderstorms and tornadoes. Weather and Forecasting,(2):337-345.

Colquhoun J R, Riley P A. 1996. Relationships between tornado intensity and various wind and thermodynamic variable. Wea. Forecasting, 11:360-371.

Cook T M C ,Shirey M S. 1998. Verification and analysis of the 48 km eta model best CAPE and best LI forecast. Preprints, 16th Conf on Weather Analysis and Forecasting, Phoenix City, Am. Meteor. Soc. :173-175.

Davis J M. 1993. Hourly helicity, instability, and EHI in forecasting suppercell tornadoes. Preprints, 17th Conf. on Severe Local Storms,Amer. Meteor. Soc. :107-111.

Davis J M, Johns R H. 1993. Some wind and instability parameters associated with strong and violent tornadoes: 1. Wind shear and helicity, The Tornado: Its Structure, dynamics, Prediction,and Hazards. Geophysical Monograph, AGU,79:573-582 .

Desautels G, Verret R. 1996. Canadian Meteorological Centre summer severe weather package (storm relative helicity). Preprints, 18th Conf on Severe Local Storms, San Francisco, CA. Amer. Meteor. Soc. :689-692.

Dixon M, Wiener G. 1993. TITAN: Thunderstorm Identification, Tracking, Analysis, and Nowcasting —A Radar - based Methodology. J. Atmos. Ocean. Tech. , 10 : 785-797.(中译文见

Dixon M, 徐传玉. 1994. 利用雷达进行风暴的识别, 跟踪, 分析和临近预报的方法. 气象科技, 4:39-45.)

Donaldson R J Jr, Dyer R M, et al. 1975. An objective evaluator of techniques for predicting severe weather events. Preprints, 9th Conf. Severe Local Storms, Norman, Oklahoma. Am. Meteor. Soc. :321-326.

Doswell C A. 1986. Short-range forecasting. Mesoscale Meteorology and Forecasting. Am. Meteor. Soc. :689-719.

Doswell C A, Weiss S J, et al. 1993. Tornado forecasting—A review Proc. Tornado Sym C Church Ed, Amer Geophys Union.

Doswell C A, Brooks H E, et al. 1996. Flash flood forecasting. An ingredients based methodology. Wea. and Forecasting. ,11:560-581.

Elizabeth E, Laurence J, Barbara G, et al. 2004. Verification of Nowcasts from the WWRP Sydney 2000 Forecast Demonstration Project. Weather and Forecasting,19:73-96.

Emanuel K A. 1994. Atmospheric Convection. Oxford Univ Press, New York. 168-173.

Fujita T T. 1978. Manual of downburst identification for project NIMROD. SMRP Research Paper,Chicago University,104pp.

Gilmore M S, Winker L J. 1996. The Influence of DCAPE on supercell dynamics. Preprints, 18th Conf on Severe Local Storms San. Francisco, CA, Am. Meteor. Soc. :723-727.

Glahn D A Lowry. 1972. The use of model output statistics (MOS) in objective weather forecasting. J. Appl. Met. ,11:1203-1211.

Harry R G. 1984. Surface wind forecasts from the Local AFOS MOS Program (LAMP). 10th Conference on Weather Forecasting and Analysis,78-86.

Houze R A, Betts A K, et al. 1981. Convection in GATE. Reviews of Geophysics and Space Physics. 19(4):541-576.

Johns R H, Doswell C A. 1992. Severe local storms forecasting. Wea. and Forecasting,7:588-909.

Kessler E. 1987. Thunderstorm Morphology and Dynamics. (中译本见雷暴形态学和动力学. 北京: 气象出版社. 1991.)

Kuo Ying-Hwa, George T J Chen. 1992. The international conference on mesoscale meteorology and TAMEX 3—6 December 1991, Taipei, Taiwan. Bull. Am. Meteor. Soc. ,73:1611-1622.

Leary C A, Houze R A. 1979. The structure and evolution of convection in a tropical cloud cluster. J. Atmos. Sci. , 36:437-457.

Li P W, Edwin S T Lai. 2004. Short range quantitative precipitation forecasting in Hong Kong, Journal of Hydrology,288. 189-209.

Liou Y C, Gal Chen T, et al. 1991. Retrieval of winds, temperature, and pressure from single-Doppler radar and a numerical model. Preprints, 25th Int Conf on Radar Meteorology, Paris, France. Am. Meteor. Soc. :151-154.

Maddox K A. 1976. An evelution of tornadoproximity wind and stability data. Mon. Wea. Rev. ,

104:133-142.

Maglaras G J, Lapeta K D. 1997. Development of a forecast equation to predict the severity of thunderstorm events in New York State. Nat Wea Dig,June,3-9.

Mass C F, Dempsev D P. 1985. A one level mesoscale model for diagnosing surface winds in mountainous and coastal regions, Mon. Wea. Rev. , 173: 1211-1227.

McCann D W. 1979. On overshooting-collapsing thunderstorm tops, 11th Conf. on Severe Local Storms, 427-432.

McGinley J. 1986. Nowcasting mesoscale phenomena. Mesoscale Meteorology and Forecasting, Am. Meteor. Soc. ;657-688.

McGinnigle J B, et al. 1988. The development of instant occlusions in the Northern Atlantic. Meteorol. Mag. , 117:325-341.

McNulty R P. 1995. Severe and convective weather: A central region forecasting challenge. Wea Forecasting. 10:187-201.

Miller R G. 1981. GEM: A statistical weather forecasting procedure. NOAA Technical Report, NWS,(28).

Mills G A, Colquhoun J R. 1998. Objective prediction of severe thunderstorm environments: Preliminary results linking a decision tree with an operational regional NWP model. Weather and Forecasting,13:1078-1092.

Nitta B T, Sekine S. 1994. Diurnal variation of convective activity over the tropical Western Pacific. J. Met. Soc. Japan. ,72:627-641.

Ostby F P. 1992. Operations of the National Severe Storms Forecast Center. Wea. Forecasting,7: 546-563.

Polston K L. 1996. Synoptic patterns and environmental conditions associated with very large hail event. Preprints, 18th Conference on Severe Local Storms.

Pordom J F W, Marcus K. 1982. Thunderstorm trigger mechanism over the Southeast United States, 12th Conf. on Severe Local Storms, 487-488.

Pordom J F W. 1985. Satellite contributions to convective scale weather analysis and forecasting, 14th Conf. on Severe Local Storms.

Reiff J, et al. 1984. An air mass transformation model for short range forecasting. Mon. Wea. Rev. ,112(3).

Roeder W P, et al. 1997. Lightning forecasting empirical techniques for central Florida in support of America's Space Program. Preprints, 16th Conf On WA,AMS,475-477.

Scofield R A. 1993. The satellite forecasting funnel approach for "0-48" weather prediction, preprints 13th Conf. on Weather Analysis and Forecasting.

Shawalter A K. 1953. A stability index for thunderstorm forecasting. Bulletin of the American Meteorological Society, 34(6):250-252.

Shou Shaowen, et al. 1991. An objective forecasting system of severe convective weather. 4th International Aeronautical Meteorological Conference.

Shou Shaowen, et al. 1992. A numerical modeling of the influence of terrain on mesoscale systems. AMS, China.

Shou Shaowen. 1989. Aeronautical Meteorology. WMO Regional Seminar for National Instructors of RA Ⅱ and RA Ⅴ, Jakata, Indonisia, Sept.

Smith R K, et al. 1997. The Physics and Parameterization of Moist Atmospheric Convection. 29-58. Kluwer Academic Publishers. Printed in the Netherlands.

Thompron R L. 1998. Eta model storm relative winds associated with tornadic and nontornadic supercells. Wea. Forecasting,13:125-137.

Turcotte V, Vigoux D. 1987. Severe thunderstorms and hail forecasting using derived parameters from standard RACBS data. Preprints, Second workshop on Operational Meteorology. Halifax. NS Canada Atmospheric Environment Service / Canadian Meteor And Oceanogr Soc,142-153.

Wakimoto R M, Wilson J W. 1989. Non-supercell tornadoes. Mon. Wea. Rev. ,117:1113-1140.

Waldvogel A, Federer B, et al. 1979. Criteria for the detection of hail cells. J. Appl. Met. ,18:1521-1525.

Wehry W, et al. 1998. Nowcasting of extreme weather events like large amount of convective rain or hail in Central Europe. Preprints, 16th Conf On WAF, Am. Meteo. Soc. ;323-325.

Wilson J W, Crook N A, Mueller C K, et al. 1998. Nowcasting thunderstorm: A status report . Bull. Amer. Meteor. Soc. ;79:2079-2099.

Wilson J W, Roberts R, Mueller C. 2004. Sydney 2000 forecast demonstration project: Convective storm nowcasting. Weather and Forecasting,19: 131-150.

Wu Baojun, Zhao Xiuying, Xu Chenhai, et al. 1999. A multi indictor superposition method for hailfall forecast. The WMO Scientific Conf on Wea Modif, Chiang Mai, Thailand, February 12-17,486-489.

Zbynet Sokol. 2006. Nowcasting of 1h precipitation using radar and NWP data. Journal of Hydrology. 528:200-211.